普通高等教育"十二五"重点规划教材

食品微生物学：原理与应用

李宗军　主编

U0276135

化学工业出版社

·北京·

本教材的主要内容包括：微生物学发展历程、食品微生物研究对象、微生物的基本形态与结构、微生物的营养与生长、微生物代谢、微生物遗传、微生物分类、微生物生态学、食品中的微生物、食源性致病微生物、微生物与免疫、食品中的指示微生物以及食品微生物学技术等。在教材的内容结构上，主要考虑三大板块，一是微生物学的基本原理，主要展示微生物自身发展演化的基本规律；二是延伸阅读，即将微生物基本原理与其在食品行业中的相关技术或应用结合起来，尽可能让读者做到学以致用；三是热点导读，即在每一章的最后，提出一个与本章内容相关的研究热点，引导有兴趣的读者做更深入的了解，或作为课后讨论的命题，并不列入课堂讲授的内容。

本书详细介绍了微生物学基本原理，又能结合食品行业的特点帮助读者解决学习和生产中遇到的问题，适合作为食品科学与工程、食品质量与安全等相关专业的教材，也可供相关领域的师生、研究人员参考。

图书在版编目（CIP）数据

食品微生物学：原理与应用/李宗军主编. —北京：化学工业出版社，2014.2（2024.11重印）

普通高等教育"十二五"重点规划教材

ISBN 978-7-122-19382-7

Ⅰ.①食… Ⅱ.①李… Ⅲ.①食品微生物-微生物学-高等学校-教材 Ⅳ.①TS201.3

中国版本图书馆 CIP 数据核字（2014）第 000041 号

责任编辑：赵玉清	文字编辑：张春娥
责任校对：陶燕华	装帧设计：尹琳琳

出版发行：化学工业出版社（北京市东城区青年湖南街 13 号　邮政编码 100011）
印　　装：北京盛通数码印刷有限公司
787mm×1092mm　1/16　印张 21　字数 518 千字　2024 年 11 月北京第 1 版第 8 次印刷

购书咨询：010-64518888　　　　　售后服务：010-64518899
网　　址：http://www.cip.com.cn
凡购买本书，如有缺损质量问题，本社销售中心负责调换。

定　　价：58.00 元　　　　　　　　　　　　　版权所有　违者必究

《食品微生物学：原理与应用》编写人员名单

主　　编： 李宗军（湖南农业大学，教授　博士）

副 主 编： 王远亮（湖南农业大学，教授　博士）

于　海（扬州大学，副教授　博士）

张华江（东北农业大学，副教授　博士）

编写人员：（按姓氏拼音排序）

白婕（中南林业科技大学，讲师　博士）

段智变（山西农业大学，教授　博士）

关统伟（西华大学，副教授　博士）

侯爱香（湖南农业大学，讲师　硕士）

霍乃蕊（山西农业大学，教授　博士）

蒋雪薇（长沙理工大学，副教授　博士）

李苗云（河南农业大学，副教授　博士）

李宗军（湖南农业大学，教授　博士）

努尔古丽（新疆师范大学，副教授　博士）

王远亮（湖南农业大学，教授　博士）

许爱清（湖南科技大学，讲师　博士）

于　海（扬州大学，副教授　博士）

张华江（东北农业大学，副教授　博士）

周红丽（湖南农业大学，副教授　博士）

周泉城（山东理工大学，副教授　博士）

前　言

微生物学是现代科学研究中最为活跃的研究领域之一。微生物是生物科学基础研究的重要材料，对揭示诸多生物科学的基本问题具有重要意义；在生物科学的应用领域，微生物被广泛应用于医药、农业、环境、食品、能源和健康等众多领域，并发挥着越来越重要的作用。因此，如何将最新的研究成果以科学有效的方式传递给莘莘学子，如何将微生物技术运用到生产实践中去，已成为教育工作者关注的重要课题。

本书作者在 20 多年从事食品科学，特别是微生物学的教学、科研和社会服务的实践中，深深地感到微生物学作为食品学科的主干专业基础课程的重要性。微生物学原理的运用贯穿于食品生产、消费过程的始终，从食品加工原料的贮运保鲜、食品加工过程中的微生物控制、食品销售过程的品质保障和食品消费过程中的二次污染或交叉感染都与微生物息息相关。因此，一直期望有一本既能充分展示微生物学基本原理，又能结合食品行业的特点，适合于高校学生和行业从业人员的书籍，并希望借此帮助读者解决学习和生产中遇到的问题。

近些年，我国微生物学的前辈们，不断总结前人的研究成果，推陈出新，编著出版了一系列很受欢迎的教材。鉴于有多年教学经验，且经过数次反复交流和探讨，我们最终决定着手编写《食品微生物学：原理与应用》这部教材。在教材的内容结构上，主要考虑三大板块，一是微生物学的基本原理，主要展示微生物自身发展演化的基本规律；二是延伸阅读，即将微生物基本原理与其在食品行业中的相关技术或应用结合起来，尽可能让读者做到学以致用；三是热点导读，即在每一章的最后，提出一个与本章内容相关的研究热点，引导有兴趣的读者做更深入的了解，或作为课后讨论的命题，并不列入课堂讲授的内容。

本教材得到了全国 11 所高校的支持，经过专题会议讨论，对教材编写的内容进行了分工：第 1 章，李宗军；第 2 章，努尔古丽；第 3 章，于海；第 4 章，许爱清；第 5 章，王远亮；第 6 章，周红丽；第 7 章，周泉城；第 8 章，张华江；第 9 章，白婕，李苗云；第 10 章，段智变；第 11 章，白婕；第 12 章，霍乃蕊，关统伟，蒋雪薇，李宗军，侯爱香。

在教材的编写过程中，得到了化学工业出版社的倾力支持；王远亮博士主动承担了教材编写的联络工作，博士研究生侯爱香、李珂，硕士研究生伍婧、黄璜参与了书稿的校对整理工作，在此一并表示诚挚的谢意。

教材在编写过程中存在的纰漏不妥之处，恳请读者批评指正。

编者

于美国 佛罗里达

目　录

第1章 绪 论

21 世纪将是生物科学的世纪，人们将运用生物科学的研究成果来处理人类面临的食物、环境、健康、能源等诸多挑战。在生物科学的研究过程中，微生物发挥着无可替代的作用。那什么是微生物？它从哪里来？将向何处去？它们与人类活动有什么关系？食品中有哪些微生物？它们对食品工业有哪些影响？有哪些手段可以认识和掌控它们？都是人们非常感兴趣的课题。

通常来说，微生物是指所有单细胞或非细胞结构的，必须在显微镜可见的一类微小生物的总称。微生物细胞与动植物细胞有本质的区别，其差别不存在于形态和结构上，而在于微生物细胞自身就是一个独立的生命体，它们不必依赖于其他任何细胞而独立生存；而动植物细胞则需要与其他相关的细胞组合起来构成动植物组织或器官后才能存活并发挥功能，如植物的叶片、动物的肌肉细胞等。

什么是微生物学？顾名思义，微生物学是研究微生物的科学。微生物学研究微生物细胞的结构及其工作机制，特别是数量巨大的单细胞结构的具有重大生态学意义的细菌细胞；还研究微生物的多样性及其进化机制，即自然界有多少种类的微生物，它们为谁而存在；并且关注微生物在我们人类世界中的作用，如其与土壤、水域、人体和动植物的关系等。换句话说，微生物可以影响或支撑所有其他的生命形式。因此，微生物学被认为是最基础的生物学学科。

1.1 微生物的起源及自身的特点

1.1.1 微生物的起源与进化

在生命系统中，微生物是地球上最早的生命形式。Cyanobacteria 微生物类群在生物进化中扮演着非常重要的角色，其原因在于它们代谢产生的废弃物——O_2，为地球上的植物及其他高级生命形式的进化奠定了物质基础。

细胞是如何起源的？在地球上第一次自我复制的细胞结构和我们今天了解的细胞一样吗？因为所有的细胞具有相似的结构形式，让人们认为所有的细胞来源于同一个祖先，称为最早的地球祖先（last universal common ancestor，LUCA）。从无生命物质演化出第一个细胞的过程经历了数百万年的时间，第一个细胞经分化形成了自己的子细胞群体，不同的子细胞群体之间在环境的作用下发生相互作用，选择性进化推动和演化了早期的细胞形式，并进而分化出更高级而复杂的今天可见的多样性的生物体。

在地球形成初期的 10 亿年间，地球上出现了一类能利用太阳光作为生命能源的微生物，称为光合细菌，最早的光合细菌是红细菌，它和其他一些非氧进化的光合生物一起在今天很多无氧的环境中还广泛存在。在地球初始的 20 亿年间，地球上并无氧气，主要以 N_2、CO_2 和其他一些气体组成。在此期间，只有厌氧性微生物可以生存，这其中包括一大类可产生甲烷气体的微生物，称为甲烷细菌（Methanogen）。由无氧环境进化到有氧环境，即出现 Cyanobacteria 花了近 10 亿年的时间。随着大气中 O_2 浓度的上升，多细胞生物的出现，并进一步进化到更为复杂的动植物，演化为今天的地球生物圈图景。

随着人们对微生物的研究和认识程度的逐渐深入，在不同时期人们对微生物的分类也不一致，一般传统意义上的微生物分类，分为非细胞型、原核细胞型和真核细胞型三类，这种划分是根据微生物的形态、结构和生长特性来划分的，但是地球上绝大多数的微生物不能用常规的培养方法来进行培养，所以仅仅从表型（微生物的形态、结构和生长特性）上来对微生物进行划分是有很大局限性的。

生物界中的保守序列 16S rRNA 和 18S rRNA 进化速度很慢，通过对其碱基系列进行分析，构建"进化树"。20 世纪 70 年代后期，美国人 Woese 等发现了地球上的第三生命形式——古菌，才导致了生命三域学说的诞生（图 1-1）。该学说认为，生命是由古菌域（Archaea）、细菌域（Bacteria）和真核生物域（Eukarya）所构成。古菌域包括嗜泉古菌界（Crenarchaeota）、广域古菌界（Euryarchaeota）和初生古菌界（Korarchaeota）；细菌域包括细菌、放线菌、蓝细菌和各种除古菌以外的其他原核生物；真核生物域包括真菌、原生生物、动物和植物。

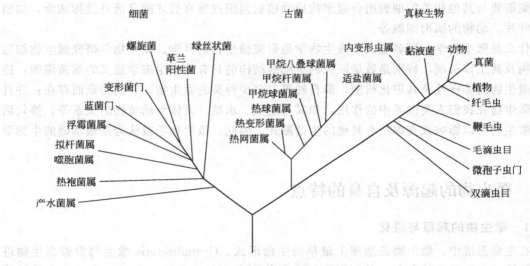

图 1-1　生物的进化与分类

1.1.2　微生物的特点

微生物和动植物一样具有生物最基本的特征新陈代谢，有生命周期，还有其自身的特点。

（1）繁殖快，（个体）长不大　繁殖快是微生物最重要和最深刻的特点之一，因为单个细胞其生命周期是有限的，不会保持很长时间，很快就会发展成为一个种群。以细菌为例，通常每 $20\sim30\text{min}$ 即可分裂 1 次，繁殖 1 代，其数目比原来增加 1 倍，按 20min 分裂 1 次，而且每个克隆子细胞都具有同样的繁殖能力，那么 1h 后就是 2^3 个，2h 后就是 2^6 个，24h 后，就是 2^{72} 个。即由一个原始亲本变成了 2^{72} 个细菌。当然这是理论数字，由于各种原因，客观上是不存在的，只在细菌的生长对数期才有如此的增殖速度，细菌如此惊人的生长速度可为我所用，例如生产酵母蛋白，控制条件下可在 $8\sim12\text{h}$ 收获一次；也可利用酵母生产酒精，例如用 1kg 酵母菌可在 24h 内发酵消耗几千克糖，生成酒精；又可用乳酸菌生产乳酸，每个细胞生产的乳酸是其体重的 $10^3\sim10^4$ 倍。

(2) 体积微小，分布广泛 前面提到微生物很小，肉眼不能观察到，衡量它的大小都用微米（μm）、纳米（nm）计，每个细菌的重量只有 $1 \times 10^{-10} \sim 1 \times 10^{-9}$ mg，即大约 10 亿个菌总和才有 1mg，这样小的个体，随处都是它们的藏身之地。实际上微生物的分布是极其广泛的，可以这样说，有动植物生存的地方也都有它的栖息地，没有动植物生存的地方，也有它的踪迹，万米以上的高空、几千米以下的海底、90℃以上的温泉、冰冷的南极、沙漠以及动植物组织都有微生物聚居，说无孔不入是不过分的。

(3) 观察和研究的手段特殊 微生物因为个体微小，繁殖又快，观察和研究常以其群体为对象，而且必须从众多而复杂的混合菌中分离出来，变成纯培养物。这样，无菌技术、分离、纯化、培养技术、显微观察技术以及杀菌技术就是微生物学必备的基本技术，没有这些技术就无从着手，等于空谈。

(4) 物种多，食谱杂 据统计，现已发现的微生物种类多达 10 万种以上，土壤是其大本营。1g 肥土含几十亿个微生物，几乎成了微生物的天下，在一些营养贫瘠的地方，微生物的种类和数量很少，这样就构成了自然界中微生物物种的多样性和不均衡性，也反映了微生物对物质的利用多种多样，凡是动植物能利用的物质，例如蛋白质、糖、脂和无机盐，微生物都能利用。动物不能利用的物质，有些微生物也能利用，例如纤维素、塑料，不少微生物能将它们分解。这对塑料的分解以消除白色污染很有价值。还有一些对动植物有毒的物质，如氰化钾、酸、聚氯联苯等，而美国康奈尔大学早在 20 世纪 70 年代就分离到分解 DDT 的微生物，日本发现了分解聚氯联苯的红酵母等。

> 微生物的多样性包括所有微生物的生命形式、生态系统和生态过程以及有关微生物在遗传、分类和生态系统水平上的知识概念。微生物的多样性除物种多样性外，还包括生理类群多样性、生态类型多样性和遗传多样性。
>
> 微生物的生理代谢类型之多，是动植物所不及的。微生物有着许多独特的代谢方式，如自养细菌的化能合成作用、厌氧生活、不释放氧的光合作用、生物固氮作用、对复杂有机物的生物转化能力，分解氰、酚、多氯联苯等有毒物质的能力，抵抗热、冷、酸、碱、高渗、高压、高辐射剂量等极端环境的能力，以及病毒的以非细胞形态生存的能力等。微生物产生的代谢产物种类多，仅大肠杆菌一种细菌就能产生 2000～3000 种不同的蛋白质。天然抗生素中，2/3（超过 4000 种）是由放线菌产生的。微生物所产酶的种类也是极其丰富的，从各种微生物中发现，仅 II 型限制性内切酶就有 1443 种。
>
> 与高等生物相比，微生物的遗传多样性表现得更为突出，不同种群间的遗传物质和基因表达具有很大的差异。全球性的微生物基因组计划已经展开，截止 2010 年的统计，已有 227 个原核生物的全基因组序列全部完成发表，另有 77 个正在进行中；64 个真核生物的全基因组序列已完成发表，31 个正在进行中。基因组时代的到来，必然将一个崭新的、全面的和内在的微生物世界展现在人们面前。
>
> 微生物资源的开发，是 21 世纪生命科学生命力之所在。由于动植物物种消失是可以估计的，这就意味着微生物多样性的消失现象也在发生，如何利用和保护微生物多样性已成为亟待解决的问题。近年来，世界各国和国际组织已对此做了许多努力，并提出了一项微生物多样性行动计划，随着这项计划的逐步实施，人类将从微生物生物多样性的利用和保护中受益。

(5) 适应性强，易变异 微生物对外界环境适应能力特强，这都是为了保存自己，是生物进化的结果，有些微生物其体外附着一个保护层如荚膜等，这样一是可作为营养，二是抵御吞噬细胞对它们的吞噬。细菌的休眠体芽孢、放线菌的分生孢子和真菌孢子都有比其繁殖体大得多的对外界的抵抗力，这些芽孢和孢子一般都能存活数月、数年甚至数十年。一些极端微生物都有相应的特殊结构蛋白质、酶和其他物质，使适应于恶劣环境，使物种能延续。

> **Nature（2011.10.30）：细菌频繁交换有益基因**
>
> 麻省理工学院 E. Alm 领导的研究组发现，全世界 2235 组细菌基因组中的 10000 个基因，正以"水平基因转移（horizontal gene transfer，HGT）"的方式自由流动。这说明所有细菌在一个由全世界细菌基因组组成的大网络上频繁地交换着遗传物质。有时候这对人类构成威胁，比如获得抗药性基因的细菌［"超级细菌（superbug）"］。他们此次发现了一个抗药性的基因出现在人类共生菌的六成的基因转移中。这种抗药性基因可能是在工业化农业的抗生素滥用中产生的。牲畜共生菌和人类共生菌中有 42 个相同的抗药性基因，也就是说，这两类细菌共享一个基因库，尽管 10 亿年的进化早该让牛身上的细菌和人身上的细菌分道扬镳。向动物的食物中加入预防疾病的抗生素，可以促进其生长，防止高密度养殖的牲畜和家禽内部的疾病传播。

　　另一方面，又由于表面积和体积的比值大，与外界环境的接触面大，因而受环境影响也大，一旦环境变化，不适于微生物生长时，很多微生物则死亡，少数个体发生变异而存活下来，人们正是利用这个特点，根据需要实施对菌种的人工诱变，再进行筛选，最终得到目的菌。

　　总之，微生物的这些特点，使其在生物界中占据特殊的位置，它不仅广泛应用于生产实践中，而且成了生物科学研究的理想材料，推动和加速了生命科学研究的发展，今天在高新技术革命浪潮中，以细菌和酵母等为材料和模式，对其基因组的序列进行测定，必将大大加快"人类基因组作图和测序"以及基因组后研究。

1.2　微生物学及其发展历程

1.2.1　微生物学科

　　微生物学科涉及两个相关联的主题：一个是全面认识微生物本身的生命活动规律，另一个就是运用人们对微生物生命规律的认识为人类及整个地球服务。

　　作为生物科学的基础学科，微生物学作为有效的工具被用于探知生命的起源，科学家运用微生物的多样性和生理特点，已经获得了大量可信的关于生命起源的基本物理、化学过程的证据。可以坚信，基于微生物易培养、生长快、易变异等特点，它成为人们揭示多细胞生物，包括人类起源的最佳试验材料。

　　作为重要的应用性生物学科，在人类生存、农业、工业等重要领域，微生物都居于核心地位。如人类及动植物的诸多疾病、土壤肥力的改善、现代发酵工业等均依赖于微生物，因此，微生物每一天都从正反两方面影响着人类的生活。

　　虽然微生物是自然界最小的生命形式，但它们所产生的生物质及在很多重大地球生物化学循环中的作用远远超过了其他高等生物。离开微生物，其他高等生物可能无法进化，甚至生存。事实上，我们呼吸的每一口氧气都是赖于微生物长期的作用。

　　随着对微生物研究与应用领域的不断拓宽和深入，微生物学已经不是一个单一的学科，而是包括很多分支学科的研究领域，无论是从基础理论研究还是从应用角度，都包括了多学科内容。

　　（1）根据基础理论研究内容不同，形成的分支学科有：微生物生理学（microbial physiology）、微生物遗传学（microbial genetics）、微生物生物化学（microbial biochemistry）、微生物分类学（microbial taxonomy）、微生物生态学（microbial ecology）等。

（2）根据微生物类群不同，形成的分支学科有：细菌学（bacteriology）、病毒学（virology）、真菌学（mycology）、放线菌学（actinomycetes）等。

（3）根据微生物的应用领域不同，形成的分支学科有：工业微生物学（industrial microbiology）、农业微生物学（agricultural microbiology）、医学微生物学（medical microbiology）、食品微生物学（food microbiology）、兽医微生物学（veterinary microbiology）、环境微生物学（environmental microbiology）等。

（4）根据微生物的生态环境不同，形成的分支学科有：土壤微生物学（soil microbiology）、海洋微生物学（marine microbiology）、空气微生物学（atmosphere microbiology）、极端微生物学（extreme microbiology）等。

1.2.2 微生物学发展历程

1.2.2.1 微生物学史前时期人类对微生物的认识与利用

在 17 世纪下半叶，荷兰学者列文虎克（Antonie van Leeuwenhoek）用自制的简易显微镜亲眼观察到细菌个体之前，对于一门学科来说尚未形成，这个时期称为微生物学史前时期。在这个时期，实际上人们在生产与日常生活中积累了不少关于微生物作用的经验规律，并且应用这些规律，创造财富，减少和消灭病害。例如，民间早已广泛应用的酿酒、制醋、发面、腌制酸菜泡菜、盐渍、蜜饯等。古埃及人也早已掌握制作面包和配制果酒的技术。这些都是人类在食品工艺中控制和应用微生物活动规律的典型例子。积肥、沤粪、翻土压青、豆类作物与其他作物的间作轮作，是人类在农业生产实践中控制和应用微生物生命活动规律的生产技术。种痘预防天花是人类控制和应用微生物生命活动规律在预防疾病、保护健康方面的宝贵实践。尽管这些还没有上升为微生物学理论，但都是控制和应用微生物生命活动规律的实践活动。

1.2.2.2 微生物形态学发展阶段

17 世纪 80 年代，列文虎克用他自己制造的，可放大 160 倍的显微镜观察牙垢、雨水、井水以及各种有机质的浸出液，发现了许多可以活动的"活的小动物"，并发表了这一"自然界的秘密"。这是首次对微生物形态和个体的观察和记载。随后，其他研究者凭借显微镜对于其他微生物类群进行的观察和记载，充实和扩大了人类对微生物类群形态的视野。但是在其后相当长的时间内，对于微生物作用的规律仍一无所知。这个时期也称为微生物学的创始时期。

 列文虎克，英文名 Antonie van Leeuwenhoek（1632.10.24—1723.08.26），荷兰显微镜学家、微生物学的开拓者，生卒均于代尔夫特。由于勤奋及其本人特有的天赋，他磨制的透镜远远超过了同时代人的。他的放大透镜以及简单的显微镜形式很多，透镜的材料有玻璃、宝石、钻石等。其一生磨制了 400 多个透镜，有一架简单的透镜，其放大率竟达 270 倍。主要成就为：首次发现微生物，最早记录肌纤维、微血管中的血流。

1.2.2.3 微生物生理学发展阶段

在 19 世纪 60 年代初，法国的巴斯德（Louis Pasteur）和德国的柯赫（Robert Koch）等一批杰出的科学家建立了一套独特的微生物研究方法，对微生物的生命活动及其对人类实践和自然界的作用做了初步研究，同时还建立起许多微生物学分支学科，尤其是建立了解决当时实际问题的几门重要应用微生物学科，如医用细菌学、植物病理学、酿造学、土壤微生物学等。在这个时期，巴斯德研究了酒变酸的微生物原理，探索了蚕病、牛羊炭疽病、鸡霍乱和人狂犬病等传染病的病因以及有机质腐败和酿酒失败的起因，否定了生命起源的"自然发生说"，建立了巴氏消毒法等一系列微生物学实验技术。

路易斯·巴斯德（Louis Pasteur，1822.12.27—1895.9.25），法国微生物学家、化学家，近代微生物学的奠基人。像牛顿开辟出经典力学一样，巴斯德开辟了微生物领域，创立了一整套独特的微生物学基本研究方法，开始用"实践—理论—实践"的方法进行研究，他是一位科学巨人。

巴斯德一生进行了多项探索性的研究，取得了重大成果，是19世纪最有成就的科学家之一。他用一生的精力证明了三个科学问题：（1）每一种发酵作用都是由于一种微菌的发展，这位法国化学家发现用加热的方法可以杀灭那些让啤酒变苦的恼人的微生物。很快，"巴氏杀菌法"便应用在各种食物和饮料上。（2）每一种传染病都是一种微菌在生物体内的发展：由于发现并根除了一种侵害蚕卵的细菌，巴斯德拯救了法国的丝绸工业。（3）传染病的微菌，在特殊的培养之下可以减轻毒力，使它们从病菌变成防病的疫苗。他意识到许多疾病均由微生物引起，于是建立起了细菌理论。此外，巴斯德的工作还成功地挽救了法国处于困境中的酿酒业、养蚕业和畜牧业。

柯赫继巴斯德之后，改进了固体培养基的配方，发明了倾皿法进行纯种分离，建立了细菌细胞的染色技术、显微摄影技术和悬滴培养法，寻找并确证了炭疽病、结核病和霍乱病等一系列严重传染疾病的病原体等。这些成就奠定了微生物学成为一门科学的基础。他们是微生物学的奠基人。在这一时期，英国学者布赫纳（E. Buchner）在1897年研究了磨碎酵母菌的发酵作用，把酵母菌的生命活动和酶化学相联系起来，推动了微生物生理学的发展。同时，其他学者例如俄国学者伊万诺夫斯基（Ivanovski）首先发现了烟草花叶病毒（Tobacco mosaic virus，TMV），扩大了微生物的类群范围。

1.2.2.4　微生物分子生物学发展阶段

在上一时期的基础上，20世纪初至40年代末微生物学开始进入了酶学和生物化学研究时期，许多酶、辅酶、抗生素以及许多反应的生物化学和生物遗传学都是在这一时期发现和创立的，并在40年代末形成了一门研究微生物基本生命活动规律的综合学科——普通微生物学。50年代初，随着电镜技术和其他高技术的出现，对微生物的研究进入到分子生物学的水平。1953年，沃森（J. D. Watson）和克里克（F. H. Crick）发现了脱氧核糖核酸长链的双螺旋构造。1961年，法国科学家雅可布（F. Jacab）和莫诺（J. Monod）提出了操纵子学说，指出了基因表达的调节机制和其局部变化与基因突变之间的关系，即阐明了遗传信息的传递与表达的关系。1977年，沃斯（C. Woese）等在分析原核生物16S rRNA和真核生物18S rRNA序列的基础上，提出了可将自然界的生命分为细菌、古菌和真核生物三域（domain），揭示了各生物之间的系统发育关系，使微生物学进入到成熟时期。在这个成熟时期，从基础研究来讲，从三大方面深入到分子水平来研究微生物的生命活动规律：①研究微生物大分子的结构和功能，即研究核酸、蛋白质、生物合成、信息传递、膜结构与功能等。②在基因和分子水平上研究不同生理类型微生物的各种代谢途径和调控、能量产生和转换，以及严格厌氧和其他极端条件下的代谢活动等。③分子水平上研究微生物的形态构建和分化、病毒的装配以及微生物的进化、分类和鉴定等，在基因和分子水平上揭示微生物的系统发育关系。尤其是近年来，应用现代分子生物技术手段，将具有某种特殊功能的基因做出了组成序列图谱，以大肠杆菌等细菌细胞为工具和对象进行了各种各样的基因转移、克隆等开拓性研究。在应用方面，开发菌种资源、发酵原料和代谢产物，利用代谢调控机制和固定化细胞、固定化酶发展发酵生产和提高发酵经济的效益，应用遗传工程组建具有特殊功能的"工程菌"，把研究微生物的各种方法和手段应用于动、植物和人类研究的某些领域。这些研究使微生物学研究进入到一个崭新的时期。

罗伯特·科赫（R. Koch, 1843—1910），德国医生和细菌学家，世界病原细菌学的奠基人和开拓者。对医学事业所做出的开拓性贡献，也使科赫成为在世界医学领域中令德国人骄傲无比的泰斗巨匠。他是：

世界上第一次发明了细菌照相法；

世界上第一次发现了炭疽热的病原细菌——炭疽杆菌；

世界上第一次证明了一种特定的微生物引起一种特定疾病的原因；

世界上第一次分离出伤寒杆菌；

世界上第一次发明了蒸汽杀菌法；

世界上第一次分离出结核病细菌；

世界上第一次发明了预防炭疽病的接种方法；

世界上第一次发现了霍乱弧菌；

世界上第一次提出了霍乱预防法；

世界上第一次发现了鼠蚤传播鼠疫的秘密；

世界上第一次发现了睡眠症是由采采蝇传播的。

制定科赫法则（科赫为研究病原微生物制订了严格准则，被称为科赫法则，包括：第一，这种微生物必须能够在患病动物组织内找到，而未患病的动物体内则找不到；第二，从患病动物体内分离的这种微生物能够在体外被纯化和培养；第三，经培养的微生物被转移至健康动物后，动物将表现出感染的征象；第四，受感染的健康动物体内又能分离出这种微生物）。

1.3 食品微生物的历史

人类对微生物本身的认识时间并不长，但利用微生物的历史却非常久远（图1-2）。食品的生产大约源于8000—10000年以前，直到现在。谷物的烹调、酿造和食品的保藏可能在8000年前开始，因为这一时期近东地区制作了第一个煮壶，推测在这一时期的早期，就出现了食品腐败和食物中毒的问题，由于食品制作及不适当的保存方式引起食品腐败，并出现由食品介导的疾病。

根据Pederson（1971）报告，最早酿造啤酒的证据，是在古巴比伦时代。

公元前3000年埃及人就食用牛奶、黄油和奶酪。

公元前3000—1200年，犹太人用死海中获得的盐来保存各种食物。中国人和希腊人用盐腌鱼保藏食品，公元前3500年有了葡萄酒的酿造。公元前1500年中国人和古巴比伦人开始制作和消费香肠。Jensen（1953）考证指出：在这一时期，使用橄榄油和芝麻油会很大程度导致葡萄球菌引起的食物中毒，因为在这一时期使用这两种油作为保存食品的一种方式。

大约在3000年前的古埃及，发酵生产食醋就很有名了，日本酿造醋的技术大约在公元369—404年从中国传入（Masai, 1980），我国最早（约3000年前）开始制酱和酱油。

约1000年前，古罗马人使用雪来包裹虾和其他易腐烂的食品。熏肉的制作作为一种贮藏方法可能是从这一阶段开始的。虽然应用了大量微生物学的知识和技术于食品制作、保存和防腐，而且有效，但微生物究竟和食品有什么关系以及食品的保藏机理、食品传播的疾病

公元前
(B.C.E)

38000	尼安德特人成为智人
11000	随着北半球冰川的消退，野生谷物开始生长
8000	早期农业文明开始形成，出现家养动物
1000	大豆被引进到中国，中国早期人类开始酿酒的探索
54	英国开始Cheddar干酪的生产
48	意大利罗马开始生产发酵香肠
0	人类文明进入新的时代
16	古罗马每年需要进口粮食28560000kg
227	通过古罗马皇室，葡萄酒被引入英国和法国
618	马乳酒被带入到亚洲
1070	人们首次生产羊乳干酪(Roquefort Cheese)
1202	英国颁布法律首次规定面包的价格和生产者的合法收益
1383	德国南部的巴伐利亚王国创办首家啤酒厂
1430	西班牙雪利酒在车间实现可控发酵生产
1630	酱油从中国传到日本，开启了日本的酱类产业
1637	日本Gekkeikan Sake公司开始生产清酒，是当今全球最大的清酒生产企业
1697	白葡萄通过官方引入到南加利福尼亚
1698	法国本笃会的皮埃尔主教将CO_2加入到葡萄酒中，开启了香槟时代
1775	Cook船长因为用泡菜预防船员得坏血病而赢得英国皇家勋章
1790	90%的美国人从事农业和食品生产，而今天仅2%
1820	Frederick Accum教授出版了发酵食品专著，界定了葡萄酒、啤酒、醋、干酪、面包、泡菜等的生产工艺及其可能存在的掺假行为
1857	32岁的巴斯德揭示细菌通过乳酸发酵导致牛奶酸化
1864	Heineken啤酒首次使用纯酵母菌株进行啤酒发酵
1873	Lister首次从牛奶中分离出乳酸乳球菌(*Lactococcus lactis*)
1880	白醋和苹果醋进入市场
1907	俄国微生物学家Metchnikoff从发酵牛奶中分离出乳酸杆菌，并证明其可以延长寿命，开启了益生菌时代
1942	Danon牛奶公司将酸奶推介到美国纽约
1950	新西兰科学家鉴定出乳酸菌噬菌体
1972	Larry Mckay发现乳酸细菌质粒
1996	完成*Saccharomyces cerevisiae*基因组测序
2001	获得第一例乳酸细菌(*Lactococcus lactis*)的全基因组
2006	公开11种乳酸细菌及其相关细菌的比较基因组数据

图 1-2 食品微生物发展时间简史

及其所带来的危害仍是个谜。虽然到了 13 世纪人们意识到肉食的质量特性，但毫无疑问还没有认识到肉的质量与微生物之间的因果关系。因为在此之前，即在中世纪，麦角中毒（由真菌麦角菌引起）造成了很多人死亡。仅在公元 943 年法国因为麦角中毒死亡 40000 多人，当时并不知晓这是由真菌引起。

　　1658 年，A. Kircher 在研究腐烂的尸体、腐败的肉和牛奶以及其他物质时发现了称之为"虫"的生物体，但他的研究结果并没有被广泛接受。

1.4　食品微生物学及其发展

1.4.1　食品微生物学

　　食品微生物学是微生物学的一个分支学科。食品微生物学是研究与食品有关的微生物的特性，研究食品中微生物与微生物、微生物与食品以及微生物、食品与人体之间的相互关系，研究微生物以（农副产品）基质为栖息地，快速生长繁殖的同时，又改变栖息地农副产品的物理化学性质，即转化为所需要附加值高的各类食品产品、食品中间体，研究食品原料、食品生产过程以及产品包装、贮藏和运输过程中微生物介导的不安全因素及其控制。

　　食品微生物学以食品有关的微生物为主要研究对象，所涉及的范围很广、涉及的学科很多，又是实践性很强的一门学科。同时，在某些方面受一定法规的约束，所以有一个标准化的问题，即在对食品的生产、销售和贸易中均有相应的统一规定和限制，尤其是其中的卫生质量标准，都明确规定了微生物学指标及相应的检验方法，这些都是强制性的标准，必须遵照执行。

1.4.2　食品微生物学发展大事记

　　具体见表 1-1 和表 1-2。

表 1-1　食品微生物学发展的大事件

时　间	重大事件
1659 年	Kircher 证实了牛乳中含有细菌
1680 年	列文虎克发现了酵母细胞
1780 年	Scheele 发现酸乳中的主要酸是乳酸。1782 年，瑞典化学家开始使用罐贮的醋
1813 年	Donkin Hall 和 Gamble 对罐藏食品采用后续工艺保温技术 认为可使用 SO₂ 作为肉的防腐剂
1820 年	德国人 Justinus Kerner 描述了香肠中毒（可能是肉毒中毒）
1839 年	Kircher 研究发黏的甜菜汁时，发现可在蔗糖液中生长并使其发黏的微生物
1843 年	I. Winslow 首次使用蒸汽杀菌
1853 年	R. Chevallier-Appert 食品的高压灭菌获得专利
1857 年	巴斯德证明乳酸发酵是微生物引起的。在英国 Penrith W. Taylor 指控牛乳是伤寒热传播的媒介
1861 年	巴斯德用曲颈瓶实验，证明微生物非自然发生，推翻了"自然发生说"
1864 年	巴斯德建立了巴氏消毒法
1867—1868 年	巴斯德研究了葡萄酒的难题，并采用加热法去除不良微生物方法进入工业化实践
1867—1877 年	柯赫证明炭疽病是炭疽菌引起
1873 年	Gayon 首次发表鸡蛋由微生物引起变质的研究，Lister 第一个在纯培养中分离出乳酸乳球菌
1874 年	在海上运输肉过程首次广泛使用冰
1876 年	发现腐败物质中的细菌总是可以从空气、物质或容器中检测到
1878 年	首次对糖的黏液进行微生物学研究，并从中分离出肠膜明串珠菌

续表

时 间	重 大 事 件
1880 年	在德国开始对乳进行巴斯德杀菌
1881 年	柯赫等首创以明胶固体培养基分离细菌、巴斯德制备了炭疽菌苗
1882 年	柯赫发现结核杆菌，从而获得诺贝尔奖
	Krukowisch 首次提出臭氧对腐败菌具有毁灭性作用
1884 年	E. Metchnikoff 阐明了吞噬作用；Koch 发明了细菌染色和细菌的鞭毛染色
1885 年	巴斯德研究狂犬疫苗成功，开创了免疫学
1888 年	Miguel 首先研究嗜热细菌，Gaertner 首先从 57 人食物中毒的肉食中分离出肠炎沙门菌
1890 年	美国对牛乳采用工业化巴斯德杀菌工艺
1894 年	Russell 首次对罐贮食品进行细菌学研究
1895 年	荷兰的 Von Geuns 首先进行牛乳中细菌的计数工作
1896 年	Van Remenegem 首先发现了肉毒梭状芽孢杆菌，并于 1904 年鉴定出 A 型，1937 年鉴定出 E 型肉毒梭状芽孢杆菌
1897 年	Bucher 用无细胞存在的酵母菌抽提液对葡萄糖进行酒精发酵成功
1901 年	E. von Ehrlich(GR)白喉抗毒素[1]
1902 年	提出嗜冷菌概念，0℃条件下生长的微生物
1906 年	确认了蜡样芽孢杆菌食物中毒
1907 年	E. Metchnikoff 及合作者分离并命名保加利亚乳酸杆菌
	B. T. P. Barker 提出苹果酒生产中醋酸菌的作用
1908 年	P. Ehrlich(GR)\E. Melchnikoff(R)免疫工作[1]
1908 年	美国官方批准苯甲酸钠作为某些食品的防腐剂
1912 年	嗜高渗微生物，描述高渗环境下的酵母
1915 年	B. W. Hammer 从凝固牛乳中分离出凝结芽孢杆菌
1917 年	P. J. Donk 从奶油状的玉米中分离出嗜热脂肪芽孢杆菌
1919 年	J. Bordet(B)免疫性的发现[1]
1920 年	Bigelow 和 Esty 发表了关于芽孢在 100℃ 耐热性系统研究。Bigelow、Bohart、Richoardson 和 Ball 提出计算热处理的一般方法，1923 年 C. O. Ball 简化了这个方法
1922 年	Esty 和 Meyer 提出肉毒梭状芽孢杆菌的芽孢在磷酸盐缓冲液中的 Z 值为 18F
1926 年	Linden、Turner 和 Thom 提出了首例链球菌引起的食物中毒
1928 年	在欧洲首次采用气调方法贮藏苹果
1929 年	Fleming 发现青霉素
1938 年	找到弯曲菌肠炎暴发的原因是变质的牛乳
1939 年	Schleifstein 和 Coleman 确认了小肠结肠炎耶尔菌引起的胃肠炎
1943 年	美国的 B. E. Proctor 首次采用离子辐射保存汉堡肉
1945 年	Mcclung 首次证实食物中毒中产气荚膜梭菌的病原机理
1945 年	A. Fleming(GB)/E. B. Chain(GB)/H. W. Flory(Au)，青霉素的发现和它的治疗价值[1]
1951 年	日本的 T. Fujino 提出副溶血性弧菌是引起食物中毒的原因
1952 年	Hershey 和 Chase 发现噬菌体将 DNA 注入宿主细胞。Lederberg 发明了影印培养法
1954 年	乳酸链球菌肽在乳酪加工中控制梭状芽孢杆菌腐败的技术在英国获专利
1955 年	山梨酸被批准作为食品添加剂
1959 年	Rodney Porter 的免疫球蛋白结构
1960 年	F. M. Burnet(Au)/P. B. Medawar(GB)发现对于组织移植的获得性免疫耐受性[1]
1960 年	Moller 和 Scheible 鉴定出 F 型肉毒梭菌。首次报告黄曲霉产生黄曲霉毒素
1969 年	Edeman 测定了抗体蛋白分子的一级结构。确定产气梭状芽孢杆菌的肠毒素，Gimenez 和 Ciccarelli 首次分离到 G 型肉毒梭菌
1971 年	美国马里兰州首次暴发食品介导的副溶血弧菌性胃肠炎，第一次暴发食物传播的大肠杆菌性胃肠炎

续表

时　间	重　大　事　件
1972 年	G. Edelman(US)抗体结构研究[①]
1973 年	Ames 建立细菌测定法检测致癌物
1975 年	Kohler 和 Milstein 建立生产单克隆抗体技术。L. R. Koupal 和 R. H. Deible 证实沙门菌肠毒素
1976 年	B. Blumberg(US)、D. C. Gajdusck(US)，乙型肝炎病毒的起源和传播的机理：慢病毒感染的研究[①]
1977 年	Woese 提出古生菌是不同于细菌和真核生物的特殊类群。Sanger 首次对 Φ×174 噬菌体 DNA 进行了全序列分析
1977 年	R. Yalow(US)放射免疫试验技术的发现[①]
1978 年	澳大利亚首次出现 Norwalk 病毒引起食物传播的胃肠炎
1980 年	B. Benacerraf(US)、G. Snell(US)、J. Dausset(F)组织相容性抗原的发现[①]
1981 年	美国暴发了食物传播的李斯特病。1982—1983 年在英国发生食物传播的李斯特病
1982—1983 年	Prusiner 发现朊病毒(Prion)。美国首次暴发食物介导的出血性结肠炎。Ruiz-Palacios 等描述了空肠弯曲杆菌肠毒素
1983—1984 年	Mullis 建立 PCR 技术
1984 年	C. Milstein(GB)、G. J. F. Kollei(GR)、N. K. Jenne(D)单克隆抗体形成技术的建立(Milstein & Kdler)；免疫学的理论工作(Gerne)[①]
1985 年	在英国发现第一例疯牛病
1987 年	S. Tonegawa(J)抗体多样性产生的遗传原理[①]
1988 年	在美国，乳酸链球菌肽被列为"一般公认安全"(GRAS)
1990 年	在美国，对海鲜食品强调实施 HACCP 体系
1990 年	第一个超高压果酱食品在日本问世
1993 年	K. B. mullis(US)聚合酶链式反应的发明[①]
1995 年	第一个独立生活的流感嗜血杆菌全基因组序列测定完成
1996 年	第一个自养生活的古生菌基因组测定完成,詹姆氏甲烷球菌基因组测序工作完成,酵母基因组测序完成
1996 年	大肠杆菌 $O_{157}:H_7$ 在日本流行
1996 年	D. C. Doherty(Au)、R. M. Zinkernagel(SW)T 淋巴细胞识别病毒感染细胞机理的发现[①]
1997 年	第一个真核生物酵母菌基因组测序完成,埃希大肠杆菌基因组测序完成；发现纳米比亚硫珍珠状菌,这是已知的最大细菌
1999 年	美国"超高压技术"在肉制品加工中得到商业化应用
2000 年	发现霍乱弧菌有两个独立的染色体

①　为诺贝尔获得者。

注：Au 表示澳大利亚；B 表示比利时；F 表示法国；GR 表示德国；GB 表示英国；J 表示日本；D 表示丹麦；US 表示美国；R 表示俄罗斯；SW 表示瑞士。

表 1-2　国内外食品立法进程表

时　间	项　目
1890 年	美国通过了第一部关于肉品检验的国家法令,但只要求检验出口的肉制品
1906 年	美国国会通过了美国食品和药物条例
1910 年	纽约市健康委员会签署了要求对牛奶进行巴氏消毒的法令
1939 年	美国新的食品药物和化妆品条例成为法规
1957 年	美国执行强制性家禽及其制品法规
1958 年	美国通过了食品药物和化妆品有关添加剂的条例
1967 年	美国国会通过安全肉条例,并于 12 月 5 日成为法规
20 世纪 60 年代	我国制定了食品卫生微生物检验方法,20 世纪 70 年代出版了《食品卫生检验方法——微生物学部分》

时 间	项 目
1984 年	中华人民共和国国家标准 GB 4789.1～4789.28—84《食品检验方法——微生物学部分》 中华人民共和国食品卫生法(试行)
1987 年	我国卫生部文件关于食品新资源卫生管理办法
1994 年	国家卫生部批准的中华人民共和国国家标准：食品企业通用卫生规范 GB 14881—94。并以通用卫生规范为准则，先后制定了罐头、酒类、面粉、肉类等 15 个专业规范
1994 年	中华人民共和国国家标准 GB 14880—94 食品营养强化剂使用卫生标准
1995 年	由全国人民代表大会常务委员会通过的中华人民共和国食品卫生法
1996 年	中华人民共和国国家标准 GB 2760—1996 食品添加剂使用卫生标准，含标准附录 A、B、C、D，即食品用香料名单、营养强化剂新增品种、胶姆中胶基物质及其配料名单、食品工业用加工助剂推荐名单
1996 年	我国卫生部颁发《保健食品管理办法》并相应成立了全国保健食品审评委员会
1997 年	我国卫生部文件关于批准《食品添加剂使用卫生标准》(1997 年增补品种)的通知

1.4.3 食品微生物与未来

食品微生物学既强调基础性的方面，同时又是一门实践性很强的学科，它从属于应用微生物学范围，所以应该在熟悉和掌握现代微生物理论与技术的基础上，尽可能发挥微生物现有和潜在的用途及价值。

1.4.3.1 预防食品腐败，控制食源性感染

微生物专家和食品科技工作者应致力于预防食品腐败，研究食品变质；同时应努力积极参与控制食源性感染和食物中毒，使由此而产生的食品安全问题减少到最低限度，创造更多、更好的健康食品。

1.4.3.2 微生物资源的开发和利用

微生物作为一类资源进行开发和利用潜力很大，前景广阔。因为微生物物种资源极其丰富，未知者甚多，有人估计全世界所描述的微生物种类不到实有数的 2％，细菌估计有 4 万种，已知种才 4700 多种，仅占 12％（表 1-3），而真正利用的不到 1％，所以微生物是最有潜力开发的一类资源；开发微生物资源不像动植物有珍稀、濒危之说，微生物繁殖快，属于可再生资源，取之不尽。

表 1-3 微生物资源的种类

类 群	已 知 种	估 计 种	已知种所占的比例/％
细菌	4760	40000	12
真菌	4900	1500000	5
病毒	5000	130000	4
藻类	40000	60000	67

海洋是最值得开发的资源之一，那里的土著微生物能适应高压。极端环境下的微生物往往都有特殊的用途，和动植物相比，微生物的变异大得多，这就为人类改造它们提供了可能和便利。青霉菌产生青霉素，最初其产率不到 0.01％，经过人工改造，现在产率在 5％以上，产率提高了 500 多倍。

从有实际价值观点看，除了传统的酿酒、酿醋、酿酱油、面包、酸奶和奶酪、酱菜工业外，现代发酵生产氨基酸、有机酸、维生素、酶、生物农药、生物肥料等，其价值难以估计，何况许多食用真菌本身就是高营养的功能食品，这就需要去研究、去探索。

1.4.3.3　食品分子微生物技术研究

现代分子生物学技术广泛应用于食品中有害微生物的快速诊断以及食品中微生物群落的结构和功能分析。我国传统发酵食品具有悠久的历史，具有各自独特的生产工艺，发酵过程涉及的微生物种类较多，赋予了传统发酵食品特有的风味与功能。这曾影响着日本、朝鲜、韩国等许多亚洲国家，主要产品多为和人们生活息息相关的一些品种，如白酒、黄酒、食醋、酱油、腐乳、豆豉、奶酪以及其他的诸如发酵肉制品等。以中国为代表的东方国家多采用酵母菌、霉菌和细菌等混合微生物进行固态自然发酵，而西方国家多采用细菌、酵母菌中的一种或几种进行发酵。以酒类为例，中国等东方国家多采用"曲"进行糖化发酵，如中国著名的大曲酒——茅台酒，其发酵所用大曲由大麦、小麦等粮食原料保温培菌制得。通过传统的纯培养技术对其大曲中的微生物进行分离，结果表明，存在于茅台大曲中的微生物主要有霉菌、酵母菌、乳酸菌、丁酸菌和耐高温芽孢杆菌等。

传统发酵食品微生物的研究主要采用常规的培养方法，通过表型和生理生化特征来鉴定微生物的种类，但是大多数环境微生物对培养的要求十分苛刻，由于培养条件的限制，常规方法难以检测到不可培养的微生物，缺乏对传统发酵食品生产过程中微生物群落及其功能的系统和全面的研究。

近年来，分子生物学技术越来越广泛地应用于发酵食品微生物的研究中，分子生物学技术与微生物生态学技术相结合，构成了一门新的技术——分子生态学技术，这些技术主要以微生物基因序列信息为基础，通过分析环境微生物的基因序列信息来研究传统食品发酵过程中微生物的多样性和功能，与常规研究技术相比，具有工作量小、重现性高、不需要对样品中的微生物进行分离培养，以及能够快速检测出大量未培养的微生物等优点。宏基因组学、基因芯片和实时定量 PCR 等分子生物学技术以微生物基因序列信息为基础，主要用于传统发酵食品发酵过程中微生物的多样性和功能的研究。

1.4.3.4　微生物在农副产品加工中的利用

我国是农业大国，农副产品资源极其丰富，欲提高农副产品的附加值，实行农副产品综合开发，使农业、农村、农民富裕起来，利用微生物进行转化，已经有很多成熟的经验，例如用糖蜜、高粱等碳水化合物作原料，经糖化和酒精发酵，再进行醋酸发酵生产食用醋。酒类发酵、酱油酿造都用到谷物淀粉质原料、蛋白质原料和加工的副产品。发酵乳制品不仅味美，还提高了营养价值，这方面已有较好的基础，随着乳产量增加，发酵乳制品无论是产量或是花色品种都有诱人的前景。问题是需要不断优化发酵剂，生产出更富营养的功能食品。发酵肉在我国虽有生产，但产量不大，如何按需产出适合不同人群的发酵制品，也同样首先需要选育出优良的微生物发酵剂。氨基酸、酶制剂的研究与开发等也是同样的情况。当然有了优良菌种，还需相适应的工艺。

组合菌种具有独到的特色，需要从生态学角度，合理地选择和搭配，通过发酵提高风味，提高营养价值，保持良好的颜色，减少和消除制品中的不安全因素。以上这些传统的发酵食品面对新的世纪应该进行产品的升级换代，使其更具活力。

在农产品加工中，微生物酶的筛选、生产和利用是一个重要方面，蛋白酶是一类很重要的酶，用途也广，在新兴健康食品开发方面，它扮演着积极的角色，例如，对糖尿病患者来说，既需要甜食又忌讳多吃糖点，微生物蛋白酶的催化合成就可解决这个问题。例如，Nutra Sweet 公司生产的高甜二肽 Aspartame，其甜度是蔗糖的 150 多倍。

纤维素占地球动植物总量的一半，是最大的再生资源，农业的秸秆是取之不尽的纤维素来源，如果得到充分利用，贡献不小。据报道，有人已经找到一种能在 70℃下发酵纤维素直接生产酒精的高温菌，这种菌在 70℃ 下生长并能产生分解纤维素及发酵葡萄糖产生酒精的全套酶系。另外，还有许多具特殊用途的酶，如纤维蛋白溶酶、透明质酸酶、右旋糖酐酶、去污制革工业的酶等都有待更好地去向大自然索取！

1.4.3.5　食品加工、制造中微生物的控制和消除微生物性的不安全因素

在食品加工和生产过程中，为了保证产品的质量，每一种食品加工均应按确定的管理和技术标准受到控制。GMP 是良好生产操作规范 Good Manufacturing Practice 的缩写，是美国食品卫生条例之一。GMP 标准规定了在加工、贮藏和食品分配等各个工序中所要求的操作、管理和控制规范，实施 GMP 已是食品界的趋势，有了 GMP 标志，可打自己的品牌。目前，以美国为代表的许多国家都将 GMP 制度用于各种食品企业的质量管理中，当然 GMP 所规定的也只是一个基本原则、一个框架，各个食品制造业有各自的特点和具体要求，这要根据物料特性、微生物可能类型和具体卫生要求而定，例如美国的罐头生产必须接受 GMP 管理，而且必须申报每一种罐头的灭菌温度。为确保 GMP 的贯彻，国家也应设置专门的机构进行监督检查，我国有些地区还成立了 GMP 指导咨询组。

为了生产健康、安全的食品，在有条件的企业首先应实施 HACCP 系统管理模式，条件不具备的应创造条件贯彻执行，HACCP 是 Hazard Analysis and Critical Control Points 的缩写，包括有害分析和关键控制点两部分内容，从原料要求到加工食品、包装、贮藏和保鲜等各工序在有害分析的基础上找到关键点加以控制。应该认识到，HACCP 是控制食物从收获到消费全过程中微生物危害的最好体系。HACCP 最大的特点是预防性管理模式，根据对各关键点的分析检测，及时提出警告，把查出的不安全因素消除在萌芽状态，保证产品的安全。改变了传统的做法依靠对终产品的抽检，决定产品是否安全，靠对终产品的抽检，虽然曾起到积极的效果，生产中也起了很大的作用，但这不够，在某种意义上讲是"马后炮"，比较被动。执行 HACCP 系统需要一定的专业技术水平，就是说，要不断提高技术队伍和全员职工的文化素质和技术水平，有了好的原料，贯彻执行 GMP 和 HACCP 并得到认证，产品安全达标，为与世贸组织成员国之间或其他国际交往奠定了可靠的基础。这里还必须指出，应宣传和教育广大消费者，不能因为工业上采用 HACCP 而放松了购买和消费产品时对安全意识的警惕性。因为许多食物介导的中毒、传播疾病是由于家庭和饮食服务机构错误处理食品引起的，所以食品在售后应继续监控 HACCP 体系。

GMP、HACCP 管理体系和栅栏技术、预报微生物学理论和技术，虽然含意不同，各有其侧重，GMP、HACCP 主要应用于产品的加工管理，栅栏技术主要应用于产品设计，微生物预报则主要用于产品的加工优化。但三者间又是紧密联系的，有了产品的科学设计，还要有力地实施 GMP 和 HACCP 管理和控制，同时把预报微生物的理论与技术渗透到上述二者之中，再通过计算机快速预测加工食品的贮藏性和质量特征，从而实现加工优化。此外，利用分子检测技术，可以对食品腐败、病原微生物及发酵微生物进行快速、准确的定性定量分析。所以，为了保证生产出优质产品，应当把上述技术有机结合起来，实现产品质量和效益的统一，推动食品的发展。

 拓展阅读

食物、肠道菌群与健康

胃肠道是细菌的"大仓库"。这里共生着 500～1000 种 1000 万亿个细菌（$1×10^{14}$），总重量超过 1.5kg，若以单个细菌排列，可围绕地球两圈。它们与人体互利共生：它们一方面

利用人体消化的食物残渣和胃肠道，作为自身生存的条件和环境；另一方面又为人体提供着各种维生素（维生素 B_1、维生素 B_2、维生素 B_6、维生素 B_{12}、叶酸、维生素 H 和维生素 K）、必需的氨基酸和一些抗生素与多肽；它们一方面可以分解体内一些有毒和有害的物质（如亚硝胺、硫化氢和乳酸等），抑制蛋白质的腐败；另一方面又可参与人体肠上皮的生长、分化、存活、炎症、免疫反应，抑制有害病菌的繁衍和生长。它们还可参与人体的能量代谢，促进能量的贮存，降解胆固醇，促进 Ca、Mg、Fe 的吸收，维持肠道的 pH 值，促进肠道蠕动，维持肠道微环境的内稳定。因此，肠道细菌不仅是人体的"好朋友"和"好住户"，还是附着在人体的一个重要的"器官"，辅助人体的营养、代谢、生长、免疫、防御和调节功能。肠道细菌失调不仅会产生多种胃肠道疾病如腹泻、便秘、痢疾、激惹性肠炎（IBD）、溃疡性结肠炎（UD）和 Crohn 病等，还会诱发肥胖、衰老、癌症、糖尿病、代谢综合征和心血管病等。因此，有人称它们是人体的"Driver of homeostasis and diseases"、"We monitor them；They monitor us."，相互依存，共生共利，互利互惠。

　　肠道细菌 80% 以上都是对人体有益的细菌，如双歧杆菌、乳酸杆菌、乳链球菌等。但是也有少数是对人体有害的细菌，如产气荚膜杆菌、假单胞菌、威尔斯菌、葡萄球菌、铜绿假单胞菌等。在正常状态下，肠道细菌维持着菌群稳定，有益细菌抑制着有害细菌的生长和

Editorial

The impact of gut microbial communities on human health is widely perceived as the most exciting advancement in biomedicine in recent years, and attracts massive attention from scientists and health care professionals.

However, most of our current knowledge is based on animal models. Dramatic changes in body anatomy and physiology are observed after microbial colonization of animals bred under germ-free conditions, but we do not know how and when these events take place in the human being.

Recent advances in sequencing technologies as well as the availability of powerful bioinformatic tools needed to analyze large datasets are rapidly changing the state of the art by providing accurate information about the structure and function of the microbial communities that inhabit the human gut.
Taking advantage of the novel technologies, two large-scale initiatives of major funding agencies, namely the NIH's Human Microbiome Project and the European MetaHIT Project, have addressed the issue of deciphering human associated microbiotas. Both programmes will have concluded their tasks by the end of 2012.

To raise recognition and expand knowledge in this fast moving field, the Second Gut Microbiota For Health Summit aims at translating the most recent advances to the medical community. The European Society for Neurogastroenterology & Motility and the American Gastroenterological Association have granted scientific sponsorship of the event by appointing a joint scientific committee in charge of the programme.

图 1-3　肠道微生物与健康国际学术会议会刊

（The International Conference of Gut Microooiota & Ilealth）

繁殖，发挥着"体外器官"的作用。随着环境、年龄、生理、食物、药物等条件的改变，肠道的菌群谱亦会相应发生改变。近年来研究证明，肠道菌群成分、结构和比例，与人体健康和疾病发生有着密切的关系。不同的肠道菌群谱可以致病，亦可以防病；可以致癌，也可以抗癌；可以致肥胖，也可引起消瘦；可以诱发糖尿病，也可以防糖尿病；可以促进衰老，亦可以延年益寿；总之，不同的菌群谱，产生不同的生理和病理效应。它们既是健康和疾病的诱发或始发因素，亦是健康和疾病的"晴雨计"。有人估计，约有90％的疾病都与肠道细菌有关，成为研究人体健康、疾病发生和防治疾病的新领域、新靶点。正如公元前400年Hippocreates所预言的一样："Death site in Bowels"，它是人类"Rool at all evil"。肠道细菌再次引起人们的高度关注。

如图 1-3 所示为肠道微生物与健康国际学术会议会刊。

思 考 题

1. 什么是微生物？什么是微生物学？
2. 微生物有哪些特点？
3. 什么是食品微生物学？它与微生物学有什么相同与不同之处？
4. 你认为食品微生物学研究的重点领域应该包括哪些方面？阐明你的理由？
5. 你认为在微生物学的发展中什么是最重要的发现？为什么？
6. 阐明微生物奠基人之一巴斯德的主要贡献。他和 Roux 是如何发现疫苗的？
7. 阐明微生物奠基人之一柯赫及其助手 Fannine Hesse 的主要贡献。
8. 列出你自己能想到的社会中所用直接依赖于食品微生物学的活动及其事物？
9. 为什么微生物对微生物学家作为实验模型是非常重要的？

参 考 文 献

[1] Michael T Madigan. Brock Biology of Microorganisms. 13th Edition. Benjamin Cummings，2010.
[2] James M Jay. Modern food microbiology. 7th edition. Springer Science＋Business Media Inc，2005.
[3] Robert W Hutkins. Microbiology and and technology of fermented food. Blackwell Publishing，2006.
[4] Mark Wheelis. Principles of modern microbiology. Jones and Bartlett Publishers Inc，2008.
[5] 江汉湖. 食品微生物学. 第 3 版. 北京：中国农业出版社，2010.

微生物学相关网站

武汉大学微生物学教学网站：http：//202.114.65.51/fzjx/wsw/

应用与环境微生物学杂志：http：//aem.asm.org/

美国微生物学协会：http：//www.asm.org/

食品伙伴网：http：//www.foodmate.com/

美国微生物学会微生物学资源网：http：//www.microbepbrary.org/

中国科学院微生物学研究所：http：//www.im.ac.cn/chinese.php

细菌博物馆：http：//bacteriamuseum.org

Elsevier 的官方网站：http：//www.elsevier.com

第2章　微生物的基本形态与结构

微生物按其细胞，尤其是细胞核的构造及进化水平上的差别，分为原核生物和真核微生物两大类。前者包括细菌［Bacteria，旧称"真细菌"（Eubacteria）］和古生菌［Archaea，旧称"古细菌"（Archaebacteria）］，后者则包括真菌、原生动物和显微藻类等。而没有细胞结构的分子型的生物被称为病毒（virus）。

以下将分别陈述原核微生物、真核微生物和非细胞微生物的形态和构造。深入了解微生物的形态构造，是学习微生物学的第一步。

2.1　原核细胞微生物

2.1.1　细菌

细菌是一类细胞细而短（细胞直径约为 $0.5\mu m$，长度约 $0.5\sim5\mu m$）、结构简单、细胞壁坚韧、以二等分裂方式繁殖和水生性较强的原核微生物。其在自然界分布广、种类多，而且数量很大。细菌与动植物及人类生命活动息息相关，与食品的关系十分密切，是食品微生物学的重要研究对象之一。

2.1.1.1　细菌的个体形态

细菌的种类繁多，就单个菌体而言，其基本形态有三种：球状、杆状和螺旋状，分别被称为球菌、杆菌和螺旋菌。在一定环境条件下各种细菌通常保持其各自特定的形态，可以作为分类和鉴定的依据（图2-1）。

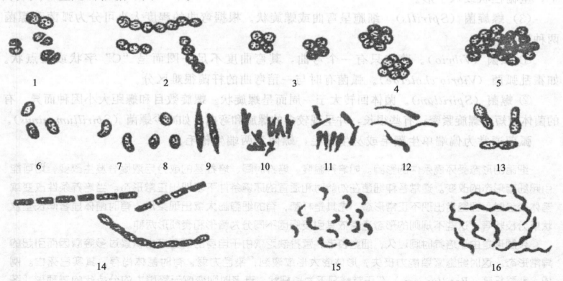

图 2-1　细菌形态与排列

1—双球菌；2—链球菌；3—四联球菌；4—八叠球菌；5—葡萄球菌；6—单杆菌；7—单杆菌，菌体稍弯；
8—球杆菌；9—杆菌；10—分枝杆菌；11—棒状杆菌；12—长丝状杆菌；13—双杆菌；
14—链杆菌；15—弧菌；16—螺旋菌

（1）球菌（Coccus） 细胞呈球形或椭圆形，当几个球菌连在一起时其接触面稍扁平。按照球菌分裂的方向和分裂后产生的新细胞排列方式可将其分为六种。

① 单球菌。球菌分裂沿一个平面进行，新个体分散而单独存在。如尿素微球菌（*Micrococcus ureae*）。

② 双球菌。球菌分裂沿一个平面进行，菌体成对排列。如肺炎双球菌（*Diplococcus pneumoniae*）。

③ 链球菌。球菌分裂沿一个平面进行，菌体三个以上连成链状。如乳链球菌（*Streptococcus lactis*）。

④ 四链球菌。球菌分裂沿两个相互垂直平面进行，分裂后四个菌体连在一起，呈田字形。如四链微球菌（*Micrococcus tetragenus*）。

⑤ 葡萄球菌。球菌分裂面不规则，在多个面上进行，分裂后多个球菌紧密联合在一起，呈葡萄串状。如金黄色葡萄球菌（*Staphylococcus aureus*）。

上述排列是细菌种的特征。然而，一定种的全部菌体不一定都按照一种方式排列，占优势的排列方式才是重要的。

（2）杆菌（Bacillus） 细胞呈杆状或圆柱形，菌体多数平直，也有稍弯曲者。各种杆菌的长宽和菌体两端不尽相同。有的杆菌菌体很长，称为长杆菌；有的较短，呈椭圆形近似球状，称为短杆菌；多数两端呈钝圆形，少数呈平齐形或呈尖锐形；菌体短小，两端钝圆者称为球杆菌；具有分枝或侧枝的杆菌，称为分枝杆菌；一端膨大的杆菌，称为棒状杆菌；有的杆菌形如梭状，称为梭状杆菌。一般来说，同一种杆菌其宽度比较稳定，而长度则常因培养时间、培养条件不同而有较大变化。

杆菌常沿菌体长轴方向分裂，多数分裂后菌体单独存在，称为单杆菌；分裂后两菌相连成对排列在一起，称为双杆菌；分裂后菌体相连成链状，称为链杆菌；有的杆菌一个紧挨一个，呈栅栏状或八字形。

（3）螺旋菌（Spirills） 细胞呈弯曲或螺旋状。根据弯曲的程度大小可分为弧菌和螺菌两种形态。

① 弧菌（Vibrio）。菌体只有一个弯曲，其弯曲度不足一圈而呈"C"字状或豆点状。如霍乱弧菌（*Vibrio cholerae*）。弧菌有时与一稍弯曲的杆菌很难区分。

② 螺菌（Spirillum）。菌体回转大于一周而呈螺旋状。螺旋数目和螺距大小因种而异。有的菌体较短，螺旋紧密；有些很长，并呈现较多的螺旋和弯曲。如减少螺菌（*Spirillum minus*）。

弧菌通常为偏端单生鞭毛或丛生鞭毛，螺菌为两端生鞭毛。

细菌的形态受环境条件的影响。如培养温度、培养时间、培养基的成分与浓度等发生改变，均可能引起细菌形态的改变。通常各种细菌在幼龄时和适宜的环境条件下表现出正常形态。当培养条件改变或菌体变老时，细胞常出现不正常形态，尤其是杆菌，有的细胞膨大或出现梨形，有时菌体显著伸长呈丝状或分枝状等，这些不规则的形态通常依其引发原因不同分为畸形和衰颓形两种。

衰颓形是由于培养时间过久，细胞衰老，营养缺乏或由于自身的代谢产物积累过多等原因而引起的异常形态。这时细胞繁殖能力丧失，形体膨大形成液泡，染色力弱，有时菌体尚存，其实已死亡。例如，乳酪杆菌（*Bacillus casei*）在正常情况下为长杆状，衰老时则变成无繁殖力的分枝状的衰颓形［图2-2(a)］。此外，畸形就是由于化学或物理因子的刺激，阻碍了细胞的发育而引起的异常形态。例如，巴氏醋酸杆菌（*Acetobacter pasteurianus*）在正常情况下为短杆状，由于培养温度的改变，可使其变为纺锤状、丝状或链锁状［图2-2(b)］。

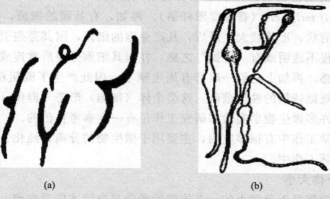

(a)　　　　　　　　　　　(b)

图 2-2　细菌的异常形态

（a）畸形的乳酪杆菌；（b）畸形的巴氏醋杆菌

上述原因导致形成的菌体异常形态往往是暂时的，这与基因改变引起的形态变异不同，在一定条件下可恢复正常，在比较细菌形态时应加以注意。

自然界中杆菌最为常见，球菌次之，而螺旋菌较少。此外，细菌还有一些特殊形态。如柄细菌属（*Caulobacter*）的细胞呈杆状、梭状或弧状，同时，有一特征性的细柄附着在基质上；鞘细菌或称球衣细菌能形成衣鞘，杆状的细胞呈链状排列在衣鞘内而成为丝状。近年来还陆续发现少数形态如三角形、方形和圆盘形等的细菌。

当人类还未研究和认识细菌时，细菌中的少数病原菌曾猖獗一时，夺走无数生命；不少腐败菌也常常引起食物和工农业产品腐烂变质。因此，细菌给人的最初印象常常是有害的，甚至是可怕的。实际上，随着微生物学的发展，当人们对它们的生命活动规律认识越来越清楚后，情况就有了根本的改变。目前，由细菌引起的传染病基本上都得到了控制。与此同时，还发掘和利用了大量的有益细菌到工业、农业、医药、环保等生产实践中，给人类带来了极其巨大的经济效益和社会效益。例如，在工业上各种氨基酸、核苷酸、酶制剂、乙醇、丙酮、丁醇、有机酸、抗生素等的发酵生产；农业上如杀虫菌剂、细菌肥料的生产和在沼气发酵、饲料青贮等方面的应用；医药上如各种菌苗、类毒素、代血浆和许多医用酶类的生产等；以及细菌在环保和国防上的应用等，都是利用有益细菌活动的例子。

2.1.1.2　细菌群体（菌落）的形态

将单个微生物细胞或一小堆同种细胞接种在固体培养基的表面（有时为内部），当它占有一定的发展空间并给予适宜的培养条件时，该细胞就迅速进行生长繁殖。结果会形成以母细胞为中心的一堆肉眼可见的、有一定形态构造的子细胞集团，这就是菌落（colony）。如果菌落是由一个单细胞发展而来的，则它就是一个纯种细胞群或克隆（clone）。如果将某一纯种的大量细胞密集地接种到固体培养基表面，结果长成的各"菌落"相互联结成一片，这就是菌苔（lawn）。

由于菌落就是微生物的巨大群体，因此，个体细胞形态上的种种差别，必然会极其密切地反映在菌落的形态上。这对产鞭毛、荚膜和芽孢的种类来说尤为明显。例如，对无鞭毛、不能运动的细菌尤其是各种球菌来说，随着菌落中个体数目的剧增，只能依靠"硬挤"的方式来扩大菌落的体积和面积，这样，它们就形成了较小、较厚、边缘极其圆整的菌落。又如，对长有鞭毛的细菌来说，其菌落就有大而扁平、形状不规则和边缘多缺刻的特征，运动能力强的细菌还会出现树根状甚至能移动的菌落，前者如 *Bacillus mycoides*（蕈状芽孢杆菌），后者如 *Proteus vulgaris*（普通变形杆菌）。再如，有荚膜的细菌，其菌落往往十分光滑，并呈透明的蛋清状，形状较大。最后，凡产芽孢的细菌，因其芽孢引起的折射率变化而使菌落的外形变得很不透明或有"干燥"之感，并因其细胞分裂后常连成长链状而引起菌落表面粗糙、有褶皱感，再加上它们一般都有周生鞭毛，因此产生了既粗糙、多褶、不透明，又有外形及边缘不规则特征的独特菌落。这类个体（细胞）形态与群体（菌落）形态间的相关性规律，对进行许多微生物学实验和研究工作是有一定参考价值的。

菌落在微生物学工作中有很多应用，主要用于微生物的分离、纯化、鉴定、计数等研究和选种、育种等实际工作中。

2.1.1.3　细菌的个体大小

细菌的个体一般都是十分微小的，必须借助光学显微镜才能观察到。细菌的个体大小通常以微米（μm）表示，当用电子显微镜观察细胞构造或更小的微生物时，要用更小的单位纳米（nm）表示。

球菌的个体大小以其直径表示，杆菌、螺旋菌的个体大小则以宽度×长度表示。其中螺旋菌的长度是以其菌体两端间的直线距离来计算的。细菌的个体大小随种类的不同而有差异。通常都不超过几个微米，大多数球菌的直径为 $0.2 \sim 1.25\mu m$；杆菌一般为 $(0.2 \sim 1.25)\mu m \times (0.3 \sim 8.0)\mu m$，螺旋菌为 $(0.3 \sim 1.0)\mu m \times 50\mu m$。几种细菌的个体大小见表 2-1。

表 2-1　革兰阳性菌和革兰阴性菌的细胞壁特征

特征	革兰阳性细菌	革兰阴性细菌	
		内壁层	外壁层
厚度/nm	20～80	2～3	8～10
肽聚糖层	占细胞壁干重的40%～50%	5%～10%	无
磷壁酸	有或无	无	无
脂多糖	1%～4%	无	11%～22%
脂蛋白	无	有或无	有
对青霉素的敏感性	强	弱	弱

利用显微镜测量细菌的个体大小通常需先对菌体进行固定和染色。固定的程度和染色的方法对菌体大小均有一定的影响。经过干燥固定的菌体长度，一般要缩短 $1/4 \sim 1/3$；若用衬托染色法，其菌体往往大于普通染色法，甚至比活菌体还大。细菌的个体大小是以多个菌体的平均值或变化范围来表示。

影响细菌形态变化的因素同样也影响细菌的个体大小。一般幼龄的菌体比成熟的或老龄的菌体大得多。例如培养 4h 的枯草杆菌菌体比培养 24h 的菌体长 5～7 倍，但宽度变化不明显。菌体大小随菌龄而变化，这可能与代谢产物的积累有关。此外，培养基中渗透压增加也可导致菌体变小。细菌细胞的重量为 $1 \times 10^{-10} \sim 1 \times 10^{-9}$ mg，即每克细菌含 1 万亿～10 万亿个菌体细胞。

2.1.1.4　细菌的细胞结构与功能

细菌细胞的结构可分为基本结构和特殊结构两部分。基本结构是指任何一种细菌都具有的细胞结构，包括细胞壁、细胞膜、细胞质和核质体等。特殊结构是指某些种类的细菌所特有的结构，如芽孢、荚膜、鞭毛和菌毛等。它们是细菌分类鉴定的重要依据。细菌细胞的结构模式见图 2-3。

（1）细菌细胞的基本结构

① 细胞壁（cell wall）　细胞壁是细菌外表面的一种坚韧而具弹性的结构层。厚度为 10～80nm，约占细胞干重的 10%～25%。细胞壁在电子显微镜下清晰可见，并可测知厚度，采用质壁分离和适当的染色方法也可在光学显微镜下看到细胞壁。

a. 细胞壁的功能　细胞壁的主要功能是保护细胞免受机械性或渗透压的破坏；维持细胞特定外形；协助鞭毛运动，为鞭毛运动提供可靠的支点；作为细胞内外物质交换的第一屏障，阻止胞内外大分子或颗粒状物质通过而不妨碍水、空气及一些小分子物质通过；为正常的细胞分裂所必需；决定细菌

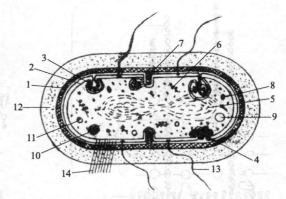

图 2-3　细菌细胞的结构模式
1—细胞壁；2—细胞膜；3—间体；4—染色体；5—细胞核质；6—核糖体；7—横隔壁；8—淀粉粒；9—脂肪粒；10—异染粒；11—聚 β-羟基丁酸颗粒；12—荚膜；13—鞭毛；14—菌毛

的抗原性、致病性和对噬菌体的特异敏感性；与细菌的革兰（Gram）染色反应密切相关。

b. 细胞壁的化学组成与结构　细菌细胞壁的主要化学成分是肽聚糖（peptidoglycan）和少量的脂类。肽聚糖是原核微生物细胞壁所特有的一类大分子复合物，它是由若干个 N-乙酰葡萄糖胺（NAG）和 N-乙酰胞壁酸（NAM）与氨基酸短肽组成的亚单位聚合而成。以金黄色葡萄球菌（*Staphylococcus aureus*）为例，NAG 和 NAM 相间排列并以 β-1,4 葡萄糖苷键连接成肽聚糖的多糖链，由 L-丙氨酸、D-谷氨酸、L-赖氨酸和 D-丙氨酸组成的四肽连接在 NAM 分子上，成为肽聚糖亚单位，再由甘氨酸五肽从横向把两个相邻四肽中的 L-赖氨酸和 D-丙氨酸连在一起，使肽聚糖亚单位交联成肽聚糖，从而构成了坚韧而具弹性的三维空间网状结构。不同类群细菌的肽聚糖的主要差别是多糖链的长短，四肽短链中氨基酸的种类和顺序，甘氨酸短肽间桥的有无及其交联度，以及网状结构的层次数等方面。

丹麦医生革兰氏（Christian Gram）1884 年发明了革兰染色法，通过本方法可将所有细菌分为革兰阳性（G$^+$）和革兰阴性（G$^-$）两大类。两大类细菌细胞壁的化学组成与结构有很大差异（图 2-4）。革兰阳性细菌的细胞壁较厚，为 20～80nm。其主要成分肽聚糖有 15～50 层，占细胞壁干重的 50%～80%。通过四肽侧链和五肽间桥相交联，交联度高。如金黄色葡萄球菌为 75%，构成的三维空间网络坚韧致密。此外，G$^+$ 细菌还特别含有磷壁酸（teichoic acid，即垣酸）。

磷壁酸是多聚磷酸甘油或多聚磷酸核醇的衍生物，按照其在细胞壁上的结合部位可分为壁磷壁酸和膜磷壁酸（1ipoteichoic acid，即脂磷壁酸）。磷壁酸以约 30 个或更多的重复单位构成长链，插在肽聚糖中，其中壁磷壁酸长链的一端与肽聚糖上的胞壁酸连接，另一端伸出细胞壁之外；膜磷壁酸长链一端与细胞膜中的糖脂（glycolipid）相连，另一端穿过肽聚糖层而达到细胞壁表面。

磷壁酸的主要生理功能有：ⓐ因带有负电荷，故可吸附环境中的 Mg^{2+} 等阳离子，提高这些离子的浓度，其中有些离子可保证细胞膜上某些合成酶维持高活性。ⓑ赋予 G$^+$ 细菌以特异的表面抗原。ⓒ提供某些噬菌体特异的吸附受体。ⓓ保证 G$^+$ 致病菌（如 A 族链球菌）

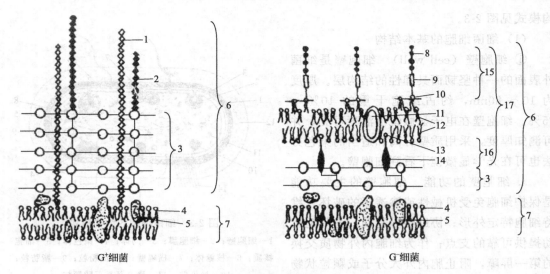

图 2-4　细菌细胞壁结构模式

1—膜磷壁酸；2—壁磷壁酸；3—肽聚糖；4—磷脂；5—蛋白质；6—细胞壁；7—细胞膜；8—特异性多糖；

9—核心多糖；10—类脂 A；11—微孔蛋白；12—脂质双层；13—磷脂；14—脂蛋白；

15—脂多糖；16—周质间隙；17—外膜

与其宿主间的粘连（主要为膜磷壁酸）。

在某些 G⁺ 细菌的细胞壁表面还可能有某些特殊的表面蛋白，它们与致病性有关。

革兰阴性细菌的细胞壁较薄，为 10～15nm，其化学组成和结构比 G⁺ 细菌更为复杂（表 2-2），分为内壁层和外壁层（图 2-5）。

表 2-2　不同细菌荚膜的化学成分

类　别	菌　名	组　成	分解产物
G⁺ 细菌	巨大芽孢杆菌	多肽，多糖	D-谷氨酸，氨基酸
	炭疽芽孢杆菌	多肽(聚谷氨酸)	D-谷氨酸
	肠膜明串珠菌	多糖(葡萄糖)	葡萄糖
	荚膜醋酸杆菌	多糖	葡萄糖
G⁻ 细菌	大肠杆菌	多糖	半乳糖，葡萄糖醛酸
	痢疾志贺菌	多糖-多肽-磷酸化合物	氨基酸，葡萄糖

内壁层靠近细胞质膜，厚 1～2nm，占壁干重的 5%～10%，为一层至少数几层的肽聚糖。肽聚糖结构与 G⁺ 细菌的差别是无甘氨酸五肽间桥，同时四肽侧链中的 L-赖氨酸多为其他二氨基酸所取代，而且交联度较低。例如，大肠杆菌（*Escherichia coli*）的肽聚糖只有 1～2 层，肽聚糖四肽侧链中的 *m*-二氨基庚二酸取代了 L-赖氨酸，并直接与相邻四肽侧链中的 D-丙氨酸连接，交联度仅有 25%。因此，其网状结构比较疏松，不及 G⁺ 细菌紧密、坚韧。

外壁层覆盖在内壁层外，厚 8～10nm，表面不规则呈波浪形。其结构和化学组成与细胞膜相似，在磷脂双层中嵌有脂多糖和蛋白质，故外壁层又称外膜层。

脂多糖（lipopolysaccharide，LPS）是位于 G⁻ 细菌细胞外壁层中的一类脂多糖类物质。它是由类脂 A、核心多糖和 O-特异性多糖三部分组成。其主要功能有：ⓐ是 G⁻ 菌致病物质的基础，类脂 A 为 G⁻ 细菌内毒素的毒性中心。ⓑ具有吸附 Mg²⁺、Ca²⁺ 等阳离子以提高它们在细胞表面的浓度的作用。ⓒ脂多糖特别是其中的 O-特异性多糖的组成和结构的变化决

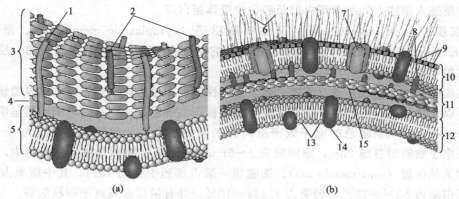

图 2-5　革兰阳性细菌细胞壁和革兰阴性细菌细胞壁结构模式

（a）革兰阳性细菌细胞壁；（b）革兰阴性细菌细胞壁

1—脂磷壁酸；2—壁磷壁酸；3,15—肽聚糖；4,11—周质空间；5,12—细胞膜；6—O-特异性侧链；
7—膜孔蛋白；8—脂蛋白；9—脂多糖；10—外膜；13—磷脂；14—整合蛋白

定了 G⁻ 细菌细胞表面抗原决定簇的多样性。如国际上根据脂多糖的结构特性而鉴定过沙门菌属（Salmonella）的抗原类型多达 2107 个（1983 年）。ⓓ是许多噬菌体在细菌细胞表面的吸附受体。

外壁层中的蛋白质主要有：ⓐ基质蛋白（matrix protein）。如在大肠杆菌中的孔蛋白（porin），它是一种三聚体结构，由三聚体构成的充水孔道横跨外壁层，可通过相对分子质量小于 800～900 的亲水性营养物，如糖类（尤其是双糖）、氨基酸、二肽、三肽和无机离子等，使外壁层具有分子筛功能。ⓑ外壁蛋白（outer membrane protein）。是一类有特异性的运输蛋白或受体，可将一些特定的较大分子物质输入细胞内。ⓒ脂蛋白（lipoprotein）。是由脂质与蛋白质构成，一端以蛋白质的部分共价键连接于肽聚糖中的四肽侧链的二氨基庚二酸上，另一端则以脂质部分经非共价键连接于外壁层的磷脂上，使细胞壁的外壁层牢固地连接在由肽聚糖所组成的内壁层上。

c. 革兰染色的机制　革兰染色反应与细菌细胞壁的化学组成和结构有着密切的关系。目前大多认为，经过初染和媒染后，在细菌的细胞膜或细胞质上染上了结晶紫-碘的大分子复合物。G⁺ 细菌由于细胞壁较厚、肽聚糖含量较高、肽聚糖结构较紧密，故用 95% 乙醇脱色时，肽聚糖网孔会因脱水反而明显收缩，加上 G⁺ 细菌的细胞壁基本上不含脂类，乙醇处理时不能在壁上溶出缝隙。因此，结晶紫-碘的复合物仍被牢牢阻留在细胞壁以内，使菌体呈现紫色。反之，G⁻ 细菌的细胞壁较薄，肽聚糖含量较低，其结构疏松，用乙醇处理时，肽聚糖网孔不易收缩。同时，由于 G⁻ 细菌的细胞壁脂类含量较高，当乙醇将脂类溶解后，细胞壁上就会出现较大缝隙而使其透性增大，所以结晶紫-碘的复合物就会被溶出细胞壁。这时再用番红等红色染液进行复染，就可使 G⁻ 细菌的细胞壁呈现复染的红色，而 G⁺ 细菌则仍呈紫色。

d. 细胞壁缺陷细菌　虽说细胞壁是细菌细胞的基本结构，但在特殊情况下也可发现细胞壁缺损或无细胞壁的细菌：ⓐ原生质体（protoplast）。是指在人工条件下用溶菌酶除尽原有细胞壁或用青霉素等抑制细胞壁的合成后，所得到的仅由细胞膜包裹着的脆弱细胞。通常由 G⁺ 细菌形成。ⓑ原生质球（spheroplast）。是指还残留部分细胞壁的原生质体。通常由 G⁻ 细菌形成。ⓒL-细菌。是专指那些在实验室中通过自发突变而形成的遗传性稳定的细胞壁缺陷菌株。ⓓ壁膜间隙（periplasmic space）。又称周质空间。指位于细胞壁与细胞膜之间的狭窄间隙，G⁺ 和 G⁻ 细菌均有。其内含有多种蛋白质，如蛋白酶、核酸酶等解聚酶和运输某些物质进入细胞内的结合蛋白以及趋化性受体蛋白等。

② 细胞膜（cell membrane）。又称细胞质膜（cytoplasmic membrane）、原生质膜（plasma membrane）或质膜（plasma lemma）。它是细胞壁以内包围着细胞质的一层柔软而具有弹性的半透性薄膜。

细胞膜的结构与组成。通过质壁分离、选择性染色、原生质体破裂或电子显微镜观察等方法，可以证明细胞膜的存在。在利用电子显微镜观察细胞超薄切片时，细胞膜呈明显的双层结构——在内外两条暗色的电子致密层间为稍亮的透明层。细胞膜总厚度为 8～10nm，其中两条电子致密层各厚 2nm，透明层为 2～5nm。在原核生物和真核生物细胞中，这种膜结构通称为单位膜（unit membrane）。细胞膜一般占细胞干重的 10%，其中脂类占 20%～50%，蛋白质占 50%～75%，糖类占 1.5%～10%，并有微量金属离子和核酸等。

细胞膜中的脂类主要是甘油磷脂，由含氮碱基、磷酸、甘油和脂肪酸构成。甘油磷脂为两性化合物，以含氮碱基为亲水的极性头部，两条脂肪酸长链为疏水的非极性尾部，在水溶液中很容易形成具有高度定向性的磷脂双分子层——极性头部朝向膜的内外两个表面，非极性的疏水尾部则埋藏于膜的中间。

磷脂中的脂肪酸有饱和脂肪酸及不饱和脂肪酸两种。磷脂膜双分子层通常呈液态，其流动性高低主要取决于饱和脂肪酸及不饱和脂肪酸的相对含量和类型。如低温型微生物的膜中含有较多的不饱和脂肪酸，而高温型微生物的膜则富含饱和脂肪酸，从而可保持膜在不同温度下的正常生理功能。

膜中的蛋白质依其存在的位置可分为内嵌蛋白和外周蛋白两类。内嵌蛋白存在于膜的内部或由一侧嵌入膜内或穿透全膜；外周蛋白存在于膜的内或外表面，这些蛋白质可在磷脂双分子层液体中作侧向运动。这就是 Singer 和 Nicolson（1972）提出的细胞膜液态镶嵌模式的基本内容。膜蛋白质除作为膜的结构成分外，许多蛋白质本身就是渗透酶或其他酶蛋白。

以下介绍细胞膜的特性与功能。细胞膜的特性可归纳为：ⓐ磷脂双分子层排列的有序性、可运动性和不对称性。Jain 和 White（1977）提出的"板块模型"认为，脂质双层中存在着有序与无序结构间的动态平衡。ⓑ膜蛋白分布的镶嵌性、运动性和不均匀性。ⓒ负电荷性。由于磷脂和蛋白质中极性基团的解离和因呼吸等作用使 H^+ 向膜外排出等原因，可使细胞膜具有 $-150～-20mV$ 的电位差。

细胞膜是细胞型生物的一个极其重要的结构，也是一个重要的代谢活动中心。其主要功能为：ⓐ作为细胞内外物质交换的主要屏障和介质，具有选择吸收和运送物质、维持细胞内正常渗透压的功能。ⓑ是原核生物细胞产生能量的主要场所，细胞膜上含有呼吸酶系和 ATP 合成酶。ⓒ含有合成细胞膜脂类分子及细胞壁上各种化合物的酶类，参与细胞膜及细胞壁的合成。ⓓ传递信息。膜上某些特殊蛋白质能接受光、电及化学物质等的刺激信号并发生构象变化，从而引起细胞内的一系列代谢变化和产生相应的反应。

③ 间体（mesosome）　原核生物细胞虽然没有由单位膜包裹形成的细胞器，但许多原核生物类群也演化出一类由细胞质膜内陷折叠形成的不规则层状、管状或囊状结构。由于其在结构上大多未与细胞质膜完全脱开，所以与真核生物的细胞器不同，这种结构被称为间体或中间体。在 G^+ 细菌细胞中较为明显，而在有些 G^- 细菌中不明显。

间体的功能初步认为是：a. 由于其在细胞分裂时常位于分裂部位，因此它在横膈膜和壁的形成及细胞分裂中有一定的作用。b. 它是以细菌 DNA 复制时的结合位点参与 DNA 的复制和分离及细胞分裂的。c. 作为细胞呼吸作用的中心而相当于高等生物的线粒体，其上具有细胞色素氧化酶、琥珀酸脱氢酶等呼吸酶系，故有人称之为"拟线粒体"。d. 参与细胞内物质和能量的传递及芽孢的形成。

除间体外，细菌的内膜系统还包括载色体、羧酶体、类囊体等。

载色体（chromatophore）又称色素体，是光合细菌的细胞质膜经多次凹陷折叠而形成的片层状、微管状或囊状结构。载色体含有菌绿素和类胡萝卜素等光合色素及光合磷酸化所需要的酶类和电子传递体，因而是光合细菌进行光合作用的中心，相当于绿色植物细胞中的叶绿体。

羧酶体（carboxysome）又称多角体，是许多能同化二氧化碳的自养细菌特有的一种多面体结构。羧酶体由以蛋白质为主的单层膜包围，内含固定二氧化碳所需的 5-磷酸核酮糖激酶和 1,5-二磷酸核酮糖羧化酶，是自养细菌固定二氧化碳的场所。

类囊体（thylakoid）是蓝细菌（*Cyanobacterium*）的细胞质膜经多次重复折叠而形成的片层状结构，多与细胞质膜无直接的相连而成为原核生物中唯一独立的囊状体。叶绿素和藻胆素等光合色素呈颗粒状依次附着在其表面，并含有光合作用酶系，是蓝细菌进行光合作用的场所。

气泡（gas vacuoles）是某些水生细菌，如盐细菌和蓝细菌细胞内贮存气体的结构。气泡由许多小的气囊组成。气泡使细胞的浮力增大，从而有助于调节并使细菌生活在最佳水层位置，以适应它们对环境条件（光线、氧气）的不同需要。

④ 核区（nuclear region）　细菌为原核生物，其细胞仅具有比较原始形态的细胞核，即原核。在电镜下观察细菌的细胞核为一巨大紧密缠绕的环状双链 DNA 丝状结构，只有少量蛋白质与之结合，无核膜包裹，分布在细胞质的一定区域内，所以称其为核区、拟核、核质体或细菌染色体等。例如，大肠杆菌的细胞长度约 $2\mu m$，而它的 DNA 丝的长度却是 $1100\sim1400\mu m$，相对分子质量为 3×10^9，约有 5×10^6 个碱基对，至少含有 5×10^3 个基因。核区多呈球形、棒状或哑铃状。在正常情况下，一个细胞内只含有一个核。而当细菌处于活跃生长时，由于 DNA 的复制先于细胞分裂，因而一个细胞内往往会有 2～4 个核。细菌除在 DNA 复制的短时间内呈双倍体外，一般均为单倍体。原核携带着细菌绝大多数的遗传信息，是细菌生长发育、新陈代谢和遗传变异的控制中心。

⑤ 质粒（plasmid）　在许多细菌细胞中还存在有原核 DNA 以外的共价闭合环状双链 DNA，称为质粒。质粒分布在细胞质中或附着在核染色体上，其相对分子质量比核 DNA 小，通常为 $(1\sim100)\times10^6$，约含有几个到上百个基因。一个菌体内可有一个或多个质粒。

质粒的主要特性有：a. 可自我复制和稳定遗传。b. 为非必要的遗传物质，通常只控制生物的次要性状。c. 可转移。某些质粒可以较高的频率（$>10^{-6}$）通过细胞间的接合作用或其他机制，由供体细胞向受体细胞转移。d. 可整合。在一定条件下，质粒可以整合到染色体 DNA 上，并可重新脱落下来。e. 可重组。不同质粒或质粒与染色体上的基因可以在细胞内或细胞外进行交换重组，并形成新的重组质粒。f. 可消除。经高温、吖啶橙或丝裂霉素 C 等处理可以消除宿主细胞内的质粒，同时质粒携带的表型性状也随之失去。

质粒的种类有：a. 抗性质粒。又称为 R 因子或 R 质粒，指对某些抗生素或其他药物表现出抗性。b. 接合质粒。又称为 F 因子、致育因子或性因子，是决定细菌性别的质粒，与细菌有性结合有关。c. 细菌素质粒。使细菌产生细菌素，以抑制其他细菌生长。d. 降解质粒。可使细菌利用通常难以分解的物质。e. Ti 质粒。又称诱瘤质粒，根瘤土壤杆菌（*Agrobacterium tumefaciens*）的 Ti 质粒可引起许多双子叶植物的根瘤症。f. 固氮质粒。因比一般质粒大几十倍至几百倍，故又称巨大质粒，它与根瘤菌属的固氮作用有关。质粒不仅对微生物本身有重要意义，而且已经成为遗传工程中重要的载体。

⑥ 核糖体（ribosome）　核糖体是细胞中核糖核蛋白的颗粒状结构，由65％的RNA和35％的蛋白质组成。原核生物的核糖体常以游离状态或多聚核糖体状态分布于细胞质中，而真核生物细胞的核糖体既可以游离状态分布于细胞质内，也可结合于细胞器如内质网、线粒体、叶绿体上，细胞核内也有核糖体存在。原核生物核糖体沉降系数为70S；真核生物细胞器核糖体亦为70S，而细胞质中的核糖体却为80S。S值与分子量及分子形状有关，分子量大或分子形状密集则S值大，反之则小。

⑦ 细胞质及其内含物　细胞质是细胞膜内除细胞核外的无色、透明、黏稠的胶状物质和一些颗粒状物质。其主要成分为水、蛋白质、核酸、脂类、糖、无机盐和颗粒状内含物。细胞质内还含有前面已介绍过的核糖体、气泡等结构。

颗粒状内含物大多是细胞的贮藏物质，其种类常因菌种而异。即使同一种菌，颗粒的数量也随菌龄和培养条件不同而有很大变化。在某些营养物质过剩时，细菌就将其聚合成各种贮藏颗粒；当营养缺乏时，它们又可被分解利用。某些颗粒状贮藏物的形成可避免不适宜的pH和渗透压的危害。颗粒状内含物的主要种类有：

a. 糖原（glycogen）和淀粉粒（granulose）　它们是细菌细胞内主要的碳源和能源贮藏物质，为葡萄糖的多聚体。糖原又称肝糖粒，其颗粒较小，与稀碘液作用呈红褐色，而淀粉粒呈蓝色。肠道细菌常积累糖原，而多数其他细菌和蓝细菌则以淀粉粒为贮藏物质，当培养环境中的碳氮比高时，会促进碳素颗粒状贮藏物质的积累。

b. 聚-β-羟基丁酸（poly-β-hydroxybutyric acid，PHB）颗粒　是细菌特有的一种碳源和能源性贮藏物。PHB易被脂溶性染料苏丹黑（Sudan black）着色，可在光学显微镜下见到。根瘤菌属（*Rhizobium*）、固氮菌属（*Azotobacter*）和假单胞菌属（*Pseudomonas*）等的细菌常积累PHB。

c. 藻青素（cyanophycin）和藻青蛋白（phycocyanin）　通常存在于蓝细菌中，属于内源性氮素贮藏物。

d. 异染粒（metachromatic granules）　是细菌的磷源贮藏物，因用蓝色染料（如亚甲蓝或甲苯胺蓝）染色后不呈蓝色而呈紫红色，故而得名。其主要成分是聚磷酸盐，存在于迂回螺旋菌（*Spirillum volutans*）、白喉棒状杆菌（*Corynebacterium diphtheriae*）和鼠疫杆菌（*Yersinia pestis*）等细胞中。

e. 脂肪粒　这种颗粒折光性较强，可用苏丹Ⅲ（Sudan Ⅲ）染成红色。随着细菌生长，细胞内脂肪粒的数量亦会增加。

f. 硫滴（sulfur droplet）　为某些化能自养的硫细菌贮存的能源物质。如贝氏硫菌属（*Beggiatoa*）和发硫菌属（*Thiothrix*），能在氧化硫化氢的过程中获得能量，并在细胞内以折光性很强的硫滴形式贮存元素硫。当环境中缺少硫化氢时，它们能通过进一步氧化硫来获取能量。

g. 磁粒（magnetite）　为少数磁性细菌细胞内特有的串状四氧化三铁的磁性颗粒。磁性细菌能借以感知地球磁场，并使细胞顺磁场方向排列。

（2）细菌细胞的特殊结构

① 鞭毛（flagellum）　某些细菌在细胞表面着生有一根或数根由细胞膜中或膜下长出的细长呈波浪状的丝状物，称之鞭毛。它是细菌的运动器官。鞭毛极细，直径为15～25nm，长度

可超过菌体若干倍，一般为 $3\sim12\mu m$，长的可达 $70\mu m$。在光学显微镜下需采用特殊的鞭毛染色法，使鞭毛加粗后才能看到，而在电镜下可以直接清楚地观察到它的形态。此外，若用悬滴法或半固体琼脂穿刺培养，可以根据运动性来判断菌体有无鞭毛。球菌中除尿素微球菌外，大多数菌体不生鞭毛；杆菌中既有生鞭毛的，也有不生鞭毛的；弧菌和螺旋菌一般都生有鞭毛。

细菌鞭毛主要由相对分子质量为 $(1.5\sim4)\times10^4$ 的鞭毛蛋白组成。这种鞭毛蛋白是一种很好的抗原物质。应用电镜对大肠杆菌鞭毛结构的研究表明，鞭毛可分为三部分（图 2-6）：a. 鞭毛丝（filament） 是直径为 13.5nm 的中空细丝，由三股球状蛋白亚基链螺旋排列而成，其横切面的亚基数目为 $8\sim11$ 个。b. 鞭毛钩（hook） 为连接鞭毛丝的筒状弯曲部分，直径 17nm，长 45nm，由蛋白质亚基组成。c. 基体（basal body）或称基粒 位于鞭毛钩的下端，由一条中心杆和连接其上的若干套环组成，中心杆直径 7nm。G^- 细菌有四个套环，L 环在外壁层，P 环在内壁层，S 环在细胞膜上部，M 环则在膜中；G^+ 细菌则只有两个套环，S 环在细胞壁中，M 环在细胞膜中。

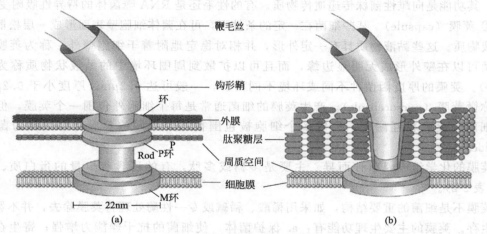

图 2-6　细菌鞭毛结构模式图
(a) G^- 细菌；(b) G^+ 细菌

按鞭毛在菌体表面着生的位置和数目，可将鞭毛的着生方式分为三个主要类型：a. 单生 在菌体的一端着生一根鞭毛，如霍乱弧菌（*Vibrio cholerae*）；在菌体两端各着生一根鞭毛。b. 丛生 在菌体的一端着生一丛鞭毛，如铜绿假单胞菌（*Pseudomonas aeruginosa*）；两端各着生一丛鞭毛，如红色螺旋菌（*Spirillum rubrum*）、产碱杆菌（*Bacillus alcaligenes*）。c. 周生 在菌体周身生有多根鞭毛，如大肠杆菌、枯草杆菌等。

鞭毛可以推动菌体以 $20\sim80\mu m/s$ 的高速度前进。细菌借鞭毛运动趋向有利环境的特性称为细菌的趋向性（taxis 或 tactic movement），而细菌借鞭毛运动避开不利环境的特性称为细菌的趋避性。可以运动的细菌具有接受环境信号的受体分子，如果信号是化学物质，则表现为趋化性（chemotaxis）。在革兰阴性细菌中，受体分子存在于壁膜间隙，有的受体分子也具有运输功能的蛋白质。在革兰阳性细菌中，受体分子是胞壁蛋白，有的也起运输作用。光合细菌也能借鞭毛运动表现出趋光性。在水体沉积物中的有些细菌，如磁性水螺旋菌（*Aquaspirillum magnetotacticum*）具有趋磁性（magnetotaxis），沿地球磁场方向运动。端生鞭毛菌运动较快，从一地旋转直撞另一地；周生鞭毛菌一般按直线慢而稳重地运动和旋转。在不良的环境条件下，如培养基成分改变、培养时间过长、过于干燥、芽孢形成、防腐剂的加入等都会使细菌丧失鞭毛。

　　有些原核生物无鞭毛也能运动。如黏细菌、蓝细菌主要表现为滑动，它们是通过向体外分泌的黏液而在固体基质表面缓慢地滑动。螺旋体（spirochaeta）在细胞壁与膜之间有上百根纤维状轴丝，通过轴线的收缩可发生颠动、滚动或蛇形前进。

　　② 菌毛（fimbria）　菌毛曾有多种译名，如纤毛、散毛、伞毛、线毛或须毛等。菌毛是一类生长在菌体表面的纤细、中空、短直、数量较多的蛋白质微丝，比鞭毛更细。它具有使菌体附着于物体表面的功能。菌毛的结构较鞭毛简单，无基粒等复杂构造，着生于细胞膜上，穿过细胞壁后伸展于体表，直径 3～10nm，由许多菌毛蛋白亚基围绕中心作螺旋状排列，呈中空管状。每个细菌有 250～300 条菌毛。有菌毛的细菌以 G$^-$ 致病菌居多，借助菌毛可牢固地黏附于宿主的呼吸道、消化道上，进一步定植和致病。有的种类还可使同种细胞相互粘连而形成浮在液体表面上的菌膜等群体结构。少数 G$^+$ 细菌上也着生有菌毛。

　　③ 性毛（pilus）　性毛又称性菌毛（sex-pili 或 F-pili），其构造和成分与菌毛相似，但比菌毛长，数量仅一条至少数几条。一般见于 G$^-$ 细菌的雄性菌株上，在细菌接合交配时起作用，其功能是向雌性菌株传递遗传物质。有的性毛还是 RNA 噬菌体的特异性吸附受体。

　　④ 荚膜（capsule）　某些细菌在一定的条件下，可在菌体细胞壁表面形成一层松散透明的黏液物质。这些黏液物质具有一定外形，并相对稳定地附着于细胞壁外，称为荚膜。有些细菌可以在壁外形成无明显边缘，而且可以扩散到周围环境中的黏液状物质称为黏液（slime）。荚膜的厚度因菌种不同或环境不同而异，一般可达 0.2μm。厚度小于 0.2μm 的荚膜称微荚膜（microcapsule）。产生荚膜的细菌通常是每个细胞外包围一个荚膜，但也有多个细菌的荚膜相互融合，形成多个细胞被包围在一个共同的荚膜之中，称为菌胶团（zoogloea）。

　　荚膜的化学组成因菌种而异。主要是多糖或多肽，有的还含有少量的蛋白质、脂类（参见表 2-2）。

　　荚膜不是细菌的重要结构，如采用稀酸、稀碱或专一性酶处理将荚膜除去，并不影响细菌的生存。荚膜的主要生理功能有：a. 保护菌体　使细菌的抗干燥能力增强；寄生在人或动物体内的有荚膜细菌不易被白细胞所吞噬，与致病性有关。b. 贮藏养料　在营养缺乏时，细菌可直接利用荚膜中的物质。c. 堆积某些代谢产物　某些细菌由于荚膜的存在而具有毒力。d. 黏附物体表面　有些细菌能借荚膜牢固地黏附在牙齿表面，发酵糖类产酸，腐蚀牙齿珐琅质表面，引起龋齿。产生荚膜的细菌所形成的菌落常为光滑透明，称光滑型（S-型）菌落；不产生荚膜的细菌所形成的菌落有的表面粗糙，称粗糙型（R-型）菌落。

　　在食品工业中，由于产荚膜细菌的污染，可造成面包、牛奶和酒类及饮料等食品的黏性变质。肠膜明串珠菌是制糖工业的有害菌，常在糖液中繁殖，使糖液变得黏稠而难以过滤，因而降低了糖的产量。另一方面，人们可利用肠膜明串珠菌将蔗糖合成大量荚膜多糖——葡聚糖。葡聚糖是制药工业中生产右旋糖酐的原料，而右旋糖酐是代血浆的主要成分。利用甘蓝黑腐病黄单胞菌（*Xanthomonas campestris*）的荚膜，可提取胞外多糖（荚膜多糖）——黄杆胶（Xanthan，又称黄原胶），可作为石油钻井液、印染、食品等的添加剂。

　　⑤ 芽孢（spore）　某些细菌在一定的生长阶段，可在细胞内形成一个圆形、椭圆形或圆柱形高度折光的内生孢子（endospore），称为芽孢。

　　能够产生芽孢的细菌大多为杆菌，主要是好氧性芽孢杆菌属（*Bacillus*）和厌氧性梭状芽孢杆菌（*Clostridium*）及微好氧性芽孢乳杆菌属（*Sporolactobacillus*）等；球菌中除芽孢微球菌（八叠球菌）属（*Sporosarcina*）外均不产生芽孢；螺旋菌中只有少数菌种产生芽孢。细菌是否形成芽孢是由其遗传性决定的，但还需要有一定的环境条件。菌种不同需要的条件也不相同。多数芽孢杆菌是在不良的环境条件下形成芽孢，如营养缺乏、不适宜生长的温度或代谢产物积累过多等。但有些菌种却相反，需要在适宜的条件下才能形成芽孢，如苏云金芽孢杆菌（*Bacillus thuringiensis*）在营养丰富、富含大量有机氮化合物、温度和通风等适宜的条件下，在幼龄细胞中大量形成芽孢。

芽孢的形状、大小及位置。通常每个细胞只形成一个芽孢。芽孢的形状、大小和在菌体内的位置，因菌种不同而异，是分类鉴定的依据。

芽孢通常呈圆形、椭圆形或圆柱形，位于细胞的中央、近端或极端。芽孢在细胞中央且直径较大时，则细胞呈梭状；芽孢在细胞顶端且直径较大时，则菌体呈鼓槌状（图 2-7）。

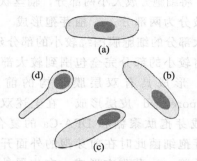

图 2-7　细菌芽孢的形状、大小和位置
（a）中央位；（b），（c）近端位；（d）极端位

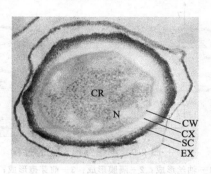

图 2-8　成熟芽孢结构

在光学显微镜下只能看见芽孢的外形，而在电镜下不仅可以观察到芽孢表面特征，如光滑、脉纹等，而且还可以看到成熟芽孢具有如下结构（图 2-8）：a. 芽孢囊（sporangium）　为含有芽孢的营养

> 能够形成芽孢的微生物经常也能够存在于食品中，对食品安全和贮运带来危害，因此在食品加工无菌处理过程中要给予充分考虑。依据你所能了解的食品安全生产措施，应该用什么方法能够消除这类芽孢产生菌对食品安全的影响？

细胞。b. 孢外壁（exosporium）　位于芽孢的最外层，是母细胞的残留物，有的芽孢无此层，主要成分是脂蛋白和少量氨基糖，透性差。c. 芽孢衣（spore coat）　层次很多（3～15层），主要含疏水性的角蛋白。芽孢衣对溶菌酶、蛋白酶和表面活性剂具有很强的抗性，对多价阳离子的透性很差。d. 皮层（cortex）　在芽孢中占有很大体积，含有大量的芽孢肽聚糖，还含有占芽孢干重 7%～10% 的 2,6-吡啶二羧酸钙盐：（DPA-Ca）。皮层的渗透压高达2026.5kPa 左右。e. 核心（core）　它是由芽孢壁、芽孢膜、芽孢质和核区四部分构成。芽孢壁含有肽聚糖，可发展成新细胞的壁；芽孢膜含有磷脂，可发展成新细胞的膜；芽孢质含有 DPA-Ca、核糖体、RNA 和酶类；核区含有 DNA。

芽孢含水量低（40% 左右），含有特殊的 DPA-Ca 和耐热性的酶以及具有多层次厚而致密的芽孢壁，具有极强的抗热、抗干燥、抗辐射、抗化学药物和抗静水压等不良环境的能力。一般芽孢在普通条件下可保持活力数年至数十年之久，肉毒梭状芽孢杆菌在 pH7.0 的100℃水中煮 8h 后才能致死，即使在 18℃的干热中仍可存活 10min。

芽孢抗热性极强的机理主要有两种解释：a. 芽孢中含有独特的 DPA-Ca，占芽孢干重的5%～15%。Ca^{2+} 与 DPA 的螯合作用使芽孢中的生物大分子形成一稳定的耐热凝胶。营养细胞和其他生物细胞中均未发现 DPA 存在。芽孢形成过程中，随着 DPA 的形成而具抗热性。当芽孢萌发DPA释放到培养基后，抗热性丧失。但研究发现，有些抗热的芽孢却不含DPA-Ca的复合物。b. **渗透调节皮层膨胀学说**（osmoregulatory expanded cortex theory）认为，芽孢的抗热性在于芽孢衣对多价阳离子和水分的透性差及皮层的离子强度高，使皮层具有极高的渗透压去夺取核心部分的水分，造成皮层的充分膨胀，而核心部分的生命物质却形成高度失水状态，因而具有极强的抗热性。后一种解释综合了不少新的成果研究，因此有一定的说服力。

芽孢的形成可分为七个阶段：a. **轴丝形成**　营养细胞内复制的两套染色体DNA聚集在一起形成一个位于细胞中央的轴丝状结构。

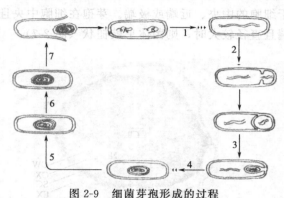

图 2-9　细菌芽孢形成的过程

1—轴丝形成；2—隔膜形成；3—前芽孢形成；4—皮层形成；5—芽孢衣形成；6—芽孢成熟；7—芽孢释放

b. **隔膜形成**　在细胞的一端由细胞膜内陷而形成，将细胞分成大小两部分，轴丝状结构同时被分为两部分。c. **前芽孢形成**　细胞中较大部分的细胞膜围绕较小的部分延伸，直到将较小的部分完全包围到较大部分中为止，形成具有双层膜结构的前芽孢（forespore）。d. **皮层形成**　在上述双层膜间形成芽孢肽聚糖和DPA-Ca的复合物，部分芽孢细菌此时在前芽孢的外面开始形成孢外壁。e. **芽孢衣形成**　在皮层外进一步形成以特殊蛋白质为主的芽孢衣。f. **芽孢成熟**　此时已具有了芽孢的特殊结构和抗性。g. **芽孢的释放**　芽孢囊壁溶解，释放出成熟的芽孢（图2-9）。

在光学显微镜下观察芽孢形成过程时，首先在细胞一端出现一个折光性较强的区域，即前芽孢，随后折光性逐渐增强，芽孢成熟。几小时后，成熟的芽孢可脱离芽孢囊而释放出来。

芽孢萌发时，首先是芽孢吸收水分、盐类和营养物质，体积膨大。短时间加热或用低pH、还原剂的处理对芽孢的萌发有活化作用。如在 $80\sim85℃$ 条件下处理5min可促进芽孢萌发，有的芽孢在 $100℃$ 沸水中加热10min可以起到活化的作用；某些化学物质，如L-丙氨酸、葡萄糖、 Mn^{2+} 等也可促进芽孢发芽。芽孢萌发时透性增加，与发芽有关的酶开始活动，芽孢衣上的蛋白质逐步降解，外界阳离子不断进入皮层，随之皮层膨胀，肽聚糖溶解消失。水分进入核心部，使之膨胀，各种酶类活化，开始合成细胞壁，核心迅速合成DNA、RNA和蛋白质，于是芽孢发芽长出芽管，并逐渐发育成新的营养细胞。在芽孢发芽过程中，芽孢内的DPA-Ca、氨基酸和多肽逐步释放，芽孢的耐热性及抵抗不良因素的能力和折光性都逐渐下降。

⑥ **伴孢晶体**（parasporal crystal）　某些芽孢杆菌，如苏云金芽孢杆菌（*Bacillus thuringiensis*）在形成芽孢的同时，还可在细胞内形成一个呈菱形、方形或不规则形的碱溶性蛋白晶体（即δ内毒素），称为伴孢晶体。该晶体对100多种鳞翅目昆虫的幼虫有毒性，可导致其全身麻痹而死。同时，这种毒素对人畜毒性很低，故已大量生产作为生物杀虫剂。

2.1.1.5　细菌的繁殖

细菌从自然环境或培养基中获取能量和营养物质，经代谢转化后形成新的细胞物质，菌体随之形成，最后由一个母细胞产生两个或两个以上子细胞的过程称为繁殖。细菌的繁殖主要是以无性繁殖为主，其中又以裂殖方式为主要形式。绝大多数种类的细菌在分裂前菌体伸长，然后在中部垂直于菌体长轴处分裂，形成大小基本相同的两个子细胞，称为同形裂殖。

少数种类的细菌分裂偏于一端，形成大小不同的两个子细胞，称为异形裂殖。

少数细菌可进行芽殖，如生芽杆菌（*Blastobacter*）在母细胞上直接长出芽细胞；生丝微菌属（*Hyphomicrobium*）先由细胞长出细丝，然后在细丝端部形成芽细胞。

细菌除无性繁殖外，少数种类也存在有性接合，只是频率很低。埃希菌属（*Escherichia*）、沙门菌属（*Salmonella*）、假单胞菌属（*Pseudomonas*）等在实验室条件下都有有性接合现象。

2.1.1.6 细菌的培养特征

细菌的培养特征是指细菌在培养基上所表现的群体形态和生长情况。它是细菌分类鉴定的依据。细菌的培养特征主要包括以下三个方面。

（1）细菌的菌落特征　将单个细菌细胞接种到适宜的固体培养基中，在适宜的条件下细菌便繁殖，经过一定时间后，由于细胞生长受到各种因素的限制，因而可在培养基表面或里面聚集形成一个肉眼可见的、具有一定形态的子细胞群体，称为菌落（colony）；而由多个同种细胞密集接种长成的子细胞群体则称为菌苔（1awn）。

各种细菌在一定条件下形成的菌落特征具有一定的稳定性和专一性，这是观察菌种的纯度、辨认和鉴定菌种的重要依据。菌落特征包括大小、形状、边缘、光泽、质地、透明度、颜色、隆起和表面状况等（图 2-10、图 2-11）。

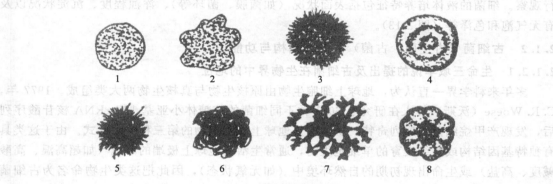

图 2-10　细菌菌落的形状

1—圆形；2—不规则状；3—缘毛状；4—同心环状；5—丝状；6—卷发状；
7—根状；8—规则放射叶状

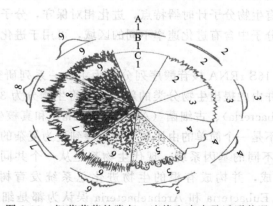

图 2-11　细菌菌落的隆起、边缘和表皮及透明状况

A　隆起：1—扩展；2—稍凸起；3—隆起；4—凸起；5—乳头状；6—皱纹状凸起；7—中凹台状；8—突脐状；9—高凸起
B　边缘：1—光滑；2—缺刻；3—锯齿；4—波状；5—裂叶状；6—有缘毛；7—镶边；8—深裂；9—多枝
C　表面及透明度：1—透明；2—半透明；3—不透明；4—平滑；5—细颗粒；6—粗颗粒；7—混杂波纹；8—丝状；9—树状

（2）细菌的斜面培养特征　采用划线接种的方法，将菌种接种到试管斜面上，在适宜的条件下经过 3～5d 的培养后可对其进行斜面培养特征的观察。细菌的斜面培养特征包括菌苔的生长程度、形状、光泽、质地、透明度、颜色、隆起和表面状况等（图 2-12）。

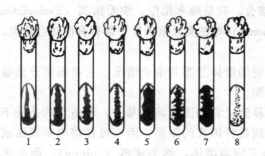

图 2-12　细菌的斜面培养特征

1—丝状；2—有小突起；3—有小刺；4—念珠状；

5—扩展状；6—假根状；7—树状；8—散点状

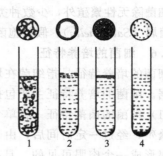

图 2-13　细菌的液体培养特征

1—絮状；2—环状；3—浮膜状；4—膜状

（3）细菌的液体培养特征　将细菌接入液体培养基中，经过 1～3d 的培养后即可对其进行观察。细菌的液体培养特征包括表面状况（如菌膜、菌环等）、浑浊程度、沉淀状况以及有无气泡和色泽等（图 2-13）。

2.1.2　古细菌（古生菌、古菌）的形态结构与功能

2.1.2.1　生命三域学说的提出及古细菌在生物界中的地位

多年来科学界一直认为，地球上细胞生物由原核生物与真核生物两大类组成。1977 年，C. R. Woese（沃斯）等人在研究了 60 多种不同细菌的核糖体小亚基 16S rRNA 核苷酸序列后，发现产甲烷细菌的序列奇特，认为这是地球上细胞生物的第三种生命形式。由于这类具有独特基因结构或系统发育的单细胞生物，通常生活在地球上极端的环境（如超高温、高酸碱度、高盐）或生命出现初期的自然环境中（如无氧状态），因此把这类生物命名为古细菌（Archaebacteria）。

Woese 之所以选择 16S rRNA 作为研究生物进化的大分子，是因为它具有如下特点：①作为合成蛋白质的必要场所，16S rRNA 存在于所有生物中并执行相同的功能。②素有细菌"活化石"之称，具有生物分子计时器特点，进化相对保守，分子序列变化缓慢，能跨越整个生命进化过程。③分子中含有进化速率不同的区域，可用于进化程度不同的生物之间的系统发育研究。

1987 年，沃斯根据 16S rRNA 核苷酸序列分析为主的一系列研究结果，将原核生物区分为两个不同的类群，并由此提出生物分类的新建议，将生物分为 3 个原界（urkingdom），即生命是由真细菌（Eubacteria）、古细菌（Archaebacteria）和真核生物（Eucaryote）所构成。因此，生物的发展不是一个简单的由原核生物发展到更为复杂的真核生物的过程，生物界明显地存在三个发展不同的基因系统，现代生物都是从一个共同祖先——前细胞（pre-cells）分三条线进化形成，并构成有根的生物进化总系统发育树（图 2-14）。1990 年，Woese 为了避免人们将 Eubacteria 和 Archaebacteria 误认为都是细菌，建议将 Eubacteria（真细菌）改名为 Bacteria（细菌），将 Archaebacteria（古细菌）改名为 Archaea（古生菌或古菌）。同时将 Eucaryote 改名为 Eucarya。这样上述三大类生物（界）改称为三个域（domain），成为生物学的最高分类单元。之后人们研究其他序列保守的生命大分子，如

RNA 聚合酶亚基、延伸因子 EF-Tu、ATPase 等，其研究结果也都支持 Woese 的生命三域学说。

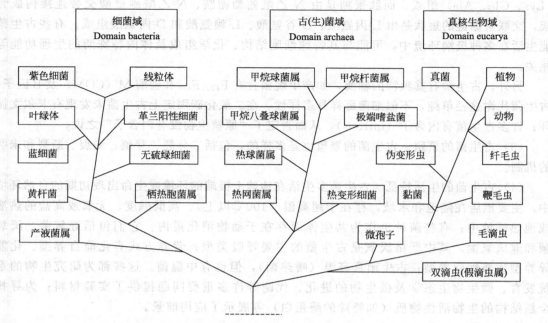

图 2-14　生物总系统发育树

（根据 16S rRNA 序列比较绘制，引自《布氏微生物学》2000）

2.1.2.2　古生菌与细菌、真核生物的异同

尽管古生菌在菌体大小、结构及基因组结构方面与细菌相似。但其在遗传信息传递和可能标志系统发育的信息物质方面（如基因转录和翻译系统）却更类似于真核生物。因而目前普遍认为古生菌是细菌的形式、真核生物的内涵。

古生菌细胞具有独特的细胞结构，其细胞壁的组成、结构，细胞膜类脂组分，核糖体的 RNA 碱基顺序以及生活环境等都与其他生物有很大区别。三个生命域中唯有细菌域具有胞壁质（肽聚糖），其他两个域中都未发现胞壁质；古生菌域中胞壁质的缺乏和多种类型细胞壁和细胞外膜多聚体的存在，成为两个原核生物域之间最早的生物化学区分指标之一。

2.1.2.3　古生菌的细胞

（1）古生菌细胞形态　古生菌细胞的形态包括球形、裂片状、螺旋形、片状或杆状，也存在单细胞、多细胞的丝状体和聚集体，其单细胞的直径为 $0.1 \sim 15 \mu m$，丝状体长度可达 $200 \mu m$。

古生菌菌落颜色有红色、紫色、粉红色、橙褐色、黄色、绿色、绿黑色、灰色和白色。

（2）古生菌细胞结构和功能　古生菌的独有特征是在细胞膜上存在聚异戊二烯甘油醚类脂（甘油以醚键连接异戊二烯）；细胞壁骨架为蛋白质或假肽聚糖，且缺乏肽聚糖。在古生菌同一目中，由于其不同类型的细胞壁，革兰染色结果可以是阳性或阴性的。革兰染色阳性菌种具有假磷壁酸（假肽聚糖）、甲酸软骨素和杂多糖组成的细胞壁，而革兰染色阴性菌种则具有由晶体蛋白或糖蛋白亚单位（S 层）构成的单层细胞胞被（表面）。假肽聚糖与肽聚糖的差别在于它的聚糖链是由 N-乙酰氨基糖（氨基葡萄糖或氨基半乳糖）和 N-乙酰-L-氨基塔洛糖醛酸以 β（1→3）键结合组成，交联聚糖链的亚单位通常由连续的 3 个 L-氨基酸（Lys、Glu、Ala）组成。而肽聚糖是由 N-乙酰葡萄糖胺、N-乙酰胞壁酸交替连接构成骨架，交联聚糖链的短肽是由 L-丙氨酸、D-谷氨酸、L-赖氨酸和 D-丙氨酸组成。有些古生菌能生活在多种极端环境中，可能与其特殊细胞结构、化学组成及体内特殊酶的生理功能等相关。

另外，古生菌有其独特的辅酶，如产甲烷菌含有 F_{420}、F_{430} 和辅酶 M（COM）及 B 因子；古生菌代谢途径单纯，不似细菌那样具多样性，在二氧化碳固定上古生菌未发现有卡尔文循环；许多古生菌有内含子（introns），从而否定了"原核生物没有内含子"之说。

（3）古生菌的繁殖　古生菌的繁殖也是多样的，包括二分裂、芽殖、缢裂、断裂和未明的机制。

（4）古生菌的生活特征　古生菌多生活在地球上极端的环境或生命出现初期的自然环境中，主要栖居在陆地和水域，存在于超高温（100℃以上）、高酸碱度、无氧或高盐的热液或地热环境中；有些菌种也作为共生体而存在于动物消化道内。它们包括好氧菌、厌氧菌和兼厌氧菌，其中严格厌氧是古生菌的主要呼吸类型；营养方式有化能自养型、化能异养型或兼性营养型；古生菌喜高温（嗜热菌），但也有中温菌。这些都为研究生物的系统发育、微生物生态学及微生物的进化、代谢等许多重要问题提供了实验材料；为寻找全新结构的生物活性物质（如特殊的酶蛋白）等展示了应用前景。

2.1.3　放线菌

放线菌（actinomycetes）是原核生物中一类能形成分枝菌丝和分生孢子的特殊类群，因早期发现其菌落呈放射状而得名。绝大多数放线菌为好氧或微好氧，最适生长温度为 23～37℃，多数腐生，少数寄生。放线菌在自然界分布很广，以孢子或菌丝存在，主要存在于中性或偏碱性有机质丰富的土壤中，每克土壤可含 10^4～10^6 个孢子，土壤中放线菌的数量和种类都是最多的。多数放线菌因能产生土腥味素（geosmins）而使土壤带有特殊的"泥腥味"。

放线菌与人类的关系十分密切，其突出作用是产生多种抗生素（antibiotics）。现已发现和分离到由放线菌产生的抗生素就有 3000 多种，其中 50 多种，如土霉素、链霉素、庆大霉素、金霉素、卡那霉素、氯霉素和利福霉素等已广泛用于临床；井冈霉素、庆丰霉素等可用作农用抗生素。某些放线菌还可用于生产维生素和酶制剂，还有一些放线菌在石油脱蜡、甾体转化、烃类发酵和污水处理等方面也有着重要作用。寄生型放线菌可引起人、动物、植物的疾病，如皮肤病、肺部感染、脑膜炎、足部感染等。放线菌污染粮食和食品后，可使其产生刺鼻的霉味，造成食品变质。

2.1.3.1　放线菌的形态结构与功能

（1）放线菌个体形态　放线菌的菌体是由分枝菌丝组成。菌丝大多无隔膜，所以通常被认为是单细胞多核（原核）的微生物。菌丝直径为 0.2～1.4μm，细胞壁含有与细菌相同的 N-乙酰胞壁酸和二氨基庚二酸（DAP），绝大多数为 G^+ 菌。放线菌的细胞结构与细菌有许多相同之处，如同为原核、菌丝直径与细菌相近、细胞壁含有相同成分、核糖体同为 70S 等。此外，放线菌最适生长 pH 与细菌相近，为弱碱性，对溶菌酶敏感，对各类抗生素的敏感情况也与细菌相同。

放线菌的菌丝由于形态与功能的不同，可分为营养菌丝、气生菌丝和孢子丝（图

2-15)。

① 营养菌丝（又称基内菌丝或一级菌丝）　为
匍匐生长于培养基表面或生长于培养基中吸收营养
物质的菌丝。

② 气生菌丝（又称二级菌丝）　当营养菌丝发
育到一定阶段，由营养菌丝上长出培养基外伸向空
间的菌丝为气生菌丝。

③ 孢子丝　气生菌丝发育到一定阶段，其上
可分化出可形成孢子的菌丝即孢子丝。因菌种或生
长条件的差异，孢子丝有不同形状（图 2-16），孢
子丝继续发育可形成孢子。孢子有球形、椭圆形、
杆状、瓜子形等；孢子表面呈光滑，带小疣、小刺
或毛发状等；孢子常呈白、灰、黄、紫或黑等不同颜色。

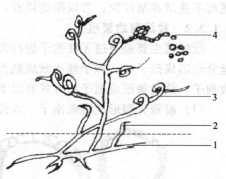

图 2-15　放线菌的形态
1—营养菌丝；2—气生菌丝；
3—孢子丝；4—孢子

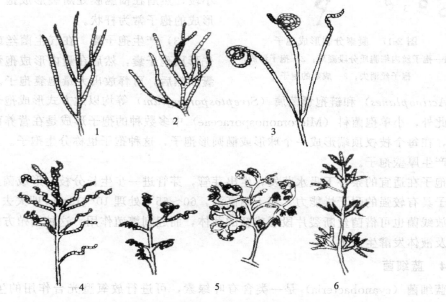

图 2-16　放线菌孢子丝的各种形态
1—直形；2—波浪形；3—螺旋状；4—松螺旋；5—紧螺旋；6—轮生

　（2）放线菌的菌落形态　放线菌的菌落常呈辐射状，菌落周缘有辐射型菌丝。菌落特征
介于霉菌与细菌之间。菌落由菌丝体构成，但菌丝较细，生长缓慢，菌丝分枝相互交错缠
绕，所以形成的菌落质地致密、干燥、多皱，菌落较小而不广泛延伸。幼龄菌落因气生菌丝
尚未分化形成孢子丝，故菌落表面与细菌菌落相似。当形成大量孢子丝及分生孢子布满菌落
表面后，就形成表面絮状、粉末状或颗粒状的典型放线菌菌落。此外，由于放线菌菌丝及孢
子常含有色素，使菌落的正面和背面呈现不同颜色。由于营养菌丝生长在培养基内与培养基
结合较牢固，所以菌落不易挑起。另一类型的放线菌，由于不产生大量菌丝体，如诺卡菌
（*Nocardia*）的菌落，黏着力差，结构呈粉质状，用针挑取易粉碎。

　　若将放线菌置于液体培养基中静置培养，可在瓶壁液面处形成斑状或膜状特征或沉于瓶

底而不使培养基浑浊；若以振荡培养，可形成由短菌丝体构成的球状颗粒。

2.1.3.2　放线菌的繁殖

放线菌主要是通过无性孢子进行无性繁殖。当放线菌生长到一定阶段时，一部分气生菌丝分化形成孢子丝。孢子丝逐渐成熟而分化成许多孢子，为分生孢子。有些放线菌可形成孢囊孢子。放线菌形成孢子的方式有以下三种。

（1）凝聚分裂形成凝聚孢子　大部分放线菌的孢子是按此种方式形成，其过程是孢子丝生长到一定阶段时，在孢子丝中从顶端向基部，细胞质分段围绕核物质逐渐凝聚成一串大小相似的小段，然后每小段外面产生新的孢子壁而形成圆形或椭圆形孢子。孢子成熟后孢子丝自溶而消失或破裂，孢子被释放出来（图2-17）。

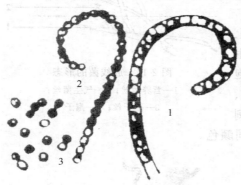

图 2-17　凝聚分裂形成孢子
1—孢子丝内细胞质分段凝聚；2—孢子形成，孢子丝消失；3—成熟的孢子

（2）横隔分裂形成横隔孢子　孢子丝生长到一定阶段时，产生许多横膈膜，形成大小相近的小段，然后在横膈膜处断裂形成孢子。横隔分裂形成的孢子常为杆状。

（3）产生孢子囊　在气生菌丝或营养菌丝上先形成孢子囊，然后在囊内形成孢囊孢子。孢子囊成熟后，可释放出大量孢囊孢子。游动放线菌属（Actinoplanes）和链孢囊菌属（Streptosporangium）等均以此方式形成孢子。

此外，小单孢菌科（Micromonosporaceae）中多数种的孢子形成是在营养菌丝上作单轴分枝，在每个枝权顶端形成一个球形或椭圆形孢子，这种孢子也称分生孢子。某些放线菌偶尔也产生厚壁孢子。

孢子在适宜的条件下吸水萌发，生出芽管，芽管进一步生长分枝，形成菌丝体。放线菌的孢子具有较强的耐干燥能力，但不耐高温，60～65℃处理10～15min 即失去活力。

放线菌也可借菌丝断裂片段形成新的菌体，而起到繁殖作用。这种繁殖方式常见于液体培养及液体发酵生产中。

2.1.4　蓝细菌

蓝细菌（cyanobacteria）是一类含有叶绿素，可进行放氧型光合作用的生物。20世纪50年代前曾一直被称作蓝藻或蓝绿藻。自从发现这类生物的细胞核无核膜，细胞壁与细菌相似，含有肽聚糖，革兰染色阴性，而不像其他属于真核生物的藻类后，便将蓝细菌归属于原核微生物中。

蓝细菌的个体形态可分为球状或杆状的单细胞和细胞链丝状体两大类。蓝细菌的细胞一般比细菌大，直径或宽度为 $3～30\mu m$，细胞构造与 G^- 细菌极其相似。许多蓝细菌还能向细胞壁外分泌胶黏物质（胞外多糖），形成黏液层（松散、可溶）、荚膜（围绕个别细胞）、鞘衣（包裹丝状体）或胶团（将许多细胞聚集在一起）等不同形式。例如，念珠蓝菌属（Nostoc）的丝状体常卷曲在坚固的胶被中，雨后常见的地木耳就是其中一个种；鱼腥蓝菌属（Anabaena）的丝状体外包有胶鞘，且许多丝状体包在一个共同的胶被内，形成不定型的胶块，在水体中大量繁殖可形成"水花"（water bloom）。

蓝细菌细胞内进行光合作用的部位称类囊体（thylakoid），为片层状的内膜结构，数量很多。类囊体的膜上含有叶绿素 a、β-胡萝卜素、类胡萝卜素（如黏叶黄素、海胆酮或玉米黄质）、藻胆素（藻蓝素和藻红素）和光合电子传递链的有关组分。环境中的光质可影响到藻胆素的组成及含量。细胞内含有固定二氧化碳的羧酶体，许多蓝细菌还含有气泡以利于细胞浮于水体表面和吸收光能。蓝细菌虽无鞭毛，但能借助于黏液在固体基质表面滑行，并表现出趋光性和趋化性。蓝细菌的细胞内含有各种贮藏物，如糖原、聚磷酸盐、PHB以及蓝细菌肽（cyanophycine，其中天冬氨酸和精氨酸为1：1）等。

有些蓝细菌可形成异形胞（heterocyst）或静息孢子（akinete）。异形胞是一种具有特殊形态和功能的细胞，一般存在于呈丝状生长的种类中，位于细胞链的中间或末端，数目少而不定。异形胞在光学显微镜下的特征为厚壁、浅色、细胞两端常有折射率高的颗粒存在。异形胞是适应于在有氧条件下进行固氮作用的细胞，它只含有光合系统Ⅰ，故不会因光合作用而产生对固氮酶有毒害作用的分子氧，却能产生固氮所需的ATP。异形胞与邻接的营养细胞相互连接，进行物质变换。

静息孢子是一种长在丝状蓝细菌细胞链中间或末端的特化细胞，厚壁、深色，具有抵御不良环境的能力。静息孢子属于休眠体，当环境适宜时，可萌发形成新的丝状体。

蓝细菌广泛分布于自然界，普遍生长在河流、海洋、湖泊和土壤中，在极端环境（如温泉、盐湖、贫瘠的土壤、岩石表面以及植物树干等）中也能生长。某些蓝细菌还能与真菌、苔藓、蕨类和种子植物共生。如地衣（lichen）就是蓝细菌与真菌的共生体，红萍是固氮鱼腥藻（*Anabaena azotica*）和蕨类植物满江红（*Azolla*）的共生体。目前已知的固氮蓝细菌有120多种。

2.1.5　其他原核微生物

2.1.5.1　支原体

支原体（Mycoplasma）又名类菌质体，是介于细菌与病毒之间的一类无细胞壁的，也是已知可以独立生活的最小的细胞生物。1898年，E. Nocard等首次从患肺炎的牛胸膜液中分离得到，后来人们又从其他动物中也分离到多种类似的微生物。1967年，日本学者土居食二等从患"丛枝病"的桑、马铃薯、矮牵牛和泡桐的韧皮部中也发现了相应的植物支原体。通常把植物支原体称为类支原体（Mycoplasma-like organisms）。

支原体的特点有：①无细胞壁，菌体表面为细胞膜，故细胞柔软，形态多变。在同一培养基中，细胞常呈现球状、杆状、丝状及不规则等多种形态，能通过细菌滤器，对渗透压、表面活性剂和醇类敏感，对抑制细胞壁合成的青霉素、环丝氨酸等抗生素不敏感，革兰染色阴性。②球状体直径150～300nm，而丝状体长度差异很大，从几微米到150μm。在光学显微镜下勉强可见。③菌落微小，直径0.1～1.0mm，呈特有的"油煎荷包蛋"状，中央厚且色深，边缘薄而透明，色浅。④一般以二等分裂方式进行繁殖。⑤能在含血清、酵母浸汁或胆甾醇等营养丰富的人工培养基上独立生长；腐生株营养要求较低，在一般培养基上就可生长。⑥具有氧化型或发酵型的产能代谢，可在好氧或厌氧条件下生长。⑦对能与核糖体结合，抑制蛋白质生物合成的四环素、红霉素以及毛地黄皂苷等破坏细胞膜结构的表面活性剂都极为敏感，由于细胞膜上含有甾醇，所以对两性霉素、制霉菌素等多烯类抗生素也十分敏感。

支原体广泛分布于土壤、污水、昆虫、脊椎动物和人体中，有些支原体可引起动物——牛、羊、猪、禽和人的病害。如蕈状支原体（*M. mycoides*）引起牛胸膜肺炎；无乳支原体（*M. agalactiae*）引起羊缺乳症；有的还可引起猪喘气病、鸡呼吸道慢性病等。类支原体则可引起桑、稻、竹和玉米等的矮缩病、黄化病或丛枝病。一些腐生的支原体常分布在污水、土壤或堆肥中。

2.1.5.2　衣原体

衣原体是一类在真核细胞内营专性能量寄生的小型革兰阴性原核生物。1907年，两位捷克学者在患沙眼病人的结膜细胞内发现了包涵体，他们误认为是由"衣原虫"引起的。后来，许多学者认为在沙眼包涵体内不存在"衣原虫"，而是"大型病毒"的集落。1956年，我国微生物学家汤飞凡等人在国际上首次分离到沙眼的病原体。1970年，在美国波士顿召开的沙眼及有关疾病的国际会议上，正式将这类病原微生物称为衣原体。

衣原体的特点有：①具有细胞构造及含肽聚糖的细胞壁；②细胞内同时含有DNA和RNA；③酶系统不完整，尤其缺乏产能代谢的酶系，为严格的细胞内寄生；④以二等分裂方式繁殖；⑤通常对抑制细菌的一些抗生素如青霉素和磺胺等都很敏感；⑥衣原体可以培养在鸡胚卵黄囊膜、小白鼠腹腔或组织培养细胞上。

衣原体具有特殊的生活史：具有感染力的个体——原体（elementary body），是一直径小于 $0.4\mu m$ 的球状细胞，有坚韧的细胞壁。在宿主细胞内原体逐渐伸长，形成无感染力的薄壁球状大细胞，直径达 $1\sim1.5\mu m$，称为始体（initial body）。始体通过二等分裂可在宿主细胞质内形成一个微菌落，随后大量的子细胞又分化成较小而厚壁的原体。一旦宿主细胞破裂，原体又可感染新的宿主细胞。衣原体可形成包涵体。

2.1.5.3　立克次体

1909年，美国医生 H. T. Ricketts（1871—1910年）首次发现斑疹伤寒的病原体，并于1910年殉职于此病，故后人称这类病原菌为立克次体。立克次体（Rickettsia）是一类只能寄生在真核细胞内的革兰阴性原核微生物。它与支原体的主要区别是有细胞壁；而与衣原体的主要区别是其细胞较大，不能通过细菌过滤器，也不形成包涵体。

立克次体的特点有：①细胞呈球状、杆状或丝状，球状直径 $0.2\sim0.5\mu m$，杆状为 $(0.3\sim0.5)\mu m\times(0.8\sim2.0)\mu m$，在光学显微镜下可见；②有细胞壁，革兰阴性；③通常在真核细胞内专性寄生，宿主一般为虱、蚤、蜱、螨等节肢动物，并可传至人或其他脊椎动物；④以二等分裂方式繁殖；⑤对青霉素和四环素等抗生素敏感；⑥具有不完整的产能代谢途径，大多只能利用谷氨酸产能而不能利用葡萄糖产能；⑦不能在人工培养基上生长，可用鸡胚、敏感动物或合适的组织培养物来培养。

立克次体对热、干燥、光照和化学药剂的抗性较差，在室温中仅能存活数小时至数日，100℃时很快死亡；但耐低温，−60℃时可存活数年。立克次体随节肢动物粪便排出，在空气中自然干燥后，其抗性显著增强。

2.2　真核细胞微生物

凡是细胞核具有核膜、能进行有丝分裂、细胞质中存在线粒体或同时存在叶绿体等细胞器的微小生物，统称真核微生物。下面以真菌中的酵母菌和霉菌为例，说明真核生物形态结构的多样性及其功能。

2.2.1　酵母菌

酵母菌在自然界分布很广，主要生长在偏酸性的含糖环境中。例如，在水果、蔬菜、蜜饯的内部和表面以及在果园土壤中最为常见。酵母菌是人类文明史中被应用得最早的微生物。早在四千多年前的殷商时代，祖先就利用酵母酿酒。公元前六千多年古埃及人就利用酵母菌生产啤酒。但是人类真正开始认识酵母菌，还是在1680年荷兰人列文虎克发明第一台显微镜以后开始的。1859 年，法国人巴斯德用实验证实了酵母菌发酵生成酒精的事实。随着近代科学技术的发展，酵母在发酵工业上的应用愈来愈广，除制作面包、酿酒和饲料加工以外，还可以生产甘油、甘露醇、维生素、各种有机酸和酶制剂等；并可提取核酸、辅酶 A、细胞色素 c、ATP、麦角固醇、谷胱甘肽、凝血质等贵重药品。但是，有些种的酵母菌也是发酵工业上的污染菌，能使发酵产量降低或产生不良气味。还可以引起果汁、果酱、蜂蜜、酒类、肉类等食品变质腐败。例如，少数耐高渗透压酵母菌如鲁氏酵母（*Saccharomyces rouxii*）、蜂蜜酵母（*Saccharomyces mellis*）可使蜂蜜、果酱败坏。有少数种还是人类的致病菌。

2.2.1.1　酵母菌的形态结构

　　酵母菌的形态通常有球状、卵圆状、柠檬状和柱状或香肠状等多种。酵母菌比细菌大，用光学显微镜可以看得很清楚。其大小通常为（5～6）μm×（7～20）μm，小型的酵母菌大小为 3μm×（3～4）μm（图 2-18）。

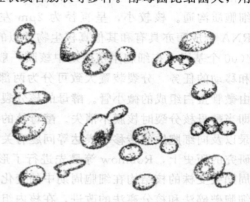

　　酵母菌大多数是腐生菌，少数是寄生菌。酵母菌的细胞结构与细菌的基本结构相似，有细胞壁、细胞质膜、细胞质、细胞核及内含物等。细胞壁在最外层，较坚韧。紧接细胞壁内面有细胞质膜及细胞质。细胞质膜具有半渗透性，营养物质的吸收与废物的排出都靠此膜来完成。细胞质为胶体状水溶液，内含核糖体、线粒体和中心体等。酵母菌与细菌的一个重要区别在于酵母菌具有明显的核。每一个细胞有核，核呈圆形或卵形，

图 2-18　啤酒酵母（*Saccharomyces cerevisiae*）的形态

核的直径一般不超过 1μm。核的位置一般位于细胞中央。由于液泡的逐渐扩大，把细胞核挤在一旁，常变为肾形。老龄酵母菌细胞内呈现许多颗粒和液泡。大多数酵母菌，尤其是球形和圆形酵母菌只有一个液泡，位于细胞的两端。液泡里有液体，含有盐类和有机酸等物质。细胞中的颗粒是酵母菌的贮藏物质，包括肝糖粒、脂肪粒等。

　　（1）酵母菌细胞壁和细胞膜

　　① 细胞壁　细胞壁在细胞的最外侧，包围着细胞膜，保持着细胞的形态、韧性。细胞壁上存在着许多种酶及雌、雄两性的识别物质。它们对物质的通透及细胞间的识别反应等方面起着重要作用。另外，菌的抗原活性也存在于细胞壁上，从而成为血清学分类法的基础。酵母菌细胞壁主要分为三层：外层为甘露聚糖，内层为葡聚糖，中间夹有一层蛋白质分子。酵母菌细胞壁同植物细胞壁一样，由骨架物质和细胞质物质组成。前者主要是葡聚糖及几丁质；后者主要是甘露糖-蛋白质复合体。菌种不同，细胞壁的组成也不同，即使是同一个种的酵母菌也会因生长条件的不同而有所区别。细胞的形态和细胞壁组成之

> 酵母细胞壁的主要化学成分有葡聚糖、甘露聚糖、几丁质、蛋白质、脂质等，这些物质可以作为食品或者作为食品添加物进行使用，酵母单细胞蛋白是一类重要的蛋白质资源。

间有着密切相关性。细胞的形态靠细胞壁来维持。用玻璃珠可破碎细胞，并能分离出细胞壁。几丁质最早发现于荚膜内孢霉（endomycopsis *Capsularis*）等丝状酵母中，但也存在于啤酒酵母（*S. cerevisiae*）及白假丝酵母（*C. albicans*）等出芽型酵母中。

　　② 细胞膜　细胞膜紧贴细胞壁内侧，包裹着细胞核、细胞质和各类细胞内含物。细胞

膜在细胞生长、分裂、接合、分化以及离子、低分子与高分子物质的输送等多种细胞活动中起着重要作用。细胞膜也是一种三层结构，主要成分为蛋白质、类脂和少量糖类。细胞膜是由上、下两层磷脂分子以及镶嵌在其间的甾醇和蛋白质分子所组成。其功能主要有调节细胞外物质运送到细胞内的渗透屏障；细胞壁等大分子成分生物合成和装配的基地；部分酶的合成和作用场所。细胞膜基本分子结构的研究，是以 Singer 和 Nieolson 建立的流体镶嵌模型为代表的现代生物膜模型为基础的。对于具有多种功能的酵母细胞膜系统的研究将越来越深入。酵母细胞膜的研究主要是以用电子显微镜的形态学研究为主体，由于细胞膜分离纯化方法的建立，以及生物化学分析法的采用，可以阐明膜的结构及各种功能的表达机制。

（2）酵母菌细胞核　酵母菌的核具有一般真核生物所具有的各种性质。核为双层核膜所包围，且存在着以核小体为基本结构的染色质以及核仁。核膜上分布着众多的小孔，得以与细胞质沟通。核较小，呈直径为 $2\mu m$ 左右的球状。核 DNA 的合成由多个起始点发生，RNA 合成酶亦具有和其他真核生物类似的性质。DNA 含量为大肠杆菌的 $2\sim4$ 倍，存在约 4000 个基因。在细胞生殖周期中核膜一般不消失。核内产生分裂装置，承担着染色体分离和移动的任务。分裂装置大致可分为两部分，即纺锤体极体（spindle pole body，SPB）和由微管蛋白组成的微小管。酵母的核分裂与高等真核生物的核分裂极为类似，唯一的不同点即当酵母核分裂时核膜不消失。酵母核的研究与遗传物质的存在状态和复制、遗传密码的转录以及向细胞质的转移和表达等问题有关，而且同核分裂机制的阐明也有着密切关系。在核研究的历史上，Robinow 等最先进行了形态观察，Hartwell 等进一步分析了野生株和细胞周期突变株的核结构在细胞周期中的变化，并搞清了分裂装置的形成及核分裂的情况。由于细胞破碎法和核分离法的改进，在核内组分的研究方面最近取得了很大的进展。另外，随着基因工程技术的发展，使大多数基因可以克隆，遗传信息表达机制的研究也以酵母为中心在不断发展。

2.2.1.2　酵母菌细胞的繁殖

酵母菌的繁殖方式有芽殖、裂殖和产生孢子繁殖三种。

（1）出芽生殖　出芽生殖是除了裂殖酵母菌以外几乎所有的酵母菌普遍存在的繁殖方式。酵母细胞在成熟时，先由细胞的局部边缘生出乳头状的突起如出芽的形状。同时细胞内的核进行分裂，分裂的核除留下一部分在母细胞内，其他一部分即流入芽体内。芽体（子细胞）逐渐增大，子细胞与母细胞交接处形成新膜，使子细胞和母细胞相隔离，子细胞可脱离母细胞，或与母细胞暂时相接，子母细胞脱离处即形成芽痕。出芽方式有两种：两端芽殖，即酵母细胞两极端轮番出芽；周身芽殖，即酵母细胞表面都可出芽，但芽痕处不再出芽，可根据芽痕数目确定菌龄。子细胞在形成后，可继续进行芽殖。如果连续芽殖的子细胞都不脱离母细胞，则可出现一堆团聚的细胞群，即称为芽簇。很多种的酵母具有芽殖的特性，如酵母属（Sac-charomyces）的酵母。某些生长旺盛的酵母菌由于出芽生殖的速度很快，子母细胞尚未脱离又继续长芽，即形成假菌丝，如热带假丝酵母（Candida tropicalis）（图 2-19）。

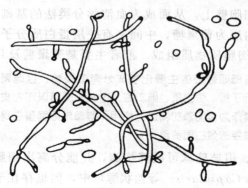

图 2-19　热带假丝酵母（Candida tropicalis）的形态

（2）裂殖　进行分裂繁殖的只是少数裂殖酵

母菌的繁殖方法。其过程是：酵母细胞延长、细胞内的核分裂成两个，同时在延长的细胞中央产生一横隔，形成两个具有单核的子细胞。而且子细胞可以继续进行裂殖，出现酵母菌细胞排列的短链状。如裂殖酵母属（Schizosaccharomyces）就具有此繁殖特征（图 2-20）。

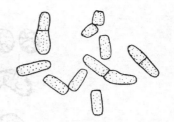

图 2-20　裂殖酵母的
细胞分裂（裂殖）

（3）产生孢子繁殖　在一定的环境条件下，某些种的酵母菌可以产生孢子而繁殖。汉逊（Hansen）氏曾归纳出几点关于可促进酵母菌产生孢子的条件：①必须是从营养丰富的培养基中取出的幼龄细胞。②必须给以充分的空气。③必须有足够的湿度。④必须在较高的温度中。

酵母菌产生孢子，有无性生殖和有性生殖两种方式。

① 无性繁殖的孢子　酵母细胞内的核经过 1～3 次的分裂后，每个分裂核的表面即形成一层膜，这样就形成了 2～8 个孢子，原有的酵母细胞即成为一个子囊，子囊内的孢子就称为孢囊孢子（图 2-21）。由于这些孢子的产生是在细胞内进行的，故又称它们为内生孢子。孢囊破裂时，孢子即被释放出来。例如酵母属的酵母。

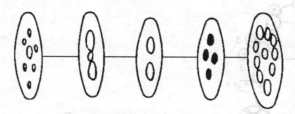

图 2-21　酵母孢囊孢子形成过程（无性繁殖）

② 有性繁殖的孢子　酵母菌的有性繁殖是产生子囊和子囊孢子。两个相邻的细胞彼此相向各伸出一管状原生质突起，然后，相互接触并融合成一个通道。两个核在此通道内结合，形成双倍细胞。随即进行减数分裂，形成 4 个或 8 个子核（图 2-22）。每个子核和周围的原生质形成孢子，称为子囊孢子。原来的接合子则成为子囊。当子囊成熟时破裂，子囊孢子释放出来，发育成新的酵母菌细胞。两个相近细胞接合时，如果大小、形状相同，则称为同形配子接合，如大小、形状不同时则称为异形配子接合。子囊孢子形状随酵母种类各异，主要有球形、半球形、椭圆、肾形、纺锤形等。例如接合酵母属（Zygosaccharomyces）的各种酵母。

酵母菌有性生殖形成子囊孢子的繁殖过程分为四个阶段：质配、核配、减数分裂和有丝分裂。酵母菌由两个营养细胞结合后直接形成子囊。例如啤酒酵母（Saccharomyces cerevisiae），两个单核而且是单倍体的营养细胞结合后，经质配、核配而成为一个二倍体的细胞。此细胞可以进行普通的出芽生殖而产生许多细胞，然而它们都是二倍体细胞。这种二倍体细胞在一定条件下，其细胞核进行两次分裂，其中 1 次为减数分裂。因而变成含 4 个子核的细胞，此时的细胞即为子囊，4 个子核与周围的原生质各形成 1 个孢子，即子囊孢子。所以此菌的子囊中含有 4 个子囊孢子。子囊破裂后孢子散出，又可进行出芽生殖而产生许多细胞，此时的细胞又成为单倍体细胞（图 2-23）。有丝分裂分离：二倍体无性繁殖系中，有极少数的细胞核在它们的分裂过程中能发生体细胞交换、分离而产生二倍体或单倍体的分离子，即

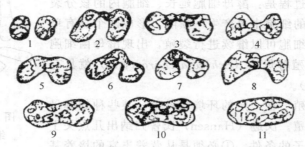

图 2-22　酵母子囊孢子形成过程（有性繁殖）

1~4—两个细胞接合；5—接合子；6~9—核分裂；10~11—核形成孢子

重组体。二倍体在生长过程中出现分离现象和重组现象，它包括两个主要的相互独立的过程。一种叫单倍体化，染色体逐步减数而导致形成单倍体分离子；另一种叫有丝分裂交换或体细胞交换，导致出现二倍体分离子。因为两个过程都是在有丝分裂时发生，所以统称为有丝分裂分离或准性重组。

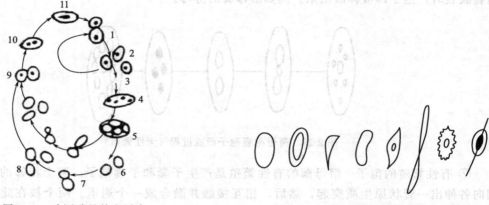

图 2-23　啤酒酵母的生活史　　　　　　图 2-24　酵母子囊孢子的各种形状

1—芽殖；2—二倍体细胞（2n）；3—减数分裂；4—幼子

囊；5—成熟子囊；6—子囊孢子；7—芽殖；8—营养

细胞（n）；9—接合；10—质配；11—核配

③ 孢子的发芽　孢子在适宜的条件，特别是适宜的营养和温度下，促使孢子膨胀进行发芽。发芽的方式随酵母的种类不同而异，具体有两种类型：其一，为直接发芽，即孢子直接发芽而形成营养细胞；其二，为芽管发芽，即孢子先产生管状突起，称为芽管，在芽管上产生横隔而形成营养细胞，即孢子发芽形成新的酵母细胞。

④ 孢子的形状、数目和繁殖的状态　不同种的酵母所产生的孢子，均有一定的形状和一定的数目，是分类上的一项依据。孢子的形状有球形、卵形、帽形、肾形、柠檬形、针形和纺锤形等（图 2-24）。在一个细胞内产生的孢子，一般为 2~4 个或 8 个。

2.2.1.3　酵母菌菌落

菌落通常指在固体培养基上，接种的某一种菌经过培养，向四周蔓延繁殖后所形成的肉眼可见的群体。同一种酵母，在不同成分的培养基上生长所形成的菌落也有不同。菌落的形态通常指在固定的条件下，如温度、培养基成分等，培养一定时间（如 3~10d）后所呈现的形状、大小、颜色、纹饰以及组成等。这些特征，对不同种的酵母来说，往往差别很大，因而为分类鉴定工作提供了依据。

酵母菌的菌落形态变化较小。在麦芽汁琼脂培养基上形成的菌落与细菌相似，但菌落一般较大、较厚。在固体培养基上酵母菌形成光滑湿润的菌落，常带黏性，呈白色或粉红色等。培养时间较长的菌落呈皱缩状，并较干燥。在液体培养基中，酵母繁殖时，许多增殖的酵母细胞浮游于液体上层，这种酵母称为上面酵母；如果酵母增殖后，酵母细胞沉降于底层，这种酵母称为下面酵母。

2.2.1.4　食品中常见的酵母菌

（1）酵母菌属（*Saccharomyces*）　细胞呈圆形、椭圆形、腊肠形。发酵力强，主要产物为乙醇及二氧化碳。主要的种有啤酒酵母（*Saccharomyces cerevisiae*），为酿造酒及酒精生产的主要菌种，还用于制造面包及医药工业；葡萄汁酵母（*Saccharomyces uvarum*），细胞椭圆形或长形，它能将棉子糖全部发酵，还可食用及用于医药工业。

（2）裂殖酵母属（*Schizosaccharomyces*）　细胞呈椭圆形、圆柱形。由营养细胞接合，形成子囊。有发酵能力，代表种为粟酒裂殖酵母（*Schizosaccharomyces pombe*），最早分离自非洲粟米酒，能使菊芋发酵产生酒精。

（3）汉逊酵母属（*Hansenula*）　细胞呈圆形、椭圆形、腊肠形。多边芽殖营养细胞有单倍体或二倍体，发酵或不发酵，可产生乙酸乙酯，同化硝酸盐。此菌能利用酒精为碳源在饮料表面形成皮膜，为酒类酿造的有害菌。代表种为异常汉逊酵母（*Hansenula anomala*），因能产生乙酸乙酯，有时可用于食品的增香。

（4）毕赤酵母属（*Pichia*）　细胞形状多样，多边出芽，能形成假菌丝，常有油滴，表面光滑，发酵或不发酵，不同化硝酸盐，能利用正癸烷及十六烷，可发酵石油以生产单细胞蛋白，在酿酒业中为有害菌，代表种为粉状毕赤酵母（*Pichia farinose*）。

（5）假丝酵母属（*Candida*）　细胞呈圆形、卵形或长形。多边芽殖。有些种有发酵能力，有些种能氧化碳氢化合物，用以生产单细胞蛋白，供食用或作饲料。少数菌能致病。代表种有产朊假丝酵母（*Candida utilis*），能利用工农业废液生产单细胞蛋白；热带假丝酵母（*Candida tropicalis*），能利用石油生产饲料酵母。

（6）球拟酵母属（*Torulopsis*）　细胞呈球形、卵形或长圆形。无假菌丝，多边芽殖，有发酵力，能将葡萄糖转化为多元醇，为生产甘油的重要菌种，利用石油生产饲料酵母。代表种为白色球拟酵母（*Torulopsis candida*）。

（7）红酵母属（*Rhodotorula*）　细胞呈圆形、卵形或长形。多边芽殖，少数形成假菌丝。无发酵能力，但能同化某些糖类，有的能产生大量脂肪，对烃类有弱氧化力。常污染食品，少数为致病菌。代表种为黏红酵母（*Rhodotorula glutinis*）。

2.2.2　丝状真菌

2.2.2.1　丝状真菌的概念

丝状真菌统称霉菌。凡是在基质上长成绒毛状、棉絮状或蜘蛛网状菌丝体的真菌，称为霉菌。在分类上真菌分属于藻状菌、子囊菌、担子菌与半知菌。霉菌除用于传统的酿酒、制酱和做其他发酵食品外，近年来在发酵工业中广泛用来生产酒精、柠檬酸、青霉素、灰黄霉素、赤霉素、淀粉酶和发酵饲料等。真菌菌体均由分枝或不分枝的菌丝构成，许多菌丝交织在一起称为菌丝体。菌丝平均直径为 $2\sim10\mu m$，比一般细菌和放线菌的菌丝大几倍到几十倍，与酵母菌相似。真菌的菌落是由分枝状或不分枝状菌丝组成。真菌的菌丝体无色透明或呈暗褐色至黑色，或呈鲜艳的颜色，甚至分泌出某种色素使基质染色，或分泌出有机物质而成结晶，附着在菌丝表面。因菌丝较粗而长，形成的菌落较疏松，呈绒毛状、棉絮状或蜘蛛网状。菌落最初是浅色或白色，当菌落上长出各种颜色的孢子后，由于孢子有不同形状、构造和色素，菌落表面常出现肉眼可见的不同的结构和色泽，如黄、绿、青、黑、橙等各色。有的真菌产生的色素能扩散到培养基内，称为水溶性色素，使培养基正面和反面显示出不同的颜色。反之，不能扩散到培养基内的色素称为脂溶性色素。故菌落特征也是鉴定真菌的主要依据之一。真菌的繁殖方式多样，主要靠形成无性孢子和有性孢子来繁殖。一般真菌菌丝生长到一定阶段，先进行无性繁殖，到后期，在同一菌丝体上产生有性繁殖结构，形成有性孢子。与人类生活和食品生产关系密切的真菌有藻状菌的根霉、毛霉、犁霉，子囊菌的红曲霉，半知菌的曲霉和青霉等。毛霉在食品工业中应用较多，如高大毛霉能产生羟基丁酮、脂肪酶。鲁氏毛霉不仅用于酿造工业，还可用于做豆腐乳，总状毛霉用于制造豆豉。有些毛霉还可以用于甾族化合物的转化、生产草酸、乳酸、琥珀酸以及甘油。根霉经常出现在淀粉质食品上，引起食品霉烂变质。它能把淀粉转化为糖，因而是我国及朝鲜、东南亚一带所应用的酒曲或曲药的主要糖化菌。我国民间用的甜酒曲中主要菌种就是根霉。曲霉菌是发酵工业、医药工业、食品工业的重要菌种。现代工业利用曲霉生产各种酶制剂（淀粉酶、蛋白酶、果胶酶等）、有机酸（柠檬酸、葡萄糖酸等），农业上可用作糖化饲料。也有些曲霉菌能产生对人体有害的物质，如黄曲霉毒素。工业上常用的曲霉有黑曲霉、米曲霉和栖土曲霉。红曲霉菌用于制取红曲，至今仍为优良的天然食品着色剂，如红色豆腐乳就是典型产品。还有一种紫红曲霉，能产 α-淀粉酶、麦芽糖酶等，用它水解淀粉，制造葡萄糖，近年来工业上用于生产糖化酶制剂。

　　菌丝的内部构造，在显微镜下观察时皆呈管状。有的霉菌菌丝可以特化成坚实的菌核，即使有些直径不超过 $1\mu m$ 的菌丝，也是如此。藻状菌中的菌丝体，虽然有发达的多重分枝，其丝状的管道中却无横隔，因此其菌丝含有许多细胞核。只是在产生生殖器官或受到机械损伤时，才在下面生出横壁（图 2-25）。当然也有例外，某些种类的老菌丝上有时也能形成横隔，在一些比较高等的藻状菌中，则往往很早就可以形成横隔。

　　担子菌类的菌丝体是由具横隔（因而是多细胞）及分枝的菌丝所组成。它们的菌丝体有一个明显的特征，就是在其生活史中较长的阶段，每个细胞都含有两个细胞核，或双核菌丝体。

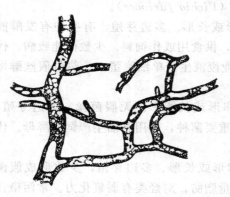

图 2-25　无横隔、具分枝的菌丝示意图

　　许多真菌在培养过程中常发生另外一种现象，即联结现象。一般认为联结现象可能有三种功能：一是运输或交换营养物质；二是质配或核配的桥梁作用即锁状联合；三是可能对某些寄生真菌从寄主细胞中吸收营养物质起重要作用。

2.2.2.2　丝状真菌的结构

　　真菌是真核生物，因此具有典型的细胞结构，即细胞壁、细胞膜、细胞质、细胞核、液泡、线粒体及各种内含物（图 2-26）。下面分别予以讨论。

　　（1）细胞壁　细胞壁是真菌细胞的最外层结构单位，约占细胞干重的 30%。其主要化学成分是几丁质（甲壳质）、纤维素、葡聚糖、甘露聚糖，另外还有蛋白质、类脂、无机

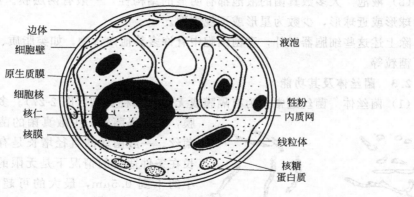

图 2-26　真菌的细胞结构

盐等。

（2）细胞膜　真菌的细胞膜在电子显微镜下观察和所有生物的单位膜一样，呈流体镶嵌模型，具有典型的三层结构，主要成分为磷脂分子，它规则地排列成两层，蛋白质非对称地排列在磷脂两边，呈镶嵌状。

真菌膜中的碳水化合物含量高于其他生物，一般含量低于 10%。真菌是唯一具有高碳水化合物含量的微生物。真菌细胞膜对于物质转运、能量转换、激素合成、核酸复制及生物进化等方面都具有重要意义。

（3）细胞核　真菌的细胞核比其他真核生物的细胞核小，一般直径为 $2\sim3\mu m$，个别大的核直径可达 $25\mu m$。细胞核的形态变化很大。通常为椭圆形，能通过隔膜上的小孔，在菌丝中移动很快。不同真菌细胞核的数目变化很大。如有的真菌细胞内有 $20\sim30$ 个核，而担子菌的单核或双核菌丝只有 1 个或 2 个核，在菌丝顶端细胞中常找不到核。用相差显微镜观察真菌活细胞，可看到中心稠密区，此为核仁，被一层均匀的无明显结构的核质包围，外边有一双层的核膜，在外膜上附着有核蛋白体。核膜厚度 $8\sim20nm$，上有小孔，孔的数目随菌龄而增加。如老龄酵母细胞中，核仁上的小孔可多达 200 个。

（4）线粒体　线粒体是细胞质内含有的细胞器之一，是酶的载体，是细胞呼吸产生能量的场所，能为细胞运动、物质代谢、活性运输等提供足够的能量。所以，线粒体被称为细胞的"动力房"。线粒体具有双层膜，内膜较厚，常向内延伸成不同数目和形状的嵴。嵴的外形是板片状还是管状和真菌的种类有关。线粒体是含有 DNA 的细胞器。真菌线粒体的DNA 是闭环的，周长为 $19\sim26\mu m$，小于植物线粒体，而大于动物线粒体。

（5）核糖体　真菌细胞中有两种核糖体，即细胞质核糖体和线粒体核糖体，是细胞和线粒体中的微小颗粒，是蛋白质合成的场所。这种颗粒包括 RNA 和蛋白质，直径为 $20\sim25nm$。细胞质核糖体呈游离状态，有的和内质网及核膜结合。线粒体核糖体存在于内膜的嵴间。

（6）内质网　真菌的内质网具有两层膜，有管状、片状、袋状和泡状等。多与核膜相连，而很少与原生质膜相通。幼龄细胞里的内质网比老龄细胞中的明显。内质网是细胞中各种物质运转的一种循环系统。同时，还供给细胞质中所有细胞器的膜。

（7）边体　边体是某些真菌菌丝细胞中的一种特殊结构，真菌的孢子中尚未发现。当原生质与细胞壁分开时，原生质膜有时形成折叠旋回的小袋，袋内贮藏有颗粒状或泡沫状物质，这种小袋称为边体。

（8）**液泡**　大多数真菌的液泡都有明显的结构性，一般有两层膜。液泡常靠近细胞壁。多为球形或近球形，少数为星形或不规则形。

除上述这些细胞器以外，真菌细胞中有许多其他内含物，如类脂质、淀粉粒、异染颗粒和肝糖粒等。

2.2.2.3　菌丝体及其功能

（1）**菌丝体**　菌丝通常分为有隔膜或无隔膜两种类型（图 2-27）。多数真菌的菌丝具隔膜，叫有隔菌丝；少数真菌的菌丝无隔膜，叫无隔菌丝。一般菌丝的直径增长是有限的，而长度的伸长在条件适宜的情况下是无限的。菌丝的直径，最小的不到 $0.5\mu m$，最大的可超过 $100\mu m$，一般为 $5\sim 6\mu m$。

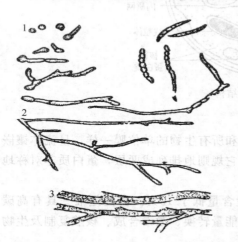

图 2-27　真菌孢子萌发和菌丝体的示意
1—真菌孢子萌发；2—菌丝体；
3—无隔菌丝和有隔菌丝

真菌菌体除鞭毛菌中某些种为原生质团和酵母菌中为单细胞或假菌丝外，其他种类菌体的基本构造都是分枝和不分枝的菌丝。因而菌丝的结构和构成，是真菌形态的一个重要特征。但是，仅依菌丝的差别，不足以辨认。因为，菌丝仅表现在无色透明、有色、暗色、有隔或无隔、直径大小、横隔的构造以及鞭毛菌和接合菌中的菌丝体有发达的多重分枝，但真菌菌丝管道无横隔，因此这种菌丝含有许多细胞核，而被称为管状多核体。只有在产生生殖器官或受到机械损伤时，才在下面生出横壁。当然也有例外，某些种类的老菌丝上，有时候也能够形成隔膜，在一些比较高等的鞭毛菌和接合菌中，则往往在早期就形成隔膜，当菌丝与空气接触时，常见到原生质在定向地流动。在菌丝的尖端，即在菌丝生长点，其流动更加明显。细胞壁的硬化，液泡的形成与扩大，是推动原生质向菌丝尖端流动的主要动力。

子囊菌（除酵母外）、担子菌和绝大多数半知菌的菌丝都具有隔膜。通过隔膜将菌丝分隔成多细胞，每个细胞中有 1 个、2 个或多个细胞核。在这类真菌中，原生质在细胞内的流动是通过隔膜中央小孔，细胞质和营养物质相互沟通，细胞核也可以通过。因此，有孔的隔膜，并不比管状多核体的原生质流动得差。

担子菌的菌丝体另有一个显著特点，即它在生活史中有一段较长时期的双核细胞时期。由于双核细胞的形成构成了担子菌菌丝体另一个特征，即锁状联合（图 2-28）。

锁状联合是指担子菌菌丝体上的半球形突起，它横跨在两细胞之间的隔膜上面，形成了 2

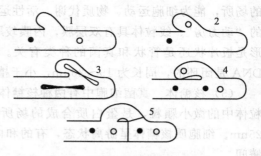

图 2-28　锁状联合形成过程示意
1—双核细胞形成突起；2—一核进入突起；3—双核
并裂；4—2 个子核在尖端；5—隔成 2 个细胞

个细胞联结的结构。这多数发生在菌丝顶部双核细胞的两核之间。先由细胞壁生出一个突起且向下弯曲，其顶点再与母细胞的另一处相联合，与此同时，两核之一移入突起之中；然后，两核同时分裂，产生的 4 个子核，2 个在细胞的上部，1 个在细胞的下部，另一个在突起之中，此时细胞生出横隔，将细胞分成 2 个：上面细胞双核，下面细胞单核，突起中仍有一核，待突起的基部生出横壁时，其中一核移入下面细胞，因而构成了 2 个双核细胞。这种形成过程称为锁状联合。这一现象只有在担子菌中能找到。因此，担子菌虽然在一般培养基上不产生子实体，但是通过显微镜检查菌丝体是否具有这种特殊结构，就可鉴别它是否属于担子菌类的真菌。

（2）菌丝细胞结构　在显微镜下观察到的真菌菌丝一般均呈管状。有隔膜的菌丝分隔为结状菌丝，每两节中间的一段菌丝叫做菌丝细胞。它的结构一般包括细胞壁、原生质膜、边体、细胞核、线粒体、内质网、高尔基体和液泡等细胞器（图 2-29）。

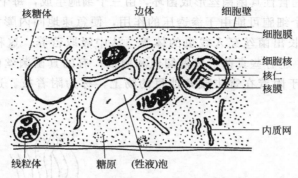

图 2-29　真菌菌丝细胞的超显微结构示意

（3）菌丝的变态和组织体

① 菌丝的变态　真菌的营养菌丝演化出许多变态物（如吸器、菌环和菌网等），以更有效地吸取养料来满足生长和繁殖的需要。这些均是长期自然选择的结果。

a. 吸器（吸胞）　寄生真菌的菌丝可生长在寄主的体表，在寄主体内可寄生在细胞间，也可寄生在细胞内，在菌丝某处生出特殊形态的菌丝或菌丝变态物，伸入寄主体内吸取养料。尤其是许多专性寄生真菌，它们可以形成多种形态的菌丝变态物，伸入寄主细胞间或细胞内吸取养料。这些菌丝的变态物叫吸器（图 2-30）。例如，禾柄锈菌（*Puccinia graminis*）引起小麦秆锈菌病，侵入小麦组织内细胞间的双核菌丝顶端，生出横膈膜而形成吸器细胞。在侵染寄主早期的吸器无细胞壁，它的细胞膜与寄主细胞的原生质直接接触。这种无细胞壁

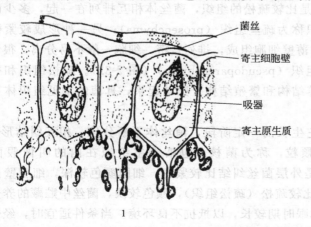
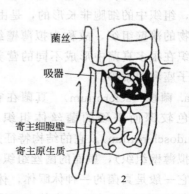

图 2-30　真菌吸器的类型
1—球状；2—根状

的现象，可能是由于吸器细胞分泌某种化合物或某种酶，将吸器本身的壁和寄主细胞壁溶解。吸器内的细胞与胞间菌丝相同。

　　b. 菌网和菌环　某些捕食性真菌菌丝还会形成环状或网状等变态物结构。前者称做菌环（菌套），后者称做菌网（图2-31）。其功能都是套捕其他小生物，如线虫、轮虫、草履虫和其他单细胞原生动物等。捕食性真菌的菌丝，不管是何种结构，其表面均有一层黏性物质。如少孢节丛孢（*Arthrobotrys oligospora*）的菌网表面富有黏性物质，线虫一旦与菌网接触，立即被黏住，由菌网处生出穿透枝，穿过线虫的角质，伸入体内，然后从穿透枝上生出侵染球，再从侵染球上长出营养菌丝充满虫体腔，吸取线虫体内的营养物质。这种捕食方式称做黏捕法。有时捕食性真菌菌丝形成菌环，由三个细胞组成，每个细胞都呈弧形，当线虫头部进入菌环，三个细胞可能由于渗透压的作用，便急速地向内膨大，把线虫套住，越套越紧，而后菌环上长出菌丝穿入线虫的体腔，从中吸取营养。这种捕食方式称做套捕法（图2-31）。此外，还有些真菌形成匍匐丝和假根；有的真菌菌丝的顶端常膨大，有的甚至产生分枝，借助于附着在寄主或其他目的物上，称为附着枝。这些也都是菌丝的适应性变态物。

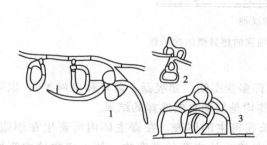

图2-31　真菌的菌环与菌网
1—菌环（套捕线虫）；2—简单菌网；3—菌网

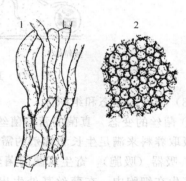

图2-32　真菌的密丝组织
1—疏丝组织；2—薄壁组织

　　② 菌丝的组织体　随着外界条件的不断变化和自身变异而适应的结果，很多真菌在生活史的某个阶段，有些分散的菌丝体可以交织起来形成菌丝组织，这种组织统称为密丝组织（plectenchyma）。密丝组织中有1种是比较疏松的组织，菌丝体相互排列在一起，多少能看到典型菌丝体的长形细胞，这种组织称为疏丝组织（prosenchyma）；另一种形成较紧密的组织，组织中的细胞非长形的，是由薄壁细胞组成，排列紧密，细胞一般不易分离，很像高等植物的薄壁组织，故称为拟薄壁组织（pseudoparenchyma）（图2-32）。疏松组织和拟薄壁组织在很多真菌中形成不同的营养结构和繁殖结构。归纳起来，真菌的常见组织体有菌核、子座和菌索等。

　　a. 菌核（sclerotium）　真菌在它生长的一定阶段，菌丝体不断分化，相互纠结形成1个颜色较深而坚硬的菌丝体组织颗粒，称为菌核。包括寄主组织在内的叫做假菌核（pseudosclerotium）。它的结构特征是外层菌丝纠结比较紧密，细胞颜色较深，细胞壁比较厚（拟薄壁组织），里面的菌丝组织比较疏松（疏松组织），颜色较淡，菌丝中贮藏的养分较多。它一般是真菌的一种休眠体，休眠时期较长，以抵抗不良环境。当条件适宜时，经休眠后的菌核可再萌发产生子实体。不同真菌产生菌核的形状大小各不相同。如某些黄曲霉菌株产生的菌核直径仅为400～700μm，离心丝核菌（*Rhizoctonia centrifuga*，引起水稻纹枯病）的菌核小，如油菜籽，大的如茯苓，重达 60kg。药用的茯苓、猪苓、雷丸和麦角都是真菌的菌核。

b. 子座（stroma）　真菌的子座也是由菌丝分化形成的垫状结构，或是由菌丝与部分寄主组织或基物结合而构成。子座的形状不规则，最简单的仅为一层相互交织在一起的菌丝。但有的与菌核很相似，常在子座中或子座上产生各种子实体。子座是一般不经休眠萌发的休眠体，因此，既可度过不良环境，也可作为繁殖体的一部分。

c. 菌索（rhizomorph）和菌丝束（coremium）　菌索多生于树皮下或地下，形似根状结构。多种伞菌，如假蜜环菌（*Armillariella mellea*）具有根状菌索。它具有抵抗不良环境和帮助输送营养物和侵染寄主的功能。当环境适宜时，可从生长点恢复生长，在不良环境条件下呈休眠状态。

从根状菌索的横切面可以见到坚固的皮层，是由数层小型厚壁暗色细胞组成的密丝组织；中央菌髓，是由薄壁细胞组成的。在菌索的纵切面中，皮层细胞和菌髓细胞都是长形的。

菌丝束是由菌丝平行排列而成的绳状结构，多种木材腐朽菌具有菌丝束。

2.2.2.4　真菌的繁殖方式和孢子类型

（1）真菌的繁殖方式　真菌的生活史是指真菌从孢子萌发开始，经过一定的生长发育阶段，最后又产生同一种孢子为止，其中所经过的过程，就是它的生活史。在真菌的生活史中，许多真菌是以无性繁殖方式为主的。即在适宜条件下，孢子萌发后形成菌丝体，并产生大量的无性孢子，进行传播和繁殖。当菌体衰老，或营养物质大量消耗，或代谢产物积累时，才进行有性繁殖，产生有性孢子，度过不良环境后，再萌发产生新个体。有的真菌在生活史中，只产生无性孢子，例如，半知菌亚门中的某些青霉、链格孢霉等。也有些真菌只产生有性孢子，例如担子菌亚门的蘑菇、木耳等高等真菌。所以真菌的生活史比较复杂，而且多种多样（图 2-33）。

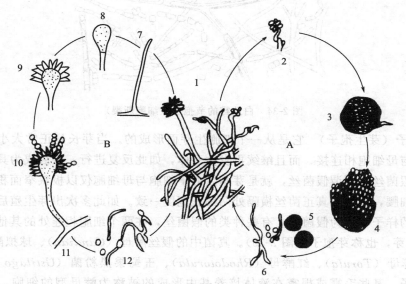

图 2-33　匍匐曲霉的生活史

A—有性繁殖；B—无性繁殖

1—菌丝体；2—雄器与产囊器；3—闭囊壳；4—闭囊壳破裂；5—子囊及子囊孢子；6—子囊孢子萌发；

7～9—分生孢子梗、顶囊、小梗的形成；10—分生孢子头；11—足细胞；12—分生孢子萌发

真菌经过一段营养生长期后，便开始进行繁殖。真菌的繁殖能力很强，而且方式也多样化。主要以产生各种各样的孢子作为繁殖单位。真菌的孢子常成千上万地产生，数量惊人。由于不同种的真菌形成孢子的方式和形成孢子的形态不同，所以真菌孢子的形态和产孢器官的特征是分类的主要依据。

真菌的繁殖方式按其生物学性质，可分为无性繁殖和有性繁殖。无性繁殖是指不经过两性细胞结合而直接由菌丝分化形成孢子的过程，所产生的孢子叫无性孢子。有性繁殖则是经过不同性别细胞的结合，经质配、核配和减数分裂形成孢子的过程，所产生的孢子叫有性孢子。

（2）真菌的孢子类型　真菌的繁殖能力一般都很强，而且方式也多样化，如菌丝的碎片就能进行增殖。然而在自然界，它们往往通过各种无性或有性的孢子来达到其繁殖的目的。真菌的孢子对其传播和传代很重要，对于人们识别它们也很重要。因为不同种类的真菌，其孢子形态或产生孢子的器官多有不同程度的差异。所以，真菌的分类，几乎大部分是根据孢子或产生它们的器官为主要特征而进行的。

① 无性繁殖　真菌的无性繁殖是指不经过两性细胞的配合便能产生新的个体。大多数真菌是通过无性孢子来实现的。如节孢子、芽孢子、厚垣孢子、顶生厚垣孢子、分生孢子、孢囊孢子等。这些孢子萌发后形成新个体。

a. 节孢子　节孢子是由菌丝细胞断裂而形成的。最典型的例子如白地霉（*Geotrichum candidum*）。此菌在幼龄时或培养初期菌体为完整的多细胞丝状，老后由菌丝内横隔处断裂，形如短柱状或筒状，或两端稍呈钝圆形的细胞，称为节孢子。此种孢子在新鲜培养基上或遇到新的养料，又可萌发生成新的菌丝（图 2-34）。

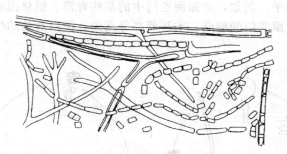

图 2-34　白地霉的节孢子（细胞断裂）

b. 芽孢子（芽生孢子）　它是从一个细胞生芽而形成的。当芽长到正常大小时，或脱离母细胞，或与母细胞相连接，而且继续再发生芽体，如此反复进行，最后成为具有发达或不发达分枝的假菌丝。所谓假菌丝，就是芽殖后的子细胞与母细胞仅以极狭窄面积相连，即两细胞间有一细腰，而不像真正菌丝横隔处两细胞宽度一致。如此多次出芽生殖后，细胞与细胞连成丝状的样子，称为假菌丝。有些种类的假菌丝，在两个细胞相连处的其他侧面（或四周），又生出芽，也称芽孢子（图 2-35）。真菌中的假丝酵母（*Candida*）、球拟酵母（*Torulopsis*）、圆酵母（*Torula*）、红酵母（*Rhodotorula*）、玉蜀黍黑粉菌（*Ustilago maydis*）等皆产生芽孢子。某些毛霉或根霉在液体培养基中形成的被称为酵母型的细胞，也属芽孢子之列。

c. 厚垣孢子（厚膜孢子）　厚垣孢子是真菌的一种休眠（或静止）细胞。它是在菌丝中细胞质密集在一处，特别是类脂质物质的密集，然后在其四周生出厚壁，或原细胞壁加厚而

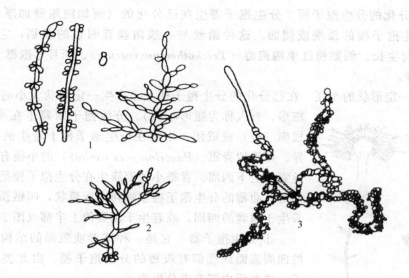

图 2-35　芽孢子

1—假丝酵母的假菌丝和芽孢子；2—玉米黑粉菌冬孢子萌发后原菌丝形成的芽孢子；
3—总状毛霉在液体培养基内所形成的酵母型细胞

成。有些种类厚垣孢子生在菌丝或分枝的顶端，如白假丝酵母菌（*Candida albicans*）。如果厚垣孢子产生在菌丝的中间时，其两侧的细胞往往是空虚的，这种现象可能是由于细胞质密缩到厚垣孢子内而造成的。毛霉中有些种，特别是总状毛霉（*Mucor racemosus*）往往在菌丝中间形成许多这样的厚垣孢子。厚垣孢子为圆形或长方形，有的表面有刺或疣状突起，总之形状不一。

d. 分生孢子　分生孢子是真菌中最常见的一类无性孢子。其形状、大小、结构以及着生的情况多种多样，因此丰富了真菌的形态学。半知菌的分类，大都是以分生孢子特征作为依据而进行的。它们或为单胞或为有规律的多细胞，就其产生的方式大致可归结为以下几种类型：

ⓐ 明显分化的分生孢子梗　分生孢子着生在菌丝或其分枝的顶端，单生、成链或成簇，而且产生孢子的菌丝与一般菌丝无显著区别。例如红曲霉（*Monascus*）、交链孢霉（*Alternaria*）等（图 2-36）。

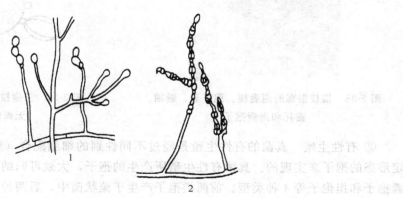

图 2-36　分生孢子

1—红曲霉的分生孢子；2—交链孢霉的分生孢子

　　ⓑ 具有分化的分生孢子梗　分生孢子着生在已分化的（例如细胞壁加厚或菌丝直径增宽等）分生孢子梗的顶端或侧面。这种菌丝与一般菌丝有明显的差别，它们或直立，或朝一定方向生长。例如粉红单端孢霉（*Trichothecium roseum*）、新月弯孢霉（*Curvularia lunata*）等。

　　ⓒ 具有一定形状的小梗　在已分化的分生孢子梗上，产生一定形状大小的小梗（常呈

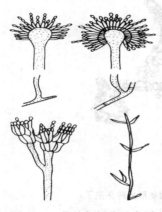

瓶形，有人称为瓶形小梗）。分生孢子则着生在小梗的顶端，成串（链）或成团。小梗在分生孢子梗上着生的部位因种而异。宛氏拟青霉（*Paecilomyces varioti*）的小梗有时散生在菌丝索的上下四周。青霉小梗则簇生在分生孢子梗呈帚状分枝的顶端。曲霉的分生孢子梗顶端膨大成囊状，叫做顶囊。小梗或着生于顶囊的四周，或着生于顶囊的上半部（图 2-37）。

　　ⓓ 分生孢子器　它是一种球形或瓶形的结构，在器内壁的四周表面或底部有极短的分生孢子梗，由此梗产生分生孢子，成熟后内部充满分生孢子。

　　ⓔ 分生孢子座　很多种真菌，其分生孢子梗紧密聚集成簇，形似垫状，分生孢子着生于每个梗的顶端，这种现象称为分生孢子座。

图 2-37　曲霉各部分示意图

　　e. 孢囊孢子　藻状菌无性繁殖产生的孢子生在孢子囊内，所以称孢囊孢子。孢子囊一般生在营养菌丝的顶端，或生在孢囊梗的顶端。许多真菌的孢囊梗具有分枝，而分枝的顶端也产生孢子囊。在形成孢子前，首先有多核的原生质密集于此处，使其膨大，并在下方生出横隔，然后其原生质体割裂成许多小块，每块发育成一个孢囊孢子。因而其数目一般都相当多。

　　孢子囊的形状不一，因种而异，或为长筒形，或为圆球形，或为梨形。藻状菌中许多种的孢子囊和孢囊梗之间的横隔是凸起的。此凸起多膨大为球形、半球形或锥形，这种突起称为囊轴（图 2-38）。毛霉、根霉、犁头霉等，其孢子囊中都有囊轴。某些种类孢子囊中无囊轴，仅含有少数孢囊孢子，这种无囊轴的孢子囊称为小型孢子囊（图 2-39）。

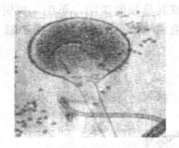

图 2-38　匍枝根霉的孢囊梗、孢子囊、囊轴、
囊托和孢囊孢子

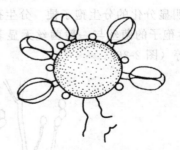

图 2-39　三孢拉布氏霉的小型孢子囊
（无囊轴）和泡囊

　　② 有性生殖　真菌的有性生殖是经过不同性别的细胞配合（质配和核配）后，产生一定形态的孢子来实现的。真菌有性生殖所产生的孢子，大致可归纳为卵孢子、接合孢子、子囊孢子和担孢子等 4 种类型。前两类孢子产生于藻状菌中，后两种类型分别为子囊菌和担子菌的有性孢子。现将它们的形成过程分别介绍如下。

　　a. 卵孢子　卵孢子是由两个大小不同的配子囊结合发育而成的。其小型配子囊称雄器，

大型的称藏卵器。藏卵器中的原生质在与雄器配合以前，往往又收缩成一个或数个原生质团，名叫卵球。有的藏卵器原生质分化为两层，中间的部分原生质浓密称卵质，其外层称周质。由卵质所形成的团就是卵球，相当于高等生物的卵。当雄器与藏卵器配合时，雄器中的内容物——细胞质和细胞核，通过授精管而进入藏卵器与卵球配合，此后卵球生出外壁即成为卵孢子。

b. 接合孢子　接合孢子是由菌丝生出形态相同或略有不同的配子囊接合而成。两个邻近的菌丝相遇，各自向对方生出极短的侧枝，称为原配子囊。原配子囊接触后，顶端各自膨大并形成隔，隔成一细胞，此细胞即配子囊。配子囊下面的部分称为配子囊柄。相接触的两配子囊之间的隔消失，其细胞质与细胞核相配合，同时外部形成厚壁，即接合孢子。在毛霉目中存在两种现象：一是单一的孢囊孢子萌发后所形成的菌丝体，当两根菌丝靠近时，便生出配子囊，经接触后产生接合孢子，甚至在同一菌丝的分枝上，也会接触而成接合孢子，这种情况称为同宗配合。如有性根霉（*Rhizopus sexualis*）、接霉（*Zygorhynchus*）即属此列。二是接合孢子的产生需要两种不同质的菌丝相遇后才能形成，而这两种有亲和力的菌系在形态上并无区别，所以通常用"＋"、"－"符号来代表。以这种方式所产生的接合孢子，称为异宗配合。毛霉目中大多数的种都属于异宗配合（图2-40）。

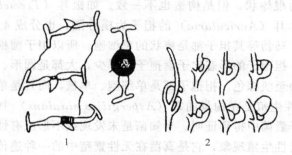

图 2-40　接合孢子的形成
1—匍枝根霉形成接合孢子示意图；2—异配囊接霉形成接合孢子示意图

c. 子囊孢子　子囊孢子是子囊菌的主要特征。它是有性生殖的产物。它发生在子囊中。子囊是一种囊状的结构，呈球形、棒形或圆筒形，因种而异。子囊中孢子数目通常为 1～8 个，或为 2n，典型的子囊中有 8 个孢子。子囊菌这个名称就是根据它们能产生子囊，故称为子囊菌。子囊菌形成子囊的方式不一。最简单的是由两个营养细胞结合后直接形成子囊。例如啤酒酵母（*Saccharomyces cerevisiae*）。

高等子囊菌形成子囊的两性细胞，多半已有分化，因而形态上也有区别。雌性者称产囊器，多呈圆柱形或圆形，而且较大，由一个或一个以上的细胞构成，其顶端有受精丝，受精丝或成为长形细胞，或为丝状。雄性者称雄器，一般都较雌性者小，或为圆柱形或为棒状。产囊器中各含有单核或多核，两性器官接触后，雄器中的细胞质和核通过受精丝而进入产囊器。但是两个性别的核在产囊器中，并不融合，只是双双成对地靠近，此时只进行质配。质配后产囊器生出许多短菌丝，称为产囊丝，成对的核进入产囊丝，而且经过几次同时分裂而形成多核。此后，产囊丝中生出横隔，隔成多细胞，每个多细胞含一核或两核，但是顶端的细胞皆为双核。双核中之一为雌核的子核，另一为雄核的子核。核配就在此顶端细胞内进行。许多子囊菌，如火丝菌（*Pyronema confluens*）产囊丝的顶细胞形成钩状，称为钩状体。双核在钩状体内并裂，产生四个子核。然后钩状体中生出横隔形成三个细胞，四核之一在钩状体尖端细胞内，两核在弯曲的细胞内，另一核在基部细胞中。弯曲细胞内的两核，一为雄核，另一为雌核，核配发生在此细胞内。核配后的细胞即为子囊母细胞。子囊母细胞中的二倍体核，经三次分裂，其中一次为减数分裂，形成 8 个子核。每一子核又变成单倍体，并与周围原生质形成孢子。子囊母细胞则成为子囊。

子囊通常产生在具包被的子囊果内。子囊果一般有四种类型，即球状而无孔口的闭囊壳（cleitothecium），瓶状或球状且有真正壳壁和固定孔口的子囊壳（perithecium），由子座溶解而成的、无真正壳壁和固定孔口的子囊腔（locule），以及盘状或杯状的子囊盘（apothecium）。

d. 担孢子　担孢子是担子菌独有的特征。它是一种外生孢子，是经过两性细胞核配后产生的。因为它们着生在担子上，所以称为担孢子。前面介绍锁状联合时，曾提到担子菌有双核菌丝，担子就起源于双核菌丝的顶细胞。在顶细胞内，两核配合后，形成一个二倍体的子核，此核经过二次分裂，其中一次为减数分裂，于是产生四个单倍体的子核，这时顶细胞膨大变成担子。然后担子生出四个小梗，小梗顶端稍微膨大，四个小核分别进入四个小梗内，此后每核各发育成一个孢子，即担孢子。典型的担子菌的担子上都有 4 个担孢子。

担子的形状多半为棍棒状，但是构造也不一致。如银耳（Tremella）的担子具有纵分隔，分成 4 个细胞；木耳（Auricularia）的担子为横分隔，也分成 4 个细胞。其他高等担子菌，如蘑菇、猴头、马勃等其担子都是棒状的单细胞。所以担子菌根据所产生的担子有无分隔而分成两个亚纲。担孢子的形态比子囊孢子花样少，大都是圆形、椭圆形、肾形或腊肠形，无色或浅粉红色乃至淡棕色。担孢子都是单细胞、单核，而且是单倍体。

③ 准性生殖　准性生殖是在构巢曲霉（Aspergillus nidulans）中首先发现。后来陆续在半知菌、担子菌和子囊菌中得到证明。半知菌是未发现或不形成有性生殖的真菌，但在许多半知真菌中已发现有性生殖现象，它是真菌在无性繁殖中的一种遗传性状重新组合，这种重组与有性生殖是殊途同归的，所以称它为"准性生殖"。它们的主要差别是：

准性生殖的过程：质配—核配—单倍体化；有性生殖的过程：质配—核配—减数分裂。

已经报道发生准性生殖的真菌有构巢曲霉（Aspergillus nidulans）、粗糙脉孢菌（Neurospora crassa）、烟曲霉（A. fumigatus）、酱油曲霉（A. sojae）、产黄青霉（Penicillium chrysogenum）、白边青霉（P. italicum）、黑曲霉（A. niger）等。

2.2.2.5　真菌的菌落

真菌的菌落是指在一定的固体基质上，接种某一种真菌的孢子或菌丝，经过培养后向四周蔓延生长出菌丝状的群体，这种群体在微生物学中称之为菌落。菌落是呈放射状生长的，因而菌落外围的生命力最旺盛；生长在液体培养基内的菌落，多数为球形。在自然界，也有菌落形成，最突出的一些大型土生真菌，在它们产生子实体的季节往往很容易见到。

同一种真菌，在不同成分的培养基上和不同条件下培养生长所形成的菌落也有差别。因此，菌落的形态一般是指在固定的条件下（如培养基成分、培养时间和温度等）所呈现的形状、大小、色泽和结构等。这些特征，对不同的真菌来说，往往差别显著，因而给分类鉴定工作提供了重要的依据。

真菌中除多数为单细胞的酵母菌的菌落形态比较简单之外（基本上与细菌近似），其他丝状真菌菌落形态多种多样，丰富多彩。例如，常见的青霉属、曲霉属的菌落更为突出，仅就菌落色泽来说，颜色之多样，人们很难用常见的色调来描述它们。因此，往往借助于色谱来加以鉴别。许多真菌能产生多种颜色的色素，使菌落的背面也染有颜色，有的甚至分泌可溶性色素扩散到基质中。

综上所述，真菌的菌落，除色泽外，其外观结构可归纳为在菌落的表面可呈平滑或具有皱纹，致密或疏松，同心环或辐射状沟纹等；菌落的质地（指菌落外观）似绒毛状、毡状、棉絮状、羊毛状、束状、绳索状、粉粒状、明胶状或皮革状等类型；菌落边缘可呈全缘、锯齿状、树枝状或纤毛状等；菌落的高度可呈扁平、丘状隆起、陷没或中心部分呈凸起或凹陷。

2.3　非细胞型微生物

非细胞生物是指一类无细胞结构、无酶体系、无代谢机制的生物。它包括病毒（即"真病毒"）和亚病毒两大类。亚病毒又分为类病毒、拟病毒和朊病毒。下面详细介绍它们的形态、结构及化学组成。

2.3.1　病毒

病毒是一类比细菌小得多的生物体，在普通光学显微镜下是不可见的，它无完整的细胞结构，也无完整的酶系，不能独立生活，只能寄生在活的细胞内，是严格的寄生生物体，病毒与人类安全密切相关。

2.3.1.1　病毒的形态结构与功能

（1）病毒的形态　病毒（或病毒粒子）是由 RNA 或 DNA 分子组成的传染因子，是非细胞生命体。通常由一种或几种蛋白质构成的衣壳包裹，有些病毒还覆盖有更为复杂的包（囊）膜。病毒可将它的核酸或遗传信息加于寄主细胞并由一个寄主细胞传播给另外一些细胞，利用寄主细胞的酶系统完成病毒核酸自身复制和翻译蛋白质并装配。一些病毒可将核酸整合于寄主细胞的基因组 DNA 内，导致隐性或持续感染；另一些病毒则使寄主细胞的基因特性发生转化，扰乱细胞生长的控制机构，使细胞死亡，有的可能引起细胞癌变。对于病毒也可以这样定义：病毒属于最小生命形态，是只能在寄主细胞内才能复制的微生物。

病毒不同于其他微生物的几个特征为：

① 病毒只含有一种核酸——DNA 或 RNA。

② 病毒通过基因组复制和表达，产生子代病毒的核酸和蛋白质，随后装配成完整的病毒粒子。

③ 病毒缺乏完整的酶系统，不具备其他生物"产能"所需的遗传信息，因此必须利用寄主细胞的酶类和产能机构，并能借助寄主细胞的生物合成机构复制其核酸以及合成由其核酸编码的蛋白质，乃至直接利用细胞成分。病毒的生物合成实际上是病毒遗传信息控制下的细胞生物合成过程。

④ 某些 RNA 病毒的 RNA 经反转录合成互补 DNA（cDNA），与细胞基因组整合，并随细胞 DNA 的复制而增殖。

⑤ 病毒无细胞壁，也不进行蛋白质、糖和脂类的代谢活动。

病毒形态是指电子显微镜下见到的病毒大小、形态和结构。病毒的种类繁多，形态结构各具特点。有的呈棒状，有的为球形或多角形，还有的呈蝌蚪形等。病毒的大小亦各不相同，从 10～250nm 不等，2000 个细菌病毒可装入一个细菌体中，一个人的细胞可容纳 5 亿个脊髓灰质炎病毒。所有病毒的结构都是蛋白质和核酸（RNA 或 DNA）组成的。一个完整的病毒或病毒颗粒是由蛋白质（或多肽）组成的壳膜，构成最外层，壳膜内包有核蛋白构成的核心，壳膜及其包裹着的核酸和蛋白质亚基合起来组成核蛋白壳膜，叫做核壳体。依据核壳体的形态，病毒颗粒可分为立体对称型和螺旋对称型。有的病毒在壳膜之外还有一层包膜，甚至双层壳膜。病毒的各种形态如图 2-41 所示。

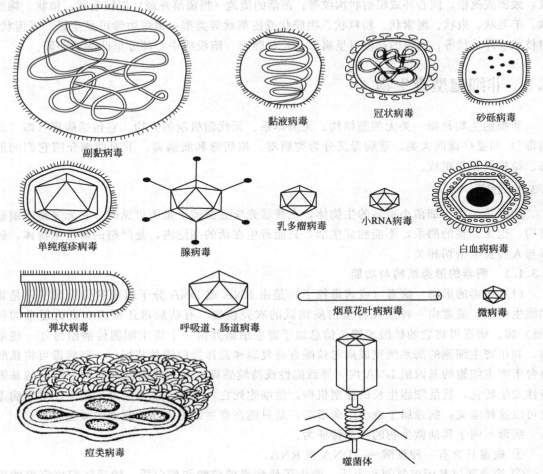

副黏病毒　黏液病毒　冠状病毒　砂砾病毒

单纯疱疹病毒　腺病毒　乳多瘤病毒　小RNA病毒　白血病病毒

弹状病毒　呼吸道、肠道病毒　烟草花叶病病毒　微病毒

痘类病毒　噬菌体

图 2-41　各种病毒颗粒的不同形态和大小比较

病毒的分离鉴定最常用的技术是组织培养。组织细胞还是生产特异性诊断抗原和病毒疫苗的比较理想的材料。观察病毒在细胞中是否生长、生长的情况如何，主要是观察蚀斑（plaque）或空斑。病毒空斑是指病毒培养在已长成的单层细胞上形成局限性病灶，在培养细胞中形成肉眼可见的变性细胞区，直径为 1～2mm 或 3～4mm。

（2）病毒的结构　病毒虽然不是活的细胞形式，但也具有活细胞体一样的遗传信息系统——核酸，只是病毒核酸与细胞不同，只含有 DNA 或 RNA，并不是两者都含有。DNA多数是双股的，但细小病毒的 DNA 为单股 DNA，呼肠孤病毒是双股 RNA。病毒虽然具有核酸，但不能独立复制，只能依赖寄主细胞帮助才能复制。

（3）病毒的蛋白　病毒的蛋白质主要在壳膜中。这些蛋白质或多肽在病毒形态学上称做化学亚单位或结构亚单位。许多化学亚单位以非共价键串联起来，形成了电子显微镜下可以见到的子粒即形态亚单位。

大多数病毒含有大量蛋白质，占病毒粒子总重的 70% 以上。少数病毒的蛋白质含量较低，为 30%～40%。病毒蛋白具有较高的毒性作用，是使机体发生各种毒性反应的主要成分。

病毒粒子的蛋白质构造随病毒种类而有所不同。结构简单的小型病毒只有 3～4 种蛋白质；结构复杂的病毒，蛋白质种类多达 100 种以上。这些蛋白质大多以壳粒的形式镶嵌组成病毒粒子的衣壳，壳粒又由相同或不同的多肽链构成。病毒的蛋白质有结构蛋白和非结构蛋白之分。病毒中结构蛋白是主要蛋白质，病毒粒子的蛋白质可以分为 4 个主要种类：衣壳蛋白、基质蛋白、囊膜蛋白和酶蛋白。衣壳蛋白包裹核酸，形成保护性外壳。病毒蛋白与核酸结合而成复合体者，即为核衣壳。基质蛋白位于外层脂质和衣壳之间，起到维持病毒内外结构的作用。囊膜蛋白主要是糖蛋白，位于囊膜表面。

（4）病毒的衣壳和包膜　病毒的衣壳（capsid）是指已经或即将与核酸进行组装的蛋白质外壳。衣壳在电镜下呈许多球形或管状亚单位，即壳粒按一定的对称规律构成。某些病毒有双层衣壳。衣壳是病毒粒子的保护性外壳。

病毒的包膜（或囊膜）（envelope）：比较复杂的病毒，核衣壳外面还有一层或几层富含脂质的外膜，即为包膜。目前对包膜的性质和组成还不十分清楚，但在多数情况下，包膜既含有病毒特异性物质，同时又含有寄主细胞膜的成分。在病毒发育过程中，病毒穿过细胞膜而达到细胞表面时，它才能获得来自寄主细胞的膜成分。

病毒的结构如图 2-42 所示。

图 2-42　病毒结构剖面示意图

2.3.1.2　病毒的复制

病毒的增殖又称为病毒的复制，是病毒在活细胞中的繁殖过程。这一过程非常特殊，而且形式多样化。既有每种病毒特有的规律，又有共同规律。病毒通过包膜或衣壳特异地吸附于易感细胞的表面受体，脱衣壳后，病毒核酸发出指令，利用寄主细胞蛋白质合成机制，来表达合成病毒基因所编码的蛋白质。病毒核酸复制后，经过装配为成熟的病毒，自细胞释放。因此，病毒仅在活细胞内才能表现其生命活性。

能侵入细菌体中，并能在菌体中增殖，最终将菌体裂解的病毒叫做噬菌体（phage）。放线菌、酵母菌及霉菌等都有噬菌体侵染。噬菌体有蝌蚪状、球形、线形三种基本形态。

噬菌体感染细菌细胞后，在胞内增殖，凡导致寄主细胞裂解者叫烈性噬菌体或毒性噬菌体，这类寄主细胞称为敏感性细胞；而不使寄主细胞发生裂解，并与寄主细胞同步复制的噬菌体，叫做温和噬菌体，这类寄主细胞称为溶源性细胞。

（1）烈性噬菌体复制　以大肠杆菌的 T-噬菌体为例，介绍噬菌体复制过程（图 2-43）。

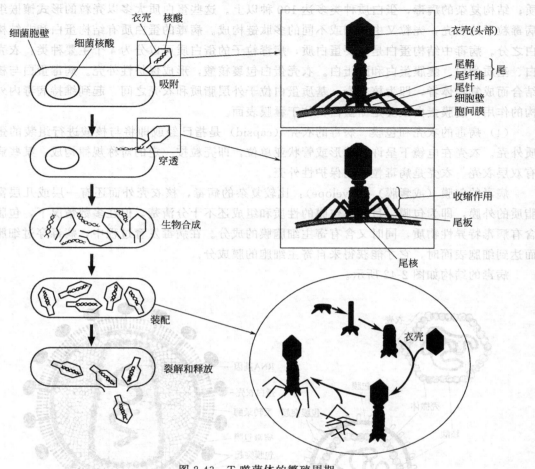

图 2-43　T-噬菌体的繁殖周期

① 吸附和侵入　当噬菌体与大肠杆菌相遇时，先以尾丝附着于菌体胞壁的受点上，尾丝进一步固定在上面，向菌体进一步移动，刺突及尾丝将噬菌体加固，固定在菌体上。然后尾部分泌溶菌酶，将菌体胞壁溶解打孔，同时噬菌体尾壳收缩，将尾髓穿过细胞壁，插入菌体内，噬菌体头部的 DNA 随之被压入菌体细胞内。吸附过程受环境温度、pH 以及某些离子的影响。

② 复制与装配　噬菌体的 DNA 进入菌体后，将会引起一系列变化。菌体胞壁渗透性增大，核物质遭到破坏并开始消失，细菌的合成作用受到阻抑。噬菌体逐渐控制着细胞的代谢，以噬菌体部分 DNA 为模板，在菌体 RNA 聚合酶的催化下，首先产生噬菌体的mRNA。再利用寄主的核蛋白体，与新产生的 mRNA 形成复制噬菌体 DNA 所需要的酶。同时还要形成脱氧核糖核酸酶，以利摧毁寄主 DNA。有些噬菌体则不同，它要依赖于寄主供给某些酶类，因而它并不摧毁寄主的 DNA，使之能继续为它合成某些所需的蛋白质。

在噬菌体 DNA 复制的同时，还要形成另外一些 mRNA，用以制造噬菌体头、尾所需要的各种蛋白质。经过噬菌体的复制，在菌体细胞内同时又形成了许多噬菌体的 DNA、头部、衣粒、尾鞘、尾髓、尾板、尾丝等部件。随后 DNA 收缩聚集，由头部衣粒等部件包围组装成多面体形状的噬菌体头。同样尾鞘、尾髓、尾板也相应装配起来，再与头衔接，最后装上尾丝，整个噬菌体即装配成功。

③ 释放　成熟的噬菌体粒子能诱导形成酯酶和溶菌酶，分别作用于细胞膜磷脂、菌体胞壁的肽聚糖，使菌体细胞破裂，以释放出新的噬菌体。将噬菌体放于菌悬液中，由于裂解作用，使液体透明；如果在固体培养基长满的菌苔上使用了噬菌体后，则出现透明斑，称做噬菌斑。噬菌体的这种裂解作用有极强的特异性，它也是鉴定细菌的一种方法。

（2）温和噬菌体　有些噬菌体入侵寄主细胞后核酸不复制，也不产生蛋白质外壳，故不影响细菌的正常生命活动，而是将基因整合到细菌染色体上，成为寄主细胞染色体附加体。当细菌进行分裂时，与细菌的染色体同步复制，分别进入两个子细胞的基因中，寄主细胞内温和噬菌体的 DNA 叫原噬菌体（prophage）。

如果在其他条件突然改变后，温和噬菌体有可能变为烈性噬菌体，而导致菌体溶解，使不溶解菌体的噬菌体转变为溶解菌体的噬菌体。

2.3.2　类病毒

类病毒（viroid）是使植物发病的最小病原。如马铃薯纺锤块茎病和柑橘裂皮病的病原，是最小 RNA 病毒，只是最小病毒的 1/10 左右，由 246～600 个核苷酸组成，不具有蛋白质外壳。类病毒能引起许多经济植物，如马铃薯、番茄、苹果、柑橘、椰子等的严重病害。人的丁型肝炎病也是类病毒引起的。

类病毒分子小，不编码蛋白质，它们的基因组包含了大量的遗传信息。为了表达它的遗传信息，类病毒 RNA 必须与其寄主紧密结合，其环状 RNA 分子只能使用寄主的复制酶才能进行复制。类病毒 RNA 必须包含适当的信号才能使之转运到植物细胞核。

 拓展阅读

微生物细胞的膜系统

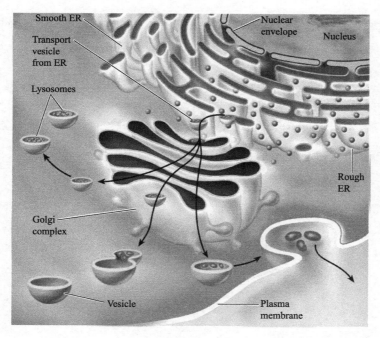

Endomembrane system is composed of the different membranes that are suspended in the cytoplasm within a eukaryotic cell. These membranes divide the cell into functional and structural compartments, or organelles. In eukaryotes the organelles of the endomembrane system include: the nuclear envelope, the endoplasmic reticulum, the Golgi apparatus, lysosomes, vacuoles, vesicles, endosomes and the cell membrane. The system is defined more accurately as the set of membranes that form a single functional and developmental unit, either being connected directly, or exchanging material through vesicle transport.

Could you explain how the endomembrane system works?

思 考 题

1. 试根据细菌细胞结构的特点，分析并举例说明为什么它们能在自然界中分布广泛。

2. 细菌、黏细菌、放线菌、霉菌、酵母在繁殖方式上各有什么特点？

3. 试结合一步生长曲线分析病毒的繁殖特点，并与细菌进行比较。

参 考 文 献

[1] 沈萍，陈向东. 微生物学. 北京：高等教育出版社，2000.

[2] Lansing M, Prescott, Donald Klein, John Harley. Microbiology. McGraw-Hill Higher Education，2000.

第3章 微生物的营养与生长

3.1 微生物细胞组成

微生物和其他生物一样，需要不断地从外界环境中吸收所需要的各种营养物质，通过新陈代谢，获得能量，保证机体正常生长和繁殖。微生物细胞与其他生物的化学元素组成成分类似，由碳、氢、氮、氧、磷、硫和各种矿质元素构成。其中碳、氢、氮、氧是微生物细胞组成的主要元素，占细胞干重的90%～97%，其余3%～10%为磷、钾等矿质元素。

微生物细胞中的这些元素主要以水、无机盐和有机物的形式存在。虽然微生物细胞的化学组成因微生物种类、生理状态和环境条件的不同而有所变化，但通过对各种微生物细胞化学组成以及灰分的分析和发酵产物中各种无机元素的分析，仍可以看出微生物所需的营养物质，具体见表3-1。

表 3-1 微生物细胞的化学组成含量（除水以外干重计）　　　　　　　　　　单位：%

成　　分	细　　菌	酵　　母	霉　　菌
水分	75～85	70～80	85～90
蛋白质	50～80(干重)	72～75	14～15
碳水化合物	12～28	27～63	7～40
脂肪	5～20	2～15	4～40
核酸	10～20	6～8	1
无机元素	2～30	4～7	6～12

注：来源于韦革宏和王卫卫主编，微生物学，北京：科学出版社，2008。

3.1.1 水分

水是一切生命体不可缺少的物质，而且也是微生物和一切生物细胞中含量最多的物质。水约占细胞总重的70%～90%，以游离水和结合水两种形式存在。不同微生物的含水量也不同，并且同一种微生物的含水量随着发育阶段和生存条件不同也会有所差别。例如，霉菌孢子的含水量是39%，而细菌芽孢的含水量低于30%。

3.1.2 矿质元素

矿质元素约占细胞干重的3%～10%，分为主要元素和微量元素；主要元素包括碳、氢、氧、氮、硫、磷、钾、钙、镁和铁等，微量元素包括锌、锰、钠、氯、钼、硒、钴、铜、钨、镍和硼等。其中碳、氢、氧、氮、硫、磷这6种主要元素占细菌细胞干重的97%（见表3-2）。在细胞干物质高温烘成的灰分中，磷含量最高，约占灰分元素的50%，其次为钾，约占20%，其余为钠、镁、钙、铁、锰等。

表 3-2 微生物细胞几种化学元素含量的百分比

元　　素	细　　菌	酵　母　菌	霉　　菌
碳	50	49.8	47.9
氮	15	12.4	5.2
氢	8	6.7	6.7

续表

元　素	细　菌	酵　母　菌	霉　菌
氧	20	31.1	40.2
磷	3	—	—
硫	1	—	—

注：来源于韦革宏和王卫卫主编，微生物学，北京：科学出版社，2008。

3.1.3　有机物质

微生物细胞中的有机物主要是蛋白质、核酸、碳水化合物、脂类、维生素及其降解产物。根据其作用，可以分为三类：一是结构物质，包括高分子的蛋白质、多糖、核酸和脂类等，它们是细胞壁、细胞核、细胞质和细胞器等的主要结构成分；二是贮藏物质，包括存在于细胞内的多糖和脂类，如淀粉、糖原、脂肪和聚 β-羟基丁酸（poly-β-hydroxybutyrate，PHB）等；三是代谢产物，主要为细胞内的糖、氨基酸、核苷酸、有机酸等低分子量化合物，它们既是细胞内同化成高分子化合物的前体，也是进一步分布代谢的中间产物，有些还能够以次生代谢产物的形式累积于细胞内或分泌到环境中。

3.2　微生物的营养物质

微生物和其他生物一样，需要不断地从外界环境中吸取所需的营养物质，通过新陈代谢，获得能量，合成细胞物质，保证机体的正常生长繁殖。

营养物质是微生物生命活动的物质基础。营养物（或营养素，nutrient）是指具有营养功能的物质，对微生物来说，除了具有物质形式的营养物之外，还包括光能这种非物质形式能量。有了营养物，微生物才能进行新陈代谢、保证机体生长和繁殖，保证其生命的延续性，进一步地合成有益产物，为人类服务。

3.2.1　微生物营养要素

不同的微生物之间需要的营养要素不同，但它们对基本营养要素（碳源、氮源、生长因子、无机盐、水）存在着"营养上的统一性"。

3.2.1.1　碳源

碳源（carbon source）是指凡可被用来构成细胞物质或代谢产物中碳素来源的营养物质。碳源通过微生物的分解利用，不仅为菌体本身提供碳架，还可为生命活动提供能量，碳源往往也可作为能源。细菌细胞中的碳元素占细胞重量的 50％。微生物可以利用的碳源广泛，如表 3-3 所示。

表 3-3　微生物的碳源谱

类　型	元素水平	化合物水平	培养基原料水平
有机碳	C·H·O·N·X	复杂蛋白质、核酸等	牛肉膏、蛋白胨、花生饼粉等
	C·H·O·N	多数氨基酸、简单蛋白质等	一般氨基酸、明胶等
	C·H·O	糖、有机酸、醇、脂类等	葡萄糖、蔗糖、各种淀粉、糖蜜等
	C·H	—	—
无机碳	C(?)	CO_2	CO_2
	C·O	$NaHCO_3$	$NaHCO_3$、$CaCO_3$
	C·O·X		

注：来源于江汉湖和董明盛主编，食品微生物学，北京：中国农业出版社，2010。

　　虽然微生物的碳源很广，但对异养微生物来说，最适碳源是"C·H·O"型。其中糖类是一般微生物较容易利用的碳源，尤其是单糖（葡萄糖、果糖）、双糖（蔗糖、麦芽糖、乳糖），绝大多数微生物都能利用。此外，简单的有机酸、氨基酸、醇、醛、酚等含碳水化合物也能被许多微生物利用。所以，在实验室常以葡萄糖、蔗糖、麦芽糖等作为培养各种微生物的主要碳源。

　　在发酵工业中，可根据不同微生物的营养需要，利用各种农副产品，如玉米粉、米糠、麦麸、马铃薯、甘薯以及各种野生植物的淀粉，作为微生物生产廉价的碳源，如以自然界中广泛存在的纤维素为碳源和能源物质来培养微生物。

3.2.1.2　氮源

　　氮源（nitrogen source）是指能被用来构成微生物细胞及其代谢产物中氮元素的营养物质，它一般不作为微生物细胞的能量来源。细菌细胞中的氮元素约占细胞干重的 12% 左右，是细菌最重要的组成部分。只有少数细菌可以利用铵盐、硝酸盐等含氮物质作为其生长所需的氮源和能源。氮源对微生物的生长发育有着重要的意义，微生物利用它在细胞内合成氨基酸和碱基，进而合成蛋白质、核酸等细胞成分以及含氮的代谢产物。

Enzymatic hydrolysis of cellulose by microorganisms is a key step in the global carbon cycle. Despite its abundance only a small percentage of microorganisms can degrade cellulose, probably because it is present in recalcitrant cell walls. There are at least five distinct mechanisms used by different microorganisms to degrade cellulose all of which involve cellulases. Cellulolytic organisms and cellulases are extremely diverse possibly because their natural substrates, plant cell walls, are very diverse. At this time the microbial ecology of cellulose degradation in any environment is still not clearly understood even though there is a great deal of information available about the bovine rumen. Two major problems that limit our understanding of this area are the vast diversity of organisms present in most cellulose degrading environments and the inability to culture most of them.

From: David B Wilson, 2011. Microbial diversity of cellulose hydrolysis. Current Opinion in Microbiology, 14: 1-5.

　　微生物氮源谱十分广泛（表 3-4），从分子氮、无机氮化物到复杂的有机氮化物均能在不同程度上被微生物利用，但不同微生物利用的氮源各异。一般来说，异氧微生物对氮源利用的顺序是："N·C·H·O"或"N·C·H·O·X"类优于"N·H"类，更优于"N·O"类，最不容易利用的则是"N"类。实验室和发酵工业中，一般以铵盐、硝酸盐、牛肉膏、蛋白胨、鱼粉等作为微生物的氮源。

表 3-4　微生物的氮源谱

类　　型	元素水平	化合物水平	培养基水平
有机氮	N·C·H·O·X N·C·H·O	复杂蛋白质、核酸等 尿素、一般氨基酸、简单蛋白质等	牛肉膏、蛋白胨、酵母膏、饼粕粉、蚕蛹粉等 尿素、明胶等
无机氮	N·H N·O N	NH_3、铵盐等 硝酸盐等 N_2	$(NH_4)_2SO_4$ 等 KNO_3 等 空气

注：来源于贺稚菲和李平兰主编，食品微生物学，重庆：西南师范大学出版社，2010。

　　作为微生物利用的氮源类型可分为三类：①分子态氮　目前只有固氮微生物可以利用。早在 1888 年，德国人 H. 黑里格尔和 H. 维尔法特证实了只有结瘤的豆类才能利用空气中的分子态氮。同年，荷兰人 M. W. 拜耶林克从根瘤中分离出根瘤菌的纯培养。固氮微生物种类很多，可分为好气性自生固氮微生物、厌氧性自生固氮微生物和共生固氮微生物三大类群。固定的氮素除供自身生长发育外，部分以无机状态或简单的有机氮化物分泌于体外，供植物吸收利用。②无机态氮　几乎所有的微生物都可利用硝酸盐与铵盐。③有机态氮　主要为蛋白质及其降解产物，许多微生物可以利用。

氨基酸自养型的微生物，可以将人或动物无法利用的尿素、铵盐、硝酸盐或大气中的氮转化成菌体蛋白（SCP 及食用菌等）或含氮的代谢产物（谷氨酸和其他氨基酸等），以丰富人类的食物资源，这对人类生存和未来发展具有特定意义。

Protein-rich bloom algae biomass was employed as nitrogen source in fuel ethanol fermentation using high gravity sweet potato medium containing $210.0g \cdot l^{-1}$ glucose. In batch mode, the fermentation could not accomplish even in 120h without any feeding of nitrogen source. While, the feeding of acid-hydrolyzed bloom algae powder (AHBAP) notably promoted fermentation process but untreated bloom algae powder (UBAP) was less effective than AHBAP. The fermentation times were reduced to 96, 72, and 72h if 5.0, 10.0, and $20.0g \cdot l^{-1}$ AHBAP were added into medium, respectively, and the ethanol yields and productivities increased with increasing amount of feeding AHBAP. The continuous fermentations were performed in a three-stage reactor system. Final concentrations of ethanol up to 103.2 and $104.3g \cdot l^{-1}$ with 4.4 and $5.3g \cdot l^{-1}$ residual glucose were obtained using the previously mentioned medium feeding with 20.0 and $30.0g \cdot l^{-1}$ AHBAP, at dilution rate of $0.02h^{-1}$. Notably, only $78.5g \cdot l^{-1}$ ethanol and $41.6g \cdot l^{-1}$ residual glucose were obtained in the comparative test without any nitrogen source feeding. Amino acids analysis showed that approximately 67% of the protein in the algal biomass was hydrolyzed and released into the medium, serving as the available nitrogen nutrition for yeast growth and metabolism. Both batch and continuous fermentations showed similar fermentation parameters when 20.0 and $30.0g \cdot l^{-1}$ AHBAP were fed, indicating that the level of available nitrogen in the medium should be limited, and an algal nitrogen source feeding amount higher than $20.0g \cdot l^{-1}$ did not further improve the fermentation performance.

From：Y. Shen et al, 2012. Application of low-cost algal nitrogen source feeding in fuel ethanol production using high gravity sweet potato medium. *Journal of Biotechnology*, 160: 229-235.

3.2.1.3　生长因子

生长因子（growth factor）是一类在微生物生长过程中不可缺少而需求量又不大，但微生物自身不能合成，或合成量不足以满足机体生长所需要的有机营养物质。不同微生物对生长因子的种类和数量需求也不同。自然界中自养型细菌和大多数腐生细菌、霉菌都能自己合成许多生长辅助物质，不需要另外提供就能正常发育。但是，由于遗传或代谢机制的原因而缺乏合成生长因子能力的微生物称为营养缺陷型微生物。

根据生长因子的化学结构和它们在机体中的生理功能不同，可将生长因子分为维生素、氨基酸和嘌呤或嘧啶 3 大类。

3.2.1.4　无机盐

无机盐（inorganic salt）是为微生物细胞生长提供碳源、氮源以外的多种重要元素（包括大量元素和微量元素）的物质，是微生物生命活动中不可缺少的物质。无机盐在微生物细胞内具有以下生理作用：参与酶的组成、维持细胞结构的稳定性、调节与维持细胞的渗透压平衡、控制细胞的氧化还原电位和作为某些微生物的生长能源物质等。

根据微生物对无机盐需求量的大小可分为两大类：一类为大量元素，浓度在 $10^{-4} \sim 10^{-3} mol/L$，如 P、S、K、Mg、Ca、Na、Fe 等，其中 P 和 S 是微生物细胞中的两种重要元素，参与细胞成分如核酸、磷脂、ATP 及氨基酸和生物素、硫胺素等辅酶的构成；另一类为微量元素，浓度在 $10^{-8} \sim 10^{-6} mol/L$，如 Cu、Zn、Mn、Mo、Co 等，Cu 是多酚氧化酶和抗坏血酸氧化酶的组分，Zn 是 RNA 和 DNA 聚合酶的组分，也是乙醇脱氢酶的活性基团，Mn 是多种酶的活性剂。

3.2.1.5　水

水（water）是微生物营养中不可缺少的一种物质。水在微生物细胞中所占比例为 70%～90%（鲜重），其作用有：微生物细胞中生化反应的良好介质；控制细胞中的反应温度；维持细胞的渗透压等。水分在微生物细胞中可分为游离水和结合水两种。

3.2.2　微生物培养基

培养基是适于微生物生长繁殖所需人工配制的营养基质。由于不同微生物对营养要求不同，而培养基的组分是依据微生物的生长特点所确定的，因此培养基的种类繁多，其分类依据也不同。

3.2.2.1　微生物培养基的类型

（1）根据成分来源不同分类

① 天然培养基（complex medium；undefined medium）　指利用动、植物或微生物或者提取物制成的培养基，营养成分的含量不明确。牛肉膏蛋白胨培养基和麦芽汁培养基就属于此类。常用的天然有机营养物质包括牛肉浸膏、蛋白胨、酵母浸膏、豆芽汁、玉米粉、土壤浸液、麸皮、牛奶、血清、稻草浸汁、羽毛浸汁、胡萝卜汁、椰子汁等，嗜粪微生物（coprophilous microorganisms）可以利用粪水作为营养物质。天然培养基的最大优点是提取方便、营养丰富、种类繁多、配制方便；缺点是确切成分不明确也不太稳定，因而在做精细实验时，会导致数据不稳定。但天然培养基成本较低，不仅适合配制实验室的各种培养基，也适于用来进行工业上大规模的微生物发酵生产。

② 合成培养基（synthetic medium）　又称组合培养基（defined medium），是一类用几种化学试剂配制而成的、成分含量明确的培养基，也称化学组合培养基（chemically defined medium）。培养细菌的葡萄糖铵盐培养基、培养放线菌的淀粉硝酸盐培养基（即高氏 I 号培养基）、培养真菌的蔗糖硝酸盐培养基（即查氏培养基）就属于此种类型培养基。合成培养基的优点是成分精确、重复性强；缺点是，与天然培养基相比其成本较高，微生物在其中的生长速度较慢，一般适于在实验室用来进行有关微生物营养需求、代谢、分类鉴定、生物量测定、菌种选育及遗传分析等定量要求高的研究工作上。

③ 半组合培养基（semi-defined medium）　即一部分营养物质是天然成分、一部分是化学试剂的培养基。例如，培育真菌用的马铃薯蔗糖培养基等。严格地讲，凡是含有未经特殊处理的琼脂的任何组合培养基，实质上都只能看作是一种半组合培养基。

（2）根据物理状态不同分类

① 固体培养基（solid medium）　外观呈固态的培养基。根据性质可以将固体培养基分为三类：一是凝固性培养基，即在液体培养基中添加适量的凝固剂后，遇热融化冷却后凝固的一类培养基。凝固剂有琼脂、明胶、海藻酸胶（alginate）、脱乙酰吉兰糖胶（Gelrite）和多聚醇等。其中琼脂为最常用、最普遍的凝固剂，绝大多数微生物不能利用琼脂作为碳源。理想的凝固剂应具备以下条件：a. 经高温灭菌后不改变形状，不被所培养的微生物分解利用；b. 在微生物生长的温度范围内保持固体状态。c. 凝固剂凝固点温度不能太低，否则将不利于微生物的生长；d. 凝固剂对所培养的微生物无毒害作用；e. 透明度好，黏着力强；f. 配制方便且价格低廉。二是非可逆性凝固培养基，指一旦凝固就不能重新融化的固体培养基。如血清凝固成的培养基或无机硅胶培养基，无机硅胶培养基专门用于化能自养微生物

的分离与纯化。三是天然固体培养基，即直接由天然固体制成的培养基，如麦麸、米糠、木屑、纤维、稻草粉、马铃薯片、胡萝卜条等。天然固体培养基适用于实验室科研和生产实践中，其用途较广，常用于固态发酵。

② 半固体培养基（semisolid medium） 在液态培养基中加入少量的凝固剂而形成的培养基。培养基在容器倒放时不致流下、但剧烈振荡后能破散的状态，其中琼脂含量一般为 0.5%～0.8%。

半固体培养基在微生物研究工作中有许多用途，常用来观察微生物的运动特征、厌氧细菌的培养、分类鉴定及双层平板法测定噬菌体的效价等。

③ 液体培养基（liquid medium） 不加任何凝固剂的呈液体状的培养基。用液体培养基培养微生物时，通过振荡或搅拌来增加培养基中的氧气量，并且使营养物质分布均匀。液体培养基常用于大规模工业化生产，也适于在实验室进行微生物的基础理论和应用方面的研究。

④ 脱水培养基（dehydrated culture medium） 又称预制干燥培养基，是指除水以外含一切营养成分的培养基。在使用时只要加入一定量水分后灭菌即可，这是一种成分清楚、使用方便的现代化培养基。如 Sigma-Aldrich 公司的改良 MRS 肉汤培养基，用于乳酸菌的分离和培养。

（3）按其功能不同分类

① 基础培养基（minimum medium） 也称通用培养基（general purpose medium），是含有一般微生物生长繁殖所需的基本营养物质的培养基。尽管不同微生物的营养需求不同，但多数微生物所需的基本营养物质是相同的。牛肉膏蛋白胨培养基和胰蛋白胨琼脂培养基是最常用的基础培养基。在基础培养基的基础上，可根据某种微生物的特殊营养需求，添加某种特殊物质来满足营养要求苛刻的某些异养微生物的生长需求。

② 加富培养基（enrichment medium） 加富培养基也称营养培养基，即在基础培养基中加入某些特殊营养物质制成的一类营养丰富的培养基，营养物质主要有血液、血清、酵母浸膏、动植物组织液等。加富培养基一般用来培养营养要求比较苛刻的微生物，如培养百日咳博德菌（Bordetella pertussis）需要含有血液的培养基。加富培养基还可以用来富集和分离某种微生物，主要是因为加富培养基含有某种特定微生物所需的营养物质，该种微生物在这种培养基中较其他微生物生长速度快，并逐渐富集而占优势，从而达到分离的目的。

③ 鉴别培养基（differential medium） 鉴别培养基是根据微生物生长特点设计的用于区分和鉴定不同微生物的培养基。在培养基中加入某种特殊化学物质，与特定微生物所产生的某种特定代谢产物发生特定的化学反应，产生明显的特征性变化，根据这种特征性变化，可将该种微生物与其他微生物区分开来。例如，麦氏琼脂培养基中含有乳糖及中性红染料，能在发酵利用乳糖的微生物菌落周围产生粉红色的圈，从而与其他不能发酵利用乳糖的微生物区分开。

④ 选择培养基（selective medium） 选择培养基是用来将某种或某类微生物从混合菌样中分离出来的培养基。根据不同种类微生物的特殊营养需求或对某种化学、物理因素的敏感性不同，在培养基中加入相应的特殊营养物质或化学物质，抑制不需要的微生物的生长，有利于所需微生物的生长，从而提高该菌的筛选效率。

一种类型的选择培养基是依据某些微生物的特殊营养需求设计的，例如，利用以纤维素或石蜡油作为唯一碳源的选择培养基，可以从混杂的微生物群体中分离出能分解纤维素或石蜡油的微生物；利用以蛋白质作为唯一氮源的选择培养基，可以分离产胞外蛋白酶的微生物；缺乏氮源的选择培养基可用来分离固氮微生物。另一类选择培养基是在培养基中加入某种化学物质，这种化学物质没有营养作用，对所需分离的微生物无害，但可以抑制或杀死其他微生物，例如，在培养基中加入数滴 10% 苯酚可以抑制细菌和霉菌的生长，从而由混杂的微生物群体中分离出放线菌；在培养基中加入亚硫酸铋，可以抑制革兰阳性细菌和绝大多数革兰阴性细菌的生长，而革兰阴性的伤寒沙门菌（*Salmonella typhi*）可以在这种培养基上生长；在培养基中加入青霉素、四环素或链霉素，可以抑制细菌和放线菌生长，而将酵母菌和霉菌分离出来。现代基因克隆技术也常用选择培养基，在筛选含有重组质粒的基因工程菌株过程中，利用质粒上具有的对某种（些）抗生素的抗性选择标记，在培养基中加入相应的抗生素，就能比较方便地淘汰非重组菌株，以减少筛选目标菌株的工作量。由于选择目标的多样性，选择性培养基也是多种多样的。

从某种意义上讲，加富培养基类似于选择培养基，两者的区别在于，加富培养基是用来增加所要分离的微生物的数量，使其形成生长优势，从而分离到该种微生物；选择培养基则一般是抑制不需要的微生物的生长，使所需要的微生物增殖，从而达到分离所需微生物的目的。

3. 2. 2. 2　配制的基本原则

培养基是微生物研究和发酵生产的物质基础，而且微生物种类、营养类型存在差异性，所以配制合理、科学的培养基尤显重要。

（1）选择适宜的营养物质　配制培养基之前，首先要明确培养何种微生物，是得到菌体还是代谢产物？根据不同的目的，设计最佳的培养基。由于微生物营养类型复杂，不同的微生物对营养物质的需求不一样，因此首先要根据不同微生物的营养需求配制针对性强的培养基。

（2）营养物质浓度及配比合适　培养基中应含有维持微生物生长所必需的一切营养物质，且营养物质浓度合适时微生物才能生长良好，所以营养物质比例及浓度不适时，微生物生长会受到抑制作用，例如高浓度糖类物质、无机盐、重金属离子等不仅不能维持和促进微生物的生长，反而起到抑菌或杀菌作用，如许多食品的加工及贮藏中采用糖渍、盐渍等方式来达到延长保质期的目的。

培养基中营养物质之间的配比也直接影响微生物的生长繁殖，其中碳氮比（C/N）影响较大，碳氮比是指培养基中碳元素与氮元素的物质的量之比。例如，在微生物发酵生产谷氨酸的过程中，培养基碳氮比为 4/1 时，菌体大量繁殖，谷氨酸积累少；当碳氮比为 3/1 时，菌体繁殖受到抑制，谷氨酸产量则大量增加。

（3）理化条件适宜

① pH　培养基的 pH 必须控制在一定的范围内，以满足微生物的生长繁殖。各类微生物生长繁殖或产生代谢产物的最适 pH 条件各不相同，一般来讲，细菌与放线菌适于在 pH 7～7.5 范围内生长，酵母菌和霉菌通常在 pH 4.5～6 范围内生长。

在微生物生长繁殖和代谢过程中形成的代谢产物可能会导致培养基 pH 发生变化，若不对培养基 pH 条件进行控制，往往导致微生物生长速度下降或（和）代谢产物产量降低。因此，为了维持培养基 pH 的相对恒定，通常在培养基中加入 pH 缓冲剂，但一般缓冲剂系统只能在一定的 pH 范围（pH 6.4～7.2）内起调节作用。如乳酸菌能大量产酸，缓冲剂就难以起到缓冲作用，此时可在培养基中添加难溶的碳酸盐（如 $CaCO_3$）来进行调节，如果上述方法不能解决时，需要采用外源调节。在微生物培养过程中向液体培养基中流加酸液或碱液以调整培养液 pH。

② 渗透压和水分活度　渗透压是指某水溶液中的一个可用压力来度量的物化指标，它表示两种不同浓度的溶液之间被一个半透性薄膜隔开，稀溶液中的水分子会因水势的推动透过隔膜流向高浓度溶液，直至膜两边水分子达到平衡为止，这时由高浓度溶液中的溶质所产生的机械压力为渗透压值。渗透压对微生物生长有重要影响。适宜的渗透压有利于微生物的生长；高渗透压会使细胞脱水，发生质壁分离；低渗透压会使细胞吸水膨胀，甚至导致胞壁脆弱和缺壁细胞。当然，微生物在其长期进化过程中，已进化出一套高度适应渗透压的特性，如可通过体内糖原、PHB 等大分子贮藏物的合成或分解来调节细胞内的渗透压。

水分活度 a_w 是一个比渗透压更有生理意义的物理化学指标，它表示在天然或人为环境中，微生物可实际利用的自由水或游离水的含量。确切定义是：在同温同压下，某溶液的蒸气压（p）与纯水蒸气压（p_0）之比。各种微生物生长繁殖 a_w 的范围在 0.60～0.998，例如，细菌一般为 0.90～0.98，嗜盐菌为 0.75，一般酵母菌为 0.87～0.91。

③ 氧化还原电位　氧化还原电位（redox potential）一般以 E_h 表示，是度量氧化还原系统中还原剂释放电子或氧化剂接受电子趋势的一种指标，单位为 V 或 mV。不同类型微生物生长对氧化还原电位的要求不一样，一般好氧性微生物在 E_h 值为 +0.1V 以上时可正常生长，一般以 +0.3～+0.4V 为宜，厌氧性微生物只能在低于 +0.1V 条件下生长，兼性厌氧微生物在 +0.1V 以上时进行好氧呼吸、在 +0.1V 以下时进行发酵。E_h 值与氧分压和pH 有关，也受某些微生物代谢产物的影响。在 pH 相对稳定的条件下，可通过增加通气量（如振荡培养、搅拌）来提高培养基的氧分压，或加入氧化剂，从而增加 E_h 值；在培养基中加入抗坏血酸、硫化氢、半胱氨酸、谷胱甘肽、二硫苏糖醇等还原性物质可降低 E_h 值。

（4）经济节约　在设计大规模生产用培养基时应注重经济节约原则，以降低成本，这一点在生产实践中尤为重要。在保证微生物正常生长和积累代谢产物的前提下，经济节约原则可以遵循以下原则，即"以粗代精"、"以野代家"、"以废代好"、"以简代繁"、以"国产"代"进口"等。

3.2.3　微生物对营养物质的吸收

外界的营养物质是微生物通过其细胞膜的渗透和选择吸收而进入微生物细胞内的，主要方式又分为被动吸收（简单扩散和促进扩散）和主动吸收（主动运输和基团移位）两种形式。

3.2.3.1　简单扩散

简单扩散又称被动转运或单纯扩散，是营养物质非特异性地由高浓度一侧被动或自由地透过细胞膜向浓度低的一侧扩散的过程，如图 3-1 所示。其特点为：

① 输送动力　浓度梯度；

② 输送方向　顺浓度梯度（通常是由胞外环境向胞内扩散）；

③ 输送物质　水、气体、脂溶性物质、极性小的分子；

④ 输送机制　通过亲水小孔或磷脂双分子层。

3.2.3.2　促进扩散

促进扩散是指不需要任何能量的情况下，利用细胞膜上的底物特异性载体蛋白在细胞膜的外侧与溶质分子结合，而在膜的内侧释放此溶质进而完成物质的输送的过程，如图 3-2 所示。其特点为：

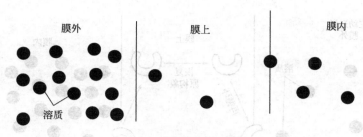

图 3-1　简单扩散示意图

来源：韦革宏和王卫卫主编，微生物学，北京：科学出版社，2008

① 输送动力　浓度梯度；
② 输送方向　顺浓度梯度；
③ 载体蛋白　需要，具有特异性；
④ 输送物质　极性大的分子（糖类、氨基酸等）；
⑤ 输送机制　被输送的物质与相应的载体之间存在一种亲和力。

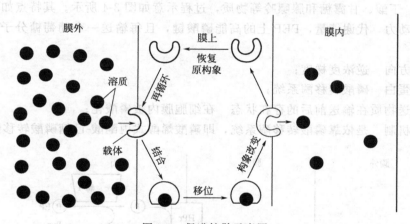

图 3-2　促进扩散示意图

来源：韦革宏和王卫卫主编，微生物学，北京：科学出版社，2008

促进扩散的运输方式多见于真核微生物中，例如通常在厌氧生活的酵母菌中，某些物质的吸收和代谢产物的分泌及大肠杆菌吸收钠离子都是通过此种方式完成的。

3.2.3.3　主动运输

主动运输是指需要能量和载体蛋白的逆浓度梯度积累营养物质的过程，是微生物吸收营养物质的主要方式，其具体过程如图 3-3 所示。其特点如下：

① 输送动力　代谢能量；
② 输送方向　逆浓度梯度；
③ 载体蛋白　需要，具有特异性；
④ 输送物质　氨基酸、某些糖、Na^+、K^+ 等；
⑤ 输送机制　代谢能量改变底物与载体之间的结合力。

3.2.3.4　基团移位

基团移位是一种既需要特异性载体蛋白又需耗能，且溶质在运送前后会发生分子结构变化的运送方式，主要存在于厌氧和兼性厌氧型细菌中。基团移位主要用于运送葡萄糖、果

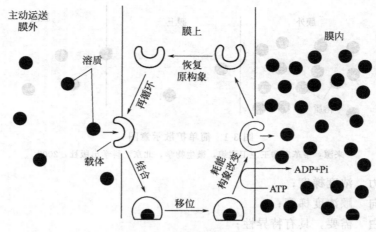

图 3-3　主动运输示意图

来源：韦革宏和王卫卫主编，微生物学，北京：科学出版社，2008

糖、核苷酸、丁酸、甘露糖和腺嘌呤等物质，过程示意如图 3-4 所示。其特点如下：

① 输送动力　代谢能量，PEP 上的高能磷酸键，且每输送一个葡萄糖分子就消耗一个 ATP 分子；

② 输送方向　逆浓度梯度；

③ 载体蛋白　磷酸转移酶系统；

④ 被输送物质在输送前后的存在状态　在细胞膜内被磷酸化；

⑤ 输送机制　是依靠磷酸转移酶系统，即磷酸烯醇式丙酮酸-己糖磷酸转移酶系统。

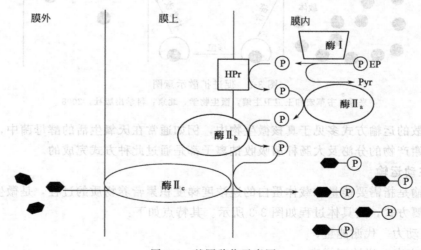

图 3-4　基团移位示意图

PEP：磷酸烯醇式丙酮酸；Pyr：丙酮酸；HPr：组氨酸蛋白

来源：韦革宏和王卫卫主编，微生物学，北京：科学出版社，2008

目前仅在原核生物中发现该过程，最著名的基团移位系统是磷酸烯醇式丙酮酸-磷酸转移酶系统（phosphoenolpyruvate-phosphotransferase system，PTS）。例如葡萄糖的运送，输入一个葡萄糖分子，就要消耗一个 ATP 能量，其机理就是依靠该系统。具体步骤如下所述：

（1）**热稳载体蛋白（HPr）的激活**　细胞内高能化合物磷酸烯醇式丙酮酸（PEP）的磷酸基团通过酶Ⅰ的作用把 HPr 激活：

$$PEP + HPr \underset{\text{酶 I}}{\overset{}{\rightleftharpoons}} 丙酮酸 + P\text{-}HPr$$

酶Ⅰ是一种存在于细胞质中非特异性的酶。HPr 是一种低分子量的可溶性蛋白，结合在细胞膜上，有高能磷酸载体的作用。

（2）**糖被磷酸化后运入膜内**　膜外环境的糖先与外膜表面的酶Ⅱ结合，接着糖分子被由 P-HPr、酶Ⅱ$_a$、酶Ⅱ$_b$ 逐级传递来的磷酸基团激活，最后通过酶Ⅱ$_c$ 再把这一磷酸糖释放到细胞质中。

$$糖（胞外） + P\text{-}HPr \underset{\text{酶 II}}{\overset{}{\rightleftharpoons}} HPr + 糖\text{-}P（胞内）$$

酶Ⅱ是一种结合于细胞膜上的蛋白质，它对底物具有特异性选择作用，因此细胞膜上可诱导出一系列与底物分子相应的酶Ⅱ。

四种物质运输方式的比较见表 3-5。

表 3-5　营养物质进入细胞的四种方式

比较项目	单纯扩散	促进扩散	主动运输	基团移位
特异载体蛋白	无	有	有	有
运送速度	慢	快	快	快
溶质运送方向	由浓至稀	由浓至稀	由稀至浓	由稀至浓
平衡时内外浓度	内外相等	内外相等	内部浓度高得多	内部浓度高得多
运送分子	无特异性	特异性	特异性	特异性
能量消耗	不需要	不需要	需要	需要
运送前后溶质分子	不变	不变	不变	改变
载体饱和效应	无	有	有	有
与溶质类似物	无竞争性	有竞争性	有竞争性	有竞争性
运送抑制剂	无	有	有	有
运送对象举例	H_2O、CO_2、O_2、甘油、乙醇、少数氨基酸、盐类、代谢抑制剂	SO_4^{2-}、PO_4^{3-}、糖（真核生物）	氨基酸、乳糖等糖类，Na^+、Ca^{2+} 等无机离子	葡萄糖、果糖、甘露糖、嘌呤、核苷、脂肪酸等

注：来源于周德庆主编，微生物学教程，北京：高等教育出版社，2002。

不同的微生物运输物质不同，即使对同一种物质，不同微生物的摄取方式也不一样。例如，半乳糖在大肠杆菌中靠促进扩散运输，而在金黄色葡萄球菌中则是通过基团移位运送。最突出的是葡萄糖的运送方式，表 3-6 所列为不同微生物摄取葡萄糖的方式举例。

表 3-6　不同微生物摄取葡萄糖的方式

促进扩散	主动运输	基团移位
酿酒酵母 （*Saccharomyces cerevisiae*）	铜绿假单胞菌 （*Pseudomonas aeruginosa*） 藤黄微球菌（*Micrococcus luteus*）	大肠杆菌 （*Escherichia coli*） 枯草杆菌（*Bacillus subtilis*） 巴氏梭菌（*Clostridium pasteurianum*） 金黄色葡萄球菌（*Staphylococcus aureus*）

3.2.4　微生物的营养类型

根据生物生长所需要的营养物质性质（碳源），可将生物分成两种基本的营养类型，一为异养型生物，即在生长时需要以复杂的有机物质作为营养物质；二为自养型生物，即在生长时能以简单的无机物质作为营养物质。动物属于异养型生物，植物属于自养型，而微生物既有异养型的也有自养型的，大多数微生物属于异养型生物，少数微生物属于自养型生物。

根据生物生长时能量的来源不同，可将生物分成两种类型，一为化能营养型生物，即依靠化合物氧化释放的能量进行生长；二为光能营养型生物即依靠光能进行生长。动物和大部分微生物属于化能营养型生物，它们从物质的氧化过程中获得能量。植物和少部分微生物属于光能营养型生物。

按供氢体可分为无机营养型生物和有机营养型生物。表 3-7 所列为微生物的营养类型。

表 3-7　微生物的营养类型

营养类型	能源	氢供体	基本碳源	实例
光能无机营养型（光能自养型）	光	无机物、H_2S、$Na_2S_2O_3$	CO_2	紫硫细菌、绿硫细菌、藻类
光能有机营养型（光能异养型）	光	有机物	CO_2 及简单有机物	红螺细菌
化能无机营养型（化能自养型）	无机物	无机物	CO_2	硝化细菌、硫化细菌、氢细菌、铁细菌
化能有机营养型（化能异养型）	有机物	有机物	有机物	绝大多数细菌和全部真核微生物

注：来源于周德庆主编，微生物学教程，北京：高等教育出版社，2002。

3.2.4.1　光能自养型微生物

以 CO_2 作为唯一碳源或主要碳源，并利用光能，以无机物如硫化氢、硫代硫酸钠或其他无机硫化物作为供氢体将 CO_2 还原成细胞物质，同时产生元素硫。

例：绿硫细菌、紫硫细菌

$$CO_2 + 2H_2S \xrightarrow{\text{细菌叶绿素}} [CH_2O] + 2S + H_2O$$

3.2.4.2　化能自养型微生物

以 CO_2 或碳酸盐作为唯一或主要碳源，以无机物氧化释放的化学能为能源，利用电子供体如氢气、硫化氢、二价铁离子或亚硝酸盐等使 CO_2 还原成细胞物质。

例：氧化亚铁硫杆菌

$$Fe^{2+} \longrightarrow Fe^{3+} + e + 11.3 \text{kcal} (1\text{cal} = 4.1840\text{J})$$

3.2.4.3　光能异养型微生物

以 CO_2 为主要碳源或唯一碳源，以有机物（如异丙醇）作为供氢体，利用光能将 CO_2 还原成细胞物质，红螺菌属中的一些细菌属于此种营养类型。

$$2CH_3CHOHCH_3 + CO_2 \xrightarrow{\text{光合色素}} 2CH_3COCH_3 + [CH_2O] + H_2O$$

This review analyzes the current state of a specific niche of microalgae cultivation; heterotrophic growth in the dark supported by a carbon source replacing the traditional support of light energy. This unique ability of essentially photosynthetic microorganisms is shared by several species of microalgae. Where possible, heterotrophic growth overcomes major limitations of producing useful products from microalgae: dependency on light which significantly complicates the process, increase costs, and reduced production of potentially useful products. As a general role, and in most cases, heterotrophic cultivation is far cheaper, simpler to construct facilities, and easier than autotrophic cultivation to maintain on a large scale. This capacity allows expansion of useful applications from diverse species that is now very limited as a result of elevated costs of autotrophy; consequently, exploitation of microalgae is restricted to small volume of high-value products. Heterotrophic cultivation may allow large volume applications such as waste-water treatment combined, or separated, with production of biofuels. In this review, we present a general perspective of the field, describing the specific cellular metabolisms involved and the best-known examples from the literature and analyze the prospect of potential products from heterotrophic cultures.

From: Octavio Perez-Garcia, et al. Heterotrophic cultures of microalgae: Metabolism and potential products [J]. Water Research, 2.11, 45: 11-36.

3.2.4.4　化能异养型微生物

多数微生物属于化能异养型，其生长所需能量和碳源通常来自同一种有机物。根据化能异养型微生物利用有机物的特性，又可以将其分为下列两种类型：腐生型微生物即利用无生命活性的有机物作为生长的碳源；寄生型微生物即寄生在生活的细胞内，从寄主体内获得生长所需要的营养物质。

3.3　微生物生长

微生物的生长过程是一个复杂的生命活动。微生物从外界环境吸取营养物质，经代谢作用合成细胞成分，使细胞有规律地增加从而导致细胞菌体重量增加，这就是生长。

3.3.1　微生物的生长与繁殖

不同类型的微生物，其生长和繁殖方式不同，如细菌的生长及繁殖方式为裂殖，即一个母细胞体积增大最后分裂成两个相同的子细胞；而多数酵母菌为出芽繁殖；丝状真菌的生长是以其顶端延长的方式进行的，在生长过程中产生繁茂的分枝而构成整体。

3.3.1.1　生长量的测定

由于微生物的单个细胞体积很小，个体的生长变化不明显且很难测定，意义不大，通常对于微生物的生长量的测定只是针对其群体的生长。测定生长量的方法有很多，可以根据用途及目的选择不同的测定方法。

（1）直接法　直接将收集的液体培养物的细胞进行离心沉降，然后观察微生物细胞沉降物的体积。此方法较为粗放，通常只用于简单的比较。

测定细胞干重是最直接的方法。首先将收集的液体培养物的细胞，经过无菌水洗涤后干燥、称重。这种方法灵敏度不是很高，特别是对于个体较少或重量较轻的微生物细胞，离心培养物的体积较大，否则难以测定其重量。

（2）间接法　一种是利用比浊法测定微生物的生长量。原理是利用细胞菌悬液对光线具有散射作用，在一定浓度范围内，光散射的程度与细胞的浓度呈正比，也就是在一定波长下（450～650nm）测定菌悬液的光密度。当菌体浓度达到 10^7 个/mL 时，菌悬液就会呈轻微的浑浊，做适当的稀释后进行测定。

另一种为利用微生物的生理指标法测定其生长量。如蛋白质是细胞的主要组成物质，且含量稳定，从一定体积的培养物中收集菌体、洗涤后测其含氮量，若蛋白质含量越高，表明培养物中的微生物数量越多。此外，还有测定叶绿素含量及测 ATP 的含量来估计微生物的生物量。

3.3.1.2　繁殖数的测定

细胞繁殖数的测定值适用于单细胞微生物如细菌和酵母菌，而相对于丝状生长的放线菌和霉菌而言，只能计算其孢子数。

（1）显微镜直接计数法　　直接计数法是最简单易行的微生物计数方法，这类方法是利用细菌计数板或血细胞计数板，在显微镜下计算一定容积样品中微生物的数量。但此法的不足之处是死菌与活菌无法区分。

计数板是一块特制的载玻片，上面有一个特定的面积 $1mm^2$ 和高 $0.1mm$ 的计数室，在 $1mm^2$ 的面积里又被刻划成 25 个（或 16 个）中格，每个中格进一步划分成 16 个（或 25 个）小格，但计数室都是由 400 个小格组成。将稀释的样品滴在计数板上，盖上盖玻片，然后在显微镜下计算 4～5 个中格的细菌数，并求出每个小格所含细菌的平均数，再按下面公式求出每毫升样品所含的细菌数。

$$每毫升原液所含细菌数＝每小格平均细菌数×400×10000×稀释倍数 \qquad (3-1)$$

（2）间接计数法　　此法又称活菌计数法，其原理是每个活细菌在适宜的培养基和良好的生长条件下通过生长形成的菌落数来计数。将待测样品经一系列 10 倍稀释，然后选择三个稀释度的菌液，分别取 $0.2mL$ 进行平板涂布后培养，根据菌落数算出原菌液的含菌数，计算如下：

$$每毫升原菌液活菌数＝同一稀释度三个以上重复平皿菌落平均数×稀释倍数 \qquad (3-2)$$

3.3.2　微生物的群体生长规律

微生物个体细胞的生长时间一般很短，很快就进入繁殖阶段，生长和繁殖实际上很难分开。群体的生长表现为细胞数目或群体细胞物质的增加。重量倍增时间可以不同于细胞倍增时间，因而可以增大细胞重量而不增加细胞数。如果在给定环境中，细胞重量或细胞数倍增之间的间隔是恒定的，则微生物就以对数速率增长。

3.3.2.1　单细胞微生物的典型生长曲线

在微生物分批培养过程中定时取样，测定单位体积里的细胞数或重量，以单位体积里的细胞数或重量的对数为纵坐标，以培养时间为横坐标作图，就可以得到如图 3-5 所示的微生物繁殖或生长曲线。

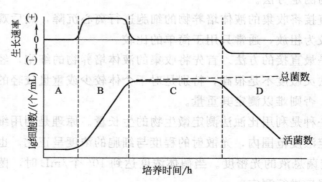

图 3-5　微生物的典型生长曲线

A—延滞期；B—对数期；C—稳定期；D—衰亡期

来源：周德庆主编，微生物学教程，北京：高等教育出版社，2002

根据微生物分批培养过程中生长繁殖速率的变化，可把分批培养的全过程分为四个阶段，分别为延滞期、对数期、稳定期和衰亡期。

（1）延滞期　　也称调整期或适应期，当微生物进入一个新的培养环境时，必须重新调整其小分子和大分子的组成，包括酶和细胞结构成分等，主要生理特性有菌体内物质量显著增长，菌体体积增大或伸长；代谢机能非常活跃，但对外界理化因子（如 NaCl、热、紫外线、X 射线等）的抵抗能力减弱。延滞期的长短与菌种、菌龄、培养条件等有密切关系。这个时期表现为细胞数不变。当接种量少或微生物活力低时，会有一种生长停滞的现象。

（2）对数期　单细胞微生物经过对新环境的适应阶段后，生长非常旺盛，细胞数以几何级数增长，这个生长期的生长就接近于前面用数学方法描述的理想生长状态。其主要生理特征是细胞高速生长，因此在研究微生物的代谢和遗传特性时，选用这个时期的细胞，这个时期的细胞可作为种子液进行接种，接种合适的发酵培养基可以缩短延迟期。在分批培养中，在营养物质一定浓度范围内，微生物的生长速率是随营养物质浓度的增加而增加的，但超过一定浓度时生长速率便不再增加，主要是限制性营养物质浓度降低了，微生物的生长速率也按一定规律下降。

这个时期有三个主要参数，即繁殖代数、生长速率常数和代时。

① 繁殖代数（n）　由图 3-5 可以看出：

$$x_1 = x_2 \cdot 2^n$$

以对数表示：$\lg x_2 = \lg x_1 + n \lg 2$

$\therefore n = 3.332(\lg x_2 - \lg x_1)$

② 生长速率常数（R）

$$R = n/t_2 - t_1 = 3.322(\lg x_2 - \lg x_1)/(t_2 - t_1)$$

③ 代时（G）

$$G = 1/R = t_2 - t_1/3.322(\lg x_2 - \lg x_1)$$

影响微生物对数期代时的变化因素有很多，主要是菌种、营养成分及培养温度等三个因素。

a. 菌种　不同种的微生物代时差别很大，如表 3-8 所示，即便是同一菌种，在不同的培养基及不同的培养条件下也不同，但在一定条件下，各菌种的代时是相对稳定的，多数在 20～30min，但也有长有短，有的长达数天，短的也只有 9.8min 左右。在自然界生长的微生物代时通常比人工培养的微生物的代时长得多。

表 3-8　不同细菌的代时

细　菌	培养基	温度/℃	代时/min
漂浮假单胞菌（*Pseudomonas natriegenes*）	肉汤	27	9.8
大肠杆菌（*Escherichia coli*）	肉汤	37	17
蜡状芽孢杆菌（*Bacillus thermophilus*）	肉汤	30	18
嗜热芽孢杆菌（*Bacillus thermophilus*）	肉汤	30	18
枯草芽孢杆菌（*Bacillus subtilis*）	肉汤	55	18.3
巨大芽孢杆菌（*Bacillus megaterium*）	肉汤	30	31
乳酸链球菌（*Streptococcus lactis*）	肉汤	37	26
嗜酸乳杆菌（*Lactobacillus acidophilus*）	牛乳	37	66～87
伤寒沙门菌（*Salmonella typhi*）	牛乳	37	23.5
金黄色葡萄球菌（*Staphylococcus aureus*）	肉汤	37	27～30
霍乱弧菌（*Vibrio cholerae*）	肉汤	37	21～38
丁酸梭菌（*Clostridium butyricum*）	玉米醪	30	51
大豆根瘤菌（*Rhizobium japonicum*）	葡萄糖	25	344～461

续表

细　菌	培养基	温度/℃	代时/min
结核分支杆菌（*Mycobacterium tuberculosis*）	组合	37	792～932
活跃硝化杆菌（*Nitrobacter agilis*）	组合	27	1200
梅毒密螺旋体（*Treponema pallidum*）	家兔	37	1980
褐球固氮菌（*Azotobacter chroococcum*）	葡萄糖	25	240

注：来源于周德庆主编，微生物学教程，北京：高等教育出版社，2002。

　　b. 营养成分　同一种微生物在营养丰富的培养基上生长时，其代时较短，反之则长。例如，同在 37℃ 下，*E. coil* 在牛奶中代时为 12.5min，而在肉汤培养基中代时为 17min。

　　c. 培养温度　温度越接近其最适生长温度，则指数期越短。如表 3-9 所示。

表 3-9　大肠杆菌在不同温度下的代时

温度/℃	代时/min	温度/℃	代时/min
10	860	35	22
15	120	40	17.5
20	90	45	20
25	40	47.5	77
30	29		

注：来源于周德庆主编，微生物学教程，北京：高等教育出版社，2002。

　　（3）稳定期　随着微生物的生长，营养物质（包括限制性营养物质）逐渐被消耗和代谢过程中产生的有生理毒性的物质在培养基中不断地积累，以及培养基其他条件（如 pH、氧化还原电位等）的改变，在对数末期，微生物生长速度降低，繁殖率与死亡率逐渐趋于平衡，活菌数基本保持稳定，从而进入稳定期。由于一些对人类有用的代谢产物特别是次级代谢产物会在该阶段大量合成，所以此阶段对工业发酵很重要。

　　稳定期的主要生理特征为：由于培养基中营养物质消耗，有害代谢产物积聚，该期细菌繁殖速度渐减，死亡数缓慢增加，生长分裂和死亡的菌细胞数处于平衡状态。在此阶段，一些细菌的外毒素和抗生素等代谢产物大量产生，因此稳定期是产物的最佳收获时间。

　　（4）衰亡期　随着营养物质的消耗和有害物质的积累，环境越来越不适合细胞的生长，细菌的死亡率逐渐增加，大大超过新生细胞数，因此总的活菌数明显下降。

　　衰亡期的生理特征为：细胞内颗粒更明显，出现液泡，细胞长出多种形态，包括畸形或衰退形；因细胞本身所产生的酶和代谢产物的作用而使菌体分解死亡；衰亡期与其他各期比较相对地长一些，其时限决定于微生物本身的遗传性能以及环境条件。

3.3.2.2　微生物的连续培养

　　连续培养是在微生物培养过程中不断地放出培养液，同时补充等量的新鲜培养基的培养方式。连续培养可以保持微生物恒定的培养条件，有效地延长对数生长期到稳定期的时间，使微生物的生长速度、代谢活动都处于恒定状态，从而达到增加发酵量和发酵产物产量的目的。连续培养的优点为：①具有培养液浓度和代谢产物含量的相对稳定性，达到保证产品质量和产量之目的；②减少了分批培养中每次清洗、装料、消毒、接种、卸料等的操作时间，达到缩短发酵周期和提高设备利用率；③劳动强度减轻，便于自控等。但也有缺点：①连续培养持续时间较长，易发生杂菌污染和菌株易发生变异退化；②产物的收率及浓度比分批式低，对设备要求高。

在连续培养过程中，微生物的增殖速度和代谢活性处于某种稳定状态，因此可将连续培养方式分为两类，即恒化器（chemostat）和恒浊器（turbidostat）。

（1）恒化器　恒化器是将微生物增殖所必需的一种营养物（如碳源、氮源、无机盐类、溶解氧等）作为限制性条件（单一的限制性基质），通过控制其供给速度来限制微生物的增殖速度，从而实现连续培养。在恒化器中进行连续培养时，在预定的培养基中，除了一种营养物外，其余都超过微生物细胞所需要的量，这一种营养物质称为限制性基质。生长所需要的任何一种营养物都可以作为限制性基质，这样就给研究者通过调节生长环境来控制正在生长中的细胞生理特性带来了很大的灵活性，并使恒化器成为一种广泛采用的连续培养装置。

（2）恒浊器　恒浊器是通过流加新鲜培养基，以保持培养器中微生物细胞密度维持恒定，从而实现连续培养。微生物的密度若能表现为培养液的浊度，而浊度可以转变为光电信号，此信号与对应于预定浊度的光电信号比较，即可发出控制信号，使流加新鲜培养基的电磁阀开或关。由于培养器体积用溢流装置维持恒定，而且容器里的物料是均匀混合的，所以当电磁阀打开时，有些细胞从容器内溢出，培养物被稀释，浊度下降。流加到一定程度，当浊度产生的光电信号比预定的浊度光电信号小时，电磁阀即自动关闭。容器内微生物的生长又使浊度上升，上升到预定值，电磁阀又打开。如此不断地开、关电磁阀，从而实现恒浊控制。发酵工业上采用多罐串联连续培养的方法，可以大大缩短发酵周期，提高设备的利用率。

3.3.2.3　微生物的高密度培养

高密度培养（high density culture）是应用一定的培养技术和设备来提高菌体生物量和目标产物的发酵技术，通常指微生物在液体培养中的细胞密度超过常规培养的 10 倍以上。一般认为，细胞密度接近理论值的培养为高密度培养。但由于菌种、培养条件及目标产物等差异性较大，高密度培养的最终菌体生物量无法用一个确切的值或范围界定。Riesenbere 经计算认为，理论上大肠杆菌发酵所能达到的最高菌体密度为 400g/L，考虑到实际情况的种种条件限制，Markel 等认为最高菌体密度为 200g/L，此时，发酵液的 25％充满长 $3\mu m$、宽 $1\mu m$ 的菌体，发酵液黏度很高，几乎丧失流动性。

高密度培养技术最早用于酵母细胞的培养，用于生产单细胞蛋白及乙醇的产量。近年来，随着基因工程技术的发展和应用，构建基因工程菌已经成为提高目标产物产量的一项基本手段，基因工程菌过量表达目标产物后，有利于后续过程的分离纯化操作，其中大肠杆菌、芽孢杆菌及酵母是最常用的重组表达宿主菌。

Bacillus subtilis was cultivated to high cell density for nattokinase production by pH-stat fed-batch culture. A concentrated mixture solution of glucose and peptone was automatically added by acid-supplying pump when culture pH rose above high limit. Effect of the ratio of glucose to peptone in feeding solution was investigated on cell growth and nattokinase production by changing the ratio from 0.2 to 5g glucose/g peptone. The highest cell concentration was 77g/L when the ratio was 0.2g glucose/g peptone. Cell concentration decreased with increasing the ratio of glucose to peptone in feeding solution, while the optimum condition existed for nattokinase production. The highest nattokinase activity was 14.500unit/mL at a ratio of 0.33g glucose/g peptone, which was 4.3 times higher than that in batch culture.
From: Kwon, Eun-Yeong et al. Production of nattokinase by high cell density fed-batch culture of *Bacillus subtilis*. *Bioprocess and Biosystems Engineering*, 2011, 34: 789-793.

3.4　微生物生长控制

在地球广阔的生态系统中存在着一些绝大多数生物都无法生存的极端环境，主要包括高温、低温、高酸、高碱、高压、高盐、高辐射、强对流、低氧等环境。凡依赖于这些极端环境才能正常生长繁殖的微生物，称之为极端微生物或嗜极微生物，主要包括嗜酸菌、嗜碱菌、嗜冷菌、嗜热菌、嗜压菌、嗜盐菌、极端厌氧微生物以及耐干燥、抗辐射、抗高浓度金属离子微生物等。部分嗜极微生物的定义和分类见表 3-10。

表 3-10　嗜极微生物的定义和分类

嗜极微生物（extremophile）	生存环境	呼吸类型	种类	潜在特性
嗜酸微生物（acidophile）	pH<4	好氧型	古生菌、细菌	嗜热、嗜压
嗜碱微生物（alkaliphile）	pH>10	好氧型	古生菌、细菌	嗜盐
嗜盐微生物（halophile）	环境盐分大于 2.5mol/L	好氧型、厌氧型	古生菌	嗜碱
海洋微生物（marine）	环境盐分大于 0.5mol/L	好氧型、厌氧型	古生菌、细菌	嗜冷、嗜压
嗜压微生物（barophile）	环境压力大于 0.1MPa	好氧型、厌氧型	古生菌、细菌	嗜热、嗜冷
嗜冷微生物（psychrophile）	最适生长温度小于 15℃	好氧型、厌氧型	细菌	嗜压
嗜热微生物（thermophile）	最适生长温度大于 65℃	好氧型、厌氧型	古生菌、细菌	嗜压、嗜酸

注：来源于刘韬，天山冻土低温淀粉酶产生菌株的筛选及其酶学性质的研究 [D]．石河子大学，2010：18-20。

3.4.1　影响微生物生长的因素

微生物的代谢活动对外界环境因素很敏感，如温度、pH、氧浓度、水分活度、金属离子、辐射、光照以及其他营养元素等。以下仅以最为主要的温度、氧气及 pH 做详细介绍。

3.4.1.1　温度

环境温度对自然界生物的影响非常大，微生物也不例外。由于微生物通常体积微小，比表面积大，而且大多属于单细胞生物，因此它们对温度的变化比其他生物更加敏感。

微生物的生命活动是由一系列有规律的酶的催化反应而提供支撑的。所以，温度对微生物生长影响的一个决定性因素是微生物酶催化反应对温度的敏感性。在低温条件范围内，温度升高可加快微生物胞内酶的催化反应速率，由于微生物体内酶促反应加速，微生物体代谢更加活跃，微生物生长更快。当温度升高到一定程度时，微生物生长速率达到最大值，该温度称为最适生长温度。继续升温会使生长速度下降，而过高的温度会导致微生物死亡，因为在高温条件下，微生物酶、运输载体及结构蛋白会发生热变性，细胞脂质双分子层膜在高温下熔化崩解，从而使细胞受到损害，微生物死亡。

生物最适生长温度定义为：在一定培养条件下，某单一菌株分裂代时最短或者生长速率最高时的培养温度。

微生物生长具有明显的温度依赖性，最低生长温度、最适生长温度和最高生长温度称为微生物生长温度三基点（图 3-6）。尽管微生物

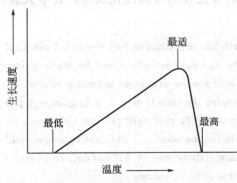

图 3-6　温度与微生物生长速率

来源：韦革宏和王卫卫主编，微生物学，

北京：科学出版社，2008

在不同培养条件（如培养基、pH、氧分压）下生长的温度依赖曲线会有变化，但最适生长温度总是更靠近最高生长温度。同一微生物的生长温度三基点并不是固定不变的，而是在一定程度上依赖于培养基 pH 及营养等其他因素。例如，一株分离自如皋火腿的腐生葡萄球菌在 MSA 液体培养基中的最适生长温度为 42℃，而在牛肉膏蛋白胨培养基中的最适生长温度则为 38℃。

不同微生物的生长温度差别很大（表 3-11），最适生长温度可低至 0℃ 或高达 75℃，能够进行生长的温度低至 −20℃，高的甚至超过 100℃。产生这种现象的主要原因是水，甚至在最极端温度条件下微生物也需要液态水才能生长。对一种微生物而言，其生长温差范围一般为 30℃，某些种类如淋病奈瑟球菌（*Neisseria gonorrhoeae*），其生长温度范围很窄。而像粪肠球菌（*Enterococcus faecalis*）等可在一个很宽的温度范围内生长。微生物各类群的最高生长温度差别较大，原生动物最高生长温度为 50℃ 左右，一些藻类和真菌可在 55～60℃ 条件下生长。一些原核生物甚至可以在 100℃ 左右的条件下生长，近来科学家还发现在火山口有些硫细菌能在远高于 100℃ 的条件下生存。原核生物比真核生物更能在较高的温度条件下生长，据认为这是因为真核生物在高于 60℃ 的条件下不能构建稳定且具有相应功能的细胞器膜。

表 3-11　不同微生物生长的温度范围

微生物	最低生长温度/℃	最适生长温度/℃	最高生长温度/℃
非光合细菌			
嗜冷芽孢杆菌	−10	23	29
荧光假单胞菌	4	25～30	40
金黄色葡萄球菌	6.5	30～37	46
粪肠球菌	0	37	44
大肠杆菌	10	37	45
光合细菌			
深红红螺菌	ND[①]	30～35	ND
多变鱼腥蓝细菌	ND	35	ND
真核藻类			
蛋白核小球藻	ND	25	29
雪衣藻	−36	0	4
真菌			
假丝酵母	0	4～15	15
酿酒酵母	1～3	28	40
微小毛霉	21～23	45～50	50～58
原生动物			
大变形虫	4～6	22	35
尾状核草履虫	ND	25	28～30

① ND 表示无数据。

注：来源于沈萍和彭珍荣主译，微生物学，北京：高等教育出版社，2003。

根据其生长的温度范围（表 3-11），可将微生物分为以下几类。

（1）**嗜冷菌**（psychrophile）　能在 0℃ 生长，最适生长温度小于或等于 15℃，最高生长温度在 20℃ 左右，在南极和北极生境中容易分离到这类微生物。常见的嗜冷性菌主要有假单胞菌、弧菌、产碱菌、芽孢杆菌、节杆菌、发光杆菌和希瓦菌等。近来在南极洲的 Ace 湖还分离到嗜冷的古生菌产甲烷菌。嗜冷菌通过多种方式适应低温环境，它们的运输系统和蛋白质合成系统在低温条件下能很好地发挥功能，其细胞膜含有大量的不饱和脂肪酸，能在低温条件下保持流动状态，而当温度高于20℃时，细胞膜被破坏，菌体死亡。

（2）兼性嗜冷菌（facultative psychrophile）　最适生长温度为20～30℃，最高生长温度高于35℃，但它们能在0～7℃条件下生长，兼性嗜冷的细菌和真菌是污染冻藏食品的主要原因，也是食品安全问题研究的重点对象。

（3）嗜温菌（mesophile）　最适生长温度为20～45℃，最低生长温度为15～20℃，最高生长温度在45℃左右。大多数微生物属于这个范畴，几乎所有的人类致病菌都是嗜温菌，因为它们的最适生长温度与人体温度相近。

（4）嗜热菌（thermophile）　能在高于55℃条件下生长，最低生长温度为45℃左右，最适生长温度通常为55～65℃。嗜热菌中的成员大部分为细菌，也有少数藻类和真菌，它们在温泉、热水管道和某些经高温杀菌的食品中生长繁殖。嗜热菌与嗜温菌的区别在于，前者有更多能在高温条件下发挥功能的热稳定酶和蛋白质合成系统，而且细胞膜脂类物质的饱和程度高，有较高的熔点，因而细胞在高温条件下能保持完整。

3.4.1.2　氧气

氧气对微生物的生命活动有着重要影响。按照微生物与氧气的关系，可把它们分成好氧菌（aerobe）和厌氧菌（anaerobe）两大类。好氧菌又可分为专性好氧、兼性厌氧和微好氧菌；厌氧菌分为专性厌氧菌、专性耐氧菌（见图3-7）。

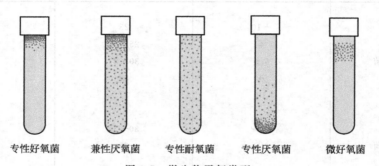

专性好氧菌　　兼性厌氧菌　　专性耐氧菌　　专性厌氧菌　　微好氧菌

图 3-7　微生物需氧类型

来源：沈萍和彭珍荣主译，微生物学，北京：高等教育出版社，2003

（1）专性好氧菌（strict aerobe）　要求必须在有分子氧的条件下才能生长，有完整的呼吸链，以分子氧作为最终氢受体，细胞有超氧化物歧化酶（SOD）和过氧化氢酶，绝大多数真菌和许多细菌都是专性好氧菌，如米曲霉、枯草芽孢杆菌等。真空包装及气调包装等都有助于抑制专性好氧菌的生长。

（2）兼性厌氧菌（facultative anaerobes）　在有氧或无氧条件下都能生长，但有氧的情况下生长得更好。有氧时进行呼吸产能，无氧时进行无氧呼吸产能。该类菌细胞内有超氧化物歧化酶（SOD）和过氧化氢酶。许多酵母菌和细菌都是兼性厌氧菌，例如酿酒酵母、大肠杆菌和普通变形杆菌等。

（3）微好氧菌（microaerophilic bacteria）　只能在较低的氧分压下才能正常生长的微生物。也通过呼吸链以氧为最终氢受体而产能。例如霍乱弧菌、一些气单胞菌、拟杆菌属和发酵单胞菌属。

（4）专性耐氧菌（aerotolerant anaerobes）　只能在较低的氧分压下才能正常生长的微生物。也通过呼吸链以氧为最终氢受体而产能，细胞内含有超氧化物歧化酶（SOD），不含有过氧化氢酶。例如霍乱弧菌、一些气单胞菌、拟杆菌属和发酵单胞菌属。

（5）专性厌氧菌（obligate anaerobe）　厌氧菌的特征是分子氧存在时菌体就死亡，即使是短期接触空气，也会抑制其生长甚至死亡；在空气或含 10% 二氧化碳的空气中，它们在固体或半固体培养基的表面上不能生长，只能在深层无氧或低氧化还原电势的环境下才能生长。其生命活动所需能量是通过发酵、无氧呼吸、循环光合磷酸化或甲烷发酵等提供，细胞内缺乏 SOD 和过氧化氢酶。常见的厌氧菌有罐头腐败菌，如肉毒梭状芽孢杆菌、嗜热梭状芽孢杆菌、拟杆菌属、双歧杆菌属以及各种光合细菌和产甲烷菌等。

同一类微生物与氧气的关系可能是多种类型，细菌和原生生物都同时存在上述四种类型，真菌一般为好氧菌或兼性厌氧菌，而藻类基本都是专性好氧菌。微生物与氧之间关系的差别是由多种因素决定的，包括蛋白质在有氧条件下失活以及氧对微生物的毒害作用。巯基等敏感基团被氧化可造成酶失活，例如固氮酶对氧非常敏感。

3.4.1.3　pH

pH 是影响微生物生长的重要因素之一，微生物生长的 pH 范围极广，一般在 2～8 之间，有少数种类还可以超出这一范围，如嗜酸菌（acidophile）生长最适 pH 为 0～5.5，嗜中性菌（neutrophile）最适 pH 为 5.5～8.0，而嗜碱菌（alkaliphile）最适 pH 为 8.5～11.5，极端嗜碱菌生长的最适 pH 为 10 或更高。事实上，大多数种类都生长在 pH 5～9 之间（见表 3-12）。

表 3-12　不同微生物生长的 pH 范围

微生物	pH		
	最低	最适	最高
嗜酸乳杆菌	4.0～4.6	5.8～6.6	6.8
金黄色葡萄球菌	4.2	7.0～7.5	9.3
大肠杆菌	4.3	6.0～8.0	9.5
伤寒沙门菌	4.0	6.8～7.2	9.6
放线菌	5.0	7.5～8.5	10
酵母菌	3.0	5.0～6.0	8.0
黑曲霉	1.5	5.0～6.0	9.0

注：来源于蒋云升主编，烹饪微生物，北京：中国轻工业出版社，2007。

像温度因素一样，不同的微生物都有其最适生长 pH 和一定的 pH 范围，即最高生长 pH、最适生长 pH 和最低生长 pH 三个值。在最适生长 pH 范围内，微生物细胞内的酶促反应速率较高，代谢旺盛，生长繁殖速度快，而在最低或最高 pH 的环境中，微生物虽然能生存和生长，但生长非常缓慢而且容易死亡。一般霉菌能适应的 pH 范围最大，酵母菌适应的范围其次，细菌最小。霉菌和酵母菌最适生长 pH 在 5～6 之间，而细菌的最适生长 pH 在 7 左右。

尽管微生物通常可在一个较宽 pH 范围内生长，并且远离它们的最适 pH，但它们对 pH 变化的耐受性也有一定限度，细胞质中 pH 突然变化会破坏质膜、抑制酶活性及影响膜运输蛋白的功能，从而对微生物造成损伤。一般情况下，当胞内 pH 低于 5.0～5.5 时，原核生物就会死亡。环境中 pH 的变化会改变营养物质分子的电离状态，降低它们被微生物利用的有效性。即使环境中的 pH 发生较大变化，大多数微生物细胞内 pH 接近中性，究其原因，可能是质膜对 H^+ 的透过性相对较低。嗜中性菌通过逆向运输系统用 K^+ 交换 H^+，极端嗜碱菌，如嗜碱芽孢杆菌，将胞内 Na^+ 与外界 H^+ 交换，保持胞内 pH 接近中性。另外，胞内缓冲系统也对维持 pH 内环境稳定起重要作用。

不同微生物有其最适的生长 pH 范围，同一微生物在其不同的生长阶段和不同的生理生化过程中，最适 pH 也不同。这对发酵过程中 pH 的控制、积累代谢产物特别重要。微生物会改变环境的 pH，即改变培养基的原始 pH。当使用碳氮比例高的培养基，如培养真菌的培养基时，经培养后其 pH 常会明显下降，因而 pH 调节是微生物培养中的一项重要工作。

3.4.2　一些控制有害微生物的新方法

控制食品中有害微生物的种类和数量，主要从原料来源、原料贮藏、加工过程、产品杀菌、产品保藏及运输几个关键环节入手。而食品杀菌就是以食品为对象，通过对引起食品变质的主要因素——微生物的杀菌及除菌，以达到维持食品品质的稳定，延长食品的保质期，并因此降低食品中有害细菌的存活数量，避免活菌的摄入引起人体（通常是肠道）感染或预先在食品中产生的细菌毒素导致人类中毒。

食品的杀菌方法多种多样，就其实质来讲，是杀灭和抑制食品中微生物的生长繁殖，达到食品能在较长时间内可供食用的目的。化学杀菌引起有害化学物质在食品中的严重残留，危害食品安全；传统的低温加热不能将食品中的微生物全部杀死，而高温杀菌又会不同程度地破坏热敏性食品中的营养成分和食品的感官特性，导致营养组分的破坏、损失，或产生不良风味、变色加剧、挥发性成分损失等。以下重点介绍食品杀菌环节的几种非热力杀菌新技术，主要有超声波杀菌、超高压杀菌、脉冲电场杀菌及高渗透压杀菌等。

3.4.2.1　超声波

超声波是频率大于 10kHz 的声波，常见超声波设备使用频率为 20kHz 到 10MHz。超声波与传声媒质相互作用蕴藏着巨大的能量，当遇到物料时就对其产生快速交替的压缩和膨胀作用，这种能量在极短的时间内足以起到杀灭和破坏微生物的作用，具有其他物理灭菌方法难以取得的多重效果，从而保持食品的原有滋味和风味，因此超声波杀菌技术日益受到关注。

例如，柠檬汁采用一般热力杀菌法，其高温导致口味、香味变化，同时会使维生素及挥发性组分损失，此外，加热还能加剧褐变反应的进行。上述反应随时间及温度的增加而加大，而将超声波杀菌应用于柠檬汁加工中，柠檬汁的色泽口味和其中的营养物质破坏极小，取得了很好的效果。原料乳杀菌要尽量在较低温度下进行，而采取冷杀菌技术有利于原料乳营养的保存。超声波杀菌技术就是可以达到此目的的一种冷杀菌技术。

In recent years, ultrasound technology has been used as an alternative processing option to conventional thermal approaches. Ultrasonication can pasteurize and preserve foods by inactivating many enzymes and microorganisms at mild temperature conditions, which can improve food quality in addition to guaranteeing stability and safety of foods. In addition, the changes to the physical properties of ultrasound, such as scattering and attenuation caused by food materials have been used in food quality assurance applications.

From: Jayani Chandrapala, Christine Oliver, Sandra Kentish, Muthupandian Ashokkumar. Ultrasonics in food processing-Food quality assurance and food safety [J]. Trends in Food Science & Technology, 2012, 26 (2): 88-98.

3.4.2.2　超高压

近年来，日本研制出一种新型的食品加工保藏技术——超高压灭菌。所谓超高压杀菌是指将食品放入液体介质中，即将食品原料充填到柔软容器中密封，再将其投入到静水的高压装置中高压处理，加 100～1000MPa 的压力一段时间后，如同加热一样，使酶、蛋白质、淀粉等生物高分子物质失活、变性及糊化，同时杀灭食品中的微生物的过程。

超高压处理具有热处理及其他加工处理方法所没有的一些优点，超高压杀菌能够有效防止食品加工过程中的色、香、味、形和营养方面的变化。食品中的小分子物质，如维生素、多肽、脂质等几乎不受外界高压的影响，主要是因为共价键不受超高压的影响，并且在小于2000MPa 压力时，共价键的可压缩性很小，所以经过超高压处理后食品能够保持原有的品质。而在高压下，会使蛋白质和酶发生变性，微生物细胞核膜被压成许多小碎片和原生质等一起变成糊状，这种不可逆的变化即可造成微生物死亡。

微生物的死亡遵循一级反应动力学。对于大多数非芽孢微生物，在室温、450MPa 压力下的灭菌效果良好。芽孢菌孢子耐压，灭菌时需要更高的压力，而且往往要结合加热等其他处理才更有效。温度、介质等对食品超高压灭菌的模式和效果影响很大。间歇性重复高压处理是杀死耐压芽孢的良好方法。日本最新开发出的超高压灭菌机，操作压力达 304～507MPa。超高压灭菌的最大优越性在于它对食品中的风味物质、维生素 C、色素等没有影响，营养成分损失很少，特别适用于果汁、果酱类、肉类等食品的灭菌，此外，采用 300～400MPa 的超高压对肉类灭菌时还可使肌纤维断裂而提高肉类食品的嫩度，风味、色泽及成熟度方面均得到明显的改善，同时也增加了可贮藏性。

Consumers demand minimally processed foods with natural flavor and taste with no or minimal use of preservatives. This lead to the development of a number of non-thermal preservation approaches including high-pressure processing, wherein a lethal agent (such as pressure, high-voltage electric field, irradiation, ultrasound, etc.) other than heat is primarily used to make the food safe without adversely impacting product quality. Application of high pressure has shown the potential to preserve fresh-like attributes of various value-added liquid foods including juices, smoothies, puree, soups, gravies, etc. Depending on the intensity of pressure-heat treatment, both pasteurization and sterilization effects are possible. This chapter provides a basic overview on preserving fluid foods by high-pressure processing including technology basics, process equipment, and microbial efficacy. Combined pressure-heat effects on various food enzymes, product quality, and nutrient attributes were summarized.

From：Rockendra Gupta，V. M. Balasubramaniam. High-Pressure Processing of Fluid Foods. Novel Thermal and Non-Thermal Technologies for Fluid Foods，2012，Pages 109-133.

3.4.2.3　脉冲电场

在众多非热处理技术中，高压脉冲电场（pulsed electric fields，PEF）是最具工业发展前景的非热杀菌技术之一。PEF 是一种新型的非热食品杀菌技术，它是以较高的电场强度（10～50kV/cm）、较短的脉冲宽度（0～100μs）和较高的脉冲频率（0～2000Hz）对液体、半固体食品进行处理，并且可以组成连续杀菌和无菌灌装的生产线。PEF 杀菌技术具有杀菌时间短、温升低、食品风味和营养素保存好等优点，适合于所有能够流动的含和不含固体颗粒的液体和半固体食品的杀菌，与其他非热杀菌技术相比，其突出优点是非常适合大规模工业化和连续化生产，建立连续杀菌和无菌灌装生产线，而且投资和运行费用相对较低。

多数学者认为，PEF 是通过外部电场与微生物细胞膜直接作用，从而破坏细胞膜的结构，形成"电穿孔"而导致微生物灭活。微生物细胞和外环境之间进行着活跃的物质交换，细胞膜的完整性对保证细胞生命活动的正常进行有着极其重要的作用。PEF 的杀菌作用与其对微生物细胞膜的影响密切相关。当微生物被置于高压脉冲电场中时，细胞膜会被破坏，从而导致细胞内容物外渗，引起细胞死亡。

　　杀菌一般在常温下进行，处理时间为几十毫秒。这种方法有两个特点：一是由于杀菌时间短，处理过程中的能耗远小于热处理法；二是由于在常温、常压下进行，处理后的食品与新鲜食品在物理性质、化学性质、营养成分上改变很小，风味、滋味无感觉出来的差异，杀菌效果明显，达到商业无菌的要求，特别适合于热敏性很高的食品。

　　高压脉冲电场对微生物作用明显，而且酵母比细菌更易被杀死，革兰阴性细菌比革兰阳性细菌更易杀死。对于细菌芽孢，即使更高的指数形和方波高压脉冲电场，也对芽孢无效果，但高压电场不促进芽孢发芽；而双极形高压脉冲电场对细菌孢子有明显的作用。对数期的菌体比稳定期和衰退期的菌体更易杀灭，这是因为对数期菌体大部分处于分裂阶段，细胞膜对电场的作用很敏感。研究还发现，杀菌效果和食品的温度、酸碱度有关，在其他条件相同的情况下，pH 为 5.7 的溶液杀菌效果比 pH 为 6.8 的溶液好。研究者在模拟体系和苹果汁、番茄汁、橙汁、牛乳、蛋清液等实际食品体系中，研究了高压脉冲电场对各种致病菌和非致病菌的杀灭效果及其对食品风味等的影响。研究结果显示，物料的电导率和黏度越低，密度越高，杀菌效果越好。PEF 杀菌可使菌体数量降低 4~6 个对数级甚至以上，处理后的货架期一般可延长 4~6 周以上。另外，影响高压脉冲电场杀菌效果的因素还有介质的电导率、菌的种类和数量、电场强度、脉冲频率以及处理时间等。

　　Treatments involving pulsed electric fields (PEF) in combination with high intensity light pulses (HILP) were applied to reconstituted apple juice in a continuous system using a 2×4 factorial design, with sequence and energy levels as main factors. Two PEF field strengths (24kV/cm or 34kV/cm) were selected (treatment time $89\mu s$ each) corresponding to "high" (H) and a "low" (L) energy inputs (261.9 and 130.5J/ml, respectively). Juice was also pumped through a HILP system (pulse length $360\mu s$, frequency 3Hz) and exposed to energy dosages of 5.1J/cm^2 (H) or 4.0J/cm^2 (L) corresponding to 65.4 and 51.5J/ml, respectively. Microbiological analysis was performed by inoculating juice with Escherichia coli K12 and counting microbial populations pre- and post-processing. Selected physical and chemical quality attributes were compared with those of unprocessed controls. A sensory evaluation was conducted using 31 untrained panellists and the products compared to thermally processed juice (94℃ for 26s). With the exception of HILP (H) and PEF (L), all combinations achieved the minimum microbial reduction of 5 log units required by the FDA. The results obtained for PEF (L) followed by either HILP (L or H) suggest a synergistic effect on microbial inactivation. In general, the quality attributes were not affected by the chosen treatments and sensory evaluation revealed that the HILP (L)/PEF (L) combination was the most acceptable of the selected non-thermal treatments.
From: Irene M. Caminiti, Izabela Palgan, Francesco Noci, Arantxa Muñoz, Paul Whyte, Denis A. Cronin, Desmond J. Morgan, James G. Lyng. The effect of pulsed electric fields (PEF) in combination with high intensity light pulses (HILP) on Escherichia coli inactivation and quality attributes in apple juice [J]. Innovative Food Science & Emerging Technologies, 2011, 12 (2): 118-123.

3.4.2.4　高渗透压

　　渗透压对微生物的生命活动有很大的影响。微生物的生活环境必须具有与其细胞大致相等的渗透压，超过一定限度或突然改变渗透压，会抑制微生物的生命活动，甚至会引起微生物的死亡。在高渗透压溶液中微生物细胞脱水，原生质收缩，细胞质变稠，引起质壁分离；在低渗透压溶液中，水分向细胞内渗透，细胞吸水膨胀，甚至破坏；在等渗溶液中，微生物的代谢活动最好，细胞既不收缩，也不膨胀，保持原形不变。常用的生理盐水（0.85%

NaCl 溶液）就是一种等渗溶液。

渗透压灭菌就是利用高渗透压溶液进行灭菌的方法。在高浓度的食盐或糖溶液中，细胞因脱水而发生质壁分离，不能进行正常的新陈代谢，结果导致微生物的死亡。食品工业中利用高浓度的盐或糖保存食品，如腌渍蔬菜、肉类及果脯蜜饯等，糖的浓度通常在 50％～70％，盐的浓度为 5％～15％，由于盐的分子量小，并能电离，在二者百分浓度相等的情况下，盐的保存效果优于糖。

在传统腌制食品及海水中发现的微生物，一般对氯化钠的耐受性都比较高，这些微生物叫做嗜盐菌。根据微生物对盐量的要求不同，分为轻度嗜盐菌和中度嗜盐菌，前者一般需要1％～6％氯化钠，后者需要 6％～15％ 的氯化钠。某些能在极高盐浓度条件下（15％～30％）生长的微生物叫极端嗜盐微生物。而除了嗜盐微生物，食品中的一些能在高糖环境（如蜜饯）中生长的微生物称做嗜高渗微生物，能在干燥食品（如面粉）中生长繁殖的微生物称为嗜干性微生物。

The efficacy of using sonication (50W±0.2W, 20kHz), combined with subsequent concentration and storage at high osmotic pressure, has been evaluated to reduce levels of *Salmonella* bacteria in different solutions (PBS, sucrose and orange juice) at varying concentrations. To visualize the impact on cell membranes, we used a staining protocol (propidium iodide [PI] and 4',6'-diamidino-2-phenylindole [DAPI]). Sonication alone did not cause significant membrane damage. Storage alone, for 48h and at high osmotic pressure (10.9MPa), affected membrane permeability in 20% of cells. However, sonication, combined with storage, considerably increased loss of membrane integrity, resulting in a significant logarithmic reduction of microorganisms. When the combination was applied to contaminated orange juice, a 5 log10 cfu ml-1 reduction of *Salmonella* spp. was obtained. "Osmosonication"—the synergistic combination of sonication and subsequent storage at high osmotic pressure—is an innovative alternative for the non-thermal decontamination of liquid foods.

From: E. Wong, F. Vaillant-Barka, E. Chaves-Olarte. Synergistic effect of sonication and high osmotic pressure enhances membrane damage and viability loss of *Salmonella* in orange juice [J]. Food Research International, 2012, 45 (2): 1072-1079.

拓展阅读

In recent years, there has been considerable interest in non-thermal milk processing. The objective of the present study was to assess the efficacy of two non-thermal technologies (manothermosonication; MTS, and pulsed electric fields; PEF) in comparison to thermal pasteurisation, by assessing the microbial levels of each of these milk samples postprocessing. Homogenised milk was subjected to MTS (frequency; 20kHz, amplitude; 27.9μm, pressure; 225kPa) at two temperatures (37℃ or 55℃), before being immediately treated with PEF (electric field strength; 32kV/cm, pulse width; 10μs, frequency; 320Hz). Thermal pasteurisation (72℃, 20s) was included as a control treatment. Microbial content of each milk sample was monitored over a 21-day period. It was determined that milks treated with MTS/PEF at 37℃ and 55℃ contained lower microbial levels than raw milk for a certain duration, but after 14 days milk which had been pasteurised by conventional methods contained significantly ($P<0.05$) less microorganisms. However, milks treated with MTS/

PEF contained significantly（$P < 0.05$）fewer microorganisms than raw milk at each time point. Although not as effective as pasteurisation，the present study demonstrates the ability of MTS/PEF treatment to reduce microbial content of milk，while avoiding prolonged heat exposure to temperatures such as those used during conventional（thermal）pasteurisation.

From：R. M. Halpin, O. Cregenzán-Albertia, P. Whyte, J. G. Lynga, F. Noci. Combined treatment with mild heat，manothermosonication and pulsed electric fields reduces microbial growth in milk［J］. Food Control，2013，34（2）：364-371.

思 考 题

1. 试从元素水平、分子水平和培养基原料水平列出微生物的碳源谱。

2. 试从元素水平、分子水平和培养基原料水平列出微生物的氮源谱。

3. 试以能源为主、碳源为辅对微生物的营养方式进行分类，并举例说明。

4. 生长因子包括哪些化合物？微生物与生长因子的关系分为几类？举例说明。

5. 什么叫水活度？它对微生物生命活动有何影响？对人类生产和生活实践有何影响？

6. 试述基团转移运送营养物质的机制。

7. 试述设计培养基的四种原则、四种方法。

8. 列表比较4种固体培养基。

9. 什么是选择性培养基？试举一实例并分析其中选择功能的原理。

10. 对以下名词进行解释：营养、营养物、碳源、碳源谱、能源、生长因子、大量元素、微量元素、培养基、自养微生物、异养微生物、单纯扩散、促进扩散、主动运送、碳氮比、固体培养基、液体培养基、半合成培养基、脱水培养基、选择性培养基、高密度培养。

参 考 文 献

［1］ 李平兰主编. 食品微生物学教程. 北京：中国林业出版社，2011.

［2］ 周德庆编著. 微生物学教程. 第3版. 北京：高等教育出版社，2011.

［3］ 江汉湖，董明盛主编. 食品微生物学. 第3版. 北京：中国农业出版社，2010.

［4］ 何国庆，贾英民，丁立孝主编. 食品微生物学. 第2版. 北京：中国农业大学出版社，2009.

［5］ （美）James M Jay，Martin J Loessner，David A Golden 编著. 现代食品微生物学. 北京：中国农业大学出版社，2008.

［6］ 韦革宏，王卫卫主编. 微生物学. 北京：科学出版社，2008.

［7］ 蒋云升主编. 烹饪微生物. 北京：中国轻工业出版社，2007.

［8］ Lansing M Prescott. 微生物学. 第5版. 沈萍，彭珍荣译. 北京：高等教育出版社，2003.

［9］ 周德庆. 微生物学教程. 第2版. 北京：高等教育出版社，2002.

第 4 章　微生物代谢

　　微生物广泛生长分布于各种生态环境，这种现象与微生物拥有各式各样的新陈代谢能力密不可分。能量代谢是新陈代谢的核心问题。化能异养微生物主要利用糖类、蛋白质和脂肪三大有机物进行代谢产能，本章以葡萄糖分解代谢为例，着重阐述发酵和有氧呼吸的过程与特性；同时，微生物消耗能量进行合成代谢生成细胞内外各种物质，如糖类、氨基酸和脂肪以及次级代谢物等，本章重点介绍微生物多糖的合成代谢过程。分解代谢与合成代谢之间相互矛盾而又紧密联系，因此微生物的代谢过程始终处于精确地动态平衡调控之中以维持细胞的正常生命活动，也可以人工控制微生物的代谢过程，利用微生物大量生产人们需要的微生物产品。

4.1　新陈代谢概论

4.1.1　代谢的基本概念

　　新陈代谢（metabolism）是生命现象的最基本特征，指生物体活细胞内发生的各种化学反应的总和，由分解代谢和合成代谢两个过程组成。分解代谢（catabolism）是指复杂的有机分子物质通过分解酶系催化降解成小分子物质，将部分化学能转换成生物体通用能源物质（ATP），另一部分能量以热或光的形式释放散失，属于放能反应。合成代谢（anabolism）是指利用小分子无机物和有机物通过合成酶系催化合成新的有机分子的过程，此过程要消耗能量，属于吸能反应。分解代谢产生的 ATP、还原力（用 [H] 表示）与前体物质中部分地提供给合成代谢过程，而合成代谢产生的细胞物质、酶等又是分解代谢得以进行的物质基础。因此，分解代谢和合成代谢之间有密切联系。

$$复杂有机物分子 \underset{合成酶系}{\overset{分解酶系}{\rightleftharpoons}} 简单分子 + ATP + [H]$$

4.1.2　微生物代谢的酶学基础

4.1.2.1　酶的性质和分类

　　酶是具有催化活性功能的生物大分子，即是生物催化剂，能够加速生物化学反应速率而最终自身并不改变。微生物细胞中的大多数生物反应是在酶的催化作用下迅速有序地进行的。除具有高效催化活性外，酶对催化反应具有高度的专一性和特异性。通常一种酶只能催化一类反应，比如淀粉酶与蛋白酶只能分别催化淀粉与蛋白质的分解。

　　多数酶只有蛋白质组分，如脲酶和胰蛋白酶。另一些酶是由蛋白质组分（主酶）和非蛋白质组分（辅因子）两部分组成，是为全酶（holoenzyme）。全酶的酶蛋白和辅因子单独存在时均无催化活性，辅因子决定酶的催化活性有无或高低。根据辅因子与主酶结合的紧密程度，牢固地共价结合于主酶的辅因子称作辅基，例如细胞色素中的血红素；与主酶结合松散，在产物形成后能与主酶解离的辅因子称作辅酶（coenzyme）。许多辅酶，例如烟酰胺腺嘌呤二核苷酸（NAD，又称辅酶Ⅰ）、黄素腺嘌呤二核苷酸（FAD）、辅酶 A 或生物素，能够作为载体在代谢过程中传递电子、氢原子、酰基或羧基基团从底物转移到产物。此外，有些金属离子，如 Mg^{2+}、Zn^{2+} 与 Mn^{2+} 也能作为辅因子维持主酶的构象，它们存在时有利于完成生物催化反应。

根据酶的作用底物和催化反应的类型，通常分为六大类酶，见表 4-1。

表 4-1　酶的分类与特性

酶的类型	反应类型	反应实例
氧化还原酶	氧化还原反应	乙醇脱氢酶：乙醛＋NADH＋H⁺→乙醇＋NAD⁺
转移酶	催化基团转移	磷酸基转移酶：葡萄糖＋ATP→6-磷酸葡萄糖＋ADP
水解酶	水解反应	乳糖酶：乳糖→葡萄糖＋半乳糖
裂合酶	裂解 C—C、C—O、C—N 等键	醛缩酶：1,6-二磷酸果糖 → 磷酸二羟基丙酮＋3-磷酸甘油醛
异构酶	异构化	磷酸己糖异构酶：6-磷酸葡萄糖→6-磷酸果糖
连接酶	消耗 ATP 连接两个分子	谷氨酰胺合成酶：谷氨酸＋NH₃＋ATP→谷氨酰胺＋ADP＋Pi

此外，根据酶合成后是否分泌到细胞外可分胞内酶和胞外酶；根据酶的产生是否受底物的诱导作用有组成酶和诱导酶之分；根据酶能否食用可分食用酶和非食用酶（如 β-内酰胺酶）。

4.1.2.2　酶的活性机制与影响因素

一定条件下，酶的多肽链能折叠形成特定的活性中心。通过"钥匙-锁模型"或"诱导契合模型"两种作用方式，酶的活性中心与底物结合形成酶-底物复合物。复合物的形成能降低反应的活化能，使反应更容易进行。

酶促反应过程中，能影响酶与底物接触或活性中心形成的各种因素，如温度、pH 值、底物浓度、产物浓度、酶浓度和酶的抑制剂等都能影响反应速率。

一般在微生物正常的生长环境，微生物酶促反应具有最适宜温度和 pH 条件。pH 的变动引起酶分子中各种化学基团的电荷变化，因而能影响酶与底物结合。如果环境温度超过最适温度太高则可能引起酶分子的结构破坏并丧失酶活性，即变性作用。也可由 pH 或其他因素引起变性。底物浓度和产物浓度能决定反应的方向，最后达到化学平衡状态。通常由可用酶的量控制代谢反应速率。一个酶分子只对特定数目的底物分子起作用，酶促反应速率随着酶分子数目增加而增大，当可用酶分子都满载荷（饱和）时，反应速率达到最大值。只有当底物浓度太低而不能使酶满载荷时，则由底物浓度决定反应速率，即底物浓度增加则反应速率增加。

许多化学物质对微生物有毒性，有些毒物是酶抑制剂。竞争性酶抑制剂（常为底物的结构类似物）直接与底物竞争酶活性中心，形成可逆的酶-抑制剂复合物，阻止产物形成。例如磺胺药与对氨基苯甲酸（PABA）结构类似，能抑制细菌二氢叶酸合成酶等。非竞争性酶抑制剂（一些重金属，如 Hg）能与酶活性中心之外的位点结合，能改变酶分子的构象，导致催化活性降低或失活。

食品酶促褐变及其抑制

食品在加工或贮藏过程中，表面和内部常变成褐色。引起褐变的机制有酶催化作用、美拉德反应、重金属离子等褐变原因。新鲜植物性食品和海产品常发生酶促褐变，如食用菌（双孢蘑菇）组织富含酚类物质，在子实体采摘后，多酚类物质在多酚氧化酶（PPO）催化下迅速氧化生成醌类物质并聚集起来而褐变。在保障食品品质和安全的前提下，褐变控制的根本措施是直接或间接地抑制 PPO 的活性，主要手段有低温冷藏、（焦）亚硫酸盐浸泡、气调储藏、γ 射线辐射处理以及用巯基化合物（半胱氨酸、谷胱甘肽等）处理等。

4.2 分解代谢

生物氧化（biological oxidation）是指物质在活细胞内经过一系列连续的氧化还原反应，逐步分解并释放能量的过程。化能异养微生物的能源物质是有机物，只能通过降解有机化合物而获得能量。大多数微生物以氧化糖类物质产生细胞的主要能源，葡萄糖是最常利用的能源物质。因此，葡萄糖的降解途径是化能异养微生物进行生物氧化产能代谢的最基本途径。依据氧化还原反应中电子受体的不同可分为发酵和呼吸两种类型。

4.2.1　糖类的分解

4.2.1.1　糖酵解

细胞内葡萄糖降解生成丙酮酸的过程称为糖酵解（glycolysis）。葡萄糖在厌氧条件下分解产能的途径主要有 EMP 途径、HMP 途径、ED 途径和磷酸解酮酶途径。

EMP 途径（Embden-Meyerhof-Parnas pathway）又称糖酵解途径，共有 10 步反应（见图4-1），可分为两个阶段：第一阶段为六碳阶段，利用 2 分子 ATP 提供高能磷酸基团，葡萄糖分子发生两次磷酸化，产生果糖-1,6-二磷酸。这是后续反应的准备阶段，消耗 2 分子 ATP。第二阶段为三碳阶段，果糖-1,6-二磷酸醛缩酶催化裂解果糖-1,6-二磷酸生成对等的两个磷酸化的三碳分子，即甘油醛-3-磷酸和二羟丙酮磷酸，二羟丙酮磷酸可迅速转变为甘油醛-3-磷酸。产生的 2 分子甘油醛-3-磷酸经 5 步反应生成 2 分子丙酮酸。这一阶段是贮能过程。此阶段的两个反应，即 1,3-二磷酸甘油酸转变为 3-磷酸甘油酸，磷酸烯醇式丙酮酸转变为丙酮酸，通过底物水平磷酸化的方式一共产生 4 分子 ATP。因此，通过 EMP 途径，1 分子葡萄糖转变成 2 分子丙酮酸，净产 2 分子 ATP 和 2 分子 NADH＋H^+。总反应式为：

$$C_6H_{12}O_6 + 2NAD^+ + 2ADP + 2Pi \longrightarrow 2CH_3COCOOH + 2H_2O + 2NADH + 2H^+ + 2ATP$$

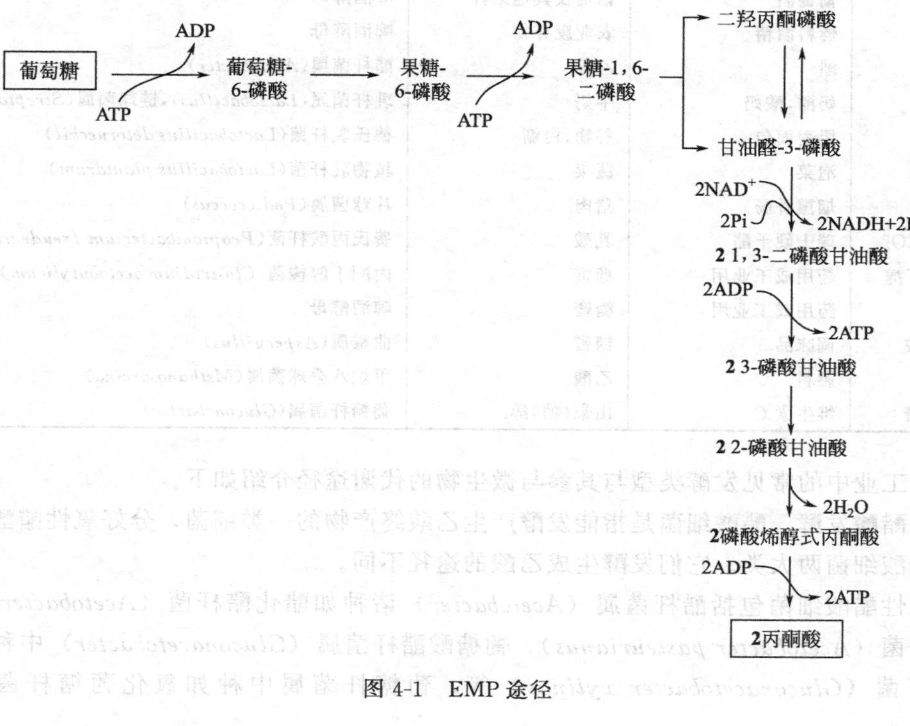

图 4-1　EMP 途径

EMP 途径是绝大多数微生物共有的基本代谢途径，发生在细胞基质中，有氧或无氧条件下都能进行。在有氧条件下，EMP 途径与 TCA 循环连接，并通过后者将丙酮酸彻底氧化成 CO_2 和 H_2O，并释放大量的 ATP；在无氧条件下，不同的微生物还原丙酮酸的产物有所差别，可生成乙醇、乳酸、甘油、丙酮和丁醇等发酵产物。

除了 EMP 途径外，许多微生物细胞还同时存在其他一种或两种葡萄糖氧化的途径。例如，大肠杆菌和枯草杆菌还通过 HMP 途径（己糖单磷酸途径，又称磷酸戊糖途径）降解葡萄糖，并在途径中生成多种戊糖；嗜糖假单胞菌（*Pseudomonas saccharophila*）中存在 ED 途径，该途径中的关键性中间代谢物——KDPG（2-酮-3-脱氧-6-磷酸葡萄糖酸）被 KDPG 醛缩酶催化裂解为丙酮酸和甘油醛-3-磷酸。甘油醛-3-磷酸再经 EMP 途径转变为另一分子丙酮酸。每分子葡萄糖经 ED 途径产生 2 分子丙酮酸；一些乳酸菌通过磷酸解酮酶途径将葡萄糖转化产生乳酸（详见"乳酸发酵"）。

4.2.1.2　发酵

在生物氧化产能代谢过程中的狭义发酵（fermentation）是指在无氧等外源电子受体时，细胞中的有机物氧化所释放的电子直接交给作为电子受体的某种内源性有机分子，同时通过底物水平磷酸化产生能量的一类生物氧化反应。内源性电子受体通常是降解或氧化能源物质代谢途径中的某种中间代谢物（如乙酸、丁酸、琥珀酸等）。

通常，工业发酵是指微生物在有氧或无氧条件下通过分解和合成代谢将某些原料物质转化为特定微生物产品的过程。可以依据发酵底物或生成产品的情况来划分发酵类型（见表 4-2）。

表 4-2　一些工业用途的常见发酵类型

发酵产品	工业或商业应用	原　料	微生物
乙醇	啤酒	麦芽汁	啤酒酵母（*Saccharomyces cerevisiae*）
	葡萄酒	葡萄及其他果汁	啤酒酵母
	燃料酒精	农业废弃物	啤酒酵母
乙酸	醋	乙醇	醋杆菌属（*Acetobacter*）
乳酸	奶酪，酸奶	牛奶	乳杆菌属（*Lactobacillus*），链球菌属（*Streptococcus*）
	黑麦面包	谷物，白糖	德氏乳杆菌（*Lactobacillus delbrueckii*）
	泡菜	蔬菜	植物乳杆菌（*Lactobacillus plantarum*）
	烟熏香肠	猪肉	片球菌属（*Pediococcus*）
丙酸和 CO_2	瑞士硬干酪	乳酸	费氏丙酸杆菌（*Propionibacterium freudenreichii*）
丙酮和丁醇	药用或工业用	糖蜜	丙酮丁醇梭菌（*Clostridium acetobutylicum*）
甘油	药用或工业用	糖蜜	啤酒酵母
柠檬酸	调味品	糖蜜	曲霉属（*Aspergillus*）
甲烷	燃料	乙酸	甲烷八叠球菌属（*Methanosarcina*）
山梨糖	维生素 C	山梨（糖）醇	葡糖杆菌属（*Gluconobacter*）

食品工业中的常见发酵类型与其参与微生物的代谢途径介绍如下。

（1）醋酸发酵　醋酸细菌是指能发酵产生乙酸终产物的一类细菌，分好氧性醋酸细菌和厌氧性醋酸细菌两大类。它们发酵生成乙酸的途径不同。

好氧性醋酸细菌包括醋杆菌属（*Acetobacter*）诸种如醋化醋杆菌（*Acetobacter aceti*）、巴氏醋杆菌（*Acetobacter pasteurianus*），葡糖酸醋杆菌属（*Gluconacetobacter*）中种如木葡糖酸醋杆菌（*Gluconacetobacter xylinus*）等，葡糖杆菌属中种如氧化葡糖杆菌（*Glu-*

conobacter oxydans）等。好氧性醋酸细菌在有氧条件下，以乙醇为发酵底物，将乙醇直接氧化为乙酸。它是一个脱氢加水的发酵过程：

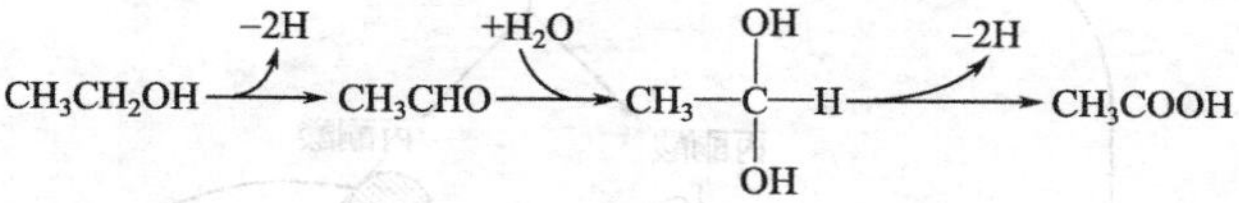

$$CH_3CH_2OH \xrightarrow{-2H} CH_3CHO \xrightarrow{+H_2O} CH_3-\overset{\displaystyle OH}{\underset{\displaystyle OH}{\overset{|}{\underset{|}{C}}}}-H \xrightarrow{-2H} CH_3COOH$$

脱下的氢最后经电子传递链与氧结合生成水，并放出能量（ATP）。总反应式是：

$$CH_3CH_2OH + O_2 \longrightarrow CH_3COOH + H_2O + nATP$$

厌氧性醋酸细菌包括醋酸杆菌属（*Acetobacterium*）诸种如伍氏醋酸杆菌（*Acetobacterium woodii*）等，梭菌属（*Clostridium*）中菌种如热醋酸梭菌（*Cl. thermoaceticum*）、醋酸梭菌（*Cl. aceticum*）和蚁酸醋酸梭菌（*Cl. formicaceticum*）等。产醋酸梭菌能转化利用葡萄糖、木糖以及其他己糖和戊糖产生等量的醋酸。以葡萄糖为发酵底物时，葡萄糖通过EMP 途径酵解产生丙酮酸，由丙酮酸产生乙酰辅酶 A，乙酰辅酶 A 被磷酸裂解为乙酰磷酸和辅酶 A，乙酰磷酸在乙酸激酶的催化下发生底物水平磷酸化而产生乙酸并释放能量（ATP）。反应途径如图 4-2 所示。厌氧性醋酸细菌还能够通过乙酰辅酶 A 途径固定 CO_2，产生乙酸。因此总反应式是：

$$C_6H_{12}O_6 \longrightarrow 3CH_3COOH$$

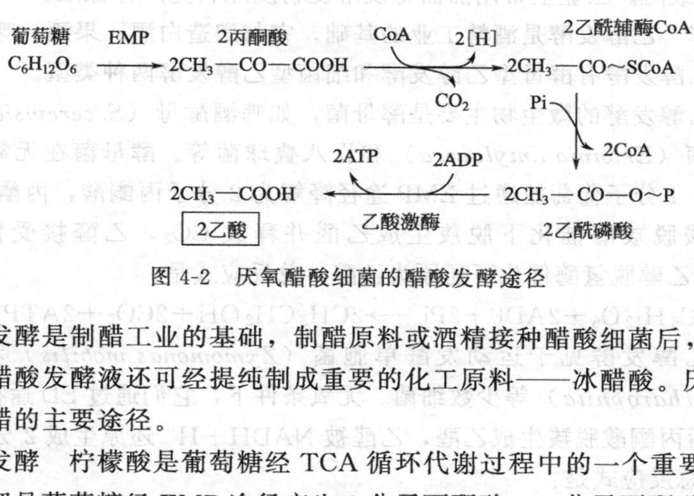

$$
\begin{array}{ccccccc}
葡萄糖 & EMP & 2丙酮酸 & CoA & 2[H] & & 2乙酰辅酶CoA \\
C_6H_{12}O_6 & \longrightarrow & 2CH_3-CO-COOH & \longrightarrow & 2CH_3-CO\sim SCoA \\
& & & CO_2 & & Pi \\
& & & & & \downarrow 2CoA \\
& & 2CH_3-COOH & \longleftarrow & 2CH_3-CO-O\sim P \\
& & & 2ATP\quad 2ADP & \\
& & \boxed{2乙酸} & 乙酸激酶 & 2乙酰磷酸
\end{array}
$$

图 4-2　厌氧醋酸细菌的醋酸发酵途径

好氧性醋酸发酵是制醋工业的基础，制醋原料或酒精接种醋酸细菌后，即可生成醋酸发酵液以供食用，醋酸发酵液还可经提纯制成重要的化工原料——冰醋酸。厌氧性醋酸发酵是我国用于酿造糖醋的主要途径。

（2）柠檬酸发酵　柠檬酸是葡萄糖经 TCA 循环代谢过程中的一个重要中间体。一般认为柠檬酸形成机理是葡萄糖经 EMP 途径产生 2 分子丙酮酸，一分子丙酮酸经丙酮酸/H^+ 共输送体转运入线粒体，由丙酮酸脱氢酶催化形成乙酰辅酶 A，另一分子丙酮酸由细胞质丙酮酸羧化酶催化转变为草酰乙酸，因无相关载体，草酰乙酸必须还原成苹果酸才能被特殊载体转运入线粒体，并重新生成草酰乙酸。柠檬酸经质子化后由特定的载体作用被分泌出细胞外（见图 4-3）。该途径的关键是一分子丙酮酸与另一分子丙酮酸形成乙酰辅酶 A 时释放的 CO_2 进行了补缺性的固定，生成草酰乙酸，这样使得柠檬酸的实际产量（75～87g 柠檬酸/100g 葡萄糖）高于理论计算产量（71.1g 柠檬酸/100g 葡萄糖）。

柠檬酸是可以通过液体深层发酵法规模化生产的重要有机酸，它广泛应用于饮料、食品及医药化工等工业部门。能产生柠檬酸的微生物以霉菌为主，尤其是曲霉属（*Aspergillus*）和青霉属（*Penicillium*）。其中以黑曲霉（*Asp. niger*）、米曲霉（*Asp. oryzae*）、灰绿青霉（*Pen. glaucum*）、淡黄青霉（*Pen. luteum*）、橘青霉（*Pen. citrinum*）和光滑青霉（*Pen.*

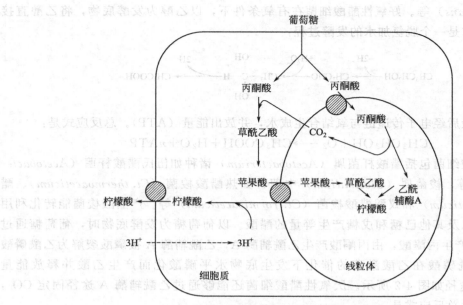

图 4-3 黑曲霉产生柠檬酸的代谢过程

glabrum）等产量最高。工业上常用黑曲霉发酵淀粉质原料生产柠檬酸。

（3）乙醇发酵 乙醇发酵是酒精工业的基础，它与酿造白酒、果酒、啤酒以及生产酒精等有密切关系。乙醇发酵有酵母型乙醇发酵和细菌型乙醇发酵两种类型。

进行酵母型乙醇发酵的微生物主要是酵母菌，如啤酒酵母（S. cerevisiae）。还有少数细菌如解淀粉欧文菌（Erwinia amylovora）和胃八叠球菌等。酵母菌在无氧条件下，pH 值为 3.5 ～ 4.5 时，1 分子葡萄糖通过 EMP 途径降解为 2 分子丙酮酸，丙酮酸在乙醇发酵的关键酶——丙酮酸脱羧酶催化下脱羧生成乙醛并释放 CO_2，乙醛接受糖酵解中产生的 $NADH+H^+$，在乙醇脱氢酶催化下还原为乙醇。总反应式是：

$$C_6H_{12}O_6+2ADP+2Pi \longrightarrow 2CH_3CH_2OH+2CO_2+2ATP$$

进行细菌型乙醇发酵见于运动发酵单胞菌（Zymomonas mobilis）和嗜糖假单胞菌（Pseudomonas saccharophila）等少数细菌。无氧条件下，它们通过 ED 途径降解葡萄糖为 2 分子丙酮酸，然后丙酮酸脱羧生成乙醛，乙醛被 $NADH+H^+$ 还原生成 2 分子乙醇，但只产生 1 分子 ATP。总反应式是：

$$C_6H_{12}O_6+ADP+Pi \longrightarrow 2CH_3CH_2OH+2CO_2+ATP$$

（4）乳酸发酵 乳酸菌是指以乳酸为唯一或主要发酵产物的一类细菌。乳酸发酵可分为两种类型：同型乳酸发酵，只产生乳酸一种发酵产物；异型乳酸发酵，发酵产物除乳酸外，主要还产生乙醇和 CO_2 等多种发酵产物。

① 同型乳酸发酵（homolactic fermentation） 链球菌属（Streptococcus）诸菌种，乳杆菌属（Lactobacillus）中多数细菌，粪肠球菌（Enterococcus faecalis）通过同型乳酸发酵途径产生乳酸。嗜酸乳杆菌（Lac. acidophilus）、保加利亚乳杆菌（Lac. bulgaricus）和干酪乳杆菌（Lac. casei）等进行同型乳酸发酵的菌种是食品工业中最常用的乳酸菌。商业大批量生产乳酸通常使用同型乳酸发酵菌种，如德氏乳杆菌（Lac. delbrueckii）和瑞士乳杆菌（Lac. helveticus）将葡萄糖转化成乳酸的得率达 90% 以上。同型乳酸发酵微生物具有 EMP 途径中的关键酶——醛缩酶。葡萄糖经 EMP 途径降解为丙酮酸后，不经脱羧，在乳酸脱氢

酶的作用下直接被还原为乳酸。每分子葡萄糖经 EMP 途径共产生 2 分子乳酸，并净产 2 分子 ATP。总反应式是：

$$C_6H_{12}O_6 + 2ADP + 2Pi \longrightarrow 2CH_3CHOHCOOH + 2ATP$$

② 异型乳酸发酵（heterolactic fermentation）　明串珠菌属（*Leuconostoc*）诸菌种例如肠膜明串珠菌（*Leu. mesenteroides*）、葡萄糖明串珠菌（*Leu. dextranicum*）等，乳杆菌属（*Lactobacillus*）中菌种如短乳杆菌（*Lac. brevis*）、发酵乳杆菌（*Lac. fermentum*）能进行异型乳酸发酵。异型乳酸发酵微生物不具有醛缩酶，而是具有 PK 途径的关键酶——木酮糖-5-磷酸磷酸解酮酶。通过 PK 途径，最终将 1 分子葡萄糖发酵产生 1 分子乳酸、1 分子乙醇和 1 分子 CO_2，且只产生 1 分子 ATP。总反应式是：

$$C_6H_{12}O_6 + ADP + Pi \longrightarrow CH_3CHOHCOOH + CH_3CH_2OH + CO_2 + ATP$$

异型乳酸发酵菌株通常用于食品与饲料的保存或生物转化中。鼠李糖乳杆菌（*Lac. rhamnosus*）是具备商用生产乳酸的兼性异型乳酸发酵菌，在厌氧或微好氧条件下发酵葡萄糖只产生乳酸，而在好氧条件下产生乳酸、乙酸、3-羟基丁酮和 CO_2。

两歧双歧杆菌（*Bifidobacterium bifidum*）通过 HK 途径进行异型乳酸发酵。将 2 分子葡萄糖发酵生成 2 分子乳酸和 3 分子乙酸，并产生 5 分子 ATP，总反应式是：

$$2C_6H_{12}O_6 + 5ADP + 5Pi \longrightarrow 2CH_3CHOHCOOH + 3CH_3COOH + 5ATP$$

乳酸发酵广泛应用于泡菜、酸菜、酸牛奶、乳酪以及青贮饲料的加工生产过程中。由于乳酸细菌活动的结果，积累了乳酸从而抑制了其他微生物的生长，使蔬菜、牛奶和饲料等得以保存。发酵工业中多采用淀粉原料，经糖化处理后再接种乳酸菌进行乳酸发酵来生产纯乳酸。

4.2.1.3　有氧呼吸

化能有机营养型微生物对有机能源物质进行生物氧化后，产生的电子可被多种外源电子受体接受，这种代谢过程称为呼吸作用（respiration）。在呼吸作用中，当外源末端电子受体为 O_2 时称为有氧呼吸（aerobic respiration），而外源末端电子受体为其他特定的氧化型化合物（NO_3^-、NO_2^-、SO_4^{2-}、CO_2、Fe^{3+}、延胡索酸和腐殖酸等）时称为无氧呼吸（anaerobic respiration）。在呼吸作用过程中，电子通过呼吸链传递而被末端外源电子受体接受，该过程形成势能（质子动势）用于 ATP 的生物合成，它是微生物的主要产能方式。

有氧呼吸过程是将有机能源物质通过糖酵解途径和 TCA 循环的结合，并以 O_2 为末端电子受体，进行彻底地分解成为 CO_2。

TCA 循环（tricarboxylic acid cycle）又称柠檬酸循环（citric acid cycle），它在新陈代谢中起到枢纽的作用地位。有机大分子降解后产生乙酰辅酶 A 进入 TCA 循环（见图 4-4）。每分子乙酰辅酶 A 经由 TCA 循环氧化产生 2 分子 CO_2、3 分子 NADH、1 分子 $FADH_2$ 和 1 分子 GTP。TCA 循环相关酶系广泛分布于各种微生物，分别定位于原核微生物的细胞质内或真核微生物的线粒体基质中，除琥珀酸脱氢酶在线粒体膜或细胞质膜上。

有氧呼吸过程的显著特点是底物脱下的氢（电子）经呼吸链传递，最终被外源分子氧接受，产生水并释放出 ATP 形式的能量。呼吸链又称电子传递链（electron transport chain），是位于真核生物线粒体膜上或原核生物细胞膜上的若干按氧化还原电势从低到高次序排列的氢（电子）传递体，其功能是将电子从电子供体（如 NADH、$FADH_2$）传递到末端电子受体（O_2）。真核生物中电子传递链的主要成分按顺序一般是 NAD（P）、黄素蛋白（FMN、FAD）、铁硫蛋白、辅酶 Q 和细胞色素。但原核微生物物种中呼吸链成分变化较大。

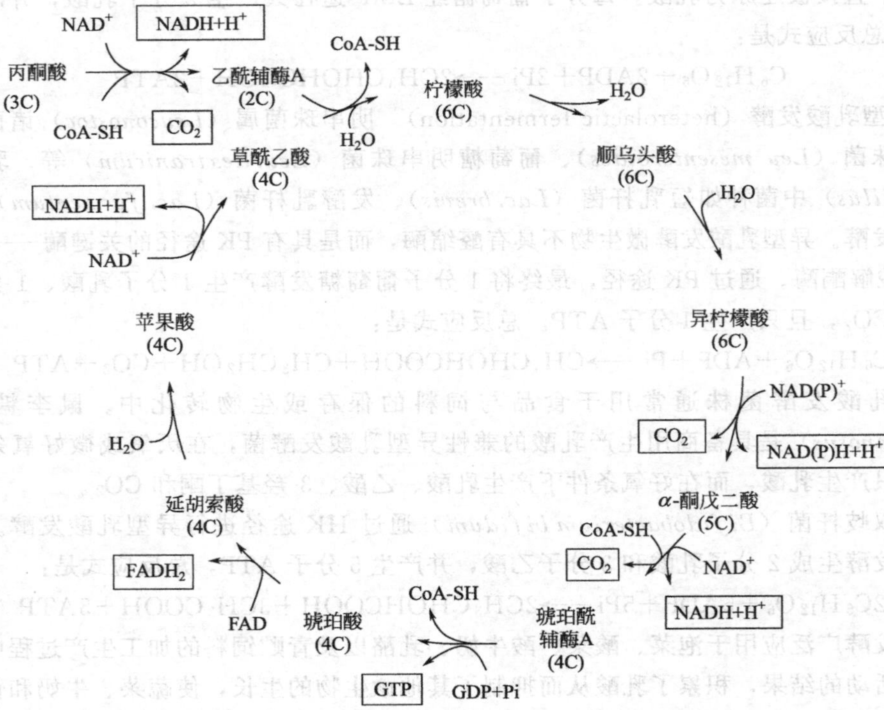

图 4-4　TCA 循环

氧化磷酸化 (oxidative phosphorylation) 又称电子传递磷酸化 (electron transport phosphorylation)，是指呼吸链在传递氢 (电子) 和接受氢 (电子) 的过程中与磷酸化反应相偶联合成 ATP 的过程。英国学者 Peter Mitchell (1961) 提出的化学渗透假说 (chemiosmotic hypothesis) 是目前被广泛接受的氧化磷酸化的反应机制。该假说认为，在氧化磷酸化过程中，位于线粒体内膜或原核生物细胞膜上的呼吸链组分传递来自基质的氢，在顺着电子传递的同时把质子从膜内侧运送到膜外侧，结果造成膜两侧质子浓度的差异——质子梯度 (ΔpH，化学势能)；与此同时，还形成了膜内外两侧的电位差——电位梯度 ($\Delta\psi$，电子势能)。化学势能和电子势能组成质子动势 (proton motive force)，它驱动质子通过跨膜的 ATP 合成酶返回到膜内侧，即线粒体基质或原核微生物的细胞质中，质子流所放出的能量将 ADP 磷酸化生成 ATP。

典型的呼吸链如图 4-5 所示。电子经 NADH 传递至 O_2，有三处能与磷酸化反应相偶联，因而产生 3 分子 ATP；但电子经 $FADH_2$ 传递至 O_2，只有 2 处能与磷酸化反应相偶联，因而产生 2 分子 ATP。呼吸链氧化磷酸化效率可用 P/O 比 [即每消耗 1 mol 氧原子所产生的 ATP 物质的量 (mol)] 来定量表示。因此，NADH 的 P/O 比值是 3，$FADH_2$ 的 P/O 比值是 2。据此，可以推算有氧呼吸过程中，1 分子葡萄糖经 EMP 途径酵解和 TCA 循环，彻底分解成 CO_2 和 H_2O，理论上能产生 38 分子 ATP，其中有 34 分子 ATP 是通过电子传递磷酸化产生，由此可见，TCA 循环和电子传递是有氧呼吸中主要的产能环节。

能源物质在生物氧化过程中，常生成一些含有 1 个高能磷酸键或 1 分子辅酶 A (含高能硫醇基) 的高能有机化合物 (见表 4-3)，这些高能化合物解离时可直接偶联 ADP (或 GDP) 磷酸化合成 ATP (或 GTP)，这种产生 ATP 等高能分子的方式称为底物水平磷酸化

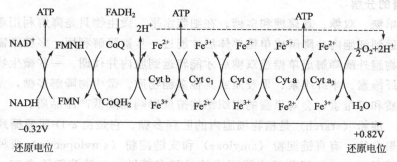

图 4-5　线粒体上的电子传递链和氧化磷酸化

（substrate level phosphorylation）。例如，在糖酵解的 EMP 途径中，1,3-二磷酸甘油酸转变为 3-磷酸甘油酸，磷酸烯醇式丙酮酸转变为丙酮酸，各偶联着 1 分子 ATP 的形成；在 TCA 循环中，琥珀酰辅酶 A 转变为琥珀酸时偶联着 1 分子 GTP 的形成；异型乳酸发酵中的乙酰磷酸，只要经过乙酸激酶的催化产生乙酸，随即完成底物水平磷酸化产能。

表 4-3　底物水平磷酸化涉及的一些高能化合物

名　称	$\Delta G^0/(kJ/mol)$	名　称	$\Delta G^0/(kJ/mol)$
乙酰辅酶 A	-35.7	乙酰磷酸	-44.8
丙酰辅酶 A	-35.6	丁酰磷酸	-44.8
丁酰辅酶 A	-35.6	己酰磷酸	-39.3
己酰辅酶 A	-35.6	1,3-二磷酸甘油酸	-51.9
琥珀酰辅酶 A	-35.1	磷酸烯醇式丙酮酸	-51.6
N^{10}-甲酰四氢叶酸	-23.4	腺苷磷酰硫酸	-88
		ATP(ATP→ADP+Pi)	-31.8

底物水平磷酸化的特点是底物在生物氧化过程中脱下的氢（电子）不是经过电子传递链，而是通过酶促反应直接交给底物自身的氧化产物，同时所释放的能量（高能磷酸键形式）交给 ADP 而产生 ATP。微生物发酵过程只能通过底物水平磷酸化合成 ATP。呼吸作用过程也存在底物水平磷酸化的产能方式，但它比氧化磷酸化产生的能量少得多。

4.2.1.4　无氧呼吸

无氧呼吸又称厌氧呼吸，是指在厌氧条件下，厌氧或兼性厌氧微生物以外源无机氧化物或少数有机氧化物作为呼吸链的末端电子受体的一类产能效率较低的呼吸类型。根据用作末端电子受体的物质种类不同，划分的多种类型的无氧呼吸见表 4-4。

表 4-4　一些化能有机营养型微生物的无氧呼吸类型举例

无氧呼吸类型	末端电子受体	还原产物	微生物类群
硝酸盐呼吸	NO_3^-	NO_2^-	肠道细菌
硝酸盐呼吸	NO_3^-	NO_2^-、N_2O、N_2	假单胞菌属（Pseudomonas）、芽孢杆菌属（Bacillus）、副球菌属（Paracoccus）
硫酸盐呼吸	SO_4^{2-}	H_2S	脱硫弧菌属（Desulfovibrio）、脱硫肠状菌属（Desulfotomaculum）
硫呼吸	S^0	H_2S	脱硫单胞菌属（Desulfuromonas）、热变形菌属（Thermoproteus）
碳酸盐呼吸	$CO_2(CO_3^{2-})$	CH_4、CH_3COOH	所有产甲烷菌（methanogens）、产乙酸菌（acetogens）
铁呼吸	Fe^{3+}	Fe^{2+}	假单胞菌属、芽孢杆菌属、土杆菌属（Geobacter）
延胡索酸呼吸	延胡索酸	琥珀酸	沃林氏菌属（Wolinella）

4.2.1.5　多糖的分解

糖类包括单糖、双糖、寡聚糖和多糖。在细胞水平，微生物只是降解利用单糖。双糖和三糖则可以转运到细胞内并降解成单糖单体后才能进一步被降解利用。多糖则需要被分泌到环境中的微生物胞外酶降解成单糖或双糖后才能转运到胞内并代谢。一些微生物能通过胞外酶降解淀粉、纤维素、半纤维素、果胶质或其他多糖物质。微生物降解多糖，尤其是水果和蔬菜中的果胶质和纤维素，会对果蔬的组织结构造成影响而降低产品品质。

(1) 淀粉　淀粉（starch）是植物细胞内的贮存多糖。它是由 α-D-葡萄糖残基通过糖苷键连接而成的聚合物，有直链淀粉（amylose）和支链淀粉（amylopectin）两种。直链淀粉是 α-D-葡聚糖残基以 α-1,4-糖苷键连接而成的线状多糖链；支链淀粉除含有 α-1,4-糖苷键外，还具有分支侧链结构，各分支点由 α-1,6-糖苷键连接，整个淀粉分子是一个紧密的球状结构。一般自然淀粉中，直链淀粉占 10%～20%，支链淀粉占 80%～90%。许多微生物能分泌胞外淀粉水解酶，将其生活环境中的淀粉水解成麦芽糖或葡萄糖后再吸收利用。淀粉水解酶有以下 4 种类型。

① α-淀粉酶（α-amylase，EC 3.2.1.1）　它从淀粉分子内部多个位点同时作用于 α-1,4-糖苷键，但不能作用于 α-1,6-糖苷键或与其邻近的几个 α-1,4-糖苷键，或淀粉分子两端的 α-1,4-糖苷键。直链淀粉经该酶作用最终水解产物是 α-麦芽糖和 α-葡萄糖。支链淀粉的水解产物是 α-麦芽糖、葡萄糖、少量异麦芽糖和一系列含 α-1,6-糖苷键的极限糊精，以及一些含有 4 个或更多个葡萄糖残基并带有 α-1,6-糖苷键的低聚糖。该酶作用后使淀粉糊的黏度迅速下降，因而称为液化型淀粉酶。许多细菌、放线菌和真菌都产生 α-淀粉酶。常用枯草芽孢杆菌（*Bacillus subtilis*）发酵生产 α-淀粉酶。

② β-淀粉酶（β-amylase，EC 3.2.1.2）　从淀粉分子的非还原性末端开始，以双糖为单位作用于 α-1,4-糖苷键，逐个切下麦芽糖单位，生成 β-麦芽糖。它不能水解 α-1,6-糖苷键，也不能越过 α-1,6-糖苷键去水解其后面的 α-1,4-糖苷键。该酶水解支链淀粉的产物是麦芽糖和 β-极限糊精。产 β-淀粉酶的微生物种类不多，主要有多黏类芽孢杆菌（*Paenibacillus polymyxa*）和巨大芽孢杆菌（*Bacillus megaterium*）。嗜热厌氧菌如热产硫黄好热厌氧杆菌（*Thermoanaerobacterium thermosulfurogenes*）能产生一种嗜高温 β-淀粉酶。

③ 葡聚糖 1,4-α-葡萄糖苷酶（glucan 1,4-α-glucosidase，EC 3.2.1.3，糖化酶）　其专一性较低。能从淀粉分子的非还原性末端开始，以葡萄糖为单位依次作用于 α-1,4-糖苷键，产物为 β-D-葡萄糖。也能水解 α-1,6-糖苷键，但速度较慢。曲霉、根霉、毛霉和木霉等属真菌以及某些酵母菌、细菌都能产生糖化酶。

④ 异淀粉酶（isoamylase，EC 3.2.1.68，脱支酶）　能特异性地作用于支链淀粉中各分支点的 α-1,6-糖苷键，将各侧支切下而生成直链糊精。许多细菌如产气杆菌、假单胞菌、芽孢杆菌等，一些链霉菌和酵母菌能产生此酶。

(2) 纤维素　纤维素（cellulose）广泛存在于自然界，是植物细胞壁的结构多糖。纤维素是 D-葡萄糖残基以 β-1,4-糖苷键连接而成的直链大分子多糖，有结晶状和无定形两种形式，具有高度的水不溶性和很强的结构稳定性，在纤维素水解酶酶系（cellulolytic enzymes）的作用下降解为简单的糖类才能被生物体吸收利用。纤维素水解酶酶系复杂，至少包括三种作用方式不同的类型。

① C1 酶　主要作用于高度结晶的天然纤维素，使之转化为水合非结晶纤维素。

② Cx 酶　主要作用于水合非结晶纤维素。其一是纤维素酶（cellulase，EC 3.2.1.4，

简称 Cx1 酶），是内切型 β-1,4-葡聚糖酶，能随机切断较长的水合非结晶纤维素链，产物主要是纤维素糊精、纤维二糖和纤维三糖；其二是纤维素 1,4-β-纤维二糖苷酶（cellulose 1,4-β-cellobiosidase，EC 3.2.1.91，简称 Cx2 酶），是外切 β-1,4-葡聚糖酶，它能从水合非结晶纤维素链的非还原性末端逐个切下纤维二糖。

③ β-葡萄糖苷酶（β-glucosidase，EC 3.2.1.21）　水解纤维二糖及短链的纤维寡糖末端的非还原性 β-D-葡萄糖残基，产生 β-D-葡萄糖。该酶通常也称纤维二糖酶（cellobiase）。

天然纤维素在这三类酶的协同作用下降解成为葡萄糖。

$$天然纤维素 \xrightarrow{\text{C1 酶}} 水合纤维素分子 \xrightarrow{\text{Cx1,Cx2 酶}} 纤维二糖 \xrightarrow{\text{纤维二糖酶}} 葡萄糖$$

纤维素分解能力较强的微生物主要是真菌，如木霉属（*Trichoderma*）、平革菌属（*Phanerochaete*）、曲霉属、青霉属、根霉属、葡萄穗霉属（*Stachybotrys*）和嗜热霉属（*Thermomyces*）等。细菌和放线菌中有些种属也有较强的分解纤维素的能力，如纤维单胞菌属（*Cellulomonas*）、小双孢菌属（*Microbispora*）、高温单孢菌属（*Thermomonospora*）、生黄瘤胃球菌（*Ruminococcus flavefaciens*）、产琥珀酸丝状杆菌（*Fibrobacter succinogenes*）、噬细胞梭菌（*Clostridium cellulovorans*）和解纤维素梭菌（*Cl. cellulolyticum*）。常用绿色木霉（*Trichoderma viride*）来生产纤维素酶。纤维素酶可水解纤维素废弃物以发酵生产酒精，与果胶酶联合使用可以对果蔬去皮。

（3）半纤维素　半纤维素（hemicellulose）是碱溶性的植物细胞壁多糖，大量存在于植物的木质化部分，农作物秸秆中占 25%～45%。半纤维素是木聚糖、阿拉伯木聚糖、4-O-甲基葡糖醛酸木聚糖、葡甘露聚糖、半乳葡甘露聚糖、木葡聚糖和 β-1,3-葡聚糖的总称。半纤维素的组成情况在植物物种间差别较大，并且受环境因素和植物的生长与成熟程度的影响。半纤维素较纤维素容易分解，由于半纤维素种类较多，因此半纤维素水解酶（hemicellulase）的种类多样。如木聚糖内切-1,3-β-木糖苷酶（xylan endo-1,3-β-xylosidase，EC 3.2.1.32）催化降解木聚糖。产生某种半纤维素酶的微生物主要有木霉属、曲霉属、根霉属等。半纤维素酶在食品工业中有诸多应用，包括加工果汁、果蔬、酿葡萄酒、酿造、面包制作和提炼植物油等。

> **生物质能**：生物质（biomass）是指通过光合作用而形成的各种有机体，包括所有的动植物和微生物。生物质能（biomass energy）是太阳能以化学能形式贮存在生物质中的能量形式，即以生物质为载体的能量。据估计，全球每年通过光合作用生成的生物质总量达 $(1.4～1.8)×10^{12}$ t（干重）。生物质能资源主要包括薪柴、农林作物（尤其是能源作物）、农林废弃物、农林产品加工业下脚料、人畜粪便、城镇生活垃圾及污水污泥等。利用生物质能的主要途径是直接燃烧；其次是以热化学转换方式将生物质气化、炭化和热裂解液化，生产燃气、生物炭和热解油；还可以以生物化学转换方式，运用微生物将淀粉质或纤维素质原料发酵生产燃料乙醇，或将生物质厌氧发酵生产沼气。

（4）果胶质　果胶质基本是由 D-半乳糖醛酸残基通过 α-1,4-糖苷键连接的聚合物，散布有部分甲基酯化的 (1→2)-鼠李糖残基，还具有由中性糖（阿拉伯糖、半乳糖）构成的侧链结构。果胶质是细胞壁的基质多糖，在果实和茎中最丰富，橘子皮和苹果渣是其主要来源。果胶质是亲水胶体，在冷却或酶的作用下形成果冻，因此常用做饮料与半固体食品的胶凝剂、稳定剂和增稠剂。但对果汁加工、葡萄酒生产可引起榨汁困难。

天然的果胶质是指提取前存在于植物中与纤维素和半纤维素结合的水不溶性果胶物质，

称为原果胶。它在聚半乳糖醛酸酶（polygalacturonase，EC 3.2.1.15，又称果胶酶）的作用下或在提取过程中经稀酸处理可转变为水溶性的果胶。果胶经果胶酯酶（pectinesterase，EC 3.1.1.11）的去甲酯化转变为无黏性的果胶酸（聚半乳糖醛酸）并产生甲醇。果胶酸在果胶酸裂合酶（pectate lyase，EC 4.2.2.2）的作用下转化为不饱和的二半乳糖醛酸（digalacturonate）。或者，果胶酸在外切多聚半乳糖醛酸酶（exopolygalacturonase）的催化下生成饱和二半乳糖醛酸。这些二半乳糖醛酸残基经后续几步酶促催化转变为 2-酮-3-脱氧葡萄糖酸，再转化为 KDPG（2-酮-3-脱氧-6-磷酸葡萄糖酸），经糖酵解的 ED 途径代谢。

　　果胶可被很多微生物分解。通过产生果胶水解酶而引起水果蔬菜软腐病害的细菌有菊欧文菌（*Erwinia chrysanthemi*）、胡萝卜软腐欧文菌（*E. carotovora*），真菌有果生链核盘菌（*Monilinia fructigena*）、瓜枝孢霉（*Cladosporium cucumerinum*）和灰葡萄孢霉（*Botrytis cinerea*）等。子囊菌门中的黄毡赤壳（*Byssonectria fulva*）常引起水果罐头腐败。瘤胃细菌如溶纤维丁酸弧菌（*Butyrivibrio fibrisolvens*）和多对毛螺菌（*Lachnospira multipara*）也能分解果胶和纤维素为宿主动物提供营养。

　　（5）几丁质　几丁质（chitin）是通过 β-1,4-糖苷键连接的 D-N-乙酰葡萄糖胺的同聚物，其结构与纤维素极其相似。它是自然界中含量仅次于纤维素的多糖，主要存在于节肢动物的外骨骼和大多数真菌的细胞壁。一些真菌、酵母和细菌能分泌几丁质酶（chitinase，EC 3.2.1.14），它随机水解几丁质和壳糊精中 D-N-乙酰葡萄糖胺之间的 β-1,4-糖苷键，生成 N-乙酰葡萄糖胺。几丁质酶具有抗真菌活性，也可以用于加工贝壳废弃物。此外，几丁质脱乙酰基酶（chitin deacetylase，EC 3.5.1.41）能切断几丁质中 D-N-乙酰葡萄糖胺残基的 N-乙酰氨基生成乙酸和壳聚糖（chitosan），壳聚糖酶（chitosa-nase，EC 3.2.1.132）能作用于 D-N-乙

> **糖类分解与菌种鉴定**：不同的微生物能利用某些碳源进行新陈代谢过程，而对另一些碳源不能分解利用。将一个菌种能利用和不能利用的一系列碳源进行排列组合，就构成了该菌种特异的碳源代谢指纹。美国 Biolog 公司独创的利用微生物对不同碳源代谢率的差异，针对每一类微生物筛选 94（或 95）种表型检测，包括碳源利用分析和化学药物敏感性分析，配合四唑类显色物质，如四唑紫（tetrazolium violet，TV），固定于 96 孔板上，接种菌悬液后培养一定时间，通过检测微生物细胞利用不同碳源时代谢过程中产生的氧化还原酶与显色物质发生反应而导致的颜色变化（吸光度），以及由于微生物生长造成的浊度差异（浊度），与标准菌株数据库进行比对，即可鉴定菌株。Biolog 自动微生物鉴定系统能够在短时间（约 2h）内鉴定常见的细菌、酵母、丝状真菌等约 2650 种微生物，几乎覆盖了所有重要的人体、动植物体微生物和大部分环境微生物。

酰葡萄糖胺与部分乙酰化的壳聚糖中 D-葡萄糖胺残基之间的 β-1,4-糖苷键，水解产物为壳寡糖（chitooligosaccharide）。壳寡糖在食品工业中有应用潜力。

4.2.2　蛋白质和氨基酸的分解

4.2.2.1　蛋白质的分解

　　蛋白质是由许多氨基酸残基通过肽键连接而成的大分子物质。微生物通过分泌胞外蛋白酶将蛋白质水解成为各种肽段（二肽、寡肽或多肽）和游离氨基酸。多肽进一步在肽酶（氨肽酶、羧肽酶或内肽酶）的作用下水解成小肽片段和游离氨基酸等小分子后才能够被吸收利用。

　　产蛋白酶的微生物很多，不同微生物分解蛋白质的能力差异很大。一般来说，真菌分解蛋白质的能力强。某些毛霉、根霉、曲霉、青霉和镰刀菌等能分泌胞外蛋白酶，因

而能分解天然蛋白质。酱油、豆豉和腐乳等传统发酵豆制品的酿造就是利用了一些霉菌对蛋白质的分解作用。细菌分解蛋白质的能力相对较弱，大多数细菌不能分解天然蛋白质，只能分解变性蛋白。能分解蛋白质的细菌主要有芽孢杆菌属、假单胞菌属和变形菌属（Proteus）中的一些种。细菌对蛋白质的分解能力是细菌分类鉴定的依据之一，可通过"明胶液化试验"和"石蕊牛乳试验"来检测区分不同细菌产生明胶酶和酪蛋白酶的能力差异。

4.2.2.2　氨基酸的分解

氨基酸被微生物吸收后可直接作为细胞中新生蛋白质合成的原料，也可以被微生物进一步分解，通过各种代谢途径加以利用。尤其是在缺乏碳源的条件下，氨基酸还能被某些细菌用作碳源和能源，以维持机体的生长需要。微生物对氨基酸的分解，主要是脱氨基作用和脱羧基作用方式。

脱氨基方式因微生物种类、氨基酸种类以及环境条件不同，主要有氧化脱氨基、还原脱氨基、氧化-还原偶联脱氨基、水解脱氨基和直接分解脱氨基等形式。

脱羧基作用是因许多微生物产生专一性很强的氨基酸脱羧酶（decarboxylase），能催化相应氨基酸的脱羧基反应生成减少一个碳原子的胺和 CO_2。一元氨基酸脱羧生成一元胺，如酪氨酸脱羧后形成酪胺、丙氨酸则形成乙胺；二元氨基酸脱羧生成二元胺，如赖氨酸脱羧后形成尸胺，鸟氨酸则形成腐胺。二元胺大都对人体有毒，肉类等蛋白质食品腐败后常生成二元胺，因此不能食用。

4.2.3　脂肪和脂肪酸的分解

4.2.3.1　脂肪的分解

食品中的脂类包括甘油一酯、甘油二酯和甘油三酯，游离饱和脂肪酸与不饱和脂肪酸，磷脂、固醇和蜡。以甘油酯为主要脂类。微生物对脂类的代谢利用不具优先权。由于脂类具有疏水性，以大量形式存在的脂类难以降解。在乳状液中，微生物能代谢分布在油-水界面的脂类。甘油酯能被胞外脂肪酶水解生成甘油和脂肪酸，然后甘油和脂肪酸分别被氧化分解。

甘油在甘油激酶的作用下生成 3-磷酸甘油，再经 α-磷酸甘油脱氢酶催化生成磷酸二羟基丙酮，经磷酸三糖异构酶变构生成 3-磷酸甘油醛，进入 EMP 或 HMP 途径分解。

4.2.3.2　脂肪酸的分解

脂肪酸的分解是通过 β-氧化方式进行的，这是一个逐步脱氢和碳链降解的过程，发生在原核生物的细胞质中和真核生物的线粒体内。以真菌为例，饱和偶数碳脂肪酸被转运到细胞内，在脂酰辅酶 A 合成酶催化下活化转变为水溶性较高的脂酰辅酶 A，进入线粒体内通过多轮 β-氧化后最终生成乙酰辅酶 A 单元。乙酰辅酶 A 可进入 TCA 循环彻底氧化成 CO_2 和 H_2O，并产生大量 ATP 以供利用。此外，乙酰辅酶 A 还可以通过乙醛酸循环进行合成代谢。奇数碳脂肪酸经过 n 轮 β-氧化后，除产生乙酰辅酶 A 外，还生成 1 个丙酰辅酶 A，其中丙酰辅酶 A 最终转变为琥珀酰辅酶 A 而进入 TCA 循环彻底氧化；不饱和脂肪酸也是经 β-氧化而降解，但其所需的酶系更为复杂。脂肪酸分解较缓慢，如果脂肪酸的产生速度过快，它们就会积累在食品中。

食品中重要的产脂肪酶微生物种属包括产碱杆菌属（Alcaligenes）、肠杆菌属（Enterobacter）、黄杆菌属（Flavobacterium）、微球菌属（Micrococcus）、假单胞菌属（Pseudomonas）、沙雷菌属（Serratia）、葡萄球菌属（Staphylococcus）、曲霉属（Aspergillus）、地

霉属（*Geotrichum*）和青霉属（*Penicillium*）等。沙门柏干酪青霉（*Pen. camemberti*）和娄地青霉（*Pen. roqueforti*）因产脂肪酶而使霉熟的干酪具有诱人风味。

4.3 合成代谢

4.3.1 生物合成的三要素

合成代谢是指以一切生物利用能量代谢过程中的能量将无机或有机小分子物质合成复杂的高分子或细胞结构物质的代谢活动。能量（ATP）、还原力（[H]）和小分子前体物质称为细胞物质合成的三要素，它们是由分解代谢产生并提供给合成代谢过程。还原力主要是指 $NADH_2$ 和 $NADPH_2$。小分子前体物质（precursor metabolites）指糖代谢过程中产生的中间体碳架物质，这些物质直接用来合成生物大分子的单体或构件。连接分解代谢和合成代谢的中间代谢物有 12 种，即葡萄糖-1-磷酸、葡萄糖-6-磷酸、核糖-5-磷酸、赤藓糖-4-磷酸、二羟基丙酮、3-磷酸甘油醛、PEP、丙酮酸、乙酰辅酶 A 是合成多糖、脂类和核苷酸的前体物质，草酰乙酸、α-酮戊二酸和琥珀酰辅酶 A 是合成谷氨酸族、天冬氨酸族氨基酸和卟啉环化合物的前体物质。由于前体物质在微生物生长过程中会不断地消耗，需要得到及时的补充，否则会影响分解代谢的正常运转。微生物等生物体能通过两用代谢途径（amphibolic pathway）和中间代谢物回补顺序（anaplerotic sequence）的方式解决前体物质的产生与消耗之间的矛盾。

4.3.2 糖类的生物合成

4.3.2.1 单糖的合成

（1）糖异生作用 从丙酮酸、乙酸、甘油、草酰乙酸和琥珀酸等非碳水化合物合成葡萄糖或其他己糖的过程即为糖异生作用（gluconeogenesis）。例如 EMP 途径的逆过程中，2 分子丙酮酸作为前体物质，由丙酮酸羧化酶等酶的催化逐步合成果糖-6-磷酸，最后生成 1 分子葡萄糖-6-磷酸，合成的这两种单糖又可以作为制造其他常见糖的前体物质。

（2）光合磷酸化 光能营养微生物又称光能自养微生物（photoautotrophs）。行光合作用的微生物包括单细胞藻类、产氧光合细菌（蓝细菌）、不产氧光合细菌（紫色细菌、绿色细菌）以及嗜盐古生菌。它们能利用光合色素吸收光能，通过多种光合磷酸化作用进行光能转换，合成生命活动所需的 ATP，用于 CO_2 的固定以同化合成细胞物质等。

蓝细菌通过如图 4-6 所示的非循环式光合磷酸化（noncyclic photophosphorylation）产生 ATP。该体系由两个光合系统（photosystem）——PS Ⅰ 和 PS Ⅱ 偶联而成，分别有吸收 700nm 和 680nm 光波的光反应中心 P_{700} 和 P_{680}。在蓝细菌中，光合作用的光反应定位在细胞内的类囊体膜上。暗反应中，它消耗 3 分子 ATP、利用 2 分子 NADPH 还原 1 分子 CO_2 成为碳水化合物。

$$CO_2 + 3ATP + 2NADPH + 2H^+ + H_2O \longrightarrow (CH_2O) + 3ADP + 3Pi + 2NADP^+$$

（3）自养微生物对 CO_2 的固定 各种自养微生物利用 CO_2 作为它们的全部或主要碳源，还原和结合 CO_2 需要消耗大量能量，大多数自养菌通过光合磷酸化获得能量，一些自养菌则通过氧化磷酸化或底物水平磷酸化而获能。自养菌对 CO_2 固定合成了异养菌赖以生存的有机物质，因此对地球上的生命非常重要。微生物对 CO_2 的固定途径有 4 条：卡尔文循环、乙酰辅酶 A 途径、还原性 TCA 循环途径和 3-羟基丙酸途径。

卡尔文循环（Calvin cycle）又称为还原性戊糖磷酸循环，见于光合作用的真核细胞生物和大多数光合细菌，而一些专性厌氧菌和微好氧菌缺乏该途径。卡尔文循环反应与蓝

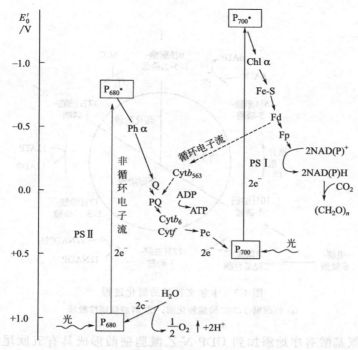

图 4-6　蓝细菌的非循环光合磷酸化反应中的电子流

有 PS I 和 PS II 两个光合系统并存；Ph α 为脱镁叶绿素 α，Q 为醌，PQ 为质体醌，Cyt 为细胞色素，Pc 为含铜质体蓝素，Chl α 为叶绿素 α，Fe-S 为非血红素铁蛋白，Fd 为铁氧还蛋白，Fp 为黄素蛋白。

虚线表示当 NAD(P)H 充足时，可由 PS I 通过循环电子流方式产生 ATP

细菌、一些硝化细菌和硫细菌（硫氧化化能营养菌）的细胞内含物中存在羧酶体相关。这些多面体结构中存在卡尔文循环反应的关键酶：核酮糖-1,5-二磷酸羧化酶（ribulose 1,5-bisphosphate carboxylase，RuBisCO）和磷酸核酮糖激酶（phosphoribulokinase），因而可能是固定 CO_2 反应部位。卡尔文循环分为 3 个阶段，简化过程如图 4-7 所示。通过反应固定 6 分子 CO_2 实际产生 2 分子甘油醛-3-磷酸，它们用于糖类、脂类或蛋白质的生物合成。由固定 CO_2 开始每合成 1 分子果糖-6-磷酸或葡萄糖-6-磷酸需要循环 2 次，总反应式为：

$$6CO_2 + 18ATP + 12NADPH + 12H^+ + 12H_2O \longrightarrow C_6H_{12}O_6 + 18ADP + 18Pi + 12NADP^+$$

4.3.2.2　多糖的合成

（1）菌体结构多糖的生物合成　细菌多糖如肽聚糖、酵母多糖如 β-葡聚糖（β-glucan）、低等真菌多糖如几丁质、蘑菇多糖如灵芝多糖和香菇多糖等，这些多糖构成了微生物细胞的结构成分。

肽聚糖是绝大多数原核生物（古生菌除外）细胞壁中的独特成分。它对维持细菌细胞的形态结构和正常的生理功能起到重要作用。同时，它又是许多抗生素如青霉素、头孢霉素、万古霉素、环丝氨酸和杆菌肽等的靶标物质，这些抗生素能阻断肽聚糖的生物合成而发挥抑菌作用。因此，了解肽聚糖的合成途径具有重要意义。

以金黄色葡萄球菌（*Staphylococcus aureus*）的肽聚糖生物合成为例。肽聚糖生物合成机制复杂，尤其是合成反应发生在细胞质中、细胞膜上和周质空间三个部位（见图 4-8）。肽聚糖的合成需要两种载体，其一是在细胞质中起作用的糖基载体尿苷二磷酸（UDP）。反应首先由葡萄糖合成两种 UDP 衍生物，即 UDP-*N*-乙酰葡糖胺和 UDP-*N*-乙酰

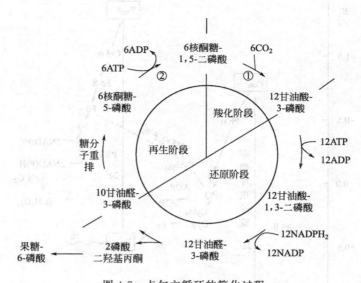

图 4-7 卡尔文循环的简化过程

① 核酮糖-1,5-二磷酸羧化酶；② 磷酸核酮糖激酶

胞壁酸。随后，氨基酸有序地添加到 UDP-N-乙酰胞壁酸形成具有五肽尾的产物 UDP-N-乙酰胞壁酸五肽，它又叫"Park"核苷酸。UDP-N-乙酰胞壁酸五肽然后被转运到位于细胞质侧的细胞膜上的第二个类脂载体——磷酸细菌萜醇（bactoprenol phosphate），得到的中间产物为细菌萜醇-N-乙酰胞壁酸五肽复合物（类脂Ⅰ）。细菌萜醇是一种含 11个异戊二烯单位的 C_{55} 类异戊二烯醇，它通过两个磷酸基与 N-乙酰胞壁酸分子键合，如图 4-9 所示。

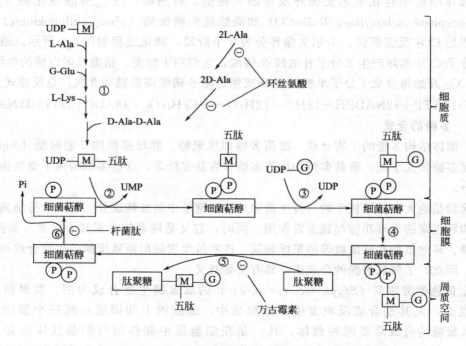

图 4-8 金黄色葡萄球菌肽聚糖合成的主要途径

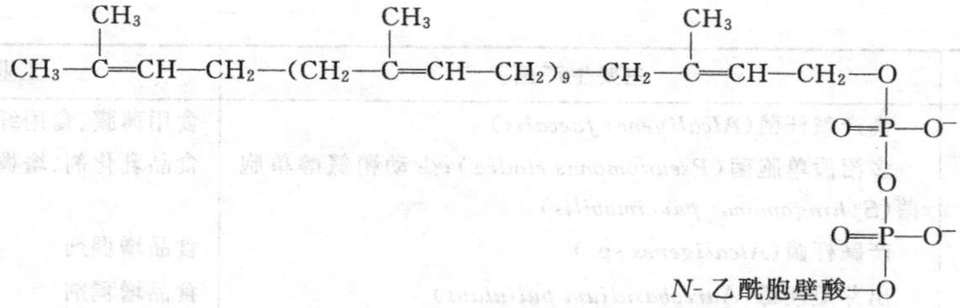

$$CH_3-C=CH-CH_2-(CH_2-C=CH-CH_2)_9-CH_2-C=CH-CH_2-O-P=O$$

图 4-9　肽聚糖合成途径中的脂质载体——细菌萜醇

然后，UDP 转运 N-乙酰葡糖胺到类脂Ⅰ，生成类脂Ⅱ，这样就生成了肽聚糖重复单位（双糖肽亚单位）。这一重复单位通过细菌萜醇运送通过细胞膜并释放在周质空间，插入到细胞膜外的细胞壁生长点处。细胞在生长与分裂时产生的一些自溶素酶能攻击细胞中肽聚糖的多糖链或水解肽桥，解开细胞壁上的肽聚糖网套，原有的肽聚糖分子成为新合成分子的壁引物（最少 6~8 个肽聚糖单体的分子片段）。肽聚糖单体与壁引物分子间先发生转糖基作用（transglycosylation），即肽聚糖单体的 N-乙酰葡糖胺与壁引物分子 N-乙酰胞壁酸间通过 β-1,4-糖苷键连接，使多糖链延伸一个双糖单位。而细菌萜醇仍留在细胞膜内，焦磷酸细菌萜醇脱磷酸基后返回到细胞膜内侧，并在第二轮生物合成中发挥其运输作用。

肽聚糖的最后合成步骤是转肽酶的转肽作用（transpeptidation），它使两条多糖链之间形成"肽桥"（甘氨酸五肽）而发生纵向交联。在形成肽桥的同时，转肽酶移除了五肽尾末端的 D-Ala（见图 4-10）。转肽作用可被青霉素抑制，其原因是青霉素是五肽尾末端"D-Ala-D-Ala"二肽的结构类似物，两者可互相竞争转肽酶的活性中心。当青霉素存在时，转肽酶与青霉素结合，使前后两个肽聚糖单体不能形成肽桥，因此合成的肽聚糖缺乏机械强度，结果是形成原生质体或原生质球之类的细胞壁缺陷细胞，在不利的渗透压条件下，极易发生裂解死亡。青霉素的抑菌机制是在于抑制肽聚糖分子中肽桥的形成，因此只对生长繁殖旺盛阶段的革兰阳性细菌有明显的抑制作用，而对生长停滞的细胞（rest cell）则不起作用。

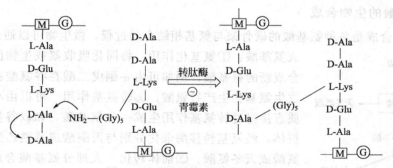

图 4-10　肽聚糖合成时的转肽作用

（2）菌体胞外多糖合成与应用　菌体胞外多糖是指一些特殊微生物在生长代谢过程中分泌到细胞外、与菌体容易分离或分泌到生长环境中的多糖物质。食品工业常用微生物胞外多糖见表 4-5。

表 4-5　食品工业常用微生物胞外多糖

多糖名称	主要生产菌	工业应用
细菌纤维素（BC）	木葡糖醋杆菌（*Gluconacetobacter xylinus*）	直接食用,膳食纤维
黄原胶（xanthan）	野油菜黄单胞菌（*Xanthomonas campestris*）	食品乳化剂、增稠剂、稳定剂等

续表

多糖名称	主要生产菌	工业应用
热凝胶（Curdlan）	粪产碱杆菌（*Alcaligenes faecalis*）	食用薄膜、食用纤维、食品保水剂
结冷胶（Gellan）	多沼假单胞菌（*Pseudomonas elodea*）；少动鞘氨醇单胞菌（*Sphingomonas paucimobilis*）	食品乳化剂、增稠剂、稳定剂等
威兰胶（Welan）	产碱杆菌（*Alcaligenes* sp.）	食品增稠剂
普鲁蓝（Pullulan）	出芽短梗霉（*Aureobasidium pullulans*）	食品增稠剂
右旋糖酐（Dextran）	肠膜明串珠菌（*Leuconostoc mesenteroides*）	食品增稠剂、稳定剂

　　以细菌纤维素的生物合成为例。细菌纤维素（Bacterial cellulose，BC）是指由葡糖醋杆菌属（*Gluconacetobacter*）、农杆菌属（*Agrobacterium*）、根瘤菌属（*Rhizobium*）和八叠球菌属（*Sarcina*）等属中菌株合成的纤维素的统称。细菌纤维素和植物纤维素一样都是由 β-1,4-葡萄糖苷键结合成直链，直链间彼此平行，无分支结构，又称 β-1,4-葡聚糖。

　　表面发酵法酿醋具有悠久的历史，醋酸菌在酒精溶液的表面形成一层薄菌膜。1886 年，英国的 Brown 最早确定这层膜状物的化学本质是纤维素，并命名其产生菌为木质细菌，经过多年的系统分类研究，现在该菌定名为木葡糖醋杆菌（*Gluconacetobacter xylinus*）。它具有很高的纤维素生产能力，被确认为研究纤维素合成、结晶过程和结构性质的模式菌株。BC 的合成过程是一个被精确地特异性调节的多步反应过程。整个合成过程包括三个环节：首先是纤维素前体尿苷二磷酸葡萄糖（UDP-Glc）的合成；然后 UDP-Glc 上的葡萄糖残基被转移并聚合形成 β-1,4-葡聚糖链，并穿过外膜分泌到胞外，最后成百上千个新生态葡聚糖单链缔合成典型的超微带状结构。由葡萄糖合成纤维素涉及 4 个酶促反应：①葡萄糖激酶催化葡萄糖转变为 6-磷酸葡萄糖；②磷酸葡萄糖变位酶催化 6-磷酸葡萄糖变为 1-磷酸葡萄糖；③尿苷二磷酸葡萄糖焦磷酸化酶催化 1-磷酸葡萄糖变为尿苷二磷酸葡萄糖；④纤维素合酶（cellulose synthase，CS）催化 UDP-Glc 通过形成 β-1,4-糖苷键合成 β-葡聚糖。最后在菌体外装配形成结晶纤维素。

4.3.3　氨基酸的生物合成

　　氨基酸的合成是各种氨基酸的碳骨架与氨基相结合的过程。微生物可以通过三种情况合成氨基酸：①氨基化作用　将同化吸收氨或生物固氮产生的氨合成新的氨基酸，例如可由 α-酮戊二酸在谷氨酸脱氢酶催化下发生氨基化生产谷氨酸；②转氨基作用　可以由小分子前体物质直接经过转氨基作用生成一些氨基酸，如以谷氨酸作为氨基供体，经氨基转移酶催化分别与丙酮酸或草酰乙酸可以合成丙氨酸或天冬氨酸；③前体转化　大部分氨基酸合成时，其小分子前体物质需要发生结构改变，如含硫氨基酸（半胱氨酸和甲硫氨酸）的碳骨架需要添加硫，其生物合成途径则比较复杂，步骤较多而且有分支途径。通过分支途径，同一种前体物质可以合成一类相关的氨基酸家族，例如以草酰乙酸为前体物质合成天冬氨酸族氨基酸的分支合成途径如图 4-11 所示。

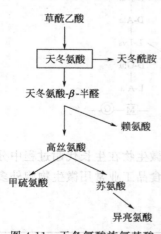

图 4-11　天冬氨酸族氨基酸的分支合成途径

　　按照前体物质的差异，20 种氨基酸的合成可分为 6 组，即：①3-磷酸甘油醛（Ser、Cys、Gly）；②PEP＋4-磷酸赤藓糖（Trp、Tyr、Phe）；③丙酮酸（Ala、Val、Leu）；④ α-酮戊二酸（Glu、Gln、Pro、

Arg）；⑤草酰乙酸（Asp、Asn、Lys、The、Met、Ile）；⑥5-磷酸核酮糖＋ATP（His）。它们的生物合成途径如图 4-12 所示。

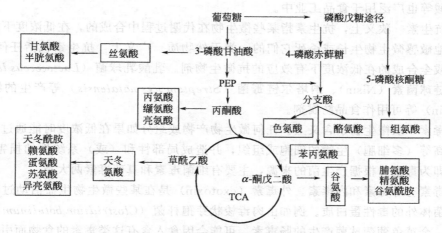

图 4-12　20 种氨基酸的前体及其合成途径

　　氨基酸的合成需要提供足够的氮源、碳源和能源，通常其合成途径受到严紧的调节控制，包括变构调节和反馈机制。

4.3.4　脂类的生物合成

　　脂类是微生物细胞膜的主要组成成分，大部分细菌和真核细胞的脂类含有脂肪酸或其衍生物。脂肪酸是具有烷基长链的一元羧酸。大部分微生物的脂肪酸是直链形态，少数微生物有分支链，G⁻细菌的脂肪酸链中常含有环丙烷。脂肪酸的合成是由脂肪酸合成酶催化，乙酰辅酶 A 和丙二酰辅酶 A 作为底物，NADPH 作为电子供体。其中丙二酰辅酶 A 是由乙酰辅酶 A 与 CO_2 羧基化产生。在脂肪酸合成过程中一种酰基载体蛋白（acyl carrier protein，ACP）始终参与，由辅酶 A 转运的乙酰基和丙二酰基分别与 ACP 的巯基结合可形成乙酰-ACP 和丙二酰-ACP 复合物。乙酰-ACP 作为偶数碳原子脂肪酸合成的引物，每一次反应，生长链的羧基端添加由丙二酰-ACP 提供的两个碳原子（α-酮基），并释放 1 分子 CO_2。因此，脂肪酸的合成中脂肪酸链周期性地逐步延长。

　　三酰甘油是微生物细胞贮存碳源和能源的常见物质，它是由甘油与脂肪酸酯化反应产生。三磷酸甘油可由二羟基丙酮还原产生，也可由培养基来源的甘油吸收后经甘油激酶催化产生。三磷酸甘油在相应酶的催化作用下，进一步合成磷酸酯、磷酸酯衍生物或脂肪。

4.3.5　次级代谢物的生物合成

4.3.5.1　次级代谢与次级代谢物

　　微生物的代谢类型有初级代谢和次级代谢之分。初级代谢是指微生物从外界吸收各种营养物质，通过分解代谢与合成代谢，生成维持生命活动所必需的物质和能量的过程。初级代谢产物，如氨基酸、有机酸等，与微生物细胞的生长有着密切的关系。

　　次级代谢是指微生物在一定的生长时期，以初级代谢产物为前体物质，通过支路代谢合成一些对自身的生命活动无明确功能的物质的过程。通常在微生物的活跃生长期以后，由于营养物质受限或废产物积累，次级代谢物积累起来。这些物质与细胞物质的合成和正常生长只有有限的关系。例如，有些微生物代谢中产生抗生素、毒素、生物碱、色素等次级代谢产物，它们与食品加工或食品安全有密切关系。人们也可以通过对初级代谢途径的控制，让微生物过量产生初级代谢物，这种超出微生物生理需要的物质也认为是次级代谢物，例如柠檬酸、谷氨酸等也广泛用于食品工业中。

（1）抗生素　狭义上，抗生素指某些微生物在代谢过程中合成的，在低浓度下能选择性地抑制其他敏感微生物生长或杀死它们的一类天然物质。广义上，抗生素包括任何天然的、半合成的或全合成的在低浓度下有效应的抗微生物剂。乳酸乳球菌（*Lactococcus lactis*）产生的乳酸链球菌素（Nisin）、纳塔尔链霉菌（*Streptomyces natalensis*）等产生的纳他霉素（Natamycin）等可用作食品防腐剂。

（2）毒素　从微生物学含义上，任何微生物产物或组分如果在低浓度时能通过特异的途径作用于高等（多细胞）生物的细胞或组织，并造成局部性和（或）系统性的损害或死亡，这种物质即为毒素。根据产生菌的来源，主要有细菌毒素和真菌毒素两大类。

细菌毒素有外毒素和内毒素。外毒素（exotoxin）是在某些微生物生命活动过程中释放或分泌到菌体外的毒性蛋白质。例如由肉毒梭状芽孢杆菌（*Clostridium botulinum*）产生的肉毒毒素、金黄色葡萄球菌产生的肠毒素。可能会因食入含有这类毒素的食物而引起食物中毒。内毒素（endotoxin）是革兰阴性细菌细胞壁最外层的脂多糖部分，通常不分泌到菌体之外，只在菌体裂解时才被释放。能产生内毒素的食源性细菌有肠杆菌科细菌，如肠出血性大肠杆菌 O157、沙门菌、志贺菌等具有强烈的内毒素。

真菌毒素指真菌产生的毒素。通常指由生长在食物上的霉菌产生，对人和（或）动物有毒的真菌代谢物。一些常见的曲霉、青霉或镰刀菌能产生霉菌毒素而污染食品或饲料。目前危害谷物饲料的六大毒素见表 4-6。

表 4-6　危害谷物饲料的六大霉菌毒素

毒素名称	产生霉菌
黄曲霉毒素（aflatoxin）	黄曲霉（*A. flavus*）、寄生曲霉（*A. parasiticus*）
赭曲霉毒素（ochratoxin）	赭曲霉（*A. ochraceus*）、黑曲霉（少数菌株）
烟曲霉毒素（fumitremorgin）	烟曲霉（*A. fumigatus*）
呕吐毒素（vomitoxin）	禾谷镰刀菌（*Fusarium graminearum*）
单端孢霉烯族毒素 T2（trichothecenes T2）	拟枝镰刀菌（*F. sporotrichioides*）、梨孢镰刀菌（*F. poae*）
玉米赤霉烯酮（zearalenone）	禾谷镰刀菌、三线镰刀菌（*F. tricinctum*）

（3）色素　许多微生物在生长过程中能合成带有颜色的代谢产物，分泌到细胞外或在细胞内积累起来。根据色素的溶解性质可分为水溶性色素和脂溶性色素。水溶性色素有铜绿假单胞菌色素、蓝乳菌色素、细菌荧光素等；脂溶性色素有金黄色葡萄球菌的金黄色素、黏质沙雷菌的红色素、八叠球菌的黄色素。脉孢霉属（*Neurospora*）产生的类胡萝卜素是一种黄色脂溶性色素。一些色素既不溶于水，也不溶于有机溶剂，如酵母和霉菌的黑色素和褐色素等。产生色素的差异是对微生物进行分类鉴定的重要依据。有的色素可用作食用色素（食品着色剂），如红曲菌属（*Monascus*）生产的红曲色素具有悠久的食用历史。

4.3.5.2　微生物色素生物合成与应用

自然界中产天然色素的真菌、酵母、细菌和微藻相当常见，微生物产生的色素包括类胡萝卜素类、黑色素类、黄素类、醌类色素以及红曲霉素、紫色杆菌素或吲哚等。与从动植物中提取同样的色素相比，因微生物的生长速率较高，更易于工业化生产，因而筛选和利用微生物生产色素具有比较明显的优势。经过广泛和长期的毒理学研究，以及微生物发酵工艺的摸索，如今由发酵生产的一些食品级微生物色素已经上市流通，例如紫色红曲菌（*Monascus purpureus*）和红色红曲菌（*M. ruber*）的红曲色素、红发夫酵母（*Xanthophyllomyces dendrorhous*）的虾青素、棉假囊酵母（*Eremothecium gossypii*）和阿舒假囊酵母（*Ere. ashbyii*）的核黄素（维生素 B_2）、三孢布拉霉（*Blakeslea trispora*）的 β-胡萝卜素和草酸青霉（*Pen. oxalicum*）的红色素等。

红曲色素属于 azaphilone 化合物，它是红曲菌典型的次级代谢物，基于红色或黄色色素的产量的相对变化，紫色红曲菌的菌落颜色呈现柠檬黄或紫红色。红曲菌至少能产生 6 种色素：橙色的红曲玉红素（monascorubrin，$C_{23}H_{26}O_5$）和红斑红曲素（rubropunctatin，$C_{21}H_{22}O_5$）；黄色的安卡红曲黄素（ankaflavin，$C_{23}H_{30}O_5$）和红曲素（monascin，$C_{21}H_{26}O_5$）；紫红色的红曲玉红胺（monascorubramine，$C_{23}H_{27}NO_4$）和红斑红曲胺（rubropunctamine，$C_{21}H_{23}NO_4$）。其中紫红色的色素最为重要，它们能够替代合成色素赤藓红，具有广泛的 pH 2～10 稳定性和热稳定性（可高压灭菌），可以替代传统的食品添加剂（如亚硝酸和胭脂红）用于肉制品中。在中国南方、日本等东南亚国家常用固态培养基培育红曲菌生产红色素。我国生产的"红曲米"常用作烹饪的佐料或食品添加剂。

红曲色素生物合成的一种推导假定的途径如图 4-13 所示。1 分子乙酸和 5 分子丙二酸在聚酮合成酶的催化下形成六酮体生色团，然后 1 分子中链脂肪酸，如辛酸与生色团发生酯化反应，则连接生成橙色的红曲玉红素，或者己酸与生色团酯化则生成橙色的红斑红曲素；这两种橙色的红曲色素被还原后分别生成相应的两种黄色的红曲色素，即安卡红曲黄素和红曲素；紫红色的红曲色素，即红曲玉红胺和红斑红曲胺可以通过橙色的红曲色素与 NH_3 单位的氨基化作用合成。这 6 种色素都是疏水性色素，合成后保留在细胞内。当它们与氨基酸（如谷氨酸）的/或葡萄糖胺的亚氨基（—NH_2）结合后转变为水溶性的衍生色素，最终分泌到培养基中。

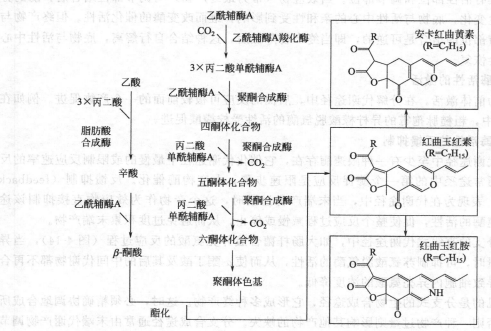

图 4-13　红曲色素的合成代谢途径

4.4　微生物的代谢调控

由于微生物生长在一个营养、能源和物理条件经常快速变动的环境之中，因此，微生物需要不断地检测其生长的外环境和内环境，并迅速做出反应。微生物必须通过激活或关闭一些代谢途径，以保持细胞内环境的相对稳定。假如某种能源不再能获得和利用，则与能源利用相关的酶系就不再需要，它们的进一步合成也是浪费碳源、氮源和能源。微生物细胞有一整套极灵敏和极精确的代谢调节系统以保障细胞的生长繁殖。代谢调节控制方式有很多，例如可调节细胞膜对营养物的透性；通过酶的定位以限制它与相应底物的接触；以及调节代谢流等。参与代谢的物质在代谢网络的有关代谢途径中按一定规律流动，形成微生物代谢的物质流即是代谢流（metabolic fluxes）。因为代谢反应是在各种酶的催化作用下进行，细胞通过对影响酶促反应的两个主要因素，即调节有关酶的活性与酶量来控制代谢流。酶活性的调节与酶合成的调节相互密切配合和协调，以达到最佳调节效果。在生产实践中，也可以人为地打破微生物原有的调节，选育一些能积累特定中间代谢物或末端产物的微生物，以满足人们生活和生产的需要。

4.4.1　酶活性调节

酶活性调节发生在酶化学水平上，是一种转录后调节机制，是指通过改变现有酶分子的活性来调节新陈代谢的速率。对代谢途径中的一个或数个关键酶的酶活性进行调节，能及时、迅速和有效地改变代谢反应速率。酶活性调节包括酶活性的激活或抑制。

4.4.1.1　调节酶

调节酶是指对代谢途径的反应速率起调节功能的酶，位于一个或多个代谢途径内的一个关键部位。大部分调节酶是变构酶，少数为共价调节酶。变构酶（allosteric enzyme）的酶分子一般具有活性部位和调节部位。当效应物（常为最终产物）与调节部位结合后，酶的分子构象发生变化，底物与活性中心的亲和性受到影响，继而改变酶的催化活性。但终产物与酶分子调节部位的结合是可逆的，即当终产物降低后，这种结合自行解离，底物与活性中心的结合又会恢复。

4.4.1.2　酶活性的激活

常见为前体激活，在分解代谢途径中，后面的反应可被较前面的一个产物促进。例如在TCA循环中，粗糙脉孢霉的异柠檬酸脱氢酶的活性受柠檬酸促进。

4.4.1.3　酶活性的反馈抑制

任意代谢途径中至少有一种限速酶存在，它催化代谢途径中最慢的或限制反应速率的反应步骤。通常途径中的第一个酶促反应是限速步骤，由变构酶催化。反馈抑制（feedback inhibition）表现为在代谢途径中，当末端产物过量时，这个产物作为效应物直接抑制该途径中的限速酶的活性，促使整个反应过程减慢或停止，从而避免过度积累末端产物。

在无分支的直线式代谢途径中，如大肠杆菌合成异亮氨酸的反应过程（图4-14），当异亮氨酸过量时，可抑制苏氨酸脱氢酶的活性，从而使 α-酮丁酸及其后的中间代谢物都不再合成，最后导致细胞内异亮氨酸的浓度降低。

最常见的是分支式的生物合成途径，它形成多种终产物。这时，必须精确协调地合成所有产物，否则一种产物过量则影响其他产物的缺失。分支合成途径通常由末端代谢物调节分支点处调节酶的活性。同时每个末端产物又对整个途径的第一个酶有部分的抑制作用。分

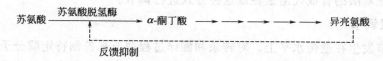

图 4-14　大肠杆菌合成异亮氨酸的反馈抑制

支代谢的反馈调节 4 种方式作用模式如图 4-15 所示。

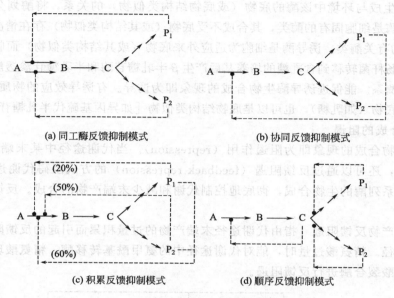

图 4-15　分支途径中酶的反馈抑制调节模式

（1）同工酶反馈抑制　同工酶（isoenzyme）是一类催化同一反应，但酶的分子构型不同，并能分别受不同末端产物抑制的一组酶。其特点是在分支途径中的第一个酶为一组同工酶，每一种代谢产物只对一种同工酶具有反馈抑制作用，只有当几种终产物同时过量时，才能完全阻止反应的进行。典型例子是大肠杆菌的天冬氨酸族氨基酸中赖氨酸和苏氨酸合成的途径。天冬氨酸激酶有三种同工酶，即天冬氨酸激酶Ⅰ、Ⅱ和Ⅲ，催化途径的第一个反应，分别受苏氨酸、甲硫氨酸、赖氨酸的反馈抑制。

（2）协同反馈抑制　在分支代谢途径中，几种末端产物同时过量，才对途径中的第一个酶具有抑制作用。若某一末端产物单独过量则对途径中的第一个酶无抑制作用。例如多黏芽孢杆菌的天冬氨酸激酶只有苏氨酸与赖氨酸在胞内同时积累，才能抑制天冬氨酸激酶的活性。这种抑制在苏氨酸或赖氨酸单独过量时并不会发生。

（3）积累反馈抑制　在分支代谢途径中，任何一种末端产物过量时都能对共同途径中的第一个酶起抑制作用，而且各种末端产物的抑制作用互不干扰。当各种末端产物同时过量时，它们的反馈抑制作用相累加。在大肠杆菌的谷氨酰胺合成酶的调节属于这种方式。

（4）顺序反馈抑制　分支代谢途径中的两个末端产物，分别抑制分支点后的反应步骤，造成分支点上中间产物的积累，这种高浓度的中间产物再反馈抑制第一个酶的活性。因此，只有当两个末端产物都过量时，才能对共同途径中的第一个酶起到抑制作用。例如枯草芽孢杆菌中芳香族氨基酸的合成代谢途径以这种方式进行调节。

4.4.2　酶合成调节

酶合成调节发生在遗传水平上，对转录和翻译过程调节来控制特定酶分子的合成量来调节代谢反应速率。这种水平上的调节相对较慢，但它会节省细胞相当多的能量和原料。包括酶合成的诱导和阻遏，"操纵子学说"可以解释酶合成的调节机制。

4.4.2.1　酶合成的诱导

根据酶的生成与环境中该酶的底物（或底物结构类似物）的关系，将酶划分为组成酶和诱导酶。组成酶是细胞固有的酶类，其合成不受底物（或其结构类似物）存在情况的影响，例如 EMP 途径的有关酶类。诱导酶是细胞为适应外来底物（或其结构类似物）而临时合成的一类酶，例如大肠杆菌转移到含乳糖的培养基后产生 β 半乳糖苷酶和半乳糖苷渗透酶等能水解利用乳糖有关的酶系。能促进诱导酶生物合成的现象即为诱导。有诱导效应的物质称为诱导物，它可以是酶的底物（如乳糖），也可以是底物结构类似物［如异丙基硫代半乳糖苷（IPTG）］。

4.4.2.2　酶合成的阻遏

阻碍酶生物合成的现象即为阻遏作用（repression）。当代谢途径中某末端产物过量时，除反馈抑制外，还可以通过反馈阻遏（feedback repression）的方式阻碍代谢途径中包括关键酶在内的一系列酶的生物合成，彻底地控制代谢和减少末端产物的合成。反馈阻遏有两种形式：

（1）末端产物反馈阻遏　指由代谢途径末端产物的过量积累而引起的反馈阻遏。如精氨酸生物合成途径。精氨酸过量时，能对代谢途径中的氨甲酰基转移酶、精氨酸琥珀酸合成酶和精氨酸琥珀酸裂合酶进行反馈阻遏。

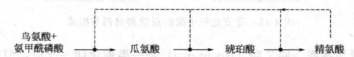

（2）分解代谢物反馈阻遏　指细胞内同时存在两种分解底物（碳源或氮源）时，利用快的一种碳源（或氮源）会阻遏利用慢的一种碳源（或氮源）的有关酶合成的现象。这种分解代谢物阻遏作用，并非由于快速碳源（或氮源）本身直接作用的结果，而是通过碳源（或氮源）在其分解过程中所产生的中间代谢物所引起的阻遏作用。例如，将大肠杆菌培养在含有乳糖和葡萄糖的培养基上，优先利用葡萄糖，待葡萄糖耗尽后才开始利用乳糖，出现在两个对数生长期中间隔开一个生长迟缓期的"二次生长现象"。其原因是葡萄糖分解的中间代谢产物阻遏了分解乳糖酶系的合成，这一现象又称为"葡萄糖效应"。

4.4.3　代谢的人工控制与应用

4.4.3.1　人工控制微生物代谢的策略

在了解清楚某种产物的代谢途径之后，常可以人为控制改变微生物细胞的代谢流，让微生物细胞大量产生和积累人们需要的代谢产物，提高发酵效率，这就是代谢的人工控制。所采用的最有效的策略是改变微生物遗传特性以控制微生物的生理特性，包括筛选营养缺陷型突变株、抗反馈调节突变株、抗分解阻遏突变株、组成型突变株、条件致死突变株和细胞膜透性突变株等多种类型的突变菌株，它们往往解除反馈抑制（或反馈阻遏）的代谢调节机制，能够积累大量的目标产物。其次是控制发酵培养条件，即优化控制营养物成分和浓度、溶解氧量、pH 值和温度等影响代谢产物合成的物质基础和理化条件。

4.4.3.2　人工控制在谷氨酸发酵调控中的应用

微生物的细胞膜对细胞内外物质的运输具有高度选择性。如果细胞内的代谢产物以很高的浓度积累，就会通过反馈阻遏限制它们的进一步合成。针对这种情况，采取提高细胞膜渗透性的遗传学或生理学方法，使细胞内的代谢产物不断地分泌到细胞外，以解除末端代谢物的反馈抑制或反馈阻遏，就会提高发酵产物的产量。以谷氨酸发酵为例，提高谷氨酸发酵产率的途径很多，从菌种选育和优化培养基成分与发酵工艺两方面都可以达到目的。

（1）选育细胞膜缺陷突变株　油酸（十八碳烯酸）是一种不饱和脂肪酸，是细胞膜磷脂中的重要脂肪酸，油酸缺陷型菌株不能合成油酸，而使细胞膜缺损。应用油酸缺陷型菌株，在限量添加油酸的培养基中，也能因细胞膜渗漏而提高谷氨酸的产量。此外，甘油缺陷型菌突变株由于缺乏 α-磷酸甘油脱氢酶，不能合成甘油和磷脂，因此造成细胞膜缺损。在适量供给甘油的培养基中，这种谷氨酸产生菌突变株也能合成大量的谷氨酸。

（2）构建代谢工程菌株　谷氨酸合成始于 TCA 循环中的 α-酮戊二酸与 CO_2，因此添补途径节点即"PEP—丙酮酸—草酰乙酸"起重要作用。谷氨酸棒杆菌（*Corynebacterium glutamicum*）拥有这个添补途径中的 PEP 羧化酶（PPC）和丙酮酸羧化酶（PYC）作为添补酶。构建的 *pyc*-基因过量表达型菌株的谷氨酸产量是野生型菌株的七倍多，而 *pyc*-基因缺陷型菌株比野生型低两倍。

（3）发酵条件控制　可以采用影响膜透性的物质作为培养基成分，便于代谢产物谷氨酸分泌，避免末端产物的反馈调节。生物素是脂肪酸生物合成中乙酰辅酶 A 羧化酶的辅基，此酶可催化乙酰辅酶 A 羧化，并生成丙二酰单酰辅酶 A，进而合成细胞膜磷脂的主要成分——脂肪酸。因此，控制生物素含量就可以改变细胞膜成分，从而改变细胞膜渗透性。例如培养基中的生物素浓度对谷氨酸棒杆菌产生谷氨酸的影响见表 4-7，在培养基中生物素浓度维持在 $1 \sim 2.5 \mu g/mL$ 时，生物素产量最高。因此，只有把生物素浓度控制在亚适量水平，才能分泌出大量的谷氨酸。如果原料（如糖蜜）本身含有过高浓度的生物素，细胞膜的结构会十分致密，它会阻碍谷氨酸分泌，进而引起反馈抑制。这时可以添加适量青霉素、乙胺丁醇或表面活性剂（吐温 40 或吐温 60）来提高谷氨酸产量。其中青霉素是通过抑制肽聚糖合成中转肽酶的活性，造成细胞壁缺陷，在细胞膨压下，有利于产物渗出，降低谷氨酸的反馈抑制并提高其产量。

表 4-7　生物素浓度对谷氨酸棒杆菌产生谷氨酸量的影响

生物素/$(\mu g/mL)$	残糖/%	谷氨酸/(mg/mL)	酮戊二酸/(mg/mL)	乳酸/(mg/mL)
0.0	8.5	1.0	微量	微量
0.5	2.5	17.0	3.0	7.6
1.0	0.5	25.0	4.6	7.4
2.5	0.4	30.8	10.1	6.9
5.0	0.1	10.8	7.0	13.7
10.0	0.2	6.7	8.0	20.5
25.0	0.1	7.5	10.1	23.1
50.0	0.1	5.1	6.2	30.0

　　新陈代谢是生物体活细胞内发生的各种化学反应的总和，由密切联系的分解代谢和合成代谢两个过程组成。微生物细胞中大多数生物反应在酶的催化作用下迅速有序地进行，由六大类酶催化相应的代谢反应。酶的催化活性受温度、pH值和抑制剂等多种因素影响。

　　葡萄糖的降解途径是化能异养微生物进行生物氧化产能代谢的最基本途径。EMP途径是葡萄糖在厌氧条件下分解产能的4条主要途径之一。糖酵解途径产生ATP、还原力[H]与各种小分子前体物质。依据氧化还原反应中电子受体的不同，生物氧化可分为发酵和呼吸两种类型。工业发酵在食品工业中占重要地位，包括醋酸发酵、柠檬酸发酵、乙醇发酵和乳酸发酵等重要类型。依据外源末端电子受体的差别，呼吸作用分为有氧呼吸和无氧呼吸。有氧呼吸是糖酵解与TCA循环结合将有机物彻底氧化分解，产生大量的能量。淀粉、纤维素、半纤维素、果胶质和几丁质等多糖需由微生物胞外酶催化降解为小分子单糖才能被细胞代谢利用。蛋白质和氨基酸、脂肪和脂肪酸等也能被特定的微生物分解利用。

　　合成代谢的三要素是以分解代谢为基础的。光能自养微生物中的蓝细菌通过非循环式光合磷酸化方式产生ATP，用于固定CO_2合成葡萄糖。卡尔文循环是自养微生物对CO_2的固定途径之一。肽聚糖是绝大多数原核生物细胞壁中特有的结构多糖，其合成反应发生在细胞质中、细胞膜上和周质空间三个部位，合成过程受到多种抗生素的抑制，是青霉素等抗生素发挥选择性毒性的靶点。一些微生物胞外多糖在食品工业中有广泛应用，简要介绍了细菌纤维素的生物合成。

　　微生物的次级代谢能积累对自身的生命活动无明确功能的抗生素、毒素、生物碱、色素等次级代谢产物。这些物质与食品加工或食品安全有密切关系，简要介绍了红曲色素合成与应用。

　　微生物代谢具有可塑性强的特性。控制代谢流的调节机制包括通过反馈抑制进行限速酶的酶活性调节，以及通过反馈阻遏进行酶合成调节。通常可以人为控制改变微生物细胞的代谢流。以谷氨酸生产为例，代谢人工控制的基本方法包括突变体的选育、构建代谢工程菌株和控制发酵培养条件等。

拓展阅读

　　微生物代谢组学（Metabolomics或Metabonomics）是定量分析特定生长条件下细胞内外全部的代谢物，它是系统生物学研究的重要组成元件。微生物代谢组学（Microbial Metabolomics）是代谢组学的一个重要分支。从微生物产品开发到代谢工程的应用领域，微生物代谢组学已成为研究热点。

　　通过研究微生物细胞内外的全部代谢物，检测微生物发育过程与环境因素间相互作用的整体结果，微生物代谢组学可以无偏向且更精确地评估细胞的真实生理状态，可能发现新的生物标记物、新的代谢途径或更深入地了解已知代谢途径。微生物代谢组学力求分析生物体系中的所有代谢物，因此整个过程中都强调尽可能地保留和反映全部代谢物的信息。代谢组学研究的基本程序是试验设计、样本采集、数据获取（有效且无偏地从菌体抽提代谢物，分离、检测和鉴定被分析物）、数据处理与生物学解释（从大量的、多维度的实验数据中进行数据挖掘，了解和发现生物学规律，从数据集中寻找与表型相关的生物标志物，考察其生物学特性）。微生物代谢组学采用基于质谱（MS）或核磁共振（NMR）的分析平台，最常用的是 LC-MS、GC-MS、CE-MS 和 NMR。例如日本学者 Soga（2003）运用 CE-MS 从枯草芽孢杆菌抽提液中检测到 1692 种代谢物，而只能鉴定其中 150 种物质，揭示芽孢形成过程中代谢物发生显著性变化。

思 考 题

1. 试解释下列名词：

新陈代谢，生物氧化，糖酵解，发酵，呼吸，有氧呼吸，无氧呼吸，呼吸链，化学渗透假说，TCA 循环，氧化磷酸化，底物水平磷酸化，光合磷酸化，卡尔文循环，初级代谢，次级代谢，抗生素，代谢流，代谢调控，反馈抑制，反馈阻遏。

2. 试述合成代谢与分解代谢的相互联系。

3. 微生物细胞中葡萄糖被降解的 EMP 途径有什么特点？

4. 试比较微生物的发酵、有氧呼吸与无氧呼吸之间的异同。

5. 简述微生物对淀粉、纤维素、果胶质、几丁质等多糖的分解过程，它们各需要哪些酶参与？产酶微生物的种类如何？

6. 微生物分解氨基酸的方式有哪几种？

7. 好氧性醋酸发酵和厌氧性醋酸发酵有什么特性，参与的微生物各有哪些？

8. 黑曲霉进行柠檬酸发酵的途径怎样？有什么特点？

9. 试述酵母菌酒精发酵和细菌酒精发酵的异同点。

10. 试比较同型乳酸发酵和异型乳酸发酵的差异。

11. 肽聚糖的生物合成分哪几个阶段？抑制细胞壁合成的抗生素有哪些？其作用机制是什么？

12. 试以细菌纤维素的生物合成为例，说明微生物胞外多糖的生物合成过程。

13. 试以红曲色素生物合成为例，说明微生物次级代谢物的生物合成过程。

14. 试简述微生物代谢调控有哪些方式。

15. 试以谷氨酸的生物合成调控为例说明人工控制微生物代谢的基本方法。

参 考 文 献

[1] 沈萍主编. 微生物学. 北京：高等教育出版社，2000.

[2] 刘志恒主编. 现代微生物学. 北京：科学出版社，2002.

[3] 黄秀梨主编. 微生物学. 第 2 版. 北京：高等教育出版社，2003.

[4] 周德庆. 微生物学教程. 第 3 版. 北京：高等教育出版社，2011.

[5] 江汉湖主编. 食品微生物学. 北京：中国农业出版社，2002.

[6] 蔡静平主编. 粮油食品微生物学. 北京：中国轻工业出版社，2002.

[7] 何国庆，贾英民主编. 食品微生物学. 北京：中国农业大学出版社，2002.

[8] 刘慧主编. 现代食品微生物学. 北京：中国轻工业出版社，2004.

[9] 杨生玉，王刚，沈永红主编. 微生物生理学. 北京：化学工业出版社，2007.

[10] 王卫卫编著. 微生物生理学. 北京：科学出版社，2008.

[11] Moat A G, Foster J W, Spector M P. Microbial Physiology. Fourth Edition. New York：Wiley-Liss, Inc., 2002.

[12] Cohen G N. Microbial Biochemistry. Second Edition. Heidelberg：Springer Science+Business Media B. V. 2011.

[13] Ray B, Bhunia A. Fundamental Food Microbiology. Fourth Edition. Boca Raton：Taylor & Francis Group, LLC, 2008.

[14] Willey J M, Sherwood L M, Woolverton C J. Prescott's Principles of Microbiology. New York：The McGraw-Hill Companies, Inc. 2009.

[15] Madigan M T, Martinko J M, Stahl D A, et al. Brock Biology of Microorganisms. Thirteenth Edition. San Francisco：Benjamin Cummings, 2011.

[16] Black J G. Microbiology: Principles and Explorations. Seventh (7th) Edition. Hoboken: John Wiley & Sons, Inc, 2008.

[17] Babitha S. Microbial Pigments. In: Poonam Singh nee' Nigam, Ashok Pandey (eds). Biotechnology for Agro-industrial Residues Utilisation. Heidelberg: Springer Science+Business Media B. V. 2009.

[18] Glazer A N, Nikaido H. Microbial Biotechnology—Fundamentals of Applied Microbiology. Second Edition. New York: Cambridge University Press, 2007.

思　考　题

第 5 章　微生物遗传

微生物具有与高等生物一样的亲本传代现象，正常情况下，其传代时间较短暂。微生物因为种类繁多，其遗传过程与高等生物又有很大的区别。但微生物在自然界遗传过程中发生变异的频率却与高等生物类似。

5.1　微生物遗传物质基础

5.1.1　遗传物质基础的确定

生物学家达尔文（图 5-1）是最早对遗传学的发展做出重要理论贡献的科学家，进化论学说引导了众多生物学家积极探索生物界的父子相传现象，由此引出了遗传的概念。一般遗传是指亲代的性状又在下代表现的现象，但在遗传学上指遗传物质从上代传给后代的现象。对于什么是遗传物质，是蛋白质还是核酸，争论了好长时间，直到 20 世纪中期，才通过生物学上三大著名的实验证实了遗传物质是核酸而不是蛋白质。

图 5-1　查尔斯·罗伯特·达尔文
(Charles Robert Darwin,
1809.2.12—1882.4.19)

5.1.1.1　DNA 作为遗传物质

（1）细菌转化实验　转化（transformation）是一个品系的生物直接吸收了来自另一品系的生物的遗传物质，从而获得了后一品系的某些遗传性状的现象。进行这一实验的材料是肺炎链球菌。

肺炎链球菌（*Streptococcus pneumoniae*，过去叫做肺炎双球菌）中某些菌株产生荚膜，它们的菌落是光滑的，称为光滑型（S 型），光滑型菌株是有毒的，它可导致人体患肺炎、小鼠患败血症；另一些菌株则不产生荚膜，菌落是粗糙的，称为粗糙型（R 型），粗糙型细菌菌株是无毒的。光滑型和粗糙型菌株在一定条件下可以相互转换。

最早进行这一实验的是英国科学家格里菲思（Griffith），他分别将光滑型肺炎链球菌和粗糙型肺炎链球菌注入小鼠体内，结果注入光滑型肺炎链球菌的小鼠大量死亡，而注入粗糙型肺炎链球菌的小鼠仍能健康的存活。他又将大量的经加热杀死了的光滑型（有毒）的细菌以及少量的粗糙型（无毒）活菌注入同一小鼠体内，结果意外地导致小鼠死亡，而且从死亡小鼠的心血中分离得到光滑型肺炎链球菌，将这一光滑型肺炎链球菌继续培养，性状仍保持不变。从这一结果推测，粗糙型肺炎链球菌可能吸收了光滑型肺炎链球菌的什么物质，将部分粗糙型肺炎链球菌转化为光滑型肺炎链球菌，因而引起小鼠中毒死亡，但吸收了什么物质，仍然不清楚。

1944 年，另一位科学家 Avery 在离体条件下证实了导致细菌转化的物质是核酸而不是多糖或蛋白质。决定肺炎链球菌型别的物质基础是构成荚膜的多糖。多糖的生物合成通过酶的作用，而酶是蛋白质。他从肺炎链球菌中分别获得比较纯的多糖、蛋白质和核酸，结果发现，多糖和蛋白质都不能引起转化，只有DNA能引起转化，转化的效果随着DNA浓度的增加而增加。他又发现经DNA水解酶处理后的DNA失去转化作用。能起到转化作用的DNA称为转化因子。

（2）噬菌体感染实验　噬菌体感染细菌后它的核酸和蛋白质部分自然分开，而在以上两个实验中核酸和蛋白质部分是用人工方法抽提得来的。

噬菌体是专性感染大肠杆菌的病毒，种类多，最常用的感染大肠杆菌的是T_2噬菌体。它同其他病毒一样，仅由蛋白质外壳和DNA核心所构成。蛋白质中含硫而不含磷，核酸中含磷而不含硫，所以用^{32}P和^{35}S饲喂噬菌体，对蛋白质和核酸分别进行标记，并用这些标记噬菌体进行感染实验，分别探讨核酸和蛋白质的功能。试验过程如图5-2所示。

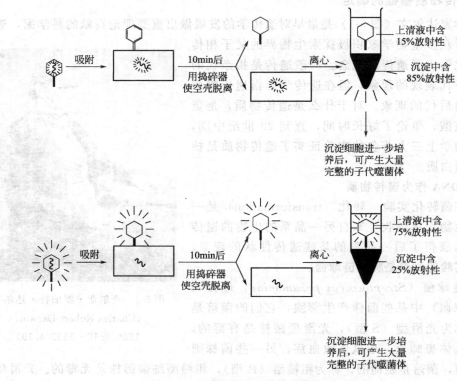

图5-2　大肠杆菌的噬菌体感染实验
上：含^{32}P-DNA核心的噬菌体作感染；下：含^{35}S-蛋白质外壳的噬菌体作感染

首先在分别含有^{32}P和^{35}S的培养液中用T_2噬菌体感染大肠杆菌，得到标记噬菌体，然后用标记噬菌体感染一般培养液中的大肠杆菌。经过短时间的保温以后，在组织捣碎器中捣碎并高速离心。已经知道这一短时间保温只给噬菌体以恰恰完成感染作用的时间。搅拌离心以后，分别测定沉淀物和上清液中同位素标记的含量。细菌都包含在沉淀物中，上清液只含有游离的噬菌体。测定结果表明，在用^{32}P标记噬菌体的实验中大部分^{32}P都和细菌在一起，而在用^{35}S标记噬菌体的实验中则几乎全部^{35}S都在上清液中。这一结果说明，在感染过程中噬菌体的DNA进入细菌细胞中，它的蛋白质外壳则并不进入细胞中去。

电子显微镜观察证实了这一结论，在电子显微镜下可以看到噬菌体以它的尾部一端吸附在细菌表面，其蛋白质外壳始终不进入细胞。

噬菌体感染寄主细胞时，只把它的 DNA 注射到细胞中去，可是经过 20min 后，从细胞中释放出大约几百个噬菌体。这些噬菌体的蛋白质外壳的形状大小和留在细胞外面的外壳一模一样。这一实验结果同样说明，决定噬菌体蛋白质外壳特性的遗传物质是 DNA。

5.1.1.2　RNA 作为遗传物质

烟草花叶病毒（Tobacco Mosaic virus，TMV）由蛋白质外壳和核糖核酸（RNA）核心所构成。可以从 TMV 病毒抽提分别得到它的蛋白质部分和 RNA 部分。把这两部分放在一起，可以得到具有感染能力的病毒颗粒。TMV 有不同的变种，组成各个变种的蛋白质的氨基酸有一定的区别。

病毒重建实验可以用图 5-3 予以说明。用一定的方法将病毒处理后，得到病毒的蛋白质和核酸部分，将这两部分放在一起可以得到具有感染能力的完整病毒。试验结果是，用 TMV 核酸和其他病毒的蛋白质组成的完整病毒，感染寄主后子代的病毒蛋白质是 TMV 病毒蛋白质，用杂种病毒的核酸和 TMV 病毒蛋白质混合组成的完整病毒感染寄主后获得的子代病毒的蛋白质是杂种病毒的蛋白质，这一实验结果说明，病毒蛋白质的特性由它的核酸所决定，而不是由蛋白质所决定。可见病毒的遗传物质是核酸而不是蛋白质。

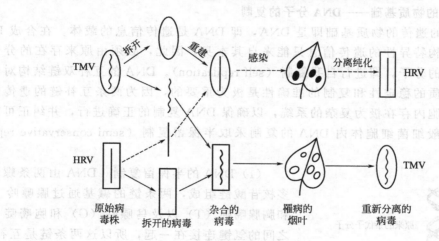

图 5-3　TMV 重建实验示意图

实与虚的粗线箭头表示遗传信息的去向

5.1.1.3　特异遗传物质成分（朊病毒）

朊病毒（prion）亦译为朊粒、朊毒子、传染性蛋白粒子等，是 1982 年由美国学者 Prusiner 命名的一组引起中枢神经系统慢性退行性病变的病原体，是比病毒小、能侵染动物并在宿主细胞内复制的小分子无免疫性疏水蛋白质（图 5-4）。与普通蛋白质不同，该病毒作为传染因子经 120～130℃加热 4h、紫外线、离子照射、甲醛消毒，并不能把这种传染因子杀灭，对蛋白酶有抗性，但不能抵抗蛋白质强变性剂。

> **朊病毒的发现与思考：**
> 朊病毒的发现在生物学界引起了震惊，因为它与目前公认的"中心法则"，即生物遗传信息流的方向：DNA—RNA—蛋白质的传统观念相抵触；也引起了关于生命起源初期是否有过蛋白质作为遗传物质的一段时间的争论。

朊病毒不具有病毒体结构，未检出基因组核酸，其化学本质是构象异常的朊蛋白。构象

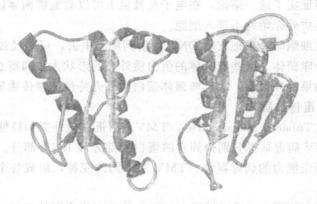

图 5-4　朊病毒的蛋白结构（左图为正常朊病毒，右图为异常朊病毒）

正常的朊蛋白由宿主细胞基因组编码，称为细胞朊蛋白（celluar prion protein，PrPc），人的 PrPc 基因位于第 20 对染色体短臂（20p12），编码 253 个氨基酸残基，α-螺旋占优势，β-片层极少，常被甘油磷酸肌醇锚定在神经细胞表面。

5.1.2　遗传的物质基础与基因工程

5.1.2.1　遗传的物质基础——DNA 分子的复制

目前常说的遗传的物质基础即是 DNA，即 DNA 是遗传信息的载体。在合成 DNA 时，决定其结构特异性的遗传信息只能来自其本身，因此，必须由原来存在的分子为模板来合成新的分子，即进行自我复制（self replication）。DNA 的互补双链结构对于维持生物遗传物质的稳定性和复制的准确性是极为重要的，因为两条互补链的遗传信息完全相同。细胞内存在极为复杂的系统，以确保 DNA 复制的正确进行，并纠正可能出现的误差。一般细菌细胞体内 DNA 的复制采取半保留复制（semi conservative replication）方式。

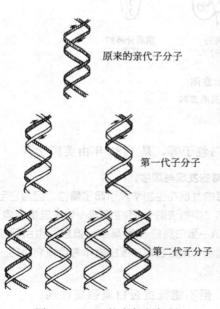

图 5-5　DNA 的半保留复制

原来的亲代子分子

第一代子分子

第二代子分子

（1）DNA 的半保留复制　DNA 由两条螺旋的多核苷酸链组成，两条链的碱基通过腺嘌呤（A）和胸腺嘧啶（T）以及鸟嘌呤（G）和胞嘧啶（C）之间的氢键连接在一起，所以这两条链是互补的。一条链上的核苷酸排列顺序决定了另一条链上的核苷酸排列顺序。由此可见，DNA 分子每一条链都含有合成它的互补链所必需的完整遗传信息。根据这种核苷酸的连接方式，Watson 和 Crick 在提出 DNA 双螺旋结构模型时即推测，在复制过程中，首先碱基间氢键破裂并使双链解旋和分开，然后以每条链作为模板在其上合成新的互补链。

结果是新形成的两个 DNA 分子与原来 DNA 分子的碱基顺序完全一样。实际上，在每个新形成的子代分子双链中，一条链来自亲代 DNA，另一条链则是新合成的，故将这种复制方式称为半保留复制（图 5-5）。

1958 年，Meselson 和 Stahl 利用氮的同位素 ^{15}N 标记大肠杆菌 DNA，首先证明了 DNA 的半保留复制。他们让大肠杆菌在以 ^{15}NH$_4$Cl 为唯一氮源的培养基中生长，经过连续培养 12 代，从而使所有 DNA 分子标记上 ^{15}N。然后将 ^{15}N 标记的大肠杆菌转移到普通培养基（含 ^{14}N 的氮源）中培养，经过一代之后，将 DNA 抽提出来进行氯化铯密度梯度超速离心，发现所有 DNA 的密度都介于 ^{15}N-DNA 和 ^{14}N-DNA 之间，即新形成的 DNA 分子中的氮源一半含 ^{15}N，另一半含 ^{14}N。当把 ^{14}N-^{15}N 各占一半的杂合分子加热时，它们分开形成 ^{14}N 链和 ^{15}N 链单链。这就充分证明，在 DNA 复制时新形成的 DNA 双链中，一条链为新合成，另一条为原来的模板链。经过多代的复制，DNA 分子仍保持它的稳定性。

半保留复制是维持遗传信息稳定传递的分子基础和保证，在半保留复制方式中要求亲代 DNA 的双螺旋链解开变成两条单链（局部），各自作为模板，通过碱基配对的法则合成另一条互补链。所谓模板即是能提供合成一条互补链所需精确遗传信息的核酸链。碱基配对是核酸分子间传递信息的结构基础。无论是复制、转录或反转录，在形成双链螺旋分子时都是通过碱基配对来完成的。需要指出的是，碱基、核苷或核苷酸单体之间并不形成碱基对，但是在形成双链螺旋时由于空间结构的关系而构成特殊的碱基对。

DNA 的半保留复制机制可以说明 DNA 在代谢上的稳定性。经过许多代的复制，DNA 的多核苷酸链仍可保持完整和稳定，并存在于后代而不被分解，这是生物稳定遗传的前提和保证。

（2）复制的起点和单位　核酸链上能独立编码一定功能蛋白质合成的核酸结构称为基因，基因组上能独立进行复制的单位称为复制子（replicon）。每个复制子都含有控制复制起始的起点（origin），可能还有终止复制的终点（terminus）。核酸复制是在起始阶段进行控制的，一旦复制开始，它将继续下去，直到整个复制子完成复制。真核生物具有多个独立的复制起点，也就是说，真核生物染色体是由若干复制子组成，复制时是在多个起点同时进行的，而不是从核酸链的起点开始。

真核生物的细胞器 DNA 都是环状双链分子。实验表明，它们都在双链内部一个固定的起点解链，形成复制叉（replication fork）或生长点（growing point），复制方向大多是双向的（bi-directional）和对称的，分别向两侧进行复制；有一些是单向的（unidirectional），只形成一个复制叉或生长点，向一侧进行复制（图 5-6）。

利用放射自显影的方法可以判断 DNA 的复制是双向还是单向进行的。在复制开始时，先在含有低放射性的 ^{3}H-脱氧胸苷培养基中标记大肠杆菌，经数分钟后，再转移到含有高放射性的 ^{3}H-脱氧胸苷培养基中继续进行标记。这样，在放射自显影图像上，复制起始区的放射性标记密度比较低，感光还原的银颗粒密度就较低；继续合成区放射性标记密度较高，银颗粒密度也就较高，两端密度高。由大肠杆菌所获得的放射自显影图像都是两端密、中间稀，这就清楚地证明了大肠杆菌染色体 DNA 的复制是双向的。

但有一些生物 DNA 的复制也有例外，例如枯草杆菌（*Bacillus subtilis*）染色体 DNA 的复制虽是双向的，但是两个复制叉移动的距离不同（不对称）。一个复制叉仅在染色体上移动 1/5 距离，然后停下来等待另一个复制叉完成 4/5 距离。

生物中还有一种单向复制的特殊方式，称为滚动环（rolling circle）式。噬菌体 φX 174 DNA 是环状单链分子。它在复制过程中首先形成共价闭环的双链分子（复制型），然后其正链由核酸内切酶在特定位置切开，游离出一个 3′-OH 和一个 5′-磷酸基末端。此 5′-磷酸基末

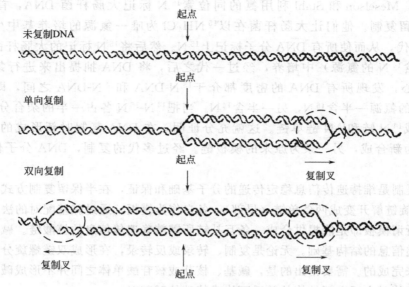

图 5-6　DNA 的单向复制和双向复制

端在酶的作用下固着到细胞膜上，随后，在 DNA 聚合酶（DNA polymerase）的催化下，以环状负链为模板，从正链的 3′-OH 末端逐个加入脱氧核糖核苷酸，使链不断延长，通过滚动而合成新的正链（正链实际上相当于 DNA 合成时的引物链）。实验证明，某些双链 DNA 的合成也可以通过滚动环的方式进行。例如，噬菌体 λ 复制的后期以及非洲蟾蜍（Xenopus）卵母细胞中 rRNA 基因的扩增都是以这种方式进行的。

　　另一种单向复制的特殊方式称为取代环或 D-环（D-loop）式。线粒体 DNA 的复制采取这种方式（纤毛虫的线粒体 DNA 为线性分子，其复制方式与此不同）。双链环在固定点解开进行复制，但两条链的合成是高度不对称的，一条链先复制，另一条保持单链而被取代，在电镜下可以看到呈 D 环形状。待一条链复制到一定程度，露出另一链的复制起点，另一条链才开始复制。这表明复制起点是以一条链为模板起始合成 DNA 的一段序列，两条链的起点并不总在同一点上，当两条链的起点分开一定距离时就产生 D-环复制。

　　（3）DNA 的半不连续复制　生物体内 DNA 的两条链都能作为模板，同时合成出两条新的互补链。由于 DNA 分子的两条链是反向平行的，一条链的走向为 5′→3′，另一条链为 3′→5′。但是，已知所有 DNA 聚合酶的合成方向都是 5′→3′，而不是 3′→5′。这就很难解释 DNA 在复制时两条链如何能够同时作为模板合成其互补链。为了解决这个矛盾，日本学者冈崎等提出了 DNA 的不连续复制模型，认为新合成的 3′→5′走向的新 DNA 合成时实际上是先合成许多 5′→3′方向的 DNA 片段，然后在连接酶的作用下将这些片段连接起来组成完整的 DNA 链（图 5-7）。

　　1968 年，冈崎等用[3]H-脱氧胸苷标记噬菌体 T4 感染的大肠杆菌，然后通过碱性密度梯度离心法分离标记的 DNA 产物，发现短时间内首先合成的是较短的 DNA 片段，接着出现较大的分子。最初出现的 DNA 片段长度约为 1000 个核苷酸左右，一般称为冈崎片段（Okazaki fragment）。用 DNA 连接酶变异的温度敏感株进行实验，在连接酶不起作用的温度下，便有大量 DNA 片段积累。这些实验都说明在 DNA 复制过程中首先合成较短的片段，

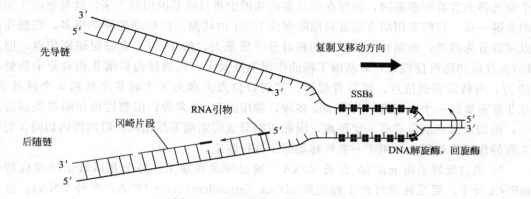

图 5-7　DNA 的半不连续复制

然后再由连接酶连成 DNA 大分子。由此可见，当 DNA 复制时，一条链是连续的，另一条链是不连续的，因此称为半不连续复制（semi discontinuous replication）。以复制叉向前移动的方向为依据，其中一条模板链是 $3'\to5'$ 走向，以这条链为模板在其上 DNA 能以 $5'\to3'$ 方向连续合成，合成速度较快，通常称为先导链（leading strand）；另一条模板链是 $5'\to3'$ 走向，DNA 不能连续进行 $5'\to3'$ 方向的合成，只能先合成许多不连续的 DNA 片段，最后在连接酶的作用下才连成一条完整的 DNA 链，因此这条链的合成速度较慢，通常将该链称为后随链（lagging strand）。

5.1.2.2　基因工程的定义与步骤

（1）**基因工程的定义**　基因工程又称遗传工程、DNA 重组技术、基因克隆，是现代生物技术的重要组成部分，也是培育新品种和新菌株的最重要手段。基因工程技术的出现是现代遗传学和育种学取得长足发展的结果。生物在漫长的进化过程中，基因重组从来未停止过。在自然力量作用下，通过基因突变、基因转移和基因重组等途径，推动生物界不断地进化，使物种趋向完善，出现了今天各具特性的繁多物种。但是自然界的物种在自然力量作用时，没有定向地突变或变异，这些突变都是随机的。自从基因工程技术出现后，人们可以按照自己的愿望，进行严格的设计，通过体外 DNA 重组和转移等技术，对原物种进行定向改造，获得对人类有用的新性状，而且可以大大缩短时间。例如，许多人类日常使用的药物，就是利用改造后的"工程菌"进行发酵，然后对发酵产物分离、提取，获得有用的产品。

基因工程是一个复杂的 DNA 重组过程，概括起来主要有以下几点：

① 目的基因的筛选和制备；

② 选择合适的目的基因载体；

③ 在体外将目的基因和载体连接；

④ 将重组的 DNA 分子转入受体细胞，在受体细胞内进行扩增；

⑤ 筛选鉴定具有重组 DNA 的转化细胞；

⑥ 让重组基因进行表达，并鉴定重组基因的表达产物。

（2）**基因操作步骤**

① **含目的基因片段 DNA 的制备**　目的基因的获得一般有三条途径，即从供体生物获得、通过反转录由 mRNA 合成 cDNA 以及由化学方法合成具特定功能的基因。

a. 从供体生物获得　基因在染色体 DNA 上呈有序的线状排列，基因之间不易区分，一个染色体上含有许多基因，如何在如此多的基因中将目的基因切割下来，这是基因工程操作的关键一步，目前常用的方法是利用限制性 DNA 内切酶。内切酶的种类很多，根据作用特点可以分为四类，限制性内切酶 I 的相对分子质量大，约 30 万，有特定识别位点，但产生 DNA 片段的随机性较大，对基因工程的作用不是太大；限制性内切酶 II 相对分子质量小于 10 万，有特定识别位点，切口有规律，其切口位点大多为 6 个碱基序列和 4 个碱基序列，是非常重要的一个内切酶，共有 100 多种，常用的有 20 多种；限制性内切酶 III 识别位点专一，但切点离识别位点有一定距离，因此切割形成的末端不尽相同；限制性内切酶 IV 对基因工程的作用不是很大，用于一些可移动因子进行转座。

b. 通过反转录由 mRNA 合成 cDNA 通过转录和加工，每个基因转录出相应的一个 mRNA 分子，经反转录可产生相应的 cDNA（complementary DNA，互补 DNA）。这样产生的 cDNA 只含基因编码序列，不具启动子和终止子以及内含子。某生长基因组经转录和反转录产生的各种 cDNA 片段分别与合适的克隆载体连接，通过转导（转化）贮存在一种受体菌的群体中。把这种包含某生物基因组全部基因 cDNA 的受体菌群体称为该生物 cDNA 文库。随后通过分子杂交等方法从 cDNA 文库中找出含目的基因的菌株。用此方法获得的目的基因只有基因编码区，进行表达还需外加启动子和终止子等调控转录的元件。

c. 化学方法合成具特定功能的基因 化学合成法主要是根据已经分离得到的目的基因的表达产物的氨基酸顺序与遗传密码之间的关系，反向推测该蛋白质的氨基酸顺序是由哪些核苷酸编码的，然后通过化学的方法合成这一段核酸。

有时因目的基因的量很少，不便于进行检测和拼接操作，可以利用已经广泛使用的 PCR 技术对目的基因进行扩增。PCR（polymerase chain reaction，聚合酶链式反应）是以 DNA 的一条链为模板，在 DNA 聚合酶的作用下，通过碱基配对使寡核苷酸引物沿着 $5' \rightarrow 3'$ 方向延长合成模板的互补链。PCR 技术主要包括 3 个反应过程：双链 DNA 变性（90～95℃）成为单链 DNA、引物复性（37～60℃）同单链 DNA 互补序列结合、DNA 聚合酶催化（70～75℃）使引物延伸。如此反复，经过 25～30 次循环，产生大量待扩增的特异性 DNA 片段，足够用于进一步实验和分析。PCR 是目前分离筛选目的基因的一种有效方法。若已知目的基因两侧的 20 个以上的核苷酸序列，则可设计和人工合成一对寡核苷酸引物，扩增出含目的基因的 DNA 片段。为了分离导致两品系性状明显差异的基因或导致不同发育时期性状不同的基因，即使不知目的基因两侧的核苷酸序列，也可以采用一系列随机引物，分别扩增出一系列的 DNA 片段，通过凝胶电泳图谱进行比较，差异片段可能含有目的基因。如果已知在某生物中存在目的基因，并且在某一发育时期或某组织中无转录相应的 mRNA，则可以先提取不同组织或不同发育时期转录的总 mRNA，反转录成 cDNA，再以此为底物，用随机引物扩增 cDNA，经凝胶电泳图谱比较，差异 DNA 片段可能是目的基因 DNA。

② 载体 载体是指在克隆其他 DNA 片段时使用的运载工具。载体本身必须是复制子，即使与外源 DNA 片段共价连接也能在受体细胞中进行复制，它们容易和细菌分开，可以提纯，含有一些与细菌繁殖无关的 DNA 区段，插入这些区段位置的外源 DNA，可以像正常载体组成一样地进行自我复制。用于基因工程的载体一般分为三类，即质粒载体、噬菌体载体和构建载体。

质粒载体：质粒（plasmid）是存在于细菌和某些真菌微生物的细胞质中、独立于核 DNA 的环状 DNA，往往称为核外 DNA，它不仅能进行自我复制和遗传，还赋予细胞以各种特性，如编码某些次级代谢产物、抗药性等。大肠杆菌的质粒是研究最清楚的质粒之一，常用于基因工程。

　　用于基因工程的质粒须满足以下要求：一是质粒不宜过大，当超过 15kb 时，寄主细胞转化能力降低，运载外源遗传信息不稳定，难于进入寄主细胞等；二是要求质粒在宿主细胞中能自我复制和稳定地遗传；三是须具有多个单一限制的内切酶位点，切点不在 DNA 复制区；四是具有明显的筛选标记。

　　③ 目的基因和载体的连接　得到目的基因和载体后，就采取一定的方法将它们连接起来，目前采用的连接方法共有 4 种：

　　a. 黏性末端连接　将外源 DNA 和载体用同一种限制性内切酶处理，在载体和外源 DNA 链上即有互补的黏性末端存在，在退火的条件下，两种分子间的碱基因为互补，在连接酶催化的条件下可共价连接成一段完整的新 DNA 分子，这段 DNA 分子包含目的基因。

　　b. 平头连接（平齐末端连接）　由其他方法如机械切割、化学以及酶法合成的目的基因片段大多为平齐末端。常用 T_4 DNA 连接酶催化平齐末端间连接，该酶也可以催化黏性末端及长片段 DNA 的连接，但平齐末端的连接效率只有黏性末端效率的 1%。

　　c. 同聚末端连接　利用末端转移酶可在 DNA 片段以及载体断口上制造互补的同聚体尾部，从而形成黏性末端。本方法适用面广，形成的同聚末端长，结合较稳定，而且只有载体和基因片段才能连接。

　　d. 人工接头（人工黏性末端）　是指利用化学方法合成的较短的特定顺序的聚核苷酸或从病毒、质粒 DNA 经适当的一对酶进行双酶消化处理而取得的短顺序分子（双链寡核苷酸）。在 T_4 DNA 连接酶作用下，连接到一个天然的或人工合成的片段的平齐末端上，然后再用相应的限制酶处理人工接头，获得黏性末端实现体外重组。

　　④ 目的基因导入受体细胞　目的基因能否有效地导入受体细胞，也是能否形成基因工程细胞的关键条件之一，主要取决于是否选用合适的受体细胞、合适的克隆载体和合适的基因转移方法。

　　a. 受体细胞　所谓受体细胞，就是能接受目的基因和载体连接体的一个完整的细胞，从理论上讲，原核生物细胞、植物细胞和动物细胞都可以作为受体细胞，但从实验技术的观点看，好多细胞并不适宜作为受体细胞，原因是一方面目的基因难于进入受体细胞，另一方面，一些受体细胞难于培养和分化，导致目的基因不能很好地表达。原核生物细胞是一类很好的受体细胞，容易摄取外界的 DNA，增殖快，基因组简单，便于培养和基因操作，普遍被用作 cDNA 文库和基因组文库的受体菌，或者用来建立生产目的基因产物的工程菌，或者作为克隆载体的寄主。目前用作基因克隆受体的原核生物主要是大肠杆菌，蓝藻和农杆菌等也被广泛应用。真核生物细胞作为基因克隆受体近来已受到很大的重视，如酵母和某些动植物的细胞。由于酵母的某些性状类似原核生物，所以较早就被用作基因克隆受体。动物细胞也已被用作受体细胞，但由于体细胞不易再分化成个体，所以多采用生殖细胞、受精卵细胞或胚细胞作为基因转移的受体细胞，由此培养成转基因动物。植物细胞有其优于动物细胞的特点，一个离体体细胞在合适的培养条件下比较容易再分化成植株，意味着一个获得外源基因的体细胞可以培养成为转基因植物。由于这个原因，近年来植物基因工程发展非常迅速，也培育了许多各具特性的转基因植物，其中转基因大豆、棉花、玉米、番茄的栽培面积最大。

　　b. 重组 DNA 分子导入受体细胞　重组 DNA 只有进入受体细胞才可能实现扩增和表达，大肠杆菌是用得最广泛的基因克隆受体，可以通过转化、转导和三亲本杂交等途径，把重组 DNA 分子导入受体细胞。

ⓐ 转化途径　供体菌携带的外源基因的DNA分子通过与膜结合进入受体细胞，并在其中进行繁殖和基因表达的过程，称为转化（transformation）。细菌细胞处于感受态时最容易发生转化。感受态是指细胞最易接受外界DNA分子的生理状态时期。已经知道，细胞处于对数生长期并经过一定的$CaCl_2$处理可以大大提高细胞的感受能力。为制备感受态细胞，在最适培养条件下培养受体菌至对数生长后期，离心收获菌体，将其悬浮在含$CaCl_2$（50～100mmol/L）的无菌缓冲液中，置冰浴中15min后，离心沉淀，再次悬浮在含$CaCl_2$的缓冲液中，4℃下放置12～14h，便成为可转化的感受态细胞。

向新制备的感受态受体细胞悬浮液中加入重组DNA溶液，使$CaCl_2$终浓度为50mmol/L，置于冰浴中1h左右，转移至42℃水浴中放置2min，促进受体细胞吸收DNA，马上转移到37℃水浴中培养5min，加入适量LB培养基，37℃振摇培养30～60min，就可以接种在选择培养基上筛选克隆子。

ⓑ 转导途径　通过噬菌体（病毒）颗粒为媒介，把DNA导入受体细胞的过程称为转导（transduction）。含目的基因的DNA与噬菌体（病毒）的DNA连接形成重组DNA后，还必须形成完整的噬菌体才具有感染能力，所以必须进行体外包装，获得一个完整的噬菌体。为此，根据λ噬菌体体内包装的原理，获得了分别缺D蛋白和E蛋白λ噬菌体突变株的两种溶源菌。这两种溶源菌单独培养，因各缺一种包装必备的蛋白质，不能形成完整的噬菌体。如果在试管内混合两种溶源菌合成的蛋白质，D蛋白和E蛋白互相补充，就可以包装λDNA或重组的λDNA。其主要过程如下：

ⅰ. 制备包装用蛋白质　培养溶源菌1（D蛋白缺失）和2（E蛋白缺失）至对数生长中期，诱导溶菌，混合两种培养物，离心沉淀，悬浮于合适的缓冲液中，快速分装（每管50μL），置于液氮中速冻，贮存于−70℃冰柜，6个月内有效。

ⅱ. 体外包装　取包装物（50μL）置于水浴上升温，当其正要融化时加入重组的λDNA，边融边搅，充分混匀后，置于37℃保温60min，加入少量氯仿，离心沉淀杂物。上清液中含有新包装的噬菌体颗粒，就可用来感染受体细胞，筛选克隆子。

ⓒ 通过三亲本杂交转移重组DNA分子　有些重组DNA分子难于转化受体菌，必须采用其他辅助办法帮助重组DNA的转化，这就是三亲本杂交法（triparental mating）。将要被转化的受体菌、含重组DNA分子的供体菌和含广泛寄主辅助质粒的辅助菌三者进行共培养。在辅助质粒的作用下，重组DNA分子被转移到受体菌细胞内，按照重组DNA分子携带的选择标记筛选克隆子。

（3）基因工程重组体的筛选和表达产物的鉴定　受体细胞经转化（转染）或转导处理后，绝大部分仍是原来的受体细胞，或者是不含目的基因的克隆子。在完成上述的转化操作后，需要把转化子从混合菌中筛选出来，目前常用的方法主要有以下几种：

① 通过检测抗药性的变化　所用的质粒载体一般带有抗药基因，如带有Amp^r（抗氨苄青霉素）、Cmp^r（抗氯霉素）、Kan^r（抗卡那霉素）、Tet^r（抗四环素）和Str^r（抗链霉素）等抗性基因。当将混合菌群在含相应抗生素的培养基上培养时，只有获得载体抗性基因的受体细胞才能继续生长，其他细胞不能生长，这样便可筛选出含克隆载体的克隆子。要筛选含目的基因的克隆子，可选用具双抗选择标记载体，把含目的基因的DNA片段插入其中之一的选择标记基因区，导致该抗性基因的失活，转化细胞只对一种药物具有抗性，而对另一个药物变得极为敏感，很容易筛选出克隆子。

② 利用乳糖操纵子 *lacZ* 基因筛选克隆子　具完整乳糖操纵子的菌体能翻译β-D-半乳糖

苷酶（Z）、透性酶（Y）和乙酰基转移酶（A）。当培养基中含有 X-gal（5-溴-4-氯-3-吲哚-β-D-半乳糖苷）和 IPTG（异丙基硫代-β-D-半乳糖苷）时，可产生蓝色沉淀，使菌落成蓝色。如含乳糖操纵子缺陷型（lac Z⁻）的载体转化互补型菌株，在含 X-gal 和 IPTG 的培养基中培养，克隆子是蓝色菌落，而未转化的互补型菌株是白色的。当含目的基因的 DNA 片段插入 lac Z 基因区，即使转化互补型菌株细胞，在含 X-gal 和 IPTG 的培养基中，也是长出白色的菌落。由此可以根据菌落的蓝、白颜色筛选出含目的基因的克隆子。

③ 利用双酶切片段重组法初筛克隆子　在无法利用克隆载体选择标记的情况下，可以采用双酶切片段重组法。选用两种限制性内切酶处理载体 DNA 分子，用凝胶电泳回收两端具不同黏性末端的线形载体 DNA，并经碱性磷酸酶处理后，与此同时，用同样的两种限制性内切酶处理含目的基因的 DNA 片段，将两种处理产物连接，转化受体细胞，在含克隆载体选择标记药物的培养基上培养，长出的菌落绝大部分是含目的基因的克隆子。因为如此处理的克隆载体 DNA 不能自行环化，只有同具有相同黏性末端的含目的基因的 DNA 片段连接成环状 DNA 分子，才能有效地转化受体细胞。

④ 利用报告基因筛选克隆子　对于那些不宜用克隆载体选择标记筛选克隆子的受体细胞，在含目的基因的 DNA 片段与克隆载体连接之前，先在目的基因上游或下游连接一个报告基因。这样的重组 DNA 导入受体细胞后，可根据报告基因的表达产物筛选克隆子。

⑤ 利用原位杂交和区带杂交筛选　将培养后的菌落转移至硝酸纤维素滤膜上，加热变性后与探针杂交，含目的基因克隆的菌落位置呈阳性斑点，这就是菌落的原位杂交。将培养后菌的重组质粒提取出来，经酶处理或直接进行电泳，用同位素标记的 mRNA 或 cDNA 作为探针进行分子杂交，以检测含目的基因序列的区带，这就是区带杂交。

⑥ 目的基因转录产物检测　目的基因在受体细胞内是否转录，可以通过检测是否有目的基因转录产物 RNA 存在获得证实，可以用核酸杂交法来验证，此法称为 RNA 印迹（northern blotting）法。根据转录的 RNA 在一定条件下可以同转录该种 RNA 的模板 DNA 链进行杂交的特性，制备目的基因 DNA 探针，变性后同克隆子总 RNA 杂交，若出现明显的杂交信号，可以认定进入受体细胞的目的基因转录出相应的 mRNA。

以上几种方法都是检测受体细胞中是否存在目的基因以及目的基因是否在体内转录，但进行基因工程最终目的是要获得目的基因的表达产物，基因的最终表达产物是蛋白质（酶），所以说，检测蛋白质的方法可用于检测目的基因的表达产物。最常用的是蛋白质印迹（western blot）法。先提取克隆子总蛋白质，经 SDS-PAGE 电泳按分子大小分开后，转移到供杂交用的膜上，然后与放射性同位素或非放射性标记物标记的特异性抗体结合，通过一系列抗原-抗体反应，在杂交膜上显示出明显的杂交信号，表明受体细胞中存在目的基因表达产物。也可以测定蛋白质的氨基酸顺序，与目的基因预期表达产物的蛋白质氨基酸顺序进行比较，得出是否有目的基因的表达产物存在。

5.1.2.3　基因工程新技术及其应用

（1）转基因食品　科学家发现 DNA 可以在不同物种间进行转移是在 1946 年，在 1983 年出现了第一株转基因植物，即抗生素抗性的烟草植株。1994 年，Monsanto 公司经美国食品与药品监督管理局（FDA）批准，上市了第一个转基因番茄——Flavr Savr（flavor savor）；接着在 20 世纪 90 年代，重组凝乳酶也逐渐被多个国家允许在奶酪制作中使用。1995 年，美国陆续开放了以下产品市场：转基因菜籽油、转入 Bt 基因的玉米、抗溴草腈的棉花、Bt 棉花、Bt 番茄（西红柿）、抗草甘膦大豆等。2000 年，科学家通过转基因技术增强了稻米的营养素，发明了转基因黄金大米。到 2011 年，美国已经带领多个国家生产了 25 类转基因作物，并进入商业市场流通。截至 2013 年，美国生产的玉米中的 85％、大豆中的 91％、棉花中的 88％都为转基因产品。如图 5-8 所示为部分转基因食品。

图 5-8 部分转基因食品

（2）基因治疗 基因治疗自从 1989 年 French Anderson 进行了基因标记物在人体内的试验的准备后，于 1990 年 9 月进行了第一例应用腺苷脱氨酶基因（ADA），经反转录病毒导入人自身 T 淋巴细胞，经扩增后输回患者体内，获得了成功。患者 5 年后体内 10％造血细胞 ADA 阳性，除了还须应用部分剂量的 ADA 蛋白外，其他体征正常。这一成功标志着基因治疗的时代已经开始。

基因治疗为什么具有诱人的前景？它和基因工程有什么异同？

① 基因工程是将具有应用价值的基因，即"目的基因"装配在具有表达所需元件的特定载体中，导入相应的宿主细胞，如细菌、酵母或哺乳动物细胞，在体外进行扩增。经分离、纯化后，获得其表达的蛋白质产物。基因治疗是将具有治疗价值的基因，即"治疗基因"装配于能在人体细胞中表达所必备元件的载体中，导入人体细胞，直接进行表达。它无须对其表达产物进行分离纯化，因为人细胞本身可

Genetically modified food controversies

It is a dispute over the relative advantages and disadvantages of food derived from genetically modified organisms, genetically modified crops used to produce food and other goods, and other uses of genetically modified organisms in food production. The dispute involves consumers, biotechnology companies, governmental regulators, non-governmental organizations and scientists. The key areas of controversy related to genetically modified (GM) food are: risk of harm from GM food, whether GM food should be labeled, the role of government regulators, the effect of GM crops on the environment, the effect on pesticide resistance, the impact of GM crops for farmers, including farmers in developing countries, the role of GM crops in feeding the growing world population, and GM crops as part of the industrial agriculture system.

Anti-GM advocates cite potential health concerns and charge that GM foods have not been adequately tested to prove safety. The main concerns constellate around concern of negative reactions to the specific gene inserted into the genetically modified plant. Scenarios describe possible toxic effects from plant made resistant to pesticides like *Bacillus thuringiensis* (Bt) or glyphosate, or an allergic reaction that might occur if someone has a peanut allergy and consumes a crop, such as soy bean, with a foreign nut gene.

What is your concern?

以完成这一过程。如图 5-9 所示为基因治疗步骤示意。

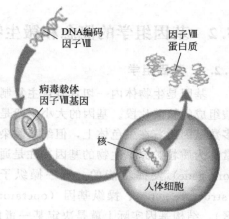

　　② 正由于以上原因，在基因工程中耗资最大的一部分器材与材料及其费用，在基因治疗中可以省却，从而使今后工业化的成本明显降低。

　　③ 基因工程的"目的基因"产物迄今为止尚限于可分泌的蛋白质，如生长因子、多肽类激素、细胞因子、可溶性受体等。对于非分泌性蛋白质，如受体、细胞内酶、转录因子、细胞周期调控蛋白、原癌基因及抑癌因子等，由于不能有效地进入细胞而不能应用于基因工程。但基因治疗不受以上限制。几乎所有的细胞基因，只要它具有治疗作用，理论

图 5-9　基因治疗步骤示意

上均可应用于基因治疗。因此，基因治疗具有更巨大的潜力。当然，随着蛋白质结构与功能的研究，今后对非分泌性蛋白，通过加上某些肽段或进行某些加工，使其同样能进入细胞。例如，最近应用 HIV 的 N 端十一肽，可使许多蛋白质能进入细胞就是一个例子。

　　④ 基因工程的操作全部在体外完成。基因治疗则必须将基因直接导入人体细胞。这不仅在技术上具有很大难度，而且对其有效性与安全性方面提出了苛刻的要求。基因工程的技术已经有近 40 年的历史，已比较成熟；基因治疗还仅有 20 年经历，不少技术依然不够成熟。

　　（3）基因芯片　基因芯片技术是 20 世纪 90 年代发展起来的分子生物学技术，是各学科交叉综合发展的新产物。它是采用原位光刻或显微印刷技术在载体材料上形成 DNA 微矩阵，与标记的样品核酸分子进行杂交反应。样品 DNA/RNA 在 PCR 扩增或转录的过程中被标记，与微矩阵的芯片上的 DNA/RNA（探针）杂交后经仪器扫描及计算机分析即可获得样品中大量基因的遗传信息。该技术可应用于新基因的发现、高通量基因表达平行分析、大规模序列分析、基因多态性分析、基因组研究、病原微生物检验、食品安全性检验等，也是基因功能研究的主要工具。生物芯片的主要特点是高通量、自动化、微型化。芯片上密集排列的分子微矩阵，使人们能够在短时间内分析大量的生物分子，快速而准确地获取样品中的生物信息，极大地提高了传统检测手段的效率。如图 5-10 所示。

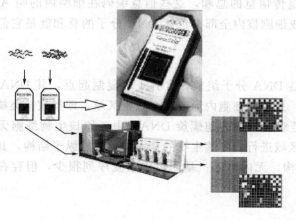

基因芯片在食品上的应用前景
a. 开发新型食品资源
b. 开发高效低毒的生物农药
c. 准确鉴别食品原料是不是转基因生物
d. 食品安全性检测
e. 为今后开发个性化食品提供科学依据
f. ……?

图 5-10　基因芯片及其检测系统

5.2　基因组学的概念和微生物的基因结构

5.2.1　基因组学

基因是生物体内一切具有自主复制能力的最小遗传单位，其物质基础就是一段特定核苷酸组成的核酸片段。基因的大小一般是 $1000\sim1500bp$，相对分子质量约为 6.7×10^5，绝大多数基因附着在染色体上，但细菌除染色体上的遗传物质外，还有一个独立的遗传单位，通常称为质粒。原核生物的基因往往是通过一个所谓的操纵子（operon）和调节基因（regulatory gene）发挥功能的。每一操纵子又包括 3 种功能上密切相关的基因，即结构基因（structure gene）、操纵基因（operator gene）和启动基因（promoter，又称启动子或启动区）。结构基因实际上就是决定某一蛋白质多肽链氨基酸顺序的 DNA 模板，它是通过转录（transcription）和翻译（translation）过程来完成从 DNA 到蛋白质的合成任务。转录就是将 DNA 上的遗传信息转移到 mRNA 的过程，而翻译则是将 mRNA 上的遗传信息按照遗传密码的规则合成蛋白质肽链。操纵基因是位于启动基因和结构基因之间的一段核苷酸序列，它与结构基因紧密联系在一起，能够与阻碍蛋白结合控制结构基因是否转录，这是基因调控的最有效方式，当细胞内蛋白质的合成量较多时，阻碍蛋白与结构基因结合，使结构基因上所携带的遗传信息不能指导蛋白质的合成。启动基因是一种依赖于 DNA 的 RNA 多聚酶所识别的核苷酸序列，它既是 DNA 多聚酶的结合部位，又是转录的起始位点，所以操纵基因和启动基因既不能转录出 mRNA，也不能产生任何基因产物。调节基因一般处于与操纵子有一定间隔距离处，调节基因的主要功能就是调节操纵子中结构基因的活性，这种调节活性的功能是通过产生阻碍蛋白的作用来实现的，阻碍蛋白可以识别并附着在操纵子上。当阻碍蛋白和操纵子相互作用时可使 DNA 的双链无法打开，使得 RNA 聚合酶无法沿着结构基因往前移动，结构基因上的遗传信息无法传出，从而关闭了结构基因的活性。

但是对于基因组，不同的学者的定义有一定的差异。主要有三，第一，基因组是一种病毒、细菌或者一个细胞核、细胞器内的全部信息内容。第二，基因组是包含在一套单倍体染色体中的全套遗传因子。第三，基因组是一种生物的全部遗传组成；在细菌中，是指细菌环状主染色体或者与其相关联的质粒上的全部基因；在真核生物中，是指一套单倍体染色体上的全部基因。尽管不同学者对基因组的定义稍有不同，但总括起来体现下列含义，即基因组是一种生物结构组成和生命活动所需遗传信息的总和，这些信息编码在细胞内的叫 A 分子中。对真核生物，例如人类来说，构成细胞核内全部染色体 DNA 分子的总和就是它们的基因组。

5.2.1.1　原核微生物基因组

原核生物基因组仅由一条环状双链 DNA 分子组成，含有 1 个复制起点，其 DNA 虽与蛋白质结合，但并不形成染色体结构，只是在细胞内形成一个致密区域，即类核。类核中央部分由 RNA 和支架蛋白组成，外围是双链闭环的超螺旋 DNA。由于原核生物细胞无核膜结构，因此基因的转录和翻译在同一区域进行。原核生物的基因组具有操纵子结构，其编码序列约占基因组的 50%；多顺反子结构，无内含子；基因组中重复序列很少，但存在移动基因。

5.2.1.2　真核微生物基因组

真核生物基因组的结构和功能远比原核生物复杂。真核生物细胞具有细胞核，因此基因的转录和翻译在细胞的不同空间进行：转录在细胞核，翻译在胞浆。除了染色体基因组外，真核生物还具有线粒体基因组，另外，植物细胞中的叶绿体内也有遗传物质，这些都是真核生物基因组的组成部分。其基因组包含多条染色体，两份同源的基因组（双倍体）；真核基因组远远大于原核生物的基因组，结构复杂，基因数庞大，具有许多复制起点；真核生物都由结构基因与相关的调控区组成，转录产物为单顺反子，一分子 mRNA 只能翻译成一种蛋白质。真核生物基因组中非编码的顺序占 90％以上，基因组中非编码的顺序所占比例是真核生物与细菌、病毒的重要区别，且在一定程度上也是生物进化的标尺。非编码顺序中，各种重复顺序占很大部分，它们也是真核生物基因组的重要特点。大多数真核生物的结构基因具有内含子结构，是断裂基因，存在着选择性剪接而产生两种或多种不同的 mRNA 序列。作为选择性剪接的一个极端例子，有一个人类的基因已经被证明，相同的原始转录物可以产生 64 种不同的 mRNA。真核生物中功能相关的基因构成各种基因家族，它们可串联在一起，亦可相距很远，但即使串联在一起的成簇的基因也是分别转录的。

5.2.1.3　基因文库

基因文库（gene library）是指某一生物类型全部基因的集合。这种集合是以重组体形式出现。某生物 DNA 片段群体与载体分子重组，重组后转化宿主细胞，转化细胞在选择培养基上生长出的单个菌落（或噬菌斑）（或成活细胞）即为一个 DNA 片段的克隆。全部 DNA 片段克隆的集合体即为该生物的基因组文库。部分 DNA 片段克隆的集合体即为该生物的部分基因文库，部分基因文库最具代表性的就是 cDNA 文库。

基因文库与基因库的概念不同。基因库是指某一生物群体中的全部基因。基因文库与基因克隆的概念也有区别，基因克隆是只包含某些特定基因或 DNA 片段的克隆。基因文库中包含着为数众多的克隆，建成后可供随时选取其中任何一个基因克隆之用。基因文库的建立和使用是 20 世纪 70 年代早期重组 DNA 技术的一个发展。人们为了分离基因，特别是分离真核生物的基因，从 1974 年起相继建立了大肠杆菌、酵母菌、果蝇、鸡、兔、小鼠、人、大豆等生物以及一些生物的线粒体和叶绿体 DNA 的基因文库。基因文库的建立使分子遗传学和遗传工程的研究进入了一个新时期。

一个基因文库中应包含的克隆数目与该生物的基因组的大小和被克隆 DNA 片段的长度有关。原核生物的基因组较小，需要的克隆数也较少；真核生物的基因组较大，克隆数需相应增加，才能包含所有的基因。此外，每一载体 DNA 中所允许插入的外源 DNA 片段的长度较大，则所需总克隆数越少；反之则所需数越多。如果一个基因文库的总克隆数较少，则从中筛选基因虽然比较容易，但给以后的分析造成困难，因为片段的长度增加了。如果要使每一克隆中的 DNA 片段缩短，就须增加克隆数，所以在建立基因文库前应根据研究目的来确定 DNA 片段的长度和克隆的数目。

5.2.2　特殊遗传结构

5.2.2.1　转座子

转座子，也写作转座因子，是一类在很多后生动物中（包括线虫、昆虫和人）发现的可移动的遗传因子，即一段 DNA 可以从原位上单独复制或断裂下来，环化后插入另一位点，并对其后的基因起调控作用，此过程称转座；这段序列则称跳跃基因或转座子，如图 5-11 所示。

转座（因）子是基因组中的一段可移动的 DNA 序列，可以通过切割、重新整合等一系列过程从基因组的一个位置"跳跃"到另一个位置。

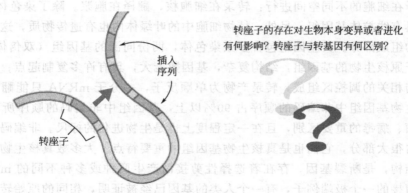

插入序列

转座子

转座子的存在对生物本身变异或者进化有何影响？转座子与转基因有何区别？

图 5-11　转座子

复合型的转座因子称为转座子（trans-position，Tn）。这种转座因子带有同转座无关的一些基因，如抗药性基因，它的两端就是 Is，构成了"左臂"和"右臂"。两个"臂"可以是正向重复，也可以是反向重复。这些两端的重复序列可以作为 Tn 的一部分随同 Tn 转座，也可以单独作为 Is 而转座。Tn 两端的 Is 有的是完全相同的，有的则有差别。当两端的 Is 完全相同时，每一个 Is 都可使转座子转座；当两端是不同的 Is 时，则转座子的转座取决于其中的一个 Is。Tn 有抗生素的抗性基因，Tn 很容易从细菌染色体转座到噬菌体基因组或是接合型的质粒。因此，Tn 可以很快地传播到其他细菌细胞，这是自然界中细菌产生抗药性的重要来源。

两个相邻的 Is 可以使处于它们中间的 DNA 移动，同时也可制造出新的转座子。Tn10 的两端是两个取向相反的 Is10，中间有抗四环素的抗性基因（Tet^R），当 Tn10 整合在一个环状 DNA 分子中间时，就可以产生新的转座子。当转座子转座插入宿主 DNA 时，在插入处产生正向重复序列，其过程是这样的：先是在靶 DNA 插入处产生交错的切口，使靶 DNA 产生两个突出的单链末端，然后转座子同单链连接，留下的缺口补平，最后就在转座子插入处生成了宿主 DNA 的正向重复。

5.2.2.2　质粒构建及其结构

现行通用的基因克隆载体，绝大多数就是以质粒为基础改建而成的。一般说来，一种理想的用作克隆载体的质粒必须满足如下几个方面的条件：①具有复制起点，②具有抗生素抗性基因，③具若干限制酶单一识别位点，④具有较小的分子量和较高的拷贝数。

天然质粒往往存在着这样或那样的缺陷而不适合用作基因工程的载体，必须对之进行改造构建，尽管质粒的构建会因质粒的使用目的不同而存在一定的差异，但基本上质粒构建主要包括以下几个部分：①加入合适的选择标记基因，如两个以上的抗生素或者蓝白斑筛选的基因，易于用做选择；②增加或减少合适的酶切位点，便于重组；③缩短长度，切去不必要的片段，以提高导入效率；④改变复制子，变严紧为松弛，变少拷贝为多拷贝；⑤根据基因工程的特殊要求加装特殊的基因元件。

一个完整的适合基因工程使用的质粒一般包括：复制起点 Ori、多克隆位点（multiple cloning site，MCS）、选择标记基因三个主要部分。如 pUC18/19 的质粒中 *lacZ* 与 *bla* 为选择标记基因，*rep* 为复制子等（图 5-12）。

5.2.3　遗传育种

遗传（inheridity，inheritance）和变异（variation）是微生物的最本质的属性之一，人

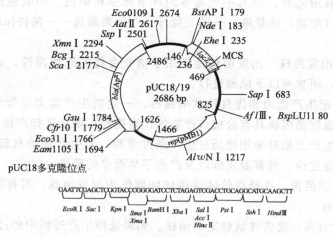

pUC18多克隆位点

GAATTCGAGCTCGGTACCCGGGGATCCTCTAGAGTCGACCTGCAGGCATGCAAGCTT

EcoR I　Sac I　Kpn I　Sma I　BamH I　Xba I　Sal I　Pst I　Ssh I　HindⅢ
　　　　　　　　　　Xma I　　　　　　　　Acc I
　　　　　　　　　　　　　　　　　　　　Hinc II

图 5-12　pUC18/19 质粒的结构与多克隆位点

们在生产实践和科学研究中为了有效地利用和控制微生物，就必须对微生物的遗传性和变异性有所了解。人们可以在了解微生物的遗传和变异性的基础上，通过微生物的选育，来提高生产菌种的生产性能，提高产量、改进质量以及扩大产品品种和简化工艺条件等。

所谓遗传性就是具有产生与自己相似后代的特性，世代相传，使亲代的种类能够长期保存下去并保持"种"的稳定性。然而遗传不是绝对的，随着环境的改变，遗传性也会发生变异，改变生物的代谢机制以及形态结构，这就是变异性。今天生物的一切形态或生理方面的遗传性状都是变异的结果。

遗传性和变异性是一对矛盾，矛盾的双方在一定条件下互相转化。遗传中有变异，变异中有遗传。在短期内看来是遗传的性状，从长远的观点来看又必然会发生改变，所以说遗传中必然包含着变异。另一方面，微生物发生了变异的形态或性状，有的会以相对稳定的状态遗传下去，所以说变异中又包含着遗传。遗传和变异矛盾的统一，推动了生物的发展。遗传是相对的，而变异是绝对的。

5.2.3.1 常用育种方法

（1）自然选育　自然选育，也称自然分离，是指对微生物细胞群体不经过人工处理而直接进行筛选的育种方法，又称为单菌落分离。

自然选育的主要作用是对菌种纯化以获得遗传背景较为均一的细胞群体。一般菌种经过多次传代或长期保藏后，由于自然突变或异核体和多倍体的分离，使有些细胞的遗传性状发生改变，造成菌种不纯，严重者生产能力下降，称为菌种退化。因此，在工业生产和发酵研究中要经常进行菌种纯化。微生物的自然突变率很低，因此通过自然选育来获得优良菌株的效果远不如诱变育种。

（2）诱变育种　诱变育种是利用物理、化学、生物等诱变因素处理微生物细胞群，促进其突变率大幅度提高，然后采用简便、快速和高效的筛选方法，从中挑选少数符合育种目的的突变株，以供生产实践或科学研究使用。诱变育种具有方法简单、快速和收效显著等特点，除能提高产量外，还可达到改善产品质量、扩大品种和简化生产工艺等目的，故仍是目前被广泛使用的主要育种方法之一，当前发酵工业所使用的高产菌株，几乎都是通过诱变育种选育出来的。

① 诱变育种的基本环节　诱变育种的具体操作环节很多，且常因工作目的、育种对象

和操作者的安排而有所差异，但其中最基本的环节却是相同的。一般包括：出发菌株的选择——制备单孢子（细胞）菌悬液——诱变处理——分离筛选——菌种保藏。

② 一般性原则

a. 挑选优良的出发菌株　出发菌株是指用于诱变育种的原始菌株，它的选择是决定诱变效果的重要环节，须参考以下原则进行：

ⓐ 选择具有一定生产能力和优良性状的菌株。一定的生产能力是指至少能积累少量所需产物或其前体，也就是菌株具有合成该产物的代谢途径，如在选择产核苷酸或氨基酸的出发菌株时即如此；生产上最好采用经历过生产条件考验、对生产环境有较好适应性的菌株；优良性状是指生长速度快、营养要求低以及产孢子早而多的菌株。

ⓑ 选择纯种出发菌株。选择单倍体或单核细胞作为出发菌株，可排除异核体和异质体产生分离现象的影响。

ⓒ 选择生产能力高、遗传性状稳定的菌株。如果选择生产过程中经过自然选育的菌株，容易筛选到高产突变株；选择已经历多次育种处理的菌株，其染色体已有较大的损伤，某些生理功能或酶系统有缺损，产量性状已经达到了一定水平，可以正突变的位点已经被利用，因此负突变的可能性增大，继续诱变处理很可能导致产量下降甚至死亡。

ⓓ 选择对诱变剂敏感性较强的变异菌株。这类菌株被称为"增变菌株"，由于某些菌株在发生某一变异后，会提高对其他诱变因素的敏感性，故可选择已发生其他变异的菌株为出发菌株，如在选择金霉素高产菌株时，发现用丧失黄色素合成能力的菌株作为出发菌株，比分泌黄色素者更容易产生变异。

ⓔ 连续诱变育种过程中应选择每次处理后均有表型改变的出发菌株。由于微生物代谢产物的产量是一个数量性状，只能逐步增加，要一次性大幅度提高产量非常困难。在连续诱变育种过程中，应挑选每代诱变处理后均有一定表型（包括高产性状或其他优良性状）改变或产生过回复突变的菌株作为下一轮诱变育种的出发菌株，表型改变说明已经动摇了其遗传稳定性，继续处理对诱变因素的敏感性就提高了，容易发生变异。

ⓕ 采用多出发菌株。在诱变育种中可供采用的出发菌株很多，它们有的是低产的野生型菌株，有的是高产的突变菌株，它们的诱变谱系、遗传稳定性以及对诱变剂的敏感性都不相同。在无法确定选择哪个菌株作为出发菌株时，可以选择几株遗传背景不同的菌株作为出发菌株，这样可以提高诱变育种的效率。在诱变育种中，一般可以选择3～4株菌株作为出发菌株，经过诱变处理、筛选与比较后，将产量高、性能好的菌株留作继续诱变的出发菌株。

b. 制作单细胞或单孢子悬浮液　在诱变育种中，待处理的细胞必须是均匀分散的单孢子或单细胞悬液，这样可以使每个细胞均匀接触诱变剂，又可避免细胞团中变异菌株与非变异株同时存在长出不纯菌落，给后续的筛选工作造成困难。

细胞的生理状态对诱变处理也会产生很大的影响，待处理的孢子或菌体要年轻、健壮。细菌在对数期诱变处理效果较好；霉菌或放线菌的分生孢子一般都处于休眠状态，所以培养时间的长短对孢子影响不大，但稍加萌发后的孢子则可提高诱变效率。

用于诱变育种的细胞应尽量选用单核细胞，如霉菌或放线菌的无性孢子、细菌的芽孢。这是因为某些微生物细胞在对数期是多核的，即使出现其单细胞，很可能发生一个核突变，而另一个核未突变，出现不纯的菌落。有时，虽然处理的是单核的细胞或孢子，但由于诱变剂一般只作用于DNA双链中的某一条单链，故某一突变无法反映在当代的表型上，而是要经过DNA的复制和细胞分裂后才在细胞表型表现出来，于是出现了纯菌落，这就叫表型延迟（phenotype lag）。上述两类不纯菌落的存在，也是诱变育种工作中初分离的菌株经传代后很快出现生产性状"退化"的主要原因。

在实际工作中，一般采用选择法或诱导法使微生物同步生长获得适龄新鲜的斜面培养物，加入生理盐水（为了防止处理过程中因 pH 变化而影响诱变效果，采用化学诱变剂处理时要用相应的磷酸盐缓冲液）将斜面孢子或菌体刮下，用无菌的玻璃珠来打散成团的细胞，然后再用脱脂棉过滤。一般处理真菌的孢子或酵母细胞时，其悬浮液的浓度大约为 10^6 个/mL，细菌和放线菌孢子的浓度大约为 10^8 个/mL。

c. 选择简便有效的诱变剂　诱变剂的选择主要决定于诱变剂对基因作用的特异性与出发菌株的特性。实验证明，并非所有的诱变剂对某一出发菌株都是有效的，不同的微生物对同一诱变剂敏感性有很大区别，这不仅是细胞透性的差异，也与诱变剂进入细胞后相互作用不同有关。另外，代谢产物的多少并非由基因控制，尤其是次生代谢产物，代谢机制复杂，其产量是由多基因决定的，诱变后产量的提高是多基因效应的结果，诱变引起生物的变异机制异常复杂。因此诱变剂的诱变作用，不仅取决于诱变剂种类的选择，还取决于出发菌株的特性及其诱变史，所以目前育种工作还无法做到用某种诱变剂来达到定向改变某一菌株某一性状的目的。

ⓐ 根据诱变剂的特异性选择诱变剂　诱变剂主要对 DNA 分子上基因的某一位点发生作用。如紫外线的作用是形成嘧啶二聚体；亚硝酸主要作用于碱基，脱去氨基变成酮基；碱基类似物的主要作用是取代 DNA 分子上的碱基；烷化剂亚硝基胍对诱发营养缺陷型、移码诱变剂对诱发质粒脱落的效果最好。

ⓑ 根据菌种特性和遗传稳定性来选择诱变剂　对遗传稳定的菌株，最好采用以前未使用过的、突变谱较宽的、诱变率高的强诱变剂；对遗传性不稳定、遗传背景较复杂的菌株，首先进行自然选育，然后采用温和或对该类菌在诱变史上曾经是有效的诱变剂进行低剂量处理。

ⓒ 参考出发菌株原有的诱变谱系来选择诱变剂　诱变之前要考察出发菌株的诱变谱系，详细分析，总结规律性。既要选择一种最佳的诱变剂，又要避开长期多次使用某一诱变因子，以免出现对该诱变剂的"钝化"反应。

d. 选用合适诱变剂量　剂量一般指强度与作用时间的乘积，在育种实践中常采用致死率和变异率来作为各种诱变剂的相对剂量。剂量的选择受处理条件、菌种情况、诱变剂的种类等多种因素的影响，要确定一个合适的剂量，通常要进行多次试验，在实际工作中，突变率往往随剂量的增高而提高，但达到一定程度后，再提高剂量反而会使突变率下降。根据对紫外线、X 射线和乙烯亚胺等诱变效应的研究结果，发现在偏高的剂量中致死率高、负突变较多，但在少量的正突变菌株中有可能筛选到产量大幅度提高的菌株；在偏低的剂量中致死率低、正突变较多，但要筛选到产量大幅度提高的菌株可能性较小；还发现经多次诱变而提高产量的菌种中，更容易出现负突变。

因此，在目前的诱变育种中，比较倾向于采用较低的剂量。例如，过去在用紫外线作诱变剂时，常采用杀菌率为 99% 的剂量，而近年来则倾向于采用杀菌率为 30%～75% 的剂量。总之，在产量性状的诱变育种中，凡在提高诱变率的基础上，既能扩大变异幅度，又能促使变异移向正变范围的剂量，就是合适的剂量。如图 5-13 所示。

在诱变育种中有两条重要的实验曲线：①剂量-存活率曲线，以诱变剂的剂量为横坐标，以细胞存活数的对数值为纵坐标而绘制的曲线；②剂量-诱变率曲线，是以诱变剂的剂量为横坐标，以诱变后获得的突变细胞数为纵坐标而绘制的曲线。通过比较以上两种曲线，可找

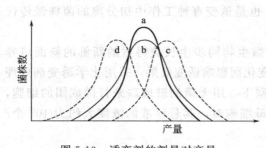

图 5-13　诱变剂的剂量对产量
变异影响的可能结果

a—未经诱变剂处理；b—变异幅度扩大，但正负
突变相等；c—正突变占优势；d—负突变占优势

到某诱变剂的剂量、存活率、诱变率三者的最佳结合点，最佳结合点是使所希望得到的突变株在存活群体中占有最大的比例，这样可以提高筛选效率和减少筛选工作量。

e. 高产菌株筛选　一般诱变育种的目的在于提高微生物的生产量，但对于产量性状的突变来讲，一般不能用选择性培养方法筛选。因为高产菌株和低产菌株一般在培养基上同样地生长，也无一种因素对于高产菌株和低产菌株显示差别性的杀菌作用。

一般测定一个菌株的产量高低都采用摇瓶培养，然后测定发酵液中的产物数量。如果把经诱变剂处理后出现的菌落逐一用上述方法进行产量测定，工作量很大。但如果能找到产量和某些形态指标的关联，甚至设法创造两者间的相关性，则可以大大提高育种的工作效率。因此，在诱变育种工作中应该利用菌落可以鉴别的特性进行初筛，例如在琼脂平板培养基上，通过观察和测定某突变菌菌落周围蛋白酶水解圈的大小、淀粉酶变色圈的大小、色氨酸显色圈的大小、柠檬酸变色圈的大小、抗生素抑菌圈的大小、纤维素酶对纤维素水解圈的大小等，估计该菌落菌株产量的高低，然后再进行摇瓶培养测定实际的产量，可以大大提高工作效率。

上述这一类方法所遇到的困难是对于产量高的菌株，作用圈的直径和产量并不呈直线关系。为了克服这一困难，在抗生素生产菌株的育种工作中，可以采用抗药性的菌株作为指示菌，或者在菌落和指示菌中间加一层吸附剂吸去一部分抗生素。

一个菌落的产量愈高，它的产物必然扩散得也愈远。对于特别容易扩散的抗生素，即使产量不高，同一培养皿上各个菌落之间也会相互干扰。为了克服产物扩散所造成的困难，可以采用琼脂挖块法。方法是在菌落刚开始出现时就用打孔器连同一块琼脂打下，把许多小块放在空的培养皿中培养，待菌落长到合适大小时，把小块移到已含有供试菌种的一大块琼脂平板上，以分别测定各小块抑菌圈大小并判断其抗生素的效价。由于各琼脂块的大小一样，且该菌落的菌株所产生的抗生素都集中在琼脂块上，所以只要控制每一培养皿上的琼脂小块数和培养时间，或者再利用抗药性指示菌，就可以得到彼此不相干扰的抑菌圈。

摇瓶培养是在实验室条件下和发酵罐条件比较接近的培养方法。培养皿的培养条件则和发酵罐很不相同。所以为了证实以上这些初筛方法是否可行，应该把通过初筛和不通过初筛的两组菌落用摇瓶方法测定它们的产量分布来进行判断。

5.2.3.2　基因重组与杂交

凡把两个性状不同的独立个体内的遗传基因通过一定的方法转移到一起，经过遗传分子的重新组合后，形成新遗传型个体的方式，称为基因重组（gene recombination）或遗传重组或基因工程。而杂交的狭义概念是两条单链 DNA 或 RNA 的碱基配对。遗传学中把通过不同的基因型的个体之间的交配而取得某些双亲基因重新组合的个体的方法也称为杂交，此外，在遗传学上，把通过生殖细胞相互融合而达到这一目的的过程称为杂交；而把由体细胞相互融合达到这一结果的过程称为体细胞杂交。而在微生物育种上，杂交与基因重组并没有明显的界限，在微生物中，基因重组与杂交育种的方式主要有转化、转导、接合、原生质体融合等几种形式。

(1) 转化 (transformation) 受体菌直接吸收了来自供体菌的 DNA 片段，通过交换，把供体菌的 DNA 片段结合到自己的基因组中并在后代中稳定表达，从而获得了供体菌的部分遗传性状的现象，称为转化。获得供体菌部分遗传片段的受体菌，称为转化子 (transformant)。转化现象的发现，尤其是转化因子 DNA 本质的证实，是现代生物学发展史上的一个里程碑，并由此极大地促进了遗传学和分子生物学的发展。

两个菌种或菌株间能否发生转化，与它们在进化过程中的亲缘关系有着密切的联系。但即使是在转化率极高的那些种中，其不同菌株间也不一定都可以发生转化。能进行转化的细胞必须是感受态的。受体菌最易接受外源 DNA 片段并实现转化的生理状态，称为感受态 (competence)。处于感受态的细胞对吸收 DNA 的能力有时可比一般细胞大 1000 倍。感受态的出现，受该菌的遗传性、菌龄、生理状态和培养条件等的影响。例如，肺炎链球菌的感受态在对数期的后期出现，而芽孢杆菌属则出现在对数期末及稳定期。在外界环境条件中，环腺苷酸 (cAMP) 及 Ca^{2+} 等影响最明显。有人发现，cAMP 可使嗜血杆菌细胞群体的感受态水平提高 1 万倍。处于感受态高峰时，群体中呈感受态的细胞数也随菌种而不同。如枯草杆菌不超过 10%～15%，而肺炎链球菌和流感嗜血杆菌 (*Haemophilus influenzae*) 则为 100%。

能进行转化的微生物相当普遍，在原核生物中，能进行转化的菌主要有 *Streptococcus pneumoniae* (肺炎链球菌)、*Haemophilus* (嗜血杆菌属)、*Bacillus* (芽孢杆菌属)、*Neisseria* (奈瑟球菌属)、*Rhizobium* (根瘤菌属)、*Staphylococcus* (葡萄球菌属)、*Pseudomonas* (假单胞菌属)、*Xanthomonas* (黄单胞菌属)；在真核生物中，能进行转化的种类相对较少，如 *Saccharomyces cerevisiae* (酿酒酵母)、*Neurospora crassa* (粗糙脉胞菌)、*Aspergillus niger* (黑曲霉) 可以进行转化。

用革兰阳性的肺炎链球菌作材料，发现转化过程大体上是这样的：①双链 DNA 片段与感受态受体菌的细胞表面特定位点 (主要在新形成细胞壁的赤道区) 结合。此时，一种细胞膜的磷脂成分——胆碱可促进这一过程。②在位点上的 DNA 发生酶促分解，形成平均分子质量为 $(4～5)×10^6$Da 的 DNA 片段。③DNA 双链中的一条单链逐步降解，同时，另一条单链逐步进入细胞，这是一个耗能过程。分子质量小于 $5×10^5$Da 的 DNA 片段，不能进入细胞。④转化 DNA 单链与受体菌染色体组上的同源区段配对，接着受体染色体组的相应单链片段被切除，并被外来的单链 DNA 所交换或取代，于是形成了杂种 DNA 区段 (DNA 顺序不一定互补，故可呈杂合状态)。⑤受体菌染色体组进行复制，杂合区段 (heterozygous region) 分离成两个，其中之一类似供体菌，另一类似受体菌。当细胞分裂后，此染色体发生分离，于是就形成一个转化子。

如果用提取并纯化的噬菌体或其他病毒的 DNA (或 RNA) 去感染感受态的寄主细胞，并进而产生正常的噬菌体或病毒后代的现象，称为转染 (transfection)。转化和转染看起来似乎相似，但两者有明显的差异，需加以注意。

(2) 转导 (transduction) 以缺陷噬菌体 (defective phage) 为媒介，把供体细胞的 DNA 片段携带到受体细胞中，并与供体菌的基因进行交换与整合，从而使后者获得了前者部分遗传性状的现象，称为转导。由转导作用而获得部分新性状的重组细胞叫做转导子 (transductant)。转导现象首先是在 *Salmonella typhimurium* (鼠伤寒沙门菌) 中发现，以后又在 *E. coli*、*Bacillus* (芽孢杆菌属)、*Proteus* (变形杆菌属)、*Rhizobium* (根瘤菌属)、*Staphylococcus* (葡萄球菌属)、*Pseudomonas* (假单胞菌属)、*Shigella* (志贺菌属)、*Vibrio* (弧菌属) 等原核生物中发现了转导现象。转导主要有以下几种方式。

① 普遍转导（generalized transduction） 完全缺陷噬菌体可误包供体菌中的任何基因（包括质粒），并将其遗传性状传递给受体菌的现象，称为普遍性转导。普遍转导又可分以下两种：

a. 完全普遍转导 简称完全转导（complete transduction）。在鼠伤寒沙门菌的完全普遍转导实验中，用其野生型菌株作供体菌，营养缺陷型突变株为受体菌，P22 噬菌体作为转导媒介（agency）。当 P22 在供体菌内增殖时，寄主的染色体组断裂，待噬菌体成熟和包装之际，大约有 $10^6 \sim 10^8$ 个噬菌体的衣壳将与噬菌体头部 DNA 芯子相仿的供体菌 DNA 片段（在 P22 情况下，约为供体菌染色体组的 1%）误包入其中。因此，形成了完全不含噬菌体本身 DNA 的假噬菌体（一种完全缺陷的噬菌体）。当供体菌裂解时，如把少量裂解物与大量的受体菌群相混，务必使其感染复数（m. o. i.）小于 1，这种误包着供体菌基因的特殊噬菌体就将这一外源 DNA 片段导入受体菌内。由于一个细胞只感染了一个完全缺陷的假噬菌体（转导噬菌体），故受体细胞不会发生溶源化，更不会裂解。还由于导入的供体 DNA 片段可与受体染色体组上的同源区段配对，再通过双交换而重组到受体菌染色体上，所以就形成了遗传性稳定的转导子（transductant）。

除鼠伤寒沙门杆菌 P22 噬菌体外，能进行完全转导的噬菌体还有大肠杆菌的 P1 噬菌体和枯草杆菌的 PBS1、SP10 等噬菌体。

b. 流产普遍转导 简称流产转导（abortive transduction）。经转导噬菌体的媒介而获得了供体菌 DNA 片段的受体菌，如果转导 DNA 在受体细胞内既不进行重组、整合和复制，也不会迅速消失，其上的基因仅经过转录、翻译而得到表达，就称流产转导。当转导细胞进行分裂时，只能将这段 DNA 分配到一个子细胞中，而另一个细胞只获得供体基因经转录、翻译而合成的产物酶，因此仍可在表型上出现供体菌的特征，当细胞再次分裂时，供体 DNA 的量就受到一次稀释，多次分裂后，转导 DNA 就会消失。所以，能在选择性培养基平板上形成微小菌落就成了流产转导的特点。

② 局限转导（restricted 或 specialized transduction） 是通过部分缺陷的温和噬菌体将供体菌的少数特定基因带到受体菌中，并与供体菌的基因组整合、重组，形成转导子的现象。1954 年在 *E. coli* K12 菌株中发现。已知当温和噬菌体感染受体菌后，其染色体会整合到细胞染色体的特定位点上，从而使寄主细胞发生溶源化。如果该溶源菌因诱导而发生裂解时，在前噬菌体插入位点两侧的少数寄主基因（如大肠杆菌的 λ 前噬菌体，其两侧分别为 *gal* 和 *bio* 基因）会因偶尔发生的不正常切割而连在噬菌体 DNA 上（当然噬菌体也将相应一段 DNA 遗留在寄主染色体上），两者同时包入噬菌体外壳中。

这样就产生了一种特殊的噬菌体——缺陷噬菌体。它们除含大部分自身的 DNA 外，缺失的基因被几个原来位于前噬菌体整合位点附近的寄主基因取代。因此，它们无正常噬菌体的溶源性和增殖能力。如果将引起普遍转导的噬菌体称为"完全缺陷噬菌体"，则能引起局限转导的噬菌体就是一种"部分缺陷噬菌体"。

局限转导又可分为低频转导和高频转导两种：

a. 低频转导（low frequency transduction，LFT） 通过一般溶源菌释放的噬菌体所进行的转导，因其形成的转导子产率很低，一般约为 $10^{-6} \sim 10^{-4}$，故称低频转导。用这一裂解物去感染受体菌 *E. coli* K12 gal⁻ 群体时，就有极少数受体菌导入了 gal⁻，通过交换和重组最终可形成少数稳定的 gal⁺ 转导子。

由于核染色体组进行不正常切离的频率极低，因此在其裂解物中所含的部分缺陷噬菌体的比例也极低，这种裂解物就是低频转导裂解物（low frequency transduction lysate）。用低频转导裂解物在低感染复数的条件下感染其宿主，就可以得到极少量的局限转导子。

　　b. 高频转导（high frequency transduction，HFT）　同时感染有正常噬菌体和缺陷噬菌体的受体菌就称双重溶源菌。在局限转导中，若对双重溶源菌进行诱导，就会产生含 50% 左右的局限转导噬菌体的高频转导裂解物，用这种裂解物去感染受体菌，就可以获得高达 50% 的转导子，故称这种转导为高频转导。当 *E. coli gal*⁻ 受体菌用高感染复数的 HFT 裂解物进行感染时，则凡感染有 λ*dgal*（d 表示缺失，defective）噬菌体的任一细胞，几乎都同时还感染有野生型（非缺陷型）的正常噬菌体。这时，这两种噬菌体可同时整合到一个受体菌的染色体上，并使它成为一个双重溶源菌（double lysogen）。当双重溶源菌被紫外线等诱导时，其上的正常噬菌体（称为助体噬菌体或辅助噬菌体，"helper" phage）的基因可补偿缺陷噬菌体所缺失的基因的功能，因而两种噬菌体同时获得复制的机会。由此产生的裂解物中，大体上含有等量的 λ 和 λ*dgal* 粒子。如果用这一裂解物去感染另一个 *E. coli gal*⁻ 受体菌，则可高频率地将它转导成 *gal*⁺。故这种局限性转导就称为高频转导，而含 λ 及 λ*gal* 各占一半的裂解物就称为 HFT 裂解物。

　　转导现象在自然界中比较普遍。在低等生物的进化过程中，它可能是产生新的基因组合的一种方式。

　　（3）接合（conjugation）　通过供体菌性菌毛和受体菌完整细胞间的直接接触而将 F 质粒或其携带的大段 DNA 传递给受体菌，从而使受体菌获得若干新遗传性状的现象，称为接合亦称"杂交"。通过接合而获得新遗传性状的受体细胞，叫做接合子（conjugant）。由于在细菌和放线菌等原核生物中出现基因重组的机会极为罕见（如大肠杆菌 K12 约为 10^{-6}），而且由于它们比较缺少形态指标，所以关于细胞接合的工作直至莱德伯格（Lederberg）等（1946 年）采用两株大肠杆菌的营养缺陷型进行实验后，才奠定了方法学上的基础。研究细菌接合方法的基本原理如图 5-14 所示。

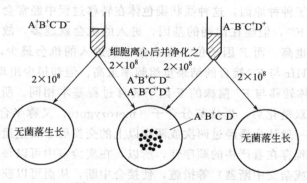

图 5-14　研究细菌接合的方法

　　接合主要发生在细菌和放线菌中，尤以 G⁻ 细菌为普遍，如 *E. coli*、*Salmonella*、*Shigella*、*Klebsiella*、*Serratia*、*Vibrio*、*Azotobacter*、*Pseudomonas* 等，在放线菌中，以 *Streptomyces*（链霉菌属）、*Nocardia*（诺卡菌属）最为常见。另外，不同属的一些菌种间也可以发生接合。

　　在细菌中，接合现象研究得最清楚的是大肠杆菌。通过研究发现，大肠杆菌是有性别分化的。决定它们性别的因子称为 F 因子（即致育因子或称性质粒，fertility）。这是一种在染色体外的小型独立的环状 DNA 单位，一般呈超螺旋状态，它具有自主的与染色体进行同步复制和转移到其他细胞中去的能力。此外，在其中还带有一些对其生命活动关系较小的基因。F 因子的分子质量为 $5 \times 10^7 Da$，在大肠杆菌中，F 因子的 DNA 含量约占总染色体含量的 2%。每个细胞含有 1~4 个 F 因子。如前所述，F 因子是一种属于附加体（episome）的质粒，它既可脱离染色体在细胞内独立存在，也可插入（即整合）到染色体组上，同时，也可经过接合作用而获得，或通过一些理化因素（如吖啶橙、亚硝基胍、溴化乙锭、环己亚胺和加热等）的处理，使其 DNA 复制受抑制后而从细胞中消失。

凡有 F 因子的菌株，其细胞表面就会产生 1~4 条中空而细长的丝状物，称为性散毛（sex pili）（或性菌毛）。它的功能是在接合过程中转移 DNA。

根据 F 因子在大肠杆菌中的有无和存在方式的不同，可将其分成 4 种接合类型。

① F⁺（"雄性"）菌株　细胞中存在着一个或几个游离的 F 因子，在细胞表面还有与 F⁺ 因子数目相当的性散毛。当 F⁺ 菌株与 F⁻ 菌株相接触时，前者通过性散毛将 F 因子转移到后者体中，并使 F⁻ 菌株也转变成 F⁺（一般达到 100%）。

② F⁻（"雌性"）菌株　细胞中无 F 因子，表面也不具性散毛。它可通过与 F⁺ 菌株或 F′ 菌株的接合而接受外来的 F 因子或 F′ 因子，从而使自己成为"雄性"的菌株。同时，还可接受来自 Hfr 菌株的一部分或全部染色体信息。如果是后一种情况，则它在获得一系列 Hfr 菌株性状的同时，还获得了处于转移染色体末端的 F 因子，使自己从原来的"雌性"转变为"雄性"菌株。有人统计，从自然界分离的 2000 个大肠杆菌菌株中，F⁻ 约占 30%。

③ Hfr 菌株（高频重组，high frequency recombination）菌株　在 Hfr 菌株中，因为 F 质粒已从游离态转变成在核染色体上特定位置的整合态，故它与 F⁻ 接合后的重组频率比 F⁺ 与 F⁻ 接合后的重组频率高出几百倍以上。在接合时由于 Hfr 的染色体双链中的一条单链在 F 因子中断裂，遗传物质由环状变成线状，F 质粒中与性别有关的基因位于单链染色体末端。整段单链线状 DNA 以 5′ 端引导，通过性菌毛转移至 F⁻ 细胞中，时间大约为 100min。所以必然要等 Hfr 的整条染色体组全部转移完成后，F 因子才能完全进入 F⁻ 细胞。可是，事实上由于种种原因，这种线状染色体在转移过程中经常会发生断裂，所以 Hfr 的许多基因虽可进入 F⁻，但越在前端的基因，进入的机会就越多，故在 F⁻ 中出现重组子的时间就越早，频率也高。而 F 因子位于最末端，故进入的机会最少，引起性别转化的可能性也最小。因此，Hfr 与 F⁻ 接合的结果重组频率虽高，但却很少出现 F⁺。

Hfr 菌株的染色体转移与 F⁺ 菌株的 F 因子转移过程基本相同。所不同的是，进入 F⁻ 的单链染色体片段经双链化后，形成部分合子（merozygote，又称半合子），然后两者的同源染色体进行配对，一般认为要经过两次或两次以上的交换后才发生遗传重组。

由于上述转移过程存在着严格的顺序性，所以，在实验室中可以每隔一定时间利用强烈搅拌（用组织捣碎器或杂交中断器）等措施，使接合中断，从而可以获得呈现不同数量 Hfr 性状的 F⁻ 接合子。根据这一实验原理，就可选用几种有特定整合位点的 Hfr 菌株，在不同时间使接合中断，最后根据在 F⁻ 中出现 Hfr 中各种性状的时间早晚（用分钟表示）画出一幅比较完整的环状染色体图（chromosome map）。这就是 1955 年由伍尔曼（Wollman）和雅各布（Jacob）创造的中断杂交法（interrupted mating experiment）的基本原理。同时，原核微生物染色体的环状特性开始被认识。

④ F′ 菌株　当 Hfr 菌株内的 F 因子因不正常切割而脱离其染色体组时，可形成游离的但可携带整合位点临近的一小段（最多可携带 1/3 段染色体组）染色体基因的 F 因子，称 F′ 因子或 F′ 质粒。携带有 F′ 因子的菌株，其性状介于 F⁺ 与 Hfr 之间，这就是初生 F′ 菌株（primary F′ strain）。通过初生 F′ 菌株与 F⁻ 菌株的接合，就可以使后者转变成菌 F′ 株，这

就是次生 F′菌株（secondary F′菌株），它既获得了 F 因子，又获得了来自初生 F′菌株的原属 Hfr 菌株的遗传性状，故它是一个部分双倍体细胞。以 F′接合来传递供体菌基因的方式，称为 F 因子转导（F-duction）、性导（sexduction）或 F 因子媒介的转导（F-mediated transduction）。这时，受体菌的染色体和由 F′因子所携带来的细菌基因间，通过同源染色体区（即双倍体区）的交换实现了重组。

（4）原生质体融合　通过人为方法使遗传性状不同的两细胞的原生质体发生融合，依此获得兼有双亲遗传性状并能稳定遗传的过程，称为原生质体融合或细胞融合（图 5-15）。这种重组子称为融合子（fusant）。原生质体融合技术是 20 世纪 70 年代继转化、转导和接合之后才发现的转移遗传物质的又一重要手段。

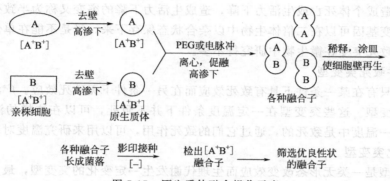

图 5-15　原生质体融合操作示意

能进行原生质体融合的生物极为广泛，植物、微生物、动物细胞都可以进行原生质体融合。

5.3　菌种变异

在微生物的基础研究和应用中，每一株理想的菌株都是由野生型经过诱变育种、杂交育种或基因工程等育种方法筛选得到的，这是冗繁而艰苦的工作。而获得的菌株在以后的使用与保藏过程中会始终存在变异的行为，这种行为的累积最终会导致菌种优良性状的退化甚至丧失。这种变异大部分是来自于自然的基因突变，而欲使菌种始终保持优良性状的遗传稳定性和活性，既要保证菌种不被其他杂菌污染，且在长期的保存过程中要降低其发生变异的可能性，不但要采取良好的保藏措施，还要进行定期或不定期的复壮，从而达到保持纯种及其优良性能的目的。

基因突变又称点突变，是指基因组 DNA 分子发生的突然的可遗传的变异。从分子水平上看，基因突变是指基因在结构上发生碱基对组成或排列顺序的改变。一定的条件下基因可以从原来的存在形式突然改变成另一种新的存在形式，就是在一个位点上，突然出现了一个新基因，代替了原有基因，这个基因叫做突变基因。于是后代的表现中也就突然地出现祖先从未有的新性状（一般会有表型上的变化）。

5.3.1　基因突变的原理

基因突变在自然状况下一般是由于 DNA 复制水平上发生碱基的错配、插入或缺失而造成新链 DNA 与旧链 DNA 基因序列上的差异，但是这种差异得益于 DNA 聚合酶的修复功能，而发生的概率非常低，一般来说其概率低于 10^{-9}。但是微生物在自然界里存在是不能脱离外界的联系的，环境中的理化因素往往会影响到 DNA 复制、甚至是转录，也会造成类似的碱基错配、插入或缺失，这样也会导致基因突变。基因突变是微生物变异的根本原因，其存在是绝对的。

5.3.2 基因突变的方式

5.3.2.1 形态突变型

这类突变改变生物的外观表现，包括形态的改变，例如细菌、霉菌、放线菌等的菌落形态以及噬菌体的噬菌斑的改变。孢子颜色、鞭毛的有无、细菌菌落表面光滑或粗糙、噬菌斑的大小和清晰程度的改变等都是形态突变型的典型例子。

5.3.2.2 致死突变型

这类突变造成个体死亡或生活力下降，造成生活力下降的突变又称为半致死突变。一个稳性的致死突变基因可以在二倍体生物中以杂合状态保存下来，可是不能在单倍体生物中保存下来，所以致死突变在微生物中研究得不多。

5.3.2.3 条件致死突变型

这类突变只有在某一条件下具有致死效应而在另一条件下无致死效应。广泛应用的一类是温度敏感突变型。这些突变型在一定温度条件下并不致死，可以在这样的温度中保存下来。它们在另一温度中是致死的，通过它们的致死作用，可以用来研究温度对基因的作用。

5.3.2.4 生化突变型

生化突变型是一类无形态改变效应而生理代谢发生一定变化的突变型，最为常见的是营养缺陷型。某一野生型菌株因发生基因突变而丧失合成一种或几种生长因子、碱基或氨基酸的能力，因而无法在基本培养基（minimum medium，MM）上正常生长繁殖的变异类型，称为营养缺陷型。它们可以在添加相应营养物质的基本培养基上生长。营养缺陷型在微生物遗传学研究中的应用非常广泛，也常常利用这类代谢缺陷型进行工业发酵，生产对人们有用的有机物质。抗药性突变也是微生物遗传学中常用的一类生化突变型。

5.3.2.5 产量突变型

由于基因的突变而使某些菌株在代谢产量上和原始菌株有明显的差异的现象，称为产量突变型。若突变菌株的代谢产量显著高于原始菌株者，称为正突变（plus-mutant），否则称为负突变（minus-mutant）。人们往往希望得到正突变，但因产量是由多个基因决定，得到正突变并不是一件容易的事。

突变率是指（或病毒株）在每一世代中发生某一性状突变的概率。例如，突变率为 10^{-6} 即表示该细胞在一百万次的分裂过程中，会发生一次突变，这样表示突变率难以理解，为方便起见，突变率常用某一细胞群体分裂一次时，发生突变的细胞数占总细胞数的比例来表示，例如一个细胞数量为 10^6 的群体当其分裂为 2×10^6 个细胞时，如有一个细胞发生突变，则其突变率就是 10^{-6}。

某一基因的突变一般是独立发生的，它的突变也不会影响别的基因的突变，因此要在同一细胞中同时发生两个或两个以上基因突变的频率是极低的。由于突变率是如此之低，要测定某基因的突变率或在其中筛选突变株就显得十分地困难，所幸的是，可以成功地利用上述检出选择性突变株的手段尤其是可以采用检出营养缺陷型的回复突变株（back mutant，reverse mutant）或抗药性突变株（resistance mutant）的方法方便地达到目的。

上述几类突变型并不是彼此排斥完全独立的，某些营养缺陷型具有明显的形态改变，例如粗糙脉孢菌和酵母菌的某些腺嘌呤缺陷型分泌红色色素。营养缺陷型也可以认为是一种条件致死突变型，因为在没有补充某种物质的培养基上，营养缺陷型不能生长。所有的突变型都和生化突变有关。

5.4 食品级表达系统

食品级表达系统是一套包括宿主和表达载体在内的安全的、完整的表达系统，这个表达系统所涉及的材料和技术，包括菌体〔必须来自于食品级微生物，GRAS (generally recognized as safe)〕、DNA、转化和表达所使用的材料、选择标记和培养、表达条件等都必须是对环境、对人体无任何毒副作用，可以被食品工业接受和认可的。自从这个定义提出后，食品级表达系统的研究也得益于生物技术的飞速发展而日益增多。目前较成熟的是乳酸菌表达系统，也有人建立了枯草芽孢杆菌食品级表达系统和食品级酿酒酵母高效分泌/展示表达系统。

5.4.1 食品级载体的概念

食品级载体顾名思义，就是指载体系统不得含有非食品级功能的 DNA 片段，传统的表达载体上都携带有一个或多个编码抗生素筛选标记的抗性基因。虽然这对遗传操作是保持一定的选择压力，对阳性克隆的筛选非常有利，但将抗生素基因导入到食品环境中或最终进入动物体内，由于抗生素因子的转移，将有可能带来生物安全性的严重后果，所以是必须禁止的。而取代的办法就是采用对人体安全的食品级选择标记基因代替抗生素抗性标记基因，这就是食品级载体。

5.4.2 食品级表达系统的克隆与表达

食品级表达系统在表达时也可以采用一定的诱导物，但是这些物质也必须是食品级的，目前常用的是乳糖、蔗糖、嘌呤、嘧啶、乳链菌肽等，都是可以直接被人或动物食用的物质。

食品级表达系统中最常见的是依赖于乳酸菌的表达系统，主要有 *lac* 操纵子控制的食品级基因表达系统、嘌呤诱导的食品级基因表达系统以及营养缺陷型食品级基因表达系统等。

lac 操纵子控制的食品级基因表达系统是用 *lacF* 基因作为选择标记，将来源于大肠杆菌的 β-葡糖醛酸酶基因（*gusA*）导入于表达载体上的乳球菌乳糖操纵子 *lacA* 启动子下游，同时插入氨基肽酶 N 基因（*pepN*）的转录终止子以增加载体和外源 DNA 的遗传稳定性。由于受体菌乳酸乳球菌 NZ3000 不含质粒，染色体上的 *lacF* 基因有一个符合阅读框的基因已被缺失，即构建成一个由乳糖诱导的食品级基因表达系统。当在含乳糖的培养基上生长时，该载体可稳定存在于乳酸乳球菌 NZ3000 中，同时使 β-葡糖醛酸酶基因在 *lacA* 启动子的控制下获得高效表达。

乳酸菌中最常用的食品级诱导表达系统是 nisin 控制的基因表达系统 NICE (nisin controlled gene expression system)，它是以 nisin 生物合成基因簇（包括结构基因 *nisiA*）的启动子 *nisA* 和双组分调节系统基因 *nisRK* 为基础的，由 nisin 诱导而自我调节的系统。Nisin 可以在含有 *nisRK* 基因的宿主菌中高效诱导表达在 *nisA* 启动子之后插入的外源基因。

> **拓展阅读**
>
> ### 营养基因组学
>
> 营养基因组学（Nutrigenomics 或 Nutritional Genomics），又叫营养遗传学（Nutrigenetics），是研究营养素和植物化学物质对机体基因的转录、翻译表达及代谢机理的科学。它

以分子生物学技术为基础，应用 DNA 芯片、蛋白质组学等技术来阐明营养素与基因的相互作用。目前主要是研究营养素和食物化学物质在人体中的分子生物学过程以及产生的效应，对人体基因的转录、翻译表达以及代谢机制，其可能的应用范围包括营养素作用的分子机制、营养素的人体需要量、个体食谱的制定以及食品安全等，它强调对个体的作用，是继药物之后源于人类基因组计划的个体化治疗的第二次浪潮。营养基因组学所涉及的学科有营养学、分子生物学、基因组学、生物化学、生物信息学等，从这个层面上看，营养基因组学是基于多学科的边缘学科。

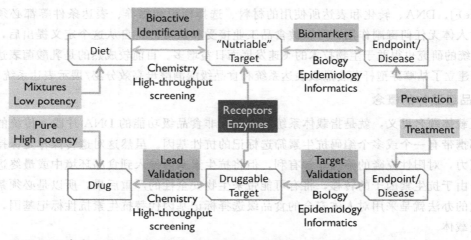

热点：营养素与基因相互作用对健康影响的规律及机制的研究。

思 考 题

1. 生物学家是用什么试验证明遗传的物质基础是核酸的？自然界中是否所有的传代都是以此为基础？为什么？

2. 什么是质粒？质粒的特点有哪些？食品上能用何种质粒？

3. 简述转化、转导、接合的概念与异同点。

4. 什么是原生质体融合？这种方法在食品基因工程上有何意义？

5. 简述基因工程的基本程序，转基因食品是如何演化来的？

6. 食品级表达系统与常见的基因表达系统有何差别？

7. 什么是营养基因组学？请举例说明该学科在今年的发展大事。

参 考 文 献

[1] http://en.wikipedia.org
[2] 董明盛，贾英民主编. 食品微生物学. 北京：中国轻工业出版社，2008.
[3] 江汉湖主编. 食品微生物学. 北京：中国农业出版社，2010.
[4] 沈萍主编. 微生物学. 第 2 版. 北京：高等教育出版社，2006.
[5] 顾健人，曹雪涛主编. 基因治疗. 北京：科学出版社，2001.
[6] 刘志国主编. 基因工程原理与技术. 第 2 版. 北京：化学工业出版社，2011.
[7] 韦革宏主编. 微生物学. 北京：科学出版社，2008.
[8] 张金宝，乌云塔娜. 乳酸菌食品级高效表达载体系统的研究进展. 畜牧兽医杂志，2008，27 (6)：42-44.
[9] 张虎成，陈薇. 食品级乳酸菌表达系统研究进展. 生物技术通报，2007，18 (2)：345-347.

第 6 章　微生物分类

迄今，地球上生物种类究竟有多少并没有准确答案，据推测总共可能有 3000 万种。但已有分类记录记载的生物种类大约有 150 万种．其中微生物有 15 万～20 万种。而随着研究的推进，特别是新培养方法和技术的应用，如高通量培养方法以及不依赖于实验室人工培养的分子分析等方法的使用，所揭示出的微生物种类数目还在不断地快速增加。面对如此纷繁多样的微生物，掌握微生物分类学的理论和方法是非常重要的，这是认识、研究和应用微生物的基础。

分类（classification）是认识客观事物的一种基本方法。要认识、研究和利用各种微生物资源必须对它们进行分类。研究微生物分类理论和技术方法的学科称为微生物分类学（Taxonomy）。分类学涉及三个相互关联而又有区别的内容：分类（classification）、命名（nomenclature）和鉴定（identification 或 determination）。分类是根据一定的原则对微生物进行分群归类，根据相似性或相关性编排成系统，并对各个类群的特征进行描述，以便考查和对未被分类的微生物进行鉴定；命名是根据命名法规，给每一个分类单位一个专有的名称；鉴定是指通过特征测定，确定未知的、或新发现的、或未明确分类地位的微生物的归属类群的过程。可见，分类是从特殊到一般或从具体到抽象的过程，鉴定则与其相反。

根据主要目标和依据的不同，微生物分类可简单地区分成两种：一是基于表型性状（phenetic trait）的分类，其根本目的是方便分类和鉴别，重在实用；二是按照生物系统发育相关性的分类，其目标是探寻生物之间的进化关系，反映生物系统发育的谱系，构建系统发育分类系统。前者属于传统生物分类的范畴，而后者代表了进化论出现以后微生物分类的一般趋势，即微生物分类不再仅仅限于从表型特征对生物分群归类，而是进一步从分子水平来探讨微生物的进化、系统发育和进行分类鉴定。

微生物分类涵盖的内容非常广泛，本章重点以原核微生物为例阐述、说明，并对真菌的代表分类系统作简单介绍。关于其他微生物的分类，请参见相关书目。

6.1　生物分类单元与命名法则

6.1.1　生物的分类单元

分类单元或分类群是指分类系统中具体的某级分类单位，如原核生物界（Procaryotae），红螺菌科（Rhodospirillaceae），金黄色葡萄球菌（Staphylococcus aureus）等都分别代表一个具体的分类单元。

6.1.1.1　种以上的分类单元

与其他生物分类一样，最基本的微生物分类单元也是种（species），种以上的系统分类单元从高到低依次也可分为 7 个基本分类等级或分类阶元（rank 或 category），即界、门、纲、目、科、属、种。在生物系统分类单元中，性质相似的低级分类单元组成更高一级的分类单元。比如，性质相似、相互关联的种组成属，相近的属又合成科，以此类推，形成含有不同等级分类单元的完整分类系统。为更好地理解生物的系统分类，以不产氧光合细菌——深红红螺菌举例如下：

    界 Kingdom   原核生物界（Procaryotae）

    门 Phylum   薄壁菌门（Gracilicutes）

    纲 Class   光合细菌纲（Photobacteria）

    目 Order   红螺菌目（Rhodospirillales）

    科 Family   红螺菌科（Rhodospirillaceae）

    属 Genus   红螺菌属（*Rhodospirillum*）

    种 Species   深红红螺菌（*Rhodospirillum rubrum*）

必要时每一级别可有辅助单元，如每个分类阶元下还可增加亚级，例如亚界、亚门、亚种，用以更进一步反映相邻阶元之间的差异（表6-1）。随着多级分类的发展，又出现了级上增级的趋向。1990年，Woese提出了"域"（domain）的概念，建议在分类系统中将"域"置于"界"之上，为分类的最高等级。也有微生物学家提出在"域"下取消"界"这一分类等级（举例见表6-2）。另外，需要注意的是，分类等级或分类阶元只是系统分类单元级别或水平的概括，并不代表具体的分类单元。

表6-1 微生物各级分类单元及其词尾

分类阶元	细菌	真菌	藻类	原生动物	病毒
门		-mycota	-phyta	-a	
亚门		-mycotina	-phytina	-a	
超纲①				-a	
纲		-mycetes	-phyceae	-ea	
亚纲		-mycetidae	-phycidae	-ia	
超目②				-idea	
目	-ales	-ales	-ales	-ida	
亚目	-ineae	-ineae	-ineae	-ina	
超科③				-oidea	
科	-aceae	-aceae	-aceae	-idae	-viridae
亚科	-oideae	-oideae	-oideae	-inae	-virinae
（族④）	-eae	-eae	-eae	-ini	
（亚族）	-inae	-inae	-inae		
属					-virus

①Superclass；②Superorder；③Superfamily；④Tribe。

表6-2 微生物系统分类阶元举例

分类阶元	举例	分类阶元	举例
域（Domain）	细菌域（Bacteria）	科（Family）	肠杆菌科（Enterobacteriaceae）
门（Phylum）	变形菌门（Proteobacteria）	属（Genus）	志贺菌属（*Shigella*）
纲（Class）	γ-变形菌纲（γ-Proteobacteria）	种（Species）	痢疾志贺菌（*S. dysenteriae*）
目（Order）	肠杆菌目（Enterobacteriales）		

注：引自最新《伯杰氏系统细菌学手册》大纲（http：//141.150.157.80/bergeysoultline/main.htm）。

属和种是微生物分类鉴定的必需属性。属是科与种之间的分类单元，也是基本的分类单元。属通常包含具有某些共同特征和关系密切的种。Goodfellow和O'Donnell（1993）提出DNA的G＋C含量（％）差异小于等于10％～12％及16S rDNA的序列同源性大于等于95％的种可归为同一属。

在上述分类单元中，种是最基本和重要的单元，也是分类系统中最常用和最受关注的单元。种以下的亚种，以及亚种以下的等级则是针对特定属性或目的的分类单元。亚种以下单元在稍后的内容中加以说明。

6.1.1.2　种的概念

种是分类等级的基本单元，所指就是物种。但目前对于微生物尤其是原核微生物，种的概念尚没有完全统一认识。之所以如此，是因为定义高等生物"种"的几个主要性状并不适用于微生物，例如，微生物个体小而不能提供足够的形态学上的分类证据；原核微生物中只有少数存在接合现象，而绝大多数缺乏严格意义上的有性杂交，从而不能像高等生物那样用"生殖隔离"来区分物种等。Berge 等认为种是以某个"标准菌株"为代表的十分类似的菌株的总体，是以群体形式存在的。1986 年，Stanier 提出"一个种是由一群具有高度表型相似性的个体组成，并与其他具有相似特征的类群存在明显的差异"。但这个定义仍无量化标准。1987 年，国际细菌分类委员会颁布，当 DNA 同源性≥70%，且其 $\Delta T_m \leqslant 5℃$（ΔT_m 是当 50%的引物和互补序列表现为双链 DNA 分子时的温度）的菌群为一个种，并且其表型特征应与这个定义相一致。1994 年，Embley 和 Stacherbrandt 认为当 16S rDNA 的序列同源性大于等于 97%时可认为是一个种。以上两个关于种的定义虽给出了量化标准，但似乎衡量标准过于单一，多相分类研究认为要利用 DNA 序列信息（主要是 DNA 的同源性）分析为基础，并结合常规的表型特征进行种的划分。但是，无论鉴定指标或标准如何，在进行"种"的具体分类之前，须确定能代表种群的模式菌株或典型菌株（type strain）作为该群的模式菌种（type species）。一般情况下，最早分离鉴定的"原始"或"新"的、常见的、研究深入的菌株用作其所在种群的代表，以其为标准确定其他菌是否可归类为同种。同种的标准必须是被研究对象的每一个鉴定特征都与已知模式菌的相同。

过去由于缺乏统一标准，在微生物种的划分上比较混乱。随着新技术的发展和认识的深入，分类系统的具体分类单元可能需要做出调整，甚至是分类阶元本身。实际上，在《伯杰氏细菌鉴定手册》的第一版到第八版更新改版中就可以明显观察到一些代表属中和一些更高分类单元的变化和调整。总之，种可以简单地理解为是分类特征高度相似，而又与同属内的其他种存在明显差异的菌株群。

6.1.1.3　亚种以下的分类单元

在对微生物种进行分类时，当大部分鉴定特征与模式菌株相同，而仅有某一特征存在着明显而稳定差异时，为了更准确地将其定位在系统分类中，往往将其确定为模式菌株的同一个种下的不同亚种、变种、型或菌株等分类单元。亚种以下的分类单元名称并没有在国际细菌命名法规中规范和限制，是非法定的分类，而一般都采用的是习惯用语，且其含义直观而明确，所以在实际分类中成为了默认的分类方法。

（1）亚种或变种　亚种（subspecies，简称 subsp）或变种（variety，简称 var）是种进一步细分的分类单元，是正式分类系统中级别最低的分类单元。当被鉴定物的大部分鉴定特征与模式菌株的一致，但又存在可稳定遗传的明显的特征上的差异，而这些差异又不足以使得它成为一个新种时此研究对象就可确定为相关种的一个亚种。变种是亚种的同义词。在 1975 年之前，亚种是种的亚等级，为避免引起词义上的混淆，1976 年《国际细菌命名法规》修订后，不再主张使用"变种"这一名词。

（2）型　型（form）是亚种以下的细分。常用以区分不同亚种之间某些特殊性状上存在差异的菌株，而这些差异又不足以使其分为新的亚种。如根据抗原结构的差异，可将紧密相关的菌株分为不同的血清变异型，按出现的特殊形态可分为形态变异型。型作为菌株的同义词，曾用以表示细菌菌株，目前已停用。尚在使用的型已不再对应于早先的-type（form），而对应于-var，而作为变异型的后缀使用，如生物变异型（biotype—biovar）、形态变异型（morphotype—morphovar）等。常用型的名称和适用对象见表6-3。

表6-3 变种以下的常用型

推荐使用名称	同义名称	适用于如下特殊性状菌株
血清变异型（serovar）	血清型（serotype）	不同的抗原特性
噬菌变异型（phagovar）	噬菌变异型（phagotype）	被噬菌体裂解特性上的不同
生物变异型（biovar）	生物型（biotype）、生理型（physiological type）	特殊的生理或生化性状
形态变异型（morphovar）	形态变异型（morphotype）	特殊的形态特征
致病变异型（pathovar）	致病型（pathotype）	对宿主致病上的差异
培养变异型（cultivar）		特殊的培养性状

（3）菌株或品系 菌株或品系（strain）（在病毒中称株或毒株）是单个生物个体或纯培养分离物的后代组成的纯种群体，至少在某些性状上与其所在特定的分类单元种内的其他菌株群存在明显区别。不同来源如来自不同地区、不同生境下的同种微生物，它们在某些非定种或界定亚种鉴定特征方面总会存在一些差异，这种差异即可用菌株来区分。菌株是纯一遗传组成的群体，通过物理或化学诱变等人工实验方法导致遗传组成改变，最终获得的某菌种的一个变异个体后代，也应称为一个新的菌株。因此，菌株几乎是无数的。概括地说，一种微生物的不同来源的纯培养物均可称之为该种的不同菌株。虽然菌株并不是一个正式分类单位，但在生产、科研和学术交流的实际应用中，除必须标明菌种的名称外，同时也需要标明菌株的名称。菌株的名称都置于学名之后，可根据实际情况随意用字母、数字或数字和字母的组合，或特殊符号来表示。如枯草芽孢杆菌的两个菌株 ASI. 398（*Bacillus subtilis* ASI. 398）和 BF 7658（*Bacillus subtilis* BF 7658），ASI. 398 和 BF 7658 分别为这两个菌株的编号，前者可产蛋白酶，而后者可产 α-淀粉酶。

在微生物分类中，亚种以下分类单元除上述以外，尚有一些其他非正式的单元，如群（group）、相（phase）、态（state）和小种（race）等。这些名词使用频率虽不高，但在一些特定领域中的使用由来已久，要注意它们在不同的环境下不尽相同的含义。

6.1.2 微生物的命名

微生物的名称有俗名（vernacular name）和学名（scientific name）两种。俗名是某一特定区域内通俗的、大众化的名称，通常以简单、形象等为特点。对同一微生物，不同地区、国家的俗名可能很不同，以致严重影响相互之间的学习和交流；而且俗名的含义往往并不准确，容易造成混淆和误解。所以，在学术交流、科学研究和科技文章发表时须用微生物的学名。微生物学工作者需要掌握一些常见的或者是自身感兴趣领域的一些重要的微生物的学名，这样有利于业务水平的提高。

微生物的命名就是根据国际命名规则，给予微生物以正确的科学名称，即学名。在国际统一规则下微生物的命名有利于国际交流和避免使用上的混乱。

微生物的命名和高等生物一样，也采用瑞典植物分类学家 Linne（1707—1778）在《自然系统》（1758）中提出的统一的"双名法"系统（binomial nomenclature system）。微生物的学名也由属名和种名加词两部分构成，它们是两个拉丁字或希腊字母或者拉丁化的其他文字。前面的词为属名，源于微生物的形态、构造或某著名科学家的姓，用以描述微生物的主要特征；后面的词为种名加词，源于微生物的颜色、形状、来源、致病名或某著名科学家的姓，用以描述微生物的次要特征。在微生物分类中，相对容易确定未知微生物的属，这时如果当微生物只有属名而种名尚未确定，或者只是泛指时，对于这样的某种微生物的描述可在属名后加一 sp.，而如果是一群微生物种名未定，则加 spp.（sp. 和 spp. 分别是 species 的单数和其复数形式的缩写）。如 *Bacillus* sp. 可译为芽孢杆菌某种，而 *Bacillus* spp. 可译为芽孢杆菌某些种。微生物学名的属名是拉丁文单数主格名词或用作名词的形容词，可以为阳性、阴性或中性，属名的首字母一律要大写；种名是拉丁文的形容词，其首字母小写。在出版物中学名以斜体格式排版，在手写稿或打字机出稿（无斜体格式）的情况下，学名加下划线以示应是斜体的区别。在分类学专业文献当中，学名后往往还要加首次定名人（外加括号）、现定名人和现定名年份，而一般情况下可以省略。

以铜绿假单胞杆菌（*Pseudomonas aeruginosa*，俗名绿脓杆菌）为例说明如下：

学名＝属名＋种的加词＋(首次定名人）＋现定名人＋现定名年份

　　　　　　　　斜体　　　　　　　　　正体，可省略

Pseudomonas aeruginosa (Schroeter) Migula 1920

再举三例：

例 1　结核分枝杆菌 [*Mycobacterium tuberculosis* (Zopf) Lehmann & Neumann]。属名 *Mycobacterium*，*Myco* 意为真菌状，*-bacterium* 意为杆状细菌，故 *Mycobacterium* 意为真菌状的杆菌；种名 *tuberculosis* 意为结核；学名后面括弧内的 Zopf 虽是首先发现结核病原菌，但当时命名为 *Bacterium tuberculosis*，后来由 Lehmann 和 Neumann 把它转入 *Mycobacterium* 属内。因此，学名后括弧内人的姓是首先发现该菌的人，而在括弧后另附加改订该菌学名的人的姓。

例 2　枯草芽孢杆菌 [*Bacillus subtilis* (Ehrenberg) Cohn 1872]。属名 *Bacillus* 意为具有芽孢的杆状细菌，种名 *subtilis* 意为细小的，由于常来源于枯草，故译为枯草芽孢杆菌，Ehrenberg 首先给该菌描述命名为 *Vibrio subtilis*（1835），Cohn（1872）把它转入 *Bacillus* 的适当属中。说明命名该菌的历史过程。

例 3　魏氏梭状芽孢杆菌 [*Clostridium welchii* (Migula) Holland]。属名 *Clostridium* 意为具有芽孢的梭状杆菌，种名为人的姓。Welchii 首先发现和研究该菌，Migula 为了纪念 Welchii 给该菌的种名定为 *welchii*。Holland 把它列入 *Clostridium* 中。

新种发表时，还要在种学名后加上 nov（novel 的缩写）（新种发表前，其纯培养物作为模式菌株应已递交一个永久性的菌种保藏机构保藏，以便人们可从中查考和索取）。如 *Corynebacterium pekinense* sp. nov. ASI. 299，意指北京棒杆菌 ASI. 299 新种。

当命名对象为亚种时，其学名按"三名法"定义。以"苏云金芽孢杆菌腊螟亚种"为例说明如下：

学名＝属名＋种的加词＋(subsp. 或 var.）＋亚种或变种的加词

　　　斜体　　　　　　　正体，可省略　　　　　　斜体

Bacillus thuringiensis　　　subsp.　　　*galleria*

同属的完整学名如果在前文中已出现过，则后面学名中的属名常缩写为大写首字母，加点（英文的句号），缩写仍为斜体。如本节上文已出现了 *Pseudomonas aeruginosa*，这里就可用 *P. alcaligenes* 代替 *Pseudomonas alcaligenes*（产碱假单胞菌）。

6.1.3 微生物在生物界中的地位

6.1.3.1 生物的界级学说

一个多世纪以来，以一些形态、细胞结构或一些生理生化特征为根据，生物分类经历了最初的分为植物和动物的两界系统；随着认识的深入，逐渐从两界出现了三界系统、四界系统、五界系统、六界系统；由于现代分子技术在分类学上的应用，出现了三原界的生物分类系统。

(1) 两界系统 人类很早就已在生产实践活动中观察到动物和植物的区别。1753 年，有"分类学之父"之称的瑞典植物学家 Linne 出版了其著名的《植物种志》，在此著作中首次科学地根据形态和生理特征，将生物分为植物界和动物界两界。在古老的 Linne 两界分类系统中，基于细菌和真菌都有细胞壁但不能运动的形态特征，将它们归入了植物界，并称之为原叶体植物。此后，一直到 20 世纪 50 年代，两界系统分类学说基本没有变化，一直都在沿用。期间虽有新系统产生，但并未得到广泛一致的认可。

(2) 三界系统 Hogg（1860）和 Haeckel（1866）先后将单细胞生物、藻类、真菌和原生动物组成低等生物界——原生生物界（Protista）、原植物界和动物界合称生物分类的三界系统。Haeckel 注意到了生物核有无的区别，并由此将细菌和蓝藻单独划入称为"元核类"（Monera）的一类，但仍置于原生生物界内。

(3) 四界系统 早在 1938 年，Copeland 就提出了四界系统的设想，进一步将"无核类"地位分出升级至"界"，并于 1955 年最终提出完善的"四界系统"——菌界（含细菌和蓝藻）、原生生物界（真菌和部分藻类）、植物界和动物界。Whittaker（1959）和 Leedlale（1974）先后对此四界系统分别作了修改。Whittaker 修改的四界系统由原生生物界（细菌、蓝藻和原生动物）、真菌界、植物界和动物界组成；而 Leedlale 将真菌界、植物界和动物界以外的生物归入原核生物界，细菌和蓝藻因缺乏细胞核也被划入此界。

(4) 五界系统 1969 年，Whittaker 在以往工作的基础上进一步将四界系统发展成为了五界系统。此系统包括原核生物界（细菌和蓝藻等）、原生生物界（原生动物、单细胞藻类和黏细菌）、真细菌（真菌和酵母菌）、植物界和动物界。五界系统是一个较完善的纵横统一的系统，在传统分类学上得到了最广泛的支持和认可，极具影响力。五界系统在纵向上显示了生物从低等向高等进化，即无核细胞—真核单细胞—真核多细胞三大进化阶段；而在横向上显示了自然生态系统中的营养类型，即光合作用的植物、吸收营养的真菌和摄食的动物生物演化三大方向。然而，也有许多的生物学家并不接受五界系统，一个主要的原因就是五界系统没有将古细菌和细菌区分开来；另外，原生生物界所包含的种类繁多。实际分类应用很难；还有，对原生生物界、植物界和真菌界的界定也不尽合适，如在五界系统中褐藻被归入了植物界，但褐藻和其他植物的关系并不是很密切。

(5) 六界系统 1949 年，Jahn 等提出过将生物分成后生动物界（Metazoa）、后生植物界（Metaphyta）、真菌界、原生生物界、原核生物界和病毒界（Archetista）的六界系统。1977 年，中国学者工大粗等在五界系统的基础上，也提出过应增加一个病毒界（Vira）的六界系统，即植物界、真菌界、动物界、原生生物界、原核生物界、病毒界。之后也有提出过其他六界系统，如：在 1990 年，Brusca 等提出，即原核生物界、古细菌界（Archaebacteria）、原生生物界、真菌界、植物界和动物界组成的六界系统；1996 年，Raven 也提出一个六界系统，在这个系统中具体分为古细菌界、真细菌界、原生生物界、真菌界、植物界和动物界。

(6) 三总界五界系统　1971 年，Moore 建议在界上增设"域"，实际上等于"总界"。他提出将生物分为三个域，即病毒域、原核域和真核域（包括植物界和动物界，植物界中又分植物亚界和真菌亚界）。1979 年，中国学者陈世骧等曾提出，根据生命进化的三个阶段历程（无细胞阶段→原核阶段→真核阶段），将生物应分为三个总界；三总界下，再按生态系统的差别分为五个界。其所建议的三总界和五界具体如下：

Ⅰ. 非细胞总界（Superkingdom Acytonia）

Ⅱ. 原核总界（Superkingdom Procaryota）

　　1. 细菌界（Kingdom Mycomonera）

　　2. 蓝藻界（Kingdom Phycomonera）

Ⅲ. 真核总界（Superkingdom Eucaryota）

　　3. 植物界（Kingdom Plantae）

　　4. 真菌界（Kingdom Fungi）

　　5. 动物界（Kingdom Animalia）

这个系统的最大优点是三个总界的层次分明，没有含糊不清的中间类型存在。非细胞总界仅包含病毒界。原核总界根据是否存在放氧的光合作用为依据而分成两界：细菌界（含不产氧光合细菌，如光合紫细菌等）和蓝藻界。而真核总界中以细胞壁和叶绿体的有无为标准分成三界：植物界，细胞既有细胞壁又含有叶绿体；真菌界，细胞虽有细胞壁但无叶绿体；动物界，细胞无壁又无叶绿体。然而，此系统也存在明显的缺陷，就是简单地将非细胞生物病毒列为单独的总界之一，与有细胞形态的生物区分开，但从进化的角度考虑，病毒并不是比原核生物和真核生物更低级的生物。尽管目前的微生物教材里都会安排有关病毒的内容，但因病毒并没有典型细胞结构和生命新陈代谢特征，以致多认为病毒并不是一种生命形式。所以，有关病毒在生物分类系统中的位置尚是一个无法解决的难题。

(7) 三原界系统　20 世纪 70 年代后期由美国伊利诺伊大学的 Woese 等对大量微生物和其他生物进行 16S rRNA（或 18S rRNA）的寡核苷酸测序，并比较其同源性水平后，首次发现了一种新的生命形式——古细菌，从而将以往混杂在细菌中的古细菌单独分出来。并于 1990 年在英国科学院杂志"PNAS"上正式提出了一个与以往各种界级分类不同的新系统——三域系统。"域"（Domain）是一个比界更高的界级分类单元，三域系统过去曾称三原界系统（原界：Urkingdom）。三原界系统包括古细菌（Archaebacteria）原界、真细菌（Eubacteria）原界和真核生物（Eukaryotes）原界。为了避免可能把古细菌当作是细菌的一种，Woese 后来又把三域（界）改为古细菌域（Archaea）、细菌域（Bacteria）和真核生物域（Eukarya）。

(8) 八界系统　1989 年 Cavalier Smith 提出八界系统。八界包括古细菌界、真细菌界、古真核生物界、原生动物界、藻界、真菌界、植物界和动物界。其中，古细菌界和真细菌界属于原核生物界；古真核生物界和后真核生物界、真菌界、植物界和动物界属于真核生物界；原生动物界和藻界属于后真核生物界。八界系统得到了许多真菌学研究者的支持。

6.1.3.2　三域学说和分类

在三域系统之前，在分析生物间的亲缘关系时，传统的五界和其他界级系统基本都是依照 Linne 的系统方法。它们主要依据的是生物的整体形态、细胞结构、地理生化或生态特性、生活史特点以及少量的化石资料。然而，由于微生物缺乏明显的形态结构特征，多数没有有性繁殖和极少的化石资料，微生物之间的或与其他生物之间的亲缘关系就非常难以判断。而 Woese 创立三域系统的标尺是核糖体小亚基的碱基序列，是所有生物都有的必不可少的"看家基因"（house-keeping genes）。以此可以从系统发育和进化的角度来判断生物的亲缘关系，讨论生物的分类。三域系统除获得 rRNA 数据的支持外，也得到了其他一些特征的佐证，如古细菌与其他生物相比，其存在组成和结构特殊的细胞壁等。因此，现在生物界的三域观点已被广泛接受。

Woese 创立了三域学说，此学说是依据对 rRNA 序列测序数据的比较分析而建立的生物分子发育系统。分子测序揭示了一个以往从未设想过的生物系统发育，它与以前基于表型的生物发育系统有很大的区别。三域学说提出生物应分为古细菌、细菌和真核生物三个域。古细菌域包括产甲烷菌、极端嗜盐菌和嗜热嗜酸菌；细菌域包括除古细菌以外的所有原核生物，如蓝细菌和革兰阳性（G$^+$）细菌等；而真核生物域由原生生物、真菌、动物和植物组成。

在传统分类学中，生物学家通常在生物间结构性相似的基础之上，将生物分成五界，其中只有一界是原核生物。然而，分子系统发育表明，五界并不能代表五个主要的进化谱系。三域学说反映出生物的系统发育并不是一个单一的由简单的原核生物发育到较复杂的真核生物的过程，而是明显存在三个发育不同的基因谱系。这三个进化谱系，即古细菌、细菌和真核生物，它们有一类共同的祖先（universal ancestor），几乎是在同一时间从其祖先分成三条路线进化而来的。

三域学说重点强调了原核生物的分类，尤其是明显区别于其他生物的古细菌。以至于有些学者如 Myar 就批评三域学说过分强调古细菌的特殊性，而忽视了与其他生物在基因水平上所具有的很多的相似性。

三域学说还支持了真核生物是起源于原核生物间的"内共生学说"（1970 年，由 Margulis 在《真核细胞起源》中系统地提出）。分子测序表明，真核生物的线粒体和叶绿体起源于内共生细菌。三域学说指出地球上的生物有共同祖先———一种小细胞，原核生物细菌和古细菌首先从这个祖先进化分化出来；后来古细菌的一分支细胞吞噬了一种小型的好氧细菌，这些细菌或许在几次不同的时间与核系世代细胞建立稳定的关系，形成可世代传递的内共生物，导致线粒体的起源。而当吞噬了蓝细菌后就导致了叶绿体的起源。最终这些宿主演化发展成了各类真核微生物。

从内共生关系上来看，微生物与其他生物的亲缘关系都很密切，而微生物所涉及生物种类最为宽泛，对微生物的认识水平也就成为了生物界分类的核心。

食品微生物无特殊的分类系统。按照微生物分类系统，可将与食品密切相关的微生物分为细菌、酵母菌、霉菌和病毒。由于微生物种类繁多，很多微生物的亲缘关系（根据生物的外部性状、内部结构、生活特性等加以确定）尚未清楚，所以尚不能完全按照亲缘关系进行分类。细菌有三种不同的分类系统，即克拉西里尼科夫氏、伯杰氏和普雷沃氏分类系统。他们的通用分类单位命名法则和高等动植物一样，依次分为界、门、纲、目、科、属、种。种是分类的最基本单位。从某地区或某实验室分离到的菌种，称为菌株或品系。酵母菌为真菌的一部分，采用荷兰人洛德 1952 年发表的酵母分类系统分类。霉菌也为真菌的一部分，不同的真菌分类学者采用不同的霉菌分类系统，但在"纲"这一级分类意见都一致。食品微生物在生物学分类中的地位如图 6-1 所示。

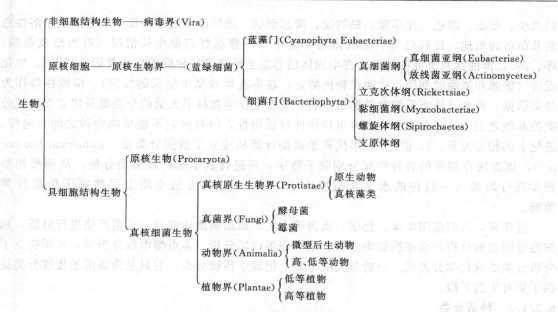

图 6-1　食品微生物在生物学分类中的地位

6.2　细菌分类系统概要

在低等生物中细菌的分类系统最不完善，这主要是由于细菌的细胞学和形态学的特征简单，又缺乏化石资料，因此，要对它取得深刻而全面的认识，有一定的困难。这样就很难建立一个像高等生物那样统一的分类系统原则，也很难根据细菌之间的亲缘关系，提出一个比较全面的分类系统，而只能根据一个生物种的性状特征，作人为的归纳，制订检索表，便于鉴定菌种。细菌的分类原则，仅依形态特性来分类是不现实，也是不合理的。近代细菌的分类，除以形态特征作为依据外，还必须以生理生化特性结合生态、血清反应和细胞化学组分分析等多方面的性状指标进行综合分析，来划分各级分类单位。

分子生物学的迅速发展，给经典分类学以深刻的影响，大大丰富了目前分类鉴定的内容。特别是近 20 多年来，开始以遗传学技术为手段，来分析细菌的种间或属间的亲缘关系，这些方法比较能涉及其本质问题，这就使人们有可能在将来建立一个由人为的分类体系逐步发展成为自然的分类体系。

6.2.1　细菌的分类原则与层次

分类是依据一定的分类原则进行的。分类的方法和原则不是一成不变的，它是随着科学的发展而不断深化和科学化的。细菌的分类原则上可分为传统分类和种系分类（Phylogenetic classification）。

6.2.1.1　传统分类

传统分类是建立在表型基础上的，故也称为表型分类。它以微生物的表型特征如细菌的形态（菌体的大小、形状、排列方式或分枝的情况等）、特殊结构（观察有无鞭毛及鞭毛着生的部位及数目；有无芽孢和荚膜；有芽孢的细菌要注意观察芽孢的形状、着生的位置以及形成芽孢后芽孢囊膨大与否；观察细胞内有无贮存聚 β-羟基丁酸颗粒或硫黄颗粒等贮藏物）、染色性（观察细菌的革兰染色反应及抗酸性染色特性）、培养特性［固体培养基上观察菌落的大小、形态、颜色、光泽度、黏稠度、隆起形状、透明度、边缘特征；是否产生水溶性色素及菌落的质地、迁移性等。在液体培养基中要注意观察表面生长情况（有否形成菌膜、环、岛），浑浊度及沉淀的特征。在半固体培养基上经穿刺接种后的生长及运动情况]、生化反应（碳源和氮源的利用；代谢产物的测定；在牛乳培养基中生长的反应）、抗原性等作为分类依据。经典《伯杰氏细菌学鉴定手册》及微生物学教科书大量的分类都是建立在传统分类的基础之上。这种分类方法只有可操作性与适用性，但有时它不能反映物种之间在遗传、进化上的相互关系。20 世纪 60 年代开始借助计算机建立了数值分类法（numerical taxonomy），该方法将细菌的各种性状分别赋予数字，再进行数学统计和聚类分析，从而按相似程度进行归类（一般种的水平相似度大于 80%）。这种方法本质上仍然属于传统分类范畴。

近年来，人们应用电泳、色谱、质谱等方法，对细菌菌体成分、代谢产物进行分析，如细胞壁脂肪酸分析、全细胞脂类分析、全细胞蛋白质分析、多点酶电泳分析等，从而建立了分析分类法或化学分类法。分析分类法本质上仍属于传统分类，它只是为细菌的传统分类提供了更有力的手段。

6.2.1.2　种系分类

种系分类法试图反映物种之间在遗传、进化上的相互关系。分子生物学分类法，如 G+C 含量分析、DNA 指纹分析、DNA-DNA 杂交、DNA-RNA 杂交、16S RNA/rDNA 序列分析、rDNA 转录间区分析等为种系分类提供了技术手段。近年来又提出了"基于序列的分类（sequence-based classification）"。在微生物基因组测序逐步深入、扩大的今天，病原微生物的主要类群中基本都有代表株被测序，使得核酸和蛋白质序列的聚类分析（cluster of orthologous groups of protein）得以引入分类系统，这种以全序列比较为基础，揭示细菌遗传、进化关系的种系分类法正在逐步形成。

6.2.2　细菌的分类系统

目前比较有影响力的细菌分类系统有三个。第一个是曾在前苏联和东欧地区普遍使用的，由前苏联的 KpacMnbMos 所著的《细菌和放线菌的鉴定》（1949），在此系统中所有的细菌被归入植物界原生植物门下的裂殖菌类，下面又分为 4 个纲：放线菌纲、真细菌纲、黏细菌纲和螺旋体纲。第二个是在许多讲法语国家或地区使用的，由法国的 Prevot 提出的《细菌分类学》（1961），该系统将细菌归入了原核生物界，下分 4 个门 8 个纲，即真细菌门（无芽孢菌纲、芽孢菌杆菌纲）、分枝杆菌门（放线菌、黏细菌纲和固氮细菌纲）、藻杆菌门（铁杆菌纲、硫杆菌纲）和原生动物细菌门（螺旋体纲）。《伯杰氏鉴定细菌学手册》（Bergey's Manual of Determinative Bacteriology），也有译作《伯杰氏细菌鉴定手册》，是继上述两个分类体系后的第三个分类系统，也是最重要的一个细菌分类系统，是于 20 世纪 70 年代后提出的。下文中简称为《鉴定手册》。

《鉴定手册》最初是由美国宾夕法尼亚大学的细菌学教授 Bergey（1860—1937）和他的四个同事为人们对细菌的鉴定而编著的。后来由美国细菌学家协会所属的细菌鉴定和分类委员会的 Breed 等负责主编。继 1923 年出版了第 1 版后，其内容经过不断的扩充和修订，分别于 1925 年、1930 年、1934 年、1939 年、1948 年、1957 年、1974 年出版了第 2 版至第 8 版。手册从 1984 年到 1989 年分 4 卷出版，并改名为《伯杰氏系统细菌学手册》（Bergey's Systematic Bacteriology）（以下简称《系统手册》）（第 1 版）。在 1994 年又对《系统手册》1～4 卷中属以上的单元进行了一些补充修订后，汇集成一册，并又恢复使用早先的名称，称之为《伯杰氏鉴定细菌学手册》（第 9 版）。与过去的伯杰氏手册相比，《鉴定手册》第 9 版具有以下 3 个特点：①手册精炼了《系统手册》第 1 版的有关表型信息的内容，并尽可能多地收录新的分类单元；②手册的目的是鉴定已经被描述和培养的细菌，并未把系统分类和鉴定信息结合起来；③手册严格按照表型特征编排，选择实用的排列，方便细菌的鉴定，并没有试图提供一个自然分类系统。现在，《系统手册》第 2 版的修订工作正在进行中，计划出版 5 卷，第 1 卷已于 2001 年开始问世，其他卷次将陆续出版发行。每个版本都吸收了许多分类学家的经验，使其内容得到了不断地扩充和修改，体现了各时期细菌分类学的发展趋势。20 世纪 70 年代以后，随着新方法和新技术的发展和应用，使得细胞学、遗传学，特别是分子生物学方面有了很大的发展和进步，这极大地促进了细菌分类学的发展，使主要以基本表型特征的传统分类逐渐过渡到了可以真正反映微生物系统发育和进化或亲缘关系的现代分类体系。下面以芽孢杆菌属（*Bacillus*）种的分离和鉴定为例简单介绍细菌鉴定手册检索表的使用方法和步骤。

（1）菌种的分离纯化　称取肥沃菜园土 5g，放入盛有 45mL 生理盐水的三角瓶中，摇动片刻，在 100℃水浴中加热 5min，以杀灭不产芽孢的细菌和其他菌类。然后按照常规的稀释法或划线分离法，在肉汤蛋白胨培养基上进行分离纯化，将纯化的菌株接入肉汤蛋白胨斜面中培养，以备进一步鉴定用。

如果是从昆虫体内分离的致病菌，一般不能在普通肉汤培养基上生长时，可将它接种在 J-琼脂平板上（胰胨 5g，酵母膏 15g，K_2HPO_4 3g，葡萄糖 2g，琼脂 20g，蒸馏水 1000mL，pH7.2～7.4）。

产生芽孢是芽孢杆菌属的主要特征，凡能在有氧条件下产生芽孢的杆菌，都应归入芽孢杆菌界（*Bacillus*）。有少数菌株，在肉汤蛋白胨培养基上不易产生芽孢，或产生芽孢的特性容易消失，可接种在产孢子培养基上作进一步验证，能在此培养基上形成芽孢者，也应归入芽孢杆菌属内。

（2）菌种的鉴定　芽孢杆菌属内种的鉴定，以形态特征及生理生化特性为主，结合生态条件，其内容具体如下所述。

① 个体形态的观察　根据芽孢杆菌属鉴定的要求，进行以下几项染色观察。

革兰染色：一般采用 24h 的菌龄染色。对某些染色不定的菌株（例如高温芽孢菌），要重复多次加以判断。芽孢杆菌属大多数种是革兰阳性，少数种染色不定，个别种如日本甲虫芽孢杆菌（*B. popilliae* Dutky）和缓病芽孢杆菌（*B. lentimorbus* Dutky）是革兰阴性菌。

美蓝染色：取葡萄糖营养肉汤斜面上生长的幼龄细胞（16～18h 菌龄），用 0.1％美蓝进行淡染色，观察细胞原生质中有无聚 β-羟基丁酸颗粒作为贮藏物。

芽孢染色：确定孢囊的形态（膨大、不明显膨大、梭状或鼓锤状），芽孢在孢囊中的位置（中生、端生或次端生）以及芽孢的形态（椭圆、柱状、球形）。有时不必芽孢染色，仅借助革兰涂片就能观察到芽孢。幼虫芽孢杆菌、日本甲虫芽孢杆菌和缓病芽孢杆菌需要特殊培养基和条件，或接种在昆虫寄主内才产生芽孢。

伴孢晶体的观察：蜡样芽孢杆菌及其变种，在土壤浸汁培养基上 28℃培养 3～7d 后，放入冰箱内贮藏 3～5 个月，在相差显微镜下或用染色方法可观察到伴孢晶体。

鞭毛染色：确定有否鞭毛及其着生的位置。

测量菌体大小：利用革兰染色涂片进行菌体大小的测量。菌体大小以微米为单位。每个菌株须测量 10 个以上菌体的宽度和长度，求其平均值。例如巨大芽孢杆菌菌体大小为（1.2～1.5）μm×（2.0～5.0）μm。菌体的大小在芽孢杆菌鉴定中占重要地位。在第一群孢囊不膨大类群中，菌体宽度在 0.9μm 以下的，属一大类，它们包括地衣、枯草、坚强、凝结等芽孢杆菌。菌体宽度在 0.9μm 以上的为另一大类，包括巨大、蜡样、蕈状、苏云金、炭疽等芽孢杆菌。

② 群体形态（菌落形态和培养特征）的观察　不同种的细菌，在相同成分或状态的培养基上的生长特征各异，因此可作为鉴定细菌的依据之一。

在肉汤液体培养基上的形态：把试验菌接种在肉汤液体试管中，30℃培养 1～2d，观察菌体是否形成菌膜、菌环或沉淀（絮状沉淀、颗粒状沉淀），或者是均匀浑浊，注意在观察前切勿摇动试管。

在肉汤琼脂培养基上的菌落形态如下所述。

固体斜面上的培养特征：用接种针挑取少量菌苔，直线接种于肉汤琼脂斜面上，30℃培养 1～2d，观察接种线上菌苔的形态，如线状、有小刺、念珠状、扩展状或假根状等。

在肉汤琼脂平板上的菌落特征：将菌种划线接种于肉汤琼脂平板上，培养 24h，观察并记录单菌落的形态和特征。

菌落形态：圆形，不规则形，菌丝体状，根状扩展等；

菌落质地：表面光滑，湿润，干燥，皱褶等；

菌落边缘：边缘整齐，缺刻状，波状，裂叶状等；

菌落的光学特性：透明，半透明，不透明；

菌落的颜色和是否分泌可溶性色素等。

③ 生理生化试验　细菌个体微小，形态特征简单，在分类鉴定中单凭形态学特征不能达到鉴定的目的，故必须借助许多生理生化指征来加以鉴别。细菌对各种生理生化试验的不同反应，显示出各类菌种的酶系不同，因此，所反应的结果也比较稳定，可作为鉴定的重要依据。鉴定芽孢杆菌属的种须做以下生理生化试验：

过氧化氢酶测定；

需氧性试验；

糖发酵试验（木糖、葡萄糖、阿拉伯糖、甘露醇等）；

甲基乙酰甲醇试验（V.P 试验），并测定 V.P 培养液生长后的 pH 值（用 pH 试纸测试）；

淀粉水解试验；

产糊精结晶试验（仅用于鉴定个别种）；

柠檬酸盐（或丙酸盐）的利用；

马尿酸盐水解；

二羟丙酮的形成；

明胶液化；

酪素水解；

酪氨酸水解；

石蕊牛奶反应；

硝酸盐还原试验；

苯丙氨酸脱氨试验；

卵磷脂酶测定；

耐盐性试验（2％、5％、7％NaCl）；

酸性营养肉汤（pH 5.7）的生长；

对溶菌酶（0.001％）的抗性试验；

对叠氮化钠（0.02％）的抗性试验；

细菌的最低及最高生长温度的测定。

④ DNA 中 G＋C 含量的测定。

总之，对一株未知菌进行鉴定，首先应根据形态特征鉴别是属哪一大类（科或属），然后再根据其生理生化特性并借助检索表来确定是哪个种，再和标准种的特征加以比较，最后定出种名。实际上，在开始鉴定时，往往可以依据待定种所具有的某些独有的特征，比较快地加以鉴别。例如：芽孢球形、孢囊膨大的只有球形芽孢杆菌一种；芽孢在孢囊内侧生的，为侧孢芽孢杆菌；蕈状芽孢杆菌具有特殊的假根状菌落；苏云金芽孢杆菌多数种在菌体内产生伴孢晶体；嗜热脂肪芽孢杆菌的生长温度为 45～75℃，以耐高温这一特征区别于其他种；多黏芽孢杆菌的孢囊膨大，能从甘油形成二羟丙酮；枯草芽孢杆菌和地衣芽孢杆菌的形态和生理特征很相似，可通过厌氧生长和丙酸盐的利用加以区别；巨大芽孢杆菌、蜡样芽孢杆菌和苏云金芽孢杆菌三者之间比较接近，可通过厌氧生长、V.P 反应、卵磷脂酶测定及抗溶菌酶等试验来加以鉴别。炭疽芽孢杆菌是本属中唯一的致病菌，其菌落边缘呈典型的卷发状（在低倍镜下观察），细胞两端平切，呈链状排列。以上这些特征是各个种典型而又区别于其他种的特征，借此可作初步鉴定。在此基础上再进行逐项生理生化试验，及 DNA 中 G＋C 含量的测定，最后定种。

芽孢杆菌属（*Bacillus*）典型菌种的检索表

群 1. 芽孢囊膨大，芽孢椭圆形或柱状，中生到端生，革兰阳性

　A. 生长在葡萄糖营养琼脂上的幼龄细胞，用美蓝淡染色，原生质中有不着色的颗粒

　　1. 严格好氧，V.P 阴性……巨大芽孢杆菌（*Bacillus megatherium*）

　　2. 兼性厌氧，V.P 阳性……蜡样芽孢杆菌（*Bac. cercus*）

　　　a. 对昆虫致病……苏云金芽孢杆菌（*Bac. thuringiensis*）

　　　b. 菌落呈假根状……蕈状芽孢杆菌（*Bac. mycoides*）

　　　c. 引起人、畜炭疽病……炭疽芽孢杆菌（*Bac. anthracis*）

　B. 生长在葡萄糖营养琼脂上的幼龄细胞，用美蓝淡染色，原生质中没有不着色的颗粒

　　1. 在 7％NaCl 中生长，石蕊牛奶不产酸

　　　a. pH 5.7 生长，V.P 阳性

　　　　(1) 水解淀粉，还原硝酸盐为亚硝酸盐

　　　　　(a) 兼性厌氧，利用丙酸盐……地衣芽孢杆菌（*Bac. licheniformis*）

　　　　　(b) 好氧，不利用丙酸盐……枯草芽孢杆菌（*Bac. subtilis*）

　　　　(2) 不水解淀粉；不还原硝酸盐为亚硝酸盐……短小芽孢杆菌（*Bac. pumilus*）

　　　b. pH 5.7 不生长；V.P 阴性……坚强芽孢杆菌（*Bac. firmus*）

　　2. 在 7％NaCl 中不生长；石蕊牛奶产酸……凝结芽孢杆菌（*Bac. coagulans*）

群 2. 芽孢囊膨大，芽孢椭圆形，中生到端生，革兰阳性、阴性或可变

　A. 发酵葡萄糖产酸产气

　　1. V.P 阳性，由甘油形成二羟丙酮……多黏芽孢杆菌（*Bac. polymyxa*）

　　2. V.P 阴性，不形成二羟丙酮……浸麻芽孢杆菌（*Bac. macerans*）

　B. 不发酵葡萄糖产气

1. 水解淀粉

  a. 不形成吲哚；V. P 阴性

    (1) 在 65℃下不生长……环状芽孢杆菌（*Bac. circulans*）

    (2) 在 65℃下生长……嗜热脂肪芽孢杆菌（*Bac. stearothermophilus*）

  b. 形成吲哚；V. P 阳性……蜂房芽孢杆菌（*Bac. alvei*）

2. 不水解淀粉

  a. 过氧化氢酶阳性；在营养肉汤中连续传代仍存活

    (1) 兼性厌氧菌；在葡萄糖营养肉汤培养基中 pH 低于 8.0 才能生长……侧孢芽孢杆菌（*Bac. laterosporus*）

    (2) 好氧菌；在葡萄糖营养肉汤培养基中 pH 高于 8.0 才能生长……短芽孢杆菌（*Bac. brevis*）

  b. 过氧化氢酶阴性；在营养肉汤中连续传代不能存活

    (1) 还原硝酸盐为亚硝酸盐，分解酪素……幼虫芽孢杆菌（*Bac. larvae*）

    (2) 不还原硝酸盐为亚硝酸盐；不分解酪素

      (a) 芽孢囊中含有一个伴孢晶体；在 2% NaCl 中能生长……日本甲虫芽孢杆菌（*Bac. popilliae*）

      (b) 芽孢囊中不含伴孢晶体；在 2% NaCl 中不生长……缓病芽孢杆菌（*Bac. lentimorbus*）

群 3. 芽孢囊膨大，芽孢一般球形，端生到次端生；革兰阳性、阴性或可变

  A. 不水解淀粉；在非碱性培养基中也能生长，不从糖类发酵产酸……球形芽孢杆菌（*Bac. sphaericus*）

6.3 真菌分类系统概要

真菌是生物界的一大类群，种类繁多，分布广泛。人类认识和利用真菌的历史在西方已有 3500 多年，在中国更长达 6000 年之久，而比较完善的真菌分类学的产生和发展只有 200 多年的历史。真菌分类单位划分是以形态、细胞结构、生理生化、生殖和生态等方面的特征为主要依据，结合系统发育的规律进行分类。现代生物分类最明显的趋势是利用分子生物学方法和技术研究生物间的亲缘关系，揭示其系统发育。真菌的分类也不例外，基于表型特征的分类逐渐融入了分子鉴定和分类的理论和方法。真正按亲缘关系和客观反映系统发育的分类方法对真菌进行"自然分类"，是真菌分类学中追求的最高目标。以分子生物学方法研究真菌各类群之间的亲缘关系，从而揭示它们之间系统发育的本质和进化关系，是解决目前真菌分类处于众家纷纭的较理想的方法。但从目前真菌学科的发展水平看来，这还只是分类学发展的一个方向。

6.3.1 真菌分类学的主要历史发展时期

真菌分类整体发展经过可大致概括为 5 个时期。

第 1 个时期为大形态时期（公元前 400—公元 1700），在此发展阶段，真菌的鉴别依据容易识别的宏观形态，给予特定的名称、加以简单的描述并整理成一定的系统以方便查考。

第 2 个时期为小形态时期（1700—1860 年），Leeuwenhoek 发明了显微镜后，真菌形态学由宏观形态步入了微观形态的观察。新的形态学（如解剖学、胚胎学等）资料的取得，在该时期发现了酵母菌等许多小型真菌和其他微生物。

第 3 个时期为进化论时期（1860—1900 年），达尔文的巨著《进化论》的发表推动了真

菌系统学的研究和发展，DeBary 首先将进化概念引入真菌分类。推动了在系统发育研究的基础上的许多真菌分类系统的产生。

第 4 个时期为细胞遗传学时期（1900—1960 年）。利用细胞遗传学的丰富资料，改写系统分类，进入了细胞水平的研究，也称实验生物学时期。

第 5 个时期为分子生物学时期（1970—），近年来随着分子生物学的迅速发展以及其他方法技术的进步，如 DNA 的碱基比率的测定、核酸杂交、氨基酸序列测定、氨基酸合成途径的研究、血清学反应等，极大地促进了真菌分类学的研究。

6.3.2　真菌分类系统

真菌的分类系统较多，其中影响最大、普遍使用的是 1973 年的 Ainsworth 真菌分类系统（之前也在当时有一定影响的分类系统）。Ainsworth（1971、1973）的分类系统，在真菌界下设立两门：黏菌门和真菌门。与以往不同的是，他将藻状菌进一步划分为鞭毛菌和接合菌，将原来属于真菌门的几个大纲升级至亚门，共有五亚门：鞭毛菌亚门、接合菌亚门、子囊菌亚门、担子菌亚门和半知菌亚门。Ainsworth 将真菌门分为 5 亚门，18纲，68 目。而在 Ainsworth 系统发表后的 30 年中，又有十几个重要的分类系统相继发表。在这些分类系统中，仍然是以生态环境、形态特征、细胞结构、生殖特性为主要分类依据，结合系统发育的规律来分类的。表 6-4 列举了近代 6 个比较有代表性的真菌分类系统。

表 6-4　代表性的真菌分类系统

Whittaker (1969)	Ainsworth (1973)	Margulis (1974)	V. Arx (1981)	真菌字典 (1995)	Alexopoulos (1996)
真菌界	真菌界	真菌界	真菌界	原生动物界	真菌界
裸菌亚界	黏菌门	接合菌门	黏菌门	集孢菌门	壶菌门
黏菌门	集孢菌纲	子囊菌门	集孢菌纲	网柄菌门	接合菌门
集孢菌门	网黏菌纲	半子囊菌纲	网黏菌纲	黏菌门	接合菌纲
网黏菌门	黏菌纲	真子囊菌纲	根肿菌纲	黏菌纲	毛菌纲
双鞭毛亚界	根肿菌纲	腔菌纲	卵菌纲	原生动物界	子囊菌门
卵菌门	真菌门	虫囊菌纲	丝壶菌纲	根肿菌门	半知菌
真菌亚界	鞭毛菌亚门	担子菌门	真菌门	藻界	古生子囊菌
后鞭毛菌分支	壶菌纲	异担子菌纲	接合菌纲	丝壶菌纲	丝状子囊菌
弧菌门	丝壶菌纲	同担子菌纲	内孢霉纲	网黏菌门	担子菌门
无鞭毛分支	卵菌纲	半知菌门	黑粉菌纲	卵菌门	担子菌类
接合菌门	接合菌亚门	地衣菌门	子囊菌门	真菌界	腹菌类
子囊菌门	接合菌纲	囊衣菌纲	担子菌门	子囊菌门	卵菌门
担子菌门	毛菌纲	担衣菌纲	半知菌门	担子菌纲	丝壶菌门
	子囊菌亚门	半衣菌纲		冬孢菌纲	网黏菌门
	半子囊菌纲			黑粉菌纲	根肿菌门
	不整囊菌纲			壶菌纲	网柄菌门
	核菌纲			接合菌门	集孢菌门
	盘菌纲			毛菌纲	黏菌门
	腔菌纲			接合菌纲	
	虫囊菌纲				
	担子菌亚门				
	冬孢菌纲				
	层菌纲				
	腹菌纲				
	半知菌亚门				
	芽孢纲				
	丝孢纲				
	腔孢纲				

Whittaker 于 1969 年建立的五界系统中，将真菌从植物界中独立出来成为真菌界。在 1989 年 Cavalier Smith 提出生物的八界系统中，又对五界系统中的真菌界进行了调整，从而使八界系统中的真菌界仅包括壶菌、接合菌、子囊菌和担子菌，这就是人们常说的纯真菌。国际真菌学研究权威机构——英国国际真菌研究所（International Mycological Institute）出版的《真菌字典》（Ainsworth & Bisby's：Dictionary of the fungi）第八版中，吸收了生物八界系统的思想，根据 rRNA 序列、DNA 碱基组成、细胞壁组分以及生物化学反应分析等结果，将原来的真菌界划分为原生动物、藻界和真菌界。在此系统中，真菌界仅包括了四个门，即壶菌门、接合菌门、了囊菌门和担子菌门，将原来的半知菌改称为有丝分裂孢子真菌。Margulis（1974）的分类系统把黏菌排除在真菌界之外，将地衣包括进来，在界下直接设接合菌门、子囊菌门、担子菌门、半知菌门和地衣菌门。Alexopoulos（1979）将真菌界分为裸菌门（即黏菌门）和真菌门，后者又分为鞭毛菌门（分单鞭毛菌亚门、双鞭毛菌亚门）和无鞭毛菌门（分接合菌亚门、子囊菌亚门、担子菌亚门、半知菌亚门）。在此基础上，1996 年又作了些调整（表 6-4）。Arx（1981）把鞭毛菌亚门（纲）中的一些种类独立提出，将其升级至门，设立了黏菌门、壶菌门、卵菌门和真菌门；在真菌门划出六纲：接合菌纲、内孢霉纲、焦菌纲、子囊菌纲、担子菌纲和半知菌纲。

产生多个真菌分类系统，是因为生物学家在考虑真菌的亲缘关系时，对一些相关的标准评价不同。一个好的分类系统应该能正确反映真菌的自然亲缘关系和进化趋势，这是分类学发展的趋势。在众多分类系统中，至今还没有一个被普遍接受的最佳分类系统。多数人认为 Ainsworth 的分类系统较为全面。而《真菌字典》是在以往系统基础上建立的，并结合了近年来的深入研究，反映了新进展的内容，具有一定的权威性。所以，Ainsworth 和《真菌字典》被认为是两个较为理想的真菌分类系统。Ainsworth 等具有代表性的真菌分类系统见表 6-4。

6.3.2.1　以 Martin 为代表的分类系统

Martin 在他的《真菌大纲》（Outing of the fungi，1950）和 Ainsworth 等编著的《真菌字典》（A dictionary of the fungi，1954 & 1961）中，将真菌归属于植物界的菌藻植物门，下分黏菌和真菌 2 个亚门。

真菌亚门根据其营养体的形态特征和繁殖方式，分为 4 纲，即藻状菌纲（Phycomycetes）、子囊菌纲（Ascomycetes）、担子菌纲（Basidiomycetes）和半知菌纲（Deuteromycetes）。

主要区别是：

藻状菌纲，菌丝体无分隔，或者不形成真正的菌丝体。

子囊菌纲，菌丝体有分隔，有性阶段形成子囊孢子。

担子菌纲，菌丝体有分隔，有性阶段形成担孢子。

半知菌纲，菌丝体有分隔，未发现有性阶段。

藻状菌纲主要根据营养体的性质及有性繁殖形成的孢子类型，将它分为 3 个亚纲，即：

古生菌亚纲（Archimycetidae），营养体非真正的菌丝体，或者是原生质团，无性繁殖产生游动孢子。卵菌亚纲（Oomycetidae），营养体为无隔的菌丝体，有性生殖形成卵孢子，无性繁殖产生游动孢子。接合菌亚纲（Zygomycetidae），营养体为无隔菌丝体，有性生殖形成接合孢子；无性繁殖不产生游动孢子。

有人以藻状菌能形成游动孢子及游动孢子鞭毛的特点作为系统发育上的主要标志，将藻状菌分为单鞭毛菌、双鞭毛菌和无鞭毛菌 3 个组。单鞭毛菌和双鞭毛菌 2 个组相当于古生菌和卵菌 2 个亚纲的真菌，而无鞭毛菌组则类似于接合菌亚纲。这样，似乎更加合理。

子囊菌纲和担子菌纲的真菌，其有性繁殖分别产生子囊孢子和担孢子，有它们各自的系统发育关系。半知菌纲是一类不形成或未发现有性阶段的真菌，为了便于鉴定，人为地把它们归在这一纲中，这并不表示它们有什么亲缘关系。这一分类系统自 19 世纪末到 20 世纪 70 年代中期，曾被世界各国的真菌学者广泛地接受和采用。但是，这个分类系统又存在着一些问题，尤其是将藻状菌纲分得太杂乱。因此，自 1965 年以后分类系统的变动主要在这一纲。

6.3.2.2 Ainsworth 等的分类系统

Ainsworth 的分类系统是 1966 年提出的，又在他的 1971 年《真菌字典》（第 6 版）和 1973 年《真菌进展论文集》（The Fungi an Advanced Treatise vol. IV A&B）第 4 卷作了进一步的说明和发挥。根据其营养方式、细胞壁成分和形态等特点，将真菌归属于真菌界的真菌门，下设 5 个亚门，18 纲，66 目。

真菌界（the fungi）分门、亚门的检索表

1. 原生质团或假原生质团存在 ...... 黏菌门（Myxomycota）
  1. 原生质团或假原生质团缺乏，营养阶段为典型的丝状体 .... 真菌门（Eumycota）... 2
2. 有游动细胞（游动孢子），有性阶段孢子为典型的卵孢子 ...... 鞭毛菌亚门（Mastigomycotina）
  2. 无游动细胞 3
3. 具有性阶段 4
  3. 无有性阶段 .... 半知菌亚门（Deuteromycotina）
4. 有性阶段孢子为接合孢子，接合菌亚门（Zygomycotina）
  4. 无接合孢子 5
5. 有性孢子为子囊孢子 ...... 子囊菌亚门（Ascomycotina）
  5. 有性孢子为担孢子 .... 担子菌亚门（Basidiomycotina）

在上述检索表中，鞭毛菌亚门是按照鞭毛的数目和位置分为 4 纲，接合菌亚门是根据其生活习性或生态特征分为 2 纲，子囊菌亚门是根据其子囊果的有无、形态和性质以及子囊排列情况和壁的层数分为 6 纲，担子菌亚门是根据担子果的有无和开裂与否区分为 3 纲，半知菌亚门是依菌丝体的有无和发育程度以及分生孢子产生场所等特征分为 3 纲。

由此可见，Ainsworth 的分类系统是在传统的 3 纲 1 类（或 4 纲）分类基础上发展而来的，单独成立了真菌界。分类单元均相应地升了 1 级，把传统的分类系统中的纲作为亚门的，如子囊菌纲则作为子囊菌亚门，把亚纲都提升为纲，并且还增加了一些纲。这样，纲的界限就较为明确。变动较大的是藻状菌纲。把藻状菌纲的真菌，根据其能否形成游动孢子，分别归入鞭毛菌亚门和接合菌亚门，取消了藻状菌纲，这样，就能反映一定的系统发育关系。子囊菌亚门、担子菌亚门和半知菌亚门，则相当于传统的子囊菌纲、担子菌纲和半知菌纲。亚门以下的纲、目等分类单元的划分也有些更改。

6.3.3 酵母菌分类的研究历史

丹麦酵母菌学家 Emil Christian Hansen 花了 30 年的时间，对酵母菌的形态学和生理学作了比较详细的研究，并鉴别了许多酵母菌的种。在 1896 年，他提出了第 1 个酵母菌分类学系统。因此他被公认为是酵母菌分类学研究的创始人。

在 1920 年和 1928 年的 Guilliermond 的专著中，除接受了 Hansen 提出的酵母菌的系统亲缘关系和生活史的看法外，还补充了许多关于酵母菌生理学、繁殖特征和酵母间的系统发育关系的内容，并提出了鉴定酵母种的二叉式检索表。后在 1931 年到 1970 年期间，由荷兰 Delft 技术大学的 Kluyver 授意写成了 5 篇关于酵母菌的分类学专著。第 1 篇是由 Stelling-Dekker 于 1931 年制定的生孢子酵母分类表。1934 年 Lodder、1941 年 Deddens 和 Lodder 发表了 2 卷关于无孢子酵母菌方面的专著。上述 3 篇专著的发表澄清了酵母菌分类领域内的混乱现象，简化了一般微生物学家对酵母菌种的分类鉴定工作。1952 年，Lodder 和 Kreger-Van Rij 发表了生孢子酵母和无孢子酵母的分类学专著。该书是对收藏在荷兰 Delft 技术大学微生物实验室的霉菌培养物保藏中心酵母组（The Yeast Division of The Centraalbureau Voor Schimmelcultures）的 1307 株酵母菌，重新进行验证和评定后写成的，这些菌株被归成 26 个属 164 个种和 17 个变种。同时，美国的 Wickerham（1951）介绍了若干酵母菌分类的新技术和原理。

1954 年前苏联 Kudriavzev 发表了关于酵母菌分类学的专著，他对生孢子酵母菌的亲缘关系方面有着与众不同的观点，也使酵母菌分类学工作者对他的分类系统感兴趣。

1970 年，经来自不同国家的 14 个分类学家共同努力，由 J. Lodder 主编重新修订了酵母菌的分类。在详细验证和鉴定 4300 多株酵母菌的基础上，在专著中将它们归成 39 属 349 种；直至 1983 年 Barnett 等发表了《酵母菌的特征和鉴定》一书，该书主要根据生理生化特征，按字母顺序共描述了 347 个种；1984 年，Kreger-Van Rij 发表了《酵母菌分类学研究》第 3 版新专著，该书对碳源同化测试项目进行了简化，增加了 DNA 的 G＋C 含量比值和 DBB 颜色反应等指标，共描述了 60 属，500 个种。由于科学技术的飞速发展，加上酵母菌分类学工作者的努力，新的属种在不断发现，因此，目前酵母菌的总数已远远超过上述数据。

▶ 拓展阅读

微生物进化

据分析，地球形成已有 46.5 亿年的历史。化石证据表明，地球上的生命最早出现在距今大约 36 亿年前。齐量层石和沉积岩中发现的原核生物细胞化石有 3.5 亿～3.8 亿年历史。一般认为，在地球形成的初期，地球上的生命演变经历了从化学进化阶段到生物进化阶段的过程。目前地球上繁衍生息的生物种类是地球发展过程中由原始生命不断进化发展而来的。

古菌是比较原始的原核生物，能够在恶劣的古地球环境中生长。古菌进化产生了许多极端微生物，如产甲烷细菌（严格厌氧）、极端嗜盐菌（耐高盐）和嗜热嗜酸菌（耐高温和强酸）。古菌与其他生物的主要差别在于：独特的细胞膜化学组成。在古菌中，组成细胞膜的基本成分是类异戊二烯植烷甘油二醚和二植烷二甘油四醚，由甘油和烃以醚键连接而成；以二植烷二甘油四醚构成细胞膜时，单位膜只有一个分子层。在其他生物中，组成细胞膜的基本成分是磷酸甘油二酯，由甘油和直链脂肪酸以酯键连接组成。单位膜具有双分子层。此外，古菌还有一些独特的辅酶，如产甲烷细菌的辅酶 M、F420、甲烷呋喃、四氢甲烷蝶呤、7-巯基庚酰苏氨酸磷酸盐等。

除古菌外，其他原核微生物（如蓝细菌和革兰阳性细菌）都是由真细菌进化而来的。原始蓝细菌可能只有光合系统Ⅰ，不释放氧气。革兰阴性细菌出现较晚，它们可能是光合紫细菌的后代。

化石证据指出，真核生物产生于 13 亿～14 亿年以前。真核细胞和有性繁殖的出现大大加速了生物的进化。真核细胞进化产生了原生动物、藻类、真菌、植物和动物。大约 6 亿年以前，产生了第一批多细胞植物和动物。在此之前，生物进化与微生物进化是同义词。

最近，EBI（European Bioinformatics Institute，欧洲生物信息研究所）的研究人员改变了我们对 40 亿年的微生物进化的观点。Christos Ouzounis 和他的同事对基因家族如何迁移有了新的、定量的认识：这种迁移不但包括由亲代向后代传递的"垂直转移"，而且还包括亲缘关系较远的生物之间的遗传物质的交换即水平转移。这种对生命树的新解将帮助我们更好地了解致病细菌如何能在我们抗击抗生素抗性的战争中处于领先地位。

现在，Victor Kunin 和同事勾画出了一张微生物进化图（图 6-2），这个图能追溯到数十亿年前的它们的最后的共同祖先，并且包含了水平线。

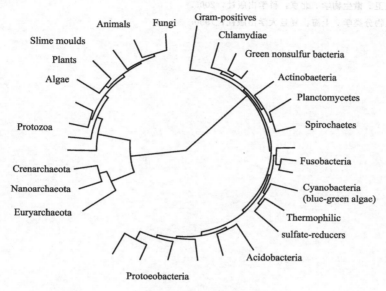

图 6-2　生物进化图

虽然构建进化树有多种不同的方法，但是不同研究组的图都大致相同。因此，研究人员利用这些树作为这个网的框架。为了掌握水平基因转移的情况，他们使用了一种叫做 GeneTrace 的方法。GeneTrace 能够从亲缘关系较远的生物中的一个基因家族的杂凑的存在来推测出水平转移。GeneTrace 方法产生的数据使研究人员能够画出"蔓藤"来代表水平基因转移事件。合计起来，观察到的垂直转移超过 600000 个、基因丢失事件 90000 个，还有40000 个水平基因转移。

为了了解水平基因转移对微生物生命树的影响，研究人员将注意力放在了联系着生命树枝干的"蔓藤"网络上。这个网络是一种"无尺度"性的：其中的一个特点就是它们的"小世界"本质——能够很快地从一个节点穿行到另外一个节点。这些特点使这个网络中心充当了细菌的基因库，并为获得和在微生物群落中重新分布基因提供了媒介。

思 考 题

1. 为什么蛋白质和核酸可作为衡量进化的分子时钟，而糖、脂肪等物质却不可以？
2. 相比其他分子，16S rRNA 用于分子系统发育有何优势和不足之处？
3. 微生物分类学有哪些内容？它们之间的相互关系如何？
4. 微生物分类最基本的分类单位是什么？其是如何命名的？
5. 历史上具有代表性的微生物分类学说主要有哪些？当今主流学说的主要内容是什么？

6. 简述微生物的主要分类方法和技术有哪些？它们的基本原理是什么？

参 考 文 献

[1] 布坎南 R E，吉本斯 N E. 伯杰细菌鉴定手册．第 8 版．中国科学院微生物研究所《伯杰细菌鉴定手册》组译．北京：科学出版社，1984.

[2] 蔡信之，黄君红．微生物学．北京：高等教育出版社，2002.

[3] 岑沛霖，蔡谨．工业微生物学．北京：化学工业出版社，2000.

[4] 卢振祖．细菌分类学．武汉：武汉大学出版社，1994.

[5] 东秀殊，蔡妙英．常见细菌系统鉴定手册．北京：科学出版社，2001.

[6] 韦革宏，王卫卫．微生物学．北京：科学出版社，2005.

[7] 张纪忠．微生物分类学．上海：复旦大学出版社，1990.

第 7 章　微生物生态学

微生物生态学是研究微生物与周围生物和非生物环境之间相互关系的一门学科，与微生物学、生态学、环境科学、生物工程学等学科有非常密切的关系。食品原料生产的安全控制、传统发酵食品的生产、人体肠道健康维护都是微生物生态学关注的重点领域与方向，而食品则可以看成是一个特殊的微生物生态系。因为在自然加工的食品中总是存在着多种微生物区系（microbial flora）。这些微生物与食品环境相互作用构成了一个具有特定功能的生态系。例如，酱油酿造过程中，酱醅中有霉菌、酵母、细菌并各自组成群落，它们依附在以豆饼和小麦为原料的酱醅上生长，与酱醅的水分、含盐量、湿度、发酵容器的形状和大小、保湿方式以及环境状况等都有密切的关系，构成了一个人工生态系统。系统内微生物与酱醅环境相互作用的结果，促进了酱醅中物质转化及能量流动，最终酿造出色味俱佳的酱油产品。由此可见，食品是一种特殊的功能生态系。

食品具有一定的营养价值，可满足人体生长、发育和活动的需要。因此，食品中应含有人体需要的热量及营养素，并易于被人体所消化、吸收和利用，同时食品不应含有对人体有任何危害的成分或因素。由于微生物污染食品而危害人体健康很容易发生，所以微生物对食品安全和质量有着极为重要的影响。本章尝试把食品看成是微生物生长的特殊环境，从生态学角度来讨论微生物与食品环境之间相互作用的某些规律。

7.1　生态学基本概念

7.1.1　生态学与生态系统

生态学（ecology）是研究生物与环境之间相互关系的科学。生态学自 1866 年德国学者海克尔（Heackel）提出以来，得到了很大发展，目前已形成一个庞大的学科群。仅按生物类型分类，可分为：动物生态学、植物生态学、昆虫生态学、微生物生态学等。生态学研究的具体内容可包括：①一定地区内生物的种类、数量、生活史及空间分布；②该地区营养物质和水等非生命物质的质量和分布；③各种环境因素对生物的影响；④生态系统中的能量流动和物质循环；⑤环境对生物的调节和生物对环境的调节等。生态学的基本原理既可应用于生物，也可应用于人类自身及人类所从事的各项生产活动，已深入到许多自然科学和社会科学领域。由于当今世界环境污染日趋严重，自然生态平衡受到破坏，人类的生活和健康受到很大威胁，解决这些问题的迫切性推动了生态学的发展，使其成为当代最活跃的前沿学科之一。

生态系统（ecosystem）是指在一定区域内生活的生物与其非生物环境之间相互紧密结合而形成的系统。在这个系统中，物质、能量在生物与生物、生物与环境之间不断循环流动，形成一个能够自己维持下去、相对稳定，并具有一定独立性的统一整体。

生态系统的范围和大小相差可以很悬殊。生物圈（biosphere）构成一个范围最大的生态系统，它是地球表面全部生物以及与之相关的自然环境的总称，包括水生物圈（hydrosphere）、地上岩石生物圈（lithosphere）、大气生物圈（atmosphere）。由于水土和大气中只有出现生物后才能构成生物圈，因此，生物圈大致可以说是地球外壳 34km 范围之间（即 23km 的高空加 11km 深的海沟）（图 7-1）。在这一范围内，生物与自然环境之间相互作用、相互渗透进行着巨大的生物地球化学变化。

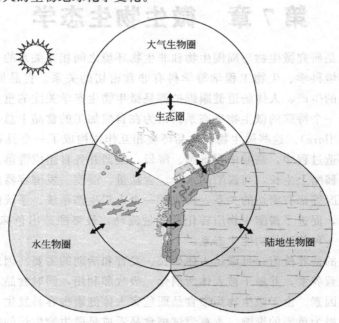

图 7-1　生物圈范围示意图

　　生物圈内包含有许多大小不等的生态系统。大的如绵绵数亿平方米的森林生态系统，而小的可以是一个湖泊或是一口池塘。在水域生态系统（aquatic ecosystem），如淡水湖中，微生物是生产者（producer）。在晴天时，表层水光线充足，蓝细菌和绿藻利用阳光、二氧化碳和水进行光合作用产生碳水化合物。消费者（consumer），如动物和人，则利用光合作用中产生的生物量作为食物。当它们死亡时，细菌和浮游生物等分解者（decomposer）将有机物分解为简单的组成单元，供给水生植物所需要的营养物质。由此可见，生物就是这样与环境结合在一起，彼此之间相互依赖，形成一个有组织的完整生态系统（integrated ecosystem）。相对而言，微生物生态系统只不过是完整生态系统的一个组成部分，但对完整生态系统的功能有着不可忽视的重要影响。

7.1.2　微生物生态学

　　微生物生态学（Microbial Ecology）是研究微生物与环境之间相互作用的科学，是生态学的一个分支，在一定意义上也可称作环境微生物学（Environmental Microbiology）。所谓环境是指生物赖以生存的空间，由非生物环境和生物环境两大部分组成。非生物环境是除生物以外的环境，由一系列物理、化学、生物因素所构成，如温度、水分、光线及 pH 等，是生物生存的场所。生物环境是指来自研究对象以外的其他生物的作用和影响，如营养竞争、空间竞争和互利共生等。微生物生态学研究的主要内容是微生物在自然界中的分布、种群组成、数量和生理生化特性；非生物环境对微生物生态系统的影响以及微生物之间及其与动植物之间的相互关系和功能等。微生物生态学根据所研究环境特点之不同，又有诸多分支学科，如：土壤微生物生态学、水微生物生态学、食品微生物生态学、水处理微生物生态学等。

　　微生物生态学在 1960 年前后开始成为一门独立的学科。在自然环境中，有机物的矿化以及重要物质元素的周转循环过程中，微生物往往是关键环节。微生物在修复改善环境或破坏环境中也具有重要作用。各类不同的环境因素影响着微生物的生长繁殖，决定着微生物的分布类群，而微生物通过增殖或代谢等活动也对环境产生着影响。微生物生态学的目的主要是通过研究，充分了解和掌握微生物生态系统的结构和功能，更好地发挥微生物的作用，更充分地利用微生物资源，为解决人口膨胀、资源匮乏、能源短缺和环境污染问题，特别是为解决环境污染问题提供生态学理论基础、方法和技术手段等。研究微生物生态学有助于进一步认识微生物在土壤、水、空气、食品等环境中消长的情况、分布的种类、对各类环境的影响，以及对人体可能造成的危害。

　　微生物生态学的研究相对起步较晚。与动植物相比，微生物个体微小、种群数量庞大，因此，微观性和群体性是微生物生态学研究的显著特点。正是这些特点给微生物生态学研究在技术上带来了较大困难，这是微生物生态学一直落后于动植物生态学的主要原因。

　　微生物生态系统（microbial ecosystem）是微生物系统及其环境（包括动植物）组成的具有一定结构和功能的开放系统。自然界中任何环境条件下的微生物，都不是单一的种群。微生物之间及其与环境之间有着特定的关系，它们彼此影响、相互依存呈现着系统关系，这就是微生物系统。由于环境限制因子的多样性，使各微生物系统表现出很大的差异，从而导致了微生物生态系统的多样性和复杂性。根据自然界中主要环境因子的差异和研究范围的不同，微生物生态系统大致可分为如下类型：陆生微生物生态系统、水生微生物生态系统、大气微生物生态系统、根系微生物生态系统、肠道（消化道）微生物生态系统、极端环境微生物生态系统、活性污泥微生物生态系统以及"生物膜"微生物生态系统等。

7.1.3　种群和群落

　　在自然环境中，同种微生物的许多个体（individual）常常生活在同一生境中，以群体的方式存在。在一定时间里生活在同一生境的同一个体细胞生长形成的生物群体，在生态学上称之为种群（population），而把代谢上相关的群体组成的种群称之为共位群（guilds）。种群通常是由一个亲代细胞经过连续的有丝分裂而

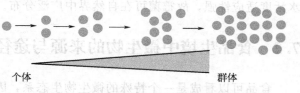

图 7-2　一个亲代细胞发育成种群示意图

形成的相似个体所成（图 7-2）。一个种群通常生活在一定的范围内，并占据着一定空间。生态学上，把一个种群生活的环境称之为该种群的栖息地（habitat），或称之为生境。

　　多种不同种群的生物生活在一起称为群落（community）。在地球上几乎没有一种生物是可以不依赖于其他生物而独立存在的，往往是多种生物共同生活在一起，形成占有一定空间的生物种群集合体，这个集合体可包括动物、植物、微生物等分类物种。所以，群落既可以广义地理解为生态系统中各类生物成分的总和；也可以狭义地指某一物种数目的总和，如植物群落、动物群落、微生物群落等。仅就微生物群落而言，也都是由一定的微生物种群组成。群落中种群与种群之间，以及群落与环境之间存在着复杂的关系。群落中各成员所起的作用不同，所以各种群在群落中的重要性也不一样。其中有部分种群在群落中起主要作用，称为优势种（dominants）。在不同群落中由于结构及组成不同，优势种也不相同。群落并不是任意物种的随意组合，生活在同一群落中的各个物种是通过长期历史发展和自然选择而保存下来的，它们之间彼此的相互作用不仅有利于它们各自的生存和繁殖，而且也有利于保持群落的稳定性。

7.1.4　环境梯度和耐受限度

　　植物生态学上，环境梯度（environmental gradients）一词是用来阐明生物种或生物群落沿着经度或纬度或是从海平面到山顶的分布。对于食品来讲，一个实际的事例是如果在一杯浓糖浆的上面加上一层稀糖浆，这样兼性嗜渗微生物选择在上层稀糖浆内生活，而专性渗压微生物则生活在底层浓糖浆中，就如同喜湿植物生长在水边，而喜干植物生长在山顶的情形一样。

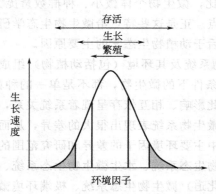

图 7-3　微生物对环境因子的反应示意图

　　微生物在一个环境中存活与生长不但取决于营养而且与环境中各种物理化学因素，如湿度、pH、糖度、盐度、水分活度等有关。生态学家谢氏（Shelford）认为，一种生物只能在对环境中生态因子能够耐受的范围之内生长和繁殖，某一因子在数量上和质量上不能满足或过多均会影响生物的存亡。生物对这些生态因子所能耐受的最大量和最少量之间的范围称之为耐受限度（limits of tolerance）。在耐受限度内存在一个最适范围，在此范围内微生物能够繁殖。随着条件逐渐偏离最适范围，虽然微生物可以生长，但对于繁殖已是过于受胁迫了。当条件达到个体能够存活的上下极限环境时，微生物就再也无法生长（图 7-3）。

　　一般来讲，一种微生物对某一因子的耐受范围较宽，而对另一种因子的耐受范围就可能较窄。但是，如果某一微生物对多种生态因子均有耐受性，那么，这一微生物常常会分布广泛。如霉菌的 pH 生长极限在 1.5～10 之间，对水活度适应性强，故霉菌可在自然界中广泛分布。

7.2　食品生境中微生物的来源与途径

　　食品可以看成是一个特殊的微生物生态系，因为自然加工的食品总是存在着多种微生物区系（microbial flora）。这些微生物与食品环境相互作用构成了一个具有特定功能的生态系。

　　食品中微生物污染的途径概括起来可分为两大类：凡是作为食品原料的动植物体在生活过程中，由于本身带有的微生物而造成的食品污染，称之为内源性污染；食品原料在收获、加工、运输、贮藏、销售过程中发生污染称为外源性污染。一般微生物污染就是指食品所受外来多种微生物的污染，这些微生物主要有细菌、霉菌以及它们产生的毒素等，它们可直接或间接地通过各种途径使食品受污染，有些还有致病性。

7.2.1　从土壤生境进入食品

　　土壤中含有一定的矿物质、有机物、水分和 CO_2、O_2、N_2 等气体，具备微生物进行生长繁殖及生命活动的各种条件，因此是微生物最理想的天然生境。土壤中微生物数量大，种类繁多且多变化，每克土壤的微生物含量（cfu/g）大体上有 10 倍系列的递减规律：细菌（10^7）＞放线菌（10^6）＞真菌（10^5）＞藻类和原生动物（10^4）。此外，土壤中还存在着一些动植物病毒和细菌病毒，也含有一部分动植物的病原体。

土壤中的微生物一方面可污染水源和空气，另一方面通过受到污染的动植物性食品原料进入食品中。

7.2.2　从水生境进入食品

水是一种很好的溶剂，溶解有 O_2 及 N、P、S 等无机营养元素，还含有不少的有机物质。虽不及土壤中含量丰富，但也足以维持微生物的生存。此外，水环境中的温度、pH、渗透压等也适合微生物生长繁殖。因此，天然水体也是微生物广泛分布的自然环境，生长着大量的各种微生物，特别是在富营养化的水体中，微生物含量更高，由于厌氧微生物的作用，常可引起水体黑臭等。

微生物一般在水体上层及底部沉积物中含量最高。任何水体都代表一个复杂的生态系统，其中微生物的种类、数量、分布差别极大。在洁净的湖泊和水库中，有机物浓度很低，故微生物数量很少（$10 \sim 10^2 \, \text{cfu/mL}$），以化能自养微生物和光能自养微生物为主。流经城市的河水，由于排入大量人、畜排泄物以及生活污水与工业污水，有机物含量增加，腐生微生物大量繁殖，污水中含菌量可达 $10^7 \sim 10^8 \, \text{cfu/mL}$，同时也有一些致病微生物流入污染的水体。海洋环境中由于具有盐浓度高、有机物含量少、温度低以及深海静水压力大等特点，海洋微生物多具嗜盐、嗜冷和耐高静水压等特点。

水是食品生产中不可缺少的原料之一，也是微生物污染的媒介。水中的微生物主要来自于土壤、空气、动物排泄物及工厂、生活的污物等。由于水中有机质的存在，微生物能够在水中大量存在、生长繁殖。微生物在水中的分布受水体类型、有机质含量、温度、酸碱度、含盐量、溶解氧以及深浅度等诸多因素的影响。水体受到土壤和人畜排泄物的污染后，肠道菌和病原菌的数量增加。在海洋生活的微生物主要是细菌，它们具有嗜盐的特性，能够引起海产动植物的腐败，有些种类还可引起食物中毒。矿泉水和深井水含菌很少。

在生产食品的过程中，如果使用了未经净化消毒的天然水，尤其是地面水，则会使食品污染较多的微生物，同时还会将其他污染物和毒物带入食品。在原料清洗过程中，特别是在畜禽屠宰加工中，即使是应用洁净自来水，如方法不当，自来水仍可能成为污染的媒介。

7.2.3　从大气生境进入食品

空气是多种气体的混合物，其中没有可被微生物直接利用的营养物质和足够的水分，不是微生物生长繁殖的场所，因此空气中没有固定的微生物种类。空气中的微生物主要来自土壤、水、人和动植物体表的脱落物和呼吸道、消化道的排泄物。空气中的微生物主要为霉菌、放线菌的孢子和细菌的芽孢及酵母。不同环境空气中微生物的数量和种类有很大差异。公共场所、街道、畜舍、屠宰场及通风不良处的空气中微生物数量较多。空气中的尘埃越多，所含微生物的数量也就越多，空气中的微生物随尘埃的飞扬会沉降到食品上。室内污染严重的空气中微生物数量可达 $10^6 \, \text{cfu/m}^3$，海洋、高山等空气清新的地方微生物的数量较少。一般食品厂不宜建立在闹市区或交通主干线旁。

7.2.4　从人体微生态系进入食品

人和动物在食品微生物的来源中是不容忽视的一个方面。健康人体的皮肤、头发、口腔、消化道、呼吸道均有许多微生物，由病原微生物引起疾病的患者体内有大量病原微生物，它们可通过呼吸道和消化道向体外排出。人体接触食品，特别是人的手造成食品污染最为常见。

人体微生态学研究表明，人的体表及与外界相通的腔道中都有一层微生物附着，在正常情况下对人无害，有些还是有益的或不可缺少的，称为正常菌群（normal flora）。但是，在器官内部以及血液和淋巴系统内部是没有微生物存在的，一旦发现即为感染状态。

人体为许多微生物的生长提供了适宜的环境，有异养型微生物生长所需的丰富有机物和生长因子；有较稳定的 pH、渗透压和恒温条件。但是，人体各部位的生境条件也不是均一的，而是构成非常多样的微环境，其中，不同的微生物有选择性地生长，所以在皮肤、口腔、鼻咽腔、肠道、泌尿生殖道正常菌群分布的种类和数量也有所不同（图 7-4）。另一方面，机体的防御机制会协同行动，以防止或抑制微生物的入侵和生长。因此，最后能够成功定居下来的微生物已有了适应这些防御机制的能力。

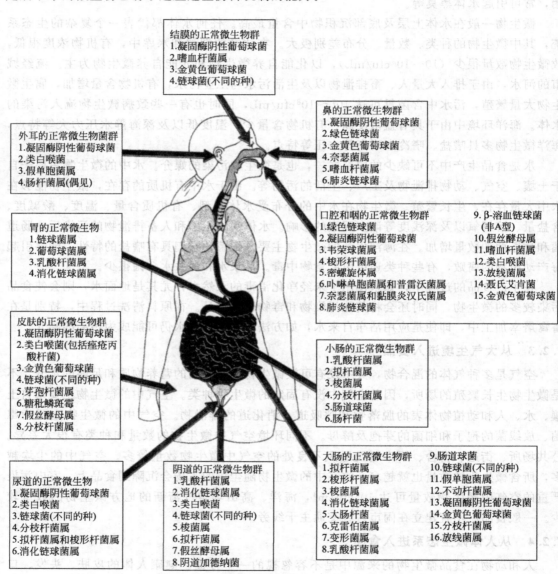

结膜的正常微生物群
1. 凝固酶阴性葡萄球菌
2. 嗜血杆菌属
3. 金黄色葡萄球菌
4. 链球菌（不同的种）

鼻的正常微生物群
1. 凝固酶阴性葡萄球菌
2. 绿色链球菌
3. 金黄色葡萄球菌
4. 奈瑟菌属
5. 嗜血杆菌属
6. 肺炎链球菌

外耳的正常微生物菌群
1. 凝固酶阴性葡萄球菌
2. 类白喉菌
3. 假单胞菌属
4. 肠杆菌属（偶见）

口腔和咽的正常微生物群
1. 绿色链球菌
2. 凝固酶阴性葡萄球菌
3. 韦荣球菌属
4. 梭形杆菌属
5. 密螺旋体属
6. 卟啉单胞菌属和普雷沃菌属
7. 奈瑟菌属和黏膜炎汉氏菌属
8. 肺炎链球菌
9. β-溶血链球菌（非A型）
10. 假丝酵母属
11. 嗜血杆菌属
12. 类白喉菌
13. 放线菌属
14. 聂氏艾肯菌
15. 金黄色葡萄球菌

胃的正常微生物
1. 链球菌属
2. 葡萄球菌属
3. 乳酸杆菌属
4. 消化链球菌属

皮肤的正常微生物群
1. 凝固酶阴性葡萄球菌
2. 类白喉菌（包括痤疮丙酸杆菌）
3. 金黄色葡萄球菌
4. 链球菌（不同的种）
5. 芽孢杆菌属
6. 糠秕鳞斑霉
7. 假丝酵母霉
8. 分枝杆菌属

小肠的正常微生物群
1. 乳酸杆菌属
2. 拟杆菌属
3. 梭菌属
4. 分枝杆菌属
5. 肠道球菌
6. 肠杆菌属

尿道的正常微生物
1. 凝固酶阴性葡萄球菌
2. 类白喉菌
3. 链球菌（不同的种）
4. 分枝杆菌属
5. 拟杆菌属和梭形杆菌属
6. 消化链球菌属

阴道的正常微生物群
1. 乳酸杆菌属
2. 消化链球菌属
3. 类白喉菌
4. 链球菌（不同的种）
5. 梭菌属
6. 拟杆菌属
7. 假丝酵母属
8. 阴道加德纳菌

大肠的正常微生物群
1. 拟杆菌属
2. 梭形杆菌属
3. 梭菌属
4. 消化链球菌属
5. 大肠杆菌
6. 克雷伯菌属
7. 变形菌属
8. 乳酸杆菌属
9. 肠道球菌
10. 链球菌（不同的种）
11. 假单胞菌属
12. 不动杆菌属
13. 凝固酶阴性葡萄球菌
14. 金黄色葡萄球菌
15. 分枝杆菌属
16. 放线菌属

图 7-4　人体不同部位的正常微生物群

7.2.5　其他

各种加工机械和工具本身没有微生物所需的营养物，但当食品颗粒或汁液残留在其表面，微生物就得以在其上生长繁殖。这种设备在使用中会通过与食品的接触而污染食品。

各种包装材料，如果处理不当也会带有微生物，一次性包装材料比循环使用的微生物数量要少。塑料包装材料，由于带有电荷会吸附灰尘及微生物。

原料和辅料本身带有微生物是影响食品品质的主要原因。健康的动植物原料表面及内部都不可避免地带有一定数量的微生物，如果在加工过程中处理不当，容易使食品变质，有些来自动物原料的食品还有引起疾病传播的可能。辅料如各种佐料、淀粉、面粉、糖等，通常仅占食品总量的一小部分，但往往带有大量微生物。原辅料中的微生物一是来自生活在原辅料表面与内部的微生物，二是在原辅料的生长、收获、运输、贮藏以及处理过程中的二次污染。

7.3 微生物之间的相互作用

众所周知，自然界中无论什么环境条件下的微生物，都不是单一种群，微生物之间及其与环境之间有着特定的关系，它们彼此影响、相互依存、相互作用，形成了各种微生物关系。由于环境限制因子的多样性，使各微生物之间关系复杂多样，主要有互生、共生、拮抗等。

7.3.1 互生关系

互生关系：两种可以单独生活的生物，当它们在一起时，通过各自的代谢活动而有利于对方，或偏利于一方的一种生活方式，是一种"可分可合，合比分好"的相互关系。它也可以理解为一种松散或原始的共生关系，称为原始协作。在食品发酵工业中，利用微生物之间的这种相互关系，可以进行混菌发酵。在酸奶生产中采用两菌共同发酵比采用单菌发酵好，其发酵时间短、产酸快、产酸量大、质量好。其互利作用如图 7-5 所示。另外，氨

酸奶加工的微生物生态原理：保加利亚乳杆菌（*Lactobacillus delbrueckii* subsp. *bulgaricus*）和嗜热链球菌（*Streptococcus thermophilus*）在乳制品中混合发酵，会提高产酸速度，减弱后酸化程度，促进风味物质产生，形成更多的胞外多糖。所以传统上常采用二者混合发酵制作酸奶。其实 *L. bulgaricus* 与 *S. thermophilus* 混合发酵更有利于 *S. thermophilus* 菌株的生长。第一，*L. bulgaricus* 比 *S. thermophilus* 有更高的营养需求，这使得初期阶段 *S. thermophilus* 较 *L. bulgaricus* 生长快，使 *S. thermophilus* 在争夺乳中的有限营养物质上占据了优势；第二，混合发酵温度一般为 42℃，与 *L. bulgaricus* 的最适生长温度（45～50℃）相比，更接近 *S. thermophilus* 的最适生长温度（40～45℃），从而更加有利于 *S. thermophilus* 的生长，此时呈现偏利于一方的状态。同时，当两种菌按一定比例接种混菌发酵时，保加利亚乳杆菌产生氨基酸，特别是亮氨酸、缬氨酸，能为嗜热链球菌的生长提供必需营养，而嗜热链球菌生长时产生的甲酸物质又可刺激保加利亚乳杆菌的生长，而这种情况就是一种双方互利的过程。

化菌和硝化菌也是一种互生关系。氨化菌将有机氮转化为氨态氮，氨态氮在好氧的条件下通过亚硝化菌和硝化菌转化为 N 和 NO_3^-。通过这样的生物转化，氨化菌利用不同类型的营养

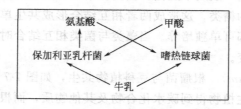

图 7-5　嗜热链球菌和保加利亚乳杆菌的代谢互利作用图

物进行转化，保证了其存在的条件，同时也为另外的微生物提供了有利的生长环境。

7.3.2 共生关系

共生：是指两种生物共居在一起，相互协作，相依为命，甚至达到合二为一的一种关系。共生又分为偏利共生、互利共生和协作共生关系。

7.3.2.1 偏利共生

偏利共生（commensalism）亦称共栖，与互利共生和原始协作一同属于"正相互作用"，是两种都能独立生存的生物以一定的关系生活在一起的现象。偏利共生对其中一方有利，对另一方无关紧要，如一种色彩鲜艳的双锯鱼常在海葵的触手间游动，受到海葵的保护，而其他种类的小鱼若靠近海葵，就会被其触手抓住并被吃掉。下面几种情形也是偏利共生现象。

（1）甲种微生物族群能改变生活环境，因而利于其他微生物生长。例如，酵母生长在浓糖水中，将后者发酵（或氧化）使其渗透压降低，因而使能适应低渗透压的微生物生长。

（2）甲种微生物族群在代谢过程中制造出来某种对其他微生物而言是必要的产物，例如鲁氏毛霉（*Mucor rouxianus*）利用马铃薯淀粉，转变生成麦芽糖而使微球菌（*Micrococcus*）可以生长。

（3）某种生物对 C、N、S 等元素进行转换，而其转换产物可被其他种生物所利用。例如，硫弧菌（*Desulfovibrio*）可以在缺氧（兼氧）状况下产生 H_2S，而当 H_2S 扩散到有氧的环境下，被无色的硫化菌（colorless sulfur bacteria）氧化；或者到有光的环境下，作为紫硫菌及绿硫菌（purple and green photosynthetic sulfur bacteria）的电子供给者。

（4）某些微生物族群将有毒物质移走或中和。例如，某种微生物族群破坏食品中的防腐剂而使其他族群入侵；另一些微生物则利用固定作用或分泌酶以解除物质毒性，如纤毛菌（*Leptothrix* Kezai）体表积存 Mg，从而降低 Mg 在环境中的浓度。

（5）协同代谢会促进共生关系，因为在某一特定机制上的微生物会自然地氧化一种本身无法利用的碳源或能源物质，以供另一族群使用。如分枝杆菌（*Mycobacterium vaccae*）在含丙烷的培养基中，可代谢环己烷，进而再氧化成环己醇供其他族群利用。

7.3.2.2 互利共生

互利共生：两种生物紧密结合在一起形成一种特殊的共生体，在组织和形态上产生了新的结构，在生理上有一定的分工，双方相互依赖，彼此受益。如藻类与真菌共生形成的地衣。以下几种情况属于互利共生。

（1）地衣的连续接触式互利共生　从微生物生态学角度来看，地衣是藻类与真菌类间的规律性结合、长久接触下造成的，是一种互利共生。地衣是一类特殊植物，无根、茎、叶的分化，能生活在各种环境中，被称为"植物界的拓荒先锋"，如图 7-6 所示。藻类通常为绿藻类或蓝绿藻类，而真菌类一般属子囊菌。菌类供给二者生活所需的水分及矿物元素，而藻类则制造二者生活所必需的糖类。这造成两者相互结合形成共生单元，但只是一种生态的共生单元，因为藻类和菌类都可单独培养。当藻类与菌类相互结合时，除二者的型态上稍有变化外，生理上本质没有改变。

（2）根瘤菌（*Rhizobium*）　根瘤菌与豆科植物共生，如图 7-7 所示。此种细菌在豆科植物的根上形成根瘤，从寄主植物得到碳水化合物及其他物质，而根瘤菌固定气态氮供给寄主所需的氮元素。

图 7-6 地衣是藻类与菌类的共生体

图 7-7 根瘤菌与大豆互利共生关系

（3）肠球菌（*S. faecalis*）和乳酸杆菌（*Lactobacillus arabinosus*）互相供给所需的营养情形 肠球菌生长需要叶酸，乳酸杆菌生长需要苯基丙氨酸，此二者均为营养需求菌。若将两菌混合于没有叶酸和苯基丙氨酸的培养基中，两菌仍可生长，其生长情形比单独生长情形好，为一种互利共生；当二者单独接种在没有叶酸和苯基丙氨酸的培养基中，则不能生长，所以当两者混合培养时，两者互相利用。

（4）开菲尔粒 开菲尔粒是一种黏性粒状的物质，由蛋白质、脂质和黏性多聚糖等物质组成，如图 7-8 所示。它上面含有复杂的微生物生态，各种微生物通过共生关系存在于开菲尔粒的表面或者内部，共同协作促进开菲尔粒的成长和形成开菲尔的独特风味。开菲尔是一种特殊的发酵型乳制品，起源于俄罗斯北高加索山区一带，是一种由其发酵剂——开菲尔粒发酵所得的具有一定的起泡性、味微酸的乳饮料，深受人们的喜爱。在开菲尔粒基质上栖息着乳酸球菌、乳杆菌、醋酸菌和酵母菌等微生物，其菌相极为复杂。不同来源的开菲尔粒由于在某些性质上存在着一些

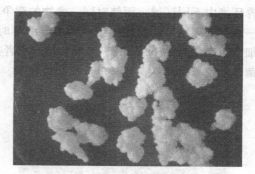

图 7-8 开菲尔粒

差异而使其菌相有所不同，但如控制条件进行培养，菌相会变得很相似，人们已经在不同地域的开菲尔粒中共发现了 10 多种微生物。根据不同的功能作用可以将其分为基质微生物和表面微生物。其中，基质微生物对开菲尔粒的形成有很大贡献，而表面微生物对于开菲尔中营养物质、风味物质的形成起决定作用。目前，对开菲尔粒基质微生物、表面微生物、菌相构成和微生物相互之间的关系是研究的热点。

7.3.2.3 协作共生

协作共生：也称协同共生，微生物族群的协同共生表示两个族群均自此关系获得利益，且共同完成代谢路径。其与偏利共生的不同在于不只单方面受益，且一族群易自另一族群处移走，并也可各自在原生长的环境中存活，只是一旦二者建立如此的关系，会常提供双方一些互利的好处，但在某例子中不易分辨这种关系的密切程度。协同共生可让微生物有活性去合成原本单独族群无法合成的物质，共同完成单独无法完成的代谢路径。协同共生也指多数族群间彼此提供营养要素的关系。如大肠杆菌（*Escherichia coli*）和粪链球菌（*Streptococcus faecalis*）对于腐胺的影响。大肠杆菌和粪链球菌共生在一起可将精氨酸变成腐胺，若二者单独培养以精氨酸为碳源则不产生腐胺，对于许多动物的生理作用起很重要作用。另一较

复杂的例子是自动地移除有机因子或可用基质的产生，两种土壤真菌青霉菌（*Penicillium piscarium*）及地霉菌（*Geotrichum candium*）均能在互相协助的情况下，分解并解除丙酰胺的毒性。青霉菌能够切开丙酰胺成为丙酸及3,4-二氯苯胺。此菌可利用丙酸当碳源，但无法利用对其有毒的3,4-二氯苯胺。至于地霉菌虽无法破坏丙酰胺，却能把3,4-二氯苯胺浓缩成3,3′,4,4′-四氧化偶氮苯及其他含氮产物，最后的产物变得较无毒性。这种相互间的协同式生长，帮助了有用资源的产生。

7.3.3 拮抗关系

拮抗关系：两种微生物生活在一起时，使其中一种微生物或两种都受害的关系。也即两种微生物为了生长，彼此对立互相抵制，从而抑制甚至杀死另一种微生物的现象。其中包括竞争（competition）、抗生（antibiosis）和剥削（exploitation）等三种情形。

（1）竞争 微生物种间的竞争是因为对生存空间的竞争或对周遭养分的竞争。族源越近对环境的需要也越相近，竞争也越激烈，对族群均有负面的影响，降低二者的生长速率。例如洋菜（琼脂）培养皿上，集中在一起的菌落直径比分散的菌落直径小。又如纤毛原生动物 *Paramecium caudatum* 和 *Paramecium aurelia* 以水生细菌食物供应时，单独培养时两族群均会维持一定的生长族群。而两者一起培养时，*P. aurelia* 只能维持16天，两种生物均不会攻击对方或分泌有毒物质。而 *P. caudatum* 和 *Paramecium bursaria* 混合培养时，则因为占据培养环境中不同区域，而使对同一食物的竞争降到最低，从而达到稳定的平衡状态，且遏制了另一族群的灭绝可能。还如当单独培养酵母时，酵母菌最高量为 10^8 cfu/mL；单独培养细菌时，细菌最高量为 10^9 cfu/mL。若混合培养两者，则每毫升培养液中两种菌的个别菌数都小于两种菌单独培养时菌量，且酵母数比细菌数少。当细菌接种量一定时，酵母菌接种量越高，细菌数越低，故可能是酵母抑制了细菌的生长。

（2）抗生 两种微生物生活在一起，一种微生物所产生的物质对另一种微生物具有抑制、排斥甚至毒害作用，即为抗生。其中有的能产生抗生素，主要是放线菌及若干真菌和细菌等。如链霉菌产生链霉素，青霉菌产生青霉素，多黏芽孢杆菌产生多黏菌素，乳酸菌产生细菌素（如图7-9所示）等。通过纯化和分离后可得到对生物作用的抗生素。一般抗生素分为：

① 代谢物具有抗生素性质，如酵母的代谢物酒精，绿藻代谢物不饱和脂肪酸，乳酸细菌产生的细菌素、乳酸等都可以对其他微生物有拮抗的效果。

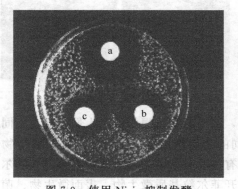

图7-9 使用 Nisin 抑制发酵
乳酸杆菌生长效果图

a，b，c分别表示为 600×10^{-6}、400×10^{-6}、200×10^{-6} 的 Nisin

② 溶解酶当做拮抗剂，如黏球菌 *Myxobacter* 可以分泌溶解酶，消灭其邻近的生物。

（3）剥削 剥削分为两种情形：寄生（parasitism）和捕食（predation）。微生物间的寄生及捕食的形式很多，常见的有：

① 寄生 一种生物生活在另一种生物体表或体内，从后者的细胞、组织或体液中取得营养，前者称为寄生物，后者称为寄主。寄生物一般对寄主是有害的，如噬菌体与细菌。

② 捕食 一种微生物捕捉另一种微生物并吞食，这种生活方式就是捕食，如原生动物对细菌的捕食。捕食关系在控制种群密度以及组成生态系食物链中，具有重要意义。在捕食

生活中，加害其他种微生物称为捕食者，被害者称为牺牲者。在一个正常的生态系内，捕食者与牺牲者之间常保持平衡，否则此生态系统就不能存在。

7.4　肠道微生物与人体健康

7.4.1　肠道微生物及其影响

　　在人体体表或内部存在着大量的微生物个体，包括细菌、古细菌、真菌和病毒等。这些微生物是人出生后与周围环境密切接触后移居而来的，这些微生物占人体总身体重量的1%～2%，数量估计是人体细胞和生殖细胞数量的 10 倍。它们对人体的健康有着至关重要的作用，如帮助消化食物、合成维生素等，而还有一些微生物则可能导致疾病，这些在人体内或者表面存在的生态群落中共生、共栖和致病的微生物的总称即为微生物群。如果将人定义为一个微生物和人体细胞的复合体，人的新陈代谢功能也混合了人和微生物的特性，人类是由细菌和人体细胞共同组成的一个超生物体。人体有四大菌库：消化道、呼吸道、泌尿道以及皮肤。其中肠道是人体最大的菌库，在全长 8～10m 的消化道内生存着三四百种，数量100 万亿以上的各种微生物（主要是细菌）。在肠道的自然菌群中，既有对人体有致病作用的细菌（有害菌），它们约占 1%，也有对健康有好处的有益菌（益生菌），约占 99%。如果按重量计算，人体内和体表的各种微生物总重量约 1.5～2.0kg，其中肠道内的微生物约1kg 左右、皮肤约 200g、呼吸道 20g、口腔 20g、阴道 20g、鼻孔 10g、眼睛 1g。

　　胃肠作为人体的消化道，是一个通过食物与外部环境频繁接触的器官，自胃部至直肠都有大量的微生物存在。胃的酸性环境对多数微生物有破坏作用，由于食物带来氧气，因此胃中的优势菌为耐酸菌和兼性厌氧菌，以革兰阳性的链球菌、乳杆菌和酵母菌为主，也有少量酸敏感菌和严格厌氧菌。进入十二指肠后，由于消化液的增加（如胆汁液）以及停留时间短，十二指肠的环境非常不利于各种微生物的生存，细菌总数随小肠长度的增加而减少，十二指肠的微生物数量比较少。此时微生物的组成不稳定，仅以极低的限数存在。进入空肠和回肠后，随着肠段的延伸，微生物的数量开始增加（10^8 cfu/g），而且种类也在不断增加。在小肠末端，除了乳酸菌，尤其是双歧杆菌以数量级增长外，其他一些革兰阴性兼性厌氧菌如大肠菌科的细菌以及专性厌氧菌群，如拟杆菌和梭杆菌也开始出现，甚至在回盲部之前严格厌氧微生物已开始出现，此后盲肠和结肠因是食物停滞的主要部位，也是细菌存在的最大的部位，严格厌氧的微生物在数量上超出兼性厌氧的微生物 100～1000 倍，成为优势菌，此时细菌的数量可达到 10^{12} cfu/g。

　　研究表明，成年人的肠道微生物生态系统菌群由七个门的细菌组成，含有 400～500 种不同类型，这些细菌主要寄居于远端小肠、盲肠、结肠等部位，其中 90%～99.9% 是专性厌氧菌，兼性厌氧菌和需氧菌约为 0.1%～10%。专性厌氧菌主要有双歧杆菌、类杆菌、真杆菌等，属肠道原籍菌；兼性厌氧菌主要为乳酸杆菌、肠杆菌科细菌及肠球菌等。在诸多细菌共存情况下，不同菌种之间的拮抗作用、宿主与细菌之间借助对营养物质的吸收和利用，在消化道中形成相互作用的关系，维系着消化道微生物生态系统的平衡。这种构成是肠道微生物群与其宿主（人）共同并且双向进化的结果。其中，宿主因自然选择压力要求肠道微生物群趋于稳定，这些压力包括宿主在生理方面的存活压力、外界生存条件（如饮食条件）形成的肠道环境压力等。因此，人体成年后肠道中菌群的门类正常情况下都是相对稳定的，只是优势菌种存在个体差异。

　　肠道微生物的多样性可能是宿主和肠道微生物之间强烈选择和协同进化的结果。研究肠道微生物在不同地区和人种中分布状况、揭示肠道微生物的多态性，在分类的基础上，选择某些具有重要功能的代表性菌株进行基因组测序，充实现有的数据库，有利于从基因组、转录组、代谢组等水平上深入地研究宿主与肠道微生物间的关系，主要通过两个手段：一是肠道切应力，一是肠道免疫应答，对肠道微生物菌群进行选择。肠道运动和食物流动产生切应力可以将肠道内容物排出体外，对肠道各种微生物进行选择。肠道微生物通过采取一系列策略黏附在食物颗粒、脱落的上皮细胞及肠道表面上，抵御一定强度的切应力，从而应对肠道切应力的选择作用。对正常微生物而言，它们在与宿主协同进化过程中进化出一套适应宿主切应力选择的特殊机制，肠道产生的切应力不但不会降低其黏附作用，反而会提高其黏附效率。宿主对肠道微生物进行选择的另一手段是肠道免疫应答。肠道通过建立一系列抗原识别、捕获、传递和加工处理等免疫应答机制，有效地将异体抗原排出体外，对肠道各种微生物进行选择。肠道微生物同样采取一定的策略得以逃避肠道免疫应答。肠道微生物通过特定的策略，对付了肠道两种主要的选择作用。

　　在宿主肠道内建立起生态位并固定下来，最终形成了稳定的肠道微生物菌群。肠道微生物这种适应能力归因于这些肠道微生物进化出多种改变自身基因组的"工具"，如质粒、转座酶、整合酶和转座子的同源序列等。这些基因转运和突变机制赋予肠道微生物"全能性"，以抵御肠道切应力和对付肠道免疫应答的选择作用，使其免遭从肠道内淘汰出去。在宿主对肠道微生物进行选择的同时，肠道微生物并不总是处于被动地位，也在不断地对宿主进行选择。肠道微生物的选择作用体现在两个层次上。首先，从肠道微生物角度看，肠道微生物新陈代谢方式，如生长速度和底物利用方式，影响到整个肠道微生物菌群在竞争环境中的适合度；其次，从宿主角度看，肠道微生物影响到宿主的适合度，如果这种选择作用对宿主有利，就会增加宿主数量，随之自己生存环境扩大，反之亦然。协同进化的结果带来了宿主获益和肠道微生物菌群多样性，其中生态系统中物种的多样性通常被认为是该生态系统正处于最佳稳定状态的一个标志，因为物种多样性可以向系统提供应付外界应激的弹性和缓冲力。肠道微生物在亚种和株水平上体现出多样性与在门水平上体现的稀疏性形成鲜明对比，说明这些微生物之间存在相对高度的亲缘关系，间接地说明了宿主仅仅强烈地选择那些对宿主健康有利的少数物种。例如广泛分布于哺乳动物肠道内的一门优势菌，基因库调查结果显示，这门肠道细菌在不同宿主体内的差异很大，揭示了哺乳动物之间的共生关系已经发生。很久远和不同的亚群一旦适应各自宿主，便经历加速进化过程，最终形成了现在差异性很大的亚群。尽管人类在研究宿主和肠道微生物之间的协同进化关系上已经取得了很大的成绩，但仍需进一步考证现有的证据和探索其他的证据，并借鉴其他宿主与微生物之间协同进化的研究模型，以获得更确凿的证据和更合理的推论，进一步揭示宿主与肠道微生物在进化过程中是如何有机地结合在一起，形成现存的互惠共生的复合体。

　　胃肠道中的各种微生物存在着动态平衡，一旦打破这种平衡就可能会引起多种疾病。因此，胃肠道微生物与人类的健康生活息息相关。

　　在正常情况下，肠道菌群宿主与外部环境建立起一个动态的生态平衡，而肠道菌群的种类和数量亦是相对稳定的，但它们易受饮食和生活环境等多种因素的影响而变动，从而引起肠道菌群失调，进而引发疾病或加重病情。由肠道菌群失调引发的疾病包括多种肠炎、肥胖、（结）肠癌甚至肝癌。有数据显示，肠道菌群失调而导致临床患病的概率约为 $2\% \sim 3\%$。而肠道细菌也产生对人体健康有益的物质，如肠道中的一些细菌能合成硫胺素、核黄素、烟酸等多种维生素及氨基酸，分泌许多酶类，能增强营养，促进食物消化和吸收，维持人体正常代谢。

7.4.2　益生菌及其影响

7.4.2.1　益生菌

益生菌又称益生素、促生素、利生素、生菌素、益康素和活菌制剂等。国际上（FAO/WHO，2002）将益生菌定义为：由单一或多种微生物组成的活菌制剂，当摄入一定剂量时有益于宿主健康。益生菌对宿主的益生性作用机制因菌而异，并且表现出菌株特异性。多年来，益生菌的发掘和筛选主要集中于乳酸菌和双歧杆菌，这两类菌都可以在健康成年人正常肠道菌群中出现。随着益生菌相关研究的不断深入，益生菌种类正在进一步扩大，一些链球菌（*Streptococcus* sp.）、肠球菌（*Enterococcus* sp.）、拟杆菌（*Bacteroides* sp.）、芽孢杆菌（*Bacillus* sp.）、丙酸菌（*Propionibacterium* sp.）及真菌（Fungi）等也被当作益生菌。

益生菌生理活性功能的研究一直是国际研究热点，国内外对此都投入了大量的人力物力。益生作用是指宿主（人或动物）摄入后，通过改善宿主肠道菌群生态平衡而发挥有益作用，提高宿主（人和动物）健康水平和健康状态。而成为益生菌的标准包括：无致病性、高度耐受胃酸和胆汁、能黏附于肠黏膜并阻止病原微生物的黏附，有益于人体免疫及其他功能。益生菌对肠道菌群的作用主要体现在：①益生菌的定植拮抗作用；②抑制病原菌作用；③益生菌营养作用。目前世界上研究的功能最强大的产品主要是以上各类微生物组成的复合活性益生菌，广泛应用于生物工程、工农业、食品安全以及生命健康领域。

目前为止，大部分的科研仍然停留在动物与菌体之间的分析水平，很少能从人体肠道的水平进行分析和对作用机制进行探讨。益生菌要在肠道内发挥其应有的各种生理功能，黏附、定植并达到一定剂量是必要条件，且研究证明黏附和定植的数目越多、时间越长，对宿主的健康越有益，而目前关于益生菌的定植的研究一直是个世界性难题。黏附是细菌黏附因子与宿主细胞相应黏附受体之间的特异性结合过程，相对于病原性细菌的定植的研究，益生菌表面吸附及其受体的研究要少得多，因为这些益生菌既没有较强的类似于真核生物纤维结合素的表面物质，也没有一些致病菌所特有的黏附构件。乳酸菌黏附因子主要有黏多糖、糖蛋白类物质和 S-层蛋白，这些黏附因子与益生菌益生功能之间的联系以及与肠道上皮细胞的作用都是目前研究的热点。

7.4.2.2　益生元

益生元是一种不被肠道酶消化的食物成分，它能够选择性刺激结肠中一种或一些特定细菌的生长和（或）活性，使少数有益于机体健康的细菌成为优势菌。绝大部分益生元在大肠内降解，是短链脂肪酸如醋酸盐、丁酸盐等的来源，这些物质能够为肠黏膜提供能量，促进黏膜的生长，刺激肠内的免疫防御。膳食纤维、果胶、低聚糖是几种比较常见的益生元，胃肠道内的益生菌群可以将其氢化和发酵。低聚糖作为益生元，一方面直接抑制病原菌生长，直接保护外源性益生菌进入肠道，在被有益菌利用的同时，释放出外源性益生菌并产生挥发性脂肪酸和二氧化碳，使肠道 pH 值下降，对大肠杆菌、沙门菌等有害菌又有抑制作用，并能把病原菌带出体外和具有充当免疫刺激因子等作用。既增加了肠道内有益菌的数量，又促进了有益菌的定植增殖作用。另一方面使肠道还原电势降低，具有调节肠道正常蠕动的作用，间接阻断病原菌在肠道中定植，从而起到有益菌的增殖因子作用。使用益生元，消除了黏附在小肠上的微生物对营养物的利用。

7.4.2.3 合生元

益生菌与益生元结合即为合生元，也称作益生合剂。在欧洲国家，合生元是一种食品。合生元的特点是同时发挥益生菌和益生元的作用。通过促进外源性活菌在动物肠道内定植增殖，集益生菌的速效性和慢效应物质——益生元（双歧因子）的刺激生长保护作用于一体。它不仅能发挥益生菌的生理活性和双歧因子促生长的双重作用，并能最大限度发挥益生菌和双歧因子的相似作用，从而更好地促进动物健康生长。此外，合生元还具有纠正菌群失调，防止细菌易位的作用。还可使益生菌在肠道内处于绝对优势后，形成微生物屏障，一方面可以阻止外来细菌与肠壁特异性受体结合，抑制消化道黏附病原菌，也可防止毒素以及废物等有毒成分的吸收。

益生菌、益生元和合生元作为微生态制剂，其作用方式主要体现在3个方面：①有益微生物促进低聚糖消化。②低聚糖促进有益菌定植、增殖。③益生菌和益生元均可提高机体对病原性物质的抵抗力，影响机体免疫系统，提高免疫力，从而有助于动物消化道内建立正常的微生物区系，使肠道微生态达到相对动态平衡，让机体发挥正常的生理功能。

肠道微生物基因组：基因与环境相互作用决定人体健康，目前大量的研究都集中在分析人的基因组成与疾病易感性和药物敏感性的关系上。但是在人体内发挥作用、影响我们生老病死的不仅有人的基因，还有大量的共生微生物的基因，特别是肠道内的多达1000多种的共生微生物，其遗传信息的总和叫"微生物组"，也可称为"元基因组"，它们所编码的基因有100万个以上，被称为第二基因组或肠道微生物基因组。它与从父母遗传来的大约2.5万个基因编码的人基因组相互协调，和谐一致地保证了人体的健康。肠道中的很多细菌可帮助人体处理复杂的化合物，生成氨基酸和维生素，因此肠道细菌的种类和数量与身体健康密切相关。通过构建人体肠道元基因组，并对肠道菌群的不同特点进行分析，有助于研究和治疗肠道疾病。人体肠道中存在1000种到1150种细菌，平均每个人体内约含有160种优势菌种。这些细菌之间的差异要小于之前的估计，约40%的细菌可在半数研究对象的肠道中找到。目前已分离的肠道细菌大部分是多数人共有的。因此，近年来，人类微生物组的研究日益受到重视。2013年4月11日，欧盟宣布启动人类元基因组第七框架项目。美国国立卫生研究院2007年出资1亿多美元启动了人类微生物组路线图计划，日本也启动了人类元基因组研究计划。目前，英国、美国、法国、中国等国的科学家正在酝酿成立国际人类微生物组研究联盟（IHMC），旨在对国际人类微生物组研究进行全面的协调。人类微生物组研究最终将帮助我们在健康评估与监测、新药研发和个体化用药，以及慢性病的早期诊断与治疗等方面取得突破性进展。

那么，人类微生物组是如何影响人体健康的？通过下面几个最新的科学研究例子，我们可以说明肠道微生物组与人体健康的关系。通过对给药前大鼠的尿液代谢物进行全谱测定，可以把同一个遗传品系的大鼠分成两个类型：在给予高剂量的同一种药物后，一种类型表现出肝中毒的症状，另一种则安然无恙。研究发现，能够把遗传特性高度相似的个体区别开的尿液代谢物主要是肠道菌群产生的，未出现肝中毒症状的大鼠肠道里存在着可以把药物解毒的细菌，这些细菌保护了宿主。由此可见，肠道微生物组的基因组成与个体对药物的敏感性有密切关系。最近，通过对中国、美国、日本和英国等4个国家17个不同地区的4630名志愿者的尿液代谢组学分析，发现高血压与肠道菌群的组成具有密切的关系。最新的研究进展表明，结构异常的肠道菌群很可能是肥胖、高血压、糖尿病、冠心病和中风等因饮食结构不当造成的代谢性疾病的直接诱因。美国华盛顿大学戈登小组研究报道，肥胖小鼠的肠道菌群可以把人体不能消化的植物纤维，转变成短链脂肪酸供人体吸收利用，增加人体从食物中获得热量的能力。细菌还可以直接调节人体脂肪代谢途径的基因表达活性，减少脂肪酸的氧化，增加甘油三酯从源头上的合成。研究人员认为，肠道菌群产生的某种因子，很有可能是启动机体肥胖所必需的。高脂食物显著减少双歧杆菌等保护肠道屏障的细菌，致使产生内毒素的细菌明显增加，导致进入血液的内毒素增加，引起低度的慢性炎症，最后导致胰岛素抵抗等一系列代谢紊乱疾病。研究人体共生微生物的基因，为阐明代谢性疾病等多种慢性病的病因提供了一种创新性的思维和方法，并为有效预防和治疗这些疾病带来了新的希望。

在日趋热点的人类微生物组研究领域，我国开展研究起步较早，已经取得一些重要进展。例如中英两国科学家联合攻关近 3 年，实现了通过测定宿主代谢组学特征变化来评价和鉴定肠道重要功能菌，这是一种在人体水平定量测定和监控人体健康状况的新的系统生物学方法，对研究肠道菌群与人体健康的关系具有普遍意义。该研究结果引起国际学术界的关注，很多同行都表示希望把这样的方法用到他们的研究工作中去。值得一提的是，我国开展人类元基因组研究有一个其他国家所不具备的独特优势，那就是有着悠久历史的中医中药。改变一个人的基因是困难的，而改变生活在人体内的微生物组成是相对容易的，肠道菌群因而是理想的药物靶点。

我国传统医学有许多药物、疗法都很可能是通过改变肠道菌群的结构和代谢来发挥作用的，中医药在人类微生物组研究中无疑将会扮演重要角色。中医治病的核心是通过对人体各种证候的观测和分析，对人进行体质分型，然后针对不同的体质类型采取各种保健措施来实现对疾病的早期预防。中医认为，体质是由先天遗传和后天禀赋共同作用形成的。现在看来，先天遗传的主要是人的基因组，而出生以后进入人体并对人体代谢产生重要影响的微生物组，作为人体的第二基因组，是后天禀赋的重要承载者。对不同体质的人群进行微生物组学和代谢组学测定，有可能对中医体质分型作出新的阐释和发展。在早期发病阶段，通过发现微生物组的变化来预测和预警疾病，并通过纠正菌群的失衡加以干预，成本低且效果明显，这是中医"治未病"思想的价值所在。

7.5　食品中的微生物生态学

食品可以看成一个特殊的微生物生态系统。因为自然加工的食品总是存在着多种微生物区系。这些微生物与食品环境相互作用构成了一个具有特定功能的生态系统。例如酱油酿造过程中，酱醅中有霉菌、酵母、细菌和各自组成的群落。

7.5.1　发酵食品中的微生物生态学

利用微生物的代谢产物可以生产食品，其种类非常丰富，有食醋、酱油、酒类、乳制品和肉制品等。

7.5.1.1　发酵生产食醋

食醋是人们日常生活所必需的调味品，也是最古老的利用微生物生产的食品之一。食醋生产是利用醋酸菌在充分供氧的条件下将乙醇氧化为醋酸。能用于食醋生产的醋酸菌有纹膜醋酸菌（*Acetobacter aceti*）、许氏醋酸菌（*A. schutzenbachii*）、恶臭醋酸菌（*A. rancens*）和巴氏醋酸菌（*A. pasteurianus*）等。

生产食醋时，在不同原料中还需加入不同的微生物，以获得风味迥异的食醋品种。以淀粉为原料时加入霉菌和酵母菌，以糖类为原料时加入酵母菌。浙江玫瑰醋生产过程中所用草盖富集了食醋酿制所需的微生物，如霉菌、酵母菌和醋酸菌。草盖所含菌类多，酶系全，代谢和降解产物多，在酿醋过程中，不仅产生多种有机酸，并派生出许多有益风味物质。经过生产以前的晾晒以后，草盖形成了相对稳定的微生物生态，即浙江玫瑰醋风格特异的传统酿造制品的微生物基础。山西老陈醋大曲具有独特的微生物分布，不同位置菌群种类和数量有差异。山西老陈醋大曲中心以毛霉为主，多达 1.4×10^8 cfu/g，还有少量红曲霉，假丝酵母和汉逊酵母较多；山西老陈醋大曲边角以犁头霉和毛霉为主，假丝酵母、汉逊酵母、拟内孢霉也较多；山西老陈醋大曲表面也以毛霉和犁头霉为主，分别为 2.23×10^8 cfu/g、2.19×10^8 cfu/g，假丝酵母也较多，为 1.33×10^8 cfu/g，醋酸菌在表面最多，可达 7.83×10^7 cfu/g。大曲由里向外，微生物群体死亡率呈下降趋势、有害霉菌污染程度呈上升趋势，乳酸菌、芽孢细菌呈下降趋势。

发花阶段是整个玫瑰醋酿造工艺中微生物活动最剧烈、最复杂的阶段。前期以霉菌为主，中后期以酵母菌和细菌为主。表面和内部醋酸微生物差异大，霉菌在整个阶段都是表面多于内部；细菌、酵母菌在前期表面比内部多，中后期内部比表面多，霉菌最多达到 10^6 cfu/g、酵母菌 10^7 cfu/g、细菌 10^8 cfu/g。由此可见，在发花阶段，细菌和酵母的作用不容忽视，尤其是发花时期的细菌应该引起重视。霉菌在发花阶段的主要作用是产生分解淀粉、蛋白质等物质的多种酶。在霉菌的分解作用下，最主要的是淀粉被水解为多种可发酵性糖，为酵母菌的生长繁殖提供物质基础。对于根霉来说，除了上述作用外，还有产生乳酸等有机酸和直接产酒性能。在对发花阶段酸度和酒精度的测定中发现，表面醋酸的酸度比内部高得多。尤其是在发花前期，表面酸度上升快，这时正是霉菌活动最剧烈的时期。通常认为发花阶段存在乳酸菌，但乳酸菌是厌氧菌，并不能说明表面酸度的变化情况。通过多种菌混合发酵，互相利用相互的产物或代谢物，从而共生达到我们需要的发酵效果。

淀粉原料必先借助霉菌的糖化酶的作用，将其中的淀粉转化为可发酵性糖，否则酵母菌就不能进行酒精发酵。酵母增殖的最适温度一般是 28～30℃，也有少数酵母的是 30～33℃。前期霉菌大量繁殖，品温较高，不利于酵母菌增殖。随着霉菌达到峰值并开始下降，品温降低，各种物质条件也利于酵母菌的快速增殖，并且醋缸内部逐渐形成厌氧环境，更加适合酵母菌的增殖。后期在霉菌分泌的各种酶的作用下，低分子糖类物质增多，对酵母菌产生了底物抑制；并且在酵母菌作用下酒精度升高，对酵母菌产生了产物抑制。此外，酵母增殖 pH 值适宜范围是 4～6，如果低于 pH3 则酵母的繁殖受到严重影响，同时影响酒精发酵的进行。发花后期 pH 值降到 4 以下，第 12 天时约为 pH 3.5，也不利于酵母增殖。所以应该根据发花情况及时冲缸放水，解除酵母增殖受到的底物抑制和产物抑制，并且使 pH 值回升到 4.0 左右，有利于酒精发酵继续进行。

7.5.1.2　酒类

酒类的发酵生产主要是利用酵母菌在厌氧条件下将葡萄糖发酵为酒精的过程。不同酒类的发酵工艺不同，不同的酒类酿造所选用的酵母菌不同。所选用的原料、水质、甚至环境都会影响酒类的品质和风味，纯净的矿泉水往往较河水和自来水好。

贵州茅台酒之所以具有其独特的芬芳风味，与其酿酒厂环境中存在的微生物区系有关。发酵过程中微生物区系的构成及演替呈动态消长的变化趋势：入窖时，上中层酒醅中以酵母菌为主，下层各种菌的含量均在 10^3 数量级以下；发酵第一周，上中层酒醅中酵母菌、好氧细菌和兼性厌氧细菌都实现了迅速增殖，下层中的好氧细菌及兼性厌氧细菌也实现了迅速增殖；发酵 14 天以后，酵母菌、好氧细菌和兼性厌氧细菌以及霉菌均急剧减少；发酵 21 天以后，各种菌的含量都下降到 10^4 数量级以下，兼性厌氧细菌逐渐占据主体地位。上中层霉菌在入窖后的第一周保持在一个较高的水平，后逐渐下降，中期上层有所回升，而后又下降；下层霉菌在入窖后的第一周急剧上升，后又急剧减少，14 天以后，数量稳定在 10^2 数量级左右。酒醅不同层面的微生物区系在数量及类别构成上存在一定差异，嗜温以及嗜湿的微生物类群主要存在于中下层，而好氧性微生物主要存在于上层以及周边区域；而同一层面，不同区域的微生物区系在数量及类别构成上的差异却并不太大。

浓香型白酒酒醅发酵过程中，下层酒醅微生物代谢活性呈先下降后上升趋势。微生物群落的功能多样性呈先增加后降低趋势，出窖酒醅在酸性环境下无论是群落活性还是功能多样性均高于中性环境，pH 值的显著降低与酒醅微生物功能多样性增加之间存在着重要联系。

7.5.1.3 发酵生产乳制品

利用乳酸细菌进行发酵，使成为具有独特风味的食品很多，如酸制奶油、干酪、酸牛乳、嗜酸菌乳（活性乳）和马奶酒等。这些乳制品不仅具有良好而独特的风味，而且由于易于吸收而提高了其营养价值。有些乳制品还有抑制肠胃内异常发酵和其他肠道病原菌的生长，因而具有疗效作用，受到人们的喜爱。

发酵乳制品的主要乳酸菌有干酪乳杆菌（*Lactobacillus casei*）、保加利亚乳杆菌（*L. bulgaricus*）、嗜酸乳杆菌（*L. acidophilus*）、瑞士乳杆菌（*L. heltyieus*）、乳酸乳杆菌（*L. lactis*）、乳链球菌（*Streptococcus lactis*）、乳脂链球菌（*S. cremoris*）、嗜热链球菌（*S. thermophilus*）、嗜柠檬酸链球菌（*S. citrovorus*）以及副柠檬酸链球菌（*S. paracitrovorus*）等许多种。嗜柠檬酸链球菌还可以把柠檬酸代谢为具有香味的丁二酮等，使乳制品具有芳香味。不同的乳制品往往需要由不同的乳酸菌发酵，以保证不同的口味和质量。而且常由两种或两种以上的菌种配合发酵，既可使风味独特多样，又可防止噬菌体的危害。

手工制作的西西里岛干酪在发酵过程中细菌的菌落结构发生了很大的变化。一些嗜温乳酸菌包括明串珠菌（*Leukonid*）、乳酸乳球菌（*Lactococcus lactis*）和解酪蛋白巨大球菌（*Solution casein huge aureus*）的一些种在生奶中是优势菌群；然而嗜热链球菌（*Streptococcus thermophilus*）在乳酸发酵过程中占据优势，其他的嗜热乳酸菌，特别是德氏乳杆菌（*Lactobacillus delbrueckii*）和发酵乳杆菌（*Lactobacillus fermentium*）在干酪的成熟过程中生长得也很旺盛。

7.5.1.4 发酵生产酱油

酱油酿制是一个极其复杂的生物化学过程，是包括霉菌、酵母菌和细菌等多种微生物参与原料物质转化的混合作用的结果。对发酵速度、成品色泽、味道鲜美程度影响最大的是米曲霉（*Aspergillus oryzae*）和酱油曲霉（*A. sojae*），而影响其风味的是酵母菌和乳酸菌。乳酸菌可以抑制有害微生物生长并产生酯类的前体物，酵母菌能够产生大量乙醇和相当数量的有机酸和酯类，可以提高产品的风味。米曲霉含有丰富的蛋白酶、淀粉酶、谷氨酰胺酶和果胶酶、半纤维素酶、酯酶等。涉及酱油发酵的酵母菌有 7 个属的 23 个种，其中影响最大的是鲁氏酵母（*Saccharomyces rouxii*）和易变圆酵母（*Torulopsis versatilis*）等。而乳酸菌则以酱油四联球菌、嗜盐片球菌（*Pediococcus halophilus*）和酱油片球菌（*P. soyae*）等与酱油风味的形成关系最为密切，因为它们利用糖形成乳酸，再与乙醇反应形成特异香味的乳酸乙酯。另外，也发现某些芽孢杆菌是影响酱油风味的主要微生物。

在发酵初期，利用米曲霉、黄曲霉制成曲，这些曲的 β-淀粉酶特别强，可将原料中所含有的淀粉转化为糖，这些糖再经曲霉、酵母和细菌的协同作用而产生诸如乙醇、有机酸和醛等多种物质。同时，曲霉具有分解蛋白质的能力，可把原料中的蛋白质分解成为多种氨基酸并形成盐类物质。乙醇与有机酸化合而生成的酯，具有香味；糖的分解产物与氨基酸结合产生褐色。乳酸杆菌和酱油的风味有很大关系，乳酸杆菌的作用是利用糖产生酸。乳酸和乙醇生成的乳酸乙酯的香气很浓。

酱油在不同的发酵时期有不同的微生物菌落结构。魏斯菌属在整个发酵周期具有明显的菌群优势；类肠膜魏斯菌、发酵乳杆菌、弗氏柠檬酸杆菌、肠杆菌属的数量随发酵时间的增长而有逐渐减少的趋势；嗜盐四联球菌是一种不可培养的细菌，在进入发酵期后才出现，并且菌群优势有增强的趋势；其余 8 个菌种进入发酵期就逐渐死亡。因此，整个酱油发酵过程微生物群落结构的演变规律是由复杂到简单。并且此微生物群落的变化规律与氨基态氮、总酸、NaCl 含量以及 pH 值随发酵时间的变化规律具有一定的相关性。

7.5.1.5 发酵生产肉制品

发酵香肠通常为干或半干制品。它们的加工工艺为在原料肉中加入腌制剂和香辛剂，搅碎混合后灌入肠衣，在 27～35℃下培养不同的时间。若加入发酵剂，培养时间可相应缩短，产品质量更稳定、更安全。着色剂若采用硝酸盐，则必须添加细菌到香肠中，将硝酸盐还原为亚硝酸盐。这类微生物通常是存在于香肠生物群中的微球菌或人工添加的微生物制剂。使用发酵剂的香肠产品，最终 pH 值为 4.0～4.5；而不使用发酵剂的产品 pH 值为 4.6～5.0 不等。发酵过程在相对湿度为 55%～65% 的干燥房间中进行培养 10～100 天不等。对于匈牙利咸腊肠（Hungarian salami）香肠，发酵时间达到最多 6 个月之久，而热那亚（Genoa）和米兰（Milano）咸腊肠则是干香肠中的其他类型。黎巴嫩大红肠是一种典型的半干香肠，制备包括腌制牛肉在 5℃熟化 10 天，高相对湿度下 35℃烟熏 4 天，可以利用原料肉中自然存在的微生物发酵，也可以添加商业化的发酵剂，如加入啤酒片球菌（*Pediococcus cerevisiae*）和乳酸片球菌（*P. acidilactici*）。加工香肠时，乳酸杆菌产生氨基肽酶，有助于香肠中的蛋白质分解为氨基酸，氨基酸体现了干香肠的整体风味。沙克乳酸杆菌（*Lactobacillus sakei*）产生脱羧酶，导致生物胺的产生。这种复合物能够抑制氨基肽酶从而减少了干发酵香肠中的丰富的风味。加入发酵剂时还加入橙黄色微球菌（*Micrococcus aurantiacus*）或葡萄球菌，尤其是肉葡萄球菌（*S. carnosus*）加到乳酸菌培养物中。非乳酸菌成员降解硝酸盐为亚硝酸盐，并产生有益于乳酸菌培养物的过氧化氢酶。

霉菌对香肠品质和贮藏特性有益，有助于提高欧式干香肠的品质，如意大利萨拉米香肠中有 9 种青霉菌和 7 种曲霉菌，它们的存在有利于香肠的贮藏。在香肠加工过程中，添加沙门柏干酪青霉可以防止产生毒枝菌素的住宅霉菌，效果比山梨酸钾更好。而且，青霉和曲霉是乡村腌制香肠中的两种主要的霉菌。霉菌的大量生长抑制了可以引起食物中毒和食物腐败的细菌的活性。霉菌的大量生长有益于香肠某些风味的形成，而较小程度上依赖酵母菌。

7.5.1.6 发酵生产鱼制品

发酵生产的鱼制品最常见的是沙司和酱。鱼沙司是东南亚的流行食品。鱼沙司加工过程中盐的用量为鱼重的三分之一，水泥罐中地下密封发酵 6 个月，土制容器中太阳下熟化 1～3 个月。这些加工参数使得嗜盐好氧微生物为产品中的主要微生物。而某些芽孢杆菌、少量的链球菌、微球菌和葡萄球菌与鱼产品的风味形成有关。

7.5.1.7 发酵生产面包

旧金山酸面包的酵母通常包括酵母菌和乳酸杆菌。其中旧金山乳酸杆菌（*Lactobacillus sanfranciscensis*）是关键的细菌，它能更好地发酵麦芽糖，发酵时需要新鲜的酵母提取物和未饱和脂肪酸的加入。此外，还有发酵乳杆菌（*L. fermentum*）、夫拉克特沃拉丝乳杆菌（*L. fructivorans*）等细菌，这些细菌代谢产生的酸构成了面包的酸度，酵母菌只进行发酵作用。

黑绿豆米饼是由黑绿豆和稻米蒸制而成的发酵面包类食物。其发酵 20～22h 后，总细菌数量为 $10^8 \sim 10^9$ cfu/g。微生物中绝大部分是革兰阳性的球菌或短杆菌，肠膜明串球菌（*L. mesenteroides*）数量最多，其次是粪肠球菌（*E. faecalis*）。米饼的发酵作用是由肠膜明串球菌完成的，也是目前已知的唯一一例乳酸菌在自然发酵面包中起关键作用的情况。乳酸菌更喜欢以黑绿豆为营养源。

7.5.1.8　发酵蔬菜制品

腌菜是利用高浓度盐液以及乳酸菌发酵来保藏蔬菜，并通过腌制增进蔬菜风味的发酵食品，泡菜、榨菜都属腌菜系列。盐类的添加可以抑制革兰阴性菌，而促进乳酸杆菌和球菌的生长。糖类物质在厌氧条件下，由微生物作用而降解转变为乳酸，产生的乳酸抑制微生物活动，使蔬菜得以保存。发酵性蔬菜在腌制过程中，除乳酸发酵外，还有酒精发酵、醋酸发酵等。生成的酸和醇结合，生成各种酯，使发酵性腌菜都具有独特的风味。乳酸菌类活动的适宜温度为 26～36℃，盐浓度低于 6%～10%，pH 值在 3.0～4.4 范围内，原料中含糖量最低为 1.5%～3%，同时必须造成厌氧条件，促进乳酸菌进行乳酸发酵，抑制霉菌和酵母的生长、繁殖。腌菜的微生物酸败通常有变软、变黏等。变软主要是由于细菌过早生长导致，变黏则是由于黄瓜乳酸杆菌和植物乳酸杆菌快速生长所致，特别是高温的情况下。

乳杆菌是泡菜中的优势菌群，而植物乳杆菌又是优势菌株菌，种群也很丰富，包括乳杆菌属、肠球菌属、葡萄球菌属和片球菌属。附着在蔬菜上的微生物除了乳酸菌外，还有其他微生物，如酵母菌、霉菌、丁酸细菌、大肠杆菌和一些病原菌等。发酵开始后，由于乳酸菌产生乳酸，导致 pH 值降低，一些不耐酸的微生物如大肠杆菌因而死亡，乳酸菌迅速成为优势菌。到泡菜成熟后期，由于 pH 值很低（可降至 3.8），泡菜中主要存在乳酸菌，可能还有酵母菌及其他嗜酸的微生物。自然发酵的关键是使乳酸菌成为优势菌，抑制其他微生物的生长。在整个发酵过程中，兼性厌氧菌、乳酸菌、酵母菌的浓度都会经历一个上升、达到最高点、下降的过程。食盐用量对泡菜自然发酵过程中微生物的生长有较大影响。在 18℃ 下，6% 的盐浓度比 8% 的盐浓度能更好地促进乳酸菌的生长，抑制有害菌的繁殖。升高发酵温度，泡菜中的微生物生长速度加快，但 26℃ 的温度对于 6% 的泡菜液来说并不适宜。发酵过程中若兼性厌氧细菌、酵母菌浓度太高，乳酸菌在发酵过程中不能形成生长优势，对泡菜的风味口感影响较大。花椒和碘的加入可以加快自然发酵泡菜中的主要菌群（乳酸菌和酵母菌）的生长和繁殖速度，从而缩短发酵周期，使泡菜加速成熟。

7.5.2　生物被膜与食品生物环境

7.5.2.1　生物被膜及其有关机理

"生物被膜（biofilm）"是由各种微生物种群构成的特殊的微生物生态系统，其结构复杂（图 7-10），一般至少有两层结构。外层由各种好氧异养微生物种群组成，可降解各种有机污染物；内层由各种兼性厌氧或厌氧的化能异养或化能自养微生物种群组成，可进行各种氧化还原反应，特别是可以进行硫酸盐还原和反硝化作用。"生物被膜"与活性污泥一样，在环境污染的生物处理方面，特别是在生活污水和各种工业废水的生化处理以及空气污染的控制和处理等方面具有广泛的用途。因此，研究并阐述"生物膜"微生物生态系统的组成、结构与功能，对于提高其对有机污染物的降解能力，进而提高废水的生化处理效率等具有重要的理论和实践意义。根据美国国家卫生研究院的统计，80% 的人类感染与生物被膜相关。在工业界、医学界和兽医学界，生物被膜被用在废水处理、酸性矿物排泄物的生物修复和以生物被膜疫苗的形式对动物进行免疫等。

当细菌黏附于接触物表面，分泌多糖基

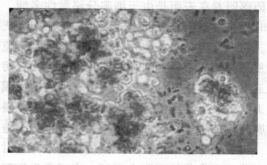

图 7-10　真菌与细菌通过生物膜形成的生态系统

质、纤维蛋白和脂质蛋白等，将其自身包绕其中，并通过非常精细的方式聚集形成大量细菌的生物被膜。黏附现象是生物被膜形成过程的初始阶段，藻酸盐是黏附活动所必需的物质。细菌黏附时，$AlgC$、$AlgD$ 基因被激活、大量表达，从而使藻酸盐合成所必需的磷酸甘露变位酶等合成增加。而当大量藻酸盐包裹细菌后，$AlgC$、$AlgD$ 基因常停止表达。细菌黏附发生后，表达某些酶，从而产生了大量的组成细菌生物被膜结构的基质物，即胞外多糖。胞外多糖通常是指多糖蛋白复合物，也包括由周边沉淀的有机物和无机物等。胞外多糖包裹细菌，形成特定的微环境，这样逐渐形成了具有复杂结构的成熟膜状物，维持生物被膜的结构。细菌生物被膜由蘑菇样或柱样亚单位组成，亚单位可分根部、茎部、头部三部分。根部固定于固体表面，亚单位茎部与茎部、头部与头部、茎部与头部之间形成水通路，水以对流的方式通过通路，输送营养物质，满足细菌生存的需要，同时带走细菌代谢产生的废物。当大量液体流动时，水通路内液体流动常维持同一方向，因此有人把水通路看成类似于高级生物的循环系统。

　　生物被膜厚度不一，厚者可达数百毫米，最薄者须用电子显微镜才能观察到。除了水和细菌外，生物被膜还可含有细菌分泌的大分子多聚物、吸附的营养物质和代谢产物及细菌裂解产物等。大分子多聚物有蛋白质、多糖、DNA、RNA、肽聚糖、脂和磷脂等物质。其中胞外多糖纤维和多糖/蛋白复合物形成膜的结构骨架，它富含阴离子，高度亲水。这种基质的黏稠度很大，存在多种弱作用力，如疏水力、静电作用力和氢键等。因此细菌生物被膜这一特殊结构坚实稳定，不易破坏，从而大大提高了细菌的存活能力。研究生物被膜胞外多糖有助于理解生物被膜的形成机制，从而可以有针对性地开发治疗手段，解决生物被膜相关的问题。

7.5.2.2　表面环境与生物被膜

　　表面作为微生物环境来说十分重要，因为环境中的养料可以吸附到它的表面，这样一个表面微环境的营养水平要比溶液中的营养水平高许多。这种情况势必会影响微生物的代谢速度。由于吸附效应，表面的微生物数量和活动强度通常比在自由水中还要大很多。有一个小试验可以验证这一点：将一片载玻片浸在有微生物的环境中，停留一段时间后取出，在显微镜下观察，可能看到微生物发育成菌落（图 7-11）。

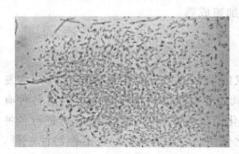

图 7-11　在浸没载玻片上培养的微生物

　　通过研究表面的微生物集群现象，发现大多数微生物生长在被生物膜覆盖的表面上。细菌细胞的小菌落附着在表面是由于细胞分泌黏性多糖。生物膜可诱捕营养使附着的微生物群体生长，同时还可帮助阻止表面上的细胞在流动的系统中脱离。生物膜在医学和商业上也有显著的作用。在人体内，包在生物膜中的细菌细胞可免受免疫系统的攻击，这就使人造表面的利用变得复杂。例如医学上的移植，它可作为含有病原及微生物的生物膜发育的部位。生物膜在口腔卫生上也很重要。齿斑是一个典型的生物膜，含有细菌产生的酸性物质，使牙形成龋齿。在工业上，生物膜使管道中的水或油流速减慢，加速管道的腐蚀，同时也可使被水浸没的物体腐朽，如岸边的打油井机、船和沿岸的设施等。

　　当我们考查液态发酵中微生物生态环境时，表面环境是一个不可忽视的因素。因为微生物和营养通常都被吸附在表面，表面微生物利用营养进行生长繁殖，逐步形成表面生物膜。

这个过程大致分为三个阶段：第一阶段是有机质附着在表面，凡是与水接触的物体表面都能很快地形成这一层。第二阶段，开始有细菌膜初步吸附在表面上，起先是醪液中正常游离的细菌群体，因物理和化学作用而暂时地附着于表面，运动着的细菌也可以因营养物质的引诱而朝着它作定向运动，进而附着在表面上。这时细菌只是以一端附着，使菌体与表面呈直角，因而附着往往不很牢固，这一阶段大约需要几个小时。第三阶段，当初步吸附在表面的细菌分泌出胞外聚合物时，就使细菌和表面黏在一起，形成较为牢固的吸附层，此即微生物表面膜（图 7-12，图 7-13）。

图 7-12　茶汤表面由真菌和细菌形成的共生体系

图 7-13　木醋杆菌在液-气界面上生长形成纳塔

 拓展阅读

微生物分子生态学

　　微生物分子生态学是在普通生态学的基础上，通过对微生物的行为生态学、信息生态学、微生态学以及其他生态学的深入研究发展到从分子水平进行探讨微生物与环境之间的分子生态性。微生物分子生态学是在分子水平探讨微生物与其所处的环境，包括外界的自然环境和其他生物体内的内环境之间联系的一门科学。其核心问题是微生物与环境之间（包括外部环境和细胞内环境）的环境分子生态现象，以及微生物对环境适应与调整的遗传分子生态性。探讨微生物与环境因子相互影响的分子机制和微生物对环境新奇信号的响应和遗传适应，是从分子水平揭示微生物进化的机制，由此把微生物分子生态学推进到了分子水平。其内容和结构体系也涉及微生物在环境生物修复中的分子生态学和微生物与细胞之间的信息交流，以及病毒的分子生态学。在此学科领域，细菌信息素的研究则是细菌细胞之间以及与其他生物的细胞之间的信息网络所显示的生命活动的有序调节与控制，同时也为细菌性、病毒性等病原体引起的疾病预防、诊断和治疗提供了理论基础。微生物在环境修复中的分子生态现象则是微生物分子生态学理论和实践应用的范例。因此，微生物分子生态学对于分子生物学乃至生命科学的发展将起到非常重要的作用，是人类健康和环境保护的坚实理论基础。

　　细胞信号传递的研究一直是生物学的热点话题，随着细菌的信息素的确认，微生物细胞通讯的大门也打开了。微生物与细胞之间的信息交流，是微生物与细胞之间通讯的分子关系。这也是微生物在生物细胞内环境的分子生态效应。由此可以进一步了解细菌、病毒对于动植物和人类感染过程的调控作用，以及微生物次生代谢物质对于其他生物的拮抗、抑制和杀灭的分子机制；探索寄生、共生、腐生的原理，为生物防治和健康医学注入新的活力。

思　考　题

1. 试述生态学、生态系统、生物圈、微生物生态学、微生物生态系统的概念。
2. 什么是种群、群落？如何理解环境梯度、耐受限度？
3. 食品生境中微生物的来源与途径有哪些？
4. 什么是互生关系？请举与食品相关的例子说明其相互关系。
5. 什么是共生关系？有几种不同的共生关系？分别举例说明。
6. 什么是拮抗关系？请举例说明。
7. 什么是剥削关系？请举例说明。
8. 什么是益生菌？益生菌对肠道菌群的作用主要体现在哪几个方面？
9. 什么是生物被膜？
10. 试述几种发酵食品中的微生物生态情况。
11. 微生物处理食品废水的必要条件有哪几种？

参　考　文　献

［1］　FAO/WHO: Health and Nutritional Properties of Probiotics in Food including Powder Milk with Live Lactic Acid Bacteria. Report of the Joint Food and Agriculture Organization (FAO) of the United Nations/World Health Organization (WHO) Expert Consultation on Evaluation of Health and Nutritional Properties of Probiotics in Food Including Powder Milk with Live Lactic Acid Bacteria. 2001. ［http: www. who. int/foodsafety/publications/fs _ management/en/probiot ics. pdf].

［2］　李妍. 益生菌 *Lactobacillus casei* Zhang 高密度培养技术及发酵过程中关键酶基因表达变化的研究 ［D]. 内蒙古农业大学博士学位论文，2008.

［3］　Makinen K，Berger B，Bel-Rhlid R，Ananta E. Science and technology for the mastership of probiotic applicationsin food products ［J]. Journal of Biotechnology，2012，162：356-365.

［4］　Simon M Cutting. *Bacillus* probiotics ［J]. Food Microbiology，2011，28：214-220.

［5］　Reid G，Fraser N. Oral probiotics can resolve urogenital infections ［J]. FEMS Microbiol Immunol，2001，30：49-52.

［6］　Yadav H，Jain S，Sinha P R. Antidiabetic effect of probiotic dahi containing *Lactobacillus acidophilus* and *Lactobacillus casei* in high fructose fed rats ［J]. Nutrition，2007，23：62-68.

［7］　Elena F Verdu. Probiotics effects on gastrointestinal function: beyond the gut. Neurogastroenterol Motil，2009，21：477-480.

第8章 食品中的微生物

食品从原料到加工成产品，均有大量的、种类繁多的微生物存在。这些微生物对食品的色、香、味、营养价值、食品卫生及食用安全等方面有着非常重要的作用。

乳、肉、蛋、水产、果蔬、粮食等各类食品的 a_w 值差别很大，它们的营养成分和组织结构也各具特点，所以生长在各

据报道，20%的急诊是因为食源性疾病。另外，微生物享用着与人类相同的食物，正如图中的橘子被霉菌所覆盖。

类食品中的微生物也不同。同时在各类食品的加工、储藏、运输以及销售中，微生物的活动规律以及引起的腐败变质现象也各有特点。

8.1 乳品中的微生物

随着社会的进步和生活水平的不断提高，乳制品已逐渐成为人类生活的基本需要。"一杯牛奶，强壮一个民族"，即是乳制品营养作用在人类生活中地位的最好体现。同时正是因为乳及乳制品营养丰富、配比合理，使之成为各种微生物生长的良好基质。微生物在乳及乳制品中的生长发育，既有可能改善这些食品的质量，也可造成其腐败变质，甚至可能传播某些疾病，对人类的健康造成危害。因此，微生物在乳及乳制品中的作用，成为乳品微生物学研究的基本对象。

乳品微生物学是一门应用科学，其主要任务是：研究各种微生物在乳及乳制品生产、加工、储存、运输和销售各个环节中的活动规律；导致乳及乳制品腐败变质的原因；寻找合适乳酸菌及其他微生物，以达到改善品质、口感及营养功能的作用；研究防止乳及乳制品腐败变质、食物中毒和真菌毒素污染的有效方法；严格控制可能通过乳及乳制品传播的疾病，以达到食用安全、卫生、营养、新鲜乳及乳制品的目的。其主要研究内容为：

① 生乳在挤乳、收集、运输、储存以及各种乳制品在加工、储存、运输过程中微生物污染的情况；

② 微生物在不同发酵乳制品如酸奶、奶酪、奶油中的应用，储存、运输过程中种群及数量的变化；

③ 组成发酵剂的微生物的分类、生理生化及遗传学研究；

④ 乳酸细菌或其他有益微生物对人体健康的促进作用及机理；

⑤ 微生物引起的乳及乳制品腐败变质、食物中毒和可能经乳及乳制品传播的疾病；

⑥ 研究环境因素对乳及乳制品中微生物活动的影响，防止乳及乳制品腐败变质的各种保藏方法。

用于乳及乳制品生产的乳的来源多种多样，如山羊乳、绵羊乳、马乳、水牛乳、牦牛乳、乳牛乳等，但从乳牛来源的乳仍占绝对重要的地位。因此，除注明乳的来源外，本书中

所称"乳"的概念一般指乳牛来源的乳。

8.1.1 乳中微生物的来源及类群

8.1.1.1 乳中微生物的来源

（1）挤乳前的污染 从乳腺分泌出来的乳汁本来是无菌的，但乳头前端容易被外界细菌侵入，这些细菌在挤乳时被冲洗下来。在最初挤出的少量乳液中会含有较多的细菌，而在后来挤出的乳液中，细菌数目会显著减少。可见从乳牛乳房挤出的乳液并不是无菌的，但微生物数量在不同个体的乳牛和同一乳牛的不同季节里是不同的。

正常情况下，乳房内的微生物只是一些无害的小球菌或链球菌。只有当污染严重或乳房呈病理状态时，细菌数目和种类才会增多，甚至有病原菌。

（2）挤乳过程中的污染 牛乳中微生物主要来源于挤乳过程中的污染，在严格注意环境卫生的良好条件下进行挤乳，将可得到含菌数量低、质量好的牛乳。但如果操作的环境卫生条件差，则非常容易污染微生物。牛舍内的饲料、牛体表面和牛的粪便、地面上的土壤，均可直接或通过空气间接污染乳液。蝇、挤乳用具、挤乳工人或其他管理人员也可造成微生物的污染。在挤乳过程中，污染的微生物可能有细菌、霉菌和酵母菌。从乳液中含有的细菌数量来看，一般可见在挤乳过程中有明显增多的现象；污染情况不同，含有的细菌数量也不相同。据对我国一些地区牧场的调查，几个卫生状况属于一般的牧场，挤出的乳液中含细菌数为 $10^4 \sim 10^5$ 个/mL；卫生条件相当差的牧场，乳液中含细菌数达 $10^6 \sim 10^7$ 个/mL。

（3）挤乳后的污染 挤出的乳应进行过滤并及时冷却，使乳温下降至 10℃ 以下。在这个过程中，乳液所接触的用具、环境中的空气等都可能造成微生物污染。乳液在储藏过程中，也可能再次污染环境中的微生物。

总之，牛乳可以被不同来源的微生物所污染。污染的微生物数量及种类变化很大，并且取决于与每一批牛乳有关的具体条件。

8.1.1.2 鲜乳中微生物的类型

（1）鲜乳中的细菌 细菌是鲜牛乳中微生物的主要类群，鲜乳中的细菌种类较多、数量较大。常见的细菌有链球菌属、乳杆菌属、假单胞菌属、芽孢杆菌属、大肠菌群、产碱杆菌属、无色杆菌属、变形杆菌属、黄杆菌属、微球菌属、微杆菌属、梭状芽孢杆菌属、丙酸杆菌属等。除上述细菌外，还可能含有多种病原菌，如结核杆菌、沙门菌、流产布鲁杆菌（*Brucella abortus*）、金黄色葡萄球菌、炭疽杆菌、溶血链球菌（*Streptococcus hemolyticus*）、痢疾志贺菌（*Shigella dysenteriae*）等。但对于具体的某批鲜乳，可能只含有上述细菌中的一些种类。

链球菌属和乳杆菌属是鲜牛乳中十分常见的两属乳酸菌，它们能对乳中的乳糖进行同型或异型乳酸发酵，产生乳酸等产物，使牛乳变酸；并且随乳酸的产生而使乳中蛋白质凝固，称为酸凝固。有的也能分解乳中的蛋白质。常见的链球菌有乳酸链球菌、嗜热链球菌、乳脂链球菌（*S. cremoris*）、粪链球菌、液化链球菌（*S. liquefcciens*）等，

乳糖不耐症：由于不能产生乳糖酶，患有乳糖不耐症的人们不能将乳糖分解为葡萄糖和半乳糖。不幸的是这个水解反应发生在正常人的肠道中，消化乳糖的过程中会产气和产酸。当患有乳糖不耐症的人们摄入量超过耐受量的乳糖时，就会发生嗳气、腹绞痛、呕吐和腹泻。许多非洲、亚洲、近东地区和地中海地区的后裔，以及南北美洲的印第安人都是乳糖不耐症患者。由于钙摄入是饮食的重要组成部分，所以患有此病的人们需要补充钙含量丰富的非乳制品，服用钙补充剂，或购买去乳糖食品和乳糖酶片剂。乳酸细菌，如嗜酸乳酸杆菌把乳糖转化为乳酸，使牛奶能被患乳糖不耐症的人消化。

其中的乳酸链球菌是牛乳中最普遍存在的乳酸菌，几乎所有的鲜乳中都能检出这种菌，它适宜生长温度为 30～35℃，在乳液中产酸量可达 1.0%。常见的乳杆菌有嗜酸乳杆菌（*Lactobacillus acidophilus*）、嗜热乳杆菌（*L. thermophilus*）、干酪乳杆菌（*L. casei*）、保加利亚乳杆菌（*L. delbrueckii* subsp. *bulgaricus*）等。乳酸菌在乳中的繁殖比其他微生物早，引起变质也比其他微生物早，产生的乳酸能够抑制其他腐败细菌的生命活动。与乳链球菌相比，乳杆菌在乳中的繁殖较慢，但在耐酸性方面较乳链球菌强。

芽孢杆菌、一些假单胞菌、变形杆菌等是鲜乳中常见的胨化细菌，它们能分解乳中的蛋白质，可使不溶解状态的蛋白质变成溶解状态的简单蛋白质（称为胨化），并有腐败的臭气产生。经乳酸菌等的产酸作用，牛乳中蛋白质发生酸凝固；或由于细菌的凝乳酶作用使乳中酪蛋白（含量 2.5%）凝固，称为甜凝固。胨化细菌能产生蛋白酶，使这种凝固的蛋白质消化成为可溶性状态的蛋白质。生乳中的芽孢杆菌有枯草芽孢杆菌、地衣芽孢杆菌（*Bacillus licheniformis*）、蜡状芽孢杆菌（*B. cereus*）等。芽孢杆菌的许多菌种既能产生蛋白酶，又能产生凝乳酶。有胨化作用的假单胞菌有荧光假单胞菌、腐败假单胞菌（*Pseudomonas putrefaciens*）等。胨化细菌在鲜乳中会被乳酸菌产生的乳酸和乳链球菌产生的抗生素即乳酸链球菌素所抑制，引起变质作用较乳酸菌迟，一时不会表现出有害作用。

假单胞菌不仅能分解牛乳蛋白质，还能分解乳中的脂肪，是牛乳中典型的脂肪分解菌。此外，无色杆菌、黄杆菌、产碱杆菌等也能分解脂肪，也是鲜乳中的脂肪分解菌。

大肠菌群（大肠杆菌和产气肠杆菌）能分解乳糖而产生乳酸、醋酸，使鲜牛乳变酸并引起酸凝固；同时产生二氧化碳和氢气，使牛乳凝块具有多孔气泡；并使乳产生不快臭味。

微球菌、微杆菌也可发酵乳糖产生乳酸等，但产酸量不如乳链球菌和乳杆菌的多。代表性的微球菌有藤黄微球菌（*Micrococcus luteus*）、变易微球菌（*M. varians*）、弗氏微球菌（*M. freudenreichii*）等，代表性的微杆菌有乳微杆菌（*Microbacterium lacticum*）。微球菌和微杆菌的一些种能耐高温。微球菌也有较弱的分解蛋白质和脂肪的作用。

产碱杆菌能使牛乳中含有的柠檬酸盐分解而形成碳酸盐，从而使牛乳变为碱性。牛乳中常见的产碱杆菌有粪产碱杆菌（*Alcaligenes faecalis*）、黏乳产碱杆菌（*A. viscolactis*），其中黏乳产碱杆菌还能使牛乳黏稠。

牛乳中有代表性的梭状芽孢杆菌有韦氏梭菌、丁酸梭菌（*Clostridium butyricum*）等，它们可使牛乳中的乳糖分解产生酪酸、二氧化碳和氢气。

（2）酵母菌和霉菌　鲜乳中经常见到的酵母菌有脆壁酵母（*Saccharomyces fragilis*）、红酵母、假丝酵母、球拟酵母等，常见的霉菌有多主枝孢霉，丛梗孢属如变异丛梗孢霉（*Monilia variabilis*），节卵孢属如酸腐节卵孢霉（*Oospora lactis*）和乳酪节卵孢霉（*Oospora casei*）、乳酪青霉（*Penicillium casei*）、灰绿青霉、灰绿曲霉、黑曲霉等，而根霉和毛霉较少发现。

酵母菌和霉菌能利用乳中的乳糖，乳酸菌等发酵作用产生的乳酸也能被它们所利用。有的还能分解利用乳中的蛋白质和脂肪。如有的红酵母能分解利用酪蛋白，热带假丝酵母可以分解利用蛋白质和脂肪，解脂假丝酵母可分解脂肪；青霉和曲霉也能分解利用蛋白质和脂肪。

8.1.1.3　乳粉中的微生物

乳粉有全脂乳粉、脱脂乳粉、速溶乳粉、奶油粉等多种。我国目前生产的乳粉以全脂乳粉和脱脂乳粉为主，这里仅以它们为例说明乳粉中的微生物情况。

全脂乳粉和脱脂乳粉是由全脂乳液或脱脂乳液，经过杀菌、浓缩、喷雾干燥、密封包装等工艺过程而制成的呈干燥粉末状的乳制品。

由牛乳加工成乳粉，乳液中的微生物、加工过程的污染、乳粉包装材料中带有的微生物都可能是乳粉中微生物的来源。乳液经过杀菌，可以杀死包括病原菌在内的绝大多数微生物，但少部分耐热细菌可残留，这部分残留的微生物就带到乳粉中。此为乳粉中微生物的主要来源；杀菌后的乳液中微生物越多，乳粉中的微生物就越多。在乳液浓缩和喷雾干燥阶段，一般不会造成微生物的污染，微生物数量在浓缩和喷雾干燥前后不会有较大的改变。乳粉采用金属罐装、玻璃瓶装、塑料袋装及其他软包装，一般在严格无菌条件下进行包装而不会造成微生物的污染；但若包装材料杀菌不彻底，可造成微生物的污染。

刚出厂的乳粉，其中含有的微生物种类与杀菌后的消毒乳的大致相同，即可能含有链球菌属、乳杆菌属、芽孢杆菌属、微球菌属、微杆菌属、梭状芽孢杆菌属中的一些耐高温杀菌的菌种。具体某批乳粉中含有的微生物取决于生产该批乳粉所用原料乳液的污染状况及杀菌条件。乳粉中含有的微生物数量不应超过卫生标准所规定值，否则是不合格的。全脂乳粉的微生物指标如表 8-1 所示，脱脂乳粉细菌数不应超过 50000 个/g。

表 8-1　全脂乳粉微生物指标

级别	特级	一级	二级
杂菌数/(个/g)	不超过 30000	不超过 50000	不超过 100000
大肠杆菌	2g 中无	1g 中无	0.1g 中无

乳粉中的微生物一般不能进行繁殖。因乳粉含水量为 2%～3%，而且经过密封包装，包装时还抽去空气或充以氮气，这些条件都不适合微生物进行生命活动。乳粉中微生物不但不增殖，相反，在储藏过程中随着时间的延长，微生物不断死亡。瓶装乳粉储于室温下，几个月后细菌死亡 50% 以上，一年后死亡率可达 90% 以上。所以凡是正常的乳粉，不会出现微生物引起的变质。

乳粉包装打开之后放置，如果日期过长，则会逐渐吸收水分，当水分达到 5% 以上时细菌便能繁殖，可出现变质。

8.1.2　乳品中微生物的活动规律

8.1.2.1　常温下乳中微生物的活动规律

乳静置于室温下，可观察到乳所特有的菌群交替现象。这种有规律的交替现象分为以下几个阶段，如图 8-1 所示。

① 抑制期（混合菌群期）　在新鲜的乳液中含有溶菌酶、乳素等抗菌物质，对乳中存在的微生物具有杀灭或抑制作用。在杀菌作用终止后，乳中各种细菌均发育繁殖，由于营养物质丰富，暂时不发生互联或拮抗现象。这个时期持续 12h 左右。

② 乳链球菌期　鲜乳中的抗菌物质减少或消失后，存在于乳中的微生物如乳链球菌、乳酸杆菌、大肠杆菌和一些蛋白质分解菌等迅速繁殖，其中以乳酸链球菌生长繁殖

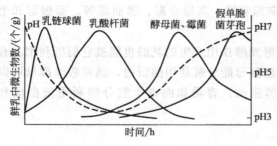

图 8-1　生鲜乳中微生物活动曲线

居优势，分解乳糖产生乳酸，使乳中的酸性物质不断增高。由于酸度的增高，抑制了腐败菌、产碱菌的生长。以后随着产酸增多乳链球菌本身的生长也受到抑制，数量开始减少。

③ 乳杆菌期　当乳链球菌在乳液中繁殖，乳液的 pH 值下降至 4.5 以下时，由于乳酸杆菌耐酸力较强，尚能继续繁殖并产酸。在此时期，乳中可出现大量乳凝块，并有大量乳清析出，这个时期约为 2d。

④ 真菌期　当酸度继续升高至 pH 值 3.0～3.5 时，绝大多数的细菌生长受到抑制或死亡。而霉菌和酵母菌尚能适应高酸环境，并利用乳酸作为营养来源而开始大量生长繁殖。由于酸被利用，乳液的 pH 值回升，逐渐接近中性。

⑤ 腐败期（胨化期）　经过以上几个阶段，乳中的乳糖已基本消耗，而蛋白质和脂肪含量相对较高，因此，此时能分解蛋白质和脂肪的细菌开始活跃，凝乳块逐渐被消化，乳的 pH 值不断上升，向碱性转化，同时伴随有芽孢杆菌属、假单胞杆菌属、变形杆菌属等腐败细菌的生长繁殖，于是牛奶出现腐败臭味。

在菌群交替现象结束时，乳亦产生各种异色、苦味、恶臭味及有毒物质，外观上呈现黏滞的液体或清水。

8.1.2.2　生牛乳冷藏中的微生物变化及变质

由于牛乳中总是存在微生物，挤乳后必须立即将其冷藏，以抑制微生物的繁殖。冷藏牛乳，采用 4℃左右的温度较为理想，如表 8-2 所示。

表 8-2　不同冷藏温度下乳中细菌数的增长

牛乳类别	冷藏温度/℃	每毫升牛乳中的细菌数（平皿培养）			
		刚挤下的鲜乳	24h 后	48h 后	72h 后
清洁的牛乳	4	4300	4300	4500	8000
	10	4300	14000	13 万	580 万
	16	4300	159 万	3300 万	3 亿
不洁的牛乳	4	137000	28 万	54 万	75 万
	10	137000	117 万	1366 万	2569 万
	16	137000	2467 万	6 亿	24 亿

在冷藏温度下，中温性微生物和嗜热微生物生命活动受到限制。但在乳中存在的嗜冷微生物如假单胞菌属、无色杆菌属、产碱杆菌属、黄杆菌属、微球菌属、变形杆菌属等中的一些种，在低温下能进行生长活动和代谢活动，从而引起冷藏乳的变质。

冷藏乳变质时，出现脂肪酸败、蛋白质腐败现象，有时还产生异味、变色和形成黏稠乳。多数假单胞菌能产生脂肪酶，而且脂肪酶在低温时的活性很强；某些假单胞菌在低温下也能分泌蛋白酶，例如荧光假单胞菌，其蛋白酶产量在 0℃最大，它还使牛乳带鱼腥味和产生棕色色素。其他几种嗜冷菌在低温下也能分解蛋白质和脂肪，其中黄杆菌并产生黄色色素；黏乳产碱杆菌并可形成黏稠乳。

低温下微生物生长繁殖速度慢，引起变质速度也较慢。含菌数 4×10^6 个/mL 的生乳，于 2℃冷藏，经 5～7d 后出现变质。乳液在加热即发生凝固；酒精试验呈阳性；同时由于脂肪分解而产生的游离脂肪酸含量增加；因蛋白质分解乳液中的氨基酸含量也增加；乳液风味发生恶变。0℃储存生乳有效期一般在 10d 以内，10d 过后即可变质。

嗜冷微生物主要来源于水和土壤。乳牛场或乳品厂内清洗设备和管道时，使用杀菌水或含有效氯 5～10mg/kg 的氯水可以防止嗜冷微生物污染牛乳。

8.1.2.3 乳制品的腐败变质

(1) 奶油 (又称黄油、白脱油) 的变质　奶油是指脂肪含量在 80%～83%、含水量低于 16%、由乳中分离的乳脂肪所制成的产品。奶油由于加工方法不当、消毒不彻底或储藏条件不良，都会污染有害微生物而引起不同程度的变质。奶油的变质有下列几种：

① 发霉　因霉菌在奶油的表面生长而引起，特别是在潮湿的环境中易发生。

② 变味　有些微生物如酸腐节卵孢能分解奶油脂肪的卵磷脂，引起三甲胺的生成，使呈鱼腥味。乳链球菌的一些变种也可以产生麦芽气味。

③ 酸败　荧光假单胞菌、沙雷菌、酸腐节卵孢等微生物，能将奶油中的脂肪分解成甘油和有机酸，尤其是丁酸和己酸，使奶油发生酸败，散发出酸而臭的气味。

④ 变色　紫色色杆菌 (*Chromobacterium violaceum*) 可使奶油变为紫色，玫瑰红球菌引起红色，产黑假单胞菌使奶油变黑。

(2) 干酪的变质　干酪是用皱胃酶或胃蛋白酶将原料乳凝集，再将凝块进行加工、成型和发酵成熟而制成的一种营养价值高、易消化的乳制品。在生产时，由于原料乳品质不良、消毒不彻底或加工方法不当，往往会使干酪污染各种微生物而引起变质。干酪变质常有以下现象出现：

① 膨胀　这是由于有害微生物利用乳糖发酵产气而使干酪膨胀，与此同时还伴随有一种不好的味道和气味。干酪成熟初期发生膨胀现象，常常是由于大肠产气杆菌之类微生物引起的。若在成熟后期发生膨胀，多半是由某些酵母菌和丁酸菌引起，并有显著的丁酸味和油腻味。

② 腐败　干酪表面形成液化点，有时整块干酪变成黏液状并产生难闻的气味。

③ 苦味　苦味酵母 (*Torula ameri*)、液化链球菌 (*Streptococcus liquefaciens*)、乳房链球菌 (*S. uberis*) 等能强力分解蛋白质，使产生不快的苦味。

④ 色斑　干酪表面出现铁锈样红色斑点，可能由植物乳杆菌红色变种 (*Lactobacillus plantarum* var. *rudensis*) 或短乳杆菌红色变种 (*L. brevis* var. *rudensis*) 所引起。黑斑干酪、蓝斑干酪也是由某些细菌和霉菌所引起。

⑤ 发霉　干酪容易污染霉菌而发霉。

(3) 淡炼乳的变质　淡炼乳又称蒸发乳，它是将牛乳浓缩到 50%～40% 后装罐密封，经加热灭菌而成的具有保存性的乳制品。淡炼乳虽然经 115～117℃ 高温蒸汽灭菌 15min 以上，但如果灭菌不完善或漏气，那么也会因微生物作用而导致淡炼乳变质。淡炼乳变质主要有以下几种现象：

① 生成凝块　常由于枯草杆菌及凝乳芽孢杆菌 (*Bacillus coagulans*) 所引起，此外，也曾发现蜡状芽孢杆菌 (*B. cereus*)、简单芽孢杆菌 (*B. simplex*)、巨大芽孢杆菌 (*B. megaterium*)、嗜乳芽孢杆菌 (*B. calidolactis*) 等能使淡炼乳产生凝块。

② 产气胀罐　一些厌氧性芽孢杆菌能在淡炼乳中产生大量气体和凝块，引起胀罐，使淡炼乳产生不良气味和腐败。

③ 产生苦味　苦味常伴随凝块而发生，主要是由苦味芽孢杆菌 (*Bacillus amarus*) 和面包芽孢杆菌 (*B. panis*) 分解蛋白质，产生苦性物质 (醛类和胺) 所引起。枯草杆菌的某些菌株也能产生苦味。

(4) 甜炼乳的变质　甜炼乳是牛乳中加入约 16% 的蔗糖，并浓缩到原容积的 40% 左右的一种乳制品。由于成品中蔗糖含量为 40%～45%，所以增大了渗透压，延长了保藏期限。

甜炼乳与淡炼乳的不同之处是，除了淡炼乳不加糖以外，淡炼乳装罐后还要进行高温灭菌。而甜炼乳封罐后，不再进行灭菌，而是凭借高浓度糖分所产生的高渗环境，迫使许多微生物无法生长。鉴于上述原因，如果原料鲜乳或蔗糖在杀菌时不彻底，或在装罐后工序重新污染微生物，那么也会引起甜炼乳的变质。在甜炼乳中，由微生物引起的变质现象有如下数种：

① 产气 某些酵母菌如炼乳球拟酵母（*Torulopsis lactis-condensi*）、球拟圆酵母（*T. globosa*）等能在甜炼乳中生长繁殖，分解蔗糖产生大量气体，发生胀罐。糖的浓度降低以后，又有利于大肠产气杆菌类细菌的生长发育，发酵产气。另外，有时也会由于丁酸菌、乳酸菌或葡萄球菌的繁殖而引起产气胀罐。

② 变稠 甜炼乳变稠凝固，是由于炼乳中含有芽孢菌、葡萄球菌、链球菌或乳酸杆菌等。它们在甜炼乳中生长繁殖，分解蔗糖，产生乳酸等有机酸和类似凝乳酶的酶类，使甜炼乳变稠凝固。

③ 形成"纽扣"状凝块 开罐后，有时在炼乳表面发现白色、黄色或红褐色的形似纽扣的颗粒凝块。形成"纽扣"状颗粒凝块的原因是由于污染霉菌的结果。霉菌之所以能在罐内生长，主要是罐内有空气存在。已发现的霉菌有：葡萄曲霉（*Aspergillus repens*）、灰绿曲霉（*A. glaucus*）、烟煤色串孢霉、黑丛梗孢霉（*Monilia nigra*）等。

8.1.3 乳品的消毒灭菌和防腐

8.1.3.1 乳品的净化

净化的目的是除去鲜乳中被污染的非溶解性的杂质和草屑、牛毛、乳凝块等。杂质上总是带有一定数量的微生物，杂质污染牛乳后，一部分微生物可能扩散到乳液中去。因此，除去杂质就可减少微生物污染的数量。净化的方法有过滤法和离心法。过滤的效果取决于过滤器孔隙的大小。我国多数牧场采用 3～4 层纱布结扎在乳桶口上过滤。离心净化是将乳液放到一个分离罐内，使之受强大离心力的作用，大量的杂质和细菌留在分离钵内壁上，乳液得到净化。但无论过滤或离心都无法达到完全除菌的程度，即不能达到消毒的效果，只能降低微生物的含量，对鲜乳消毒起促进作用。

8.1.3.2 乳品的消毒

为了延长贮藏期，鲜乳必须消毒，以杀灭鲜乳中可能存在的病原微生物和其他大多数微生物。在实际中，选择合适的消毒方法，除了首先要考虑病原菌外，还要注意尽量减少由于高温带来的鲜乳营养成分的破坏。目前在乳品工厂中，具有代表性的消毒方法有以下三种：

(1) 低温长时间杀菌法（low temperature long time），简称 LTLT 杀菌法 又称为保持式杀菌，将牛乳加热到 63～65℃，在这一温度下保持 30min。这是一种分批间歇式的杀菌方法，过去牛乳消毒都采用这种方法，但由于其杀菌效率低，目前已不太采用，而逐渐被高温短时杀菌和超高温瞬时杀菌所取代。

(2) 高温短时间杀菌法（high temperature short time），简称 HTST 杀菌法 杀菌条件为 72～75℃，15～16s；或者 80～85℃，10～15s。

(3) 超高温瞬时杀菌法（ultrahigh temperature），简称 UHT 杀菌法 杀菌条件为 130～150℃，保持 0.5～2s。

由于鲜牛乳中含有大量微生物甚至含有病原菌，所以供消费者饮用之前要进行消毒，加工成乳粉和炼乳等乳制品之前也要经过消毒。消毒牛乳的微生物学标准是：不含有病原菌，杂菌数每毫升不得超过 $2.5 \times 10^4 \sim 3.0 \times 10^4$ 个，大肠杆菌每 3mL 中无或 1mL 中无。消毒能杀死包括病原菌在内的绝大多数微生物，但仍可能残留少部分微生物，因而也有变质的可能。

上述所采用的消毒或灭菌方法都可以保证牛乳中存在的病原菌完全杀死，但有的方法仍可残留一些微生物。残留的微生物种类和数量依原乳的污染状况和杀菌方法的不同而不同。用三种不同方法消毒的牛乳的细菌生存数和热致死率举例如表 8-3 所示。

表 8-3　牛乳不同的消毒方法的消毒效果举例

消毒方法	细菌数量测定时的培养温度/℃	细菌生存数/(×10⁴ 个/mL)		热致死率/%
		消毒前	消毒后	
低温长时间杀菌法	30	299	3	97.3
	35	160	0.4	99.7
	37	26	0.2	99.4
	37	7	0.2	97.7
高温短时间杀菌法	30	299	6	96.7
	37	26	0.2	99.1
	35～37	1150	3	99.6
	35～37	5～530	0.2～93	82.5～99.8
超高温瞬时杀菌法	35～37	1300	0.00005～0.0001	≈100
	35～37	6～245000	0	100
	30	0.09①	0～0.0003①	≈100
	30	0.5000①	0.00000025①	≈100

① 每升乳液的芽孢数。

低温长时间杀菌一般可杀死 97% 以上的微生物。残存的微生物为耐热性的，多为乳杆菌属、链球菌属、芽孢杆菌属、微球菌属、微杆菌属、梭状芽孢杆菌属中的一些耐热菌种，例如嗜热乳杆菌、保加利亚乳杆菌、嗜热链球菌、粪链球菌、牛链球菌（*Streptococcus bovis*）、枯草芽孢杆菌、地衣芽孢杆菌、蜡状芽孢杆菌、嗜热脂肪芽孢杆菌（*Bacillus stearothermophilus*）、变异微球菌、凝聚微球菌（*Micrococcus conglomeratus*）、乳微杆菌等。经过低温长时间消毒的消毒乳，由于有耐热性微生物的存在，在室温下只能存放 1d 左右，存放过久仍会发生变质。变质现象有耐热乳酸菌引起的酸败凝固现象，也可能出现由芽孢杆菌等引起的甜凝固、蛋白质腐败和脂肪酸败现象。在 10℃ 以下储存，所存在的耐热的细菌生长极为缓慢，变质作用也缓慢。因而消毒后乳还应及时冷却至 10℃ 以下，并于 10℃ 以下的温度中进行冷藏，这样可以保持一段时间而不出现变质。

72～75℃、15～16s 的高温短时杀菌，其杀菌效果与低温长时间杀菌的相当，所残存的微生物与低温长时间杀菌的相似，即也可能残存耐热性较强的链球菌、乳杆菌、芽孢杆菌、微球菌、微杆菌、梭状芽孢杆菌等。故消毒乳的变质现象也与低温长时间杀菌的相似。高温短时杀菌采用 80～85℃、10～15s 时，其杀菌效果要比低温长时间杀菌和 72～75℃、15～16s 的高温短时杀菌的好。所残存的微生物主要是具有芽孢的芽孢杆菌和梭状芽孢杆菌，其他微生物几乎不再存在。因而该消毒乳的变质主要由芽孢杆菌所引起，出现甜凝固、蛋白质腐败等现象。

超高温瞬时杀菌的微生物致死率几乎可达到 100%，即可达到近似灭菌的效果。可能残存的仅是芽孢杆菌和梭状芽孢杆菌的芽孢，从表 8-3 可以看出，残存的芽孢也是极少的。经

过 130～150℃加热 2s 的鲜乳中，芽孢菌数可减少至原来的 1% 以下，其他非芽孢菌可全部
被杀死；杀菌温度更高时，残存的芽孢菌更少。超高温瞬时杀菌乳经过良好包装后，在冷藏
下可以存放 20d 而不变质；经过无菌包装，则可以在不冷藏下存放 3～6 个月，所以很适合
于气候热的地区生产和销售。

经过低温长时间杀菌、高温短时间杀菌的消毒乳，其大部分的物理、化学性质如色泽、
风味可保持不变。超高温瞬时杀菌虽杀灭微生物的效果良好，但对牛乳风味、色泽等有一定
的影响，如出现褐变、焦煮味、乳清蛋白变性，储藏一段时间后会有变性蛋白质的沉淀物产
生等不良现象。

综上所述，鲜牛乳是十分容易变质的，变质的表现形式有变酸、凝固、蛋白质分解、脂
肪分解、产气、变黏稠、产碱、变色、变味等。引起变质现象的主要微生物总结于表8-4中。

表 8-4　牛乳变质方式与引起变质的常见微生物

变质方式	常见微生物
变酸及酸凝固	链球菌属、乳杆菌属、大肠菌属、微球菌属、微杆菌属等
蛋白质分解	假单胞菌属、芽孢杆菌属、变形杆菌属、无色杆菌属、黄杆菌属、产碱杆菌属、微球菌属、粪链球菌液化亚种等
脂肪分解	假单胞菌属、无色杆菌属、黄杆菌属、产碱杆菌属、微球菌属、芽孢杆菌属等
产气	大肠菌属、梭状芽孢杆菌属、芽孢杆菌属、酵母菌、异型发酵作用的乳酸菌、丙酸菌等
变黏稠	黏乳产碱杆菌、肠杆菌属、乳酸菌、微球菌等
变色	类蓝假单胞菌产生蓝灰色到棕色，如同时有乳链球菌，这两种菌产生深蓝色；类黄假单胞菌在奶油层产生黄色；荧光假单胞菌产生棕色；黏质沙雷菌产生红色；红酵母可使牛乳变红
产碱	产碱杆菌属、荧光假单胞菌
变味	蛋白质分解菌产生蛋白质腐败味，脂肪分解菌产生脂肪酸败味，荧光假单胞菌使牛乳带鱼腥味，鱼变形杆菌（*Proteus ichthyosmius*）产生鱼臭味，某些球拟酵母使牛乳带苦味，大肠菌群产生臭味
甜凝固	芽孢杆菌属

8.1.3.3　乳品的灭菌

按照传热的方式不同，灭菌乳的方法可分为间接加热式和直接加热式两大类。间接加热
式是用高温蒸汽喷射牛乳。在灭菌过程中，鲜乳先经 75～85℃预热 4～6min，接着用 130～
150℃高温的蒸汽加热数秒。直接加热式是将鲜乳在高压下喷射于蒸汽中，使鲜乳达到
140℃经数秒获得灭菌乳。

8.1.3.4　乳品的防腐

有时候，往鲜乳内加入适当的防腐剂也能达到杀菌和延长保存的目的。据报道，有的国
家采用氯-溴二甲基脲作防腐剂，用量为 13g/30000L 乳汁。药物在鲜乳中的浓度很低，约为
4×10^{-4} g/L 乳，但可在室温中保存 160h。

8.2　肉类中的微生物

肉、乳、蛋含有较多的蛋白质、脂肪、水、无机盐，维生素含量也很丰富。乳中还含有
大量的乳糖。所以，肉、乳、蛋不仅是人们营养丰富的食品，也是微生物的良好的天然培养
基，很适宜于微生物生长繁殖。

肉、乳、蛋中的微生物可因微生物污染来源、食品基质条件（营养组成、水活性 a_w、
pH 等）、环境条件（温度、气体等）以及微生物共生与拮抗等因素的影响而不同。

大量微生物在肉、乳、蛋食品上生长繁殖，必然引起腐败变质。

8.2.1　肉类中微生物的来源及类群

几种常见肉类的平均化学组成如表 8-5 所示。肉类蛋白质、脂肪含量比较高，因而肉类中的微生物主要是能分解利用蛋白质的微生物，肉类腐败变质以蛋白质腐败、脂肪酸败为基本特征。

表 8-5　几种常见肉类的平均化学组成

组成成分	水/%	蛋白质/%	脂肪/%	糖/%	灰分/%
肥猪肉	47.70	14.54	37.04	—	0.72
瘦猪肉	72.19	20.08	6.63	—	1.10
肥牛肉	56.74	20.89	21.40	—	0.97
中等肥度牛肉	72.83	20.58	5.33	0.06	1.2
肥羊肉	56.19	16.81	26.07	—	0.93
中等肥度羊肉	66.80	21.00	10.00	0.50	1.70

8.2.1.1　肉类中微生物的来源

健康牲畜的组织内部是没有微生物的。但身体表面、消化道、上呼吸道、免疫器官有微生物存在。如未经清洗的动物毛皮，其上面的微生物每平方厘米有 $10^5 \sim 10^6$ 个，如果毛皮粘有粪便，微生物的数量将更多。

肉类的表面总是存在微生物，有时肉的内部也有微生物存在。肉类的这些微生物主要是在牲畜宰杀时和宰杀后从环境中污染的。宰杀时放血、脱毛、去内脏、分割等过程中，可污染牲畜体表、屠刀等用具、水、泥土、空气、人的手等处存在的微生物。宰后的运输、销售、储存过程中，同样可能污染用具、空气、水等中的微生物。如放血所使用的刀有污染，则微生物可进入血液，经由大静脉管而侵入胴体深处，如"酸味火腿"即由此种原因而造成。再如开膛时剃破胃肠、整形时用脏水冲淋、用不干净的布揩抹等，均可造成微生物的污染。动物垂死时，细菌也可能从肠道侵入各种组织内，尤其是生前过分疲劳、受热、受内伤的动物。肉块分割时，每被切一次，就增加一个新的表面，暴露的组织就增加一些微生物。

不健康的牲畜，其组织内部可能有病原微生物存在。因而病畜肉不仅有环境中污染的微生物，还可含有本身带有的病原微生物。

8.2.1.2　肉类中微生物的类型

（1）腐生微生物　肉类腐生微生物有细菌、霉菌、酵母菌，但主要是细菌。细菌常见的有假单胞菌属、无色杆菌属、黄杆菌属、微球菌属、不动杆菌属（*Acinetobacter*）、莫拉菌属（*Moraxella*）、芽孢杆菌属、变形杆菌属、产碱杆菌属、梭状芽孢杆菌属、埃希菌属、链球菌属、乳杆菌属、微杆菌属等。

霉菌有枝孢属、枝霉属、毛霉属、青霉属、链格孢霉、根霉属、丛梗孢属、曲霉属和侧孢霉属（*Sporotrichum*）等。酵母菌有假丝酵母属、球拟酵母属、隐球酵母属、红酵母属、丝孢酵母属等。

（2）病原微生物　肉中含有的病原微生物依病畜不同的病以及具体环境条件不同而不同。有些微生物仅对某些牲畜有致病作用，但对人体无致病作用；而有些是对人畜都有致病作用的微生物。可能存在的病原微生物有沙门菌、炭疽杆菌、布鲁杆菌、结核杆菌、猪丹毒杆菌、李氏杆菌、假结核耶辛杆菌、韦氏梭菌、猪瘟病毒、口蹄疫病毒、猪水泡痛病毒、鸡新城疫病毒等，其中沙门菌最为常见，而对人类的安全威胁最大的是炭疽杆菌。

8.2.2　低温肉制品中微生物的活动规律

低温可以抑制中温性微生物和嗜热微生物的生长繁殖，但低温下仍可能有嗜冷性微生物进行生命活动，因而低温保存中的肉类仍可能变质。

1～3℃下可在肉中生长的嗜冷微生物有假单胞菌属、无色杆菌属、产碱杆菌属、黄杆菌属、微球菌属、不动杆菌属、莫拉菌属、变形杆菌属等中的一些细菌，枝孢属、枝霉属、毛霉属、青霉属、丛梗孢属等中的一些霉菌以及一些嗜冷酵母菌如假丝酵母属、红酵母属、球拟酵母属、隐球酵母属、丝孢酵母属中的一些种。鲜肉放在 0℃ 左右的环境中一般保存 10d 以后，若肉体表面比较干燥，则逐渐出现嗜冷性霉菌生长；若肉体表面湿润，则嗜冷性细菌生长活动并占优势，而细菌中又以假单胞菌为优势菌。由于嗜冷微生物的生命活动，0℃ 左右保存的肉也会变质。在低温下微生物生长繁殖速度较慢，因而变质的发生和发展也较慢。

为防止肉腐败变质，保存肉类采用冷冻、盐腌、烟熏、罐藏等方法。但在保持鲜肉本来特性方面，采用冷冻方法是比较好的，因而肉类常用冷冻保藏。冷冻采用 −20～−18℃ 温度，在这一温度下，肉类一般不会出现腐败性微生物的生长，长期保藏而不会变质。

若冷冻肉温度在 −5℃ 以上，仍有微生物生长的可能。但在 −2℃ 以下，一般不会出现腐败性细菌的生长，病原细菌也不能生长，能生长的是少数耐低温和低水分活度的霉菌和酵母菌，特别是霉菌较为重要。几种较为耐低温和低水分活度的霉菌多主枝孢霉、芽孢状枝孢、枝霉、总状毛霉、多毛青霉、顶青霉在 0℃、−2℃、−5℃ 的指数生长速度如表 8-6 所示。从该表可以看出，多主枝孢霉、枝霉是嗜冷霉菌中生长速度较快的。多主枝孢霉从发芽发展到 1mm 直径的可见菌落，在 −2℃ 需 1 个月，在 −5℃ 时需 4 个月左右。在 −5℃ 时，冷冻肉保藏 6～8 个月后才可能出现枝孢霉的黑色霉斑，出现其他霉菌的霉斑所需要的时间更长。

表 8-6　冷冻肉中集中嗜冷霉菌的指数生长速度

嗜冷霉菌	指数生长速度/d^{-1}			霉斑
	0℃	−2℃	−5℃	
多主枝孢霉	0.31	0.18	0.03	黑斑
芽孢状枝孢	0.22	0.12	<0.01	黑斑
多毛青霉	0.37	0.16	<0.01	黑斑
枝霉	0.67	0.50	0.03	茸毛
总状毛霉	0.14	—	—	茸毛
顶青霉	0.19	<0.01	—	蓝绿斑

新西兰肉品工业研究所把几只羔羊腿放在 −5℃ 冷冻储藏，每隔 4 周检查一次细菌和真菌的生长情况。结果发现，污染的细菌在储藏过程中只死不生，特别是在储存的开始时期可杀死大量细菌。储存 8 个月后，针尖大小的黑色霉斑出现了。储存过程中还可观察到隐球酵母的生长。

冷冻可以杀死肉中存在的大量微生物，特别是细菌。但很多微生物仍不死亡，只是在冷冻下不生长而已。这些未死亡的微生物可继续引起解冻肉的腐败变质。冻肉在解冻过程中和解冻后的储存等过程中还可污染环境中的微生物，所以冻肉解冻后应尽快食用或加工，以免变质。

8.2.3　肉的腐败变质及危害

8.2.3.1　与变质有关的因素

鲜肉变质与下述因素有关：

① 污染状况　肉类卫生条件越差，污染的微生物越多，越容易变质；污染的微生物不同，变质情况也不相同。

② 水分活度 a_w　肉的表面湿度越大，越容易变质。

③ pH　动物活着时，肌肉 pH 为 7.1～7.2，放血后 1h，pH 下降至 6.2～6.4；24h 后 pH 为 5.6～6.0。pH 的降低主要是由于肌肉组织中存在的糖酵解，酶把糖原转化成葡萄糖，再由葡萄糖变成乳酸，乳酸使 pH 下降。肉的这种 pH 变化可在一定程度上抑制细菌的生长。pH 越低，抑制作用越强。若牲畜宰杀前处于应激或兴奋状态，则消耗体内的糖原，使宰后的肉的 pH 接近 7.0，这种肉容易变质。

④ 温度　温度越高越容易变质。低温可以抑制微生物生长繁殖，但 0℃ 下肉类也只能保存 10d 左右，10d 过后也会变质。刚宰杀的牲畜，肉的温度正适合大多数微生物的生长，因而应尽快使肉表面干燥、冷却并冷藏。

8.2.3.2　微生物活动情况

肉的变质，以细菌性变质是最重要的。肉的污染常是表面污染，因而变质常先发生在肉表面。一般来说，常温下放置的肉，早期的微生物以需氧性的假单胞菌、微球菌、芽孢杆菌等为主，它们先出现于肉类表面。经过在表面上繁殖后，肉即发生变质，并逐渐向肉内部发展，这时以一些兼性厌氧微生物如枯草杆菌、粪链球菌、大肠杆菌、普通变形杆菌等为主要菌。当变质继续向深层发展时，即出现较多的厌氧性微生物，主要为梭状芽孢杆菌，如溶组织梭菌、腐败梭菌、水肿梭菌、生孢梭菌等。细菌向肉深层入侵的速度与温度、湿度、肌肉结构及细菌种类有关。由于具体条件的不同，除有细菌活动引起变质外，还可能有霉菌和酵母菌的活动。

肉的腐败常是表面腐败，但有时出现深层腐败。深层腐败常见于对牲畜的胴体处理不当，致使腐败细菌于牲畜死后从肠道侵入组织，或在放血时从刀口而进入循环系统，再转入肌肉组织内。此外，也可能是栖居于组织内的微生物如病原微生物、淋巴结的微生物引起。深层腐败细菌是一类能分解蛋白质、厌氧和生长温度广的细菌，因而能在未适当冷凉的胴体上产生深部腐败。比如猪腿肉沿股骨部位，可由于冷藏前腐败细菌生长而出现腐败，称为"酸斑"（sour spots）。腌制猪腿也可出现酸斑，系由于腌制作料不能审透于猪腿肉的全部，因而不能防止肉内腐败细菌的生长所致。在牛股肉的深部组织处也可发生细菌性深层腐败，称为"酸股"（sour hip）。

8.2.3.3　变质现象

鲜肉可出现多种变质现象，凭感官可以判别的有发黏、变味、色斑等。

(1) 发黏　为初期的腐败作用，主要由细菌引起，肉体表面有黏液状物质产生，拉出时如丝状，并有较强的臭味。这种黏液状物便是微生物繁殖后形成的菌落。这些微生物主要是革兰阴性腐生菌如假单胞菌、无色杆菌、黄色杆菌、变形杆菌、产碱杆菌、大肠杆菌等以及乳酸菌、酵母菌。有时芽孢杆菌、微球菌也会在肉体表面形成黏状物。但厌氧性的微生物如梭状芽孢杆菌不在肉表面引起发黏现象。当肉体表面有发黏现象时，其表面含有的细菌数一般每平方厘米达 10^7 个。霉菌在肉体表面生长时，先有轻度的发黏现象，后来则出现霉斑。

(2) 变味　鲜肉变质往往伴随着变味现象，最明显的是肉类蛋白质被分解产生恶臭味。

蛋白质分解菌都可分解利用蛋白质产生上述不同的分解产物，产生的氨、硫化氢、吲哚、甲基吲哚、硫醇、粪臭素等都具有特殊可恶的臭气。尸胺、腐胺、组胺还具有毒性。能使氨基酸脱羧而产生胺的微生物有埃希菌、沙门菌、变形杆菌、微球菌、链球菌、乳杆菌、梭状芽孢杆菌等。

除蛋白质分解菌分解蛋白质产生恶臭味外，某些脂肪分解菌可分解脂肪，使脂肪酸败并产生不良气味。分解脂肪的微生物有假单胞菌、无色杆菌、黄杆菌、产碱杆菌、微球菌、芽孢杆菌属中的一些细菌以及解脂假丝酵母（*Candida lipolytica*）、脂解毛霉（*Mucor lipolyticus*）、爪哇毛霉（*M. javanicus*）、灰绿青霉、娄地青霉（*Penicillium roqueforti*）、少根根霉（*Rhizopus arrhizus*）等。脂肪被微生物分解形成脂肪酸和甘油等产物，例如卵磷脂被酶解，形成脂肪酸、甘油、磷酸和胆碱，胆碱可被进一步转化为三甲胺、二甲胺、甲胺、蕈毒碱和神经碱，三甲胺可再被氧化成带有鱼腥味的三甲胺氧化物。

肉中含有的少量糖也可被乳酸菌和某些酵母菌分解，产生挥发性的有机酸，具有酸败味。

（3）色斑　鲜肉变质出现色斑有多种情况。蛋白质分解产生的硫化氢与肉中的血红蛋白相结合而形成硫化氢血红蛋白（H_2S-Hb），这种化合物积累在肌肉和脂肪表面，呈现暗绿色斑点。某些微生物产生色素，它们在肉表面生长可引起肉表面出现多种色斑。例如类蓝假单胞菌（*Pseudomonas syncyanea*）和类黄假单胞菌（*P. synxantha*）可分别产生蓝色和黄色，黄杆菌可产生黄色，黄色微球菌（*Micrococcus flavus*）、红色微球菌（*M. rubens*）和玫瑰色微球菌（*M. roseus*）可分别产生黄色、红色和粉红色。酵母菌可产生白色、粉红色、红色、灰白色斑点，例如红酵母可产生红色斑点。

霉菌菌丝体呈现一定的颜色和形态，因而当霉菌在肉表面生长时便出现霉斑。枝孢霉可产生蓝绿色至棕黑色霉斑，如多主枝孢（*Cladosporium herbarum*）和芽枝状枝孢（*C. cladosporides*）产生黑色霉斑。顶青霉、扩展青霉（*P. expansum*）和草酸青霉（*P. oxalicum*）产生蓝绿斑，枝霉（*Thamnidium elegans*）和刺枝霉（*Thamnidium chaetocladioides*）在肉体表面产生茸毛状菌丝，总状毛霉（*Mucor racemosus*）也可产生茸毛。

8.2.3.4　危害

畜肉食品包括牲畜的肌肉、内脏及其制品，能供给人体所必需的多种营养素，且吸收好、饱腹性强，故食用价值高。但肉制品易受致病菌和寄生虫的污染，易于腐败变质，导致人体发生食物中毒、肠道传染病和寄生虫病。因此，必须加强和重视畜肉的卫生管理。

8.2.4　肉类中微生物的控制

肉类营养丰富，富含微生物生长所必需的糖、蛋白质和水分，当条件控制不当时，肉就会受到微生物的污染而腐败变质。肉中的微生物主要来自屠宰加工过程中屠体表面所带来的灰尘、污垢以及肠道内容物和粪便等。动物皮毛中的尘土中，每克可含有 50 亿个细菌（大肠杆菌、腐败菌、丁酸菌等），这些有害微生物在屠宰过程中不可避免地造成胴体污染。为了尽量减少细菌对胴体、分割部位和最终产品的影响，现代化屠宰工厂必须对进场畜禽进行宰前检查，健康并符合卫生质量和商品规格的畜禽，方准予屠宰，并且采取胴体清洗、烫毛、喷淋和其他消毒措施。

为了尽可能降低胴体的初始菌数，我国许多屠宰企业已经将传统的大池烫毛改为蒸汽烫毛。在应用大池烫毛的时候，烫过几十头猪以后，每毫升水中就会含有百万个细菌，极其容易产生交叉感染。而蒸汽烫毛后，再快速进行高温燎毛和用带电压的热水冲淋，这样就可以极大地降低微生物在胴体上的附着力并且杀死部分微生物；另外，开膛劈半后的清洗是减少胴体微生物污染的又一个重要步骤，特别是带压的热水可以冲洗掉胴体表面的杂毛、粪便、血污等，从而减少微生物的数量。

在生产过程中，应对胴体采用两段快速冷却法（－20℃，1.5～2h；0～4℃，12～16h），在规定的时间内使胴体中心温度降到4℃以下，这样仅仅会有部分嗜冷菌缓慢生长，并且可以降低酶的作用和化学变化，有利于产品保质期的延长。严格控制分割和包装环境的温度和时间，结合其他卫生控制措施（如良好的空气、水质等），可以使胴体和分割产品的初始细菌总数保持在 $10^2 \sim 10^3$ cfu/g 之间，从而延长了产品的货架期，保证了肉品的卫生质量和安全。

> **沙门菌疫苗保障肉类食品安全：** 因鸡肉、蛋类、猪肉和牛肉等的加工不当，已造成全世界数百万人遭受严重的沙门菌中毒。一种新型动物疫苗也许会大大减少沙门菌中毒的机会。密苏里州圣路易斯的华盛顿大学的 Roy Crutis 博士已研制出一种用于小鸡的沙门菌活疫苗。由于除去了毒性基因，这种细菌不具致病性。通过饮水接种疫苗，小鸡接种后几个小时就获得对沙门菌的免疫力，并且这种免疫是终生的。它也能保护免疫小鸡成年后下的蛋。这种鸡疫苗即将获得美国政府的批准，不久就会投入使用。类似的疫苗也会用于猪、牛以及人类。

8.3　禽蛋中的微生物

禽蛋的蛋白质和脂肪含量比较高，还含有少量的糖。以鸡蛋为例，其营养组成如表 8-7 所示。禽蛋中虽有些抗微生物侵入和生长的因素，但还是容易被微生物所污染并发生腐败变质。禽蛋中的微生物以能分解利用蛋白质的为主要类群。禽蛋腐败变质以蛋白质腐败为基本特征，有时还出现脂肪酸败和糖类酸败现象。

表 8-7　鸡蛋营养组成

组成成分	水/%	蛋白质/%	脂肪/%	糖/%	灰分/%
全蛋	73.7	12.9	11.5	0.9	1.0
蛋白	87.6	10.9	痕量	0.8	0.7
蛋黄	51.1	16.0	30.6	0.6	1.7

8.3.1　禽蛋中微生物的来源及类群

8.3.1.1　鲜蛋中微生物的来源

正常情况下，家禽的卵巢是无菌的，家禽的输卵管也具有防止和排除微生物污染的机制，如果禽在无菌环境中产蛋，一般来说刚刚产下的蛋是无菌的。但实际上鲜蛋中经常可发现有微生物存在，即使刚产下的蛋也可能有带菌现象。鲜蛋中微生物一方面来自家禽本身。在形成蛋壳之前，排泄腔内细菌向上污染至输卵管，可导致蛋的污染。另一方面来自外界的污染。蛋从禽体排出时温度接近禽的体温，若外界环境温度较低，则蛋内部收缩，周围环境中的微生物即随着空气穿过蛋壳而进入蛋内。蛋壳外黏膜层易被破坏失去屏障作用。蛋壳上有 7 000～17000 个 4～40μm 大小的气孔，外界的各种微生物可从这些气孔进入蛋内，尤其是储存期长的蛋或洗涤过的蛋，微生物更易侵入。蛋壳表面的微生物很多，整个蛋壳表面有 $4 \times 10^6 \sim 5 \times 10^6$ 个细菌；污染严重的蛋，表面的细菌数更高，可达数亿个。蛋壳损伤是造成各种微生物污染蛋的很好机会。

微生物进入蛋内的速度与储藏的温度、蛋龄以及污染的程度有关。相对于常规方法冷却，利用 CO_2 气体快速降低蛋的温度可减少进入蛋内的细菌，但即使如此，在7℃条件下储存 30d 后，两种处理方法的蛋内带菌量差别基本不大。

细菌进入蛋内后再达到蛋黄的速度与储藏的温度和污染的程度有关。一项研究表明，采用人工感染的方法试验肠炎沙门菌（*S. enteritidis*）从蛋白进入蛋黄的速度，在 30℃ 条件下，1d 即可在蛋黄中检测到试验菌；而在 7℃ 条件下，14d 之后，蛋黄中仍没有检出试验菌。另外的研究还发现，细菌进入蛋黄的速度还与蛋龄有关，如 1 日龄蛋的蛋黄被染菌速度明显低于储藏 4 周的蛋，并且蛋黄染菌的速度与染菌数量呈正相关。

禽蛋中的微生物主要是从环境中污染的，但禽蛋中带有的某些病原微生物如沙门菌等则主要来源于卵巢。禽类吃了含有病原菌的饲料而感染了病，病原菌通过血液循环而侵入卵巢，在形成蛋黄时可混入其中。

8.3.1.2 鲜蛋中微生物的类群

引起鲜蛋腐败变质的微生物主要是细菌和霉菌，酵母菌则较为少见。

（1）鲜蛋中常见的微生物

常见的细菌有假单胞菌属、变形杆菌属、产碱杆菌属、埃希菌属、微球菌属、芽孢杆菌属、肠杆菌属、不动杆菌属、沙雷菌属等，其中前四属细菌是最为常见的腐生菌。

霉菌有枝孢属、青霉属、侧孢霉属、毛霉属、枝霉属、链格孢属等，以前三属最为常见。

鲜蛋中偶然能检出球拟酵母，其他酵母菌较少发现。

（2）鲜蛋中的病原微生物 禽蛋中最常见的病原微生物是沙门菌，如鸡沙门菌（*Salmonella gallinarum*）、鸭沙门菌（*S. anatum*）等。与食物中毒有关的病原菌如金黄色葡萄球菌、变形杆菌等在蛋中也有较高的检出率。

8.3.2 鲜蛋的腐败变质及控制

8.3.2.1 鲜蛋的天然防卫机能

蛋本身对菌体先天即拥有机械性及化学性的防卫能力，鲜蛋具有蛋壳、蛋壳内膜（即蛋白膜）、蛋黄膜，在蛋壳外表面还有一层胶状膜，这些因素在某种程度上可阻止外界微生物侵入蛋内，其中蛋壳内膜对阻止微生物侵入起着较为重要的作用。鸡蛋蛋白中含有溶菌酶（lysozyme）、伴白蛋白（conalbumin）、抗生物素蛋白（avidin）、核黄素等成分，均具有抵抗微生物生长繁殖的作用。其中溶菌酶较为重要，它能溶解革兰阳性细菌的细胞壁，蛋白的高 pH 性质对溶菌酶活力无影响，其杀菌作用在 37℃ 可保持 6h，在温度较低时保持时间较长。若把蛋白稀释至 5000 万倍之后，仍能杀死或抑制某些敏感的细菌。伴白蛋白可螯合蛋白中的 Fe^{2+}、Cu^{2+}、Zn^{2+} 等，抗生物素蛋白与生物素相结合，核黄素螯合某些阳离子。这些情况都能限制微生物对无机盐离子及生物素的利用，因而能限制某些微生物的生长繁殖。此外，蛋在刚排出禽体时，蛋白的 pH 为 7.4～7.6，经过一段时间后，pH 上升至 9.3 左右，这种碱性环境也极不适宜一般微生物的生存和生长繁殖。蛋白的这些特点使蛋能有效地抵抗微生物的生命活动，包括对一些病原微生物如金黄色葡萄球菌、炭疽芽孢杆菌、沙门菌等均具有一定的杀菌或抑菌作用。由于蛋有上述抵抗微生物侵入和生长繁殖的因素，所以被称为半易腐败食品。

蛋黄包含于蛋白之中，因而蛋白对微生物侵入蛋黄具有屏蔽作用。与蛋白相比，蛋黄对微生物的抵抗力弱，其丰富的营养和 pH（约 6.8）适宜于大多数微生物的生长。

8.3.2.2 鲜蛋的腐败变质

由于前面所述的多种原因，鲜蛋容易发生腐败变质，温度是一个重要因素。在气温高的情况下，蛋内的微生物就会迅速繁殖。如果环境中的湿度高，有利于蛋壳表面的霉菌繁殖，菌丝向壳内蔓延生长，也有利于壳外的细菌繁殖并向壳内侵入。鲜蛋发生变质的主要类型如下。

① 腐败　这是细菌引起鲜蛋变质的最常见的一种形式。细菌侵入蛋内后，先将蛋白带分解断裂，使蛋黄不能固定而发生移位。其后蛋黄膜被分解，蛋黄散乱，与蛋白逐渐相混在一起，这种蛋称为散黄蛋，是变质的初期现象。散黄蛋进一步被细菌分解，产生硫化氢、氨、吲哚、粪臭素、硫醇等蛋白质分解产物，因而出现恶臭气味。同时蛋液可呈现不同的颜色，如假单胞菌可引起黑色、绿色、粉红色腐败；产碱杆菌、变形杆菌、埃希菌等使蛋液呈黑色，其中产碱杆菌和变形杆菌使蛋变质的速度较快而且常见；沙雷菌产生红色腐败；不动杆菌引起无色腐败。有时蛋液变质不产生硫化氢等恶臭气味而产生酸臭，蛋液变稠成浆状或有凝块出现，这是微生物分解糖或脂肪而形成的酸败现象，称为酸败蛋。

② 霉变　这主要由霉菌引起。霉菌菌丝通过蛋壳气孔进入蛋内，一般在蛋壳内壁和蛋白膜上生长繁殖，靠近气室部分，因有较多氧气，所以繁殖最快，形成大小不同的深色斑点，斑点处有蛋液黏着，称为黏壳蛋。不同霉菌产生的斑点不同，如青霉产生蓝绿斑，枝孢霉产生黑斑。在环境湿度比较大的情况下，有利于霉菌的蔓延生长，造成整个禽蛋内外生霉，蛋内成分分解，并有不愉快的霉味产生。

有些细菌也可引起蛋的霉臭味，如浓味假单胞菌（*Pseudomonas graveolens*）和一些变形杆菌属（*Proteus* spp.）的细菌，其中以前者引起蛋的霉臭味最为典型。当蛋的储藏期较长后，蛋白逐渐失水，水分向蛋黄内转移，从而造成蛋黄直接与蛋壳内膜接触，使细菌更易进入蛋黄内，导致这些细菌快速生长繁殖，产生一些蛋白质和氨基酸代谢的副产物，形成类似于蛋霉变的霉臭味。

鲜蛋在低温储藏的条件下，有时也会出现腐败变质现象。这是因为某些嗜冷性微生物如假单胞菌、枝孢霉、青霉等在低温下仍能生长繁殖而造成的。

8.3.2.3　危害

腐败变质的蛋首先是带有一定程度使人难以接受的感官性状，如具有刺激性的气味、异常的颜色、酸臭味道、组织结构破坏、污秽感等。化学组成方面，蛋白质、脂肪、碳水化合物被微生物分解，它的分解和代谢产物已经完全成为没有利用价值的物质；维生素受到严重的破坏，因此腐败变质的蛋已失去了营养价值。

腐败变质的蛋由于微生物污染严重，菌类相当复杂和菌量增多，因而增加了致病菌和产毒菌等存在的机会，由于菌量增多，可能有沙门菌和某些致病性细菌，引起人体的不良反应，甚至中毒。因此，为了保障人体健康，轻度腐败变质蛋必须经过高温处理后才可食用，严重腐败蛋只能废弃或做工业和肥料用。

8.3.2.4　禽蛋腐败变质的控制

禽蛋腐败变质的主要原因是由于蛋中的微生物所引起，处于微生物容易发育繁殖的环境下，便会促进蛋的腐败变质。如果将蛋放在良好的环境条件下，则禽蛋腐败变质的可能性大大降低，由此可见禽蛋的腐败变质与其所处的环境因素有着密切的关系。

（1）环境的清洁度　母鸡产蛋和存放鲜蛋的场所清洁，则鲜蛋被微生物污染的机会减少，有利于禽蛋的保鲜。

（2）气温　气温是影响禽蛋腐败变质的一个极为重要的环境因素，鲜蛋在较高的气温下容易腐败变质。因为蛋壳内、外的细菌大部分属于嗜温菌，其生长所需温度为 10～

45℃（最适温度为 20～40℃），因此较高的气温是细菌生长繁殖的适宜温度，使在蛋壳外的微生物容易进入蛋内，在蛋内的微生物迅速发育繁殖，分解蛋液内的营养物质，导致禽蛋迅速发生化学和生物化学的变化，使蛋腐败变质。所以在炎热的夏季最易出现腐败蛋。

高温增加蛋内的水分从蛋壳气孔向外蒸发的速度，增加蛋白水分向蛋黄渗入，使蛋黄膜过度紧张失去弹性，崩解而成散黄蛋。蛋内酶的活动加强，加速了蛋中营养物质的分解，促进了蛋的腐败变质。

（3）湿度　禽蛋在高湿度环境下，容易腐败变质，因为微生物的生长和繁殖，除需要适宜的温度外，还必须有一定的湿度。例如大肠杆菌在适宜的温、湿度下，每 20min 繁殖一代，经过 24h 就可以繁殖亿万个后代，如果微生物只有适宜的温度，而没有适宜的湿度环境，则微生物的生长和繁殖就会停止，甚至死亡。因此，禽蛋在适合微生物活动的温、湿度环境中，蛋壳上的微生物活跃，繁殖力增强，必然易于侵入蛋内，并在蛋内大量繁殖，使蛋迅速腐败变质。

霉菌的生长、繁殖与湿度的关系最为密切，只要湿度适宜，即使在低温下，甚至零下的温度中也能生长繁殖，蛋壳上正在繁殖的霉菌同样地能向蛋内侵入，因此在湿度较高的环境下，最易使蛋受到霉菌性的腐败变质，空气温、湿度对霉菌发育的影响如表 8-8 所示。

表 8-8　空气温、湿度对霉菌发育的影响（以出现霉变的天数计）

温度/℃	湿度/%			
	100	98	95	90
0	14	19	24	77
5	10	11	12	26

从表 8-8 可见，在气温相同的条件下，湿度愈高，蛋内出现霉变的天数愈小，愈适合霉菌的繁殖；在湿度相同的条件下，气温愈高，蛋内出现霉菌的天数愈少，愈适合霉菌的繁殖。

（4）壳外膜的情况　壳外膜的作用主要是保护禽蛋不受微生物侵入，所以壳外膜是禽蛋防止微生物入侵的第一道防线，壳外膜很容易消失或脱落。壳外膜消失或脱落后，外界的细菌、霉菌等微生物便通过气孔侵入蛋内，加速蛋的腐败变质。鸡蛋经水洗和雨淋后微生物侵入的情况如表 8-9 所示。

表 8-9　雨淋和水洗鸡蛋侵入微生物的情况

蛋质	实验板数	处理情况	贮存温度/℃	贮存时间/d	蛋液内检出的微生物	
					板数	百分率/%
新鲜	14	雨淋	20～30	15	6	42.5
新鲜	14	水洗	20～30	15	4	28.5
新鲜	14	对照	20～30	15	1	7.1
新鲜	10	雨淋	22～28	30	1	10
新鲜	10	水洗	22～28	30	0	100
新鲜	10	对照	22～28	30	1	10

从表 8-9 可知，禽蛋受雨淋或经水洗后，是造成微生物侵入的重要因素。

（5）蛋壳的破损　蛋壳具有使蛋液不受微生物入侵的保护作用，如果蛋壳受破损，那么微生物更容易侵入，加速禽蛋的腐败变质。破壳蛋腐败变质的速度与气温有密切的关系，详如表 8-10 所示。

表 8-10　破壳蛋与未破壳蛋在不同温度下开始腐败变质的时间

温度/℃	35	20	10	5	0
破壳蛋	10h	22h	37h	124h	较长时间
对照蛋	半个月	2个月	4个月	8个月	长时间

从表 8-10 看出，破壳蛋比未破壳蛋（对照蛋）容易腐败变质，开始腐败变质所需的时间随气温的升高而减少。

（6）禽蛋的品质情况　禽蛋的腐败变质与禽蛋的品质、微生物污染的程度有直接的关系，新鲜蛋中微生物污染很少，甚至无菌，陈旧蛋和变质蛋的微生物污染严重，极易腐败变质。根据朱曜试验，不同品质的鸡蛋与微生物污染的关系如表 8-11 所示。

表 8-11　不同品质的鸡蛋与微生物污染的关系

项目	检验次数	每克蛋液内杂菌总数	每克蛋液内大肠杆菌数
新鲜头等蛋	15	—	—
陈旧蛋	5	4	—
孵化蛋	4	4	—
破壳蛋	4	1104	10
轻粘蛋壳	3	48	10
中粘蛋壳	2	481	100
霉蛋	3	58	100
腐败蛋	1	无法计数	100 以上

当心"坏蛋"

很多动物的饮水池内都发现了沙门菌，尤其是家禽。最近有关养禽业中沙门菌的调查结果令人不安，消费者可以认为禽类产品已经被严重污染。那么在这个沙门菌的海洋中应采取哪些保护措施呢？

首先，假设所有的蛋壳已被污染，接触它们后要洗手（但不要清洗蛋——这会除去能阻止微生物入侵的表面保护膜）。沙门菌是家禽肠内微生物群落的组成部分。蛋必定会与鸡粪、羽毛和污染的地面接触。破壳蛋不能再出售给人们消费，在有些地方可作为宠物食品。微生物一旦进入蛋内，它们会发现一个营养丰富的培养基，它们会快速繁殖。

冷藏鸡蛋时，将鸡蛋的大头朝上和小头朝上会有区别吗？食品学家建议大头朝上，为什么呢？目的是保持蛋黄和附着的胚胎尽可能处于蛋的中心，使入侵的微生物从蛋壳游到蛋黄的距离最远。蛋清含有杀菌物质。溶酶菌攻击细菌细胞壁，使细胞壁破裂而杀死细菌。蛋清中的营养素和维生素以及铁、铜、锌等金属的离子被蛋白质等物质紧紧包裹，细菌不易获取。由于无法获得营养物质和被溶酶菌破坏，细菌在蛋清中无法存活，胚保持安全。

但为什么要大头向上呢？富含脂质的蛋黄自然会上浮，就像油浮在水面。蛋内有两条似绳的东西（下次你打开生鸡蛋时候注意观察），称为胚索（chalaza）。它的作用很像吊床的绳索，把蛋黄悬挂在壳膜上。较大的一条胚索在蛋的小头，能更好地拉住蛋黄，防止其上升至保护性蛋清的边缘。

另外，制作蛋糕的时候，假如你已经加入了蛋，就要控制去舔面糊的冲动。因为面糊中已加入了蛋，就算是蛋粉，也有可能含有了沙门菌。蛋壳碎片掉入面糊中，即使马上取出，也可能接种了微生物。还有，已感染的母鸡下的蛋，或是蛋壳破裂的蛋，或是浸过水的蛋，它们的内部都有可能被污染了。

最后，加工生禽要谨慎。禽肉一般会被粪便微生物污染。家禽在水浴中进行去毛和内脏的工业操作过程中，污染会进一步加剧。操作用的水中含有大量的沙门菌，因此禽肉的表面必定会被污染。所以加工要迅速，处理已被污染的皮毛和废水也要谨慎。如厨房的工作台或切肉板上曾经放过禽肉，那么在放别的食物前，要用肥皂水彻底清洗表面。并且在彻底清洗手之前，不要接触其他的食物。

8.4　水产品中的微生物

无论是淡水还是海水都有天然存在的多种微生物，生活在其中的水产品会带有这些微生物。水产品在捕获后和在随后的加工中会受到微生物污染，在一定的条件下会引起水产品的变质，只有注意控制才能保证水产品的质量。

水体中有时含有能引起人致病的微生物，水产品可能受到污染。另外，水产品捕获后可能受到人和环境的污染而带有致病菌。由于水产品是多种腐败微生物和致病微生物生长的良好基质，所以受到污染的水产品能引起多种细菌性食物中毒。因此，微生物与水产品卫生有密切的关系。

生活在水中的鱼贝类，在正常情况下其组织内部是无菌的。但是，由于鱼类的体表和鳃部直接与水接触，加之鱼体表面分泌有一层糖蛋白成分的黏质物，是细菌的一种良好培养基。因此，在与外界接触的皮肤黏膜、鳃、消化道等部位，经常定居着各种类型的微生物。其微生物群的组成，常因鱼类所生活的环境而异，其中有些微生物是长久定居的，有些微生物则是暂时性的。当鱼类死亡后，附着在鱼体上的微生物可迅速繁殖，从而引起水产品的腐败。了解捕获后水产品中的微生物及其变化，对于水产品的加工、保鲜与检验，具有十分重要的意义。

8.4.1　水产品中的微生物类群

水产品中的微生物主要为水体中的微生物，以及在捕获、贮藏、加工过程中污染的微生物。水体中的微生物大部分为革兰阴性的无芽孢杆菌。

8.4.1.1　水产品附着的微生物

淡水鱼类附着的微生物主要为淡水中正常的细菌，包括假单胞菌（*Pseudomonas*）、节细菌（*Arthrobacter*）、黏杆菌（*Citrobacter*）、噬胞菌（*Cytophaga*）、不动杆菌（*Acinetobacter*）、摩氏杆菌（*Moraxella*）、气单胞菌（*Aeromonas*）、链球菌（*Streptococcus*）、克氏杆菌（*Klebsiella*）、产碱杆菌（*Alcaligenes*）、芽孢杆菌（*Bacillus*）和小球菌（*Micrococcus*）等。肠道病毒（Enterovirus）对污水处理的抵抗力较强，故在供水中也有发现。

海水鱼类附着的微生物一部分是常年生活在海洋中的，一部分是随河水、污水等流入海洋的。在海洋中生活的微生物主要是细菌，常见的是一些具有活动能力的杆菌和各种弧菌，如假单胞菌属、弧菌属（*Vibrio*）、黄杆菌属（*Flavobacterium*）、无色杆菌属（*Achromobacter*）、不动杆菌属、芽孢杆菌属以及无芽孢杆菌属的细菌。其中有些细菌能够发光，称为发光细菌（photogenic bacteria）。

8.4.1.2　水产品中的微生物数量

活的鱼贝类其肌肉是无菌的，但与外界接触的表皮、鳃、眼球的表面、消化器官的内部等，在活体时就附着大量的细菌。例如 Geolgala 的研究报告指出，鱼的表皮细菌数为 $10^3 \sim 10^8$ 个/cm²，消化器官为 $10^3 \sim 10^8$ 个/mL，鳃为 $10^3 \sim 10^6$ 个/g。水产品

被鳞发光菌（*Photobacterium phosphoreum*）污染的鱼会发光。尽管没有报道这种细菌会引起疾病，但它可以提示海产品已经不新鲜了。

中细菌数量的变化，亦受捕获季节、水域环境等的影响。

8.4.1.3 水产品中的微生物群

鱼是冷血动物，所以鱼所带的菌群温度特征反映鱼生长区域的水温状况。在北方适宜温度的水中，鱼所带微生物的温度范围通常在−2～12℃之间，适冷菌与嗜冷菌占优势。大多数适冷菌生长的适宜温度为18℃。热带鱼很少带适冷菌，因此多数热带鱼在冰中保存的时间要长些。

深海鱼所带的细菌是可以耐海水高盐分的细菌。尽管大多数的微生物在盐分为2%～3%时生长最适，但重要的微生物是广盐性的微生物，它们在一定范围的盐度内均可生长。例如鱼表面由于冰融化成水而使盐分降低时，广盐性的微生物仍能生存并继续生长。

海产鱼类在冰冻储存过程中，新鲜干净的冷冻介质十分重要，因为冷冻介质再利用会导致适冷菌的污染并加速新鲜鱼的腐败。对小鱼及近陆地的捕捞区，鱼在冷冻之前先取出内脏的方法并不常用。尽管新鲜鱼切口表面暴露存在快速腐败的危险，但去除内脏确实去除了主要的微生物污染源。由于渔网、鱼钩等对鱼造成伤害，鱼为了保护皮肤而呼吸加剧导致局部的腐败。后续加工过程例如切片、切碎等增大了单位产品的表面积，同样导致腐败速率的加快。

水产品从捕获到消费，要经历一个极为复杂的流通途径，要接触各种器材、设备和人员等，因而细菌污染的机会很多。捕获时附着在体表的细菌，在加工和流通过程中，其数量和种类都会发生一定的变化。新鲜鱼类、冷冻鱼类以及其他水产品的主要微生物群如表 8-12 所示。

表 8-12 水产品的主要微生物群

水产品	主要微生物群
新鲜鱼类	假单胞菌Ⅰ型、假单胞菌Ⅱ型、假单胞菌Ⅲ型、假单胞菌Ⅲ/Ⅳ-NH、假单胞菌Ⅲ/Ⅳ-N、弧菌、摩氏杆菌、不动杆菌、黄杆菌、嗜纤维菌、微球菌、葡萄球菌、发光杆菌、节杆菌、气单胞菌等
冷冻鱼类	摩氏杆菌、微球菌、葡萄球菌、不动杆菌、弧菌、假单胞菌Ⅱ型等
牡蛎	弧菌、假单胞菌Ⅲ/Ⅳ-H 等
鳕鱼片	不动杆菌、假单胞菌Ⅲ型、摩氏杆菌、微球菌、节杆菌、嗜纤维菌、气单胞菌等
青鱼片	假单胞菌、*Altermonas*、不动杆菌、摩氏杆菌、嗜纤维菌、屈挠杆菌等

8.4.2 水产品的细菌腐败

水产品在微生物的作用下，其中的蛋白质、氨基酸以及其他含氮物质被分解为氨、三甲胺、吲哚、硫化氢、组胺等低级产物，使水产品产生具有腐败特征的臭味，这种过程就是细菌腐败。

8.4.2.1 新鲜水产品的腐败

当鱼死后，细菌会从肾脏、鳃等循环系统和皮肤、黏膜、腹部等侵入鱼的肌肉，特别当鱼死后僵硬结束后，细菌繁殖迅速。细菌的繁殖可使水产品腐败，发生变质，并可能产生组胺等有毒物质。

鱼贝类的肉组织，比一般畜禽肉容易腐败，据 Schonberg 氏研究其原因是：

① 鱼贝类含水量多，含脂肪量比较少，正适合细菌繁殖要求。

② 鱼肉组织脆弱，细菌较易分解。

③ 鱼死后，其肉很快便呈微碱性，正适合细菌繁殖。

④ 鱼肉附着细菌机会多，尤其鳃及内脏所附着的细菌特别多。

⑤ 鱼肉所附细菌大部分是中温细菌，在常温下生长很快。

⑥ 鱼肉所含天然免疫素少。

新鲜鱼的腐败主要表现在鱼的体表、眼球、鳃、腹部、肌肉的色泽、组织状态以及气味等方面。鱼体死后的细菌繁殖，从一开始就与死后的生化变化、僵硬以及解僵等同时进行。但是在死后僵硬期中，细菌繁殖处于初期阶段，分解产物增加不多。因为蛋白质中的氮源是大分子，不能透过微生物的细胞膜，因而不能直接被细菌所利用。当微生物从其周围得到低分子含氮化合物，将其作为营养源繁殖到某一程度时，即分泌出蛋白质酶分解蛋白质，这样就可以利用不断产生的低分子成分。另外，由于僵硬期鱼肉的 pH 下降，酸性条件不宜细菌生长繁殖，故对鱼体质量尚无明显影响。当鱼体进入解僵和自溶阶段，随着细菌繁殖数量的增多，各种腐败变质现象即逐步出现。

鱼体所带的腐败细菌主要是水中的细菌，多数为需氧性细菌，有假单胞菌属、无色杆菌属、黄杆菌属、小球菌属等。鱼贝类的腐败微生物如表 8-13 所示。这些细菌在鱼类生活状态时存在于鱼体表面的黏液、鱼鳃及消化道中。细菌侵入鱼体的途径主要为两条：

① 体表污染的细菌，温度适宜时在黏液中繁殖，使鱼体表面变得浑浊，并产生难闻的气味。细菌进一步侵入鱼的皮肤，使固着鱼鳞的结缔组织发生蛋白质分解，造成鱼鳞容易脱落。当细菌从体表黏液进入眼部组织时，眼角膜变得浑浊，并使固定眼球的结缔组织分解，因而眼球陷入眼窝。鱼鳃在细菌酶的作用下，失去原有的鲜红色而变成褐色乃至灰色，并产生臭味。

② 腐败细菌在肠内繁殖，并穿过肠壁进入腹腔各脏器组织，在细菌酶的作用下，蛋白质发生分解并产生气体，使腹腔的压力升高，腹腔膨胀甚至破裂，部分鱼肠可能从肛门脱出。

表 8-13　鱼贝类的腐败微生物

鱼贝类	腐败微生物
淡水鱼类	假单胞菌、无色杆菌、黄杆菌、芽孢杆菌、棒状杆菌、八叠球菌、沙雷菌、梭菌、弧菌、摩氏杆菌、肠杆菌、变形杆菌、气单胞菌、短杆菌、产碱菌、乳杆菌、链球菌等
海水鱼类	假单胞菌、无色杆菌、黄杆菌、芽孢杆菌、棒状杆菌、八叠球菌、沙雷菌、梭菌、弧菌、肠杆菌等
贝壳类	黏球菌、红酵母、假丝酵母、球拟酵母、丝孢酵母、Pullularia、Caffkya 等，与海水鱼类的相似，并混有土壤细菌

腐败过程向组织深部的推移，是沿着鱼体内结缔组织和骨膜，不断波及新的组织，其结果使鱼体组织的蛋白质、氨基酸以及其他一些含氮物被分解为氨、三甲胺、吲哚、硫化氢、组胺等腐败产物。

当上述腐败产物积累到一定程度，鱼体即产生具有腐败特征的臭味而进入腐败阶段。与此同时，鱼体肌肉的 pH 升高，并趋向于碱性。当鱼肉腐败后，它就会完全失去食用价值，误食后还会引起食物中毒。例如鲐鱼、鲹鱼等中上层鱼类，死后在细菌的作用下，鱼肉汁液中的主要氨基酸——组氨酸迅速分解，生成组胺，超过一定量后如给人食用，容易发生荨麻疹。由于鱼的种类不同，鱼体带有腐败特征的产物和数量也有明显差别。例如，三甲胺是海产鱼类腐败臭味的代表物质。因为海产鱼类大多含有氧化三甲胺，在腐败过程中被细菌的氧化三甲胺还原酶作用，还原生成三甲胺，同时还有一定数量的二甲胺和甲醛存在，它是海鱼腥臭味的主要成分：

$$(CH_3)_3NO \longrightarrow (CH_3)_3N$$

又如鲨鱼、鳐鱼等板鳃鱼类，不仅含有氧化三甲胺，还含有大量尿素，在腐败过程中被细菌的尿素酶作用分解成二氧化碳和氨，因而带有明显的氨臭味：

$$(NH_2)_2CO \longrightarrow 2NH_3 + CO_2$$

此外，多脂鱼类因含有大量高度不饱和脂肪酸，容易被空气中的氧氧化，生成过氧化物后进一步分解，其分解产物为低级醛、酮、酸等，使鱼体具有刺激性的酸败味和腥臭味。

8.4.2.2 水产制品的腐败

（1）冷冻水产品的腐败　水产品在冷冻（−30～−25℃）时，一般微生物均不能生长，不发生腐败。但是，在冷冻时，一些耐低温的腐败细菌并未死亡。当解冻后，又开始生长繁殖，引起水产品的腐败。冷冻鱼的腐败细菌，以假单胞菌Ⅲ/Ⅳ-H型、摩氏杆菌以及假单胞菌Ⅰ型和Ⅱ型占优势。

残存于冷冻鱼肉上的细菌，由于冷冻的温度、时间和冷冻状态不同，其中大部分发生死亡，特别是病原性细菌在冷冻时易发生死亡。冷冻温度与水产品的腐败具有密切关系。在−5℃冷冻时，部分嗜冷菌仍可繁殖，在数月的繁殖后，仍可使水产品变成接近腐败的状态而不能食用。在−18℃冷冻时，最初细菌数减少，但经较长时间后仍可从这种状态的鱼中检出微球菌、假单胞菌、黄杆菌和无色杆菌等。但在外观上，鱼体不见异常变化。冷冻鱼的贮藏温度如在−20℃以下时，一般细菌均处于冻结状态，不发生腐败。如表8-14所示为主要水产品在不同冷冻温度下的保藏期。

表 8-14　主要水产品在不同冷冻温度下的保藏期

种类	保藏期/d		
	−18℃	−25℃	−30℃
多脂鱼	4	8	12
中脂鱼	8	18	24
少脂鱼	10	24	>24
蟹	6	12	15
虾	6	12	12
虾(真空包装)	12	15	18
蛤、牡蛎	4	10	12

（2）水产干燥和腌熏制品的腐败　水产品经过干燥、腌制或熏制得到的制品的共同特点是降低制品中的水分活度而抑制微生物的生长进而达到保藏的目的，但由于吸湿或盐度和水分还不能完全抑制微生物的生长，常出现腐败变质的现象。

干制品常因为发霉而变质，一般是由于干燥不够完全或者是干燥完全的干制品在贮藏过程中吸湿而引起的劣变现象。

咸鱼腌制时还不能抑制所有微生物的生长，因此会出现变质。出现腐败变质常有两种现象：

① 发红　盐渍鱼或盐干鱼的表面会产生红色的黏性物质，产红细菌主要有两种嗜盐菌，即八叠球菌属之一种（*Sarcina littoralis*）和假单胞菌属之一种（*Pseudomonas salinaria*）。它们都分解蛋白质，而后者则主要使咸鱼产生令人讨厌的气味。

② 褐变　在盐渍鱼的表面产生褐色的斑点，使制品的品质下降，这是一种嗜盐性微生

物的孢子生长在鱼体表面，其网状根进入鱼肉内层。

（3）鱼糜制品的腐败　鱼糜制品是鱼肉擂溃，加入调味料，经煮熟、蒸熟或焙烤而成，例如鱼丸、鱼糕、鱼香肠等。鱼糜制品通过加热杀死了绝大多数的细菌，但还残存耐热的细菌，此外可能由于包装不良或贮存不当而遭受微生物污染，在贮存过程中出现变质现象。

鱼糜制品表面的腐败形式，可根据腐败现象分为下列 3 类：

① 最初在鱼糜制品表面生成透明黏稠性水珠样物质，外观像发汗一般，时间一长，渐渐扩大到全面，但不会发生臭味。应特别注意是，只有一点酸臭味道，初期时可用热水洗涤，仍可食用。其主要原因是由于附着在制品表面的链球菌、明串珠菌和微球菌等具有糖酵解作用的细菌生长繁殖所致。

② 最初生成像牛油或果酱般点状不透明物，渐渐扩大。扩大后互相连接融合，会发生异臭，到点状物扩大到整个表面时，气味相当恶臭。这是由于微球菌、沙雷菌、黄杆菌和气杆菌等蛋白质腐败分解菌的作用所致。

③ 表面长霉而不能食用，是霉菌引起的霉变，主要是青霉菌、曲霉菌和毛霉菌的生长繁殖所致。

8.4.2.3　污染

水产品的微生物污染，可分为渔获前的污染（原发性污染）和捕获后的污染（继发性污染）。

（1）渔获前的污染　鲜活鱼贝类的肌肉、内脏以及体液本来应是无菌的，但皮肤、鳃等部位与淡水或海水直接接触，所以沾染了许多水体中的微生物，特别是细菌。渔获前污染的微生物有引起腐败变质的细菌和真菌，如假单胞菌、无色杆菌、黄杆菌等，以及水霉属、绵霉属、丝囊霉属等；也有能引起人致病的细菌和病毒，如沙门菌、致病性弧菌以及甲型肝炎病毒、诺夫克病毒等。

（2）捕获后的污染　主要是指从捕获后到销售过程所遭受的微生物污染。据 Shewan 的调查，鱼被捕获到船上后，因渔船甲板通常每平方厘米带有 $10^5 \sim 10^6$ 的细菌，所以鱼体表面的细菌数增加。分级分类后用干净的海水洗涤，细菌数会减少到洗涤前的 $1/10 \sim 1/3$。但之后冻结或加冰，装入鱼舱时，鱼箱、鱼舱、碎冰中附着许多细菌，因而鱼的带菌数再次增加。运入销售市场或加工厂，受到人手、容器、市场环境或工厂环境的污染。受到污染的微生物大部分为腐败微生物，以细菌为主，其次为霉菌和酵母，主要引起水产品的腐败变质。另外，还会污染能引起人食物中毒的细菌，如沙门菌、葡萄球菌、大肠杆菌等。

8.4.2.4　控制

水产品的腐败变质是由于其本身酶的作用、细菌的作用和以氧化为主的化学作用的综合作用结果。要保持水产品的状态和鲜度，就需抑制酶的活力和细菌的污染与繁殖，使自溶和腐败延缓发生。根据酶、细菌的特征和活动所需条件，有效的保质措施不外乎低温、低水分活性、低氧气含量、使用保鲜剂等方法。微生物引起的腐败既是水产品变质的主要原因，又可能引起食品安全问题，因此微生物的控制对于水产品质量甚为重要，常采用低温、低水分等方法。

（1）低温保鲜贮藏　Bremmer 等认为，在冷却温度范围内腐败微生物的生长（r）遵循这样一个规律：$\sqrt{r} = 1 + 0.1t$，式中，t 为温度，℃。这表示如果贮藏温度是 10℃，腐败细菌的生长是 0℃时的 4 倍（$\sqrt{r}=1+0.1\times10$，$r=4$）。降低水产品的温度能抑制微生物的生长、发育，还能抑制与变质有关的化学反应以及与自溶有关的酶的作用。

① 冷却保鲜　鱼类的冷却是将鱼体的温度降低到液汁的冰点。鱼类液汁的冰点依鱼的种类和组织液中盐类浓度而不同。在 $-2\sim-0.5$℃的范围内，鱼体液汁的平均冰点可采用 -1℃。冷有利于鱼体鲜度的保持，但不能长期保持全体固有的形状。

a. 碎冰冷却保鲜　碎冰保鲜法是运输途中或在批发、零售时应用最广的方法。此法是将冰轧成 $3\sim4cm^3$ 的方块，按照一层冰一层鱼、薄冰薄鱼的方法装入容器内，以达到短期保鲜贮存的目的。碎冰保鲜应注意将冰一次加足，要尽量与外界热源隔离；使用的天然冰或人造冰应符合国家卫生标准和有关要求；存放地点和容器要清洁干净，鱼体上脏物需清洗干净，腐败变质鱼要及时挑出来。

b. 冷海水冷却保鲜　冷海水保鲜是将刚捕上来的鱼浸渍在混有碎冰的冷海水（冻结点为 $-3\sim-2$℃），使鱼遇到冷却即死亡，以减少压挤鱼体的损伤。

另外，还有冷空气冷却保鲜、微冻保鲜等冷却保鲜法，此类保鲜温度接近 0℃，是短期保鲜使用的主要方法，该温度还不能完全抑制微生物的生长。冰鱼腐败主要是由适冷的革兰阴性杆菌引起，这些细菌也出现在肉类的腐败中，尤其是腐败桑瓦拉菌（*Shewanella putrefaciens*）及假单胞菌属。

② 冻结保鲜　鱼类冻结保鲜是将鱼温从初温降低至中心温度为 -15℃或更低温度的贮藏方法。冷却或微冻保鲜一般用于鲜鱼运输和加工、销售前的暂时贮藏，而冻结保鲜可延长贮藏期。冻结加工是目前最佳的保藏手段。

冻结保鲜一般有强制送风冻结、平板冻结和沉浸式冻结 3 种。

整条鱼的冻结工艺流程为：新鲜原料鱼→挑选→清洗→理鱼→定量装盘→冻结→脱盘→包冰衣和包装→成品冻藏。

在保质操作上关键要求是冻结时经预冷后的鱼体应进行快速冷冻（宜用 -25℃以下低温），这样可使鱼体内形成的冰晶小而均匀，组织内汁液流失就较少，亦利于冷空气进入鱼体中心。冻藏时在 $-18\sim-15$℃的冷藏条件下，贮存期不应超过 $6\sim9$ 个月。

（2）水分活度（a_w）　水产品中的水分对微生物的生长亦具有重要作用。微生物的生长繁殖与水分活度具有直接关系。所谓水分活度是指食品中游离水的比例，即水分活度＝食品的水蒸气压/纯水的水蒸气压。水分活度越高，说明食品中所含游离水的比例越高，水分活度越低，食品中游离水越少。微生物的生长，一般有其最适水分活度范围。水分活度越低，微生物越不易生长。即使在可生长的水分活度范围内，其生长速度也随着水分活度的降低而减慢。

关于微生物的生长与水分活度的关系以及相应的食盐浓度如表 8-15 所示。新鲜水产品的水分活度为 0.98 或以上，腌制品或干品的水分活度在 $0.80\sim0.88$ 之间。

表 8-15　各种微生物生长的最低水分活度与相应的食盐浓度

微生物种类	生长最低水分活度（a_w）	食盐溶液的浓度/%
大多数腐败细菌	0.90	13.0
大多数腐败酵母	0.88	16.2
大多数腐败霉菌	0.80	23.0
嗜盐细菌	0.75	饱和
耐干燥霉菌	0.65	
耐渗透压酵母	0.60	

腌熏水产制品在一定程度上能抑制细菌的发育，但不能完全抑制细菌的作用，有时也会发生腐败分解，腐败的细菌种类与新鲜鱼一样。产生腐败与食盐浓度、食盐种类、盐渍温度以及空气接触等因素有关。高盐、低温、低空气含量有利于产品保存。

干制加工属于脱水性加工，目的在于减少鱼体内所含的水分，使细菌得不到繁殖所必需的水分条件。常用的煮后晒干方法除具有脱水作用外，还能降低酶的活力，并使细菌处于体液外渗状态的不利环境。

（3）氧浓度　水产品自身携带的微生物和污染的微生物大多数都是需氧的。水产品在贮藏过程中，最初出现的变化是由于细菌的生长，在制品表面出现发黏。但在制品的内部，由于氧浓度很低，细菌尚未繁殖。即制品表面和内部的细菌繁殖速度不一致，表面细菌的繁殖比内部快。这种差异主要是由于制品表面经常与空气接触，氧的供给充足，有利于需氧菌的快速增殖。而内部经常处于厌氧状态，需氧菌难以繁殖。

为了防止氧浸入制品的内部，应对制品进行包装，隔断制品与空气的接触，以防止制品内部氧浓度的上升，维持厌氧状态，阻止需氧性芽孢细菌的生长，从而提高水产制品的贮存性。

鱼类的气调是利用人为控制的不同气体混合物如 N_2、O_2、CO_2、CO 等作为介质，并在冷藏条件下做较长时间的贮藏。

海产食品的安全

从 1977 年以来，美国 FDA 要求海产食品加工业、包装和仓储业，不论是在国内或国外的，都要经过新的、所谓危害分析与关键控制点食品安全体系（简称 HACCP）的认证。制订这个规则的目的是鉴定和防止食源性疾病的危害。在过去，完全是通过在加工过程中在线分析和在成品中随机取样来监控这些行为的。尽管海产品零售商不受 HACCP 规则约束，但 FDA 鼓励他们采用基于 HACCP 的食品安全规则并采取其他一些推荐措施。HACCP 计划通过运用七个预防性的步骤来防止安全危害，包括分析、鉴定、预防、监控、纠正、检验和记录在海产品工业中固有的危害关键点。HACCP 与众不同之处是它促使海产品工业制定并遵守相关的安全规则。

8.5　果蔬中的微生物

水果和蔬菜的组成如表 8-16 所示，其主要成分是碳水化合物和水，特别是水的含量比较高，适应于微生物的生长繁殖，容易发生微生物引起的腐败变质。引起水果和蔬菜变质的微生物以能分解利用碳水化合物的为主要类群。

表 8-16　蔬菜和水果的平均化学组成及 pH

组成成分	水/%	碳水化合物/%	蛋白质/%	脂肪/%	灰分/%	pH
蔬菜	88	8.6	2.0	0.3	0.8	5.0～7.0
水果	85	13	0.9	0.5	0.5	一般 4.5 以下

8.5.1　新鲜果蔬中的微生物来源及类群

新鲜果蔬表面都附着有大量微生物，一般每平方厘米有几百个或几千个乃至几百万个。例如，经过充分洗涤过的番茄表面，每平方厘米有 400～700 个微生物；如果是没有洗涤过的番茄，每平方厘米至少有几千个。再如花椰菜，在没有洗涤过的表层组织上，每克含有 100 万～200 万个微生物；虽经过洗涤，且认为达到清洁程度的花椰菜，其表层组织每克也有 20 万～50 万个微生物。

微生物可通过种种途径污染果蔬。一般来说，正常的果蔬内部组织是无菌的，但有时在水果内部组织中可以有微生物存在。例如一些苹果、樱桃的组织内部可分离出酵母菌，番茄中分离出球拟酵母、红酵母和假单胞菌，这些微生物在开花期即已侵入并生存在植物体内，但这种情况仅属少数。另外，果蔬在田间因遭受植物病原菌的侵害而发生病变，这些病变的果蔬即带有大量植物病原微生物，这些植物病原微生物可在果蔬收获前从根、茎、叶、花、果实等处侵入果蔬，或者在收获后的包装、运输、销售、储藏等过程中侵入果蔬。在收获前或收获后，由于接触外界环境如土壤、水、空气等，果蔬表面可污染大量的腐生微生物，同时也能被人畜病原微生物所污染。

8.5.2　微生物引起的果蔬变质及控制

水果和蔬菜的表皮及表皮外覆盖的一层蜡质状物质有防止微生物侵入的作用，但果蔬的表皮有自然孔口（气孔、水孔），而且当果蔬表皮组织受到昆虫的刺伤或其他机械损伤而出现伤口时，微生物就会从这些孔口、伤口侵入果蔬内部，有的微生物也可突破完好无损的表皮组织而侵入果蔬内部，结果导致果蔬溃烂变质。

成熟度高的果蔬，因更容易受损伤而更易发生溃烂变质。另外，温度高、湿度高有利于微生物的生长繁殖因而使果蔬也更容易变质。与水果相比，蔬菜带的泥土较多，污染的微生物数量大、种类多，同时蔬菜的表皮组织也较水果薄，容易受到损伤，造成微生物的侵入，因而蔬菜更容易发生腐烂变质。

不同果蔬经微生物作用后可出现不同的腐烂变质症状，如出现各种深色斑点，组织变得松软、凹陷、变形，逐渐变成浆液状乃至水液状，并产生各种不同的酸味、芳香味、恶臭味等。

8.5.2.1　微生物引起新鲜蔬菜的变质

蔬菜平均含水 88%、糖 8.6%、蛋白质 2.0%、脂肪 0.3%、灰分 0.8%，维生素、核酸和其他一些化学成分的含量加在一起也不超过 1%。从营养组成来看，蔬菜很适合霉菌、细菌和酵母菌的生长，相应的蔬菜变质就是由它们中的一种或全部这些微生物引起，但细菌和霉菌是较常见和主要的微生物。控制蔬菜的腐败变质，最重要的方法是将鲜菜在适宜的温度下进行冷藏，除此之外，如储藏前清除所有被污染的蔬菜，用氯水清洗以减少表面的微生物，把洗后多余的水弄干，整理蔬菜时要小心，防止破皮等也有助于控制腐败。

（1）细菌引起新鲜蔬菜的变质　蔬菜上常见的细菌有欧文菌属、假单胞菌属、黄单胞菌属（Xanthomonas）、棒杆菌属（Corynebacterium）、芽孢杆菌属、梭状芽孢杆菌属等，但以欧文菌属、假单胞菌属为最重要。

欧文菌属、某些假单胞菌［如边缘假单胞菌（Pseudomonas marginalis）］、芽孢杆菌以及梭状芽孢杆菌可引起蔬菜发生细菌性软化腐烂。它们能分泌果胶酶，分解果胶，使蔬菜组织软化，有时有水渗出，并产生臭气。引起蔬菜发生软化腐烂的细菌中，以欧文菌最为常见，这类菌可危害多种蔬菜，如表 8-17 所示，其代表性的菌种有胡萝卜软腐欧文菌（Erwinia carotovora）、软腐病欧文菌（E. aroideae）等，可使块根类作物、十字花科植物、葫芦、茄科蔬菜、洋葱和花椰菜等产生一种软化、有恶臭气味的湿性腐烂。在储藏期间软腐细菌可引起这些植物的腐烂症。大部分欧文菌在低温下也能生长，因而它们也能危害低温储藏中的蔬菜。

表 8-17　引起蔬菜、水果变质的常见微生物

微生物种类	感染的蔬菜	病害
欧文菌属	甘蓝、白菜、萝卜、花椰菜、番茄、茄子、辣椒、黄瓜、西瓜、豆类、洋葱、大蒜、芹菜、胡萝卜、莴苣、马铃薯等	细菌性软化腐烂
假单胞菌属	甘蓝、白菜、花椰菜、番茄、茄子、辣椒、黄瓜、西瓜、甜瓜、豆类、芹菜、莴苣、马铃薯等	细菌性软化腐烂、枯萎、斑点
黄单胞菌属	甘蓝、白菜、花椰菜、番茄、辣椒、莴苣、生姜等	枯萎、斑点、溃疡
灰葡萄孢	甘蓝、白菜、萝卜、花椰菜、番茄、茄子、辣椒、黄瓜、南瓜、豆类、洋葱、大蒜、芹菜、胡萝卜、莴苣等	灰霉腐烂
白地霉	甘蓝、萝卜、花椰菜、番茄、豆类、洋葱、大蒜、胡萝卜、莴苣等	酸腐烂或出水性软化腐烂
黑根霉	甘蓝、萝卜、花椰菜、番茄、黄瓜、西瓜、南瓜、豆类、胡萝卜、马铃薯等	根霉软化腐烂
疫霉属	番茄、茄子、辣椒、瓜类、洋葱、大蒜、马铃薯等	疫霉腐烂
刺盘孢属	甘蓝、白菜、萝卜、芜菁、芥菜、番茄、辣椒、瓜类、豆类、葱类、莴苣、菠菜等	黑腐烂
核盘菌属	甘蓝、白菜、萝卜、花椰菜、番茄、辣椒、豆类、葱类、芹菜、胡萝卜、莴苣、马铃薯等	菌核性软化腐烂或黑腐烂
链格孢属	甘蓝、白菜、萝卜、芹菜、芜菁、花椰菜、番茄、茄子、马铃薯等	链格孢霉腐烂或黑腐烂
镰孢霉属	番茄、洋葱、黄花菜、马铃薯等	镰孢霉腐烂
白绢薄膜革菌	甘蓝、白菜、萝卜、花椰菜、番茄、茄子、辣椒、瓜类、豆类、葱类、芹菜、胡萝卜等	白绢病

　　某些假单胞菌、黄单胞菌、棒杆菌可引起蔬菜发生其他类型的病害，例如使蔬菜发生细菌性枯萎、溃疡、斑点、环腐病等。芹假单胞菌（*Pseudomonas apii*）使莴苣发生枯萎，而栖菜豆假单胞菌（*P. phaseolicola*）使蚕豆枯萎，边缘假单胞菌可使莴苣叶出现斑点；疱病黄单胞菌（*Xanthomonas vesicatoria*）可使番茄、辣椒产生细菌性斑点，菜豆黄单胞菌（*X. phaseoli*）使蚕豆枯萎，豇豆黄单胞菌（*X. vignicola*）可使豇豆发生溃疡；密执安棒杆菌（*Corynebacterium michiganensis*）可使番茄发生溃疡，坏腐棒杆菌（*C. sepedonicum*）可使马铃薯发生环腐病。假单胞菌、黄单胞菌可危害多种蔬菜，如表 8-17 所示。

　　（2）霉菌引起新鲜蔬菜的变质　引起新鲜蔬菜变质的霉菌种类繁多，常见并广泛分布于蔬菜中的霉菌有灰葡萄孢（*Botrytis cinerea*）、白地霉、根霉属、疫霉属（*Phytophthora*）、刺盘孢属（*Colletotrichum*）、核盘菌属（*Sclerotinia*）、链格孢属、镰孢霉属、白绢薄膜革菌（*Pelliculariaroll fsii*）等，它们可感染很多种类的蔬菜，如表 8-17 所示。

　　灰葡萄孢可从未损坏的表皮侵入蔬菜，也可由伤口、自然孔口等处侵入，使蔬菜发生灰霉腐烂，即在患处表面覆盖一层灰色绒毛状菌丝，使组织变软而腐烂。气温和湿度较高时，有利于该菌形成很多分生孢子，因而有利于灰霉腐烂的发生和传播，可造成严重的、大面积的感染和腐烂。

　　白地霉由伤口、自然孔口侵入蔬菜，可使很多蔬菜发生酸腐烂或出水性软化腐烂。以黑根霉（*Rhizopus stolonifer*）为代表的根霉菌可从伤口、自然孔口侵入蔬菜，使蔬菜发生根霉软化腐烂，被害组织软化，出现黑色斑点。

　　疫霉属的一些菌株使蔬菜发生疫霉腐烂或称为疫病。例如，致病疫霉可侵染马铃薯、番茄、茄子，辣椒疫霉（*P. capsici*）可侵染番茄、茄子、辣椒、瓜类，葱疫霉（*P. porri*）可侵染葱类。马铃薯在储藏期间容易发生疫霉腐烂，即在附有疫霉的地方，颜色呈灰色，而且很软，很容易用手按出一个手指印来；切开该处，可以看到灰色或暗褐色的受病害的组织；在储藏过程中，这块组织会慢慢扩大到整个块根；若储存的地方比较潮湿，还能传染给没有病害的马铃薯块茎。在染有疫霉病菌的地方，常有其他霉菌和细菌出现，使马铃薯加速

腐烂。

刺盘孢属使蔬菜发生黑腐烂或称为炭疽病，即在患处产生暗黑色的凹陷，病斑上面有鲑鱼肉色的黏质物（分生孢子堆）。可使蔬菜发生炭疽病的刺盘孢很多，例如，葫芦科刺盘孢（*Colletotrichum lagenarium*）可侵染瓜类，希金斯刺盘孢（*C. higginsianum*）可侵染白菜、萝卜、芜菁、芥菜等十字花科蔬菜，黑刺盘孢（*C. nigrum*）侵染辣椒，葱刺盘孢（*C. circinans*）侵染葱类，果腐刺盘孢（*C. phomoides*）可侵染番茄。除刺盘孢属可引起蔬菜发生炭疽病外，另一属于半知菌的盘长孢属（*Gloeosporium*）及子囊菌小丛壳属（*Glomerella*）、假盘菌属（*Pseudopeziza*）、囊孢壳属（*Physalospora*）等也可引起蔬菜发生炭疽病。盘长孢属与刺盘孢属在亲缘上有密切联系，可认为是一个大属而人为按孢子盘有无刚毛而划分的两个属，刺盘孢属分生孢子盘具有黑色刚毛，盘长孢属则没有刚毛。刺盘孢属的一些种有有性阶段的即为小丛壳属。

核盘菌属中的一些菌种如核盘菌（*Sclerotinia sclerotiorum*）、大豆核盘菌（*S. libertiana*）等可引起蔬菜发生菌核病或菌核性软腐病。发病适温在20℃左右，当25℃时发病则显著减少。甘蓝、大白菜被感染时，叶柄或叶片上出现水渍状淡褐色至褐色病斑，并在病部长出白色绵毛状菌丝及黑色鼠粪状菌核。该菌可使低温储藏（10℃以下）的蔬菜发病。

链格孢属中的一些菌可使蔬菜发生链格孢霉腐烂。如番茄链格孢（*Alternaria tomato*）可感染番茄，芸苔链格孢（*A. brassicae*）可感染甘蓝、白菜、萝卜、芥菜、芜菁等。

镰孢霉可使蔬菜发生镰孢霉腐烂。如使马铃薯发生干腐烂，即在患处表面长出灰色绒毛状的凸起小块，同时马铃薯干枯；如果空气湿度高时，则发生湿腐烂。

白绢薄膜革菌可使多种蔬菜发生白绢病。该菌为担子菌，适宜在30～35℃的高温环境中生长。病斑表面出现白绢丝状菌丝，以后便形成菜子粒大小的白色菌核，并逐渐变为褐色，患处组织软化，有恶臭味产生。

（3）微生物引起新鲜水果的变质　水果与蔬菜的不同在于含较少的水，但含较多的糖。水果中蛋白质、脂肪和灰分的平均含量分别为0.9％、0.5％和0.5％，除灰分外，较蔬菜稍低一些。正像蔬菜一样，水果也含有维生素和其他的有机化合物。从营养组成上看，这些物质显得很适合细菌、酵母菌和霉菌的生长，但水果的pH低于细菌的最适生长pH，这一事实看起来足以解释在水果的变质初期很少发现细菌。霉菌和酵母菌的宽范围生长pH，使它们成为引起水果变质的主要微生物。

引起水果变质的霉菌常见的有青霉属、灰葡萄孢、黑根霉、黑曲霉、枝孢属、木霉属、链格孢属、疫霉属、核盘菌属、镰孢霉属、小丛壳属、刺盘孢属、盘长孢属、粉红单端孢（*Trichothecium roseum*）等，如表8-18所示。

表8-18　引起水果变质的常见微生物

微生物种类	感染水果	病害
青霉属	柑橘、梨、苹果、桃、樱桃、李、梅、杏、葡萄、黑莓等	青霉病、绿霉病
灰葡萄孢	柑橘、梨、苹果、桃、樱桃、李、梅、杏、葡萄、黑莓、草莓等	灰霉腐烂
黑根霉	梨、苹果、桃、樱桃、李、梅、杏、葡萄、黑莓、草莓等	根霉软化腐烂
黑曲霉	柑橘、苹果、桃、樱桃、李、梅、杏、葡萄等	黑腐烂
枝孢霉、木霉属	桃、樱桃、李、梅、杏、葡萄等	绿霉腐烂
链格孢霉	柑橘、苹果	链格孢霉腐烂
疫霉属	柑橘	棕褐色腐烂

续表

微生物种类	感染水果	病害
核盘菌属	桃、樱桃	棕褐色腐烂
镰孢霉属	苹果、香蕉	镰孢霉腐烂
小丛壳属	梨、苹果、葡萄	炭疽病或黑腐烂
刺盘孢属	柑橘、梨、苹果、葡萄、香蕉	炭疽病或黑腐烂
盘长孢属	柑橘、梨、苹果、葡萄、香蕉	炭疽病或黑腐烂
粉红单端孢	苹果	粉红腐烂

青霉菌属可感染多种水果，如意大利青霉（*Penicillium italicum*）和指状青霉（*Penicillium digitatum*）可分别使柑橘发生青霉病和绿霉病。柑橘果实在运输、储藏期间发生腐烂，除少数系生理或冻害等原因引起外，绝大多数系由某些真菌侵害所致，其中以由青霉引起的青霉病、绿霉病所占比重为最大。发病时，果皮软化，呈现水渍状，病斑为青色或绿色霉斑，病部扩展很快，几天内就可以扩展到整个果实，最后全果腐烂，病果表面被青色或绿色粉状物（分生孢子梗及分生孢子）所覆盖。扩展青霉（*P. expansum*）也可使苹果发生青霉病，病斑近圆形、下陷，果肉软腐。

8.5.2.2　危害果蔬的微生物的特性

生长在水果和蔬菜上的微生物，按其危害的时间和地点可分为三组。

第一组微生物，对果蔬的危害只发生在果蔬储藏时期，而在植物营养生长期并不传染。最典型的例子是传播很广的腐生菌，如黑根霉、黑曲霉、指状青霉、胡萝卜软腐欧文菌等。在土壤、空气中及果蔬的储藏地点都可以发现大量的腐生菌孢子。它们对于完好无损的健康植物组织无能为力，因为它们不能穿过未受伤的表皮，但是，一旦表皮受伤，它们就能伸入进去，消耗植物组织的营养物质，使细胞代谢的所有环节遭受严重破坏。

第二组微生物，在植物营养生长晚期而且主要在不良的气候条件下传染植物，但严重的危害出现在储藏期。与第一组微生物相比，这组微生物具有更强的寄生性，可称为兼性寄生微生物，代表菌有镰孢霉、致病疫霉、大豆核盘菌、灰葡萄孢等。

第三组微生物，只损害生长着的植物，但在生长期间已被这组微生物感染的果蔬在储藏时期很容易被前两组微生物所感染。

世界各地区由于生态条件的不同，水果和蔬菜的微生物类群有明显的区别。例如在意大利、英国和德国，储藏期间苹果的最主要的病原菌是白盘长孢（*Gloeosporium album*）；而在美国却是扩展青霉，在美国太平洋沿岸许多地区苹果还受到腐皮明孢盘菌（*Neofabraea malicorticis*）的严重毁坏。又如在哈萨克，在储藏期间引起葡萄腐烂的常常是灰葡萄孢和扩展青霉；而在乌兹别克，葡萄受灰绿青霉的损坏要比灰葡萄孢严重。

果蔬储藏期间微生物类群也可能发生变化。如柑橘类，在储藏初期是意大利青霉造成的损失最大，而较长时间储藏时则主要受盘长孢状刺盘孢霉（*Colletotrichum gloeosporioides*）的危害。第一种霉菌是储藏期间典型的水果病原菌，第二种霉菌是在树上时就伤害果实，而在一定时期内处于潜伏状态。

8.5.2.3　果蔬的保鲜

针对导致果蔬腐败变质的不同原因，可将果蔬保鲜的方法分为生物方法、物理方法和化学方法 3 类，本文拟从这 3 个方面对果蔬保鲜方法的应用现状进行综述。

（1）物理方法

① 低温冷藏保鲜法　低温冷藏保鲜是依靠低温减缓果蔬的呼吸作用，减少能量的消耗，

抑制微生物的繁殖，延缓果蔬的腐败速度，达到保鲜效果。在低温冷藏保鲜时需注意不同的果蔬有各自适宜的低温范围。对果蔬进行低温冷藏保鲜时，需考虑其适宜的温度，选择不同的冷藏库，以减少冷藏伤害。防止低温伤害发生的途径有：在果蔬冷藏伤害的临界温度以上进行保鲜，严格实行稳定的冷链保鲜，冷藏果蔬出库时注意逐渐升温。

②气调保鲜法　气调保鲜法通过改变贮藏环境的气体组分，限制果蔬的呼吸强度，延缓其衰老和变质。气调保鲜法是目前较为流行的果蔬保鲜贮藏方法。果蔬气调贮藏的关键是控制气调参数。准确掌握被贮果蔬产品的气调参数非常重要，并在很大程度上决定着气调贮藏的成败。

③减压保鲜法　减压保鲜可达到低 O_2 或超低 O_2 效果，抑制果蔬呼吸作用；可促进果蔬组织内挥发性气体向外扩散，减少由果蔬产生的乙烯、乙醛等对果蔬的损害；较易营造低 CO_2 的贮藏环境，使组织内部的 CO_2 浓度远低于空气中的正常水平，从而消除 CO_2 中毒的可能性；还可抑制微生物的生长发育。减压保鲜并不是对所有果蔬都有较好的保鲜效果。同样在 3℃、50.3kPa 条件下，草莓的呼吸速率明显得到抑制，而卷叶菜的呼吸速率抑制效果则不明显。

（2）化学方法

①保鲜剂保鲜法　保鲜剂的组分不同，其形成膜的通透性也不同。其中含少量抗氧化剂或防腐剂的保鲜剂能显著提高保鲜效果。由于鲜果组织内含有大量水分和营养物质，容易繁殖微生物。采用适量的保鲜剂或杀菌剂，以杀灭或抑制微生物的生长和繁殖。某些保鲜剂同时还可抑制果蔬的呼吸速率。

②电子技术保鲜法　电子技术保鲜是利用高压负静电场产生的负氧离子和臭氧来达到保鲜效果。负氧离子可降低果蔬代谢酶的活性，从而降低果蔬的呼吸强度，延缓果实催熟剂乙烯的生成。臭氧可杀灭果蔬上的微生物及其分泌的毒素，抑制并延缓果蔬有机物的分解，从而延长果蔬的保鲜期。

（3）生物方法

①辐照保鲜法　是利用原子能对果蔬进行中剂量照射，延缓果蔬的成熟，减缓果蔬的呼吸速率，有效抑制微生物的生长和繁殖，并且能够杀菌，以达到保鲜效果。

②保水保鲜法　美国研究出一种能使切开的果蔬保持新鲜的新方法。利用干酪和从植物油中的提取物制成特殊的覆盖物，将这种透明、可食用且没有薄膜气味的薄片粘贴在切开的果蔬表面，可防止果蔬脱水和变黑，还可阻止微生物的入侵。日本研制出一次性吸湿保鲜塑料包装膜，此包装膜由 2 片具有较强透水性能的半透明尼龙膜组成，在膜与膜之间装有天然糊料和渗透压高的砂糖糖浆，能缓慢地吸收果蔬表面渗出的水分，达到保鲜作用。

8.5.2.4　果汁的腐败变质

果汁是以新鲜水果为原料，经压榨后加工制成的。前面已经提到水果常常带有微生物，因此，加工的果汁也不可避免地会有微生物污染。微生物在果汁中能否繁殖，主要取决于果汁的 pH 值和果汁中糖分的含量等情况。果汁的 pH 值一般偏酸，在 2.4（柠檬汁）至 4.2（番茄汁）之间，糖度也较高，有的浓缩果汁甜度甚至可达 60～70°Brix，因而在果汁中生长的微生物主要是酵母菌，其次是少数几种霉菌和极少数的细菌。

（1）果汁中的细菌　果汁中生长的细菌主要是乳酸菌，是一些能利用糖和有机酸的乳酸菌，如乳明串珠菌（*Leuconostoc lactis*），植物乳杆菌和链球菌中的乳酸菌，这些乳酸菌可利用果汁中的糖以及柠檬酸、苹果酸等有机酸，这些物质被细菌分解以后产生乳酸、二氧化碳等，在果汁中还会产生少量丁二酮、醋酸和乙偶姻（3-羟基丁酮）等物质。明串珠菌在果汁中生长，还由于形成多糖而使果汁变得黏稠。含糖量较高的果汁，也容易发生黏稠状变质。除乳酸菌外，其他细菌一般不容易在果汁中生长。即使具有芽孢的细菌也不能长时间生存。肉毒梭状芽孢杆菌在冰冻的浓缩柑橘汁中却能生活较长一段时间。当果汁的 pH 值高于4.0 时，酪酸菌容易生长，则有发生酪酸发酵的可能。

（2）果汁中的酵母菌　酵母菌是果汁中所含的微生物数量和种类最多的一类微生物，它们往往从鲜果中带来，或是压榨过程中从环境中污染。发酵果汁也可能在发酵过程中污染。

苹果汁中的主要酵母有假丝酵母属、圆酵母属、隐球酵母属和红酵母属。当苹果汁置于低二氧化碳气体中保存时，常常会见到汉逊酵母（*Hansenula*）生长，它在繁殖过程中，可以产生一些具有水果香味的酯类物质。

葡萄汁中的酵母主要是柠檬形克勒克酵母（*Kloeckera apiculata*）、葡萄酒酵母、卵形酵母（*Sacch. oviformis*）和路氏酵母（*Sacch. ludwigii*）等。

柑橘汁中所能发现的酵母往往与鲜柑橘表皮上常有的酵母菌不同，柑橘汁中常常可以发现越南酵母（*Sacch. anamemsis*）、葡萄酒酵母和圆酵母属、醭酵母属等。这些酵母主要是在加工时从环境中污染的。

浓缩果汁由于糖度高（为 60～70°Brix），酸度也高，细菌生长受到抑制，只见一些耐渗透性酵母菌和霉菌生长，如鲁氏酵母（*Sacch. rouxii*）和蜂蜜酵母（*Sacch. mellis*）等。这些酵母生长的最低 a_w 值是 0.65～0.70，比一般普通酵母生长的 a_w 值 0.85～0.90 要低得多。据报道，这些酵母细胞由于相对密度比它所生活的浓糖液的相对密度小，所以往往浮于浓糖液的表层，当果汁中糖被酵母转化后，相对密度下降，酵母就开始沉降至下层。一般酵母在浓缩果汁中繁殖会引起酒精发酵。当这些浓缩果汁置于低温（4℃左右）条件下保藏，酵母的发酵作用就减弱，甚至停止。因此，一般高浓度的果汁置于低温条件下保藏，可以防止变质。

（3）果汁中的霉菌　霉菌引起果汁变质会产生难闻的臭味。刚榨制的果汁，经常可以检出交链孢霉属、芽枝霉属、粉孢霉属和镰刀霉属中的一些霉菌，但贮藏的果汁往往不容易发现。果汁中发现的霉菌以青霉属最为多见，一般青霉属在有极小量的二氧化碳存在时，生长就会受到抑制，只有一些个别种如扩张青霉（*Penicillium expansum*）和皮壳青霉（*Pen. crustaceum*）等能较迅速地生长。果汁中另一类常见霉菌是曲霉属，曲霉的孢子有较强的抵抗力，可以生存较长时间，曲霉属中较多见的是构巢曲霉（*Aspergillus nidulans*）和烟曲霉（*Asp. fumigatus*）等。霉菌一般都较易受到二氧化碳的抑制，充有二氧化碳的果汁可有防止霉菌的作用。

（4）微生物引起果汁变质的表现

① 浑浊　除化学因素引起的变质外，造成果汁浑浊的原因大多数是由酵母菌产生酒精发酵而造成，有时也可因霉菌的生长而造成。引起浑浊的酵母菌常见圆酵母属中的一些种，它们往往由于容器清洗不净而造成污染。造成浑浊的霉菌是一些耐热性霉菌，如雪白丝衣霉菌（*Byssochlamys nivea*）、宛氏拟青霉（*Paecilomyces variotii*）等，当它们有少量在果汁中生长时并不发生浑浊，因为这些霉菌能产生果胶酶，对果汁有澄清作用，但可使果汁风味变坏，产生霉味或臭味。当大量生长时就会变浑浊。

② 产生酒精　引起果汁产生酒精而变质的微生物主要是酵母菌，酵母菌能耐受二氧化碳的作用，当果汁中含有较高浓度的二氧化碳时，酵母菌虽然不能明显生长，但仍然保持有

活力，一旦二氧化碳浓度降低，即可恢复生长繁殖的能力，引起贮存果汁产生酒精。使酒精发酵的酵母菌种类很多，如啤酒酵母、葡萄汁酵母等。除此之外还有少数细菌和霉菌也能引起果汁产生酒精变质。如甘露醇杆菌，可使40%的果糖转化为酒精，有些明串珠菌属可使葡萄糖转变成酒精。霉菌中的毛霉、镰刀霉，曲霉中的部分菌种在一定条件下，也能促使果汁产生酒精发酵。

③ 有机酸的变化　果汁中主要含有酒石酸、柠檬酸和苹果酸等有机酸，这些有机酸以一定的含量形成了果汁的特有风味。当微生物在果汁中生长繁殖时，分解了这些有机酸或改变了它们的含量比例，就使得果汁原有风味遭到破坏，甚至产生一些不愉快的异味。

酒石酸是一种比较稳定的有机酸，一般酵母菌不对其发生作用，但有极少数的细菌却能将其分解，例如解酒石杆菌（*Bacterium tartarophthorum*）、琥珀酸杆菌（*Bacterium succinicum*）、肠细菌属和埃希杆菌属等，霉菌中也有个别菌种能分解酒石酸；青霉、毛霉和葡萄孢霉等能分解柠檬酸，分解后往往产生二氧化碳气体和醋酸等。果汁中醋酸含量增加意味着果汁质量下降；乳酸杆菌、明串珠菌等一些乳酸细菌能分解苹果酸，分解产物有乳酸和丁二酸等，苹果酸的分解往往可由于有氨基酸的存在而减弱。霉菌中也有个别菌种能分解苹果酸，例如灰绿葡萄孢霉。但有些菌种，如黑根霉（*Rhizopus nigricans*）在其代谢过程中又都可以合成苹果酸。有的霉菌在代谢过程中可以合成柠檬酸，如橘霉属（*Citromyces*）、曲霉属、青霉属、毛霉属、葡萄孢属、丛霉属（*Dematium*）和镰刀霉属等。

酵母菌对果汁中有机酸的作用是微弱的。

8.6　粮食中的微生物

8.6.1　粮食中微生物的来源与类群

粮食是世界上储藏量最大的食品，在我国，仅国家粮库就储藏有上千亿千克，储藏在广大农户家中的数量更多。由于粮食上带有种类繁多的微生物，加上粮食中含有丰富的碳水化合物、蛋白质、脂肪及无机盐等营养物质，是微生物良好的天然培养基，一旦条件合适，粮食中的微生物就会活动，不但会影响粮食的安全储藏，导致粮食品质的劣变，而且还可能产生毒素污染，严重影响人类食用的安全性。

粮食上存在的主要微生物类群包括细菌、放线菌、酵母菌、霉菌、病毒等，它们可存在于粮食籽粒的外部和内部。微生物侵染粮食的途径很广，它们可以从粮食作物的田间生长期、收获期及储藏、运输和加工各个环节上感染粮食。感染到粮食上的各类微生物构成了粮食的微生物区系（microflora）。

8.6.1.1　粮食中微生物的主要来源

粮食微生物的主要来源是土壤。因为土壤是自然界中微生物生存和繁殖的主要场所，可以供给微生物生长需要的各种营养物质，且含空气充足，大部分有适宜的水分和酸碱度，因此通常含有大量的微生物。粮食的种植离不开土壤，土壤中的微生物可以通过气流、风力、雨水、昆虫的活动以及人的操作等方式，带到正在成熟的粮食籽粒或已经收获的粮食上，它们中有的可以直接侵入籽粒的皮层，有的沾附在籽粒表面，有的混杂在籽粒中。所以粮食微生物与土壤微生物之间存在着渊源的关系。

当粮食收获入库后，仓库中害虫和螨类的活动也影响粮食微生物区系。各种害虫身体表面常常带有大量的霉菌孢子，借助它们的活动，孢子可以到处传播。有些害虫以霉菌孢子为食料，如长角谷盗、赤拟谷盗和锯谷盗可吃杂色曲霉的孢子，在这些害虫排泄物中会有大量的活孢子存在；同时害虫咬损粮粒造成伤口，有利于微生物的侵染；害虫大量繁殖，使粮食水分增加，粮温升高，也有利于微生物的生长繁殖。

在粮食仓库和加工厂的各种机器、包装、器材和运输工具上沾有大量的微生物，尤其在缝隙中尘介杂质和粮食碎屑粉末积聚，可导致微生物大量滋生，从而使粮食在加工或运输过程中受到污染。

8.6.1.2　微生物在粮食上的存在部位与数量

微生物如附着在粮粒的表皮或颖壳上，称为外部微生物；也可以侵入到粮粒表皮内部，称为内部微生物。通常以每克粮食及粮食食品上微生物的个数来表示。每克粮食中的细菌数量从一万个到一亿个以上，一般为几万到几百万个。每克粮食中的霉菌数量从几百个到几万个，霉变的粮食多达几十万到几千万个。尘埃杂质多、土粒多的不干净粮食上微生物数量也多。破碎粮粒营养物质外露更易遭受微生物侵染，所以破碎粮粒上微生物也很多。对于一个粮食样品，不仅要从微生物总的带菌量多少，而且要从菌相的组成和消长上来分析粮食的品质及变化的趋势。一般粮食外部带菌量比内部多。粮食霉变发热后由于霉菌侵入粮粒内部而使内部带菌量增加。

8.6.1.3　粮食中的细菌

新收割的粮食上，细菌在个体数量上占优势，通常可占总带菌量的90%以上。类群上主要是一些寄生性的细菌及一些利用禾本科植物生长分泌物为营养的细菌，前者一般为植物病原菌，后者一般对植物生长无害，也被称为"附生细菌"。如草生欧文菌、荧光假单胞杆菌、黄杆菌、黄单胞杆菌等均为谷物类粮食中常检出的细菌类群。

细菌在粮食上的数量虽多，但对储粮安全的重要性远不及霉菌。因为细菌的生长一般需要有游离水存在，粮食在进入常规储藏阶段后水分含量均较低，远远达不到细菌生长的水分条件；另一方面，细菌对大分子物质的分解能力相对较弱，而粮食大都有外壳包裹，细菌难以侵入完整的粮粒，对粮食品质的破坏性较霉菌低。通常粮食在受到霉菌破坏，变质、发热后，细菌有可能利用霉菌对粮食的降解产物而大量生长，导致粮食温度继续升高，但这类情况在储粮上发生得很少。

8.6.1.4　粮食中的放线菌

粮食上经常可分离到放线菌，但一般其数量远少于细菌，类群方面以链霉菌属的放线菌为主，如白色链霉菌、灰色链霉菌等。因为土壤中存在着大量放线菌，因此放线菌在粮食上的存在数量与粮食中尘、杂质的含量有关。

放线菌对储粮稳定性的影响与细菌类似，其危害一般也是在粮食受到霉菌破坏而发热的后期才表现出来。

8.6.1.5　粮食中的酵母菌

粮食上酵母菌数量一般较少，而且常见酵母菌对粮食大分子物质的分解能力较弱，由酵母菌导致粮食变质的情况很少发生。粮食上检出的酵母菌一般为比较耐干燥的酵母类群，常见的有假丝酵母及红酵母等。在某些特殊的生态条件下酵母菌可能会成为需要关注的微生物类群，例如当粮食处于密闭的条件下储藏，粮堆整体或由于粮堆水分转移导致局部粮食水分增高时，由于密闭可能产生的缺氧会抑制霉菌等好氧性微生物的活动，使得进行兼性厌氧生长的酵母菌繁殖而产生酒精味，从而影响粮食的正常品质。

8.6.1.6 粮食中的霉菌

霉菌是引起粮食变质的主要微生物类群，不管粮食储藏的品种、条件、期限等方面有多大的不同，其储藏的安全性都将受到霉菌的威胁。这是因为霉菌的种类非常庞杂，适应性强，难以进行有效防范。

从与粮食的相互关系上看，霉菌有寄生菌、腐生菌和兼寄生菌。寄生菌一般都是植物病原菌，它们可引起粮食作物的病害，如麦类赤霉病的孢子可沾附在粮食籽粒表面，菌丝可潜伏在皮层下；稻曲病的厚垣孢子可散布在籽粒表面；小菱矮腥黑穗病的菌瘿可混杂在粮堆中等。虽然在粮食储藏阶段寄生菌不会危害粮食的品质，但如果作为种子粮，寄生菌的携带是非常有害的。腐生菌在粮食上数量最多，包括各类可对粮食品质产生严重危害的青霉、曲霉等，是粮食储藏期间需要重点关注的微生物类群。兼寄生霉菌是一类粮食储藏的条件危害菌，如链格孢霉、蠕孢霉、枝孢霉、镰孢霉、弯孢霉、黑孢子霉等，当粮食处于较高的温度和较高的水分含量条件下时，这些霉菌可以在粮食上生长并危害粮食品质，在粮食常规储藏条件下这类霉菌的生长受到抑制。

从生态类群上，可将粮食上的霉菌分为田间型和储藏型，通常也称为"田间真菌"和"储藏真菌"。田间型的霉菌一般指作物在田间生长期间侵染到粮食上的霉菌，主要为寄生和兼寄生的；储藏型霉菌一般指谷物在收获到储藏期间污染到粮食上的霉菌，即各类腐生型霉菌。当然，这种划分带有人为的色彩，因为粮食上感染霉菌的途径不可能有截然的界限，例如黄曲霉应该属储藏型的霉菌，但长江以南夏季前后收获的稻谷、玉米等在田间生长期间就可以被感染。

根据微生物对环境的适应性，霉菌的类群非常齐全。表8-19列举了可适应各种环境的霉菌，从而进一步说明霉菌对粮食储藏的危害性。

表 8-19　可在各种环境下生长的典型霉菌

环境条件	生态类型	典型霉菌
$a_w < 0.8$	干生型	灰绿曲霉（*Aspergillus glaucus*） 局限曲霉（*Aspergillus restrictus*）
a_w 0.8~0.9	中生型	黄曲霉（*Aspergillus flavus*） 棕曲霉（*Aspergillus ochraceus*） 大多数青霉（*Penicillium* sp.）
$a_w > 0.9$	湿生型	黑根霉（*Rhizopus nigricans*） 高大毛霉
$T < 20℃$	低温型	枝孢霉（*Cladosporium* sp.）
T 20~40℃	中温型	大多数青霉（*Penicillium* sp.） 大多数曲霉（*Aspergillus* sp.）
$T > 40℃$	高温型	烟曲霉（*Aspergillus fumigatus*）
正常 O_2 含量（21%）	好氧型	大多数青霉（*Penicillium* sp.） 大多数曲霉（*Aspergillus* sp.）
低 O_2 含量（<1%）	耐低氧型	灰绿曲霉（*Aspergillus glaucus*）

8.6.2　粮食储藏中微生物区系变化的一般规律

粮食收获后经干燥、清杂除秕，水分被控制在安全标准以下，粮粒比较饱满，尘介杂质较少；用于储粮的粮仓有一定的气密条件和防潮、防渗漏性能，配有一定的通风、粮情检测等设备；为防止储藏期害虫为害，粮堆一般用磷化铝等杀虫剂进行必要的熏蒸处理，然后日常进行必要的储粮状态检测和管理，这种储粮管理方法即为粮食的常规储藏。国家粮库的储粮基本上属于这种类型。随着农业体制改革的发展，农村出现了许多种粮大户和专业储粮户，他们的储粮方式也正在朝着正规化的方向发展。

8.6.2.1　细菌量变化的一般规律

在常规储粮的环境下，粮食外部的微生物区系将会发生一系列的变化。一般随着储藏时间的延长，细菌的数量将迅速减少，尤其以附生型的细菌下降速度更快，而芽孢菌的数量基本可保持不变，如图 8-2 所示。当用平板活菌计数检测细菌时会发现新粮上几乎检不出芽孢菌，而陈粮中则基本上均为芽孢菌，即通常认为常规储粮条件下细菌的区系由附生菌向芽孢菌演替。实际上，在常规储藏条件下，细菌数量和类群增加的可能性极小，只是在新粮上芽孢菌的比例太小，不能被正常检出，当附生菌大大减少后芽孢菌才显露出来，而且附生菌数量降低的速率与储藏条件有相关性。因此，粮食中附生细菌的含量变化在一定程度上可反映粮食储藏的年限和粮食储藏的条件，也与粮食的新鲜程度有一定的关联。

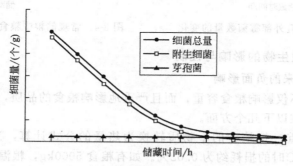

图 8-2　常规储粮中细菌数量的变化

8.6.2.2　粮粒外部霉菌量变化的一般规律

利用平板菌落计数法检测常规储粮条件下粮食外部霉菌数量的变化，通常可以发现，在储藏初期，链格孢霉、镰刀菌、蠕孢霉等田间型霉菌的数量下降速率较快，使这类霉菌在霉菌总量中所占的比例迅速减少。随着储存期的延长，田间型霉菌数量下降的速率才趋于平缓。储藏型霉菌在储粮条件（包括粮质、粮仓、管理等条件）较好的常规储藏期间一般数量基本维持稳定；粮仓中的某些部位，如近表面的粮层，靠近仓墙、门窗等处的粮食，在储藏初期（如半年）由于粮食本身的后熟呼吸及受外界温、湿度的影响，可能出现储藏型霉菌少量增加的情况，但随着储存期的继续延长，这类霉菌的数量也将呈下降趋势。所以在常规储藏中，随着储藏时间的延长，粮粒外部携带的霉菌总的数量是呈下降的趋势。当然，在储藏的初期，总带菌量下降速率较快，然后逐渐趋于稳定，如图 8-3 所示。

8.6.2.3　粮粒内部霉菌量变化的一般规律

粮粒内部的田间型霉菌一般是在粮粒形成期间侵染的，当粮食收获后即保留在粮粒内部；储藏型霉菌有些在田间就已被侵染，有些则在储藏期间被侵染。检查粮粒内部霉菌状况一般采用下述方法：粮粒分别用一定浓度的乙醇、次氯酸钠等杀菌剂表面消毒，然后用无菌水充分洗涤，在培养基平板上种植 100 粒粮粒，培养一周左右，镜检记录某种霉菌在 100 粒粮粒上出现的粒数，即为该菌的感染率。

一些检测结果表明，常规储藏下的粮食粮粒内部霉菌感染率的变化相对比较平缓，但其基本的变化趋势与粮粒外部霉菌变化的趋势相似，即储藏型霉菌保持稳定或短期有增加的可能，随储存期的延长而逐渐减少；田间型霉菌及霉菌总量在整个常规储存期均逐渐下降。由于粮粒内部受外界因素的影响较少，可以排除受大气、昆虫、储粮设备等所带霉菌污染而导致出现较大检测误差的可能性，因此储粮霉菌内部感染率的检测结果在判断储粮安全性方面有较好的参考价值，如图8-4所示。

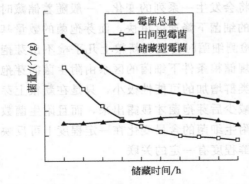

图8-3　常规储粮中粮食外部霉菌数量的变化

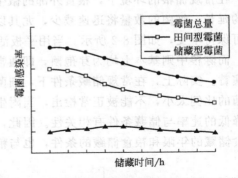

图8-4　常规储粮中粮食内部的霉菌数量变化

8.6.3　粮食中有害微生物的影响与控制

8.6.3.1　粮食霉变带来的负面影响

粮食发热霉变，不仅影响粮食容重，而且严重地影响粮食的品质，甚至使粮食丧失使用价值，它的危害表现在以下几个方面。

（1）影响粮食容重　按粮食的干物质转换为热量的公式计算，当粮食发热时水分为18%的粮食每升高10℃时的损耗约为0.02%。如有粮食5000kg，粮温由19℃升高到28℃，就会损耗掉粮食9kg，影响容重。

（2）影响种用品质　粮食的胚部保护组织薄弱，粮食在发热霉变过程中，微生物通常首先从胚部侵染粮粒，使胚部受到损害，造成种子发芽率下降或全部丧失，影响种用。

（3）影响营养价值　粮食中的主要营养成分有各种糖、脂肪和蛋白质，这些营养物质也是粮食微生物的营养基质。发生霉变的粮食，由于其营养物质已被储粮微生物消耗，粮食营养价值自然大为降低。

（4）影响食用　由于微生物的大量繁殖，菌体本身及其代谢产物与粮食坏死组织混杂在一起，使粮食变色，同时产生霉味等不良气味。霉变严重的粮食，除重量损失外，即使经加工、烘晒、水洗、蒸煮后不良气味也难以消除，以致失去食用价值。

有些粮食上的微生物能产生毒素，污染粮食，人畜食后，会导致各种疾病，甚至危及生命。如黄曲霉毒素是肝毒素，也可以引起其他器官如肾、支气管、皮下组织的病变，发生癌肿。另外，杂色曲霉、灰绿青霉、橘青霉、镰刀菌等，也都是产毒菌，被它们侵害的粮食都带有毒素，威胁人类健康。

（5）影响加工工艺品质　发热霉变程度较轻的粮食油料，加工后的出米率、出粉率以及出油率均低于正常的粮食、油料。经过发热霉变的稻谷变得松脆易碎，加工时碎米率高，不出饭，黏度降低，成饭后的适口性差。经过发热霉变的小麦因蛋白质变性和微生物分解的影响，面筋的含量减少，品质下降，制作面食时，面团很黏，发酵不良，烤出的面包或蒸出的馒头体积小，外观色泽不良；经过发热霉变的油料，不仅出油率低，而且加工出来的油品酸价高，品质差；被粮食微生物严重侵蚀的粮食，甚至无法加工。

8.6.3.2　粮食霉变的控制

（1）提高粮食储藏品质　粮食储藏品质的好坏，储藏稳定性如何，是由粮食含杂率、水分、完整粒度、饱满度和微生物含量等因素决定的。新收获的粮食一定要晒干扬净并符合国家标准后方可入仓保管。因为干净的粮食黏附的微生物较少，水分低则不利微生物生长，这样的粮食就不容易发热霉变。新粮入仓前利用风车和清理筛机械，清除混在粮食中的各种杂质，以及破损粒和不成熟粒，保持粮食清洁卫生和粮粒完整。使用日晒的方法将粮食水分降低到安全水分范围以内，给微生物造成一个不利的环境，对粮食安全保管和抑制发热霉变有重要作用。

（2）改善储藏条件　储粮发热霉变，主要都是由于受潮引起。改善仓储条件，给粮仓造成一个良好的防潮条件，粮仓等设备建好防潮地坪和防潮墙，修好屋顶，使之不漏雨，是一项根本的措施。仓房地坪如果没有防潮层，就应铺设防潮物，以隔离湿气，防止粮食吸湿返潮。秋、冬季节，气温较低时，应经常打开仓库的门窗进行通风，以降低粮食温度。春暖之后，气温开始上升，应根据具体情况，加强密闭隔热，尽量保持粮食低温。在对粮食仓库进行通风或密闭操作的过程中，要避免粮食温度突然下降或突然上升，以防止粮食水分转移和结露，造成发热霉变。

（3）做好日常检查工作　粮食入仓以后，应加强检查，特别是要及时掌握粮温和水分的变化情况，可用眼看、口尝、鼻闻、手捏等办法，检查粮食的色泽、气味以及粮粒的硬软程度。要做到经常进仓检查、比较，尽早发现粮食发热霉变的早期变化，只有这样才有可能及时采取处理措施，达到减少储粮损失的目的。

思　考　题

1. 简述乳品的灭菌方法。
2. 如何控制原料肉和肉制品中的微生物？
3. 怎样控制禽蛋腐败变质？
4. 试述水产品中的微生物来源。
5. 控制水产品中的微生物主要有哪些方法？
6. 危害果蔬微生物的特性有哪些？
7. 简述微生物引起果汁变质的表现。
8. 简述粮食储藏中微生物区系变化的一般规律。
9. 简述粮食霉变带来的负面影响。

参　考　文　献

[1]　蔡静萍. 粮油食品微生物学 [M]. 北京：中国轻工业出版社，2002.
[2]　成岩萍. 浅析微生物与粮食储藏的关系 [J]. 粮食科技与经济，2003，3：49-51.
[3]　郭本恒. 乳品微生物学 [M]. 北京：中国轻工业出版社，2001.
[4]　何国庆，贾英民，丁立孝. 食品微生物学 [M]. 第 2 版. 北京：中国财政经济出版社，2009.
[5]　孔保华，韩建春. 肉品科学与技术 [M]. 第 2 版. 北京：中国轻工业出版社，2011.
[6]　卢卫基，林创. 夏季水产微生物病害的预防措施 [J]. 内陆水产，2005，9：24.
[7]　孙长颢，王舒然. 营养与食品卫生学 [M]. 第 6 版. 北京：人民卫生出版社，2007.
[8]　肖克宇，陈昌福. 水产微生物学 [M]. 北京：中国农业出版社，2004.
[9]　杨洁彬，李淑高，张篯等. 食品微生物学 [M]. 第 2 版. 北京：北京农业大学出版社，1995.
[10]　殷蔚申. 食品微生物学 [M]. 北京：中国财政经济出版社，1990.
[11]　Jacquelyn G Black. 微生物学原理与探索 [M]. 第 6 版. 蔡谨译. 北京：化学工业出版社，2007.
[12]　Bower C K，Daeschel M A. Resistance responses of microorganisms in food environments [J]. International Journal of Food Microbiology，1999，50 (1-2)：33-44.

[13] Ekaterini J Papavergou, Ioannis N Savvaidis, Ioannis A Ambrosiadis. Levels of biogenic amines in retail market fermented meat products [J]. Food Chemistry, 2012, 135 (4): 2750-2755.

[14] Jos H J, Huis in't Veld. Microbial and biochemical spoilage of foods: an overview [J]. International Journal of Food Microbiology, 1996, 33 (1): 1-18.

[15] Mengyu Wang, Hui Wang, Ying Tang, et al. Effective inhibition of a Strongylocentrotus nudus eggs polysaccharide against hepatocellular carcinoma is mediated via immunoregulation *in vivo* [J]. Immunology Letters, 2011, 141 (1): 74-82.

[16] Patrick Kirchner, Jan Oberländer, Henri-Pierre Suso, et al. Monitoring the microbicidal effectiveness of gaseous hydrogen peroxide in sterilisation processes by means of a calorimetric gas sensor [J]. Food Control, 2012, 96 (12): 291-302.

[17] Thelma Egan, Jean-Christophe Jacquier, Yael Rosenberg, et al. Cold-set whey protein microgels for the stable immobilization of lipids [J]. Food Hydrocolloids, 2012, 31 (2): 317-324.

第 9 章 食源性致病微生物

微生物菌群中大多数是存在于体表或体内的非致病微生物甚至有益微生物，我们称之为正常微生物菌群（normal microflora，normal flora）。其中有些是长期存在于体表或体内的微生物，即常驻微生物菌群（resident microflora），它们可见于皮肤、结膜、口腔、鼻腔、咽部、大肠以及泌尿生殖道，其他部位无常驻微生物菌群，因为这些部位不适合微生物生存，或受宿主防御系统保护，或微生物不能到达；有些是只在某些情况下暂时存在于有常驻微生物菌群出现的任何部位的微生物，即暂驻微生物菌群（transient microflora）。它们可出现数小时甚至数月，但只有在满足其生存必需条件时才出现。

实际上，给我们带来困扰的是那些少数存在于自然界的致病微生物（pathogenic microorganism），即能引起生物体病变的微生物，例如可以引起人类、禽类流感的流感病毒。另外有一部分是条件致病菌（opportunists），即在常驻微生物菌群和暂驻微生物菌群中存在的几种只在特定情况下利用某些特定条件而致病的微生物。这些致病条件可能是宿主正常防御功能受损，微生物进入异常部位，正常微生物菌群被破坏等。例如，大肠杆菌是人类大肠中的正常常驻菌，但是它们一旦进入手术创口等非正常区域，就会致病。致病微生物经适当的途径进入机体后，在一定的部位生长、繁殖，与宿主发生斗争，这个过程称为感染。

致病微生物引起疾病的能力即致病性（病原性，pathogen-city），是指病原体感染或寄生使机体产生病理反应的特性或能力。致病微生物的致病性是对宿主而言的，有的仅对人有致病性，有的仅对某些动物有致病性，有的兼而有之。微生物的致病性取决于它侵入宿主的能力、在宿主体内繁殖的能力以及躲避宿主免疫系统攻击的能力。此外，侵入体内的微生物数量也是影响致病性的一个重要因素。如果仅有少量微生物入侵，宿主免疫系统就可在微生物致病前将其消灭。如果大量微生物侵入，它们就可胜过宿主抵抗力而引起疾病。但是，如志贺菌等微生物，其致病性非常强，只要摄入极少量的病菌就能引起非常严重的疾病。

致病微生物致病性的强弱程度称为毒力（virulence），毒力不同，病原微生物造成疾病的严重程度也不同。毒力是病原微生物的个性特征，表示病原微生物病原性的程度，可以通过测定加以量化。不同种类病原微生物的毒力强弱常不一致，并可因宿主及环境条件不同而发生改变。例如蜡样芽孢杆菌（*Bacillus cereus*）只引起轻微的肠胃炎，而疯牛病朊病毒（BSE prions）将引起人类致死性神经系统疾病。同种病原微生物也可因型或株的不同而有毒力强弱的差异。如同一种细菌的不同菌株有强毒、弱毒与无毒菌株之分。病原体的毒力可以通过减毒（attenuation）而减轻，从而降低其致病能力。

9.1 食源性致病微生物与食源性疾病

食源性致病微生物（food-borne pathogenic microorganism）是导致食源性疾病的微生物，包括细菌、病毒、朊病毒、真菌、原生动物和某些多细胞动物寄生虫等。这些微生物的身影无处不在，土壤和水源、植物和植物产品、食物器皿、用具、人与动物的肠道、食物生产者，动物饲料、畜皮等都是它们的藏身之所。当人类食入含有致病性微生物的食物或者被致病微生物产生的毒素污染的食物后，即可能引起食源性疾病的发生。

世界卫生组织（世卫组织，WHO）将食源性疾病（food-borne diseases）定义为通过摄食方式进入人体内的各种致病因子引起的通常具有感染或中毒性质的一类疾病。即指通过食物传播的方式和途径致使病原物质进入人体并引发的中毒或感染性疾病。常见的食源性疾病有食物中毒、肠道传染病、人畜共患传染病和寄生虫病等。1984 年，WHO 将"食源性疾病"一词作为正式的专业术语，以代替历史上使用的"食物中毒"。根据美国疾病预防与控制中心（美国CDC）的统计，每年大约有 4800 万人罹患食源性疾病，3000 人因此死亡。食源性疾病的致病因子多种多样，生物及生物毒素、农业及环境污染物和危险化学品等被多次报道。美国公布的九大食源性疾病分别为沙门菌中毒、弯曲杆菌病、志贺菌中毒、大肠杆菌 O157 感染、隐孢子虫病、小肠结肠炎耶尔森菌感染、弧菌病、单核细胞增生李斯特菌中毒和环孢子虫感染。食源性细菌和病毒是 2011 年造成美国食源性疾病病例数最高的致病因子（美国 CDC，2011）。根据世界卫生组织的报告，近几十年来，许多或大多数新出现的人类传染病都起源于动物，往往是通过食品和食品加工进行传播。这方面的实例包括严重急性呼吸道综合征、牛海绵状脑病和新型克雅氏病、高致病性禽流感以及裂谷热等出血热疾病（WHO，2011）。

本章所介绍的食源性致病微生物包括原核微生物、病毒和朊病毒、一些真核生物如真菌、原生动物和多细胞寄生虫等。前两者是人类大部分疾病的病原体，而真核病原体存在于宿主体内时，有时可不引起任何症状，但有时可以造成严重疾病。

9.1.1　食源性致病细菌及其毒素

9.1.1.1　细菌引起的食源性疾病

（1）概述　细菌及其毒素是引起食源性疾病最重要的致病因子。当人体摄入了被致病菌或其毒素污染的食品后所出现的非传染性急性、亚急性疾病即细菌性食源性疾病（Bacterial food-borne diseases），主要分为细菌性肠道传染病和细菌性食物中毒。细菌性肠道传染病属我国法定传染病，主要包括霍乱、痢疾、伤寒、副伤寒及由肠出血性大肠埃希菌 O157 引起的出血性肠炎等。细菌性食物中毒包括各种致病菌引起的食物中毒，如变形杆菌食物中毒、葡萄球菌食物中毒等。

尽管食品安全与疾病的监控、控制和预防都在不断进步，食源性细菌感染仍然是一个主要的公共健康问题。食源性致病菌通常暴露于多种环境压力，诸如低 pH 值和抗生素，专门的进化机制促使其能在恶劣环境中继续生存。据统计，细菌性食源性疾病的发病率占到了食源性疾病总发病率的 66% 以上。我国细菌性食源性疾病的负担依然较重，细菌性食源性疾病每年发病人数可达 9411.7 万人次，其中 2475.3 万患者曾就诊，335.7 万患者曾因病住院，8530 例患者死亡，病死率 0.0091%。而在美国，由弯曲杆菌、大肠杆菌 O157：H7、李斯特菌、沙门菌、志贺菌、霍乱弧菌和小肠结肠炎耶尔森菌引起的食源性疾病发病率也依然保持不变（美国 CDC，2009）。

（2）致病机理　细菌性病原体常有特别的结构和生理特性，使其更容易侵入和感染宿主。毒力因子（致病因子，virulence factor）指有助于微生物引起感染等疾病的特殊结构或生理特性，可分为侵袭力和毒素。

侵袭力（invasiveness）是指致病微生物突破机体的防御体制，侵入机体而获得在体内一定部位生长、繁殖和伤害机体的能力，包括微生物的某些结构和毒性酶。如利于细菌黏附寄居于黏膜表面的菌毛，有利于致病菌在机体内生长繁殖的荚膜等；有助致病菌躲避宿主防御系统或保护致病菌不被宿主防御系统所杀伤的某些酶，如有利于致病菌感染的血浆凝固酶，有利于致病菌向周围组织扩散的透明质酸酶、链激酶、胶原酶和脱氧核糖核酸酶，使组织细胞坏死或红细胞溶解的卵磷脂酶和溶血素等。

毒素（toxin）可以直接致病，在细菌细胞内合成，按其释放的方式分为外毒素和内毒素。外毒素（exotoxin）是某些致病菌在其生命活动过程中分泌到体外环境中的一种代谢产物。能产生外毒素的主要是革兰阳性菌，例如霍乱毒素、百日咳毒素、白喉毒素和肉毒毒素等，通常有特异性和剧毒。内毒素（endotoxin）是许多革兰阴性菌细胞壁的组成部分，一般在细菌死亡或分解时大量释放到宿主组织。相比之下，内毒素毒性较弱，由脂多糖（lip polysaccharide，LPS）复合体构成；外毒素毒性较强，大部分是多肽（polypeptide）。

食源性致病菌的致病机理可分为感染型、毒素型和混合型三种。

① 感染型　由致病菌侵袭力和内毒素共同发挥作用引起的疾病，其发病机理为感染型。致病菌随食物进入肠道后继续生长繁殖、附于肠黏膜或侵入黏膜及黏膜下层，引起肠黏膜的充血、水肿、渗出和白细胞浸润等炎性病理变化即致病菌直接作用。当细菌侵入肠黏膜固有层后受到免疫系统如巨噬细胞等作用后，细菌死亡，其内部的毒素会释放出来、入血并作用于中枢神经系统的温度调节中枢，引起发热反应。另外，内毒素亦可作用于肠黏膜，引起肠蠕动加快，从而产生呕吐、腹泻、腹痛等症状，即为内毒素作用。

② 毒素型　单独由外毒素作用引起的中毒，其发病机理为毒素型。某些致病菌，如葡萄球菌污染食品后，可在食品大量繁殖并产生外毒素，引起肠道病变。

③ 混合型　某些致病菌进入肠道后，除侵入黏膜引起肠黏膜的炎性反应外，还产生引起急性胃肠道症状的肠毒素，如副溶血性弧菌；另外，细菌死亡之后可释放出内毒素。这类病原菌引起的食物中毒是致病菌的侵袭力和其产生的外毒素以及内毒素共同作用的结果，因此其发病机理是混合型。

（3）细菌性食源性疾病的流行病学　细菌污染食品后导致人类食源性疾病的发生，常见于食品生产、运输、贮存、销售及烹调过程中的各个环节，主要有以下三方面原因：①食品原料本身被致病菌污染。食品在生产、运输、贮存、销售及烹调过程中受到致病菌的污染，而食用前又未经过充分的高温处理或清洗，直接食用后出现机体反应。②致病菌大量繁殖。加工后的熟食品受到少量致病菌污染，但由于在适宜条件下，如在适宜温度、适宜 pH 及充足的水分和营养条件下存放时间较长，从而使致病菌大量繁殖或产生毒素，而食用前又未经加热处理，或加热不彻底，食用后导致疾病。③交叉污染。熟食品受到生熟交叉污染或食品从业人员中带菌者的污染，以致食用后引起中毒。

细菌性食源性疾病全年皆可发生，但绝大多数发生在气温较高的夏秋季节。这与细菌在较高温度下易于生长繁殖或产生毒素的生活习惯相一致；也与机体在夏秋季节防御功能降低、易感性增高有关。动物性食品是引起细菌性食源性疾病的主要食品，其中主要有肉、鱼、奶、蛋类及其制品；植物性食品如剩饭、糯米凉糕等曾引起葡萄球菌肠毒素中毒；豆制品、面类发酵食品也曾引起肉毒梭菌毒素中毒。在各类原因引起的食源性疾病中，虽然细菌性食物中毒无论在发病次数还是发病人数均居首位，但除李斯特菌、肉毒梭菌、小肠结肠炎耶尔森菌等引起的食物中毒有较高的病死率外，大多数细菌性食物中毒病程短、恢复快、预后好、死亡率低。

9.1.1.2　食品中常见的致病细菌

食品中常见的引起食源性疾病的致病菌有沙门菌、副溶血弧菌、葡萄球菌、变形杆菌、肉毒梭菌、蜡样芽孢杆菌、空肠弯曲菌、致病性大肠杆菌、小肠结肠炎耶尔森菌、李斯特菌、溶血性链球菌和痢疾杆菌等。其中，沙门菌感染一直是工业化国家的一个主要问题，而霍乱弧菌引起的霍乱是发展中国家的主要卫生问题，造成了极大的损失。根据发生起数的统计，我国食源性疾病的主要致病菌为沙门菌、变形杆菌、葡萄球菌和副溶血弧菌等。美国2011年引起食源性疾病的五大致病因子依次为诺沃克病毒、非伤寒沙门菌、产气荚膜梭菌、弯曲杆菌和金黄色葡萄球菌（美国CDC，2011）。

（1）沙门菌属　沙门菌属（*Salmonella*）广泛分布于自然界，被证实是引发食品中毒的致病菌已有百年以上历史，是古老的、常见的肠道致病菌。因美国病理学家 D. E. 沙门于1884年发现本属菌中的猪霍乱杆菌而得名。世界各地的食物中毒事件中，沙门菌食物中毒均居前列。美国CDC表示，自2006年以来，沙门菌的发病率一直在增长，美国每年约有120万人感染，2010年沙门菌发病率较1996年提高了3%，几乎是当年国家卫生目标的3倍。本属菌是一群抗原构造和生物学性状相似的革兰阴性杆菌。菌型繁多，已发现有2000种以上的血清型。能对人和少数温血动物致病。鉴于沙门菌重要的卫生学意义，它常作为进出口食品和其他食品的致病菌检验指标。

据《公共科学图书馆·病原体》杂志（PLoS Pathogens）2012年刊登的一项研究显示，科学家从人类和动物体内新发现了14种剧毒沙门菌菌株。据了解，本次研究由美国加州大学圣塔芭芭拉分校（UCSB）牵头。加州大学研究人员称，他们利用一种特殊的手段从184个临床沙门菌菌株中分离出了14种剧毒菌株（图9-1），这些剧毒菌株仅限于部分血清类型。科学家还表示，他们正在研究快速检测这些剧毒沙门菌的方法，并探索相应的方法将其杀灭。

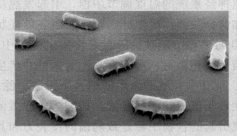

图9-1　新发现的剧毒沙门菌菌株

① 生物学特性

a. 形态与染色　沙门菌属属于肠道菌科，是一群寄生在人和动物肠道并多具致病性的兼性厌氧的革兰阴性无芽孢杆菌。该菌属菌细胞多呈两端钝圆的短杆状，大小为（0.7～1.5)μm×(2.0～5.0)μm，菌落直径为2～4mm，无芽孢、无荚膜，除鸡沙门菌和雏沙门菌等个别菌种外，都具有鞭毛，能运动。

b. 培养特性　该属菌生长温度为10～42℃，最适生长温度为37℃，最适pH为6.8～7.8。对营养要求不高，在普通培养基上均能良好生长。

c. 生化特性　沙门菌属各成员的生化特性较一致，其一般生化特性为发酵葡萄糖、麦芽糖、甘露醇和山梨醇产酸产气；不发酵乳糖、蔗糖和侧金盏花醇；不产生吲哚，V.P反应阴性；不水解尿素和对苯丙氨酸不脱氨。具体见表9-1。

表 9-1　沙门菌基本生化特性

试验项目	结果	试验项目	结果	试验项目	结果
葡萄糖发酵试验	＋	卫矛糖发酵试验	d	尿素酶试验	－
乳糖发酵试验	－/×	甲基红试验	＋	赖氨酸脱羧酶试验	＋
蔗糖发酵试验	－	V.P 试验	－	苯丙氨酸脱氨酶试验	－
麦芽糖发酵试验	＋	丙二酸钠试验	－/＋	鸟氨酸脱羧酶试验	＋
甘露糖发酵试验	＋	靛基质试验	－	精氨酸水解酶试验	＋/(＋)
水杨苷发酵试验	－	明胶液化试验	d	KCN 试验	－
山梨醇发酵试验	＋	H₂S 试验	＋/－		

注：＋表示阳性；（＋）表示迟缓阳性；×表示迟缓不规则阳性或阴性；—表示阴性；d表示有不同的生化型。

生化特性对沙门菌属细菌的鉴别具有重要意义。根据生化特性，可将沙门菌属分为Ⅰ、Ⅱ、Ⅲ、Ⅳ、Ⅴ 5 个亚属。亚属Ⅰ是生化特性典型且常见的沙门菌，亚属Ⅱ和Ⅳ是生化特性不典型的沙门菌，一般检出率较低。5 个亚属的生化特性见表 9-2。

表 9-2　沙门菌属各亚属生化特性

试验项目	Ⅰ	Ⅱ	Ⅲ	Ⅳ	Ⅴ
乳糖	−	−	+/(+)	−	−
卫矛醇	+	+	−	−	+
山梨醇	+	+	+	+	+
水杨苷	−	−	−	+	−
ONPG	−	−	+	−	+
丙二酸盐	−	+	+	−	−
KCN	−	−	−	+	+

注：＋表示阳性；−表示阴性；（＋）表示迟缓阳性。ONPG 试验为测定 β-半乳糖苷酶活性试验。

　　d. 抵抗力　沙门菌对热、消毒药及外界环境的抵抗力不强，在粪便中可存活 1～2 个月；在冰雪中可存活 3～4 个月；在水、乳及肉类中能存活数月。加热到 100℃时立即死亡，70℃经 5min、65℃经 15～20min、60℃ 30min 可被杀死；5％石炭酸或 1：500 的氯化汞（升汞）于 5min 内即可将其杀灭。

　　e. 抗原　沙门菌具有复杂的抗原结构，有菌体抗原 O（somatic antigens）、鞭毛抗原 H（flagella antigen）、荚膜抗原 K、Vi（Capsular antigen）和纤毛抗原（cilium antigen）等四种抗原。依其菌体抗原 O 及鞭毛抗原 H 的不同，可以划分成多种血清型（serotype）。目前已检出沙门菌血清型 2500 余种，我国已有 292 个血清型报道，它们在形态结构、培养特性、生化特性和抗原构造方面都非常相似。

　　② 沙门菌食源性疾病

　　a. 流行病学　沙门菌食源性疾病主要是通过食用被活菌污染的食物引起感染与传播，如图 9-2 所示。好发食物多见于动物性食品，如肉类、禽类、蛋类和奶类等，2012 年美国 8 个州的 40 人因食用未熟牛肉而感染肠炎沙门菌株导致沙门菌食物中毒。近年也出现了多起植物性食品引起的沙门菌食物中毒。第一个已知沙门菌污染的植物性食品为谷类早餐，该案例发生在 1998 年五月的美国，其污染的食品是烤燕麦谷物。随后又出现了水果和蔬菜导致

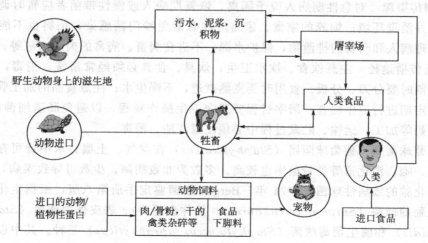

图 9-2　沙门菌传播循环图

沙门菌食物中毒暴发的例子，包括沙拉用的洋葱、生菜和花生以及西瓜、番茄等常见的果蔬类食品中。豆制品和糕点也时有发生。

根据沙门菌的致病范围，可将其分为三大类群。第一类群专门对人致病，如伤寒沙门菌、甲型副伤寒沙门菌、乙型副伤寒沙门菌、丙型副伤寒沙门菌。第二类群能引起人类食物中毒，称之为食物中毒沙门菌群，如鼠伤寒沙门菌（*S. typhimurium*）、猪霍乱沙门菌（*S. cholerae*）、肠炎沙门菌（*S. enteritidis*）、纽波特沙门菌等。致病性最强的是猪霍乱沙门菌，其次是鼠伤寒沙门菌和肠炎沙门菌。根据国内外的资料分析，沙门菌属中引起食品中毒最多的也是鼠伤寒沙门菌、猪霍乱沙门菌和肠炎沙门菌。第三类群专门对动物致病，很少感染人，如马流产沙门菌、鸡白痢沙门菌，此类群中尽管很少感染人，但近年也有感染人的报道。

> 据美国疾病控制与预防中心（Centers for Disease Control and Prevention, CDC）2012 年 8 月 17 日的报道，发生于 7 月 7 日至 8 月 4 日的沙门菌中毒目前已造成 140 人感染，31 人住院，2 人死亡。这次事件的致病菌为鼠伤寒沙门菌，人们通过摄食一种名为"Cantaloupe"的美国甜瓜而引起感染。

b. 致病机理与症状 沙门菌食源性疾病是由活菌侵袭力、内毒素和外毒素协同作用引起的，需要感染大量细菌才能致病。沙门菌进入消化道后，在小肠和结肠里繁殖，侵入黏膜下组织，使肠黏膜发炎，抑制水和电解质的吸收，引起水肿、出血等。随后再通过肠黏膜上皮细胞之间侵入黏膜固有层，在固有层内引起炎症。未被吞噬细胞杀灭的沙门菌，经淋巴系统进入血液，而出现一时性菌血症，引起全身感染，同时活菌在肠道或血液内崩解时，释放出毒力较强的大量的菌体内毒素，从而引起全身中毒症状。有些沙门菌还能产生肠毒素，如肠炎沙门菌在适合的条件下可在牛奶和肉类中产生达到危险水平的肠毒素。该毒素为蛋白质，在 50～70℃时可耐受 8h，不被胰蛋白酶和其他水解蛋白酶破坏，并对酸碱有抵抗力。

沙门菌食源性疾病的疾病谱可因细菌毒力和宿主反应的不同而异，轻者仅表现腹泻，重者可呈现系统感染如伤寒、败血症、迁徙性病灶等。大多数感染沙门菌的人可在受到感染后的 12～72h 出现腹泻、发热和腹痛等急性胃肠炎症状，病程 3～7d，一般预后良好。但老年人、少儿和体弱者，如不及时进行急救处理，也可导致死亡，死亡率约为 1‰左右。

c. 预防与控制危害的措施 引起人类沙门菌感染的主要途径为食物传播，预防和控制沙门菌的危害，应着眼于以下两个方面：

ⓐ 控制传染源 对急性期病人应予隔离，恢复期病人或慢性带菌者应暂时调离饮食或幼托工作，并消毒环境；饲养的家禽、家畜应注意避免沙门菌感染，饲料也不能受该菌污染；妥善处理病人和动物的排泄物，保护水源；不进食病畜、病禽的肉及内脏等。

ⓑ 切断传播途径 注意饮食、饮水卫生；炊具、食具必须经常清洗、消毒，生熟食要分容器，切割时要分刀、分板。食用时要煮熟煮透，不喝生水；注意食品的加工管理，对牲畜的屠宰要定期进行卫生检查，屠宰过程要遵守卫生操作规程，以避免肠道细菌污染肉类。在肉类、牛奶等加工、运输、贮藏过程中必须注意清洁、消毒。

（2）葡萄球菌属 葡萄球菌属（*Staphylococcus*）在空气、土壤、水中皆可存在，人和动物的鼻腔、咽、消化道等处带菌率也较高。多数为非致病菌，少数可导致疾病，是最常见的引起创伤化脓的致病性球菌。1974 年，Bergey 细菌鉴定手册第八版，根据生化特性将其分为金黄色葡萄球菌（*Staphylococcus aureus*，简称金葡菌）、表皮葡萄球菌（*Staphylococcus epidermidis*）和腐生葡萄球菌（*Staphylococcus saprophyticus*）三种。其中以金黄色葡萄球菌致病力最强，是与食物中毒关系最密切的一种葡萄球菌，是美国 2011 年五大引起食源性疾病最多的致病菌之一，其排名第五，也是我国比较常见的一种食源性疾病致病因子。表皮葡萄球菌偶尔致病，腐生葡萄球菌一般不致病。

① 生物学特性

a. 形态与染色　该菌属为革兰阳性菌，球形或稍呈椭圆形，直径约 $0.8 \sim 1.0 \mu m$，呈葡萄状排列。葡萄球菌无鞭毛，不能运动。无芽孢，除少数菌株外一般不形成荚膜。易被常用的碱性染料着色。其衰老、死亡或被白细胞吞噬后，以及耐药的某些菌株可被染成革兰阴性。

b. 培养特性　大多数葡萄球菌为需氧或兼性厌氧菌，少数专性厌氧。在 20% CO_2 环境中，有利于毒素产生。在 $28 \sim 38℃$ 均能生长，致病菌最适温度为 $37℃$，pH 为 $4.5 \sim 9.8$，最适 pH 为 7.4。

对营养要求不高，在普通培养基生长良好，在肉汤培养基中 24h 后呈均匀浑浊生长，在含有血液和葡萄糖的培养基中生长更佳。在普通琼脂平板上培养形成圆形、凸起、边缘整齐、表面光滑、湿润、不透明的菌落，直径为 $1 \sim 2mm$。不同种的菌株产生不同的色素，如金黄色、白色、柠檬色，使菌落呈不同的颜色。在 Baird-Parker 培养基上菌落为圆形、光滑、湿润，直径为 $2 \sim 3mm$，颜色呈灰色到黑色，边缘颜色较浅，菌落周围有一浑浊带，在其外围有一透明带。在血琼脂平板上形成的菌落较大，有的菌株有溶血现象发生，即菌落周围形成明显的全透明的溶血环（β溶血）。凡溶血性菌株大多具有致病性。

c. 生化特性　葡萄球菌属细菌大多能分解葡萄糖、麦芽糖、乳糖、蔗糖产酸不产气，致病菌株多能分解甘露醇产酸；甲基红试验阳性，V.P 试验不定，靛基质试验阴性；许多菌株可分解精氨酸，水解尿素，还原硝酸盐；凝固牛乳或被胨化、能产氨和少量的 H_2S。

d. 抵抗力　在不形成芽孢的细菌中，葡萄球菌的抵抗力最强。加热到 $70℃$ 1h、$80℃$ 30min 方被杀死。在干燥的脓汁和血液中能存活数月。在含有 $50\% \sim 60\%$ 的蔗糖或含食盐 15% 以上的食品中可被抑制。在冷冻贮藏环境中不易死亡，因此在冷冻食品中经常可以检出。在 5% 石炭酸、0.1% 升汞水溶液中 $10 \sim 15min$ 死亡。对某些染料比较敏感，如（1：100000）～（1：200000）稀释的龙胆紫溶液能抑制其生长。对磺胺类药物敏感性较低。

e. 抗原　葡萄球菌抗原构造复杂，主要有蛋白质抗原和多糖抗原两种。蛋白质抗原是存在于菌细胞壁的一种表面蛋白，位于菌体表面，与胞壁的黏肽相结合，称为葡萄球菌 A 蛋白（Staphylococcal protein A，SPA），是完全抗原，具属特异性。所有来自人类的菌株均有此抗原，动物源株则少见。多糖抗原存在于细胞壁，为半抗原，具有型特异性。几乎所有金黄色葡萄球菌菌株的表面有荚膜多糖抗原的存在。表皮葡萄球菌仅个别菌株有此抗原。

② 葡萄球菌食源性疾病

a. 流行病学　葡萄球菌属细菌引起的疾病较多，主要有化脓性感染、全身感染和食物中毒等。食物中毒主要是由金黄色葡萄球菌产生的肠毒素引起的，常发生在夏秋季节，这是因为较高的气温有利于毒素的产生。通常是患有化脓性疾病的人接触食品，将葡萄球菌污染到食品上，或是患有葡萄球菌症的畜禽，其产品中含有大量葡萄球菌，这些污染菌在适宜条件下大量繁殖产生毒素，人类摄食含有毒素的食品后发生食物中毒。虽然食品加工者通常是引发食物中毒的食品污染的主要来源，但是设备和环境表面也可以是葡萄球菌的污染源。引起葡萄球菌食物中毒的食物常包括肉类、奶、鱼、家禽和蛋类及其制品；如含有鸡蛋、金枪鱼、鸡肉、马铃薯和通心粉的沙拉；奶和奶制品以及奶制品做的冷饮和奶油糕点等；此外，剩大米饭、米酒等也曾引起过中毒。

b. 致病机理与症状　葡萄球菌的致病力强弱主要取决于其产生的毒素和酶。致病性葡萄球菌菌株产生的毒素和酶主要有溶血毒素、杀白细胞毒素、血浆凝固酶、肠毒素、溶纤维蛋白酶、透明质酸酶、脱氧核糖核酸酶等，这些致病性物质可引起化脓性炎症、毒素性疾病及葡萄球菌性肠炎。

血浆凝固酶（coagulase）和葡萄球菌的毒力有关，该酶是能使含有枸橼酸钠或肝素抗凝剂的人或兔血浆发生凝固的酶类物质。大多数致病菌株能产生此酶，而非致病菌一般不产生，因此，凝固酶常作为鉴别葡萄球菌有无致病性的重要标志。

导致食物中毒的常为金黄色葡萄球菌所产生的肠毒素（enterotoxin），该毒素是引起肠道病变的一种细菌外毒素，为可溶性蛋白质，耐热，经 100℃煮沸 30min 不被破坏，也不受胰蛋白酶的影响。金黄色葡萄球菌在 20℃以上经 8～10h 培养即可产生大量的肠毒素。按抗原性和等电点等的不同，肠毒素分 A、B、C_1、C_2、C_3、D、E 和 F 八个血清型。肠毒素引起食物中毒的机制可能是刺激交感神经、双侧迷走神经在内脏的神经受体，信号传入中枢，刺激呕吐中枢，引起剧烈呕吐；并作用于肠黏膜受体，使肠黏膜细胞中环磷酸腺苷（cAMP）和环磷酸鸟苷（cGMP）浓度升高，从而抑制肠黏膜细胞对钠和水的吸收，促进肠液与氯离子的分泌，因而引起腹泻等急性胃肠炎症状。潜伏期一般为 1～5h，最短为 5min 左右，很少有超过 8h 的。儿童对肠毒素比成人敏感，因此儿童发病率较高，病情也比成人严重。一般病程较短，发病 1～2d 可恢复，预后良好，很少有死亡病例。

c. 预防和控制葡萄球菌的危害

ⓐ 防止金黄色葡萄球菌污染食品　防止带菌人群对各种食物的污染，如定期对生产加工人员进行健康检查，患局部化脓性感染（如疥疮、手指化脓等）、上呼吸道感染（如鼻窦炎、化脓性肺炎、口腔疾病等）的人员要暂时停止其工作或调换岗位。

ⓑ 减少原料带来的污染　肉制品加工厂要将患局部化脓感染的禽、畜尸体除去病变部位，经高温或其他适当方式处理后进行加工生产。乳及乳制品加工厂要防止金黄色葡萄球菌对生奶的污染，不能挤用患有化脓性乳腺炎的奶牛的乳汁；健康奶牛的奶挤出后，要迅速冷却至 10℃以下，抑制细菌繁殖和肠毒素的产生。

ⓒ 防止金黄色葡萄球菌肠毒素的生成　应在低温和通风良好的条件下贮藏食物，以防肠毒素形成；在气温高的春夏季，食物置冷藏或通风阴凉地方也不应超过 6h，并且食用前要彻底加热。

（3）致病性大肠杆菌　1885 年，当时 27 岁的德国儿科医生和细菌学家 Theodor Escherich 从新生儿的粪便中分离鉴定到一种细菌，将其命名为 *Bacterium coli commune*。1911 年此菌被更名为 *Escherichia coli*，以追授荣誉给其发现者，这就是我们今天所知的大肠杆菌（*Escherichia coli*，*E. coli*），也称大肠埃希菌。

大肠杆菌主要寄居于人和动物的肠道内，可随粪便排出体外，在环境卫生不良的情况下，常随粪便散布在周围环境中。若在水和食品中检出此菌，可认为是被粪便污染的指标，从而可能有肠道病原菌的存在。在相当长的一段时间内，该菌一直被当作正常肠道菌群的组成部分，认为是非致病菌。直到 20 世纪中叶，才认识到在一定条件下某些血清型菌株的致病性较强，可引起腹泻、肠炎等疾病，此类菌即称为致病性大肠杆菌。包括肠产毒性大肠杆菌（enterotoxigenic *E. coli*，ETEC）、肠侵袭性大肠杆菌（enteroinvasive *E. coli*，EIEC）、肠致病性大肠杆菌（enteropathogenic *E. coli*，EPEC）、肠黏附性大肠杆菌（Enteroadhesive *E. coli*，EAEC）和肠出血性大肠杆菌（enterohemorrhage *E. coli*，EHEC）。EHEC 又常被指为产志贺毒素大肠杆菌（STEC）或产 Vero 毒素大肠杆菌（VTEC）。

致病性大肠杆菌常见的血清型较多，其中较为重要的是 EHEC O157：H7，这是一个在新闻中最常听到的与食源性疾病暴发有关的致病因子。该血清型属于肠出血性大肠杆菌，能引起出血性或非出血性腹泻、出血性结肠炎（hemorrhagic colitis，HC）和溶血性尿毒综合征（Hemolytic uremic syndrome，HUS）等全身性并发症。自 1982 年暴发的出血性结肠炎

大肠菌群并非细菌学分类命名，而是卫生细菌领域的用语，它不代表某一个或某一属细菌，而指的是具有某些特性的一组与粪便污染有关的细菌，这些细菌在生化及血清学方面并非完全一致，其定义为：需氧及兼性厌氧、在 37℃能分解乳糖产酸产气的革兰阴性无芽孢杆菌。一般认为该菌群细菌可包括大肠杆菌、柠檬酸杆菌、产气克雷伯菌和阴沟肠杆菌等。大肠菌群数（或大肠菌值）常作为饮水和食物的卫生学标准，是食品微生物检验指标之一。

经证实与食用被此血清型大肠杆菌污染的未熟牛肉有关后，致病性大肠杆菌作为当今工业国家一个重要的食源性疾病致病因子而备受关注。引起的食物中毒事件近年来不仅在日本，而且在美国以及欧洲、澳洲、非洲等地也发生过。据美国疾病控制和预防中心估计，每年有 26 万人感染 EAEC，其中大约 36％的感染由 EAEC O157 造成，其余的感染由 EAEC 非 O157 型（non-O157 STEC）造成，包括 O26、O111、O103 和 O145 等血清型。公共卫生专家估计，实际感染人数可能更多。若能预防此菌引起的感染，美国每年将能节省约 700 万美元。

① 生物学特性

a. 形态与染色　大肠杆菌为革兰阴性短杆菌，大小为 $(0.5\sim0.7)\mu m\times(1\sim3)\mu m$，多数菌株有 5～8 根周生鞭毛，能运动，无芽孢。

b. 生长要求与培养特性　本菌为需氧或兼性厌氧菌，对营养的要求不高，在普通培养基良好生长。在普通培养基经培养 18～24h，形成凸起、光滑、湿润、乳白色、边缘整齐、直径 2～3mm 的圆形菌落。在血琼脂培养基上形成的菌落，其形态与普通琼脂上的菌落相似，稍大，部分菌株在菌落周围产生 β 型溶血环。

c. 生化特性　大部分菌株能分解葡萄糖、麦芽糖、乳糖、甘露醇产酸产气，不分解蔗糖，不产生靛基质，甲基红试验、V.P 试验、尿素酶试验及硫化氢试验阴性；IMViC 试验结果为"＋、＋、－、－"。

d. 抵抗力　该菌对热的抵抗力较其他肠道杆菌强，55℃经 60min 或 60℃加热 15min，仍有部分细菌存活。在自然界的水中和土壤中可存活数周至数月，在温度较低的粪便中存活更久。在含氯的水中不能生存。胆盐、煌绿等对大肠杆菌有抑制作用。对磺胺类、链霉素、氯霉素等敏感，但易耐药。

e. 抗原　大肠杆菌的抗原成分复杂，主要有菌体抗原（O）、鞭毛抗原（H）和表面抗原（K），至少有 167 种 O 抗原、53 种 H 抗原和 74 种 K 抗原被证实。大肠杆菌血清型的方式是按 O：K：H 排列，例如，O111：K58(B4)：H2。根据 O 抗原的不同，可将大肠杆菌分为多个血清型，其中有 16 个血清型为致病性大肠杆菌，例如 O157：H7。

② 致病性大肠杆菌引起的食源性疾病

a. 流行病学　大肠杆菌食源性疾病全年均可发病，中毒多发生在 3～9 月。通常传播大肠埃希菌的途径有三个：受污染的水，污染的食物及带菌人员。主要是通过肉类、蛋及蛋制品、水产品、豆制品、蔬菜等食物进入人体。特别是熟肉类和凉拌菜等食物常导致人们的感染与中毒。如饮用生水，进食未熟透被大肠埃希菌污染的食物（特别是未熟牛肉、汉堡扒及烤牛肉），饮用或进食未经消毒的奶类、芝士、蔬菜、果汁及乳酪均可感染大肠杆菌。此外，食品加工和饮食行业工作人员的健康带菌，或食品工业用水遭受污染，也是本菌引起食物中毒不可忽视的原因。

b. 致病机理与症状　大肠杆菌具有侵袭力、内毒素和外毒素多种毒力因子，例如 K 抗原和菌毛，K 抗原具有抗吞噬作用，菌毛能帮助致病性大肠杆菌黏附于宿主肠壁，以免被肠蠕动和肠分泌液清除，两者均能侵犯肠道黏膜引起炎症。大肠杆菌能产多种外毒素，如肠产毒性大肠杆菌在生长繁殖过程中可释放肠毒素，分为耐热肠毒素（heat stable enterotoxin，ST）及不耐热肠毒素（heat labile enterotoxin，LT）。ST 可激活小肠上皮细胞的鸟苷酸环化酶，使胞内 cGMP 增加，在空肠部分改变液体的运转，使肠腔积液而引起腹泻；不耐热肠毒素由 A、B 两个亚单位组成，A 又分成 A1 和 A2，其中 A1 是毒素的活性部分。B 亚单位与小肠黏膜上皮细胞膜表面的 GM1 神经节苷脂受体结合后，A 亚单位穿过细胞膜与腺苷酸环化酶作用，使胞内 ATP 转化 cAMP。当 cAMP 增加后，导致小肠液体过度分泌，超过肠道的吸收能力而出现腹泻。肠产毒性大肠杆菌的有些菌株只产生一种肠毒素，有些则两种均可产生。有些致病大肠杆菌还可产生大量的 Vero（VT）毒素，也称作类志贺毒素（Shiga like toxin type，SLT），其作用与志贺毒素相似，具有神经毒素、细胞毒素和肠毒素性。溶血素在致病性大肠杆菌所致疾病中也发挥有重要作用。例如，感染上大肠杆菌 O157：H7 的患者往往都伴有剧烈的腹痛、高烧和血痢，病情严重者并发溶血性尿毒综合征，危及生命。

大肠杆菌食物中毒的症状可分为毒素型中毒和感染型中毒两种类型，这与大肠杆菌的致病性和毒力密切相关。肠产毒性大肠杆菌可通过产生毒素引起急性胃肠炎的症状，主要为食欲不振、腹泻和呕吐等，一般 2～3d 即愈，属于毒素型中毒。肠侵袭性大肠杆菌和肠致病性大肠杆菌不产生外毒素，通过侵袭、黏附等致病，或是通过菌体死亡后产生的内毒素致病，其症状主要为水样腹泻和腹痛，病程为 7～10d，预后一般良好，属于感染型中毒。

c. 预防与控制危害的措施　控制大肠杆菌污染，关键是做好粪便管理，防止动物粪便污染食品。此外，餐饮业和医疗护理工作人员应严格遵循本行业的手卫生条例，处理食品和检查病人前，一定要做到手卫生。防止致病菌的交叉污染。个人一定要注意饮食卫生，饭菜食用前要充分加热，饭前便后要洗手，避免生食蔬菜尤其不要生吃黄瓜、番茄和通常用来做色拉的生菜等带叶蔬菜，水果要洗净削皮再吃，食物煮熟后应尽快食用，易变质的食物应冷藏存放，食用前应彻底加热。只有这样才能切断大肠埃希菌通过水、食物和密切接触三大传播途径，预防肠出血性大肠埃希菌的感染。

（4）变形杆菌属　变形杆菌属（*Proteus*）属于肠杆菌科，包括普通变形杆菌（*P. vulgaris*）、奇异变形杆菌（*P. mirabilis*）和产黏变形杆菌（*P. myxofaciens*）等。变形杆菌属为革兰阴性杆菌，无芽孢，无荚膜，有周生鞭毛，运动性强。为需氧或兼性厌氧菌，对营养要求不高，在普通培养基上生长良好。变形杆菌在固体普通营养琼脂培养基上呈扩散生长，以间距性环形运动而形成不同层次的同心环，使琼脂表面形成一层波形薄膜，称为迁徙现象（migration phenomena），这是本菌生长的重要特征（如图 9-3 所

有趣的 "Dienes" 现象：在两个菌株的集群之间还有明显的界限者，称为 "Dienes" 现象，表明两个菌株不同；若集群彼此融合，不留界限者称为 "Dienes" 现象阴性，表明两个菌株相同。"Dienes" 现象可用于流行病学调查追溯传染源，但阳性者可靠，阴性者不可靠。因为不同生化型、噬菌体型的菌株可互相渗透、融合，追溯传染源应结合其他检查。

图 9-3　变形杆菌菌落的迁徙现象及 "Dienes" 现象
资料来源：http://www.CLSI.Com.Cn/Forum

示）。变形杆菌不分解乳糖，能分解葡萄糖产酸产气。苯丙氨酸脱氨酶试验为阳性，能迅速分解尿素。抵抗力中等，与沙门菌类似，对巴氏灭菌及常用消毒药敏感，对一般抗生素不敏感。

变形杆菌食物中毒是我国较常见的食物中毒之一，奇异变形杆菌是引起细菌性食源性疾病的常见致病菌。全年均可发生，夏秋季节常见。食品中的变形杆菌主要来自外界污染，中毒食品以动物性食品为主，其次是豆制品、剩饭菜和凉菜等。大量的变形杆菌进入人体后，在体内大量繁殖，并产生肠毒素，从而引起人类上腹部刀绞样痛和急性腹泻，伴有恶心、呕吐、头痛、发热，严重者发生脱水。潜伏期为 3～20h，病程较短，一般 1～3d 可恢复，很少有死亡。预防变形杆菌食物中毒的工作重点在于加强食品卫生管理，注意饮食卫生，防止污染、控制繁殖和食品食用前彻底加热。

（5）副溶血性弧菌　副溶血性弧菌（*Vibrio parahaemolyticus*）是弧菌属的一种嗜盐杆菌，是主要存在于海水和海产品中的海洋性细菌。本菌为革兰阴性弯曲的球杆菌，或成弧菌，两端有染色现象。大小为 0.7～1.0μm，有的菌丝体可长达 15μm。需氧性很强，对营养的要求不高，但在无盐的环境中不能生长，在 3%～3.5% 盐水中繁殖迅速，每 8～9min 为一周期；本菌对酸较敏感，pH 值为 7.4～8.5，当 pH 值在 6 以下即不能生长，在普通食醋中 1～3min 即死亡。对高温抵抗力小，最适培养温度为 37℃，56℃时 5～10min 即可死亡。本菌对常用消毒剂抵抗力很弱，可被低浓度的酚和煤酚皂溶液杀灭。副溶血性弧菌能分解发酵葡萄糖、麦芽糖、甘露醇、淀粉和阿拉伯胶糖，产酸不产气。不能发酵乳糖、蔗糖、纤维二糖、木糖、卫矛醇、肌醇、水杨苷。该菌不是所有菌株都能致病，通常只有产生耐热直接毒素（thermostable direct toxins，TDH）和直接溶血毒素（direct hemolytic toxins，TRH）的菌株具有致病性。TDH 和 TRH 具有溶血活性、细胞毒、心脏毒、肝脏毒和致腹泻作用等。TDH 可在 Wagatsuma 琼脂平板上产生一种特殊的溶血现象，即"神奈川现象"（kanagawa phenomenon）。

副溶血性弧菌是沿海地区食物中毒暴发的主要病原菌，如自 20 世纪 60 年代以来，该菌就一直是日本的一种重要的食源性致病菌，1997 年到 2001 年具有传染性的血清型 O3:K6 副溶血弧菌曾导致了大规模的疫情；在美国每年约有 4500 例弧菌感染发生，2010 年的弧菌病发病率较 1996 年提高了 11.5%；

> 据《食品微生物国际期刊》2012 年刊登的一项最新研究显示，近日日本科学家对副溶血性弧菌感染和海鲜污染的关系进行了研究。本次研究对样品进行了致病菌总数、耐热性溶血素（TDH）阳性基因副溶血弧菌的定性和定量分析。研究表明，海鲜污染与副溶血弧菌数量急剧下降无关，副溶血弧菌感染可于海鲜配送之后被控制。

而我国人民近年来在饮食方面崇尚自然和简单，生食海产品日趋成为消费时尚行为，使该菌引起的食源性疾病发病率也略有上升。副溶血弧菌食源性疾病主要发生在夏秋季，尤其是 7～9 月，多因进食含有该菌的海产品，如墨鱼、海鱼、海虾、海蟹、海蜇等引起；另外，含盐分较高的腌制食品，如咸菜、腌肉等也曾引起中毒。当摄入副溶血弧菌后，会引起腹泻、腹部绞痛、恶心、呕吐、发烧和发冷等急性肠胃炎症状。通常这些症状出现在摄入的 24h 内。该疾病一般是自限性的，持续时间约 3 天，严重的疾病较为罕见。

（6）李斯特菌　李斯特菌（*Listeria，Listeriosis*）感染是工业化国家一个重要的公共健康问题。国际上公认的李斯特菌共有七个菌株：单核细胞增生李斯特菌（单增李斯特菌，*L. monocytogenes*）、绵羊李斯特菌（*L. iuanuii*）、英诺克李斯特菌（*L. innocua*）、威尔斯李斯特菌（*L. innocua*）、西尔李斯特菌（*L. seeligeri*）、格氏李斯特菌（*L. grayi*）和默氏李斯特菌（*L. murrayi*）。其中单增李斯特菌是唯一能引起人类疾病的。

李斯特菌广泛存在于自然界中，在绝大多数食品中都能找到，肉类、蛋类、禽类、海产品、乳制品、蔬菜等都已被证实是该菌的感染源。而且它在 2℃ 的环境中仍可生长繁殖，是冷藏食品威胁人类健康的主要病原菌之一。主要通过食人软奶酪、未充分加热的鸡肉、未再次加热的热狗、鲜牛奶、巴氏消毒奶、冰激凌、生牛排、羊排、卷心菜色拉、芹菜、番茄、法式馅饼和冻猪舌等而感染，约占 85%～90% 的病例是由被污染的食品引起的。李

> **新型食品添加剂——噬菌体**
>
> 澳新食品标准局（FSANZ）表示，EBI 食品安全公司已就批准噬菌体制剂 P100 作为加工助剂用于减少即食食品中的李斯特菌发出安全性评估申请。噬菌体是地球上数量最多的物种，它们可以感染病菌，并在病菌体内增殖，最终导致病菌死亡。然而噬菌体仅对特定的菌株类型有效，因此 P100 也只能对李斯特菌发挥作用。它们对于动植物以及人类无害，也不会影响食品的品质，噬菌体最终会降解为氨基酸等天然化合物。使用噬菌体作为加工助剂已在美国、加拿大、荷兰获得批准。

斯特菌比常见的沙门菌和某些大肠杆菌更为致命，中毒严重的可引起血液和脑组织感染。美国疾控中心 2011 年 9 月 28 日称，美国已有 18 个州 72 人因食用受李斯特菌污染的甜瓜而染病。美国《侨报》报道，李斯特菌已致全美 16 人死亡。这是美国自 1998 年以来致死人数最多的一次食源性疾病疫情。目前很多国家都已经采取措施来控制食品中的李斯特菌，并制定了相应的标准。

（7）肉毒梭状杆菌 肉毒梭状芽孢杆菌（*Clostridium botulinum*）是一种革兰阳性杆菌，无荚膜，有鞭毛，能运动。产生的芽孢呈卵圆形，位于菌体近端而成为球拍状。严格厌氧，在罐头食品及密封腌渍食物中具有极强的生存能力，在胃肠道内既能分解葡萄糖、麦芽糖及果糖，产酸产气，又能消化分解肉渣，使之变黑，腐败恶臭。繁殖型菌体抵抗力一般，但产生的芽孢抵抗力很强，可耐煮沸 1～6h，高压蒸汽灭菌 121℃ 需 30min 才被杀灭，干热 180℃ 需 5～15min。10% 盐酸需 60min 才能破坏芽孢。在酒精中可存活 2 个月。

肉毒梭状芽孢杆菌在生长繁殖过程中能分泌一种强烈的外毒素——肉毒神经毒

> **爱恨交织的"香肠中毒"**
>
> 1817 年至 1822 年间，德国医生、诗人 Justinus Kerner 首次公布了完整描述食源性肉毒中毒临床症状的资料，据观察，该疾病是摄入变质的香肠后才出现的，故被称为"香肠中毒"。Kerner 推断，毒素通过干扰末梢和交感神经系统内的信号传输来发挥作用，同时不会对感官传输产生影响，他还假设香肠毒素将来具有的潜在治疗用途。一百多年后，医学学家和美容学家印证了 Kerner 的假设。医学界利用肉毒杆菌毒素能使肌肉暂时麻痹的作用，将其用于治疗面部痉挛和其他肌肉运动紊乱症，用它来麻痹肌肉神经，以此达到停止肌肉痉挛的目的。在治疗过程中，医生们发现它在消除皱纹方面有着异乎寻常的功能，其效果远远超过其他任何一种化妆品或整容术。因此，利用肉毒杆菌毒素消除皱纹的整容手术应运而生，并因疗效显著而在很短的时间内就风靡全世界。

素（botulinum neurotoxin，Bo NT），是目前已知的化学毒物和生物毒物中毒性最强的毒素之一，可引起人类肉毒中毒（Botulism）。该毒素能引起特殊的神经中毒症状，致残率、病死率极高。肉毒毒素对酸的抵抗力特别强，胃酸溶液 24h 内不能将其破坏，故可被胃肠道吸收，损害身心健康。我国自 1958 年报道首例肉毒中毒以来，肉毒中毒病死率居全国各疾病前列。因此，肉毒杆菌也常被看作是一种致命病菌。根据所产生毒素的抗原性不同，肉毒杆菌分为 A、B、C_α、C_β、D、E、F、G 这 8 个型，能引起人类疾病的有 A、B、E、F 型，其中以 A、B 型最为常见。

肉毒中毒是一种发生不多但后果极为严重的疾病，可以通过多种形式导致疾病发生，如

婴儿肉毒中毒是因为摄食了含有肉毒梭状杆菌的芽孢，然后其在肠道生长繁殖增长并释放毒素。成人肠毒血症肉毒中毒的发生原因与婴儿肉毒中毒几乎相同，通常是由于摄食了含有肉毒梭菌芽孢杆菌或肉毒毒素的食品而导致的。常见的易发食物有发酵豆制品、面粉制品及火腿、鱼制品罐头等食品。此外，医源性肉毒毒素中毒的事件也有过报道。总之，所有形式的肉毒梭状杆菌都可能是致命的，中毒事件都被视为医疗紧急情况和公共卫生突发事件。

（8）弯曲菌属　弯曲菌属（*Campylobacter*）在美国是一种引起腹泻疾病最常见的因子。在大多数情况下只发生孤立的、零星的事件，而不是公认的暴发。通过美国的监测网主动监测表明，每年每 10 万人口中有 13 人确诊，许多案例没有确诊或没有报告，估计每年有超过240 万人或 0.8% 的人口受到弯曲菌属的感染。弯曲菌属在夏季比冬季更经常出现。弯曲菌属导致死亡的案例较少，死亡只是偶见于极少数体质虚弱者和老年患者。

空肠弯曲菌（*Campylobacter jejuni*）为弯曲菌属中的一个种，广泛存在于家禽、鸟类（插入）、狗、猫、牛、羊等动物体中，是引起散发性细菌性肠炎最常见的菌种之一。在感染组织中成弧形、撇形或 S 形，常见两菌连接为海鸥展翅状，偶尔为较长的螺旋状。在培养物中，幼龄菌较短，大小 $(0.2 \sim 0.5)\mu m \times (1.5 \sim 2.0)\mu m$；老龄菌较长，一般可达 $8\mu m$，有的其长度可超过整个视野。不形成芽孢或荚膜，但某些菌株特别是直接采自动物体病灶的细菌，具有菌膜。这种细菌其实是脆弱的，它不能忍受干燥，为微需氧菌，可被过量的氧气杀死，只生长在氧气含量低于空气的环境中，而绝对无氧环境中也不能生长。生长温度范围37～43℃，但以 42～43℃生长最好，25℃不生长。冻结可使生肉中弯曲菌的数量减少。在固体培养基上经过 48h 孵育后出现两种菌落，一种为透明或半透明、扁平、光滑、有光泽、边缘整齐的菌落，在湿润的培养基上多见；另一种为灰白色、圆形、边缘整齐、光滑、隆起、有光泽、水滴状菌落。在液体培养基上呈浑浊生长，底层可见沉淀。

空肠弯曲菌引起的急性肠道传染病称为空肠弯曲菌肠炎（*Campylobacter jejuni enteritis*），可引起人类的腹泻和血性腹泻。其致病机制尚未完全清楚，可能与其侵袭力、内毒素及外毒素有关。此菌可通过被污染的饮食、牛奶、水源等经口进入人体，尤其是鸡肉及其内脏和未经巴氏消毒的牛奶。由于此菌对胃酸敏感，通常食入 $10^2 \sim 10^6$ 个以上细菌才有可能致病；也可以通过与动物直接接触被感染。由于动物是空肠弯曲病最重要的传染源，因此，防止动物排泄物污染水和食物至关重要。

（9）小肠结肠炎耶尔森菌　耶尔森菌属（*Yersinia*）属于肠杆菌科，这是一类革兰阴性小杆菌，有荚膜，无鞭毛，无芽孢。兼性厌氧，最适生长温度为 27～30℃，最适 pH 为6.9～7.2。包括鼠疫耶氏菌、小肠结肠炎耶氏菌与假结核耶氏菌等十余个菌种。

耶尔森菌病是耶尔森菌属细菌所造成的一种传染性疾病。引起人类食物中毒的主要病原菌是小肠结肠炎耶氏菌与假结核耶氏菌。假结核耶氏菌以啮齿动物和鸟类为其宿主，人接触感染动物或食用污染食物可以感染，常见感染有肠炎、肠系膜淋巴腺炎及败血症等。大多数人的疾病由小肠结肠炎耶尔森菌（*Yersinia enterocolitica*）所造成。此菌是在国际上引起广泛重视的人畜共患疾病的病原菌之一，也是一种非常重要的食源性致病菌，曾多次引起北欧及美国食物中毒暴发。小肠结肠炎耶尔森菌为短小、卵圆形或杆状的革兰阴性杆菌，单在、短链或成堆排列，22～25℃幼龄培养物主要呈球形，无芽孢，无荚膜。30℃以下培育有鞭毛，37℃则无鞭毛。本菌为需氧和兼性厌氧菌，生长温度范围为 0～45℃，最适生长温度25～30℃。对营养要求不高，在普通培养基上均能生长，但生长缓慢，对胆盐、煌绿、结晶紫、孔雀绿及氯化钠均有一定耐受性，所以常见的肠道选择培养基上均能生长。小肠结肠炎耶尔森菌在自然界存在广泛，常存在于牛、羊、马、猪、犬、鸡、鸭、虾、蟹的肠道中，猪为主要带菌者。人往往由于食用污染的食物或饮用污染的水而感染，人感染后为多器官受损，临床以胃肠炎居多，且多见于学龄前儿童。成年人及儿童则多为回肠炎、阑尾炎及肠系膜淋巴结炎，且多以急腹症出现。此外，本菌可致关节炎、中枢神经系统感染以及败血症等。

（10）霍乱弧菌　霍乱是一种古老且流行广泛的烈性传染病之一。曾在世界上引起多次大流行，主要集中在 19 世纪，波及世界各国。主要表现为剧烈的呕吐、腹泻、失水，死亡率甚高。属于国际检疫传染病。霍乱弧菌（*Vibrio cholerae*）共分为 139 个血清群，其中 O1 群和 O139 群可引起霍乱。该菌为革兰阴性菌，菌体弯曲呈弧状或逗点状，菌体一端有单根鞭毛和菌毛，无荚膜与芽孢。营养要求不高，在 pH 8.8～9.0 的碱性蛋白胨水或平板中生长良好。能还原硝酸盐为亚硝酸盐，靛基质反应阳性，当培养在含硝酸盐及色氨酸的培养基中，产生靛基质与亚硝酸盐，在浓硫酸存在时，生成红色，称为霍乱红反应（cholera red reaction）。霍乱弧菌对

> **潜伏的"真凶"**
>
> 1854 年，伦敦霍乱流行。当时许多医生相信霍乱和天花是由"瘴气"或从污水及其他不卫生的东西中产生的有害物所引起的。而当时的英国麻醉学家、流行学家 John Snow 通过调查证明，霍乱是通过被污染的水传播。他提供了一份流行病学文件，证明了霍乱的流行来源于百老大街（Broad Street）的水泵，提出霍乱病原存在于肠道，随粪便排出污染饮水，人喝了被污染的水而被感染发病，并推荐几种实用的预防措施，如清洗肮脏的衣被、洗手和将水烧开饮用等，效果良好。约翰·斯诺对 1854 年伦敦西部西敏市苏活区霍乱暴发的研究被认为是流行病学研究的先驱。直到 30 年后，引起霍乱的"真凶"——霍乱弧菌才从粪便中被分离出来，为人们所认识。

热、干燥、日光、化学消毒剂和酸均很敏感，用 0.1% 高锰酸钾浸泡蔬菜、水果也可达到消毒目的，在正常胃酸中仅生存 4min。耐低温，耐碱。湿热 55℃经 15min、100℃经 1～2min 可被杀死。

人类在自然情况下是霍乱弧菌的唯一易感者，主要是通过污染的水源或未煮熟的食物如海产品、蔬菜经口摄入。居住拥挤，卫生状况差，特别是公用水源是造成暴发流行的重要因素。人与人之间的直接传播不常见。在一定条件下，霍乱弧菌进入小肠后，依靠鞭毛的运动，穿过黏膜表面的黏液层，其菌毛作用黏附于肠壁上皮细胞上，在肠黏膜表面迅速繁殖，经过短暂的潜伏期后便急骤发病。该菌不侵入肠上皮细胞和肠腺，也不侵入血流，仅在局部繁殖和产生外毒素——霍乱肠毒素。霍乱肠毒素本质是蛋白质，不耐热，56℃经 30min 即可破坏其活性。对蛋白酶敏感而对胰蛋白酶抵抗。此毒素作用于黏膜上皮细胞与肠腺使肠液过度分泌，从而患者出现上吐下泻，泻出物呈"米泔水样"并含大量弧菌，是本病典型的特征之一。

9.1.2　食源性致病真菌及毒素

真菌广泛分布于自然界，种类多，数量庞大，与人类关系十分密切。真菌包括多种异养生物，属于真菌学的研究领域。大多数真菌为多细胞，如霉菌和蘑菇；少数为单细胞，如酵母和少量的霉菌。真菌及其代谢产物与人们的生活息息相关，人们常利用其发酵性能、菌体蛋白、酶类等造福于人类，如抗生素药物的生产，酒、酱油、醋的酿造，广泛用于食品、医药工业的果胶酶、蛋白酶、纤维素酶及人们所食用的木耳、蘑菇等食用菌。但另一方面，一些真菌在其生长发育过程中，可破坏食物结构，造成食物营养损耗，形成有毒有害产物，常

引起人类的急慢性食物中毒，甚至导致恶性肿瘤。本节将介绍几种常见的食源性致病真菌及其有毒代谢产物。

9.1.2.1　曲霉属

曲霉属（Aspergillus），丛梗孢目（Moniliales）丛梗孢科中的一属，产毒曲霉菌主要包括黄曲霉、寄生曲霉、杂色曲霉、构巢曲霉和棕曲霉。这些霉菌常见的有毒代谢产物为黄曲霉毒素、杂色曲霉毒素和棕曲霉毒素。

（1）黄曲霉、寄生曲霉与黄曲霉毒素　黄曲霉（Aspergillus flavus）在自然界分布十分广泛，是一种常见腐生真菌。多见于发霉的粮食、粮食制品及其他霉腐的有机物上。菌落生长较快，初为淡黄色，后变为黄绿色，老熟后呈褐绿色。分生孢子头疏松，放射形，后变为疏松柱形。分生孢子梗极粗糙，有些菌丝产生带褐色的菌核。菌体由许多复杂的分枝菌丝构成。营养菌丝具有分隔；气生菌丝的一部分形成长而粗糙的分生孢子梗，顶端产生烧瓶形或近球形顶囊，表面产生许多小梗（一般为双层），小梗上着生成串的表面粗糙的球形分生孢子。分生孢子梗、顶囊、小梗和分生孢子合成孢子头，可用于产生淀粉酶、蛋白酶和磷酸二酯酶等，也是酿造工业中的常见菌种。其中有 30%～60% 的菌株能够产生毒素，这些菌株主要在花生、玉米等谷物上生长。其生长繁殖和产毒的适宜温度为 25～30℃，湿度为80%～90%。

寄生曲霉（Aspergillus parasiticus），其分生孢子梗单生，不分枝，末端扩展成具有1～2 列小梗的顶囊，小梗上有成串的 3.6～6μm 球形分生孢子。分生孢子梗长 300～700μm，延伸向头状物方向，扩宽到 10～14μm。顶囊直径 16～25μm。显微镜观察分生孢子梗光滑或粗糙。本菌在察氏培养基上生长缓慢，于 24～26℃培养 8～10 天菌落直径 2.4～4.0cm，呈浅黄绿色、短羊毛状。一般扁平或稍具有放射沟状。

黄曲霉毒素（aflatoxins，AFT）是由黄曲霉、寄生曲霉和少数集峰曲霉产生的一类化学结构类似、致毒基团相同的代谢产物，均为二氢呋喃香豆素的衍生物。在我国，黄曲霉毒素的产毒菌种主要为黄曲霉。1993 年黄曲霉毒素被世界卫生组织（WHO）的癌症研究机构划定为 1 类致癌物，是一种毒性极强的剧毒物质，其毒性为氰化钾的 10 倍、砒霜的 68 倍，远远高于砷化物和有机农药的毒性，仅次于肉毒霉素，是目前已知霉菌中毒性最强的；其致癌力也居首位，其致癌能力是二甲基硝胺的 70 倍，是目前已知最强致癌物之一。

黄曲霉毒素目前已分离鉴定出十多种，主要是黄曲霉毒素 B_1、黄曲霉毒素 B_2、黄曲霉毒素 G_1、黄曲霉毒素 G_2、黄曲霉毒素 M_1 和黄曲霉毒素 M_2 等，其中黄曲霉毒素 M_1、黄曲霉毒素 M_2 主要存在于牛奶中，黄曲霉毒素 B_1 为毒性及致癌性最强的物质，在天然污染的食品中也以黄曲霉毒素 B_1 最为多见。一般烹调加工温度不能将黄曲霉毒素破坏，其裂解温度为 280℃。在水中溶解度较低，溶于油及一些有机溶剂，如氯仿和甲醇中，但不溶于乙醚、石油醚及乙烷。

黄曲霉毒素以污染农产品为主，是迄今发现的污染农产品毒性最强的一类生物毒素，其污染范围广泛，常见于动植物食品、坚果及各种粮油产品，如玉米、花生、大米、小麦、燕麦、大麦、棉籽和豆类，以花生和玉米污染最为严重，小麦、面粉污染较轻，豆类很少受到污染。污染普遍发生于世界范围，但在热带和亚热带地区，食品和饲料中黄曲霉毒素的检出率比较高。

黄曲霉毒素的致病性分为毒性和致癌性，对人体危害严重，对肝脏剧毒，并有致畸、致突变和致癌作用。这与黄曲霉毒素抑制蛋白质合成有关，黄曲霉毒素分子中的双呋喃环结构，是产生毒素的重要结构。研究表明，黄曲霉毒素的细胞毒作用是干扰信息 RNA 和 DNA 的合成，进而干扰细胞蛋白质的合成，影响细胞代谢，导致动物全身性伤害，特别是对人及动物肝脏组织有破坏作用，严重时可导致肝癌甚至死亡。当人摄入量大时，可发生急性中毒，出现急性肝炎、出血性坏死、肝细胞脂肪变性和胆管增生。当微量持续摄入，可造成慢性中毒，生长障碍，引起纤维性病变，致使纤维组织增生。

预防黄曲霉毒素危害人类的主要措施在于防止毒素对食品的污染，并尽量减少人类随同食品摄入黄曲霉毒素的可能性。为此，根本问题就是加强对食品的防霉去毒。

安全水分：食品水分含量和环境温湿度影响霉菌生长与产毒的主要条件，首先要控制霉菌生长繁殖所需的温度、湿度及氧气等条件，避免霉菌的侵染。这里最有意义的方法是控制粮食的含水量，粮食收获后应迅速降低水分，如晒干、烘干，并贮存在干燥低温处。一般粮粒含水量在 13% 以下，玉米在 12.5% 以下，花生在 8% 以下，霉菌即不易繁殖，故称之为安全水分。

（2）杂色曲霉、构巢曲霉与杂色曲霉毒素　杂色曲霉（*Aspergillus versicolor*）属于杂色曲霉群，形状如图 9-4 所示。分生孢子呈粗糙半球形、放射状，直径 100～125μm，有不同颜色，但一般为绿色或蓝绿色。分生孢子梗无色或略带黄色。顶囊半椭圆形至半球形。无菌核，有些菌株可产生球形壳细胞。广泛分布于自然界，如空气、土壤、腐败的植物体和贮存的粮食如玉米、小麦、花生和面粉等中。

构巢曲霉（*Aspergillus nidulans*）属于构巢曲霉群，形状如图 9-5 所示。具有长柱形分生孢子，类似粉笔或卷烟状。分生孢子梗和分生孢子类似杂色曲霉，但分生孢子柄和泡囊为棕色，有性阶段的闭囊壳被泡状细胞包围，外围再绕亮红的子囊孢子。构巢曲霉菌落生长较快，在察氏培养基上，27℃培养 14 天直径达 5～6cm，菌落开始为光滑绒毛状，绿色，平铺，菌落渐变暗绿色，边缘有绒毛状菌丝。常污染大米，米粒的一部分或全部呈橙红色至赭色，叫做"茶米"。

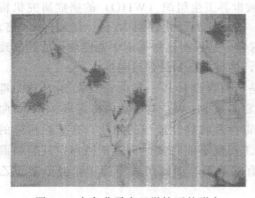 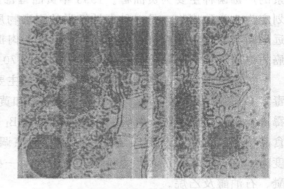

图 9-4　杂色曲霉在显微镜下的形态　　　　图 9-5　构巢曲霉纯培养物显微镜下的形态

杂色曲霉毒素（sterigmatocystin，ST）是 1954 年日本人 Tirabosehi 从杂色曲霉菌丝中首次分离到的。该毒素主要是由曲霉属杂色曲霉和构巢曲霉菌产生的一组化学结构近似的有毒化合物，目前已确定结构的有十多种。纯品为淡黄色针状结晶，分子式为 $C_{18}H_{12}O_6$，耐高温，在 246℃才分解。不溶于水，微溶于多数有机溶剂，易溶于氯仿、乙腈、吡啶和二甲亚砜。

ST 在自然界广泛存在，结构与 AFTB1 相似，且可以转换为 AFTB1。因此，该毒素在刚发现时并未受到重视，直到 AFT 的强烈毒性和致癌性发现后，其对人及动物的急性、慢性毒性和致癌性才备受世界各国高度关注。ST 常见的污染食品为多种粮食作物、饼粕、饲草、麦秸和稻草等，如大麦、小麦、玉米、豆饼、花生饼等。可通过污染的食品使人发生中毒，杂色曲霉毒素毒性较大，主要影响肝、肾等脏器，有强致癌作用。有学者认为它是非洲某些地区肝癌的主要致癌因子。

9.1.2.2 青霉属

青霉属（*Penicillium*）种类多，分布广，其中许多菌株能引起食品霉烂，也有不少菌株能产生强烈的毒素。青霉属产毒霉菌，主要包括黄绿青霉、橘青霉、圆弧青霉、展开青霉、纯绿青霉、红青霉、产紫青霉、冰岛青霉和皱褶青霉等。这些霉菌的代谢产物为黄绿青霉素、橘青霉素、圆弧偶氮酸、展青霉素、红青霉素、黄天精、环绿素和褶皱青霉素，它们所产生的毒性作用各异。

（1）黄绿青霉　黄绿青霉（*Penicillium citreo-viride*），又名毒青霉（*P. toxicarum*），最初是由"黄变米"中分离出来的，当稻米的水分含量在 14.6% 时，最适宜黄绿青霉生长繁殖，并使米霉变发黄。本菌分生孢子梗紧贴于基质表面的菌丝生长，壁光滑，一般为 (50～100)μm×(1.6～2.2)μm。小梗密集成簇，有 8～10 个。分生孢子呈球形，直径 2.2～2.8μm，壁薄，光滑或近于光滑。

黄绿青霉的代谢产物黄绿青霉素（citreoviridin）是深黄色针状结晶，具有神经毒、肝毒性和血液毒，是一种很强烈的神经毒素，其神经毒具有嗜中枢性，主要损害神经系统，使中枢神经麻痹；其慢性毒性主要表现于肝细胞萎缩和多形性，引起动物的肝肿瘤和贫血。

（2）橘青霉　橘青霉（*Penicillium citrinum*）属于不对称青霉群，绒状青霉亚群，橘青霉系。其在自然界分布广泛，是污染粮食常见的霉菌之一。本菌分生孢子梗大部分自基质上产生，也有自菌落中央气生菌丝上生出的。一般为 (50～200)μm×(2.2～3.0)μm，壁光滑，一般不分枝。分生孢子呈球形或近似球形，直径一般为 2.2～3.2μm，壁光滑或近似光滑，产生分生孢子链。

橘青霉毒素（citrinin, CIT）是由橘青霉菌、展青霉菌、灰绿青霉菌和疣孢青霉菌等霉菌产生的一种次生代谢产物，其中，橘青霉菌是最常见的产生菌。近几年的研究表明，红曲霉发酵后期阶段也能产生该毒素。玉米、小麦、大麦、燕麦及马铃薯都有被橘青霉毒素污染的记载。当稻谷的水分含量大于 14%～15% 时，就可能滋生橘青霉，其黄色的代谢产物橘青霉毒素渗入大米胚乳中，引起黄色病变，形成有毒的"黄变米"。

橘青霉毒素具有很强的肾脏毒，主要引起肾脏功能和形态学改变。包括肾脏肿大，肾重增加，肾小管上皮细胞增生变性脱落，并可堵塞肾小管管腔，导致肾小管扩张、变性和坏死，此外还具有致癌、致畸和致突变作用。因此，橘青霉素虽是一种能杀灭革兰阳性菌的抗生素，因其毒性太强，未能用于治疗。

（3）圆弧青霉　圆弧青霉（*Penicillium cyclopium*）是许多地区粮食上常见的一种污染霉菌。属于不对称青霉组，束状青霉亚组，圆弧青霉系。菌落生长较快，经 12～14 天培养后直径可达 4.5～5cm，略带放射状皱纹，老后或显现环纹，暗蓝绿色，在生长期有宽 1～2mm 的白色边缘，质地绒状或粉粒状，但在较幼区域为显著束状，渗出液无或较多，色淡。反面无色或初期带黄色，继而变为橙褐色。

圆弧青霉可产生多种有毒代谢产物，如圆弧青霉毒素（cyclopenin）、圆弧菌醇（cyclopenol）、圆弧青霉偶氮酸（cyclopiazonic acid）、青霉酸（Penicillic acid）和圆弧青霉肽

（Penicillium cyclopium peptide）等。这些毒性物质具有对肝、肾、肠道、脾的毒性作用。

9.1.2.3 镰刀菌属

镰刀菌属（Fusarium）又称镰孢霉属，在分类学上，镰刀菌属无性时期原属于半知菌亚门，瘤座菌目。有性时期为子囊菌亚门，有性态常为赤霉属（Gibberella）。镰刀菌属霉菌菌丝有隔，分枝。分生孢子梗分枝或不分枝。分生孢子有两种形态，小型分生孢子卵圆形至柱形，有 1～2 个隔膜；大型分生孢子镰刀形或长柱形，有较多的横隔。

镰刀菌能产生植物刺激素，可使农作物增产；有些种可产生纤维酶、脂肪酶、果胶酶等；镰刀菌也能侵染多种经济作物，引起水稻、小麦、玉米、蚕豆、蔬菜等的赤霉病，棉花的枯萎病，香蕉枯萎病等；还有些种可产生毒素，污染粮食、蔬菜和饲料，人畜误食会中毒。镰刀菌属的产毒霉菌主要包括禾谷镰刀菌、串珠镰刀菌、雪腐镰刀菌、三线镰刀菌、梨孢镰刀菌和尖孢镰刀菌等。这些霉菌的代谢产物为单端孢霉烯族化合物、玉米赤霉烯酮和丁烯酸内酯等。

（1）禾谷镰刀菌　禾谷镰刀菌（Fusarium graminearum Schw.）属于变色组中唯一的一个产毒种。菌丝分枝，有隔、透明、玫瑰色，直径 1.5～5μm。大型分生孢子近镰刀形、纺锤形、披针形，稍弯，两端稍窄细，顶端细胞末端稍尖或略钝，脚胞有或无，大多数 3～5 隔，极少数 1～2 隔或 6～9 隔。

本菌主要寄生在禾本科植物上，一般侵染大米、麦类、玉米，并产生玉米赤霉烯酮、T-2 毒素、雪腐镰刀菌烯醇和镰刀菌烯酮-X 等有毒物质。禾谷镰刀菌是赤霉病麦的主要病原菌，主要引起小麦、大麦和元麦的赤霉病。禾谷镰刀菌在粮食中生长产毒，从而引起人、动物的中毒。

（2）梨孢镰刀菌　梨孢镰刀菌（Fusarium poae）属于枝孢镰刀菌组。分生孢子梗呈树枝状分枝，在其端部密枝多生，上面着生大分生孢子。大分生孢子甚少，为镰刀形、纺锤-椭圆形、新月形、窄瓜子形，稍弯曲或稍直，通常有 1～3 个隔、光滑、透明，生于气生菌丝中，无分生孢子梗座。

在燕麦、甜瓜、小麦和玉米上分布，亦可从少数饲料中检出。可产生梨孢镰刀毒素、T-2 毒素、新茄病镰刀菌烯酮、乙酰 T-2 毒素、单端孢霉烯族化合物等有毒物质。如梨孢镰刀菌素引起食物中毒、动物饲料中毒症，消化道如食管、胃的恶性肿瘤，所产生的单端孢霉烯族化合物还可引起食物性白细胞缺乏症。

9.1.2.4 麦角菌属

麦角菌属（Claviceps）属于子囊菌纲、麦角菌科。它是一种植物病原菌，一般寄生在黑麦、大麦、小麦、杂草及其他禾谷牧草的子房内，将子房变为菌核，形如麦种，比麦粒大一些，故称为麦角（Frgot）。麦角中含有多种生物碱，一般分为麦角胺（ergotamine）、麦角新碱（ergometrine）和麦角毒（ergotoxine）三类。

人若误食了有麦角的面粉制成的面制品，会发生呕吐、腹痛、腹泻以及头晕、头痛、耳鸣、乏力的急性中毒症状，重症者知觉异常、抽搐、四肢坏疽、流产等，亦可发生死亡。慢性中毒有不同症状，如家畜误食后可呈现耳尖、尾部、乳房及四肢末端的皮肤性坏疽。

9.1.2.5 毒蕈

蕈菌，为担子菌亚门层菌纲伞菌目真菌，俗称蘑菇。蕈菌在自然界分布很广，种类繁多，现已知约有三千多种。其中毒蕈有几百种，其大小、形态、颜色、花纹千变万化，容易误食中毒。有些毒蕈含有多种类型的剧毒毒素，即使是微量吸入也很危险。其毒素主要损害肝脏、肾脏、心脏和大脑，比其他食物中毒来势凶猛，甚至可导致死亡。

　　毒蘑菇中毒的类型有不同的划分方法，常按其引起的中毒症状分为胃肠类型、神经精神型、溶血型、肝脏损害型、呼吸与循环衰竭型和光过敏性皮炎型等 6 个类型。胃肠炎型是最常见的中毒类型，其中毒潜伏期较短，一般多在食后 10min～6h 发病。主要表现为急性恶心、呕吐、腹痛、水样腹泻，或伴有头昏、头痛、全身乏力。引起神经精神型中毒的毒素有多种，有些毒素可引起类似吸毒的致幻作用。从中毒症状可以分为神经兴奋、神经抑制、精神错乱，以及各种幻觉反应。肝脏损害型是引起毒蘑菇中毒死亡的主要类型，其产生的毒伞肽可直接作用于肝脏细胞核，使细胞迅速坏死，是导致中毒者死亡的重要原因。导致光过敏性皮炎型中毒的毒素为光过敏物质卟啉（porphyrins）类，当毒素经过消化道被吸收，进入体内后可使人体细胞对日光敏感性增高，凡日光照射部位均出现皮炎，如红肿、火烤样发烧及针刺般疼痛。

9.1.3　食源性病毒

　　病毒是极其微小的生物，以病毒颗粒的形式存在，直径为 1～300nm，食源性病毒是指以食物为载体，导致人类发生疾病的病毒，是引起食源性疾病的主要原因之一。美国每年发生的食源性疾病，超过半数是由病毒感染的。

　　按照病毒的不同来源，食源性病毒可分为肠道食源性病毒和人畜共患的食源性病毒两大类。属于食源性传播的病毒主要是肠道病毒，其中较为常见的有甲型肝炎病毒、戊型肝炎病毒、朊病毒、诺沃克病毒、轮状病毒、禽流感病毒及其他肠道病毒。这些病毒随粪便排泄，经口感染。引起人类食源性疾病的通常为被粪便直接污染或受粪便污染的水、食具间接污染的食品，只有少数动物性疾病可通过患病动物的肉或乳直接传播。

9.1.3.1　甲型肝炎病毒

　　甲型肝炎病毒（hepatitis A virus，HAV）简称甲肝病毒（图 9-6），为甲型肝炎的病原，污染水源及水生贝类动物，可引起暴发流行。食源性 HAV 是一种能以食物为传播载体，并经粪-口途径传播感染的致病性病毒，是人类甲型肝炎的直接致病因子。在欧美国家，甲型肝炎病毒是最大的食源性病毒，而我国也是甲型肝炎的高发区。然而多年来，由于食源性病毒的广泛空间性、时间性复杂危害因子的存在，使其一直难以得到及时有效的监控，不仅对食品卫生和人民健康构成了严重威胁，也对食品工业和国民经济造成很大的影响。

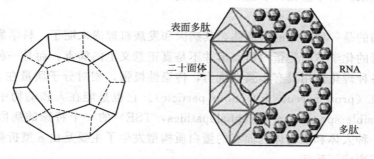

图 9-6　甲型肝炎病毒结构示意图

　　HAV 属于微小 RNA 病毒科嗜肝病毒属，是一种直径 27～32nm 的二十面立体对称球形颗粒，无包膜，有蛋白衣壳。负染后电镜下可见病毒有实心和空心颗粒两种形态，实心者为完整病毒，具有传染性；空心者则无传染性，不产生甲肝抗体。

甲肝病毒较一般肠道病毒抵抗力强。对热有较强的耐受力，60℃12h 不能完全灭活；4℃放置 1 年仍保持抗原性及组织培养活性；−20℃能存活多年并保持传染性；对酸、碱、乙醚、氯仿等也有较强的耐受性。HAV 不能耐受冷冻干燥，对紫外线敏感，对化学消毒剂的抵抗力与一般肠道病毒相似。1∶4000 福尔马林 37℃作用 72h、紫外线（1.1W）照射 1min 或加热 100℃5min 可灭活。

甲肝病毒可经被污染的食品传播，主要是水产品类，如蛤类、毛蚶、牡蛎、泥蚶、蟹等。其中贝类是传播食源性病毒暴发的主要食品，这是因为贝壳类动物在大量过滤水的过程中可使污染水中的 HAV 浓缩 5～15 倍，病毒可在这些贝壳动物体内长期生存。食用时用开水冲烫不能杀死 HAV，而生吃更易发生感染。此外，经水传播是发展中国家或卫生条件差的地区甲肝呈地方性流行的重要原因。这种传播多发于雨季或暴雨后，粪便冲刷造成饮用水污染，多为井水或水库等水体，也有因自来水污染而引起甲肝流行的报道。

9. 1. 3. 2　诺沃克病毒

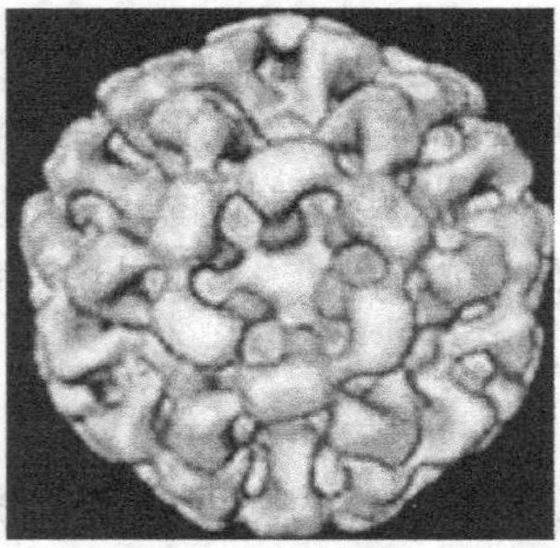

图 9-7　诺沃克病毒

诺沃克病毒（Norovirus）又称为小圆结构病毒，大小约 27nm，为一微小病毒，含脱氧核糖核酸，最少 10 个病毒就能导致感染，具有高度传染性。如图 9-7 所示。

诺沃克病毒为发达国家流行性胃肠炎的主要病原，常可引起急性腹泻。诺沃克病毒引起的肠道疾病是较轻微及短暂的。一般病症可包括恶心、呕吐、腹泻及腹部痉挛。该病引起的肠道传染病于冬季较常见，多见于 1～10 岁小儿。常于学校、托儿所、文娱团体、军营或家庭中发生流行。研究表明，诺沃克病毒引发的食源性疾病占所有食品安全事件的半数以上，超过 56％都与色拉、三明治或生鲜食品有关，即受污染的食品都没有经过热处理。生食海贝类及牡蛎等水生动物，是该病毒感染的主要途径。

9. 1. 3. 3　疯牛病朊病毒

疯牛病（mad-cow disease）是牛海绵状脑病（bovine spongiform encephalopathy，BSE）的俗称，是一种慢性、传染性、致死性的中枢神经系统疾病。该病自 1985 年 4 月首次在英国发现以来，至今已在许多国家都有发现。目前，世界上有 100 多个国家面临着严重疯牛病的威胁。

引起疯牛病的是一种特殊的病原体，其病因和发病机理尚未明了，科学家暂且把它称为朊病毒。朊病毒的化学本质是蛋白质，但并不是真正意义上的病毒，而是一种至今不能查到任何核酸，对各种理化作用具有很强抵抗力，传染性极强，相对分子质量在 2.7 万～3 万的蛋白质侵染颗粒（proteinaceous infectious particle）。它也是能在人和动物中引起可传染性脑病（transmissible spongiform encephalopathies，TSE）的一个特殊的病因。目前倾向的学说认为它是一种人体和动物体内固有的蛋白质构型发生了主要是由 α 型折叠变成 β 折叠的转化，而从无害变成了致病。

由疯牛病的牛肉和牛的相关产品引起人疯牛病与传统的克-雅病极为相似，因此被称做变异性克-雅病（vCJD）。vCJD 是人类的一种慢性、致死性和退行性神经系统的传染病，以神经病理损伤为特征，潜伏期较短。早期主要临床症状是行为改变、感觉异常和共济失调。主要发生在儿童和青年，平均年龄 28 岁，至今世界上已发现 140 例 vCJD，大部分都在英国和欧洲，这些病人大多数已死亡。因此，疯牛病的最主要威胁在于迄今为止它的不可治疗性和高致死性。

通常被疯牛病病原体感染的肉和骨髓制成的饲料被牛食用后，经胃肠消化吸收，经过血液到大脑，破坏大脑，使牛脑失去功能呈海绵状，导致疯牛病。而疯牛病又是如何传染给人的问题受到了广泛关注。目前认为主要有以下几个因素：

(1) 食用感染了疯牛病的牛肉及其制品会导致感染。人食用了被感染的牛肉（特别是从脊椎剔下的肉）后就会被传染上疯牛病。这一结果在英国得到证实，科学家们估计将会有比预料更多的人死于克-雅病。

(2) 某些化妆品除了使用植物原料之外，也有使用动物原料的成分，所以化妆品也有可能含有疯牛病病毒，如化妆品所使用的牛羊器官或组织成分有胎盘素、羊水、胶原蛋白和脑糖等。

(3) 还有一些科学家认为"疯牛病"在人类变异成"克-雅病"的病因，不是因为吃了感染疯牛病的牛肉，而是环境污染直接造成的。认为环境中超标的金属锰含量可能是"疯牛病"和"克-雅病"的病因。

由于目前对疯牛病了解不多，现在对于疯牛病的处理，只有防范和控制这类病毒在牲畜中的传播。如停喂带有疯牛病和绵羊痒病病原的肉骨粉等蛋白饲料，切断其传播途径；一旦发现有疯牛病及痒病的牛、羊、它们的后代以及与其有过紧密接触的牛、羊，迅速扑杀、焚化深埋处理。但也有看法认为，即使染上疯牛病的牛经过焚化处理，但灰烬仍然有疯牛病病毒，把灰烬倒在堆田区，病毒就可能会因此而散播。

疯牛病的过去与未来： 1986 年在英国发现的疯牛病，90 年代流行达到高峰。造成大量牛感染此病并被焚烧处理，并感染到人，流行趋势于 90 年代后期明显下降，但发病率每年仍以 23% 的速度增加，并由英国向欧洲和亚洲扩散，受累国家超过 100 个。目前病人约 100 余例，有科学家推测处于潜伏期的病人约 50 万人，发病后表现为进行性痴呆、记忆丧失、共济失调、震颤、神经错乱，最终死亡。1997 年专家预计人类发病流行巅峰大约是在 2015 年，届时每年将有 20 万人死亡，在最糟糕的情况下，可能会有 1000 万人最终死于"雅克症"。

9.1.3.4 禽流感病毒

禽流感（avian influenza, AI）主要是指由 A 型禽流感病毒 H5 和 H7 亚型中具有高致病性毒株所引起的一种禽烈性传染病。它主要表现出禽全身系统中毒症状或严重呼吸道综合征，发病突然，迅速蔓延，发病率和病死率高。

1878 年禽流感首次发生于意大利，当时称之为鸡瘟（Fowl plague）。1900 年其病原体首次被发现，认为是一种滤过性病毒，称为真性鸡瘟病毒，直到 1955 年经血清学证实属 A 型流感病毒的一员。1981 年在美国马里兰召开的首届禽流感会议上改称为"高致病性禽流感（highly pathogenic avian influenza, HPAI）"。

禽流感病毒一直在世界各地家禽中普遍存在，并造成程度不同的影响。禽流感病毒为正黏病毒科流感病毒属，根据核蛋白和基质蛋白的不同可分为 A、B、C 3 个血清型。A 型流感病毒能感染多种动物，包括人、禽、猪、马、海豹等，变异性高，B 型和 C 型则主要感染人。A 型流感病毒呈球形，直径为 80～120nm，病毒具有囊膜，囊膜上有 12～14nm 的纤突，有两种不同类型的糖蛋白，即血细胞凝集素（hemagglutinin, H）和神经氨酸酶

（neuraminidase，N）。H 犹如病毒的钥匙，用来打开及入侵人类或牲畜的细胞；N 是帮助病毒感染其他细菌的酵素。根据 H 和 N 的不同，目前可分为 16 个 H 亚型（H1~H16）和 10 个 N 亚型（N1~N10）。不同禽流感病毒亚型，甚至同一亚型不同病毒株之间对不同宿主的毒力也有很大差别。H5N1 是一种新型的人类流感病毒，除感染人外，还可感染禽类、猪、马、海豹等。

禽流感主要是横向传播，一般为接触性传染，通过直接或间接接触发生感染，呼吸道和消化道是主要的感染途径。密切接触感染的家禽分泌物和排泄物、受病毒污染的物品和水等也会被感染。此外，直接接触病毒毒株也可被感染。尽管任何年龄均可被感染，但在已发现的 H5N1 感染病例中，12 岁以下儿童发病率较高，病情较重。从事家禽养殖业者及其同地居住的家属，在发病前 1 周内到过家禽饲养、销售及宰杀等场所者，接触禽流感病毒感染材料的实验室工作人员，与禽流感患者有密切接触的人员为高危人群。人患禽流感的预后与感染的病毒亚型有关，感染 H9N2、H7N7 者，大多预后良好；而感染 H5N1 者预后较差，据目前医学资料报告，病死率约为 30%。

预防和控制人禽流感应管理好传染源，如采取封闭式饲养，严防野鸟从门、窗进入禽舍；防止水源和饲料被野禽粪便污染；定期对禽舍及周围环境进行消毒，加强带鸡消毒，定期消灭养禽场内的有害昆虫及鼠类；死亡禽类必须焚烧或深埋等。

新型生化武器？

国际知名的"nature"杂志 2012 年刊登一项研究称，从理论上说，H5N1 禽流感病毒有可能变异成新类型病毒，从而引发它在人类间的致命大流行。然而美国有关部门曾试图阻止这一研究结果发表，因为有专家担心，这个研究结果可能会帮助恐怖分子制造生化武器。不过一个美国专家小组认为，此研究结果不会给公众健康和国家安全带来威胁。领导这项研究的荷兰病毒学家荣·费奇（Ron Fouchier）称，将这一研究结果完整发表有助于科学界能更好地应对今后发生的流感世界性暴发。费奇教授还说，他们的研究结果还可能加速抗击致命性禽流感病毒药物和免疫疫苗的研制工作。H5N1 禽流感病毒已经造成数以千万计的禽类死亡。为防止禽流感的扩散，更有数以亿计的家禽和鸟类被捕杀。H5N1 禽流感病毒对人也是致命的，但只有在同禽类密切接触的情况下才会传染。根据世界卫生组织的统计，自 2003 年至今，全世界有 332 人死于禽流感。但卫生官员担心 H5N1 禽流感病毒有一天会变异成新型病毒，给人类带来大流行。

9.1.3.5 轮状病毒

轮状病毒（rotavirus，RV）最早是于 1973 年由澳大利亚学者 R. F. Bishop 从澳大利亚腹泻儿童肠活检上皮细胞内发现，形状如轮状，故命名为"轮状病毒"（图9-8）。

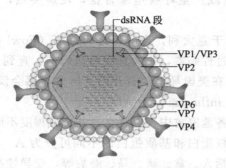

图 9-8　轮状病毒结构示意图

人轮状病毒属于呼肠孤病毒科轮状病毒属。病毒颗粒为二十面体，圆形，直径 70nm，有双层壳膜。基因组为双链、分节段的 RNA，共有 11 个节段。目前，能导致人腹泻的轮状病毒有 A、B 和 C 三个群，其中 A 群为婴幼儿腹泻轮状病毒，B、C 群为成人腹泻轮状病毒。在腹泻病的病毒病因中，轮状病毒为主要病因之一。小儿 RV 也称普通 RV，属于 A 组；成人 RV 又称成人腹泻 RV 属 B 组，小儿 RV 对理化因素抵抗力较强，能耐乙醚、弱酸，在室温中传染性可保持 7 个月，$-20℃$ 能长期保存。RV 是引起胃肠道感染、急性肠胃炎的主要病原，尤其是引起婴幼儿急性胃肠炎的病原。无论成人、幼儿皆有机会被感染，据 WHO 1997 年统计，全世界每年有 14 亿轮状病毒感染者，在发展中国家有 87 万人因此而死亡。主要发生在婴幼儿，因发病高峰在秋季，又名"婴幼儿秋季腹泻"。全世界每年因轮状病毒感染导致约 1.25 亿婴幼儿腹泻和 90 万婴儿死亡，其中大多数发生在发展中国家。2008 年亚洲监测网报告 45% 的 5 岁以下儿童的急性腹泻住院病人，其病因归咎于 RV 感染。5 岁以下的儿童几乎都罹患过 RV 胃肠炎，其中 1/5 就医、1/65 住院，大约 1/293 死亡，82% 的死亡病例在发展中国家，如越南每年因轮状病毒引起儿童死亡 2700～5400 人，由此给全球带来巨大的疾病负担。

至今尚无特效药物进行治疗，只能对症补液进行救治，因此，预防轮状病毒性肠炎特别重要。应特别注意做好以下工作：

① 加强卫生教育，提高食品安全意识。

② 严格执行食品安全操作制度。

③ 养成良好习惯。

④ 控制好粪-口传播途径，对即食食品把好卫生关，加热要彻底。

⑤ 接种疫苗是经济有效的预防方法。

此外，对婴幼儿而言，还应提倡母乳喂养；重视水源卫生，防止水源污染；婴儿室严格消毒，提倡母婴同室，防止医源性传播；幼儿园玩具定期消毒；早发现、早隔离病人；快速检测预警等。

9.1.4　藻类与贝类毒素

藻类（Algae）和人类有密切的关系，大气中 50% 的氧是由藻类行光合作用放出的。而且藻类也和高等植物一样，在生态系中扮演初级生产者（primary producer）的角色，尤其在水生生态系（aquatic ecosystem）中，藻类为其他初级消费者（primary consumers）如鱼、虾等的主要食物来源。

藻类亦给人类带来困扰，如贝类是人类的美餐，但贝类的毒素让人望而却步。贝类中毒是由一些浮游藻类合成的多种毒素而引起的，这些藻类（在大多数病例中为腰鞭毛虫）是贝类的食物。贝类滤食有毒藻类后，其毒素在贝类中蓄积或代谢，藻毒素会在贝体内发生一些转化，毒素组分会有一些变化。因此，贝类毒素又称藻毒素（Algal toxins）。

人类摄入被毒化的鱼、贝等水产品后可导致急性食物中毒，即藻毒素中毒。根据中毒的症状，贝类中毒的类型有麻痹性贝类中毒（PSP）、腹泻性贝类中毒（DSP）、神经毒性贝类中毒（NSP）和失忆性贝类中毒（ASP）。所有的贝类（滤食性软体动物）都有潜在的毒性。但是，PSP 一般与贻贝（海虹）、蛤蜊、扇贝和干贝有关；NSP 与从佛罗里达海岸和墨西哥湾捕捞的贝类有关；DSP 与贻贝、牡蛎和干贝有关，而 ASP 与贻贝有关。在贝类中毒的四种类型中，从公共卫生的角度来看，最严重的是 PSP。过去，PSP 毒素的强烈毒性已导致了非常高的死亡率。但是，贝类中毒的病例常常被误诊为其他疾病，而且一般很少被报告，因此对贝类中毒的发生及其严重性没有完整的统计学资料，所以目前得到的这类疾病的发病率也并不准确。

所有人都对贝类中毒易感。不过非常明显地是，老年人更易发生 ASP 毒素引起的严重神经反应。此外，在有毒贝类捕捞区域，游客与当地人发生 PSP 的病例相差悬殊。这可能是因为当地人重视贝类的卫生检疫并且按照传统的较为安全的方法食用，而游客们却忽视了这些。

预防贝类中毒的措施主要如下：

① 在海藻大量繁殖期及出现所谓"赤潮"时，禁止采集、出售、贩运和食用贝类。

② 在贝类生长的水域采取藻类进行显微镜检查，如有毒的藻类大量存在，即有发生中毒的危险，有关部门应定期预报，有关人员应注意收听。

③ 贝类的毒素主要积聚于内脏，应注意去除。

> **美丽而危险的赤潮**：赤潮又称红潮或有害藻水华，通常是指海洋微藻、细菌和原生动物在海水中过度增殖或聚集致使海水变色的一种现象。例如腰鞭毛虫，其属于腰鞭毛目的原生动物，一种海生单细胞生物。体呈球果状，直径约 $40\sim50\mu m$，有明显的纵沟和横沟，横沟上部称上锥或上壳，下部称下锥或下壳。一些腰鞭毛虫被列为虫黄藻，另外一些大数量腰鞭毛虫可使海水变成红色，这种现象就是"赤潮"。如图 9-9 所示。

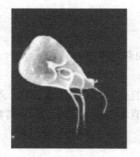

(a) 显微镜下的腰鞭毛虫　　　　　　　(b) 腰鞭毛虫导致新西兰一海域出现赤潮

图 9-9　腰鞭毛虫与赤潮

9.2　食品微生物风险分析

世界贸易的全球化同时也带来了食品安全风险。全球每年发生食源性疾病高达数十亿例，因此而导致的医疗费的增加、不安全食品的召回以及产品的销毁带来的经济损失不可估量。实际上，风险分析已成为食品安全的"第三波浪潮"（第一波是良好卫生操作，第二波是 HACCP）。2009 年 6 月 1 日起实施的《中华人民共和国食品安全法》规定，国家建立食品安全风险监测和评估制度，对食源性疾病、食品污染以及食品中的有害因素进行风险评估。食源性致病菌污染是导致食源性疾病的主要原因，尽管许多食源性微生物是病原菌，但并不是摄入每种病原菌都会导致感染和相应的疾病，微生物感染和人类易感程度都存在差异。所以食源性疾病的风险是一个综合描述，即病原菌通过摄入暴露的可能性和暴露导致感染疾病的可能性，以及其后发生疾病程度直至死亡的可能性，并且整个过程是不断发生变化的。微生物风险分析作为食品安全风险分析中一个重要的组成部分，是保障食品安全的重要手段，也是当前食品安全领域研究的重点和热点问题。

9.2.1　风险分析的概念及分类

9.2.1.1　风险

风险（risk）是指食品中的危害因子导致将对人类健康或环境产生不良作用的可能性和严重性，这种不良作用是由食品中的某种危害所引起的。风险的分类有两种：自觉性风险和非自觉性风险，也可分为统计可证实或统计不可证实。

9.2.1.2　风险分析

风险分析（risk analysis）是对可能存在的危害的预测，并在此基础上采取的规避或降低危害影响的措施。风险分析是由风险评估、风险管理和风险交流三个部分共同构造的一个过程。风险分析的实施应该与 FAO/WHO 建立的国际上认可的原则相一致。这些原则是食品卫生法典委员会制定风险管理文件的基础。

9.2.1.3　风险评估

风险评估（risk assessment）是一个对在特定条件下，风险源暴露时将对人体健康和环境产生不良影响的事件发生的可能性和严重性的评估。风险评估是风险分析的基础和核心，通过其可以达到两个目的：

（1）将风险量化到一个消费特定产品的特定人群。如果有充分的数据，决定基于特定消费时间和消费量（膳食量和频率）时的污染频率和水平的风险，并根据适当的剂量-反应关系将此转化为公众健康考虑的暴露量。

（2）确定可以降低健康风险水平的策略和措施。这通常需要对食品生产、加工和储藏过程模型化，并改变从农田到餐桌食品链。然后确定食品生产中对食品安全至关重要的步骤，对其进行的控制和干预措施将大大降低食源性疾病的发生。

风险评估的过程可以分为四个明显不同的阶段：危害识别、危害描述、暴露评估以及风险描述。其评估的基本模式可按照危害物的性质分为化学危害物、生物危害物和物理危害物评估。与化学性风险的风险评估相比，生物性风险的风险评估是一个新的科学领域。

9.2.1.4　微生物风险评估

食品中微生物风险的评估在 CAC（1999）的第 32 次会议上确定。微生物风险评估（microbiological visk assessment，MRA）是利用现有的科学资料以及适当的试验方式，对因食品中某些微生物因素的暴露对人体健康产生的不良后果进行识别、确认以及定性和（或）定量，最终做出风险特征描述的过程；并根据评估的结果估计出该种风险因子对食品和人体的危害性，从而制定科学的限量标准，保障食品安全，保护人体健康，促进食品公平贸易。

微生物风险评估可分为定性风险评估和定量风险评估。定性风险评估是根据风险的大小，人为地将风险分为低风险、中风险、高风险等类别，以衡量危害对人类影响的大小。但早在 1988 年，国际微生物标准委员会（ICMSF）就特别指出"如果想让危害分析有意义就必须定量"。所谓定量风险评估，是根据危害的毒理学特征或感染性和中毒性作用特征以及其他有用的资料，确定污染物（或危害物）的摄入量及其对人体产生不良作用概率之间关系的数学描述。它是风险评估最理想的方式，因为它的结果大大方便了风险管理政策的制定。而且，定量微生物风险评估的新意就在于量化了整个食品生产、加工、消费链中所存在的病原微生物危害，并把这一危害与因其所导致疾病的概率直接联系起来。虽然由于资料、研究的缺乏，目前的微生物定量风险评估还不能做到全方位的定量，但随着评估技术的日臻完善，微生物定量风险评估将成为国家政府机构、国际食品安全和卫生组织对食品安全中的微生物危害进行评估的重要工具。

9.2.2 微生物风险评估过程

风险评估就是为了评定特定人群感染病原菌引起的疾病的风险，并了解其影响因子，其流程如图 9-10 所示。

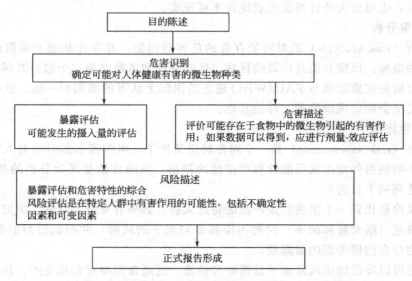

图 9-10 微生物风险评估流程图（Notermans 等，1996）

9.2.2.1 危害识别

危害识别（hazard identification）指识别可能产生对健康的不良效果并且可能存在于某种或某类食品中的生物因素、化学因素和物理因素。对于微生物因素，危害识别的目的是识别食品中的微生物有机体或微生物毒素及其与人体健康危害的关系。

潜在的有害微生物和毒素信息的获得渠道很多，在大多数情况下可由微生物学家、医生或其他专业人士根据科技文献资料或从食品行业、政府机构、相关的国际组织中获得的信息及流行病学资料。危害识别包括以下几个方面：对致病性微生物的生物学特性、流行病学和对不同国家（环境）中致病性微生物风险因素的说明等。其关键在于收集到的公众数据的有效性和对风险初步来源、发生频率以及数量的初步评估。一旦食源性微生物危害被识别，在危害识别步骤中的决策程序和确定决策人的"理想模式"将基于该问题的风险评价。在风险评价后进行风险评估，其出发点将是包含在风险概述内的可靠文件。

危害识别的最基础的资料来源于对食品中微生物的检测信息。目前，食源性致病菌的检测方法主要有培养鉴定、酶联免疫吸附试验（ELISA）、聚合酶链式反应（PCR）、电阻抗技术以及全自动微生物分析系统等。培养鉴定法是将经过前处理的样本接种于营养肉汤，然后肉眼观察细菌的菌落生长，进行阴阳判定。对于阳性样本，再通过生化试验进行菌种的鉴定。该方法大多要耗费 6～8 天时间，而且程序复杂，所用试剂繁多，费时费力，等结果出来，疫情可能已经发生。ELISA 是把抗原抗体免疫反应的特异性和酶的高效催化作用有机地结合起来的一种检测技术，它既可测抗原，也可测抗体。该方法灵敏度和特异性较强，但所需试剂昂贵，且需多次洗涤及培养过程。PCR 技术采用体外酶促反应合成特异性 DNA 片段，再通过扩增产物来识别细菌。PCR 具有灵敏度高、特异性强、快速等特点，但假阳性和假阴性率过高是影响其应用的关键问题。电阻抗技术原理是细菌在培养基内生长繁殖的过程中，将会使培养基的阻抗发生变化，通过检测培养基的电阻抗变化情况，判定细菌在培养基中的生长繁殖特性，即可检测出相应的细菌。该法具有检测速度快、灵敏度高等优点，但由于电路的稳定性问题，导致假阳性率过高；法国生物梅里埃集团公司出品的 Vitek-AMS 自动微生物检测系统属当今世界上最为先进、自动化程度最高的细菌鉴定仪器之一。它无须经过微生物分离培养和纯化过程，就能直接从样品检出特殊的微生物种类和菌群来。但该系统和配套试剂价格昂贵且需依赖进口，严重制约了我国食源性致病菌检验水平的提高。因此，灵敏、快速、准确而且价格便宜的食源性致病菌现场检测与鉴定新技术的研究迫在眉睫。

9.2.2.2　危害描述

危害描述（hazard characterization）指对与食品中可能存在的生物、化学和物理因素有关的健康不良效果性质的定性或定量评价。

微生物危害描述即对食品中因致病性微生物的存在所产生的不良作用的严重性和持续时间进行定性或定量的评价。应包括以下几个方面：对致病性微生物特性的影响和相关食品成分影响的说明（致病性微生物的传染性、毒力和致病性，致病性微生物的感染获得性宿主和媒介物特性，相关食品对致病性细菌感染、生存、繁殖和产毒的影响）；致病性微生物对人体健康的负面影响及其他影响（造成的疾病和并发症，引起的免疫作用，所导致的抗生素抗性）；致病性微生物的剂量-反应调查和评估等。危害描述的核心是剂量-反应评估（dose-response assessment），它是指确定某种风险源的暴露水平（剂量）与相应的不良作用的严重程度或发生频度（反应）之间的关系。这种关系可以通过剂量-反应模型来描述，其在剂量-反应评估中非常重要，不同模型使用的数据不同，因此所有模型都要进行大量的重复迭代。

食品通常受到比实验室实验更少量的致病微生物污染，所以可以用数学模型从高剂量数据推断低剂量效应。已提出的不同的模型都是用来描述致病微生物的摄入数量和可能造成的结果二者的关系的，主要的模型有指数模型和泊松分布模型。一种假设是每个微生物都有自身的最小感染剂量，如存在一个阈值，在这个值下没有任何可观测到的效应（取决于最终点）。人群中的最小剂量值假定有不同的分布。另一个假设是致病微生物个体细胞的作用是独立的，单个的微生物可以感染并触发个体效应，如单击、非阈值模型。指数模型假定单个细胞导致的感染概率是独立于摄入剂量的。相反，泊松分布模型假定感染与剂量有关。不同的致病微生物适应不同的剂量效应模型。

微生物的剂量-反应模型的构建，其难度远远超出了物理和化学危害特性。原因主要有以下几点：微生物危害的宿主敏感性差异；同一种特定病原体的感染率变化差异；同一种病原体的不同种毒力变异；由于频繁的突变，导致致病性发生遗传学方面的变化；食品中或消化系统中的其他细菌的拮抗作用可能影响致病性；食品可以调节细菌感染和（或）其他方面影响宿主的能力。

由于剂量-反应模型的构建需要大量的资料和前提，所以在许多情况下也是不可能得到证明的。通常剂量-反应评估资料在描述产毒的致病性微生物的危害方面是有用的，但是在描述感染型致病菌的危害时，这样的资料可能无用。许多食源性致病菌的剂量-反应评估资料很有限或者根本不存在。因此，剂量-反应评估资料难以得到或者由于多种原因而不准确。例如有报道称，尽管空肠弯曲杆菌感染率和剂量有关，发病率则不然。这与沙门菌刚好相反，高剂量的沙门菌会导致严重疾病的高发生率。

当缺乏已知的剂量-反应关系时，可以采用其他的风险评估工具如专家建议等，来判断危害描述所必需的各种因素如传染性等。

9.2.2.3 暴露评估

暴露评估（exposure assessment）是对于通过食品的可能摄入和其他有关途径暴露于人体和（或）环境的生物、化学和物理因素的定性或定量评价。对于微生物因素而言，暴露评估估价了在各种水平的不确定性条件下微生物致病菌或微生物毒素的含量水平以及在食用时它们出现的可能性，通常是对所消费食品中的致病菌的数量或细菌毒素含量以及有关的膳食信息进行评估，给出食品在食用时的致病菌的数量或细菌毒素含量的估计值。

暴露评估是描述一条途径，通过这条途径，一种有害微生物进入食物链而被分配，并在食品生产、配送和消费阶段消长。即暴露评估应描述从生产到消费的整个过程，其完整的模型是要完成对农场—餐桌的整个食物链过程进行评估，包括了实际暴露和预期暴露。

与化学因素不同，由于受到细菌性病原体的特性，食品的微生物生态，食品的加工、包装和贮存条件，消费者的文化因素等因素的影响，食品中的致病菌在食品加工、包装、运输、贮藏、销售和重新制备等过程中都可能显著地增加或减少，其污染水平是动态变化的，因此暴露评估是微生物风险评估中最复杂和最不确定的一个阶段。如果要估计人体摄入的病原微生物的数量，必须考虑的因素包括食品被致病因子污染的频度以及随时间变化在食品中致病因子的含量水平，并需要建立相应的模型和模拟研究来进行预测，然后如果可能，则这些预测结果应该通过可能得到的监测数据进行校正。所以预测微生物学是暴露评估的重要工具。

9.2.2.4 风险描述

风险描述（risk characterization）是在危害识别、危害描述和暴露评估的基础上，定性或定量的估计（包括伴随的不确定性和变异性）在特定条件下相关人群受到有害影响严重性和可能性的风险及其不确定性。即将前述步骤中的所有定量、定性信息综合到一起提供了对给定人群的一个全面的风险估计。

总体概率或者风险估计是由下列公式决定计算：

$$风险估计＝剂量效应评估×暴露评估$$

风险描述是风险评估的最后一步，通过风险描述可知涉及健康的风险本质及发生的可能性；哪些个体或人群存在涉及健康的风险；不良影响或效应的严重程度等。

风险描述依赖于可获得的数据和专家的论断，可信度以及精准度取决于所有前述步骤中所确认的易变性、不确定性和假设条件。然后，通过风险描述形成风险管理策略。

9.2.3 微生物风险管理

当流行病学和检测数据显示某种食物由于感染致病微生物和（或）毒素而又可能威胁消费者健康时，就要求进行风险管理（risk management）。这个过程有别于风险评估，是权衡选择政策的过程，需要考虑风险评估的结果和与保护消费者健康及促进公平贸易有关的其他因素。如必要，应选择采取适当的控制措施，包括取缔手段。

风险管理的内容包括风险评价、风险管理策略评估和最终决策（包括确定可行的管理选项、选择最佳的管理选项，以及最终的管理决定）、执行管理决定、监控和审查。其中风险评价主要包括确认食品安全问题、描述风险概况、就风险评估和风险管理的优越性对危害进行排序，为进行风险评估制定风险评估政策，决定进行风险评估，以及风险评估结果的审议。

风险管理的原则如下：

（1）风险管理应该遵循结构化的方法，即包括风险评估、风险管理选择评估、执行管理决定以及监控和审查。

（2）人类健康的保护是风险管理决定的最优先考虑，还要避免风险水平上的随意性和不合理的差别，在考虑某些因素（如经济费用、效益、技术可行性和社会习俗）不应该是随意性的，而应该保证清楚、明确。

（3）风险管理的决定和实施应该是透明的。

（4）风险评估政策的决策应该是风险管理中的一个有机组成部分；风险评估政策是为价值判断和政策选择制定准则，从某种意义上来讲，决定风险评估政策往往成为进行风险分析实际工作的第一步。

（5）风险管理要通过将风险管理和风险评估的职能分离来确保风险评估过程的科学完整性，但是应当考虑风险分析是一个循环往复的过程，风险管理人员和风险评估人员之间的相互作用在实际应用中也是至关重要的。

（6）风险管理的决定要考虑到风险评估输出的不确定性。

（7）风险管理应该在整个过程的各个阶段与消费者和其余利益相关方进行清晰互动的信息交流，风险交流不仅仅是信息的传播，更重要的是将有效进行风险管理至关重要的信息和意见并入决策的过程。

（8）风险管理是一个连续的过程，需要考虑到评估中所有的数据的更新和重新审核风险管理的决定。

9.2.4　风险交流

风险交流（risk communication）是利益相关方通过风险分析过程，就风险、风险相关因素和风险认知等交换信息和意见，并解释风险评估的发现和风险管理决定的基础，是贯穿风险分析整个过程的信息和观点的相互交流的过程。

风险交流的目标：

（1）通过在风险过程的不断思考，促进所有参与者认识和理解特殊的风险情形；

（2）在达到和实施风险管理决定时促进一致性和透明度；

（3）提供多项建议和实施的风险管理措施的理解的坚实基础；

（4）改进风险分析过程中的有效性和效率；

（5）当选择风险管理建议选项时，为信息的有效传递与开发和教育项目服务；

（6）强化参与者之间的工作联系和相互尊敬；

（7）促进风险信息交流过程中所有利益相关方的正确参与；

（8）交换利益相关方关注的食品及相关主题风险的知识、态度、价值、实践和认知信息；

（9）培养食品供应链安全方面的公众信任和信心。

风险交流的内容可以是危害和风险，或与风险有关的因素和对风险的理解，包括对风险评估结果的解释和风险管理决策的制定基础等；交流的对象包括风险评估者、风险管理者、消费者、企业、学术组织以及其他相关团体。

由于大量食品安全和食品中毒事件的曝光，大众越来越关心识别安全相关的风险信息。所以与消费者有效的风险信息交流既重要又必要。风险信息交流要求适度的表达，并需要对准则、危害、风险、安全等要求和有关食品普遍关心的问题做出反应。风险信息交流公开给大众提供了普通民众和特定人群的风险评估和食品危害识别专家见解和科学结果。同时还提供了个人和公共部门通过质量和安全系统预防、减少和最小化食品风险的信息。风险信息交流包括风险本质的交流、利益本质的交流、风险评估的不确定性和风险管理建议等。

9.3 食源性致病微生物与食品安全控制体系

食品安全（food safety）指食品无毒、无害，符合应当有的营养要求，对人体健康不造成任何急性、亚急性或者慢性危害。根据世界卫生组织的定义，食品安全是"食物中有毒、有害物质对人体健康影响的公共卫生问题"。影响食品安全的因素有物理因素（沙石、金属、射线、塑料等）、化学因素（化学添加剂等）、痕量化学物质（农业化学药剂、有毒元素和化合物等）、环境因素（人类生产生活所造成的废渣、废水、废气）和生物因素（动物、植物、微生物等）。其中，由于微生物污染而造成的食源性疾病发病率最高。气候变化影响将会加剧这一现有负担。随着气候变化，在较高气温的环境下，食品和水中微生物繁殖速度加快，这可能会增高食品中毒素或病原体水平，导致食源性疾病发病率上升（WHO，2011）。

食品安全控制体系旨在降低疾病隐患，防范食源性疾病。包括法律法规体系、官方监督管理体系、企业自控体系、官方认可的认证体系和来自高校、科研机构等的技术支持。我国作为世界食品生产和消费大国，高度重视食品安全问题，近年来实施了一系列旨在确保食品安全的行动计划，并初步建立了包括法规体系、管理体系、科技体系的食品安全控制体系。本节主要介绍食品企业中常用的管理体系对食源性致病微生物的控制措施，即覆盖各个环节的一系列的对食品安全控制的措施、标准制度，包括控制源头安全的良好农业规范、控制市场准入制度的良好操作规范、ISO 质量管理体系 ISO 22000、卫生标准操作程序以及控制所有过程中的危害分析与关键控制点等。

9.3.1 致病微生物与良好农业规范

良好农业规范（Good Agricultural Practices，GAP）起源于欧洲，是 1997 年欧洲零售商农产品工作组（EUREP）在零售商的倡导下提出的；2001 年 EUREP 秘书处首次将 EU-REP GAP 标准对外公开发布。EUREP GAP 标准主要是针对初级农产品生产的种植业和养殖业，分别制定和执行各自的操作规范，鼓励减少农用化学品和药品的使用，关注动物福利、环境保护、工人的健康、安全和福利，保证初级农产品生产安全的一套规范体系。

2003 年 4 月国家认证认可监督管理委员会首次提出在中国食品链源头建立"良好农业规范"体系，并于 2004 年启动了 China GAP 标准的编写和制定工作，China GAP 标准起草主要参照 EUREP GAP 标准的控制条款，并结合中国国情和法规要求编写而成。

GAP 主要针对未加工和最简单加工（生的）出售给消费者和加工企业的大多数果蔬的种植、采收、清洗、摆放、包装和运输过程中常见的微生物的危害控制，其关注的是新鲜果蔬的生产和包装，但不限于农场，包含从农场到餐桌的整个食品链的所有步骤。主要适用于作物、水果、蔬菜、肉牛、肉羊、奶牛、生猪和家禽生产的良好农业规范认证。

欧洲 EUREP GAP 标准涵盖了新鲜蔬菜水果、花卉和观赏植物、肉类、禽类、奶类、杂粮、水产和咖啡等各个农业生产领域。如水果和蔬菜标准架构中的控制点及遵循标准为：对可追踪性、记录的保存、品种和根茎、地点的历史及地点的管理、土壤和基质的管理、化肥的使用、灌溉、植保、收获、产品的处理、垃圾和污染物的管理、循环使用和再利用、工人的健康、安全和福利、环境问题、投诉表等 14 大类有关生产、管理方面提出了具体要求。

其中的人工健康、环境问题、可追溯性、垃圾和污染物的管理等环节都对致病微生物有了明显的控制。

在我国 GAP 对致病微生物的控制在许多条款中均有体现，如农场基础控制点与符合性规范中就有对有害生物控制的要求，明确要求了贮存条件、检查、垃圾清除等，此举对食源性病原微生物起到有效控制；作物基础控制点与符合性规范对于种子的处理、水的质量、植物保护产品的储存、在收获和农产品处理时的卫生风险分析、员工健康等做了规范，从而控制有害微生物；大田作物控制点与符合性规范对于收获卫生、收获处理的卫生和运输的规范，从而控制有害微生物；果蔬控制点与符合性规范中对于采收卫生、包装、容器，农产品的卫生采收后的清洗，员工健康等的规范，可以防止食源性病原微生物入侵到食品中；畜禽基础控制点与符合性规范主要在禽畜饲料饮水、畜禽健康、病死禽畜的处理等方面，起到控制微生物的作用；牛羊控制点与符合性规范从饲料及饲草、疾病防治、员工定期体检等方面控制食源性病原微生物；奶牛控制点与符合性规范对饲料、牛舍和设施、兽医健康计划、挤奶、卫生等方面控制食源性病原微生物对牛奶的污染；生猪控制点与符合性规范，从厂址选择和设施工艺、饲料和水、死亡生猪处理等方面控制食源性病原微生物对人的侵害；家禽控制点与符合性规范，如场址的选择和设施工艺（饲养室通风和温度控制、光照、垫料）、家禽来源、家禽健康、卫生和虫害控制等控制病原微生物；畜禽公路运输控制点与符合性规范，主要是从运输条件、清洁卫生等方面控制食源性病原微生物。

9.3.2　致病微生物与良好生产操作规范

良好生产操作规范（good manufacturing practices for drugs，GMP）最早用于药品工业，1969 年美国 FDA 将 GMP 的观念引用到食品生产的法规中，并制定了《食品良好生产工艺通则》（good manufacturing process for food），从此开创了食品 GMP 的新纪元。目前，GMP 法规仍在不断完善，最新版本的 GMP 被称为通用良好操作规范（Current Good Manufacturing Practices，CGMP）。

GMP 的宗旨是在食品制造、包装和贮藏等过程中，确保有关人员、建筑、设施和设备均能符合良好的生产条件，防止不卫生的条件下，或在可能引起污染或品质变坏的条件中操作，以保证食品安全和质量稳定。其重点是确认食品生产过程中的安全性；防止异物、毒物、有害微生物污染食品；双重检验制度，防止出现人为的过失；标签管理制度；建立完善的生产记录、报告存档的管理制度。GMP 确定的污染形式有尘粒污染和微生物污染两种。微生物污染是指因微生物产生、附着而给特定的环境带来的不良影响，是 GMP 工作的主要对象。

美国是最早将 GMP 用于食品工业生产的国家，在食品 GMP 的执行和实施方面做了大量的工作，1996 年版的美国 CGMP 内容包括：定义、现行良好生产规范、人员、厂房及地面、卫生操作、卫生设施和设备维护、生产过程及控制、仓库与运销、食品中天然的或不可避免的危害控制等以保证在食品生产的各个方面控制微生物污染。

我国颁布的食品 GMP 国家标准中对于食品厂厂址的选址；厂区与道路的布局；厂房设施的设计和卫生；废水和废物的处理；供水系统的设计和卫生，卫生设施数量、位置；设备、器具和管道的制作材料、安装；从业人员个人卫生；原料、产品卫生和质量检验以及工厂的卫生管理等，都做了具体的规范。其主要目的是预防、控制和消除食品的微生物和化学污染，保证产品质量。例如，其中规定了空气净化是为了防止食品生产中微生物污染，借鉴电子工业、核工业的洁净技术，使食品生产环境设施（车间、厂房）的微生物污染达到食品质量所要求的水平。建立洁净厂房（室）已成为食品生产基本要求，它不仅是非灭菌食品从原料至成品监控微生物限度的有效方法，也是无（灭）菌食品生产中检测无菌保证水平（sterility assurance level）的可靠措施。

9.3.3 致病微生物与卫生标准操作程序

卫生标准操作程序（Sanitation Standard Operation Procedure，SSOP）是食品加工企业为了保证达到 GMP 所规定的要求，确保加工过程中消除不良的人为因素，使其加工的食品符合卫生要求而制定的指导食品生产整个过程中如何实施清洗、消毒和卫生保持的作业指导文件。SSOP 主要内容有八项，分别是与食品或食品表面接触的水的安全；与食品表面接触的卫生状况和清洁程度；防止发生交叉污染；手的清洗和消毒设施以及厕所设施的维护；避免食品被污染物污染；有毒化学物质的适当保存、处理；职工健康状况的控制；防蝇灭鼠。

食品加工企业制定一个完整的 SSOP，首先要充分考虑微生物污染。例如与食品接触或与食品接触物表面接触用水（冰）来源与处理应符合有关规定，并要考虑非生产用水及污水处理的交叉污染问题。我国生活饮用水标准 GB 5749—2006 中规定的微生物指标为：菌落总数<100CFU/mL、总大肠菌群、耐热大肠菌群和大肠埃希菌不得检出。欧盟规定的微生物指标为：菌落总数<10CFU/mL（37℃培养 48h）或<100CFU/mL（22℃培养 72h），总大肠菌群<1MPN/100mL，粪大肠菌群<1MPN/100mL，粪链球菌 <1MPN/100mL，致病菌不得检出；美国饮用水微生物指标规定：总大肠菌（包括粪大肠菌和大肠杆菌）目标为0。最大污染水平 5％，即一月中总大肠菌呈阳性水样不超过 5％，呈阳性的水样必须进行粪大肠菌分析。不允许存在病毒，目标为 0。最大污染水平为 99.9％杀死或不活动。SSOP 还规定食品生产企业应制订有体检计划，并设有体检档案，凡患有有碍食品卫生的疾病，例如病毒性肝炎、活动性肺结核、肠伤寒及其带菌者、细菌性痢疾及其带菌者、化脓性或渗出性脱屑皮肤病患者、手外伤未愈合者不得参加直接接触食品加工，痊愈后经体检合格后可重新上岗。这些措施都可以有效地控制致病微生物污染。

9.3.4 致病微生物与危害分析和关键控制点

危害分析和关键控制点（Hazard Analysis and Critical Control Point Principles and Application，HACCP）的概念起源于 20 世纪 60 年代美国。在生产航天食品中首次提出了 HACCP 的食品安全控制方法，最近 10 年在世界范围内得到普遍的认可和推广。

传统的食品安全是通过对终产品进行检测来加以维护，但这种回顾式的方法并不能保证食品安全。对于食品中微生物的安全控制问题，1999 年第 32 届食品卫生法典委员会上，各国政府达成了共识，认为食品的微生物安全性应体现在对原料、配方、加工等环节的控制中，而不仅仅是终产品的检验，即应在生产、加工、贮存、销售、制备等过程中运用科学管理体系。HACCP 正是建立在科学基础上的一个关注预防、评估危害和确立控制系统的程序化体系，可以系统性地确定特定危害，并采取相应的控制措施，以确保食品安全。它是涉及从水中至餐桌、从养殖场到餐桌全过程的安全卫生预防体系，需要食品工厂从生产线到管理层等各个方面的配合。

HACCP 建立在 GMP、SSOP 基础之上，有较强的针对性，对所有潜在的生物的（微生物、昆虫及人为的）、物理的（杂质、软硬度）和化学的（农药、毒素、化学污染物、药物残留、合成添加剂等）危害进行分析，确定预防措施，重在预防危害发生。现在，HACCP 体系更重要的是要控制微生物的污染，尤其不能允许致病菌的存在与增殖，因为微生物的污染可能发生在食品加工的任何一个环节，甚至加热灭菌后的包装、运输和销售，都有可能出现问题。

美国是最早使用 HACCP 系统的国家。20 世纪 90 年代的美国发生了一系列的食源性疾病促使美国政府加强美国的食品安全体系的建设。1985 年，美国科学院（NAS）对美国食品法规的有效性进行了评估，推荐政府管理部门采纳 HACCP 方法，对生产企业实施强制性管理。该提议导致了美国 HACCP 原理标准化机构——美国食品微生物标准顾问委员会（NACMCF）的成立。NACMCF 是美国农业部特许下的专家委员会，由美国农业部食品安全检验署（USDA/FSIS）、美国卫生部食品药物管理局和疾病预防控制中心（DHHS/FDA，CDC）、美国商业部国家海洋渔业署（USDC/NMFS）、美国国防部军医局（USDD/OASG）、学术界和工业界人员组成。NACMCF 向美国农业部和卫生部提供食品微生物安全标准的指南和建议。1992 年，NACMCF 统一了 HACCP 的七个原理，成为美国 FDA 制定水产品 HACCP 法规（21CFR 123）和其他国内及国际 HACCP 控制体系的基础。1997 年 8 月 14 日，NACMCF 发布了《Hazard Analysis and Critical Control Point Principles and Application Guidelines》（《危害分析和关键控制点原理及应用准则》），该准则使 HACCP 的理论系统更趋成熟。

> **微生物测试在 HACCP 体系中的作用**：在证实 HACCP 体系运作正常、产品的组成和可追溯性方面，微生物测试具有重要意义。通过追溯微生物测试数据，当生产不能得到有效控制或预防措施未能有效降低细菌水平的时候，HACCP 能够识别。而单纯的最终产品测试效果和 HACCP 体系相比就差得多了。例如，对于生肉和家禽的细菌含量水平，没有充分的数据用来判断什么情况下是可接受的。因而，最终产品测试结果不能提供有用的数据，更不用说趋势分析，除了能证明当时的细菌的含量之外，它不能解决、识别并消除食品污染问题。而 HACCP 就不同了，它既能提供有用的数据和趋势分析，又能解决、识别并且消除食品污染的问题，这就是 HACCP 的优势！

9.3.5　食品安全管理体系 ISO 22000

食品安全管理体系 ISO 22000（Food Safety Management System ISO22000）是由国际标准化组织（International Organization for Standardization，ISO）开发的一个适合审核的食品安全管理体系标准。ISO 22000 是一个国际标准，定义了食品安全管理体系的要求，适用于从"农场到餐桌"这个食品链中的所有组织，进一步地确定了 HACCP 在食品安全管理体系中的作用。ISO 22000 将 HACCP 原理作为方法应用于整个体系；明确了危害分析作为安全食品实现策划的核心，并将国际食品法典委员会（CAC）所制定的预备步骤中的产品特性、预期用途、流程图、加工步骤和控制措施和沟通作为危害分析及其更新的输入；同时将 HACCP 计划及其前提条件、前提方案动态、均衡的结合。

 **热点导读**

微生物的生物多样性

微生物是分布最为广泛的生命形式，几乎分布到地球上的所有生境，具有丰富的物种多样性。微生物的多样性包括所有微生物的生命形式、生态系统和生态过程以及有关微生物在遗传、分类和生态系统水平上的知识概念。

物种是生物多样性的表现形式，与其他生物类群相比，人类对微生物物种多样性的了解最为贫乏。以原核生物界为例，除少数可以引起人类、家畜和农作物疾病的物种外，对其他物种知之甚少。人们甚至不能对世界上究竟存在多少种原核生物作出大概的估计。这是由于它们的微观性，尤其是原核微生物的简单的单细胞结构、以无性方式进行快速地繁殖而造成的无准确的基线难以对其进行种群数目和数量的统计，因而对微生物的多样性研究远没有宏观生物那样深入和受到重视。真菌是与人类关系比较密切的生物类群，目前已定名的真菌约有8万种，但据估计地球上真菌的数量约为150万种，也就是说人们已经知道的真菌仅为估计数的5%。

微生物的多样性除物种多样性外，还包括生理类群多样性、生态类型多样性和遗传多样性。微生物的生理代谢类型之多，是动植物所不及的。微生物有着许多独特的代谢方式，如自养细菌的化能合成作用、厌氧生活、不释放氧的光合作用、生物固氮作用、对复杂有机物的生物转化能力以及分解氰、酚、多氯联苯等有毒物质的能力，抵抗热、冷、酸、碱、高渗、高压、高辐射剂量等极端环境的能力，以及病毒的以非细胞形态生存的能力等。微生物产生的代谢产物种类多，仅大肠杆菌一种细菌就能产生2000～3000种不同的蛋白质。天然抗生素中，2/3（超过4000种）是由放线菌产生的。微生物所产酶的种类也是极其丰富的，从各种微生物中发现，仅Ⅱ型限制性内切酶就有1443种。

微生物与生物环境间的相互关系也表现出多样性，主要有互生（和平共处，平等互利或一方受益，如自生固氮菌与纤维分解细菌）、共生（相依为命，结成整体，如真菌与蓝细菌共生形成地衣）、寄生（敌对，如各种植物病原菌与宿主植物）、拮抗（相克、敌对，如抗生素产生菌与敏感微生物）和捕食（如原生动物吞食细菌和藻类）等关系。

与高等生物相比，微生物的遗传多样性表现得更为突出，不同种群间的遗传物质和基因表达具有很大的差异。基因组时代的到来，必然将一个崭新的、全面的和内在的微生物世界展现在人们面前。

思 考 题

1. 解释致病微生物、食源性疾病的概念。
2. 简述食源性致病微生物对食品安全的影响。
3. 简述食品微生物风险分析的基本原理与步骤。
4. 试述食品安全控制体系对食品安全的重要意义。

推荐网站

http://www.fda.gov.cn/

http://www.cdc.gov/

http://www.foodstandards.gov.au/

http://www.foodmate.net/

http://www.chnfood.cn/

参 考 文 献

[1] 世界卫生大会. 食品安全：秘书处的报告 [R]. 日内瓦：世界卫生组织，2010.
[2] CDC. Trends in Food-borne Illness, 1996-2010 [EB/OL]. 2011-7. http://www.cdc.gov/foodsafety.
[3] 毛雪丹，胡俊峰，刘秀梅. 我国细菌性食源性疾病负担的初步研究 [J]. 中国食品卫生杂志，2011，23（2）：132-136.
[4] 彭海滨. 我国沙门菌污染分布概况 [J]. 中国国境卫生检疫杂志，2006，29（2）：125-128.
[5] Simjee Shabbir. Food-borne Diseases [M]. Totowa, NJ：Humana Press, 2007.
[6] 庞佳红，李树环. 食品安全与食源性疾病 [J]. 食品科技，2006，（8）：10-13.

[7]　Riley L W, Remis R S, Helgerson S D, et al. Hemorrhagic colitis associated with a rare *Escherichia coli* serotype [J]. N Engl J Med, 1983, 308 (12): 681.

[8]　吕嘉枥. 食品微生物学 [M]. 北京: 化学工业出版社, 2007.

[9]　柳增善. 食品病原微生物学 [M]. 北京: 中国轻工业出版社, 2007.

[10]　李娇, 钟理, 田世民等. 桔青霉素人工抗原合成及偶联比测定 [J]. Agricultural Science & Technology, 2010, (8): 114-118.

[11]　孙月娥, 孙远. 食源性病毒及其预防与控制 [J]. 食品科学, 2010, 31 (21): 405-408.

[12]　Koopmans M, Bonsdorff C H von, Vinji J, et al. Food-borne viruses [J]. Fems Micro biol Rev, 2002, 26: 187-205.

[13]　Vasickova P, Dvorska L, Lorencova A, et al. Viruses as a cause of food-borne diseases: a review of the literature [J]. Veterinary Medicine, 2005, 50 (3): 89-104.

[14]　Widdowson M A, Sulka A, Bulens S N, et al. Norovirus and food-borne disease, United States, 1991-2000 [J]. Emer Infect Dis, 2005, 11 (1): 95-102.

[15]　姚轶俊. 与食源性 HAV 相关的食品安全的研究进展 [J]. 农产品加工·学刊, 2010, 3: 59-60, 75.

[16]　林万明. 医学分子微生物学进展 [M]. 北京: 中国科学技术出版社, 1991.

[17]　黄帧祥. 医学病毒学基础及实验技术 [M]. 北京: 科学出版社, 1990.

[18]　张诗海, 沈继龙. 人轮状病毒的主要标志物与疫苗研究 [J]. 热带病与寄生虫学, 2008, 6: 233-235.

[19]　Btesee J, Fang Z Y, Wang B, et al. First report from the Asian Rotavirus Surveillance Network [J]. Emer infect Dis, 2004, 10 (6): 988-995.

[20]　Parashar U M, Hummelman E G, Bresee J S, et al. Global illness and deaths caused by rotavirus disease in children [J]. Emer Infect Dis, 2003, 9 (5): 565-572.

[21]　王斌. 食源性病毒的危害、传播与预防 [J]. 食品工业科技, 2008, 10: 233-236.

[22]　张文治. 新编食品微生物学 [M]. 北京: 中国轻工业出版社, 2004.

[23]　姜培珍. 食源性疾病与健康 [M]. 北京: 化学工业出版社, 2006.

[24]　杰奎琳·布莱克. 微生物学: 原理与探索 [M]. 第 6 版. 蔡谨. 北京: 化学工业出版社, 2006.

[25]　李松涛. 食品微生物学检验 [M]. 北京: 中国计量出版社, 2005.

[26]　魏明奎. 食品微生物检验技术 [M]. 北京: 化学工业出版社, 2011.

[27]　王巍. 食品安全微生物风险评估研究 [D]. 北京: 中国人民大学, 2007.

[28]　WHO. Principles and guidelines for the conduct of Microbiological Risk Assessment [J/OL]. CAC/ GL-30 1999. HTTP: // WWW. who. int.

[29]　覃海元. 食源性微生物风险评估的目的、原理与应用 [J]. 肉类工业, 2008, (2): 38-40.

[30]　马丽萍, 姚琳, 周德庆. 食源性致病微生物风险评估的研究进展 [J]. 中国渔业质量与标准, 2011, 1 (2): 20-23.

[31]　李寿菘, 宁芊. 食品微生物定量风险评估研究现状、基本框架及其发展趋势 [J]. 中国食品学报, 2007, 7 (3): 1-8.

[32]　杨丽, 刘文. 食品安全微生物风险分析的原则和应用 [J]. 世界标准信息, 2003, (11): 9-10.

[33]　ICMSF. Microorganisms in Foods 7: Microbiological Testing in Food Safety Management [M]. New York: Kluwer Academic/Plenum Publishers, 2006.

[34]　Nautal M J. Modeling bacterial growth in quantitative microbiological risk assessment: is it possible [J]. International Journal of Food Microbiology, 2002, 73 (8): 297-304.

[35]　Margaret C, Harry M. Topics in dose-response modeling [J]. Journal of Food Protection, 1998, 61 (11): 1550-1559.

[36]　毕金峰, 魏益民, 潘家荣. 微生物风险评估的原则与应用 [J]. 农产品加工, 2004, (11): 34-50.

[37]　Marks H, Coleman M E. Presenting scientific theories within risk assessment [J]. Human Ecol Risk Assessment, 2005, 11: 271-287.

[38]　Stephen J Forsythe. 食品中微生物风险评估 [M]. 石阶平, 史贤明, 岳田利. 北京: 中国农业大学出版社, 2007.

[39]　王大宁. 食品安全风险分析指南 [M]. 北京: 中国标准出版社, 2004.

[40] Nightingale K K, Windham K, Wiedmann M. Evolution and molecular phylogeny of Listeria monocytogenes isolated from human and animal listeriosis cases and foods [J]. Bacteriol, 2005, 187 (5): 537-551.

[41] 佘晓雷, 钱和, 刘杰. 现代食品安全控制体系（HACCP）[J]. 食品科技, 2008, (3): 9-17.

[42] 魏益民, 刘为军, 潘家荣. 中国食品安全控制研究 [M]. 北京: 科学出版社, 2008.

[43] 吕婕, 吕青, 李成德. 良好农业规范（GAP）的现状及应用研究 [J]. 安徽农业科学, 2009, 37 (12): 5812-5813, 5816.

[44] 李平兰, 王成涛. 发酵食品安全生产与品质控制 [M]. 北京: 化学工业出版社, 2005.

[45] 李怀林. ISO22000 食品安全管理体系通用教程 [M]. 北京: 中国计量出版社, 2007.

[46] 姜南, 张欣, 贺国铭. 危害分析和关键控制点（HACCP）及在食品生产中的应用 [M]. 北京: 化学工业出版社, 2003.

[47] National Seafood HACCP Alliance for Training and Education. Hazard Analysis and Critical Control Point Training Curriculum. 1997. Available at internet site: //vm. cfsan. fda. gov.

[48] NACMCF. Hazard Analysis and Critical Control Point Principles and Application Guidelines. 1997. Available at internet site: //vm. cfsan. fda. gov.

[49] 微生物的生物多样性 [EB/OL]. [2008-11-23].

[50] 郭良栋. 中国微生物物种多样性研究进展 [J]. 生物多样性, 2012, 20 (5): 572-580.

[51] 东秀珠, 洪俊华. 原核微生物的多样性 [J]. 生物多样性, 2001, 9 (1): 18-24.

第 10 章　微生物与免疫

　　起源于微生物学的免疫学，是发展最快、影响最大的学科之一，它已经派生出许多新的分支学科、边缘学科和应用学科，对医学、法医、食品保健、生物制品、肿瘤防治、定向药物的研制等均有极其重要的作用，所以，包括食品微生物学工作者在内，任何微生物学工作者都必须具备一定的现代免疫学基础理论与实验技术。免疫学除了应用于对微生物本身进行分类与鉴定外，对探测蛋白质分子、核酸免疫化学、酶免疫测定技术、食品中有害的残留物如农药、抗生素、激素等的免疫检测，以及天然食物资源中生物活性物质的研究与开发及其与人体的健康长寿、机体免疫力、免疫机理研究等都有十分广泛的作用。

10.1　抗原

10.1.1　抗原概述

　　抗原（antigen，Ag）是免疫学中核心内容之一，传统意义上的抗原，主要是指各类病原微生物，发展到今天，抗原的含义远远超出了病原微生物的范畴，微生物及其代谢产物、细胞、蛋白质、核酸、天然食物资源中的活性物质等都可成为抗原。从现代免疫学观点来看，抗原是指能诱导机体产生抗体和细胞免疫应答，并能与所产生的抗体和致敏淋巴细胞在体内或体外发生特异性反应的物质。

10.1.2　抗原的特性

10.1.2.1　抗原性

　　抗原作为一种异物在体内激活免疫系统，使机体产生抗体和细胞免疫应答的特性，称为免疫原性（immunogenicity）；抗原与抗体以及相应的效应淋巴细胞发生特异性结合和反应的能力，称为反应原性（reactinogenicity，immunoreactivity）。既有免疫原性，又有反应原性的称为抗原性。完全抗原（complete antigen）具有抗原性，蛋白质、细菌细胞、病毒都是完全抗原；只有反应原性没有免疫原性的抗原称为不完全抗原（incomplete antigen）或半抗原（hapten），绝大多数寡糖、所有脂类以及一些简单的化学药物、非蛋白生物活性物质以及一些农药等都是不完全抗原。

　　抗原物质的表面活性基团称为抗原决定簇（antigen determinant），它是抗原特异性的物质基础。抗原所携带的抗原决定簇数目为抗原价或称功能价，通常抗原都是多价的。机体内产生抗体的 B 细胞，具有显著的多样性，由此产生的血清抗体，也是多价的，称多克隆抗体；单个杂交瘤细胞及其克隆针对某个抗原决定簇产生相应的单一抗体称为单克隆抗体。

10.1.2.2　异原性

　　对机体来说，抗原都是异种（异体）物质。异种物质的抗原性和被免疫的机体，在种系进化上，二者亲缘关系越远，抗原性越强；反之，抗原性就越弱。细菌、病毒等对高等动物来说都是异种物质，有很强的抗原性。鸭的蛋白质对鸡虽有抗原性但比较弱，而其对家兔就是良好的抗原。

　　同种不同个体之间，其组织细胞成分有遗传控制下的细微差异。人类和哺乳动物红细胞表面就有血型抗原的差异，这种抗原称为同种异型抗原，据此分为不同的血型。人类 ABO

血型中，A 型血的人红细胞表面含有 A 凝集原（抗原），血清中含 B 凝集素（抗体）；B 型血的人红细胞表面含有 B 凝集原，血清中含 A 凝集素；O 型血的人血清中含有 AB 凝集素，AB 血型的人血清中不含 AB 凝集素。大多数血型抗原是由黏多糖和黏蛋白之类的复合蛋白构成，为细胞膜的组成成分，所以在输血时应选择相同血型，避免异型血产生抗原抗体反应。

机体对自身成分或细胞不发生免疫应答，但在特殊情况下，由于激烈的理化因素或其他条件所致，改变了自身成分特性时，机体的免疫系统会对它们产生免疫应答，这种物质称为自身抗原。

10.1.2.3 分子量和化学组成

理想抗原的分子质量应在 100kDa 以上；分子质量低于 $5\sim10$ kDa 者，免疫原性不佳。人工合成的多肽，如果是由单一氨基酸组成的聚合物，尽管分子质量足够大，也具有异原性，但免疫原性很差；如果是由不同氨基酸（2 种或 2 种以上）构成的共聚物，由于增加了化学组成的复杂性，则会具有良好的免疫原性。如果氨基酸聚合物再导入芳香族氨基酸、酪氨酸或苯丙氨酸，免疫原性可大大提高。蛋白质的二级、三级、四级结构的形成，可提高抗原结构的异质性，这特别有助于抗体的产生。

10.1.2.4 可递呈性

主要组织相容性复合体（major histocompatibility complex，MHC）是一组由高度多态性基因组成的染色体区域，MHC 基因产物能表达在不同细胞表面，这种表达产物（蛋白质）通常称为 MHC 分子，即主要组织相容性抗原。MHC 分子不但在 T 细胞分化发育中是必需的，而且在免疫应答的启动和调节中发挥作用。

T 细胞不识别完整的天然抗原分子，只能识别与 MHC 分子结合在一起的抗原肽。天然抗原要在抗原递呈细胞（Ag presenting cell，APC）内降解为肽，并被 MHC 分子结合递送到 T 细胞表面进行识别。加工降解天然抗原分子成为肽的过程称为抗原加工，抗原肽由 MHC 分子进行递呈。具有抗原加工和抗原递呈功能的细胞称为抗原递呈细胞（APC）或称辅助细胞（accessory cell），主要有三类：巨噬细胞、树突细胞和 B 细胞。所以，就 T 细胞介导的免疫应答而言，抗原分子能否被有效加工和递呈，决定了这一抗原分子是否具有免疫原性。

10.1.2.5 决定抗原免疫原性的其他因素

(1) 抗原剂量　抗原的免疫剂量过高或过低都能导致免疫无反应或免疫耐受性；反复注射抗原比一次注射效果好。

(2) 引入抗原的途径　抗原进入机体的途径可影响参与免疫应答的器官和细胞的类型，静脉注射抗原先进入脾脏，皮下注射抗原则首先进入局部淋巴结，由于这些淋巴器官中淋巴细胞的群体组成不同，可能影响随后的免疫应答格局。

(3) 佐剂（adjuvant）　佐剂不是抗原，没有免疫原性。但它与抗原混合在一起共同注射动物时，可以增强机体对抗原的免疫应答能力。对于免疫原性比较弱的抗原，加用佐剂可获得良好的免疫效果。常用的佐剂有：弗氏不完全佐剂（Freund's adjuvant incomplete）和弗氏完全佐剂（Freund's adjuvant complete）。

10.1.3 抗原的分类

根据抗原是否具有抗原性，分为完全抗原和不完全抗原。各种细胞、病原微生物、蛋白质都是良好的完全抗原。脂类、寡糖、核酸、异黄酮等都是半抗原。

根据抗原刺激机体 B 细胞产生抗体时是否需要 T 细胞辅助，分为胸腺依赖性抗原（thymus dependent antigen，TDAg）和非胸腺依赖性抗原（thymus independent antigen，

TIAg)。天然抗原中绝大多数属于 TDAg；脂类
多糖（LPS）、肺炎球菌多糖等属于 TIAg。

　　根据抗原与机体的亲缘关系远近，分为异
种抗原、同种异型抗原和自身抗原。

　　根据抗原的来源，分为天然抗原和人工合
成抗原。细菌抗原、病毒抗原、组织抗原、蛋
白质大分子，都属于天然抗原；人工合成抗原
是化学合成的分子。

　　按细菌的抗原结构，细菌抗原分为菌体抗
原（O 抗原）、鞭毛抗原（H 抗原）、表面抗原

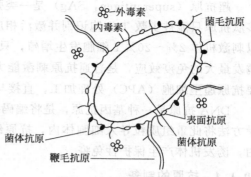

图 10-1　细菌抗原示意图

（荚膜抗原、K 抗原和 Vi 抗原）、菌毛抗原（图 10-1）。各种抗原包括若干抗原决定簇，其
组成和大小见表 10-1，它们具有各自的特异性，这是血清学鉴定细菌的依据。

表 10-1　细菌抗原决定簇

抗原	决定簇的组成	决定簇大小/nm
多糖	3～6 单糖残基	3.5
多聚氨基酸	5～7 氨基酸残基	2.0～2.7
核酸	5 个核苷酸	2.0

　　O 抗原：菌体抗原是细胞壁多糖抗原。细胞壁多糖连接在类脂 A 上，称脂多糖
（LPS）。多糖链由两部分构成，即紧贴类脂 A 的一部分为核心糖，另一部分为 O 抗原特异
性侧链，连接在核心糖上，O 抗原特异性侧链由多个相同的寡糖链组成，谓之决定簇。

　　H 抗原：鞭毛抗原属于蛋白质抗原，包括特异相第一相抗原（小写英文字母表示）和/
或特异相第二相抗原（可用阿拉伯数字表示）。

　　表面抗原：表面抗原是细菌细胞壁外面的成分，因细菌种类不同冠以不同的名称。例如，
肺炎双球菌的表面多糖抗原是荚膜抗原；伤寒沙门菌、丙型副伤寒沙门菌等所具有的毒力抗原
（Virulenceantigen，简称 Vi 抗原）；大肠杆菌细胞壁外的 K 抗原等。

　　细菌的毒素可分为内毒素和外毒素。细菌在生长过程中合成并分泌到胞外的毒素，称外
毒素。外毒素经过脱毒成为类毒素，就是良好的完全抗原。内毒素是革兰阴性（G⁻）菌细
胞壁脂多糖（LPS），只有菌体裂解时才释放，它的毒性较弱，没有器官特异性，各种革兰
阴性菌的内毒素其作用相似。内毒素和外毒素的区别如表 10-2 所示。

表 10-2　内毒素和外毒素的区别

项目	外毒素	内毒素
产生菌	G⁺菌为主	G⁻菌
化学成分	蛋白质	脂多糖(LPS)
释放时间	活菌随时分泌	死菌溶解后释放
致病类型	不同外毒素致病类型不同	基本相同
抗原性	抗原性强	不完全抗原、抗原性弱
毒性	强	弱
制成类毒素	能	不能
热稳定性	60～100℃破坏	耐热性强
存在状态	活细菌分泌到细胞外	结合在细胞壁上
举例	白喉毒素、破伤风毒素、肉毒素、葡萄球菌肠毒素、霍乱弧菌肠毒素、大肠杆菌肠毒素、志贺痢疾杆菌肠毒素等	沙门菌、志贺菌、奈瑟球菌和大肠杆菌等 G⁻菌所产生的内毒素

超抗原（superantigen，SAg）是一类强有力的 T 细胞、B 细胞多克隆激活剂。一般的多肽抗原只能被少数 T 细胞识别并激活相应 T 细胞，而超抗原具有强大的刺激能力。它可以刺激机体 2‰～20‰T 细胞发生增殖，只要极低的多肽抗原浓度（如 1～10ng/mol）即可诱发最大的免疫效应，是普通抗原刺激能力的 $10^3～10^5$ 倍，故称超抗原。这类超抗原不需要抗原递呈细胞（APC）处理加工，直接与 MHC 分子结合再递呈给 T 细胞产生免疫应答。

DNA 抗原是一种基因抗原，是将编码基因插入到带强启动子的质粒载体，然后用物理学方法将此重组质粒导入细胞体内，抗原编码基因即在细胞内通过转录和翻译合成抗原蛋白，诱发机体产生保护性免疫。

10.1.4　抗原的制备

10.1.4.1　抗原纯化与毒力致弱

无论是细胞抗原、病毒抗原还是蛋白质抗原，都不能污染杂菌，而且抗原要纯；在保证免疫原性的前提下，要通过非易感动物、非易感细胞或人工培养、长期多代移植等手段，尽可能降低抗原毒力。根据抗原的性质，制备疫苗时需加入佐剂，例如弗氏佐剂、免疫增强剂等，以提高免疫效果。

（1）灭活苗（inactivation vaccine）又称死疫苗　利用物理（热、射线等）、化学（甲醛、染料等）等方法处理，使细菌或病毒丧失毒力，而保留免疫原性，接种机体后能产生自动免疫。该生物制品无毒、安全、易保存运输、疫苗稳定，但使用剂量较大，需多次注射，不产生局部免疫力。

（2）弱毒苗（attenuated vaccine）又称活疫苗　利用物理、化学和生物（非敏感动物、细胞、鸡胚等）方法连续传代，使微生物强毒株对原宿主丧失或大大减弱致病力，但仍保留良好免疫原性。

（3）单价疫苗（univalent vaccine）　利用同一种微生物菌（毒）株或同一血清型菌（毒）株增殖培养物制备的疫苗。

（4）多价疫苗（polyvalent vaccine）　用同一种微生物菌（毒）株中的若干血清型菌（毒）株的增殖培养物制备的疫苗。多价疫苗能够免疫动物获得完全的免疫力，如口蹄疫 A、O 型双价弱毒疫苗等。

（5）混合疫苗（mixed vaccine）又称多联疫苗　将多种不同的微生物培养物，按免疫学原理组合而成，接种动物后，能产生对相应疾病的免疫保护，是一针多防的生物制品，例如猪瘟、猪丹毒、猪肺疫三联苗。

（6）基因工程苗（genetic engineering vaccine）　利用基因工程技术制备的疫苗。分离提取具有遗传信息的 DNA 目的基因片段，导入受体载体 DNA 中，再将该载体经电穿孔等现代技术带入受体菌中进行正常的表达和复制，从而获得增殖细胞培养物。一般受体菌多为无毒的大肠杆菌，理想的载体是一个小 DNA 分子，如质粒、噬菌体和病毒基因组等。目前成功的基因工程苗有大肠杆菌基因工程苗、口蹄疫基因工程苗等。

10.1.4.2　外毒素及其脱毒为类毒素

外毒素毒性很强，用作抗原首先应该脱毒，目前常用的脱毒方法是用甲醛溶液处理。

（1）破伤风外毒素　破伤风梭菌是专性厌氧菌，在深部伤口生长增殖分泌破伤风痉挛毒素和溶血毒素，通常的破伤风毒素是指破伤风痉挛毒素，它不耐热，是由一个大质粒编码的含 1315 个氨基酸残基组成的肽链，分子质量为 $150×10^3$ Da。该外毒素自释放后即被细菌的蛋白酶切割为重链和轻链，前者分子质量为 $100 \times 10^3 Da$，后者为 $50 \times 10^3 Da$。重链含特异性受体结合部位，但其毒性需两条链共同作用。破伤风毒素对中枢神经有高度亲和力，毒素与神经突触的结合是不可逆的，一般治疗无效，所以免疫预防特别重要。脱毒方法是以除菌后的外毒素液加入 0.4% 的福尔马林溶液，充分振荡，37～38℃，21～30 天，可保留抗原性，这种脱毒的破伤风外毒素称类毒素，免疫动物或人体效果良好。

（2）肉毒毒素　肉毒梭菌主要存在于土壤和海洋沉淀物中，是严格的厌氧菌，产生的肉毒毒素主要通过污染食物由消化道被机体吸收。

毒素的类型因抗原性的差异分为八个型：A、B、C_α、C_β、D、E、F、G。引起人类中毒的主要是 A 型和 B 型。除 G 型毒素由质粒编码外，其余各型毒素均由噬菌体编码，并在菌体内先产生无毒毒素前体分子，与一到几个非毒素亚单位组成复合物，这种前体毒素复合物相对稳定，经胃液作用 24h 仍不能破坏，前体毒素经肠道或细菌蛋白酶酶解释放出肉毒毒素。因此，当食入被毒素污染的食品，如肉制品、发酵豆制品以及玉米粉发酵制品等时即可引起中毒而无须细菌感染。

肉毒毒素中毒的死亡率几近 100%，但及时注射抗毒素，可降低死亡率。肉毒毒素也可用甲醛脱毒：在含毒素的菌液内加入 0.8% 的福尔马林溶液，37℃处理 10 天，每天振荡 1～3 次，脱毒后再加入氢氧化铝胶赋形剂，制成疫苗，即可免疫动物并获得抗毒素血清。

10.1.4.3　半抗原蛋白质复合体的制备

用完全抗原直接免疫动物可得到抗体，但对不完全抗原，则需预先使不完全抗原和蛋白质载体交联，成为抗原蛋白质复合体，再免疫动物获得抗血清。半抗原蛋白质复合体的制备越来越受到重视并应用于食品小分子功能成分、各种药物和农药残留的检测中。

（1）喹噁酸完全抗原的制备及其在食品中的残留检测　喹噁酸是一种抗菌制剂，目前用于鳗鱼等多种鱼病的防治。应用混合酸酐将喹噁酸与载体蛋白质小牛血清白蛋白（BSA）和卵清蛋白（OVA）分别偶联制备人工完全抗原，以喹噁酸蛋白复合体为免疫原，免疫动物获得抗血清。检测时，喹噁酸-OVA 作包被抗原，经用间接 ELISA 测定，终点滴度达到大于 1：163840，测定范围为 31.25～30.05ng/g，实现了鱼产品中喹噁酸的微定量检测，既简便、准确，又快速。

（2）异黄酮半抗原蛋白质复合体的制备及其检测　异黄酮是一组混合物（图 10-2），迄今国外报告先后分离提取出 13 个组分。异黄酮中主要组分染料木素苷元（genistein）活性最强，而大豆苷元（Daidzein）的含量最多，具有抗菌、抗氧化、清除超氧阴离子自由基和抗肿瘤细胞的增殖效能。

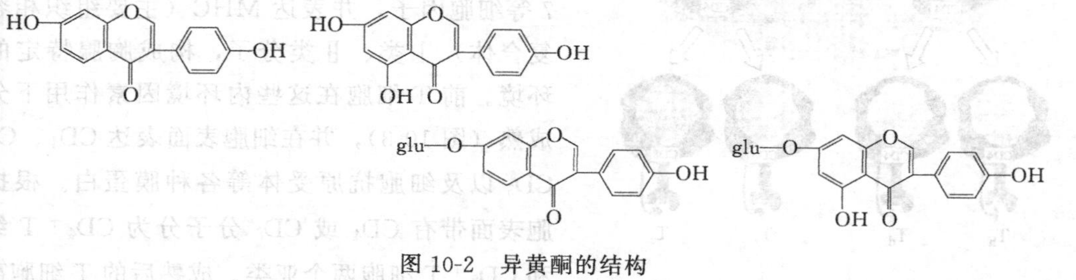

图 10-2　异黄酮的结构

大豆苷元是一种小分子半抗原（相对分子质量为 254），必须与蛋白质结合才有免疫原性，又由于该分子不含与载体蛋白连接的活性基团，所以必须先偶联带活性基团的"桥"。

例如连接一个羧基，然后再偶联 BSA 和 OVA。在大豆苷元 C4 号位酮基上连接活性羧基，再分别交联牛血清白蛋白和卵清蛋白形成 D-4-BSA 和 D-4-OVA 人工复合抗原，并以前者为免疫原，获得抗血清，后者为包被抗原，以竞争 ELISA 法测定大豆苷元获得了成功。大豆苷元测定的浓度范围为 $6.25\sim400\mu g/L$，最小检测阈值 $3.125\mu g/L$，特异性很强，与芒柄花素交叉反应率仅 1.6%，与槲皮素、乙酰甲醌、核黄素无交叉反应。

10.2 免疫细胞和细胞因子

免疫细胞是免疫的细胞学基础。细胞因子是一类能调节免疫细胞功能的可溶性蛋白。

10.2.1 免疫细胞

免疫细胞是指所有参与免疫应答或与免疫有关的细胞，包括 T 细胞（T lymphocyte，T 淋巴细胞）、B 细胞（B lymphocyte，B 淋巴细胞）、自然杀伤细胞（natural killer cell，NK 细胞）、单核巨噬细胞、肥大细胞、树突细胞（DC）和粒细胞等。

免疫细胞在不同的分化阶段可表达不同种类和数量的膜表面免疫分子，包括膜表面抗原受体、主要组织相容复合体、白细胞分化抗原和黏附分子等，它们与免疫细胞的功能密切相关。T 细胞、B 细胞表面均含相应抗原受体，受体识别抗原或有效抗原组分后能使免疫细胞活化、增殖和分化，并参与免疫应答，所以又称免疫活性细胞（immune competent cell，ICC）。免疫活性细胞是介导细胞免疫和体液免疫的主要成分，在获得性免疫中起调节和辅助作用，调节和辅助实现对抗原的免疫应答，或者参与天然免疫。

10.2.1.1 T 细胞

T 细胞成熟于胸腺（thymus），所以也称胸腺依赖淋巴细胞。T 细胞占到外周淋巴细胞总数的 $65\%\sim70\%$，成熟的 T 细胞具有识别有效抗原，介导特异性免疫应答和免疫调节功能。主要功能是介导细胞免疫、调节机体的免疫功能。

（1）T 细胞的分化成熟　骨髓多能干细胞在骨髓内形成淋巴细胞并分化成 T 细胞前体，随血液到达胸腺，称为 T 细胞。胸腺上皮细胞、树突细胞（DC）、巨噬细胞（MΦ）等胸腺基质细胞分泌胸腺素、胸腺生成素、胸腺激素和 IL-7 等细胞因子，并表达 MHC（主要组织相容性复合体）Ⅰ类、Ⅱ类分子，构成胸腺特定的内环境。前 T 细胞在这些内环境因素作用下分化成熟（图 10-3），并在细胞表面表达 CD_4、CD_8、CD_3 以及细胞抗原受体等各种膜蛋白。根据细胞表面带有 CD_4 或 CD_8 分子分为 CD_4^+ T 细胞和 CD_8^+ T 细胞两个亚类。成熟后的 T 细胞离开胸腺进入外周免疫器官的胸腺依赖区定居，并循血液→组织→淋巴→血液进行淋巴细胞再循

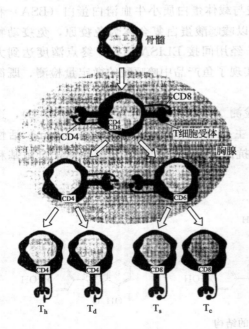

图 10-3　T 细胞分化成熟和 T 细胞亚类

T_h—辅助性 T 细胞；T_d—迟发型超敏反应 T 细胞；

T_s—抑制性 T 细胞；T_c—细胞毒性 T 细胞

环而分布在全身。

（2）T 细胞抗原受体　T 细胞表达 T 细胞抗原受体（T cell receptor，TCR），以此识别抗原和参与免疫应答。每个 T 细胞表面含大约 30000 个 TCR。TCR 的抗原识别特异性受体体现在细胞克隆（clone）水平，即同一个克隆 T 细胞具有结构相同的 TCR 分子，识别同一种抗原。TCR 在同一个体内有着极为丰富多样的 TCR 谱，赋予个体对环境中多种多样的抗原识别和应答的巨大潜力。

（3）TCR 分子　TCR 为异二聚体，由 α 链（45～60kDa）和 β 链（40～45kDa）组成，每条链可分为可变区（V_α、V_β）、恒定区（C_α、C_β）、跨膜区和胞质区。特点是在胞质区特别短，氨基酸残基分别为 5 个（α 链）和 4 个（β 链），在跨膜区 α 链、β 链分别含 2 个（Lys、Arg）和 1 个（Lys）带正电荷的氨基酸（图 10-4），可与 CD_3 分子的跨膜区中带负电荷的氨基酸非共价结合，形成稳定的 $TCR-CD_3$ 复合体。

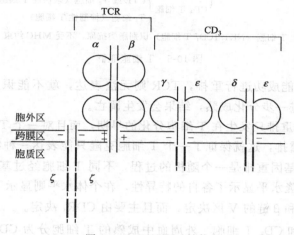

图 10-4　$TCR-CD_3$ 结构

CD_3 分子胞质区的长形方框代表免疫受体酪氨酸激活基序（ITAM）

TCR 和免疫球蛋白（Ig）一样，其抗原特异性在可变区，而可变区 V_α、V_β 各有 3 个高变区（互补决定区）即 CDR_1、CDR_2 和 CDR_3，以 CDR_3 变异最大，直接决定了 TCR 的抗原结合特异性。TCR 在识别 MHC 分子携带的抗原肽时，CDR_1、CDR_2 是识别 MHC 分子抗原结合槽中由 α 螺旋组成的侧壁，而 CDR_3 直接与抗原肽发生相互作用。TCR 的 V_β 上的 CDR_4 结构是识别超抗原的部位。

（4）CD_3 分子　CD_3 分子在化学结构上属异六聚体，由 γε、δε、ζζ 6 条肽链组成。每条肽也可分为胞外区、跨膜区和胞质区。CD_3 分子的跨膜区带负电荷以便和 TCR 分子的跨膜区（带正电荷）非共价结合，形成 $TCR-CD_3$ 复合体。CD_3 分子的每条肽链均含 1～3 个保守的共同序列——免疫受体酪氨酸激活基序（immunoreceptor tyrosine-based activation motif，ITAM），为转导抗原刺激信号所必需，其中 ζ 链分子 ITAM 的磷酸化对 T 细胞的活化尤为重要。

$TCR-CD_3$ 可看作是抗原受体复合系统，其 TCR 识别和结合抗原亚单位，CD_3 则为信息转导亚单位，将 TCR 接受的抗原亚单位信号通过肽链胞质区相关的激酶和 ITAM 转导到细胞内，使 T 细胞活化。

（5）TCR 基因　每个 T 细胞均有 TCR 的 α 链、β 链、δ 链和 γ 链基因，TCR 的合成和免疫球蛋白一样也遵循"两个基因一条肽链"的原则，即每条肽链均可由可变区（V区）和恒定区（C区）基因编码。V区基因需经过基因重排，才有转录和表达功能。在分化成熟过程中，δ链和γ链的基因首先重排和表达，α链、β链基因表达稍晚，而且δ链、γ链基因重排成功并开始表达时，α链、β链基因重排就被抑制，所以对每个T细胞而言或表达TCR_1（δ链、γ链）或表达TCR_2（α链、β链）。根据TCR类型的不同，T细胞分为不同的亚群（图10-5），$\gamma\delta$T细胞是调节和启动抗感染免疫应答的亚群；$\alpha\beta$T细胞是体内最主要的T细胞群，占外周血T细胞总数的90%～95%，其功能是识别由MHC分子递呈的抗原肽，介导细胞免疫和参与免疫调节。

- T细胞
  - $\gamma\delta$T细胞（表达TCR_1）
  - $\alpha\beta$T细胞（表达TCR_2）
    - CD_4^+ T细胞
      - T_h1细胞（T_D细胞，诱发免疫炎症的T细胞）
      - T_h2细胞（辅助性T细胞）
    - CD_8^+ T细胞
      - CTL或T_c细胞（杀伤性T细胞）
      - T_s细胞（抑制性T细胞）
  - NK1.1$^+$T细胞（NK1.1CD_4^+T细胞）识别脂类抗原，不受MHC约束

图10-5 T细胞亚群

如果TCR基因不能成功进行重排，TCR则无法表达，就不能识别抗原，没有免疫功能，这种细胞就不能进一步分化成熟，结果会发生凋亡。

TCR的V区基因重排只发生在T细胞分化的早期，而且对一个T细胞而言，在分化成熟过程中只进行一次重排，这就保证了一个T细胞克隆只能表达一种特异性TCR，只显示一种抗原识别。TCR基因重排是一个随机的过程，不同T细胞经过基因重排，可表达不同特异性的TCR，在克隆水平显示了各自的特异性，在个体水平则显示了极为丰富的多样性。TCR的多样性由α链和β链的V区决定，而且主要由CDR_3决定。

（6）CD_4^+ T细胞和CD_8^+ T细胞 外周血中成熟的T细胞分为CD_4^+ T细胞和CD_8^+ T细胞两大亚群，它们都表达αβTCR。

CD_4^+ T细胞具有辅助功能和炎症功能，称为T辅助细胞（helper T lymphocyte，T_h），主要识别MHCⅡ类分子递呈的抗原肽，少数CD_4^+ T细胞有细胞毒性效应（同CTL）；根据其分泌的细胞因子和介导的功能，CD_4^+ T细胞可分为T_h1和T_h2细胞。T_h1细胞主要分泌IL-2、IFN-γ、TNF-β，介导细胞免疫；T_h2细胞主要分泌IL-4、IL-5、IL-6和IL-10，辅助体液免疫。T_h1和T_h2是一对重要的调节细胞。

CD_8^+ T细胞识别MHCⅠ类分子递呈的抗原肽，有的CD_8^+ T细胞具有辅助功能（同T_h细胞）；CD_8^+ T细胞包括杀伤性T细胞（cytolytic T lymphocyte，CTL或T_C）和抑制性T细胞（suppressor T lymphocyte，T_S）。CTL是免疫应答的主要效应细胞，可特异性杀伤靶细胞，在肿瘤免疫和抗病毒感染免疫中发挥重要作用；CTL可分泌GM-CSF、IL-2、IL-4、IL-5、IL-8、IL-10和IL-16等，调节免疫功能；可分泌IL-8、IP-10（IFN-inducible protein 10）、MIP-Iα（macrophage inflammatory protein）和MIP-1β等趋化性细胞因子，介导炎症反应。T_s可以遏制已发生的移植物排斥反应。

（7）NK1.1$^+$ CD_4^+ T细胞 NK1.1$^+$ CD_4^+ T细胞的$\alpha\beta$TCR结构单一，具有CD_4^+ T细胞辅助受体分子，还同时表达属于NK细胞的表面分子NK1.1，所以称为NK1.1$^+$ CD_4^+ T细胞；它识别抗原时不受MHC约束，所以不识别蛋白质抗原，可识别脂类抗原，它还在天然

免疫和获得性免疫之间起承上启下作用。

10.2.1.2　B 细胞

B 细胞最早发现发育于禽类腔（法）上囊（bursa of fabricius），故称囊依赖淋巴细胞。哺乳动物 B 细胞源于骨髓多能干细胞。B 细胞的主要功能是介导体液免疫，它还是重要的抗原递呈细胞，还能分泌 IL-2、IL-4、IL-5、IL-6、IFN、TGF-β、TNF、LT 等细胞因子来调节免疫应答。

（1）B 细胞的分化成熟　骨髓是 B 细胞的发源地，也是哺乳动物 B 细胞分化成熟的中枢免疫器官。多能干细胞在骨髓内环境作用下，从骨髓干细胞→前 B 细胞→未成熟 B 细胞→成熟 B 细胞→激活 B 细胞→浆细胞，如图 10-6 所示。B 细胞在分化成熟过程中经历了前 B 细胞免疫球蛋白重链（H chain）V 区基因重排、轻链（L chain）V 区基因重排。

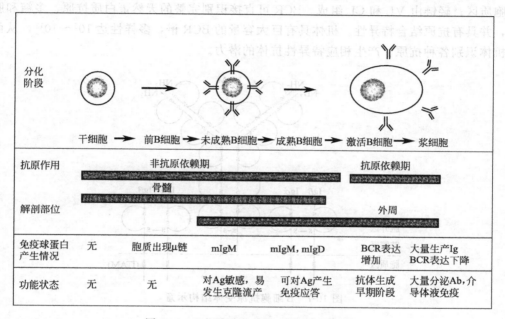

图 10-6　B 细胞分化成熟和抗原诱导分化
引自微生物学，沈萍主编

（2）未成熟 B 细胞　在前 B 细胞轻链 V 区基因开始重排时，细胞表面表达的前 BCR，促进了 B 细胞进一步分化成熟，未成熟的 B 细胞能合成成熟的轻链，胞质中出现完整的免疫球蛋白分子 IgM。细胞表面表达 B 细胞抗原受体——mIgM，这是 B 细胞首先出现的 BCR（B cell receptor，BCR），也是未成熟 B 细胞的表面标志，但所表达的 BCR 只有识别抗原的能力，还不能介导免疫应答。相反，此时未成熟 B 细胞处于对抗原的"敏感"状态，如果受到抗原刺激，非但不能活化增殖、产生特异性免疫应答，反而导致未成熟 B 细胞发生细胞凋亡。

（3）成熟 B 细胞　成熟的 B 细胞开始表达重链（μ 链）以外的其他免疫球蛋白重链，胞质中同时出现 IgM 和 IgD，细胞表面同时表达 mIgM 和 mIgD 两类 BCR。成熟 B 细胞既能识别抗原，又能介导特异性免疫应答。至此，B 细胞完成了在骨髓中的分化和成熟。

（4）活化 B 细胞　成熟 B 细胞源源不断进入外周血液，保持自身的高更新速率，显示其极多样性 B 细胞受体谱。如果没有抗原刺激其寿命仅 7～10d。如果接受了抗原刺激，B

细胞被活化、增殖、分化，进入激活状态，Ig 基因转录加快，细胞表面的 IgV 区基因发生突变以丰富 BCR 的多样性并表达增加，向浆细胞分化。

（5）浆细胞 又称抗体生成细胞，是 B 细胞分化的终末细胞。浆细胞具有体积增大、细胞表面 BCR 表达减少、细胞质中出现大量粗面内质网等特点，能合成和分泌特异性抗体，介导体液免疫。

从骨髓干细胞→前 B 细胞→未成熟 B 细胞→成熟 B 细胞，在骨髓特定的内环境中，按既定的遗传顺序分化，不受抗原影响，称 B 细胞分化的非抗原依赖期；而在外周，成熟的 B 细胞只有在抗原刺激下，才可活化并转化为浆细胞，分泌抗体，属于抗原依赖阶段。

（6）B 细胞抗原受体（B cell receptor, BCR） BCR 主要包括 mIgM 和 mIgD，分别由两条重链和两条轻链组成（图 10-7），每条重链包括可变区（V 区）、恒定区（C 区）、跨膜区和胞质区；轻链由 VL 和 CL 组成。BCR 可直接识别完整的天然蛋白质抗原、多糖和脂类抗原，并具有抗原结合特异性。机体具有巨大容量的 BCR 谱，多样性达 $10^9 \sim 10^{12}$，从而赋予了机体识别各种抗原、产生相应特异性抗体的潜力。

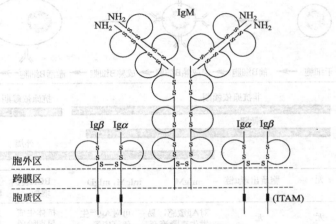

图 10-7 B 细胞抗原受体结构示意

Igα 和 Igβ 分子：Igα（CD79$_a$）和 Igβ（CD79$_b$）是肽链二聚体，两条肽链均分为胞外区、跨膜区和胞质区。胞质区特长，Igα 由 61 个氨基酸残基组成，Igβ 由 48 个氨基酸残基组成，其上各有一 ITAM 结构，是信号转导所必需的。

成熟 B 细胞表面，Igα、Igβ 总是和 BCR 共同表达，形成 BCR-Igα/Igβ 复合体，但有不同的功能，BCR 识别抗原，Igα、Igβ 则转导 BCR 接受的抗原刺激信号。B 细胞表面还能表达 MHCⅡ类分子，能被 CD_4^+ T 细胞识别，所以 B 细胞在抗原递呈中起重要作用。

（7）B 细胞亚群 根据是否表达 CD_5^+，将 B 细胞分为 B_1 细胞和 B_2 细胞两个亚群。

B_1 细胞亚群为 CD_5^+B 细胞，主要功能是无需 T_h 细胞的辅助而识别非蛋白抗原，可直接介导对非胸腺依赖抗原的免疫应答，产生特异性抗体。由 B_1 细胞介导的免疫应答特点是：产生 IgM 抗体，没有次级应答反应，不产生免疫记忆细胞。

B_2 细胞亚群为 T 细胞依赖性亚系，属于 CD_5^-，抗体的产生必须依赖 T_h 细胞的辅助，产生 IgM 和 IgG，而且以 IgG 为主，有次级应答反应，可产生免疫记忆细胞。

10.2.1.3 其他免疫细胞

除了 T 细胞、B 细胞，免疫细胞还包括自然杀伤细胞、单核吞噬细胞、树突细胞

（DC）、肥大细胞和粒细胞等，这些细胞参与天然非特异性免疫，同时在特异性免疫应答中发挥作用，辅助 T 细胞、B 细胞对抗原的识别和发挥免疫效应。

（1）自然杀伤细胞（NK 细胞）　　在形态上，NK 细胞可出现大的嗜天青染料颗粒，又称大颗粒淋巴细胞。NK 细胞来源于骨髓多能干细胞，在骨髓或胸腺中分化成熟，主要分布于外周血，占外周血淋巴细胞总数的 5％～10％，主要功能是参与细胞免疫，在肿瘤免疫、抗病毒感染中发挥作用。NK 细胞无需抗原致敏就能杀伤靶细胞，NK 细胞表达 CD₃ 分子的 ζ 链，与活化信号转导有关。IL-2、IFN-γ、FGF-β 等细胞因子可影响 NK 细胞活性，活化的 NK 细胞可分泌 IFN-γ、TNF-α、TNF-β 和颗粒酶等，介导靶细胞凋亡。

（2）单核吞噬细胞　　单核吞噬细胞包括血液中的单核细胞（monocyte，MC）和组织中的巨噬细胞（macrophage，Mφ）。不同组织中的 Mφ 冠以不同名称，例如存在于结缔组织中的组织细胞、肝脏中的枯否细胞、肺脏中的肺泡细胞、骨髓中的成骨细胞、皮肤上的郎格罕细胞、神经系统的小胶质细胞、腹腔中的腹腔巨噬细胞以及存在于脾和淋巴结上的固定和游走的巨噬细胞等。成熟的 Mφ 表达 MHC Ⅰ 类和 Ⅱ 类分子，还表达 CD₁、CD₂、CD₃ 等其他表面分子。

Mφ 在非特异免疫中主要通过吞噬作用杀灭和清除病原体和异物，并介导炎症反应；在特异性免疫中，被激活的巨噬细胞可分泌 IL-1、IL-6、IL-8、IL-12、IL-15、IFN-γ 等各种细胞因子，发挥免疫调节功能，还能加工和递呈抗原，启动免疫应答。

（3）树突细胞（dendritic cell，DC）　　DC 表面有许多树状突起，细胞内无溶酶体、吞噬体。成熟的 DC 高水平表达 MHC Ⅰ 类、Ⅱ 类分子，向 T 细胞递呈抗原，还可分泌多种趋化因子和细胞因子，活化未致敏的 T 细胞；DC 中的滤泡树突细胞（FDC）不表达 MHC Ⅱ 类分子，不参与 T 细胞的活化，但它们是 B 细胞的抗原递呈细胞；DC 还参与天然非特异性免疫和 T 细胞亚群的分化。

10.2.2　细胞因子

细胞因子（cytokine）是由免疫细胞和其他一些细胞分泌、能调节细胞功能的小分子可溶性蛋白质或多肽，参与机体的细胞免疫和体液免疫、炎症反应、造血调节、细胞增殖与分化等重要的生理和病理过程。

10.2.2.1　细胞因子的特性

细胞因子的化学本质多为糖蛋白，有的是多肽，分子质量一般在 10～25kDa；半衰期短，仅维持几天或更短。细胞因子通过与相应受体特异结合而启动效应，通常在局部发挥功能，可以针对产生该细胞因子并表达相应受体的细胞，也可以针对邻近的细胞。一种细胞因子可作用于多种细胞，称为多效应性；多种细胞因子可以对同一细胞发挥相似的生物学作用。细胞因子之间的关系，可以起协调作用，也可以是拮抗作用。

10.2.2.2　细胞因子的分类

根据细胞因子的功能不同，分类如下：

（1）白细胞介素（interleukin，IL）　　主要由单核巨噬细胞、T 淋巴细胞等白细胞所分泌的某些非特异性的、具有免疫调节和在炎症反应中起作用的因子。不同的白细胞介素可以参与免疫应答的各个不同阶段，有些是细胞活化不可缺少的因子，有的对特殊细胞群的分化起重要作用，见表 10-3。

表 10-3　人白细胞介素的主要生物学功能

名称	来源	主要生物学功能
IL-1α	巨噬细胞 上皮细胞	发热，T细胞活化
IL-1β	巨噬细胞 内皮细胞	巨噬细胞活化 促B细胞成熟、增殖和Ig的产生，发挥杀伤肿瘤细胞能力，刺激NK细胞增强杀伤肿瘤细胞
IL-2	T细胞	T细胞增生，在体内主要是增加T细胞介导的免疫应答，肿瘤治疗，促B细胞增殖，NK细胞活化
IL-3	T细胞 胸腺上皮细胞	在早期血细胞生长时起协同作用
IL-4	T细胞，肥大细胞	作用于多种细胞系，如B细胞、T细胞、胸腺细胞、造血细胞，诱导CTL细胞的分化发育、巨噬细胞的细胞毒作用
IL-5	T细胞，肥大细胞	刺激B细胞生长，增强T细胞表达IL-2受体
IL-6	T细胞，巨噬细胞	T细胞与B细胞的生长、分化
IL-7	骨髓基质细胞	前B细胞和前T细胞的生长和增殖
IL-8	单核巨噬细胞	炎症时的重要介质，抗感染免疫调节作用，T细胞趋化作用
IL-9	T细胞	肥大细胞增加活性
IL-10	T细胞，巨噬细胞	巨噬细胞功能的潜在抑制剂，肥大细胞及其干细胞的刺激因子
IL-11	基质成纤维细胞	在红细胞生成时和IL-3、IL-4的协同作用；刺激浆细胞增殖和抗体产生
IL-12	B细胞，巨噬细胞	活化NK细胞，减少CD_4T细胞分化成T_h1样细胞；诱导T细胞、NK细胞产生IFN-γ
IL-13	T细胞	B细胞生长、分化和增殖，抑制巨噬细胞炎症细胞因子的产生
IL-14	活化T细胞	诱导B细胞增殖，抑制丝裂原诱导的B细胞Ig的分泌
IL-15	多种组织和细胞	刺激CTL细胞和PHA活化T细胞的增殖，诱导CTL和Lak细胞的产生
IL-16	活化CD_8T细胞	是一种能调节淋巴细胞移动的淋巴因子，称淋巴细胞趋化因子(ICF)
IL-17	T细胞	增加IL-6的分泌，诱导基质细胞产生炎症因子
IL-18	单核巨噬细胞	原名为IFN-γ诱导因子；促进T_h1细胞增殖，刺激T_h1细胞分泌多种细胞因子，促进外周单核细胞产生IFN-γ、IL-2等细胞因子；增强NK细胞效应

（2）群落刺激因子（colony stimulating factor，CSF）　包括粒细胞克隆刺激因子（G-CSF）、巨噬细胞克隆刺激因子（M-CSF）、红细胞生成素（EPO）等。主要由T细胞、上皮细胞、纤维母细胞等合成，是促进造血干细胞增殖和分化、刺激骨髓单核细胞和粒细胞等活化的因子。

（3）干扰素（interferon，IFN）　干扰素是宿主细胞在病毒等多种诱生剂刺激下产生的一类小分子质量的糖蛋白，分IFN-α、IFN-β和IFN-γ三种。IFN-α干扰素由白细胞产生，又称白细胞干扰素，IFN-β干扰素由成纤维细胞产生，又称成纤维细胞干扰素，IFN-α和IFN-β属Ⅰ型干扰素，一级结构相似。IFN-γ干扰素主要由T淋巴细胞产生，又称Ⅱ型干扰素或免疫干扰素。干扰素主要作用于宿主细胞合成抗病毒蛋白，控制病毒蛋白的合成，影响病毒的组装释放。干扰素有广谱抗病毒功能，有种属特异性，还有多方面的免疫调节作用。Ⅰ型干扰素以抗病毒活性为主，Ⅱ型干扰素有比Ⅰ型干扰素更强的免疫调节作用。

10.2.2.3　其他细胞因子

包括表皮生长因子（epidermal growth factor，EGF）、成纤维细胞生长因子（fibroblast growth factor，FGF）、神经生长因子（never growth factor，NGF）、转化生长因子（transforming growth factor，TGF）、红细胞生成素（erythropoietin，EPO）和肿瘤坏死因子（tumor necrosis factor，TNF）等，详见表10-4。

表 10-4　一些细胞因子的主要生物学功能

细胞因子	来　源	功　能
表皮生长因子(EGF)	腺体组织细胞	诱导细胞生长,加速损伤组织愈合;促进血管形成;刺激胶原蛋白和胶原酶产生
成纤维细胞生长因子(FGF)	内皮细胞 平滑肌细胞 巨噬细胞	血管内皮细胞趋化作用,是强的血管生长因子;创伤愈合和组织修复;作为神经营养因子
神经生长因子(NGF)	神经元支配的靶组织细胞	诱导神经纤维生长;维持成熟神经元功能;促进损伤神经组织修复;促进淋巴细胞增殖分化
红细胞生成素(EPO)	肾脏间质细胞 肝脏枯否细胞 骨髓巨噬细胞	刺激红细胞生成;促使未成熟网织红细胞成熟
肿瘤坏死因子(TNF)	巨噬细胞 T 细胞	具有抗肿瘤作用
转化生长因子(TGF-β)	成纤维细胞 成骨细胞 巨噬细胞 内皮细胞	促进成纤维细胞增殖;抑制各类淋巴细胞增殖;增加胶原酶合成

10.3　抗体

抗体 (antibody, Ab) 是机体在抗原刺激下, 由 B 细胞合成并分泌的一类能与抗原特异结合的活性物质。免疫球蛋白 (immunoglobulin, Ig) 是血液和组织液、分泌液中的一类糖蛋白, 其主体是抗体。抗体能识别并特异结合相应抗原 (病原体或食品腐败菌、毒素等有害物质、小分子生物活性物质), 是机体防御体系中的重要组成部分。

10.3.1　Ig 分子的基本结构

Ig 分子的本质是蛋白质, 由两两相对称的四条肽链组成, 其中两条长的多肽链称为重链 (heavy chain, H 链), 短的两条多肽链称为轻链 (light chain, L 链)。Ig 的每条肽链由约 110 个氨基酸残基组成, 经 β 折叠并由链内二硫键拉近连接成环形构型, 此为结构域 (domain), 称为功能区。轻链由两个功能区组成, 其 N 端区的氨基酸序列多变, 称为可变区 (V_L), C 端区其氨基酸序列比较保守, 称为恒定区 (C_L); 重链由一个 N 端的可变区 (V_H) 和 3~4 个 C 端恒定区 (C_H) 组成。在研究 Ig 可变区 (V 区) 时, 发现可变区的某些区段变化更大, 称为高变区 (hypervariable region, HV), 高变区内变化较小的部分称为支架区 (fram work region, FR), 也称 CDR_4, 它们相隔排列, 4 个支架区夹 3 个高变区。抗体可变区的高变区包括轻链的 3 个高变区和重链的 3 个高变区, 称为互补决定区 (complementarity determining region, CDR), 分别为 CDR_1、CDR_2 和 CDR_3, 抗体就是依据这部分和抗原互补结合, 其中 $HCDR_3$ 和 $LCDR_3$ 处于比较中心的位置, 其全部残基都可能和抗原相接触, 其他 CDR 仅有部分接触。

两条轻链和两条重链按"轻-重"配对, 通过二硫键连接, V_H 和 V_L 构成抗体的抗原结合部位, 只与相应的抗原决定簇匹配, 发生特异性结合, 是抗体专一性结合抗原的结构基础。

两条重链的区间二硫键区域是铰链区, 具坚韧性和易柔曲性, 能改变两个结合抗原的 Y 形臂之间的距离, 两臂之间的角度可有从 0°到 90°的变化, 但 Ig 中只有 IgD、IgG 和 IgA 有铰链区, IgE 和 IgM 没有, 没有铰链区还有相应的其他结构, 照样有相对的弯曲性。铰链区是蛋白酶的作用部位，木瓜蛋白酶切割点位于铰链区靠 N 端处，酶解结果产生三个片段，其中有两个是相同片段，能结合抗原称为抗原结合片段（fragment Ag biding，Fab），包括整条轻链和半条重链；第二个片段不能与抗原结合，但能形成结晶，称为结晶片段（fragment crystalline，Fc），包括两条重链的其余 C 端部分。Fc 片段多肽具有抗原性，而且具有种特异性，由它刺激动物产生的抗体称为抗抗体（图 10-8）。

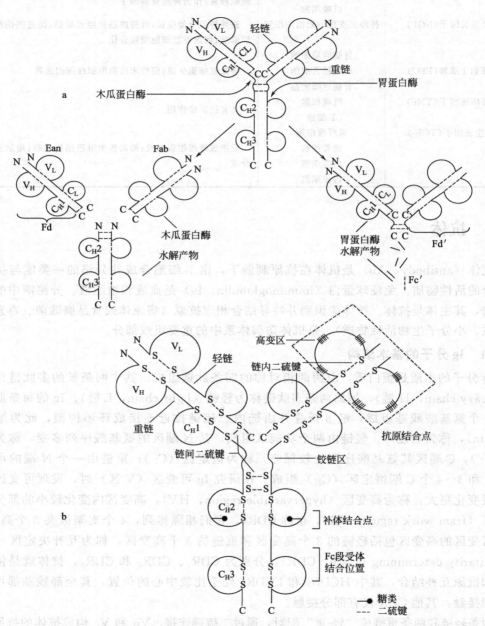

图 10-8　Ig 的结构模式与酶切片段

V_L、C_L 分别代表轻链的 V 区和 C 区；V_H、C_H 代表重链的 V 区和 C 区

10.3.2　Ig 分子的分类

按 Ig 分子存在的方式，Ig 分为膜型免疫球蛋白（membrane Ig，mIg）和分泌型免疫球

蛋白（secretory Ig，sIg）。mIg 存在于 B 细胞膜表面，是 B 细胞的特异性抗原识别受体（BCR）；sIg 为通常指的抗体，包括 IgM、IgG、IgA、IgE、IgD。

10.3.3　Ig 的生理功能

10.3.3.1　Ig 的 Fab 片段与抗原特异结合

Ig 识别抗原的功能是由 mIg 实现的，当 mIg 与特异性抗原结合后，即可触发机体免疫应答。体液中的 Ig 与相应抗原结合后，可发挥其阻抑作用，如特异 Ig 与病毒结合干扰其对细胞的黏附，称为中和抗体；或与细菌毒素结合阻断其毒性，称抗毒素作用。体外的抗原抗体特异结合是各种免疫学技术的基础。抗体与抗原的结合是非极性的，结合和离解是可逆的，离解率越低，亲和力越高，反之亲和力越低，离解率越高，这种结合特性可用于提取和分离抗原或抗体。

10.3.3.2　Ig 的 H 链 C 区的功能效应

Ig 分子的恒定区（C 区）是实施免疫效应的重要部分，因为只有通过它才能动员免疫细胞或其他免疫效应分子共同来完成免疫应答的各种效应。

（1）结合细胞　Fc 片段可以和具有 Ig 的 Fc 受体（FcR）的细胞结合，如 IgE 的 Fc 可以结合肥大细胞或嗜碱性粒细胞上的 FcεR1，促使细胞释放出炎性介质，引起速发型超敏反应；IgG 结合在吞噬细胞表面的 FcγR 后，大大增强其吞噬功能，称抗体的调理作用；亦可结合到 K 细胞、NK 细胞、巨噬细胞表面的 FcγR，介导对相应抗原靶细胞的特异杀伤效果，称为抗体依赖性细胞介导的细胞毒作用（antibody dependent cell-mediated cytotoxicity，ADCC），如图 10-9 所示。

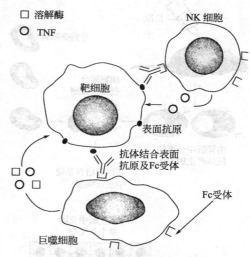

图 10-9　ADCC 杀伤靶细胞的效应机制

（2）激活补体　补体系统包括 20 多种蛋白质成分，主要由肝细胞和巨噬细胞产生，存在于正常血清和体液中，对热不稳定，56℃30min 即被失活。补体可协助抗体清除病原，故得名。只有抗体抗原结合成复合物才能激活补体。适合于激活补体的抗体，有人的 IgM、IgG、IgG$_1$、IgG$_2$、IgG$_3$。抗体 IgG$_4$、IgA 和 IgE 不能激活补体，游离的抗体也不能激活补体。IgM 抗体激活补体的效率最高。IgG 结合的抗原一定要是多价抗原，如与单价半抗原结合形成小复合物或者是与过量的多价抗原所形成的复合物都不能激活补体。

活化后的补体可以引起细胞膜的不可逆损伤，导致细胞溶解，还包括对革兰阴性菌、含脂蛋白膜的病毒颗粒、红细胞和有核细胞等的作用，还对机体抗微生物以及消除病变、衰老细胞和癌细胞有重要作用。补体的各片段具有趋化、促吞噬细胞的吞噬功能以及消除免疫复合物、促进炎症、免疫调节等多种生理功能。

（3）通过胎盘或上皮细胞转运抗体　抗体可以通过 Fc 片段被运送到原先不能到达的部位，例如怀孕妇女的各 IgG 亚类可以通过胎盘上转运细胞的 Fc 受体，传递给胎儿，形成新生儿的自然被动免疫，对保护婴儿抵抗感染起重要作用。IgA 抗体也能通过腺体上皮转运细胞的 Fc 受体将 IgA 分泌到泪液和乳汁中。有些微生物产生的蛋白质也能结合在 Ig 的 Fc 上，这样，可以利用这类蛋白作为试剂来检测和分离 Ig。常用的有金黄色葡萄球菌蛋白 A（protein A）或蛋白 G（protein G），现已发展成为检测试剂，纯化抗原或抗体。

10.3.4　抗体的制备

10.3.4.1　多克隆血清抗体

　　将纯抗原接种实验动物，使其产生免疫应答，大量特异性抗体存留在血清中，所以又称抗血清或免疫血清。血清抗体与抗原发生的抗原抗体反应也叫血清学反应。可以直接取用血清抗体，也可以将血清抗体提纯为精制抗体。这种技术简便、易行、有效。不过因为天然抗原含有多种不同的抗原决定簇，因此，血清抗体是一类具有相对应于抗原决定簇的多克隆抗体混合物。血清抗体广泛应用于实际生产中，如破伤风毒素、沙门细菌、志贺细菌、大肠杆菌、狂犬毒素抗血清等。为了获得高效价的抗血清，在制备免疫原时，常需要抗原中添加赋形剂，例如弗氏佐剂，而且要多次注射，才能得到高滴度的抗血清。

10.3.4.2　单克隆抗体

　　单克隆抗体是由单个杂交瘤细胞增殖所产生的抗体。单个杂交瘤细胞及其后代，遗传背景完全一致，因此所产生的抗体无论在氨基酸数量、类型以及抗原特异性等生物学性状都相同。单克隆抗体制备的原理是利用肿瘤细胞的体外无限增殖能力和 B 细胞分泌抗体的能力相结合，产生杂交瘤细胞，经过筛选，使这种杂交瘤细胞既可产生抗体，又能在体内或体外连续分泌针对某一抗原决定簇的单克隆抗体，基本程序如图 10-10 所示。

　　（1）制备抗体细胞　用制备的抗原接种动物（纯系小鼠）后，取脾脏分离 B 细胞。

　　（2）选取肿瘤细胞和饲养细胞　选用骨髓瘤细胞（与抗体生成细胞为同种动物的骨髓瘤细胞，且具某种生化缺陷以增加融合细胞的稳定性，同时其本身不分泌任何免疫球蛋白），经典的小鼠骨髓瘤细胞系是次黄嘌呤磷酸核糖转移酶（HPRT）阴性株。

　　细胞在体外培养时，需要依赖于适当的细胞浓度，因而在培养融合细胞时需要加入其他饲养细胞。常用的饲养细胞为小鼠腹腔巨噬细胞。

　　（3）细胞融合　这是杂交瘤技术的关键环节，用聚乙二醇（PEG）作为融合剂。PEG 可破坏细胞间相互排斥的表面能力，使相邻细胞融合。为了从融合的杂交瘤细胞混合物中得到所需的融合细胞，必须进行选择。在使用 HPRT 骨髓瘤细胞时，通常使用次黄嘌呤/氨基蝶呤/胸腺嘧啶（HAT）培养基，

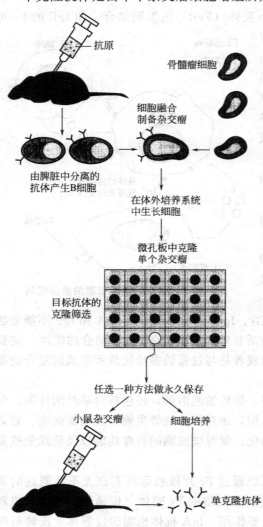

图 10-10　杂交瘤技术和单克隆抗体的生产

在此培养基中只有杂交瘤细胞（既保留了具有骨髓瘤细胞长期增殖的能力，还具有 B 细胞产生抗体的能力，又获得亲代细胞的 HPRT 酶）可以在 HAT 选择培养基中成功地生存，原亲代骨髓瘤细胞因阻断代谢而死亡，B 细胞也不能长期生存，自然死亡。

（4）筛选和细胞克隆化　将得到具有不同抗原特异性的杂交瘤细胞进行逐个分离，分离方法有：终点稀释法、显微操作法、半固态凝胶培养并挑选克隆以及荧光激活细胞分选仪方法等，其中以终点稀释法最为常用，通常使用 ELISA 法对所得到的杂交瘤细胞进行分泌抗体的测定，并将选出的阳性细胞克隆化。

（5）扩增与保存　获得所需要的杂交瘤细胞以后，即可进行批量生产，方法可通过组织培养或活体法。组织培养法生产的单克隆抗体纯度较好，但成本高、产量低，而活体法则可用杂交瘤细胞接种同系小鼠腹腔，长成腹水瘤，然后从腹水中收获抗体，抗体浓度和产量甚高但污染机会较多。杂交瘤细胞可以在液氮中长期冻存备用。

10.3.4.3　基因工程抗体

由于单克隆抗体是异源蛋白，会引起人抗小鼠抗体反应，所以基因工程技术在抗体制备中得到了新的发展，大致分为三个方面：①改造已有鼠源单抗，目的是尽量减少抗体中的鼠源成分，同时保留原有的抗原特异性，例如嵌合抗体、单链抗体和重组抗体。②模拟体内系统在体外构建相应于体内的 B 细胞库的抗体库。③用人的 Ig 基因组取代小鼠的 Ig 基因组，建立能产生人源抗体的小鼠。

（1）嵌合抗体　将鼠源抗体的 V 区基因与人源抗体的 C 区基因拼接重组。此类抗体实际上含有小鼠 V 区带来的抗原结合特异性，又有人类 Ig 的 C 区，称为嵌合抗体。

（2）人源化抗体　使用小鼠 Ig 的 Fab 片段基因代入人 Ig 基因，甚至将小鼠 Ig 的 Fab 片段基因的高变区基因代入人 Ig 基因，也就是将鼠源的 3 个高变区（CDR_1、CDR_2、CDR_3）取代人抗体中相应的 3 个 CDR 部位，这样除了构成抗原结合部位的轻、重链各 3 个 CDR 是鼠源的外，其余均为人源的，只占抗体的极小部分，而且由于 CDR 区的氨基酸顺序本身就是高变的，因此可以说这种植入 CDR 所产生的抗体几乎 100％变成人源化了，称为人源化抗体。

（3）单链抗体　将 V_H 片段和 V_L 片段通过一个短肽链连接两个 V 区片段，经折叠后共同组成抗原结合部位。常用的短肽链为（Gly_4Ser）$_3$、$H_2N-V_H-Linker-V_L-COOH$ 或者 $H_2N-V_L-Linker-V_H-COOH$。单链抗体分子量小，抗原性弱，易穿透组织和被清除，但其亲和力不如完整抗体。

（4）重组抗体　将 Ig 的 V 区基因和非 Ig 基因拼接得到的重组抗体，这种抗体既有 V 区的抗原结合特异性，又有非 Ig 拼接基因的生物学活性，例如拼接酶基因，则可以在指定部位发生所希望的酶反应。

（5）抗体库和噬菌体抗体库　为了解决抗体的异源蛋白问题，将 Ig 的 H 链和 L 链基因片段随机配对克隆入适当的人工载体，从而在体外建立的相当于体内 B 细胞库的抗体库，此即抗体基因库，简称抗体库。如果选择的载体是噬菌体，则抗体可表达于噬菌体表面，此称噬菌体抗体，这是抗体库的一个新突破，将彻底解决人源抗体问题。

10.4　体液免疫和细胞免疫

以 B 细胞为主产生抗体的应答是体液免疫。对于细胞免疫，目前认为，由天然杀伤细胞（NK）和抗体依赖的细胞介导的细胞毒性细胞（antibody dependent cell-mediated cytotoxicity，ADCC），如巨噬细胞（MΦ）和杀伤细胞（K）以及由 T 细胞介导的免疫应答均属于细胞免疫的范畴；前两类免疫细胞的细胞表面不具有抗原识别受体，它们的活化无需经抗原激发即能发挥效应细胞的作用，属于非特异性细胞免疫；效应 T 细胞表面具有抗原识别受体，它们必须经抗原激发才能活化，发挥免疫效应，属于特异性细胞免疫。

　　免疫细胞之间相互协调、互相促进，体液免疫需 T 细胞参与，细胞免疫有赖于 B 细胞"帮忙"，关系如图 10-11 所示。

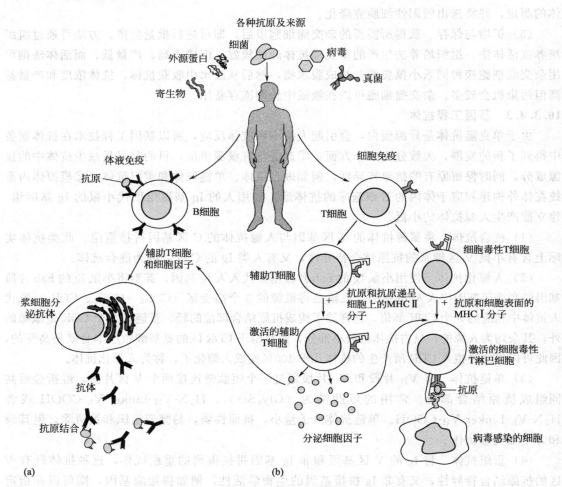

图 10-11　细胞介导的免疫和体液免疫及其关系示意图

10.4.1　B 细胞介导的体液免疫

　　当机体受到抗原刺激时，B 细胞通过其表面的 mIg 与之结合，在抗原刺激下活化、增殖为浆细胞，分泌抗体产生体液免疫。根据是否需要 T 细胞（T 辅助细胞，T_h 细胞）参与，体液免疫应答分为依赖 T 细胞和不赖于 T 细胞两类。

10.4.1.1　不依赖于辅助性 T 细胞的体液免疫应答

　　直接向机体注射 LPS 等脂类多糖抗原时，即可诱导机体产生抗体，这种不依赖于辅助性 T 细胞的免疫应答，是 B 细胞对非胸腺依赖性抗原（thymus independent antigen，TIAg）的应答。TIAg 有两类：Ⅰ类 TIAg，例如，革兰阴性细菌细胞壁脂多糖 LPS，它具有有丝分裂原作用，与有丝分裂原受体结合时可非特异激活 B 细胞；Ⅱ类 TIAg，例如，肺炎球菌多糖，可与 B 细胞多个特异 mIg 结合，被活化的 B 细胞增殖分化转化为浆细胞，大量分泌 IgM 抗体，从而可以通过直接中和、调理吞噬、激活补体等途径表现免疫应答。

10.4.1.2　依赖于辅助性 T 细胞的体液免疫

蛋白质抗原在 T_h 细胞缺乏时不诱导抗体产生，这类抗原称为胸腺依赖抗原（thymus dependent antigen，TDAg）。TDAg 激活 B 细胞，需要抗原作为第一信号，需要 T_h 细胞及其所分泌的细胞因子作为第二信号。天然抗原中大多都是 TDAg。

含免疫分子的 B 细胞，其抗原受体复合体（B cell receptor complex，BCRC）是由 mIg 和 CD_{79} 异源二聚体组成，其中 mIg 是特异性抗原受体，CD_{79} 是向细胞内传递活化信号的信号传递单位。当 B 细胞的 mIg 与 TDAg 特异结合后，通过受体复合体将抗原摄入胞内并加工成肽段，肽段与胞内 MHC Ⅱ类分子结合共呈现于 B 细胞表面，供辅助性 T 细胞识别。T_h 细胞被此 MHC Ⅱ类分子＋肽段刺激活化，表达新的膜表面辅助分子 $CD_{40}L$，并分泌细胞因子。B 细胞的膜表面分子 CD_{40} 与辅助性 T 细胞的 $CD_{40}L$ 结合，给予 B 细胞第二个活化信号，在其他 T 细胞辅助因子的作用下，B 细胞活化成为浆细胞，产生抗体（图 10-12）。由 TD 抗原诱导活化的 B 细胞初次反应以 IgM 为主，再次反应以 IgG 为主，同时，可通过类型转换改变其抗体分泌类型，而 CD_{40}-$CD_{40}L$ 结合更能进一步激活转录因子，诱导 Ig 类型转换，细胞因子是影响抗体类型转换最关键的因素。浆细胞可以分泌 IgM、IgG 或者 IgA、IgE，但每个浆细胞及其克隆只能分泌一种 Ig，而且对 Ag 特异性不变。

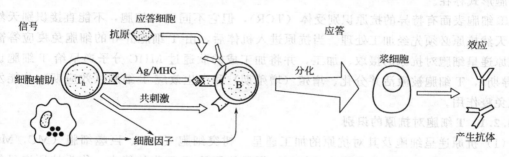

图 10-12　TDAg 对 B 细胞产生抗体的免疫应答

10.4.1.3　抗体产生的规律：初次免疫应答和再次免疫应答

机体第一次接受某一 TDAg 刺激引起特异性抗体产生的过程，称为初次应答（primary response）。从图 10-13 可见，初次应答的特点是：抗原第一次免疫后，血清中抗体浓度缓慢增加，抗体产生的量较少、效价低，抗体的亲和力也低，抗体以 IgM 为主，并最早出现，IgG 的产生晚于 IgM；初次应答的高峰期大约在免疫后 10d 左右。机体再次或多次受到同一抗原刺激产生抗体应答过程，称再次免疫应答（secondary response），抗体以 IgG 为主，抗体水平高，亲和力也高，持续时间长，这称为免疫记忆。

免疫记忆的物质基础是抗原刺激 B 细胞分化为浆细胞的同时，在细胞因子参与下，分化出一群具有抗原特异性的长寿记忆细胞，它们可能存活数月甚至伴随机体终身。记忆细胞能合成 mIgG、mIgE 和 mIgA，不表达 mIgD。记忆细胞不分泌抗体，只有在受到相同抗原再刺激时，才能激活成为浆细胞产生抗体。

TIAg 引发的体液免疫不产生记忆细胞，只有初次应答，没有再次应答，免疫时机体所产抗体不能持久，所以这类疾病可反复感染。例如，食物中的某些活性物质（半抗原）如果作为抗原，因为 TIAg 不产生记忆细胞，没有再次应答也不能持久，应经常服用。

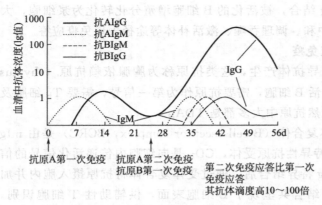

图 10-13　免疫应答过程中抗体产生规律

从图 10-13 还可看出，当用与初次应答不同的抗原 B 免疫同一种动物，虽然是在第二次免疫时间注射，但诱发免疫的特性仍然是初次应答，因为这种应答是针对第二种抗原（抗原 B）的。

10.4.2　T 细胞介导的细胞免疫

由 T 细胞介导的细胞免疫有两种基本形式：一种类型由迟发型超敏性 T 细胞（TDH，CD_4^+）与抗原反应后分泌细胞因子，这些细胞因子吸引、活化巨噬细胞及其他类型的细胞在反应部位聚集，成为组织慢性炎症的非特异效应细胞；另一种类型是由细胞毒性 T 细胞（T_c，CD_8^+）对靶细胞产生特异杀伤作用。

引起细胞免疫的抗原多为 T 细胞依赖抗原（T_D 抗原）。参与特异细胞免疫的细胞由抗原递呈细胞（巨噬细胞或树突状细胞）、免疫调节细胞（T_h 和 T_s）以及效应 T 细胞（TDTH 和 T_c）等多细胞系完成。在无抗原激发的情况下，效应 T 细胞是以不活化的静息型细胞形式存在。

T 细胞表面有特异的抗原识别受体（TCR），但它不同于 B 细胞，不能直接识别天然抗原，天然抗原必须先经加工处理。当抗原进入机体后，由 T 细胞介导的细胞免疫应答需经过抗原递呈细胞对抗原的摄取、加工，并将加工成的肽通过 MHC 分子递呈给 T 细胞识别（诱导期），T 细胞被激活并分化、增殖（增殖期）和产生效应 T 细胞（效应期）才能发挥细胞免疫作用。

10.4.2.1　T 细胞对抗原的识别

（1）抗原递呈细胞及其对抗原的加工递呈　树突细胞（DC）、巨噬细胞（MC，MΦ）、B 细胞和内皮细胞等细胞具有摄取、加工、提呈抗原给 T 细胞的能力，称为抗原递呈细胞（Ag presenting cell，APC）。APC 摄入抗原后将其降解为肽段，肽段分别与胞内的 MHC Ⅰ 类分子或 MHC Ⅱ 类分子结合形成复合物，然后运送至细胞表面，并呈递给 CD_4^+ T 细胞识别。

（2）T 细胞对抗原的识别　TCR 识别 APC 表面与 MHC 分子结合的抗原肽，是对自身 MHC 和外来抗原的双重识别，即 T 细胞通过 TCR 在识别抗原的同时，也识别与抗原肽结合的 MHC 分子，其中 CD_4^+ T 细胞识别 MHC Ⅱ 类分子，CD_8^+ T 细胞识别 MHC Ⅰ 类分子。

10.4.2.2　CD_4^+ T 细胞介导的免疫炎症

由 CD_4^+ T 细胞激发的特异性细胞免疫，可引起组织的慢性炎症，是以淋巴细胞（主要是 T 细胞）和单核吞噬细胞系细胞浸润为主的渗出性炎症。由于免疫细胞的激活、增殖和分化以及其他炎症细胞的聚集需要较长时间，所以炎症反应发生较迟，持续时间也长，故称此种炎症反应为迟发型超敏反应（delayed type hypersensitivty，DTH），诱发这种反应的 T 细胞称为迟发型超敏性 T 细胞（TDTH）。

CD_4^+ T 细胞活化需有双信号刺激，即其抗原识别受体（TCRαβ）与抗原递呈细胞上的肽-MHC Ⅱ 分子的复合物结合后，可通过 CD_3 复合分子传递第一信号。CD_4^+ T 细胞上其他辅助分子可与 APC 上相应的配体分子结合，不仅增强了 CD_4^+ T 细胞与 APC 间的黏附作用，同时可向 CD_4^+ T 细胞传递协同刺激信号，使之活化并产生多种细胞因子，它们既能促进 CD_4^+ T 细胞克隆的扩增，又是 DTH 反应的分子基础。如无辅助信号发生，则 CD_4^+ T 细胞处于不应答状态。

10.4.2.3　CD_8^+ T 细胞介导的杀细胞效应

CD_8^+ T 细胞（T_c 或 CTL 细胞）能杀伤表达特异抗原的靶细胞，它在抗病毒感染、急性同种异型移植物排斥和对肿瘤细胞的杀伤作用中是重要的效应细胞，其抗原识别受体（TCRαβ）可识别多肽抗原与自身 MHC Ⅰ类分子形成的复合物。在正常机体中，CTL 细胞以不活化的静息 T 细胞的形式存在，只有在抗原激活、T 辅助细胞（T_h）的协同作用下，才能分化发育为杀伤效应的 T 细胞。CTL 细胞活化需双信号，即 TCR 与靶细胞膜上 MHC Ⅰ类分子与抗原肽分子复合物结合后，可通过 CD_3 复合分子传递第一信号；CTL 细胞上其他辅助分子可与靶细胞上相应的配体分子结合，不仅可增强 CTL 细胞与靶细胞的黏附作用，同时也向 CTL 细胞传递协同信号使之活化，在活化 CD_4^+ T 细胞分泌的细胞因子作用下使之克隆增殖并分化为效应杀伤 T 细胞。

CTL 细胞分泌穿孔素蛋白，当与胞外高浓度 Ca^{2+} 接触后，即在靶细胞膜的脂质层发生聚合并形成离子通道，大量离子和水分可进入细胞，引起渗透压增高导致细胞溶解，还可通过表达 Fas 分子引起靶细胞凋亡。CTL 细胞还分泌一种蛋白质毒素，可活化靶细胞内的 DNA 降解酶，导致靶细胞核 DNA 的裂解而引起靶细胞程序性死亡。

 **热点导读**

食物致敏性

免疫是机体的保护性反应，但有时它可能对机体产生有害结果。超敏反应是一种特异性的免疫病理反应，分为四型：Ⅰ型——速发型超敏反应，Ⅱ型——细胞毒型超敏反应，Ⅲ型——免疫复合物型超敏反应，Ⅳ型——迟发型超敏反应。前三型均由体液免疫介导，迟发型超敏反应由细胞免疫介导。

Ⅰ型——速发型超敏反应：机体初次接触抗原后产生 IgE 抗体，当机体再次接触同样抗原，在很短时间内（数秒到几分钟），IgE 致敏的肥大细胞、嗜碱粒细胞等即可释放炎症性药理介质，引起以毛细血管扩张、血管通透性增加及平滑肌收缩等病理变化，主要表现为皮肤过敏反应、呼吸道与消化道等黏膜过敏反应性疾病以及过敏性休克等临床症状。Ⅱ型——细胞毒型超敏反应：病情发展较缓慢，一般与抗原接触后一周以上发病，所涉及的免疫机制是机体对自身的组织和细胞产生抗体（多数为 IgG，少数为 IgM、IgA），引起自身细胞的毁坏，表现为溶血、出血、贫血、紫癜、黄疸、继发感染等症状。这类超敏反应发生的原因是免疫不能识别自身和非自身，它把自身的组织误认为异物对之产生了抗体，故又称自身免疫，这类疾病被称为自身免疫性疾病。Ⅲ型——免疫复合物型超敏反应：可溶性抗原与相应 IgG、IgM 类抗体结合形成可溶性免疫复合物，病情发展缓慢。病变多发生于肾脏、中小动脉周围、心瓣膜、关节周围、淋巴组织等，表现为淋巴结肿大、发烧、心悸、关节痛、软组织坏死、溃疡等症状。Ⅳ型——迟发型超敏反应：为致敏 T 淋巴细胞介导的细胞免疫，无需抗体或补体参加。T_h 细胞在接受抗原递呈细胞的抗原片段后被激活，转变为致敏 T 淋巴细胞，该细胞衍生的淋巴因子吸引来巨噬细胞，使其活化并释放溶酶体酶，而且在致敏的 CTL 作用下，引起以单核细胞、巨噬细胞和淋巴细胞浸润和细胞变性坏死为主要特征的炎症性病理损伤。反应发生迟缓，多发生于接触抗原 24h 之后，表现皮肤红肿、皮痒、皮疹、渗出，肌张力降低，多发性感觉或运动神经麻痹，甲状腺机能低下，眼部红肿、疼痛、畏光、视力减退等症状。

全球有近 2% 的成年人和 4%～6% 的儿童有食物过敏史，食物过敏是一个全世界均关注的公共卫生问题。食物过敏是人体对食物中抗原产生的、由免疫介导的不良反应，又称为食物超敏反应。90% 以上的食物过敏由蛋、鱼、贝类、奶、花生、大豆、坚果和小麦等 8 类高致敏性食物引起。食物过敏原主要来自食物中的致敏蛋白质、食品添加剂和含有过敏原的转基因食品。食物过敏的临床表现以皮肤症状、胃肠道症状和呼吸系统为主。预防和治疗食物过敏的最好方法是避免摄取食物过敏原。

思 考 题

1. 什么是抗原？它有什么基本特点？
2. 主要的免疫细胞有哪些？其主要功能是什么？
3. 什么是细胞因子？在免疫中起什么作用？
4. 什么是抗体，有哪些类型？
5. 你认为哪些类型的抗原抗体在食品监测中有很大的应用前途？举例说明抗原抗体反应在食品中的应用。
6. 阐述一种食源性病菌进入机体的过程。

参 考 文 献

［1］ Michael T Madigan, John M Martinko, et al. Brock biology of microorganisms. 13th. Benjamin Cummings, USA，2011.

［2］ 周光炎. 免疫学原理. 上海：上海科学技术出版社，2008.

［3］ Philip M Tatum. Toll-like receptor 4 is protective against neonatal murine is chemia-reperfusion intestinal injury. Journal of Pediatric Surgery. 2010. 45：1246-1255.

第 11 章　食品中的指示微生物

微生物在自然界分布广泛，可以通过各种途径污染食品，从而导致食品腐败变质，甚至引发人类的疾病。要检测食品中存在的所有微生物显然是困难、费时而不必要的，那么如何简便、快速、准确地判断食品中的微生物存在情况，评价食品的质量与安全性呢？19 世纪末，人们引入环境指示微生物的概念以表明某种或某些目标微生物的存在情况，获得了较为理想的结果，其在环境科学中的成功应用，使得许多国家和地区都对指示微生物开展了积极的研究和广泛的应用，目前指示微生物已经用于评估食品加工质量安全控制、饮用水净化等过程的效果。

11.1　指示微生物的概念

指示微生物 （indicating microorganism） 是在食品质量安全检测中，用以指示检验样品质量、卫生状况及安全性的指示性微生物，可以用来反映与食品货架期相关的微生物情况或食源性致病菌是否对食品安全产生影响。通常以指示菌在检品中存在与否以及数量多少为依据，对照相关标准法规，对检品的饮用、食用或使用的安全性做出评价。食品中的指示微生物可以分为两种类型，即食品质量指示物和食品安全指示物。

11.1.1　食品质量指示物

食品质量指示物，又称货架期指示物，是指一些微生物或它们的代谢产物，这些产物在某些食品中达到一定水平时可以用来检测食品当前的质量，甚至可以用来预测产品货架寿命。当用于此目的时，这些指示微生物应该满足以下标准：

① 存在于所有待测食品中并能够被检测到。
② 生长和数量应对产品的质量有直接的负面作用。
③ 在检测或计数时易于和其他微生物区分开。
④ 生长不受食品中其他微生物菌群的影响。

一般而言，产品质量最可靠的指示微生物都有产品特异性，即这些产品有严格的微生物群，并且腐败是由于某一种典型微生物生长的结果，通过控制这些特定微生物的数量即可显著延长产品的货架期。事实上，微生物质量指标菌都是一些腐败菌，如苹果汁中的醋酸杆菌、罐装蔬菜中的平酸菌芽孢、未消毒的生牛奶中的乳酸链球菌等都是该产品可能的质量指示微生物，当它们数量增加时就会导致产品质量下降。

指示菌的数量可以通过直接显微镜计数法和活细胞计数法得到，进行活细胞计数时可以通过选择性培养进行检测，或者利用一种合适的选择性培养基的阻抗进行检测。尽管活细胞计数法对于评价产品质量并不精确，但其结果比直接计数法的结果更有意义。

当微生物的新陈代谢产物显著地影响产品质量时，这些产物可以作为产品质量指示物，即利用该产物来评估和预测产品中的微生物情况。如鱼类腐败菌能将氧化三甲胺转化为三甲胺，因此许多研究者认为可以将三甲胺作为鱼类质量或腐败的一种指示物。乳酸是腐败罐装蔬菜中最常见的一种有机酸，人们已开发出了一种仅耗时 2h 的硅胶平板法来检测产品中的乳酸含量，以推测罐装蔬菜的新鲜程度。一些对食品质量产生不利影响的微生物及代谢物如表 11-1 所示。

表 11-1　一些对食品质量产生不利影响的微生物及代谢物

产品	微生物	代谢物
苹果汁	醋酸杆菌	乙醇
罐装啤酒	乳酸菌	尸胺与腐胺
罐装蔬菜	平酸菌芽孢	乳酸
面团	芽孢杆菌属	—
罐装果汁	丝衣霉菌属	—
干酪	梭菌属	—
生牛奶(未消毒)	乳酸链球菌	—
黄油	河蟹腐败假单胞菌	挥发性脂肪酸
浓缩果汁	酵母菌	—
蛋黄酱,色拉	拜耳结合酵母	—

11.1.2　食品安全指示物

食品安全指示物主要用于评估食品的安全性和卫生状况。一种理想的食品安全指示物应该满足以下标准：

① 易快速地被检测到。

② 很容易和食品微生物群中其他成员区分。

③ 和病原体有一定的直接关系，可以指示该病原体的存在。

④ 相关病原体总是和该指示菌同时出现。

⑤ 理想状况下，该指示菌的数量与相关病原体有一定关系。

⑥ 生长需求和生长速率等于或超过病原体。

⑦ 死亡率至少和病原体相当，最好其存活时间比相关病原体稍长一些。

⑧ 没有病原体时不出现或只有极少量出现。

这些标准适用于绝大多数食源性病原菌的媒介食品。

食品安全指示菌可以分为三种类型：

(1) 反映及评价被检样品的一般卫生质量、污染程度的指示菌，常用的指标包括细菌、霉菌和酵母菌数。

(2) 细菌数量的表示方法由于所采用的计数方法不同而有两种：细菌总数和菌落总数。细菌总数 (total bacterial count) 也称细菌直接显微镜数，是指一定数量或面积的食品样品，经过适当的处理后，在显微镜下对细菌进行直接计数，其中包括各种活菌数和尚未消失的死菌数，通常以 1g 或 1mL 或 1cm^2 样品中的细菌数来表示。菌落总数 (total plate count) 是指一定数量或面积的食品样品，在一定条件下进行细菌培养，使每一个活菌只能形成一个肉眼可见的菌落，然后进行菌落计数所得的菌落数量。通常以 1g 或 1mL 或 1cm^2 样品中所含的菌落数量来表示，即 CFU/mL (cm^2)。由于培养条件的限制，检样中的某些细菌难以繁殖生长，因此细菌菌落总数并不表示实际存在的所有微生物总数，也不能区分其中的种类，所以又被称为杂菌数、需氧菌数等。活菌数量的多少在一定程度上标志着食品卫生质量的优劣，食品中活菌数量越多，则食品腐败变质的速度就越快，因此细菌菌落总数能更好地反映产品当前的状态，国内外标准法规中也均采用菌落总数来表示细菌数量。

各类食品由于霉菌的侵染，常常发生霉坏变质，有些霉菌如青霉、黄曲霉和镰刀霉产生毒素，侵染食品机会较多。霉菌和酵母菌的计数主要是通过测定霉菌和酵母菌的菌落总数，即食品检样经过处理，在一定条件下培养后，所得 1g 或 1mL 检样中所含的霉菌和酵母菌菌落总数（粮食样品是指 1g 粮食表面的霉菌总数）。目前已有多个国家制定了多种食品的霉菌和酵母菌限量标准。

（3）特指粪便污染的指示菌，主要指大肠菌群，其他还有肠球菌、亚硫酸盐还原梭菌等。

在传统的安全指示物中，人们均认为相关病原体来源于肠道内，并且它们直接或间接地来自粪便污染。例如，水体中的致病性微生物一般并不是水中原有微生物，大部分是从外界环境污染而来，特别是人和其他温血动物的粪便污染。此类受污染的水体可能含有严重威胁人类和动物健康的致病微生物，常见的主要包括志贺菌、沙门菌、大肠杆菌、小肠结肠炎耶尔森菌、霍乱弧菌、副溶血性弧菌等。在对水质卫生质量的评价和实际控制中，由于致病微生物在水环境中往往数量较少、检测比较困难，无法对各种可能存在的致病微生物一一进行检测，通常采用检测与病原微生物具有密切关系的指示微生物来指示和估计病原污染，从而判断水体是否受到过人畜粪便的污染，是否有肠道病原微生物存在的可能，以保证水质的卫生安全（表 11-2）。第一个用来指示粪便污染的指示菌是大肠杆菌。作为一种理想的粪便污染的指示微生物，必须具备下列条件：

① 在理想状态下，所选择的微生物应具有高效专一性，应只存在于肠道中；
② 在粪便中含量很高，必须在高稀释度下计数；
③ 它们拥有对肠道外环境的很高的耐受性，以便于在待测样品中能够检测得到；
④ 即使当数量很少时，也可以迅速可靠地检测出来；
⑤ 不管肠道病原体是否存在，该微生物必须存在；
⑥ 具有比生命力最强的肠道病原体更长的存活时间；
⑦ 该微生物的密度与粪便污染的程度成正比关系；
⑧ 该微生物是温血动物肠道微生物群落的组分；
⑨ 该微生物有简单分离、监测方法。

表 11-2　原污水常见指示微生物浓度的估计水平

微生物	浓度/(CFU/100mL)	微生物	浓度/(CFU/100mL)
大肠菌群	$10^7 \sim 10^9$	葡萄球菌	10^3
粪大肠杆菌	$10^6 \sim 10^7$	铜绿假单胞菌	10^5
粪链球菌	$10^5 \sim 10^6$	耐酸细菌	10^2
肠球菌	$10^4 \sim 10^5$	大肠杆菌噬菌体	$10^2 \sim 10^3$
产气荚膜梭菌	10^4	拟杆菌	$10^7 \sim 10^{10}$

然而，目前还没有一种指示微生物能够完全满足以上条件，不同的微生物类群都可能被选择用作指示微生物。

（4）其他指示菌，包括某些特定环境不能检出的菌类，如特定菌、某些致病菌或其他指示性微生物。

从某些样品中直接检测目的病原微生物有一定的难度，原因是在环境中病原微生物数量少、种类多、生物学性状多样，检验和鉴定的方法比较复杂。因此，需要寻找某些带有指示性的微生物，这些微生物应该在环境中存在数量较多，易于检出，检测方法较简单，而且具有一定的代表性。根据其检出的情况，可以判断样品被污染的程度，并间接指示致病微生物有无存在的可能，以及对人群是否构成潜在的威胁。

11.2 大肠菌群

大肠菌群（total coliform）并非细菌学分类命名，而是卫生细菌领域的用语，指的是具有某些特性的一组在生化及血清学方面并非完全一致，但与粪便污染有关的细菌。作为一种实验室定义，是基于微生物的革兰染色反应和代谢性质来确定的，即是一群好氧及兼性厌氧，在 37℃经 24h 培养能发酵乳糖、产酸、产气的 G⁻ 无芽孢的小杆菌。从种类上讲，大肠菌群包括了肠杆菌科的 5 个属：埃希菌属（*Escherichia*）、枸橼酸菌属（*Citrobacter*）、肠杆菌属（*Enterobacter*）、克雷伯菌属（*Klebsiella*）和拉乌尔菌属（*Raoultella*），以 *Escherichia* 为主。

这些乳糖发酵菌对食品卫生具有重要意义。大多数肠杆菌存在于温血动物的肠道中，并通过肠道排出体外，许多肠杆菌科的食源性致病菌也如此。由于大肠菌群与肠道致病菌来源相同，而且在外界生存的时间与主要肠道致病菌如沙门菌属、志贺菌属等相当，所以高数量的大肠菌群的存在就可以被用来预测肠道致病菌的状况，也表明卫生状况较差。

和大多数其他细菌不同，大肠菌群可以发酵乳糖产生气体，单凭这一特性就可以推断出大肠菌群的数量，而且大肠菌群易于培养和区分。有报道称大肠菌群可在 pH 值为 4.4～9.0、温度低至－2℃和高至 50℃的条件下，在许多培养基和很多食品上良好生长，如营养琼脂、有抑制革兰阳性菌作用的胆盐培养基、含有唯一有机碳源如葡萄糖和唯一氮源如硫酸铵以及其他矿物质的基础培养基等，大肠菌群是一种较为理想的指示菌。目前世界各国大都使用大肠菌群作为食品和饮用水粪便污染的标准，通过实验得知，若 100mL 饮用水中不存在这类生物就可以确保不会暴发细菌性水传播疾病。

尽管使用大肠菌群作为食品质量与安全的指示生物已有多年，对某些食品而言，这些指示菌的应用仍有一定限制。例如，大肠菌群中含有非典型的菌株，使得大肠菌群的鉴定变得比较复杂；对于被冷冻灼伤的蔬菜，大肠菌群数量多少并不能反映卫生状况的好坏，这是因为一些菌，特别是肠道菌，本来和植物的关系就非常紧密；此外，大肠菌群比肠道病原体病毒和原生动物具有较短的存活时间和更弱的抵抗消毒能力，这也限制了大肠菌群作为这些生物的指示生物，但大肠菌群在评价食品卫生及安全性中的优点是毋庸置疑的。

11.2.1 最大概率数试验

最大概率数（most probable number，MPN）试验是由 McCrady 于 1915 年提出的，采用多管发酵技术检测样品中大肠菌群的存在情况并估计其数量，该方法并非一个精确的分析方法，而是一种应用统计学的原理，基于泊松分布测定和计算的最近似数值的间接计数方法。

其原理是依据大肠菌群能够发酵乳糖、产酸、产气的特点，将样品进行系列倍比稀释，分别接种到含有乳糖的鉴别选择性培养液试管中，在定义条件下培养后，借助 pH 指示剂和杜氏小管（Durham tube）截留的气体来观察产酸、产气情况以证实大肠菌群。当样品通过一系列稀释和等量分配成小样品时，有些小样品中最后含样品量极少，以至其中不再含有所需检验细菌，经培养后，通过一定的小样品中存在或不存在细菌的情况，根据结果查阅 MPN 检索表，就可得到原样品中微生物的估计数量，对原始样品中的菌数做统计学估计，其结果即是指在 1mL（或 1g）食品检样中所含的大肠菌群的最近似或最可能数。

培养基中含有一种或者几种能阻碍或抑制"非目标"微生物生长的化学物质，这些化学物质允许目标微生物生长，且生长清晰可见。大肠菌群检验中常用的抑菌剂有胆盐、十二烷基硫酸钠、洗衣粉、煌绿、龙胆紫、孔雀绿等。其主要作用是抑制其他杂菌，特别是革兰阳性菌的生长。在我国国家标准和行业标准中，LST 肉汤利用十二烷基硫酸钠作为抑菌剂，BGLB 肉汤利用煌绿和胆盐作为抑菌剂。抑菌剂虽可抑制样品中的一些杂菌，而有利于大肠菌群细菌的生长和挑选，但对大肠菌群中的某些菌株有时也产生一些抑制作用。

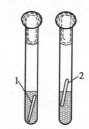

若被检菌在利用碳源后产酸，其酸性物质的积累有时会超出培养基的缓冲范围，培养基的 pH 值会下降，在培养基中添加指示剂，即可鉴别。

各试验管中加一倒置杜氏管，分装入试验用培养基，高压灭菌，培养基将压进杜氏管，并赶走管内气体，随后进行培养。若发酵管中倒置的杜氏小管中有小气泡，则是由微生物在生长过程中发酵乳糖后产生气体而形成的。如图 11-1 所示为糖醇类发酵试验产气现象。

图 11-1　糖醇类发酵试验产气现象
1—培养前的情况；
2—培养后杜氏管出现气体

试验时，先将样品稀释为 3 个连续梯度的适宜稀释液，随后每个稀释度各取适量接种到 3 支或 5 支初发酵培养基试管中进行初发酵培养，观察产酸和产气情况。阳性样本需进行确认试验，从产气试管中取出少量菌株接种在复发酵培养基进行复发酵试验，以证实大肠菌群的存在。根据确证的阳性初发酵试管的个数查对 MPN 表，即可以估算原始样品中的大肠菌群数量。

MPN 测定方法适用于带菌量极少、其他方法不能检测的食品，如水、乳制品及其他食品中大肠菌群的计数。该方法优点是不需昂贵的仪器设备，操作简单。缺点是发酵管的制作耗时费力，检测样品都需要做系列稀释，加上后续确认试验大约需要 96h 以上，不能直接观察到微生物菌落形态，而且属于半定量试验，其技术特点决定了该法有时还会低估样品中大肠菌群的数量，甚至造成漏检。

生物梅里埃的全自动微生物定量系统 TEMPO 是基于 MPN 原理进行食品样本中常规指示菌（菌落总数、大肠菌群、大肠杆菌、肠杆菌科、霉菌酵母、金黄色葡萄球菌等）检测的自动化方法（图 11-2）。仅需 10 倍稀释，无需制备培养基，自动加样充填、自动读数、自动报告，简单的操作，快速可靠的结果，可以全面提高实验室的效率。一台 TEMPO 每天最多可以进行 500 个样品的测试，检测时间较传统方法大大减少。如按照美国标准和欧盟标准检测大肠菌群仅需 24h，检测结果以 CFU/mL 表示。

11.2.2　膜滤试验

膜滤（membrane filter，MF）试验已在许多国家作为水质微生物检测的标准方法，属于定量试验。在该技术中，将给定的一定体积的样品（饮用水通常为 100mL）注入已灭菌的放有滤膜的滤器中，滤膜是一种微孔性薄膜

图 11-2　生物梅里埃的全自动微生物定量系统 TEMPO

（孔径不大于 $0.45\mu m$），经过抽滤，水或者稀释液能够通过膜，而细菌被截留到膜表面上，然后将滤膜放在用特殊的培养基饱和的薄吸收垫衬上，该培养基可选择性地使目的生物生长，对于生长的菌落可以采用直接计数法（DMC）计数膜上生长出的典型细菌集落。在计

数时，对其膜进行适当的染色、冲洗、处理，使菌落变得清晰可见；随后借助显微镜观察和计数收集到的微生物体。此法的成败取决于使用有效鉴别培养基或选择培养基，该培养基能方便地鉴别生长在滤膜表面的细菌菌落。如图 11-3 所示。

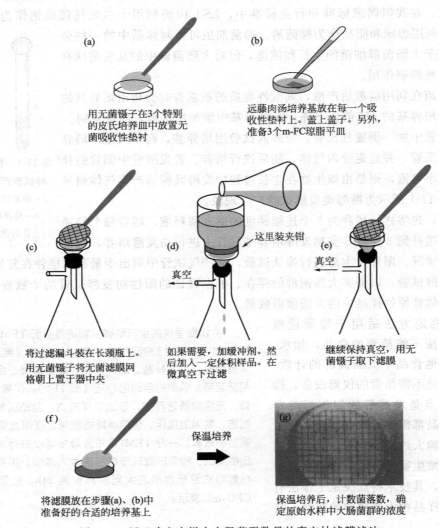

（a）用无菌镊子在3个特别的皮氏培养皿中放置无菌吸收性垫衬

（b）远藤肉汤培养基放在每一个吸收性垫衬上。盖上盖子。另外，准备3个m-FC琼脂平皿

（c）将过滤漏斗装在长颈瓶上。用无菌镊子将无菌滤膜网格朝上置于器中央

（d）如果需要，加缓冲剂。然后加入一定体积样品。在微真空下过滤　这里装夹钳　真空

（e）继续保持真空，用无菌镊子取下滤膜　真空

（f）将滤膜放在步骤(a)、(b)中准备好的合适的培养基上　保温培养

（g）保温培养后，计数菌落数，确定原始水样中大肠菌群的浓度

图 11-3　用于确定水样中大肠菌群数量的真空抽滤膜滤法

　　测总大肠菌群时不同国家和地区使用的选择性培养基有所不同，如北美的 m-Endo 型和欧洲的 Tergitol-TTC 等，大肠菌群在含有乳糖的 m-Endo 型上生长出带有金属光泽的红色菌落，而在 Tergitol-TTC 中则为橙黄色菌落；也可以使用改良的远藤培养基，滤膜在 35℃下培养 18~24h，计数具绿色光泽的菌落，就可确定水样中大肠菌群的数量。如有必要，对可疑的菌落应进行涂片染色镜检，并接种乳糖发酵管做进一步鉴定。

　　膜过滤技术比试管发酵技术最明显的优越性是滤膜法具有高度的再现性，非常便于检测较大体积的水样，这样就能增加检出的敏感性和可靠性；并且其所需试验试管少，操作较 MPN 试验简单，工作量少，可以更快捷地获得肯定的结果。缺点是特异性不高，在检验浊度高、非大肠菌群密度大的液体样品时有其局限性，结果容易受水样中其他细菌的影响而出现误判，也需结合进一步的确认试验才能最终确定结果。

荧光染色法的引入使膜滤法-DMC 检测微生物的效率大大提高。早在 1970 年，荧光染色和外荧光显微技术（epifluorescent microscopes）计数水中的细菌就得到了广泛的应用。如采用能被 β-GA 酶水解产生强荧光物 4-甲基伞形酮（4-Mu）的 4-甲基伞形基-β-半乳糖苷（简称 MUGAL）为底物，使大肠菌群在微孔膜上形成特殊的荧光斑点，以此来定量检测饮用水及公共用品中的大肠菌群，此法亦能用于定性鉴别，将大肠菌群与能产生荧光色素的假单胞菌相区别。

直接外荧光膜过滤技术（direct epifluorescent filter technique，DEFT）是将荧光技术和荧光显微技术相结合的一种快速的食品微生物检测技术和方法；微菌落-DEFT 则是一种可以检测活性细胞的改良技术，典型的是食品样品液通过 DEFT 膜进行过滤，随后放置在细菌培养基表面进行微菌落的培养，微菌落的生长必须用显微镜观察。在 8h 内可检测到大肠菌群、假单胞菌和葡萄球菌，检测的下限数量是 10^3 cfu/g；另一种改良的方法是疏水格栅膜过滤（hydrophobic grid membrane filter，HGMF）技术，这种方法使用了一个特殊构造的过滤器，在这种膜过滤器的一面包含了 1600 个蜡状的格栅，每一个格栅都能够限制菌落的生长和大小。每一个膜过滤器可以利用 MPN 自动计数，计数范围在 $(9\sim10)\times10^4$。这种方法能够检测的细胞下限数为 10cfu/g，大约 24h 内完成。AOAC 已认可了大肠菌群总数、粪大肠菌群菌、沙门菌、酵母和霉菌的 HGMF 法。

11.2.3 有或无试验

有或无实验（presence-absence，P-A）并非定量试验，而是检测样品中是否存在目标微生物。在 P-A 试验中使用单个如 MPN 试验中所用的含十二烷基硫酸盐-胰蛋白-乳糖营养肉汤的试管，但不稀释。近年来，酶检测法得到快速发展，Colilert 系统即为一例，该法可在 24h 内同步检测饮用水中大肠菌群和大肠杆菌。其原理是，总大肠菌群产生的 β-半乳糖苷酶可将基质中的邻硝基苯酚吡喃半乳糖苷（ONPG）水解为黄色硝基萘酚，而大肠杆菌可通过荧光介质 4-甲基-7-羟基香豆素-葡糖甘酸（MUG）的合成被同步检测到，MUG 和 β-半乳糖苷酶（存在于大肠杆菌中但不存在于其他大肠菌群中）相互作用后产生有荧光的最终产物。最终产物可用长波紫外线（UV）灯检测到。试验是将样品加入含有由盐或特异酶基质作为目标生物的唯一碳源。培养 24h 后，存在总大肠菌群的阳性样品变黄，而大肠杆菌阳性样品在黑暗中用长波紫外线照射会发出荧光。

11.2.4 粪大肠菌群

大肠菌群作为水污染的主要指示微生物已有多年历史，但大肠菌群并非仅来自于粪便。因此，需要开发能够指示粪源性污染的大肠菌群即粪大肠菌群（fecal coliforms）。该菌群是生长于人和温血动物肠道中的需氧和兼性厌氧革兰阴性无芽孢杆菌，包括埃希菌属（Escherichia）和克雷伯菌属（Klebsiella），随粪便排出体外，约占粪便干重的三分之一以上，故称为粪大肠菌群，在 44.5℃培养 24～48h 能发酵乳糖产酸产气，并将色氨酸代谢成吲哚，又称为耐热大肠菌群。受粪便污染的水、食品、化妆品和土壤等物质均含有大量的这类菌群，若检出粪大肠菌群即表明已被粪便污染。

11.2.4.1 大肠杆菌

大肠杆菌（E. coli）能比其他大肠菌群中提到的属和种的菌株更好地指示粪便污染，且少数的大肠杆菌血清型带有致病性，较大肠菌群而言，大肠杆菌可以更加准确地反映致病菌的存在情况，并且很容易与粪大肠菌群的其他成员相区别（如它没有脲酶，但有 β-葡糖苷酶），是常用的指示菌。大肠杆菌为粪便污染指示菌的一个比较重要的性质是它的存活期。尽管有报道称大肠杆菌在水中的存活时间要比某些病原菌短，但它一般与其他常见的肠道病原菌同时死亡，不过比肠道病毒短。

IMViC 试验是一种经典的检测大肠杆菌是否存在的方法，其中 I 代表吲哚试验，M 代表甲基红试验，V 代表 Voges-Proskauer 试验，C 代表柠檬酸盐试验。IMViC 试验结果为＋＋－－时称为 I 型大肠杆菌，为－＋－－时称为 II 型大肠杆菌。实际上粪大肠菌的检测方法主要检测的是 I 型大肠杆菌，可用类似检测大肠菌群的方法检测。分析水样时，MPN 法使用 EC 营养肉汤培养基，膜滤法可使用 m-FC 培养基。有人提出用 m-T7 培养基恢复水中受损伤的粪大肠菌，并导致更大量的恢复。

11.2.4.2 粪肠球菌

细菌分类学上，粪肠球菌属（*Enterococcus faecalis*）早期并不存在，该属一些菌种本

图 11-4 基于链球菌种类归属的"肠球菌"、"D 群链球菌"和"粪链球菌"的定义

分别归属于肠球菌属（*Enterococcus*）和链球菌属（*Streptococcus*），过去被称为粪链球菌（fecal *Streptococcus*），粪链球菌是 Lancefield D 群链球菌的一个类群（图 11-4）。近年来，DNA-DNA 杂交结果显示，肠球菌与链球菌属同源程度低，故有学者建议另立肠球菌属。通常粪肠球菌包括肠球菌中的粪肠球菌（*E. faecalis*）、屎肠球菌（*E. faecium*）等和链球菌属中的牛链球菌、马链球菌等，前两种肠球菌与人类有关，而后两种链球菌在动物中占优势，粪肠球菌是粪肠球菌属的模式菌。粪肠球菌属细菌通常在 10～45℃ 能生长（最适 37℃），在 pH9.6、6.5％NaCl 中和 40％胆盐中也能生长，很少还原硝酸盐，通常发酵乳糖。

典型的粪肠球菌由于具有如下特征，使得这类微生物可以作为污染的指示菌：

① 它们在水中一般不繁殖，特别是有机物含量很低时。

② 在人类粪便中它们的数量一般比大肠杆菌少，因此典型的肠球菌测试比粪大肠菌群可以更能准确地反映肠内病原菌的数量。如果粪大肠菌与粪链球菌的含量比值（FC/FS）大于等于 4，则表明污染源来自人类；二者的比值小于 0.7，则表明污染源来自于动物；二者的比值介于 0.12 和 4 之间，则可能是人畜的混合污染。然而，FC/FS 比值的有效性还值得探究，并且该比值仅仅对最近时期内（24h）的粪便污染有效。具体参见表 11-3。

表 11-3 FC/FS 比值

FC/FS 比值	污染源	FC/FS 比值	污染源
＞4	人类污染源的明显证据	0.7～2.0	混合污染中主要是家畜废物的合适证据
2.0～4.0	混合污染中主要是人类废物的合适证据	＜0.7	动物污染源的明显证据

③ 与大肠菌群相比，肠球菌对环境压力和氯化的抵抗力大；在水中的死亡率要低一些，因此它们一般比病原体存活时间长，被提议作为环境中肠道病毒的指示物。

许多研究者发现典型的粪肠球菌是比大肠菌群更好的食品卫生指示菌，特别是对于冷冻食品，在冷冻食品中，肠球菌的数量要多于大肠菌群，与某些致病菌的数量关系更加密切。

但是由于原来的"粪链球菌"现在被提升为一个新的属，并且还包含了一些似乎与粪便污染无关的新种，这使得人们对能否将该组微生物作为卫生状况指示菌产生了疑问。而大肠杆菌可以比肠球菌更快更有效地进行检测和计数，也使得人们对肠球菌作为食品安全指示菌的研究热度有所下降。

　　粪链球菌检测的常用方法有多管法和滤膜法。膜滤法可使用 Pfizer 肠球菌选择性琼脂或 KF 培养基培养，37℃培养 24h。所有红色、栗色、粉红色菌落（一种红色染料 2,4,5-三苯基四唑化氯在发酵中显色）计数作为推测性粪链球菌数，分离的菌落在胆汁七叶苷培养基

目前肠球菌多作为生活饮用水、管道水和一些水质的指示菌。卫生学家认为，肠球菌类似于大肠菌群的生态活动，但其对恶劣的外环境和冷冻条件具有较强的抵抗力，作为监测水质卫生、环境卫生质量的污染指标更具有卫生学意义。另据有关报道，大量的 [10^9 cfu/g（mL）以上] 肠球菌可以引起食物中毒，作为一个有卫生学意义的细菌（该菌的污染在某些食品中也常被发现），有些国家已经制定了针对肠球菌污染限量标准，大多制定在 $0 \sim 10^5$ cfu/g（mL）范围内。

上 44℃再培养 18h，由于七叶苷的水解，粪链球菌产生周围棕色或黑色的零散菌落，以确证粪链球菌的存在。食品微生物检验主要针对在 10℃和 45℃下可生长发育的粪肠球菌与屎肠球菌。

11.3　产气荚膜梭菌

　　产气荚膜梭菌（*Clostridium perfringens*）是一种还原亚硫酸盐的革兰阳性产芽孢专性厌氧杆菌，广泛存在于自然界的土壤、污水、粪便及人和动物肠道中，是肠道正常菌群的成员之一，同时也是一种条件致病菌。

　　产气荚膜梭菌可作为一个水污染的指示菌，主要基于以下三方面：

　　（1）产气荚膜梭菌是人畜肠道正常菌群，其数量与污染程度有一定的相关关系，完全来源于粪便，广泛存在于粪便、污水中。

　　（2）产气荚膜梭菌芽孢的耐受力特别强（75℃下存活 15min），产气荚膜梭菌在环境中存活时间久，对消毒剂具有非常强的抵抗力，是水处理中最不容易去除的菌类。按照 Havelau 和 Put-Hogeboo（1988）的排序，微生物的抵抗力从小到大依次为耐热大肠杆菌＜肠球菌＜噬菌体＜梭状芽孢杆菌芽孢。并且还有学者指出产气荚膜梭菌与肠道病毒在对氯化消毒和环境因子的抵抗力上是十分相似的，都具有强抵抗力。

　　（3）产气荚膜梭菌属厌氧菌，它只能在无氧条件下繁殖，故而在一般水体中不能繁殖。产气荚膜梭菌作为一种水污染的指示菌，仍存在缺陷，例如目前检测产气荚膜梭菌的方法比较昂贵，并且耗费时间；其坚韧的芽孢限制了它用作指示生物的作用等。然而，它作为历史性污染的指示微生物、耐受性差指示微生物的示踪物、饮用水和废水处理过程中去除寄生原生动物或病毒的指示生物等依然是具有重要意义的，也是常用的粪便污染指示菌。

　　为加强饮用水质量控制，我国 2009 年 4 月 1 日实施的《饮用天然矿泉水检测方法》国标中增加了对产气荚膜梭菌的检测指标，按照标准要求，先将 50mL 水样用滤膜过滤后，再将滤膜过滤面朝上转移至亚硫酸盐-多黏菌素-磺胺嘧啶琼脂（SPS）平板上，24h 厌氧培养后观察，若出现黑色菌落，则对黑色菌落计数并进一步做确认试验，证实水样中是否存在产气荚膜梭菌。随着科技的广泛进步，已有研究人员在基因水平上通过应用 PCR 技术及基因探针进行检测产气荚膜梭菌。

11.4 异养平板计数

当出厂水中含有了一定量的有机物，随机附着于管壁的细菌将会利用水中营养基质生长而形成生物膜，病原微生物易在此生物膜中滋生，其随管网水传播更会对饮用者的健康构成直接的威胁，可以用异养平板计数来评价水中以有机物作为碳源和能源的好氧和兼性厌氧菌的数量。

异养平板计数（heterotrophic plate counting，HPC）是指经过一系列单一的以培养基为基础的检测所包括的水中微生物，是用来描述所有需要有机物生长的细菌数量。这类细菌包括假单胞菌属、气单胞菌属、克雷伯菌属、黄杆菌属、肠杆菌属、柠檬酸杆菌属、沙雷菌属、不动杆菌属、变形菌属、产碱菌属、莫拉菌属等革兰阴性菌。在未处理的饮用水和已氯化的配送水中微生物的异养平板计数见表 11-4。这些细菌一般从地表水和地下水分离得到，广泛分布于土壤和植物中（包括很多生吃的蔬菜）。这个类群的一些成员是条件致病菌（如气单胞菌属和假单胞菌属），但目前还没有确凿的证据证明它们是通过饮用水传播的。在饮用水中，HPC 细菌的数量可能在少于 1 CFU/mL 到大于 10^4 CFU/mL 的范围内波动，它们主要受温度、余氯和可同化有机物质水平的影响。实际上，这些数值本身没有或很少有健康学意义。然而，因为 HPC 能在瓶装水和家用自来水的碳过滤器中大量生长而受到关注。对这种关注的反应就是进行 HPC 对疾病的影响的评估研究。这些研究没有证实在饮用含高HPC 水的人群中对疾病有影响。虽然 HPC 不是直接的粪便污染指示生物，但它确实能指示水质的变化以及病原体存活和再生的潜在能力。HPC 量大时，会干扰大肠菌群和粪大肠菌的检测。一般推荐自来水中 HPC 不应超过 500cfu/mL。

表 11-4　在未经处理的饮用水和已氯化的配水系统中 HPC 细菌的鉴别

生物	配送水 占已鉴别生物总数的比例/%	未经处理的饮用水 占已鉴别生物总数的比例/%
放线菌	10.7	0
节杆菌属某些种	2.3	1.3
节孢杆菌属某些种	4.9	0.6
棒杆菌属某些种	8.9	1.9
藤黄微球菌	3.5	3.2
金黄色葡萄球菌	0.6	0
表皮葡萄球菌	5.2	5.1
不动杆菌属某些种	5.5	10.8
产碱杆菌属某些种	3.7	0.6
脑膜炎脓毒性黄杆菌	2	0
莫拉菌属某些种	0.3	0.6
无色产碱假单胞菌	6.9	2.5
洋葱假单胞菌	1.2	0
荧光假单胞菌	0.6	0
鼻疽假单胞菌	1.4	0
嗜麦芽假单胞菌	1.2	5.7
假单胞菌属某些种	2.9	0
气单胞菌属某些种	9.5	15.9
弗氏柠檬酸细菌	1.7	5.1
草生欧文菌	1.2	11.5
大肠杆菌	0.3	0
小肠结肠炎耶尔森菌	0.9	6.4

续表

生物	配送水	未经处理的饮用水
	占已鉴别生物总数的比例/%	占已鉴别生物总数的比例/%
蜂房哈夫尼菌	0	5.7
产气肠杆菌	0	0.6
阴沟肠杆菌	0	0.6
肺炎克雷伯菌	0	0
液化沙雷菌	0	0.6
未鉴别的	18.7	17.8

未处理的异养平板计数一般使用酵母提取液琼脂培养基，于 35℃培养 48h 的涂片染色法进行。贫营养培养基，R2A 已被广泛应用，并被推荐用于受消毒剂损害的细菌，建议使用这些培养基 28℃培养 5～7 天。HPC 数量可因培养温度、培养基和培养时间不同而变化很大。

11.5　噬菌体

19 世纪 20 年代的研究表明，水体中出现的细菌噬菌体与它们的宿主细胞同时出现，因此 Pasricha 等提出可以利用测定对几种肠道病原体具有特异性的噬菌体作为一个间接指标来反映宿主细胞的数量。肠道致病菌噬菌体可以作为合适的粪便污染指示微生物，也可以作为病毒污染的指示微生物。同时，由于噬菌体在许多水环境中的结构、形态、大小、行为与一些肠道病毒非常相似，常广泛地用于评价病毒对消毒剂的抵抗力、病毒在水和废水处理期间的归宿以及地表水和地下水的示踪物等。

使用噬菌体作为粪便污染的指示生物是基于这样一个假设，即它们在水样中的出现意味着出现了有能力维持噬菌体繁殖的细菌，并且在肠杆菌噬菌体的检测中所有活的噬菌体都应该能够裂解宿主细胞形成噬菌斑。噬菌体作为指示微生物，与以细菌为指示物相比，受环境的影响小，操作简便快捷，结果可靠，噬菌体样品可以保存后再检测。

指示噬菌体最早被作为污水受到粪便污染的指示物，包括 SC 噬菌体（somatic coli phages）、脆弱拟杆菌噬菌体（*Bacteroides fragilis* bacteriophages）、F 噬菌体（F-specific bacteriophages，包括线型的 F-RNA 和螺旋型的 F-DNA 噬菌体）等。

例如，大肠杆菌噬菌体和 F-RNA 大肠杆菌噬菌体两组噬菌体，大肠杆菌噬菌体通过细胞壁受体感染大肠杆菌宿主菌株；F-RNA 大肠杆菌噬菌体通过 F$^+$ 或细菌毛感染大肠杆菌及其相关细菌菌株。采用大肠杆菌噬菌体作为指示微生物的优点是使用简单、技术廉价，可以在 8～18h 内得到分析结果，平板法和 MPN 法都能用于检测体积在 1～100mL 范围内的大肠杆菌噬菌体（图 11-5）。F-RNA 大肠杆菌噬菌体的大小和形状类似人类肠道病毒病原体，被广泛地应用于示踪物和评估消毒剂的效果。F-DNA 噬菌体因很少在人类粪便中检测到，与粪便污染水平无直接的关系，所以不能作为粪便污染的指示生物。然而，它们在废水中大量地出现和对氯化相对高的抵抗力使之可用作废水污染的指标以及潜在的肠道病毒指示生物。

与肠杆菌噬菌体相似，脆弱拟杆菌的噬菌体也被提议作为环境中人类病毒的潜在指示生物，脆弱拟杆菌噬菌体优于大肠杆菌噬菌体的显著特点是：大肠杆菌噬菌体存在于人类消化道之外的栖息地中而脆弱拟杆菌噬菌体在环境中不能繁殖，在环境中的消亡速率似乎类似于人类肠道病毒的消亡速率，其与人类肠道病毒存在高度相关。并且似乎仅仅来自于人类，并

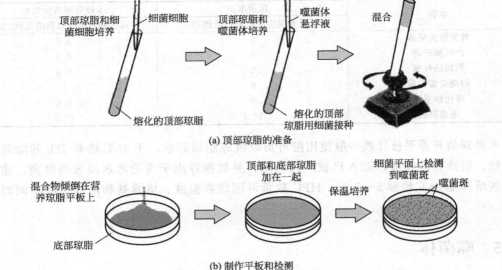

图 11-5　噬菌体检测技术

似乎仅存在于有人类粪便污染的环境样本中，所以利用这些噬菌体可以用来指示一些地区的人粪污染。然而，由于它们的宿主是检测方法复杂而耗时的厌氧菌，这就限制了脆弱拟杆菌噬菌体用作合适的常规指示生物。

11.6　其他指示微生物

　　长期以来，$E.coli$、$Enterococcus$、total/fecal coliforms、$Bacteroides$ 等指示微生物被广泛应用为溯源粪便污染的指标。但越来越多的研究表明，这些传统的指示微生物在示踪粪源污染时存在各种不足。如 $E.coli$ 易受温度变化的影响从而使得在热带和亚热带不能很好地指示病原微生物，$Enterococcus$ 在水体中仍能繁殖从而使得检测结果与实际存在差异不能很好地起到指示作用等缺点，从而期待更为理想的指示微生物。

11.6.1　拟杆菌属

　　拟杆菌属（$Bacteroides$）是革兰染色阴性无芽孢专性厌氧的小杆菌，又称类杆菌属。早在 19 世纪末其属细菌就被发现和描述，但直到 20 世纪末才被严格定义，以保证属的同源性。拟杆菌作为粪源指示菌有着得天独厚的优势：

　　（1）在人体肠道的数量中占绝对优势　在人体肠道中经常生活着 60～400 种不同的微生物，总数可达数百万亿个，粪便干重的 1/3 左右即为细菌。厌氧菌是肠道正常菌群的主体（约占 99%），尤其是其中的拟杆菌类（$Bacteroides$ spp.）、双歧杆菌类（$Bifidobacterium$ spp.）、乳杆菌类（$Lactobacillus$ spp.）等更是优势菌群。人类粪便中有超过 10^{10} cfu/g 拟杆菌，只有约 10^6 cfu/g 肠杆菌属和 10^3 cfu/g 肠球菌属微生物。拟杆菌的含量要比传统指示菌（肠杆菌、肠球菌）高 4～7 个数量级，可见拟杆菌属在人体肠道中占绝对的数量优势，理论上拟杆菌的数量级优势使其检测易于埃希大肠杆菌和肠球菌等。

　　（2）在受污染水体中不能繁殖、存活期短　拟杆菌在人体和水体中的生理行为存在很大差异，尤其所需的厌氧条件在天然水体中很难满足，因此，拟杆菌属在天然水体中是不存在的。即使在受污染的水体中存在，也不会存在很长时间，大约 1～2 天，并且在水体中不能繁殖。这种特点使得拟杆菌属与病原微生物之间的关系更为密切，相关性分析所得结果更具说服力。

（3）可区分粪源污染来源　虽然拟杆菌在人体和动物肠道中都普遍存在，且占有绝对的数量优势，然而在人和不同动物内的拟杆菌的 16S rRNA 基因序列的某些片段是存在差异的，可因此区分粪源污染是来自人类还是动物。如脆弱拟杆菌（*B. fragilis*）的 HSP40 菌株在 10% 的人粪样品中被发现，而在其他动物中却检测不到。

传统的拟杆菌属定性定量检测法主要是通过厌氧培养后进行生化鉴定和平板计数，这种方法不但费时费力，而且时常会引起鉴定、计数失误。近年来，核酸相关检测技术逐渐成为国内外对拟杆菌的常用检测与鉴定手段，其中以 16S rRNA 基因为基础的研究在拟杆菌粪源检测的研究中起到越来越重要的作用。

11.6.2　双歧杆菌

双歧杆菌属至少包括 25 个种，该属的细菌均为革兰阳性的不运动杆菌，它们的最低和最高生长温度范围分别是 25～28℃ 和 43～45℃，最适 pH 值范围是 5～8，碳水化合物的主要代谢终产物是乳酸和醋酸。

双歧杆菌是 1899 年由任职于法国著名的巴斯德研究所的学者 Tissier 从母乳营养儿的粪便中分离出的一种多形态的厌氧的革兰阳性杆菌，末端常常分叉，故当时将其命名为双歧乳酸杆菌（*Lactobacillus bifidus*）。由于双歧杆菌在粪便中出现的频率非常高，其数量也比大肠杆菌高很多，Mossel 提出可以将这些革兰阳性的厌氧菌作为粪便污染的指示菌。随后逐渐认识到双歧杆菌与粪便联系紧密、

双歧杆菌是最早发现的生理性细菌之一，人类从出生到死亡都伴随双歧杆菌的存在，只是在患病、衰老或其他不利条件下，才减少甚至消失。而且在母乳喂养儿的肠道中，它的数量远多于人工喂养儿。当婴幼儿患腹泻时，双歧杆菌就会减少或消失。这一发现在 1900 年又被奥地利医生莫罗验证，并且发现婴幼儿断奶后，这种菌随即减少，接近于成人状态。婴幼儿的健康与双歧杆菌在体内的存在及数量密切相关。双歧杆菌在母乳喂养儿肠道内大量存在，对婴幼儿有许多好处，如营养、免疫及抗感染作用，并且还具有抗过敏、抗肿瘤、调整肠道功能及改善营养的作用等。在临床上，双歧杆菌具有调整肠道功能紊乱作用。可以预防腹泻，减少便秘，即双向调节。这种调节能起到预防和治疗各种肠道疾病的效果。

在无粪便的地方经常也没有双歧杆菌、在水中无法生长以及其中一些种与人类粪便有特异性的联系（它们可潜在地帮助区分污染来源到底是人类粪便、动物粪便还是环境条件），使得该菌属的菌株作为污染指示菌引起了人们极大的兴趣。但是因为它们严格厌氧，生长缓慢，需要培养多天才能得到结果，这使得它们作为污染指示菌的应用受到限制，还需要更好的、更标准的方法来检测食品中所有的厌氧菌，以使其在常规检测中也能被适当地检测到。

11.7　食品质量安全指示微生物的标准与规范

标准（standard）和规范（criteria）是用于描述推荐的、可接受的指示微生物水平的条款。国际食品法典委员会（Codex Alimentarius Commission，CAC）、国际食品微生物规程委员会（International Commission on Microbiological Specifications for Foods，ICMSF）提出的标准规范要求食品微生物标准主要由食品种类、食品相关的其他信息、检测项目即污染

食品的微生物或代谢物、颁布数值即限量标准、取样计划、应用要求和法定状态等构成。

食品安全微生物检测项目可分为致病菌和指示菌两类。致病菌主要包括沙门菌（*Salmonella* spp.）、单核细胞增生李斯特菌（*L. monocytogenes*）、金黄色葡萄球菌（*S. aureus*）、副溶血性弧菌（*V. parahaemolyticus*）和弯曲菌（*Campylobacter* spp.）等；指示菌包括菌落总数和大肠菌群等。

在限量标准中，因为细菌数量的分布经常不均匀，通常在制定标准中使用几何平均值（geometric average）。用几何平均值就能避免因为一两个最大值而对污染水平做出高估计，使用算术平均值（arithmetic average）则会出现此类情况。

用于分析的所抽样品的数量、大小和性质对结果会产生很大影响，采样方案具有重要意义。某些情况下用于分析的样品可能代表所抽"一批"（lot）样品的真实情况，这适合于可充分混合的液体，如牛奶和水。在"多批"（lots 或 batches）食品的情况下就不能如此抽样，因为"一批"容易包含在微生物的质量上差异很大的多个单元。因此在选择抽样方案之前，必须考虑诸多因素（ICMSF，1986），包括检验目的、产品及被抽样品的性质、分析方法等。ICMSF 方法是从统计学原理来考虑，对一批产品，检查多少检样，才能够有代表性，才能客观地反映出该产品的质量而设定的。目前，中国、加拿大、以色列等很多国家已采用 ICMSF 推荐的方案作为国家标准。

为了强调抽样与检样之间的关系，ICMSF 已经阐述了把严格的抽样计划与食品危害程度相联系的概念，即 ICMSF 是将微生物的危害度、食品的特性及处理条件三者综合在一起进行食品中微生物危害度分类的：

（1）各种微生物本身对人的危害程度各有不同。

（2）食品经不同条件处理后，其危害度变化情况：①降低危害度；②危害度未变；③增加危害度。

在中等或严重危害的情况下使用二级抽样方案，对健康危害低的则建议使用三级抽样方案。这个设想是很科学的，符合实际情况的，对生产厂家及消费者来说都是比较合理的。

其采样方法涉及四个代号：n 系指一批产品采样个数；c 系指该批产品的检样菌数中，超过限量的检样数，即结果超过合格菌数限量的最大允许数；m 系指合格菌数限量，将可接受与不可接受的数量区别开；M 系指附加条件，判定为合格的菌数限量，表示边缘的可接受数与边缘的不可接受数之间的界限；二级法只设有 n、c 及 m 值，三级法则有 n、c、m 及 M 值。

在二级抽样方案中，由于自然界中物质的分布曲线一般是正态分布，以其一点作为食品微生物的限量值，只设合格判定标准 m 值，超过 m 值的，则为不合格品。检查在检样品是否有超过 m 值的，来判定该批是否合格。以生食海产品鱼为例，$n=5$，$c=0$，$m=10^2$，$n=5$ 即抽样 5 个，$c=0$ 即意味着在该批检样中，未见到有超过 m 值的检样，此批货物为合格品。

在三级抽样方案中，设有微生物标准 m 及 M 值两个限量，如同二级法，超过 m 值的检样，即算为不合格品。其中以 m 值到 M 值的范围内的检样数，作为 c 值，如果在此范围内，即为附加条件合格，超过 M 值者，则不合格。例如，冷冻生虾的细菌数标准 $n=5$，$c=3$，$m=10^1$，$M=10^2$，其意义是从一批产品中，取 5 个检样，经检样结果，允许 ≤3 个检样的菌数是在 $m \sim M$ 值之间，如果有 3 个以上检样的菌数是在 $m \sim M$ 值之间或一个检样菌数超过 M 值者，则判定该批产品为不合格品。我国乳制品产品微生物限量见表 11-5。

表 11-5　我国乳制品产品微生物限量

食品种类	指示菌	采样方案及限量			
		n	c	m	M
生乳	菌落总数	2×10^6			
巴氏杀菌乳	菌落总数	5	2	5×10^4	10^5
	大肠菌群	5	2	1	5
调制乳	菌落总数	5	2	5×10^4	10^5
	大肠菌群	5	2	1	5
发酵乳	大肠菌群	5	2	1	5
乳粉	菌落总数	5	2	3×10^4	10^5
	大肠菌群	5	1	10	10^2

　　理想情况是所有的标准都可以指示一种不可接受的公共健康威胁的存在，或者疾病数量和指示生物水平之间存在某些关系。但这些信息通常很难获得，因为它涉及到昂贵的流行病学研究，且结果之复杂往往难以解释。因此，多种可接受的指示微生物准则已被使用，但目前还没有一个通用的标准。不同的国家、国际组织和地区有着相似的致病菌限量标准，但食品微生物限量指示菌在不同的食品中标准限量值的差异很大（表 11-6）。在美国，细菌性指示生物如大肠杆菌已用于水质标准（water quality standard）的制定，美国环保署（U. S. EPA）已制定出每 100mL 中无可检测大肠菌群的饮用水标准，由法律强制实施。如果供水商违反了这些标准，他们将被要求采取补救行动或可能被政府罚款，欧盟也有类似的标准。而在其他一些国家，由于水中指示微生物数量变化很大，因此可允许有一些阳性制品或可容忍水平或平均值的微生物存在，饮用水中允许含有一定水平的大肠菌群。

表 11-6　不同国际组织及国家或地区食品中微生物指示菌使用情况

国家或地区	细菌总数	肠杆菌科	大肠杆菌	大肠菌群	控制点
中国					
乳及乳制品	√			√	货架期
欧盟					
肉及肉制品					
乳及乳制品		√			
水产品					加工过程
蔬菜、水果及其制品		√			
英国即食食品	√				货架期
澳大利亚、新西兰					
即食食品	√	√	√		
乳及乳制品	√			√	
肉及肉制品	√				货架期
矿泉水、瓶装水	√			√	
蔬菜、水果及其制品		√			
加拿大					
乳及乳制品	√			√	
肉及肉制品	√			√	
矿泉水、瓶装水	√			√	货架期
婴儿食品	√		√		
焙烤食品	√		√		

标准的制定和规范的制定是一个艰难的过程，仍没有一个标准是理想的，还需要通过科学家、公众健康官员和调节机构的大量检验。

 **热点导读**

生物标志物

生物标志物（biomarker）是微生物中含有的一些化学物质，其含量或结构具有种属特征或与其分类位置密切相关，能够标志某一类或某种特定微生物的存在。这些具有分类学意义的化学物质的种类和含量可以作为鉴定微生物的指标。传统的微生物分离培养、生化鉴定和血清学鉴定的方法越来越难以适应环境、食品、临床标本中微生物的快速、准确检测的要求。生物标志物的种类繁多，分析技术和方法多种多样，PCR、特异性核酸探针杂交、基因芯片、生物传感器、免疫学技术等都是利用微生物生物学特性的检测鉴定技术。随着分析化学技术日新月异，很多仪器分析手段如高效液相色谱（high-performance liquid chromatography，HPLC）、气相色谱（gas chromatography，GC）、气相色谱-质谱联用（gas chromatography-mass spectrometer，GC-MS）、液相色谱-质谱联用（LC-MS/MS）等逐渐显示了在微生物检测中的潜力。这些分析化学的手段有别于依赖生物学特性的检测方法，主要通过分析微生物的化学组成鉴定微生物，开辟了一个微生物检测和鉴定的新途径。

生物标志物的种类很多，包括不饱和脂肪酸、蛋白质、核酸、类脂、磷脂、多糖和醌类等，此外还有一些特殊的化学物质仅存在于一些特定的微生物中，如芽孢中含有吡啶二羧酸（DAP），分枝杆菌属、诺卡菌属、棒状杆菌属和红球菌属等都含有的分枝菌酸，也是鉴定细菌的重要物质。已有商品化的用于细菌检测的分析化学系统，如美国 MIDI 公司的细菌脂肪酸 GC 鉴定系统、细菌分枝菌酸 HPLC 鉴定系统等。多数方法利用生物标记物在不同细菌中的分布谱不同鉴定细菌，在检测这些生物标记物的过程中，许多分析化学技术和手段相继被建立。

随着分析技术的进步和分析微生物学的不断发展，利用生物标志物鉴定微生物的方法将会对临床诊断、环境监测、食品检测产生重大影响。在某些情况下，分析目标微生物中生物标志物的组成不仅可以确定该微生物的属、种，还可以确定其具体来源于哪个保藏种，在生物恐怖和生物战争发生时快速鉴定细菌来源对于事件性质的判断具有重要意义。当然，这需要更为精确的分析方法和相应的数据库支持。

尽管以上列举了多种类型的生物标志物，仍然很难找到一种在某种、某类微生物中独有的化合物。目前，几乎所有通过分析生物标志物而检测和鉴定细菌的方法都是获得某类标志物的分布和含量谱，根据不同的微生物中该标志物的分布不同鉴定目标微生物。建立各种生物标志物在微生物中分布情况的数据库及相应的标准分析程序，仍然是建立微生物检测系统的主要方向。为了提高鉴定的准确性，还可以集合几种方法同时检测几种生物标志物，综合判断鉴定结果。

另外，一些生物标志物的分析方法比较繁琐，涉及到分离、提取、衍生化等步骤，耗时数小时，随着分析技术的进步和各种标志物数据库的完善，这些方法将会向更加简便、迅速、准确和自动化的方向发展。

思　考　题

1. 解释指示微生物的概念。

2. 大肠菌群和粪大肠菌群的定义是什么？它们为什么不是理想的指示微生物？

3. 为什么使用几何平均值报告指示微生物的平均浓度？

4. 为什么大肠杆菌噬菌体被建议作为指示微生物？

参考网站

http：//www.foodstandards.gov.au/

http：//www.chnfood.cn/

参 考 文 献

[1] James M Jay, Martin J Loessner, David A Golden. 现代食品微生物学 [M]. 第 7 版. 何国庆, 丁立孝, 宫春波译. 北京: 中国农业大学出版社, 2008.

[2] 刘京梅, 张凌, 赵君等. 饮用水中大肠菌群检测技术的研究进展 [J]. 国外医学 (卫生学分册), 2006, 33 (12): 32-37.

[3] Raina M Maier, Ian L Pepper, Charles P Gerba. 环境微生物学 [M]. 张甲耀, 宋碧玉, 郑连爽等译. 北京: 科学出版社, 2004.

[4] 何国庆. 食品微生物学 [M]. 北京: 中国农业大学出版社, 2002.

[5] 柳增善. 食品病源微生物学 [M]. 北京: 中国轻工业出版社, 2007.

[6] 吕嘉枥. 食品微生物学 [M]. 北京: 化学工业出版社, 2007.

[7] 张甲耀. 环境微生物学 [M]. 武汉: 武汉大学出版社, 2010.

[8] 赵开弘. 环境微生物学 [M]. 武汉: 华中科技大学出版社, 2007.

[9] 李梅, 胡洪营. FRNA 噬菌体及其作为水中肠道病毒指示物的研究进展 [J]. 生态环境, 2005, 14 (4): 585-589.

[10] 徐进, 庞璐. 食品安全微生物学指示菌国内外标准应用的比较分析 [J]. 中国食品卫生杂志, 2011, 23 (5): 34-38.

[11] 马小雪, 杨阳, Randy A Dehlgren 等. 应用拟杆菌作为水体粪源污染指示菌的研究进展 [J]. 黑龙江农业科学, 2011, (10): 1-10.

[12] 朱晨. 国内外食品卫生微生物学标准设置比较 [J]. 粮食与食品工业, 2011, 18 (2): 47-49.

[13] Jianghong M. Food microbiological standard system in USA [C]. Beijing: ILSI Focal Point in China, 2004: 1-11.

[14] 刘芳, 吴晓磊. 指示水体病原污染的微生物及其检测 [J]. 环境工程学报, 2007, 1(2): 139-144.

[15] 白凤翎, 赵丽红. 国内外食品卫生微生物标准体系探究 [J]. 食品科技, 2006, 1 (3): 1-4.

[16] Jason W. Food safety standard in Australia [C]. Beijing: ILSI Focal Point in China, 2004: 12-26.

[17] 赵丹宇. 食品卫生微生物学指标设定上的国内外差异 [J]. 中国食品卫生杂志, 2003, 15 (6): 548-551.

[18] 广东出入境检验检疫局. 国内外技术法规和标准中食品微生物限量 [M]. 北京: 中国标准出版社, 2002.

第 12 章　食品微生物学技术

微生物在形态、生理、遗传和进化等诸方面都有自己的独特性,对微生物进行深入研究,需要特定的研究方法。微生物学是一门应用性很强的学科,随着生物学技术和其他应用技术的发展,为微生物研究技术发展提供了巨大的支持,形成了一些特有的研究技术。

12.1　微生物分离技术

微生物学是随着微生物的分离而发展起来的。但是,现在所知道的微生物种类与整个自然界分布的微生物种类比,只不过为十万分之一。因此,现代微生物纯种分离技术对于获得菌种资源来说是非常重要的手段。以下仅介绍微生物的纯种分离技术。

12.1.1　新菌种的分离筛选

新菌种的分离筛选大致可分为采样、增殖(富集)培养、分离鉴定、性能测定等步骤。

(1)采样　根据筛选的目的、微生物的分布概况及菌种的主要特征与外界环境的关系等,进行综合具体的分析来决定采样地点。

土壤是微生物的大本营,所以如果不知道生产某种产品的微生物种类或某些特性时,一般可以土壤为样品进行分离。1g 土壤中含有微生物约几百万至几十亿个,而且微生物种类也随土质有所不同。

一般有机质较多的土壤,微生物的数量也多。在园田土和耕作过的土中,以细菌和放线菌为主;在有很多动植物残骸的土壤中,在沼泽地中,酵母和霉菌就较多。

采土的深度,一般离表层 5~15cm 处较适宜,因为此深处的土含微生物最多。

采土的最适季节,在北方,应属春秋两季,因为此时的温度、湿度对微生物的生长繁殖最合适,土壤中的微生物数量最多。一般应避免雨季采土,因此在大部分南方地区,以秋季采土比较理想。除此之外,土壤的酸碱度也应注意,细菌和放线菌在中性或偏碱性土壤中较多,而酵母菌和霉菌,由于它们对碳水化合物的需要量较多,一般在偏酸性的土壤、普通植物花朵、瓜果种子及腐殖质含量高的土壤等上面较多。

采样的方法,是在选好适当地点或场所后用无菌器具按照规范取样几十克,装入无菌的塑料袋或纸袋中,扎好,记录采样时间、地点、环境情况等,以备考证。一般土壤中芽孢杆菌、放线菌和霉菌的孢子忍耐不良环境的能力较强,因此不太容易死亡。但是由于采样后的环境条件与天然条件有着不同程度的差异,微生物必然逐渐减少,种类也会起变化,所以应尽快分离。

(2)增殖培养　由于土壤或其他样品中所含的各种微生物数量有很大差别、预计要分离的菌种含量不多时,就得设法增加分离的概率,增加该菌种的数量,这种人为的方法就叫增殖培养或富集培养。当然,如果样品中所需的菌种类型本来就多,就无需再经过增殖,直接进行分离即可。如果一次增殖数量还太少,就可以再次或多次进行增殖培养,直至达到分离要求。

　　根据微生物的理化特性，尤其是微生物对热的忍耐程度，可以对试样进行热处理，而达到浓缩耐热菌的目的。芽孢菌的富集培养即属于此，已知细菌的孢子处于成熟状态时，可抵抗 80℃、10min 的热处理。利用这种特性，可以首先对试样或移植时的种子进行热处理，通过处理，只使孢子生存下来，再经过培养，即只能富集能形成孢子的细菌。

　　进行增殖培养可以依据预定的技术路线和菌种特性，人为地加入一定的限制因素（如抗生素等），使所需类型的菌种增殖后在数量上占优势，以便将它们分离出来。实质上，这是进行第一次初筛浓缩。人为的限制因素需根据具体情况确定。

　　（3）纯种的分离　　通过增殖培养还不能得到微生物的纯种，因为样品本身含有不少种类的微生物。在增殖过程中，即使培养条件不适合大多数种类微生物，但它们并不会完全死亡。微生物的孢子，特别是细菌的芽孢，能在没有养分的情况下长久地保持活力，一遇适宜的条件就能生长繁殖。因此，通过增殖培养，具有某一特性的微生物大量的存在，但它们不是唯一的，仍有其他类型的微生物与之共存。即使在具有某些相同特性的微生物中，也仍然存在其他特性上有差异的菌株，如在同一菌种的不同菌株间的某些酶的性质也有差异，这一点在微生物培养操作中经常遇到。所以，为了获得所需微生物的纯种，增殖培养后就必须进行分离。经过反复的初筛和复筛，在检查确认为纯种之后，依照分类学的方法，进行必要的生理生化反应鉴定。最后通过分类手册检索赋予其合适的名称。

　　（4）生产性能的测定　　分离后获得的纯种才是筛选工作的第一步，要想得到较为理想的生产和科研用菌，还需进行一系列有关的生产性能的测定。通过比较，筛选出性能稳定、适应范围宽、符合生产要求的高产菌株。

12.1.2　微生物菌种的分离操作技术

　　根据样品经不同方法处理后得到的菌悬液中含有所需的微生物的浓度以及生理生化特性，选择适宜的分离方法。纯种分离的方法有平板划线分离法、简单平板分离法、稀释倾注分离法、涂布分离法、毛细管分离法、小滴分离法以及显微操纵单细胞分离法等。

　　（1）平板划线分离法　　是一种使被接菌种达到菌落纯的方法。其基本原理是在固体培养基表面将含菌培养物做规则划线，含菌样品经多次划线逐渐被稀释，最后在接种针划过的线上得到一个个被分离的单独存在的细胞，经过培养后形成彼此独立的由单个细胞发育的菌落（图 12-1）。

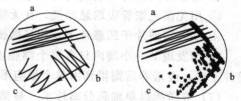

图 12-1　划线分离法示意图

　　（2）简单平板分离法　　一般利用三只平皿进行分离，在第三个平皿中获得单菌落，此法具体操作如下：

　　① 取三支固体试管培养基加热融化后，冷却至 45～50℃，并保温。

　　② 用接种环取一环含菌样品于第一支试管中，之后将试管置于双手掌中，迅速搓动旋转使之均匀。然后用接种环取该试管中培养液一环于第二支试管，并搓旋均匀。再取一环于第三支试管中，搓旋均匀。

　　③ 将三支有菌试管中的培养基分别倒入三个无菌培养皿中，做好标记，摇匀，凝固后，倒置于保温箱中培养。待单个菌落长出，移接于斜面培养基中。

　　（3）稀释倾注分离法

　　① 取盛有无菌水的试管若干支（9mL/支），分别标记 1、2、3……用无菌吸管取 1mL 样品悬浮液（或增殖液）注入一号管内，用吸管吹吸三次混匀，记为 10^{-1}；然后从一号管

内取 1mL 于二号管内，通过吸管的吹吸混合均匀，记为 10^{-2}；同样从二号管内取出 1mL 于三号管内，记为 10^{-3}；以此类推。

② 用三支无菌吸管分别吸取后三个稀释度的稀释液各 1mL 于三个无菌培养皿中，然后加入融化后冷却至 45～50℃的固体培养基 12～15mL，迅速摇匀，待凝固后，倒置于保温箱中培养，挑选单个菌落移接于斜面培养基上培养。

（4）涂布分离法　这也是一种分离纯化菌种的方法，首先将被分离纯化的含菌培养物制

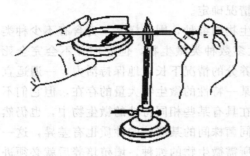

成稀释菌悬液，用无菌移液管吸取 0.1mL 于固体培养基平板中，按图 12-2 所示的方法，将样品在琼脂培养基表面均匀涂布，使样品中的菌体在培养基上经培养后能形成单个菌落。

（5）毛细管分离法　分离能产生孢子的霉菌时，可采用毛细管法。其方法如下：

① 将玻璃管烧熔拉成毛细管，置无菌搪瓷盘内。

图 12-2　涂布分离法示意图

② 取欲分离的样品少许放入融化并冷却至 45～50℃的琼脂培养基中，摇匀制成悬浮液，于 45℃水浴中保温。

③ 将毛细管插入悬浮液中，吸取培养基。

④ 将无菌载片放于显微镜的载物台上，取已装有菌悬液并被琼脂培养基包埋固定的毛细管于载片上，用低倍镜观察。当找到单个孢子并且距离两侧孢子较远时，用无菌镊子将此段毛细管折断。

⑤ 将含有单个孢子的小段毛细管用酒精作管外灭菌，然后置于斜面培养基上培养。待形成菌落，检查其纯度。

（6）小滴分离法

① 将长滴管的顶端经火焰熔化后拉成毛细管，然后包扎灭菌备用。

② 将欲分离的样品制成均匀的悬浮液，并作适当稀释。

③ 用无菌毛细管吸取悬浮液，在无菌的盖玻片上以纵横成行的方式滴数个小滴。

④ 倒置盖玻片于凹载片上，用显微镜检查。

⑤ 当发现某一小滴内只有单个细胞或孢子时，用另一支无菌毛细管将此小滴移入新鲜培养基内，经培养后则得到由单个细胞形成的菌落。

（7）显微操纵单细胞分离技术　显微操纵器（micromanipulator）是在显微镜下进行显微操纵的一种仪器。它实际上是显微镜的一种附件，可以说是一种"机械手"（图 12-3 为显微操作器微型工具的种类），代替手来做各种显微镜下的操作，例如单细胞分离、细胞解剖和注射等。显微操纵器的种类很多，根据传动原理的不同大体上可分为气压、液压和机械传

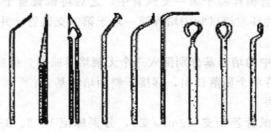

图 12-3　常用显微操作器微型工具

动三大类。

12.2 微生物培养技术

12.2.1 好气性微生物的培养

12.2.1.1 固体培养法

将微生物接种在固体培养基表面生长繁殖的方法称固体培养法。它是表面培养的一种，广泛用于培养好氧性微生物。实验室内一般采用试管斜面、培养皿、三角瓶、克氏瓶等培养，工厂大多采用曲盘、帘子以及通风制曲池等，特别是在霉菌的培养中，目前仍采用固体培养法制曲，在酿酒行业中比较普遍。但是，由于大规模表面培养技术仍有很多困难，在发酵生产上，能用液体表面培养的，大多采用液体深层培养法来代替。

固体培养法除上面介绍的斜面和平板培养法外，还有小室培养法、插片培养法、透析膜培养法、培养瓶培养法、盘曲/帘子曲培养以及厚层通风培养等方法。其中，小室培养法及插片培养法是比较常见的观察丝状菌形态的培养法；透析膜培养法可以通过移动透析膜将培养物移至新鲜培养基中，便于连续观察菌体生长的形态，同时还能对菌体生长数目进行定量；培养瓶培养法是斜面及平板培养的适度放大，主要采用茄子瓶或大三角瓶，茄子瓶因其瓶形扁平、表面积大，故能更好地满足好氧性微生物的生长，并且制备孢子悬浮液也很方便，而大三角瓶则适合制作麸曲；盘曲、帘子曲培养，这两种曲的制造工具可以就地取材，投资少、上马快、易推广、操作简便等，适于中小型酒厂使用；厚层通风培养是采用曲箱，培养过程通风，比较适合酱油厂制曲用。

12.2.1.2 液体培养法

将微生物菌种接种到液体培养基中进行培养的方法叫液体培养法。该方法可分为静置培养法和通气深层培养法两类。

（1）静置培养法　指接种后的液体静止不动，有试管培养法和三角瓶培养法两种。

（2）深层培养法　主要包括振荡（摇瓶）培养法和发酵罐通气培养法两种。

① 振荡（摇瓶）培养法　该方法对细菌、酵母菌等单细胞微生物进行振荡培养，可以获得均一的细胞悬浮液。而霉菌等丝状真菌进行振荡培养时，其形态会出现絮状菌丝、菌丝团块、菌丝球等多种形态，不同的菌丝形态对产物的积累也会产生一定的影响。

振荡培养的工具是摇瓶机（亦称摇床），是培养好氧菌的小型试验设备，也可用于生产上种子扩大培养。主要有旋转式和往复式两种，旋转式多适合霉菌、酵母等需氧较少的微生物培养，而往复式则适合细菌、放线菌等需氧多的微生物。

② 发酵罐培养法　一般实验室中较大量的通气扩大培养，可采用小型发酵罐，罐容大多在 $10\sim100L$，它是可以供给所培养微生物营养物质和氧气而使微生物均匀繁殖的容器，能大量生产微生物细胞或代谢产物，并可在实验过程中得到必要的数据。

12.2.2 厌气性微生物的培养

培养厌氧微生物，有的用液体培养基，有的用固体培养基，但均需先将培养基中的氧除去。此外，还需对培养环境进行除氧。常用的厌气培养方法可分为造成无氧的培养环境和在培养基内造成缺氧条件（即增强培养基的还原能力）两大类。

12.2.2.1 在培养基内造成缺氧条件

（1）高层琼脂柱　这是造成厌氧微生物无氧生活的最简单方法，常用高层琼脂试管培养法。即把琼脂培养基装入试管内，形成深柱（达管高的 2/3），接种时采用穿刺接种至琼脂底部，培养后，厌气菌在底部旺盛生长，渐次愈接近表面则愈差。此外，也可将琼脂柱熔化，待冷却至 45℃左右，用无菌吸管吸取适量菌液接种，然后用两手掌搓动试管使之混匀，并立即放入冷水中使之凝固。经培养后，在管内深处有菌落出现，此法往往能形成单一菌落。

（2）凡士林隔绝空气　把培养基装入小试管内（装量为试管的 1/2），灭菌后，再放入蒸汽锅中加热半小时，或在沸水中煮沸 5min，排除培养基内的氧气，接着取少许无菌的熔化凡士林，倾在培养基表面，并迅速冷却，使培养基与空气隔绝。接种时，将试管上部有凡士林处在火焰上略微烘烤，使凡士林熔化，然后用无菌毛细管接入菌液。产气厌氧菌不宜采用此法培养，因为产生的气体会把凡士林冲破。

（3）添加还原剂吸收氧　可以在培养基中添加 1%～2%葡萄糖或其他还原剂，如 0.1%硫代甘醇酸钠、0.1%抗坏血酸或薄铁片等。

12.2.2.2　造成无氧培养环境

若对厌氧微生物进行表面(固体)培养，必须使培养物的周围形成无氧环境。常用的有以下方法。

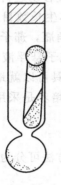

图 12-4　Buchner
管厌气培养

（1）Buchner 法　此法利用焦性没食子酸在碱性条件下与氧结合，生成焦性没食子素（深褐色化合物），该反应过程吸收了容器中的氧气。若进行试管培养，可将试管装入 Buchner 管内，如图 12-4 所示。Buchner 管是一种厚壁玻璃管，规格为 22mm×2.5cm，下端收缩，使装入的试管不能直接到达底部，管口具有橡胶塞。管底部加入少许固体焦性没食子酸，然后加入氢氧化钠溶液，立即用橡皮塞把管口塞好，即可进行厌气培养。

（2）厌氧罐技术　这是一种经常使用的但不是很严格的厌氧菌培养技术，原因是它除能保证厌氧菌在培养过程中处于良好无氧环境外，无法使培养基配制、接种、观察、分离、保藏等操作也不接触氧气（图 12-5）。厌氧罐一般用聚碳酸酯制成，可以通过抽气换气法驱除罐内原有空气，目前多用商品内源性产气袋取代抽气换气法。

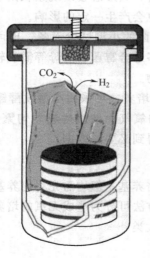

图 12-5　厌氧罐

图 12-6　厌氧手套箱

（3）厌氧手套箱 这是一种用于无氧操作和培养严格厌氧菌的箱型密闭装置（图12-6）。箱体结构严密、不透气，其内始终充满成分为 $N_2 : CO_2 : H_2 = 85 : 5 : 10$（体积比）的惰性气体，并有钯催化剂保证箱内处于高度无氧状态。通过两个塑料手套可对箱内进行各种操作，此外，箱内还设有接种装置和恒温培养箱，以随时进行厌氧菌的接种和培养。外界物件进出箱体可通过有密闭和抽气换气装置的交换室进行。

12.2.2.3 病毒的培养

病毒是一类专性寄生的生物，因此，培养病毒必须采用二元培养体系，即通过培养其感染的宿主来达到病毒增殖的目的。常用的动物病毒培养方法有鸡胚培养法，而微生物病毒，如噬菌体则是采取培养其宿主细胞的方法，也可以大量获得噬菌体。

12.2.2.4 连续培养

将微生物置于一定容积的培养基中，经过一定时间的培养，最后一次收获，这种方式称为分批培养（batch culture）。由于在分批培养中，随着微生物代谢的不断进行，培养基中营养物质逐渐消耗，有害代谢产物不断积累，微生物的对数生长期不可能长时间维持。如果在培养容器中不断补充新鲜营养物质，并及时不断地以同样速度排出培养物（包括菌体及代谢产物），从理论上讲，对数生长期就可以无限延长。只要培养液的流动量能使分裂繁殖增加的新菌数相当于流出的老菌数，就能保证培养容器中总菌数基本不变。连续培养技术就是据此原理设计的，这种方法称作连续培养法。这是一种在人为条件下，模拟自然界中微生物生长繁殖所需要的环境条件（如底物浓度、代谢产物浓度、pH 等）而设计的培养方法。在连续培养过程中，可以始终保持环境恒定，促使微生物生长、代谢活性处于稳定状态。因此，连续培养方法的出现，不仅可随时为微生物的研究工作提供一定生理状态的实验材料，而且可提高发酵工业的生产效率和自动化水平。分批、连续、流加培养技术的比较见表12-1。

表 12-1 分批、连续、流加操作方式的比较

方式	优　点	缺　点
分批发酵	1. 一般投资较小 2. 易改换产品、生产灵活 3. 某一阶段可获得高的转化率 4. 发酵周期短，菌种退化率小	1. 因放罐、灭菌等原因非生产时间长 2. 经常灭菌会降低仪器寿命 3. 前培养和种子的花费大 4. 需较多的操作人员或较多的自动控制系统
连续发酵	1. 可实现机械化、自动化 2. 操作人员少 3. 反应体积小、非生产时间少 4. 产品质量稳定 5. 操作人员接触毒害物质的可能性小，比较安全 6. 测量仪器使用寿命长	1. 操作不灵活 2. 因操作条件不易改变，原料质量必须稳定 3. 若采用连续灭菌，加上控制系统和自动化设备，投资较大 4. 必须不断排除一些非溶性固形物 5. 易染菌，菌种易退化
流加发酵	1. 操作灵活 2. 染菌、退化的概率小 3. 可获得高的转化率 4. 对发酵过程可实现优化控制	1. 非生产时间长 2. 需较多的操作人员或计算机控制系统 3. 操作人员接触一些病原菌和有毒产品的可能性大 4. 因经常灭菌会降低仪器使用寿命

最简单的连续培养装置包括培养室、无菌培养基容器以及可自动调节流速（培养基流入、培养基流出）的控制系统，必要时还要有通气、搅拌设备。根据在连续培养过程中控制的条件不同，可将连续培养分为两类，即恒化法和恒浊法。

12. 2. 2. 5 其他培养方法

（1）同步培养技术 在分批培养中，细菌群体能以一定速率生长，但所有细胞并非同一时间进行分裂，也就是说，培养中的细胞不处于同一生长阶段。为了使培养液中微生物的生理状态比较一致、生长发育处于同一阶段，同时进行分裂—生长—分裂而设计的培养方法叫同步培养法。利用上述技术控制细胞的生长，使它们处于同一生长阶段，所有的细胞都能同时分裂，这种生长方式叫同步生长。这样，就可以用研究群体的方法来研究个体水平上的问题。

同步培养的方法很多，最常用的有选择法和诱导法两种。

① 选择法 选择法是通过过滤、密度梯度离心、膜吸收和直接选择等方法，从对数期的细胞群落中，选择仅处于同一生长阶段的细胞进行培养的方法。多数情况是专门选择细胞分裂后子细胞有显著变化的那一生长阶段。主要有离心沉降分离法、过滤分离法、硝酸纤维素薄膜法。

② 诱导法 诱导法又称调整生理条件法，主要是通过控制环境条件如温度、营养物等来诱导同步生长，主要有温度调整法、营养条件调整法及用最高稳定期的培养物接种等方法。除此之外，还可以在培养基中加入某种抑制蛋白质合成的物质（如氯霉素），诱导一定时间后再转到另一种完全培养基中培养；或用紫外线处理；对光合性微生物的菌体可采用光照与黑暗交替处理法等，均可达到同步化的目的。芽孢杆菌，则可通过诱导芽孢在同一时间内萌发的方法，以得到同步培养物。不过，环境条件控制法有时会给细胞带来一些不利的影响，打乱细胞的正常代谢。

③ 抑制 DNA 合成 DNA 的合成是一切生物细胞进行分裂的前提。利用代谢抑制剂阻碍 DNA 合成相当一段时间，然后再解除其抑制，也可达到同步化的目的。试验证明，氨甲蝶呤、5-氟脱氧尿苷、羟基尿素、胸腺苷、脱氧腺苷和脱氧鸟苷等，对细胞 DNA 合成的同步化均有作用。

总之，虽然选择法对细胞正常生理代谢影响很小，但对那些成熟程度相同而个体大小差异悬殊者不宜采用；而诱导同步分裂虽然方法较多，应用广泛，但对正常代谢有时有影响，而且对其诱导同步化的生化基础了解很少。因此，必须根据待测微生物的形态、生理性状来选择适当的方法。

（2）透析培养技术 透析培养是在由透析膜隔开的相邻两液之间，通过透析膜调节物质转移而进行的微生物培养方法。在培养单种菌时，只在两液相的一方培养微生物，另一方则作为培养基贮槽，在两者之间进行营养物和产物的扩散及交换。用这种方法可以进行生长细胞的浓缩，改善孢子形成和毒素产生的条件等。同时培养两种微生物的实验中，可以分别在由透析膜隔开的两个液相中接种不同微生物进行培养，以研究两种微生物间的相互关系。常用的透析培养方法有透析纸袋法及 Gerhardt 透析瓶法（图 12-7、图 12-8）。

（3）高密度培养技术 高密度培养技术（high cell-density culture），是指应用一定的培养技术或装置提高菌体的密度，使菌体密度较分批培养有显著地提高，最终提高特定产物的比生产率。

在分批培养条件下，生物量和产物在经过一段时期培养后达到不再增加的稳定状态，主要原因是可利用底物的耗尽和阻遏物的积累，如果能去除这两方面对微生物生长的限制，微生物细胞将有可能达到高密度。新科学和新技术的不断发展为我们提供了很多达到细胞高密度的方法，其中，固定化、细胞循环和补料分批培养是较为成熟和完善的技术。

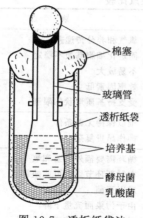

图 12-7 透析纸袋法

棉塞
玻璃管
透析纸袋
培养基
酵母菌
乳酸菌

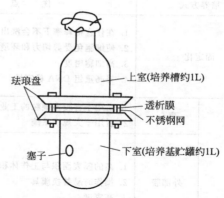

图 12-8 Gerhardt 透析瓶

珐琅盘
上室(培养槽约1L)
透析膜
不锈钢网
塞子
下室(培养基贮罐约1L)

如果固定化过程比较简便而且在预定的操作期间固定化细胞能维持稳定，固定化的方法将比其他方法更有优势，但是对于好氧细胞，氧气在固定化基质中的渗透深度只有几厘米，而且只有在这个范围内细胞才有代谢活性，这大大限制了固定化方法的应用范围。

在几种高密度培养方法中，补料分批技术研究得最广泛，将先进的控制技术应用于补料分批培养的研究也很活跃，如将模糊控制、神经网络和遗传方法用于更精确的控制和模拟发酵过程，但是补料分批技术只有在产物（或副产物）不会对菌体生长和产物合成造成强烈抑制时才有应用价值。

现在，膜细胞循环技术已被用于生物反应器内保持高的细胞密度培养中。在配有膜过滤器的细胞循环反应器中，由于抑制性产物不断被排除，所以产物抑制现象不会太明显，菌体可以达到很高的密度。膜过滤培养技术是一种较新的细胞培养方法。它是在普通的培养装置上，附加一套过滤系统，用泵使培养液流过过滤器，过滤器表面的微孔结构使得微生物细胞不会漏出，滤出的是含有代谢物的培养液，被浓缩的菌体细胞返回培养罐，同时控制流加泵添加新鲜培养基以维持培养液体积不变。此法的特点是在进行连续培养的同时利用过滤装置把微生物细胞保留在反应体系内并得到浓缩。代谢产物因过滤而被除去，同时微生物细胞不会流失，营养物质因流加而得到补充，因此膜技术能实现高浓度菌体培养。

膜技术首先在培养动物细胞生产干扰素、单克隆抗体等方面获得了应用，将中空纤维膜生物反应器用于动物细胞培养时，动物细胞生长于中空纤维膜组件内部，小分子产物（代谢废物）不断排除，新鲜培养基连续灌注，可使细胞密度达 10^9 个/mL，而利用一般的培养器细胞密度只能达到 $10^6 \sim 10^7$ 个/mL。近年来，有大量关于用膜过滤法培养双歧杆菌和基因重组菌以及用于生产乙醇、维生素、乳酸、乙酸等产品成功的例子。利用生物反应器与膜分离装置分体设置的外循环式膜生物反应器进行 *S. cremoris* 的连续培养，菌体密度可达到通常反应器的近 30 倍。几种高密度培养技术的比较见表 12-2。

（4）原位分离培养技术　原位分离培养（*in situ* product removal，ISPR）是指将生物细胞的代谢产物快速移走的培养方法。这样可防止代谢产物抑制细胞生长。在过去十几年里，ISPR 技术迅猛发展，特别是在乳酸发酵中的应用，证明了对产物的产率和生产能力有很大提高。常见的原位分离技术主要是电渗析发酵（electrodialysis fermentation，EDF）、膜法发酵、萃取发酵、吸附发酵等。

表 12-2　几种高密度培养技术的优缺点比较

培养方式		优　点	缺　点
固定化		1. 在任意稀释率下不会洗出 2. 使细胞免受剪切力和环境的影响 3. 高细胞密度 4. 提高重组 DNA 稳定性	1. 氧气和养分传递差 2. 固定化细胞基质不稳定 3. 不易放大 4. 效率因素低 5. 受支持基质形状的限制
细胞循环	离心	1. 适用于含较多颗粒的工业化底物 2. 适用于大规模系统	1. 难以保持无菌条件 2. 操作昂贵复杂
	外部膜	1. 高的膜表面积与工作体积比 2. 操作时易替换膜具 3. 高密度	1. 循环需要额外的泵和氧 2. 在循环环节细胞可能缺氧 3. 难以灭菌 4. 由于污染而流量下降 5. 对细胞有剪切伤害 6. 在反应器内不均匀
	内部膜	1. 不需要流体循环 2. 高细胞密度 3. 易操作 4. 在反应器内均匀 5. 易灭菌	1. 由于污染而流量下降 2. 低的膜表面积与工作体积比 3. 不灵活
补料分批		1. 可以利用现有设备 2. 易操作、能耗低、易放大 3. 中等细胞密度	无法去除代谢阻遏物

（5）补料分批培养技术　补料分批培养（fed batch culture）特指发酵过程中将某一种或几种限制性营养物质流加到反应器中，而目的生成物则要与发酵液同时取出的操作方式。对那些培养基成分的浓度显著影响菌体和产物得率的反应过程十分适用。常见的补料分批培养流加技术见表 12-3。目前，补料分批培养技术广泛应用于有机酸、酶、色素、细菌素、酵母及培养重组大肠杆菌生产外源蛋白等生产中。

表 12-3　补料分批培养中的流加技术

流加技术种类		注　解
非反馈补料	恒速补料	预先设定的恒定的营养流加速率，菌体的比生长速率逐渐下降，菌体的密度呈线性增加
	变速流加	在培养过程中流加速率不断增加，菌体的比生长速率不断改变
	指数流加	流加速度呈指数增加，比生长速率为恒定值，菌体密度呈指数增加
反馈补料	恒 pH 法	在线检测、控制碳源密度，通过 pH 的变化推测菌体的生长状态，调节流加速度，使 pH 为恒定值
	恒溶解氧法	以溶解氧为反馈指标，根据溶解氧的变化曲线调整碳源的流加量
	菌体密度法	通过检测菌体的密度，以及营养的利用情况，调整碳源的加入量
	CER 法	通过检测二氧化碳的释放率（CER），估计碳源的利用情况，控制营养的流加

12.3　微生物鉴定技术

微生物在食品中分布广泛，种类繁多。它们之间存在着差异，也有共同之处。微生物分类是按微生物亲缘关系把微生物归入各分类单元或分类群（taxon），以得到一个反映微生物进化的自然分类和符合逻辑命名的系统。微生物分类学包括"鉴定"（identification）、"命名"（nomenclature）和"分类"（taxonomy）。其中鉴定是确定一个新分离物的特征，并将其归属于已存在的分类单位中的过程。微生物的鉴定是微生物分类学中的一个重要组成部分，也是具体工作中经常遇到的问题。如在筛选菌种后，就要给它进行鉴定、命名，以便于记载和指导生产实践。

12.3.1 菌种鉴定的基本条件

12.3.1.1 待鉴定菌种必须是纯种

如果菌种不纯则所观察的现象不具有典型性，因而无法得出正确的结论。因此，菌体在鉴定之前，首先要纯化菌种，获得该菌种的纯培养物。

12.3.1.2 选择权威性的鉴定手册

根据鉴定对象选择具有权威性的鉴定手册，如《伯杰氏系统细菌学手册》（Bergey's Manual of Systematic Bacteriology），以此为标准进行鉴定。

12.3.1.3 采用适当的鉴定方法

微生物种类繁多，特征各异，性状有主次之分。当待测菌种是霉菌时，则认真观察其菌落菌体形态非常重要。如果是酵母菌，其有性繁殖方式、生理生化反应则是主要指标。

12.3.2 菌种鉴定技术

1970 年，Colwell 首次提出多相分类（polyphasic taxonomy）的概念，指采用现代分类的多种方法，综合表现型和遗传型信息进行分类鉴定和系统发育研究的过程。由于多相分类综合了表型鉴定、细胞化学鉴定和分子遗传学鉴定的运用，因而更客观地反映了不同微生物分类单元之间的系统进化关系，从而成为当前最有效的微生物分类鉴定方法。

12.3.2.1 形态结构和培养特性观察

（1）细胞形态结构观察　微生物的形态结构观察主要是通过染色，在显微镜下对其形状、大小、排列方式、细胞结构（包括细胞壁、细胞膜、细胞核、鞭毛、孢子、芽孢等）及革兰染色特性进行观察，直观地了解细菌在形态结构上的特性，根据不同微生物在形态结构上的不同达到区别、鉴定微生物的目的。

（2）菌落及培养特征观察　细菌细胞在固体培养基表面形成的细胞群体叫菌落（colony）。不同微生物在某种培养基中生长繁殖，所形成的菌落特征有很大差异，而同一种的细菌在一定条件下，培养特征却有一定稳定性，以此可以对不同微生物加以区别鉴定。因此，微生物培养特征的观察也是微生物检验鉴别中的一项重要内容。

① 细菌的培养特征鉴定　在固体培养基上，观察菌落大小、形态、颜色（色素是水溶性还是脂溶性）、光泽度、透明度、质地、隆起形状、边缘特征及迁移性等。在液体培养中的表面生长情况（菌膜、环）、浑浊度及沉淀等。半固体培养基穿刺接种观察运动、扩散情况。

② 霉菌、酵母菌的培养特征　大多数酵母菌没有丝状体，在固体培养基上形成的菌落和细菌的很相似，只是比细菌菌落大且厚。液体培养也和细菌相似，有均匀生长、沉淀或在液面形成菌膜。霉菌有分支的丝状体，菌丝粗长，在条件适宜的培养基里，菌丝无限伸长而沿培养基表面蔓延。霉菌的基内菌丝、气生菌丝和孢子丝都常带有不同颜色，因而菌落边缘和中心、正面和背面颜色常常不同，如青霉菌：孢子青绿色、气生菌丝无色、基内菌丝褐色。霉菌在固体培养表面形成絮状、绒毛状和蜘蛛网状菌落。

12. 3. 2. 2　生理生化鉴定

　　微生物种类繁多，生理代谢类型复杂多样。微生物的代谢活动是各种物质的合成与分解过程，这些过程是由微生物体内各种酶系统控制的复杂多样的生化反应完成的。由于各种酶系统对底物作用的反应以及产物各不相同，且代谢活动的条件各有差异，从而反映出微生物生理生化反应的多样性。微生物的生理生化测定指标较多，如生长特性、酶反应、代谢特性、致病性、抗原性、药物敏感性等大约几十个指标。为解决常规生理测定工作量大、技术要求高和精确度低等问题，人们不断改革鉴定技术，如法国商品化生产的 API 细菌数值鉴定系统、美国 Roche 公司生产的"Enterotube"细菌鉴定系统、美国安普科技中心生产的"Biolog"全自动细菌鉴定系统等。其中 Biolog 全自动细菌鉴定系统的工作原理就是依据微生物对不同碳源代谢率的差异，筛选 95 种不同碳源，配合四唑类显色物质，固定于 96 孔板上（A1 孔为阴性对照），接种菌悬液培养一段时间，通过检查微生物细胞利用不同碳源进行新陈代谢过程中产生的氧化还原酶与显色物质发生反应，而导致的颜色变化，以及微生物生长造成的浊度差异，与标准数据库进行比对，即可得出鉴定结果。这些产品为微生物鉴定提供了系列化、标准化的鉴定技术，具有小型、简便、快速和自动化的特点。

12. 3. 2. 3　数值分类鉴定

　　数值分类（numerical classification）是基于电子计算机在分类学中的应用而建立起来的一门新兴的边缘学科。数值分类学以表型特征为基础，利用有机体大量性状（包括形态学的、细胞学的和生物化学等的各种性状）、数据，按一定的数学模型，应用电子计算机运算得出结果，从而做出有机体的定量比较，客观地反映出分类群之间的关系。对于微生物的数值分类而言，就是将细菌大量的表观特征通过计算数学原理和技术进行相似性计算，力求得到一个客观、公正的分类结果。数值分类在细菌分类中运用的步骤为：①收集实验（t）中获得的被分类菌株（n）的大量数据，实验包括生化、生理、形态等，然后做成一个 $n \times t$ 的数据矩阵；②使用得出的数据矩阵，根据实验菌株的多项实验结果的相似性进行分类；③相互关系密切的菌株再用聚类分析的方法划归类群；④检验数值上定义的类群，由矩阵求出可以区别它们的任何特性，进行加权鉴定。数值分类得到的表观群在 80% 的相似性水平可以作为一个种来看待，但依据表观群的微生物进行精确分类，依然需要结合核酸的同源性分析及其核酸分子杂交结果来确定。

12. 3. 2. 4　细胞组分分析技术

　　微生物分类学和现代分析技术的快速发展与结合，催生了微生物化学分类的诞生。20 世纪 70 年代前后瓦克斯曼的学生 H. & M. P. Lechevalier 夫妇开展了放线菌的化学分类，曾以 600 多株各种类型的已知种，系统地分析了细胞壁化学组分中氨基酸与糖型，细胞膜上的磷酸类脂、甲基萘醌、枝菌酸、脂肪酸等，建立了上述测定分类指征的测定方法。化学分类学（chemotaxonomy）是依据微生物的细胞化学组成成分为指标进行微生物分类研究的学科。微生物中含有一些化学物质，其含量或结构或成分具有种属特征或与其分类地位密切相关，如枝菌酸主要是诺卡菌类放线菌特有的成分，以此作为鉴定微生物的指标。

　　当前，细胞化学组分分析技术成为现代微生物分类必不可少的手段之一。许多先进的仪器分析手段也不断应用于微生物的细胞化学鉴定中。如高效液相色谱（HPLC）、气相色谱-质谱联用（GC-MS）、液相色谱-质谱联用等逐渐在微生物分类中显示出强大的功能，并且这些技术手段耗时少、结果客观性强、重现性好，且与分子分类结果比较吻合，从而得到现代分类学者的普遍采用。

　　细胞组分分析的对象主要包括细胞壁、外膜、质膜及整个细胞。目前经常使用的细胞化学特性包括细胞壁化学组分、枝菌酸、脂肪酸、磷酸类脂、甲基萘醌、全细胞水解糖等。如脂肪酸（fatty acid）是细菌细胞中一种含量高、相对稳定的化学组分，主要存在于细胞膜等生物膜脂双层以及游离的糖脂、磷脂、脂蛋白等生物大分子之中。由于种类不同的微生物其脂肪酸的种类和含量差异较大，因此可以作为微生物分类鉴定的重要指标，尤其在属及属以上的分类单元中具有重要的分类学意义。1963 年，美国科学家 Able 首次将气相色谱技术用于细菌脂肪酸成分分析，从而创建了一个全新的细菌化学分类方法。当前，通用的方法是具有微生物鉴定系统（microbial identification system，MIDI）软件的气相色谱分析系统（Sasser，1990；Kampfer，1996）。美国 MIDI 公司研制和开发了商品化的 Sherlock 微生物鉴定系统，建立了 2000 多种细菌的脂肪酸组成标准库，并开发了相应的软件进行数据库检索。

12.3.2.5　菌种的分子遗传学鉴定

　　分子遗传学鉴定是通过检测生物大分子所包含的遗传信息，定量描述、分析这些信息在分类、系统发育和进化上的意义，从而在分子水平上解释生物的系统发育及进化规律的一类技术。

　　（1）核酸碱基组成　由于每一种微生物的 G＋C 含量通常是恒定的，不受菌龄、生长条件等各种外界因素的影响，故 G＋C 含量测定在微生物分类鉴定中有着较大的应用价值。微生物的遗传物质 DNA、同种微生物的 DNA 有着共同的碱基组成。表型相似而遗传物质不同的微生物，碱基组成也不相同。亲缘关系越远的物种其碱基排列顺序差别就越大。在DNA 分子中，DNA 的碱基组成是指鸟嘌呤（G）和胞嘧啶（C）在全部碱基中所占的摩尔百分比，即：

$$G＋C 含量(\%) = \frac{G＋C}{G＋C＋A＋T} \times 100\%$$

　　亲缘关系近的微生物具有相似的碱基组成，而不同生物的 G＋C 含量各不相同。一般细菌的 G＋C 含量为 27％～75％，酵母菌的 G＋C 含量为 30％～60％，放线菌的 G＋C 含量在50％～79％之间。通常，两个微生物的 G＋C 含量相差 5％，它们属于不同的种；如果相差10％，就应该归于不同的属。当前，测定微生物 G＋C 含量的方法有纸色谱法、浮力密度法、热变性温度测定法和高效液相色谱法。

　　（2）rRNA 寡核苷酸序列同源分析　16S rRNA 普遍存在于原核生物（真核生物中其同源分子是 18S rRNA）中。通常，两种微生物的同源关系越近，其所产生的寡核苷酸片段的序列也越接近。通过分析寡核苷酸序列的同源程度，可确定不同微生物间的亲缘关系和进化谱系。rRNA 寡核苷酸序列用于同源分析的要点在于 rRNA 参与生物蛋白质的合成过程，其功能是任何生物都必不可少的，而且在生物进化的漫长历程中保持不变，可看作为生物演变的时间钟。其次，在 16S rRNA/18S rRNA 分子中，既含有高度保守的序列区域，又有中度保守和高度变化的序列区域，因而它适用于进化距离不同的各类生物亲缘关系的研究。第三，16S rRNA/18S rRNA 的相对分子量大小适中，便于序列分析。因此，它可以作为测量各类生物进化和亲缘关系的良好工具。现代微生物分类是以 rRNA 核苷酸序列分析为中心。通常，测定菌株的序列与已知菌的 rRNA 序列同源性在 95％以下，可以定为新属；同源性在 97％以下，可以定为新种。但这不是绝对的，也非唯一标准。有时候 rRNA 同源性在

98.5%～99%，仍有 20%～30%可能是新种。

(3) 核酸分子杂交　核酸分子杂交技术在 20 世纪 60 年代得到了迅速发展和不断改进，并成为微生物分类鉴定的一种重要的方法。1987 年，国际系统细菌学委员会（International Committee on Systematic Bacteriology，ICSB）规定，DNA 同源性≥70%或杂交分子的热解链温度差≤2℃为细菌"种"的界限。现已证明，每错配 1%，杂交热稳定性降低 1%～2.2%，DNA 的杂交值和结合率可反映出两基因组序列的相似性。DNA 杂交展示的 DNA 之间核苷酸序列的互补程度，能够推断不同物种基因组之间的同源性。因此，利用 DNA-DNA 杂交，可以在 DNA 的总体水平上研究生物间的区别与联系。用于确定 DNA-DNA 杂交的方法有液相复性速率法、羟磷灰石法、S_1 核酸酶法、光敏生物素标记法和地高辛标记法等。当前，在 16S rRNA 序列分析具有 97%同源性的菌株必须测定 DNA-DNA 杂交。

(4) 微生物全基因组序列　DNA 是除少数 RNA 病毒以外的微生物的遗传信息载体。各种微生物都具有独特而稳定的基因组序列，不同菌种间的基因组序列差异代表着它们之间亲缘关系的疏密程度。因此，对微生物进行基因组序列测定是掌握全部遗传信息的最佳途径，也是微生物现代分类鉴定中更精确的遗传性状指标。然而由于其基因组序列测定费用较高，所以普及相对困难。

12.4　微生物数量的快速检测技术

食品中的微生物数量，在食品卫生学中是作为判定食品被微生物污染程度的标志，也可作为观察食品中微生物的性质以及微生物在食品中繁殖的动态，以便对被检的食品进行卫生学评价时提供科学依据。常规方法中的"菌落总数测定"和"霉菌和酵母数的测定"主要是用于评价食品品质的，而"大肠菌群测定"则是评价食品卫生质量的重要指标之一。因此微生物数量的检测、确定，最经常用于各种食品和食品加工场所、加工工具的卫生检查之中。另外，通常所指的食品检验项目中的"菌落总数"、"霉菌和酵母菌计数"以及"大肠菌群 MPN"和某些特定菌的计数，都是指的活细胞计数，因此大多数方法包括传统的方法都是以培养活的细胞生长为手段来达到检测目的。这些方法往往需要将细菌培养成肉眼可见的菌落才可确认，所以比较麻烦，需要用特定的培养基培养、计数，且必须在实验室的无菌条件下进行检测，而现代诸多方法已经可以不受这些条件的限制，有些方法甚至可以现场检测。这些方法有些是对常规方法的改进，有些则是利用新知识和新技术来估测微生物数量。本节将介绍一些常见、常用的快速、简便的检测微生物数量的方法及原理。

12.4.1　改进的活细胞计数方法

12.4.1.1　旋转平皿计数方法

旋转平皿计数方法（spiral planting method）是把液态样品螺旋式并不断稀释地接种到一个旋转的平皿中（图 12-9）。这一系统在美国已被广泛采用，如 AOAC 方法 977.27《食品和化妆品中的细菌旋转平板法》。

原理：食品或化妆品样品制备的菌悬液被螺旋平板注入器连续不断地注入分布到旋转着的琼脂平板的表面，在琼脂表面形成阿基米德螺旋形轨迹。当用于分液的空心针从平板中心移向边缘时，菌液体积减少，注入的体积和琼脂半径间存在着指数关系。培养时菌落沿注液线生长。用一计数的方格来校准与琼脂表面不同区域有关的样品量，计数每个区域的已知菌落数，再计算细菌浓度。

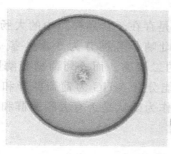

图 12-9 旋转接种仪

12.4.1.2 疏水性栅格滤膜法或等格法

疏水性栅格滤膜法（HGMF）或等格法（isogrid method）可用于菌落总数、大肠菌群、粪大肠菌群、大肠埃希菌及霉菌、酵母菌计数，也有用于弯曲杆菌计数的报道。

原理：用疏水性栅格滤膜（HGMF）过滤样品，然后把疏水性栅格滤膜放置在相应的固体培养基中培养，最后观察细菌、酵母菌或霉菌菌落。疏水性的栅格作为栅栏以防止菌落的扩散保证了所有菌落都是正方形的，从而便于人工或机械计数。

根据选用的培养基不同可用于菌落总数、大肠菌群、粪大肠菌群和大肠埃希菌计数，还可以用于霉菌和酵母菌计数，LIM 等研制了台盼蓝的培养基使等格法能直接用于酵母菌计数。另外，可根据菌落在培养基上产生的不同颜色来分类计数。此类方法经 AOAC 认可的主要有：AOAC 公定方法 986.32《食品中的需氧平板计数疏水性栅格滤膜法》；AOAC 公定方法 983.25《食品中总大肠菌群、粪大肠菌群和大肠埃希菌疏水性栅格滤膜法》；AOAC 公定方法 995.21《食品中的酵母和霉菌计数——疏水性栅格滤膜法（ISOGRID）使用 YM-Ⅱ琼脂方法》。

12.4.1.3 皿膜系统

皿膜系统（Pertrifilm），如 Pertrifilm 3M System，可用于菌落总数、大肠菌群、大肠埃希菌、霉菌、酵母和金黄色葡萄球菌计数。

原理：如图 12-10 所示，在一双层膜系统内含有干燥的营养物质（类似平板计数琼脂或其他的选择性培养基成分）和冷水可溶的胶体物质，以每系统 1mL 的加样量将样品（稀释或未经稀释的样品）直接加到基础膜中间，盖上含有胶凝剂和 TTC 的覆盖膜，培养后细菌在双层膜之间生长并显色即可直接计数。

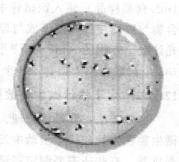

图 12-10 皿膜系统

代表方法有：AOAC 986.33《牛奶中的细菌和大肠菌群计数》；AOAC 989.10《乳品中的细菌和大肠菌群计数》；AOAC 990.12《食品中需氧平板计数》；AOAC 991.14《食品中大肠菌群和大肠艾希氏菌（Pertrifilm™）计数》；AOAC 996.02《乳制品中的大肠菌群计数》；AOAC997.02《食品中酵母和霉菌计数（Petrifilm™方法）》。3M 金黄色葡萄球菌快速测试片法即为皿膜系统，该测试片由两部分组成，第一部分是金黄色葡萄球菌培养基片，此检测片含有改良的 Baird-Parker 营养物及一冷水可溶的胶体，第二部分是热稳定核酸酶（Tnase）反应片，包含有 DNA、甲苯胺蓝（toluidine blue）及四唑指示剂（tetrazolium），此指示剂有助于菌落的计数及确定葡萄球菌热稳定核酸酶的存在。热稳定核酸酶是一种金黄色葡萄球菌的酶素产物，在高温下能维持稳定，热稳定核酸酶的检测像凝固酶反应一样，是一种鉴定金黄色葡萄球菌的方法。在 Pertrifilm RSA 检测片上，热稳定核酸酶反应看起来像是粉红色环带包围着一个红色或蓝色菌落。

12.4.1.4 酶底物技术（Coli Complete®）

用于大肠菌群和大肠埃希菌计数。其原理是存在于食品样品中的大肠菌群特有的 β-D-半乳糖苷酶系统能分解 5-溴-4-氯-3-吲哚-β-D-吡喃半乳糖苷为 5-溴-4-氯-3-吲哚的中间产物，该中间产物经过氧化生成水不溶性蓝色的二聚物。而 β-葡萄糖苷酶则为大肠埃希菌（埃希菌和志贺菌）和一些沙门菌所特有，其能分解 MUG 为葡萄糖苷和甲基伞形酮，其可在长波 UV 光下（366nm）产生荧光。以此作为确认是否有大肠菌群和大肠埃希菌存在的依据。

12.4.1.5 直接外荧光滤过技术

直接外荧光滤过技术（DEFT）是测定许多食品如奶、肉、禽和禽制品、鱼和鱼制品、水果和蔬菜、啤酒和葡萄酒、辐射食品等食品及水中的微生物的一种快速方法。

> 吖啶橙染色计数法在国外已逐步作为细菌计数的一种标准方法，应用于水、食品等领域。Baumgart 用直接表面荧光滤膜技术快速检验肉末中的微生物，结果与标准平皿计数法检验结果的相关系数为 0.97。

其原理是利用紫外光显微镜来快速测定活菌数。首先用一特殊滤膜过滤样品，经吖啶橙染色后，用紫外光显微镜观察，活细胞呈橙色荧光，死细胞呈绿色荧光。

12.4.1.6 "即用胶"系统（SimPlate）

此方法根据选择的培养基不同可分别用于菌落总数、大肠菌群、大肠杆菌计数和霉菌、酵母计数，以及弯曲杆菌的计数。

原理：此系统系盛有无菌液体（或脱水干燥）培养基的试管，在此专用培养基内含有与多种细菌酶类所对应的底物，检样被细菌污染时，只要具有一种酶的活性即能与底物作用生成 4-甲基伞形酮，培养一定时间后，在波长 365nm 的紫外光下发出蓝色荧光。把样品（如 1mL 食品样品）倾入该试管中，混匀后再将混合物倒入一个装有胶质的特殊培养皿中。混合物与胶质接触后便形成与琼脂相似的复合物，经培养后根据颜色指示或在紫外光下产生荧光计数。专用的 SimPlate™ 平皿有两种型号，普通型内设等分的 84 个培养小池，能计数至 738 个菌数；超大型有 198 个培养小池，能计数至 1659 个菌数。

12.4.2 用于估计微生物数量的新方法

这些方法主要是将物理、化学领域中的新知识、新技术应用于微生物检测中，通过测量微生物在生长和代谢活动中发生的变化来估测微生物的数量。这一类方法都需要有专门的检测仪器，有些还需要制定图谱或曲线，因此这类方法的采用必然受到一定的限制。本部分主要介绍目前国内在食品方面应用较多的阻抗法和 ATP 生物发光法。

12.4.2.1 阻抗法

阻抗法（impedance measurement）是 20 世纪 70 年代初期发展起来的一项新技术，是用电阻抗作为媒介，监测微生物代谢活性为基础的一种快速方法学，阻抗指交流电通过一种传导材料（如生长培养基）时的阻力，是一个由电导成分和电容成分的矢量和所组成的复杂统一体。操作时将一个接种过的生长培养基置于一个装有一对不锈钢电极的容器内，测定因微生物生长而产生的阻抗（及其组分）改变。原多用于临床微生物的鉴定、菌血症和菌尿症等标本的快速检测等方面。近年来已逐步用于食品检测之中，如法国生物梅里埃公司的 Bactometer 系统已可用于乳制品、肉类、海产品、蔬菜、冷冻食品、糖果、糕点、饮料、化妆品中的总菌数、大肠菌群、霉菌和酵母计数以及乳酸菌、嗜热菌测试，是一种方便、快速的方法，比之传统方法大大减少了检验时间，结果准确。它的主要优点是可以进行数据自动测试、自动分析储存，但它必须预先制定相应的标准曲线方可对样品进行测试。

（1）Bactometer 系统

原理：当细菌生长时，其周围液体的电导发生变化，通过测定阻抗或电导，可以了解微生物的活动。Bactometer 系统是利用阻抗变化来测定微生物的活动，当培养基中因微生物的代谢活动而发生化学改变时，阻抗也发生改变。在微生物生长过程中，大分子营养物质经代谢转变为较小但更为活跃的分子。在某些测定实例中，当细菌产生的离子浓度达到比培养基初始离子浓度稍低的含量时，电导改变即可检出，这一时间称作检出时间（DT），与这一阻抗改变有关的微生物含量称作微生物阈值。电导和电容测定的细菌阈值都是 $10^6 \sim 10^7$ 个/mL，酵母阈值用电容测定为 $10^2 \sim 10^4$ 个/mL。Bactometer 系统是能利用电阻抗（conductance）、电容抗（capacitance）或总阻抗（total impedance）三种参数的监测系统，可同时处理 64～512 个样本。Malthus Microbial Analyser 系统是利用测定电导变化来测量微生物含量。

（2）Malthus 微生物快速分析仪

原理：微生物在培养基中生长时，由于本身的代谢作用，将培养基中较大分子（如蛋白质、脂肪、糖等）分解成带电荷较多的小分子（如氨基酸、脂肪酸等），导致培养基中的电导度增加。马色斯系统是以电阻为检测讯号，将电阻转换为电导度。电导度产生改变的时间与初始菌数成反比，污染量越高，得到结果的时间也越快。

12.4.2.2　ATP 生物发光技术

ATP 生物发光（bioluminescence，BL）技术是利用产生于生物体内的化学发光现象而建立起来的一种检测方法。生物发光法是一种很有前景的新技术。生物发光最常见的是萤火虫及海洋生物发光，深入的研究表明，生物发光是生物体内荧光素酶（luciferase）催化作用底物氧化而发出光。生物发光在生物化学和生物技术方面有着广泛的应用前景，目前发现的荧光素酶有细菌荧光素酶（bacterial luciferase）和萤火虫荧光素酶（firefly luciferase）两大类，前者从海洋发光细菌中提取，后者则主要从萤火虫中提取。目前应用于微生物数量生物发光法快速测定的荧光素酶为萤火虫荧光素酶，产生萤火虫荧光素酶的萤火虫主要有北美萤火虫、日本萤火虫及东欧萤火虫。提取时先将萤火虫的尾部剪下来置于 −20℃ 冷冻，在 3℃ 解冻后用研钵研磨，然后经过离心、过柱、硫酸铵沉淀等多步复杂处理来制取萤火虫荧光素酶。除从萤火虫中直接提取外，采用基因工程手段也能生产。其方法是先将萤火虫荧光素酶基因克隆在大肠杆菌中表达，然后将转化体置 37℃ 的 LB 培养基中培养，到对数后期收集菌体，用渗透压法、冻融法提取细菌胞质组分，经均质、离心，用凝胶排阻、离心交换色谱提取纯酶。生物发光法具有简便、快速、价廉的优点，已逐渐作为食品生产和流通过程中的微生物快速监测和清洁度监测的一种新方法，尤其在 HACCP 中的应用已日益受到重视。

原理：所有的生物都含有 ATP，当荧光素酶系统和 ATP 接触时就会发光。萤火虫荧光素酶是能以荧光素（luciferin）、ATP 和 O_2 为底物，在 Mg^{2+} 存在时，将化学能转变成光能的高效生物催化剂，它催化 D-荧光素（D-luciferin）氧化脱羧，同时发出光，最大发射波长为 562nm，但酶结构不同则发射光略有不同。

$$\text{luciferin} + \text{ADP} + O_2 \xrightarrow[\text{荧光素酶 (luciferase)}]{Mg^{2+}} \text{oxyluciferin} + \text{ATP} + \text{PPi} + H_2O$$

（荧光素） （氧化型荧光素） 焦磷酸盐

测定时先将样品与 ATP 提取试剂混合，使细胞膜和细胞壁开孔，提取出 ATP，然后再与荧光素和荧光素酶生物发光试剂作用，用荧光仪进行测定。

12.4.3 其他方法

12.4.3.1 微量量热法

微量量热法（microcalorimetry）是利用细菌生长时产生热量的原理设计而成的。微生物在生长和代谢过程中，能产生大量的代谢热。由于各种微生物的代谢产物热效应不同，因此可显示出特异性的热效应曲线图。热效应曲线图的形成，是由于培养基含有多种成分，微生物则产生多种不同的代谢产物，以此表现出的热效应为多个曲线峰，如为单一营养成分，则只能有一个峰出现。在细菌生长的过程中，用微量量热计测量产热量等热数据，经过计算机处理，绘制成以产热量对比时间组成的热曲线图，以此推断细菌存在的数量。现已有能测定微小温度变化的仪器（bioactivity monitor）。

12.4.3.2 接触酶测定仪

接触酶测定仪（Catalasmeter）的原理是通过计算一个含有接触酶的纸盘（如含有细菌的样品），在盛有 H_2O_2 的试管中的漂浮时间来估计菌数。接触酶与 H_2O_2 之间产生生化反应，放出氧气，后者使纸盘由试管底部浮到表面。当样品中接触酶含量高时（表明接触酶阳性细菌含量高），纸盘上浮时间短（以秒计），反之则长（以 100～1000s 计）。如果没有接触酶纸盘则不上浮。

12.4.3.3 放射测量法

放射测量法（radio metric）是利用细菌在代谢碳水化合物时产生 CO_2 的原理，把微量的放射性标记引入葡萄糖或其他糖类分子中。细菌生长时，糖被利用并放出标记的 CO_2，将生成的放射性标记 CO_2 从培养装置中导出或用化学法吸收后，利用专用的放射测量仪（Bactec，美国 Johnston 公司）来测定放射性 CO_2。放射量与菌数成正比。

12.5 微生物多样性分析技术

生物多样性（biodiversity）是指一定范围内多种多样活的有机体（动物、植物、微生物）有规律地结合所构成稳定的生态综合体。这种多样包括动物、植物、微生物的物种多样性，物种的遗传与变异的多样性及生态系统的多样性。其中，物种的多样性是生物多样性的关键，它既体现了生物之间及环境之间的复杂关系，又体现了生物资源的丰富性。微生物的多样性除物种多样性外，还包括生理类群多样性、生态类型多样性和遗传多样性。微生物是生物圈的主宰者，其生物多样性最为丰富。然而由于微生物的微观性，以及研究手段的限制，许多微生物的种群还不能分离培养，因此，已知微生物物种占有预测微生物物种的比例仍很小。研究技术的进步是微生物多样性研究向前发展的重要推动力量。近年来，随着微电子、计算机、分子生物学、物理、化学等技术的发展，微生物多样性研究技术也在吸收其他学科先进技术的基础上不断向前发展。各种研究方法的发展使得这种状况有了很大改观。现代分子生物学技术，如原位荧光杂交技术、变性梯度凝胶电泳等，在微生物多样性研究上的应用克服了微生物培养技术的限制，能对样品进行较客观的分析，更精确地揭示微生物的多样性。

12.5.1　传统培养方法

传统研究方法是利用选择性平板培养基将微生物从土壤中分离，实验室培养和鉴定。这种方法对于衡量小群体多样性方面不失为一种快速方法。由于这种方法人为限定了一些培养条件，无法全面反映微生物生长的自然条件，常常造成某些微生物的富集生长，而另一些微生物缺失。由于当前尚有 99% 的微生物种不可培养或未能得到培养，传统的纯培养研究方法只能反映极少数微生物的多样性信息，所测结果误差较大。因此传统培养方法只能作为一种辅助手段，并且只有与其他先进方法结合起来才能较为客观而全面地反映土壤微生物群落结构的真实信息。但这种方法在分离具有一定功能的特殊目标物种时是非常有用的，利用这种方法已获得许多很有应用价值的微生物种类。

12.5.2　磷脂脂肪酸分析研究法

磷脂脂肪酸是极性脂类派生脂肪酸的一种。它是微生物细胞膜的主要组成成分，对于许多属的微生物而言，磷脂脂肪酸是一种特定的生物标记物。不同的微生物有不同的磷脂脂肪酸特征，因此磷脂脂肪酸可对自然条件下的微生物群落样品进行群落特征研究。美国 MIDI 公司就测定出许多常见微生物的特征磷脂脂肪酸谱图，根据不同种类微生物细胞膜中磷脂脂肪酸的类型和含量具有种的特异性、指示性和遗传稳定性等特殊性能对微生物进行全自动鉴定和分析。

12.5.3　分子探针技术

1969 年，Gall 和 Pardue 等首次将同位素探针用于原位杂交实验，获得成功。1987 年，染色体原位抑制杂交法的创建，使荧光原位杂交技术（fluorescence in site hybridization，FISH）得以迅速发展。随后，Cremer 等用生物素和汞或氨基乙酰荧光素等非放射性物质标记探针，创立了双色荧光原位杂交技术。1990 年，Nederlof 等用 3 种荧光素成功探测出了 3 种以上的靶位 DNA 序列，从而宣告了多色 FISH 技术的问世。荧光原位杂交技术是根据已知微生物不同分类级别上种群特异的 DNA 序列，以利用荧光标记的特异寡聚核苷酸片段作为探针，与环境基因组中 DNA 分子杂交，检测该特异微生物种群的存在与丰度。FISH 技术是一种非放射性分子遗传学实验技术，其基本原理是将直接与荧光素结合的寡聚核苷酸探针或采用间接法用生物素、地高辛等标记的寡聚核苷酸探针与变性后的染色体、细胞或组织中的核酸按照碱基互补配对原则进行杂交，经变性—退火—复性—洗涤后即可形成靶 DNA 与核酸探针的杂交体，直接检测或通过免疫荧光系统检测，最后在荧光显微镜下显影，即可对待测 DNA 进行定性、定量或相对定位分析。常规的荧光原位杂交技术包括探针的设计选择、荧光素的标记、细菌的固定、预处理、杂交、杂交结果检测等基本步骤。

12.5.4　DNA 指纹图谱分析技术

1984 年，英国莱斯特大学的遗传学家 Jefferys 及其合作者首次将分离的人源小卫星 DNA 用作基因探针，同人体核 DNA 的酶切片段杂交，获得了由多个位点上的等位基因组成的长度不等的杂交带图纹，这种图纹极少有两个人完全相同，故称为"DNA 指纹"，意思是它同人的指纹一样是每个人所特有的。

12.5.4.1　限制性片段长度多态性分析技术

限制性片段长度多态性（restriction fragment length polymorphism，RFLP）分析技术

于 1980 年由人类遗传学家 Bostein 提出，它是第一代 DNA 分子标记技术。Donis-Keller 利用此技术于 1987 年构建成第一张人的遗传图谱。DNA 分子水平上的多态性检测技术是进行基因组研究的基础。RFLP 已被广泛用于基因组遗传图谱构建、基因定位以及生物进化和分类的研究。RFLP 是根据不同品种（个体）基因组的限制性内切酶的酶切位点碱基发生突变，或酶切位点之间发生了碱基的插入、缺失，导致酶切片段大小发生了变化，这种变化可以通过特定探针杂交进行检测，从而可比较不同品种（个体）的 DNA 水平的差异（即多态性），多个探针的比较可以确立生物的进化和分类关系。所用的探针为来源于同种或不同种基因组 DNA 的克隆，位于染色体的不同位点，从而可以作为一种分子标记（Mark），构建分子图谱。当某个性状（基因）与某个（些）分子标记协同分离时，表明这个性状（基因）与分子标记连锁。分子标记与性状之间交换值的大小，即表示目标基因与分子标记之间的距离，从而可将基因定位于分子图谱上。分子标记克隆在质粒上，可以繁殖及保存。不同限制性内切酶切割基因组 DNA 后，所切的片段类型不一样，因此，可对限制性内切酶与分子标记组成不同组合进行研究。常用的限制性内切酶一般是 $EcoR\ I$、$Hind\ III$、$BamH\ I$、$EcoR\ V$、$Xba\ I$ 等，而分子标记则有几个甚至上千个。分子标记越多，则所构建的图谱就越饱和，构建饱和图谱是 RFLP 研究的主要目标之一。

12.5.4.2　随机扩增多态性 DNA

随机扩增多态性 DNA（random amplified polymorphic DNA，RAPD）是由美国人 Williams 和 Welsh 等于 1990 年利用 PCR 技术发展起来的一种 DNA 多态性标记。它是利用随机引物对目的基因组 DNA 进行 PCR 扩增，产物经电泳分离后显色，分析扩增产物 DNA 片段的多态性，此即反映了基因组相应片段由于碱基发生缺失、插入、突变、重排等所引发的 DNA 多态性。RAPD 是通过分析 DNA 的 PCR 产物的多态性来推测生物体内基因排布与外在性状表现的规律的技术。与 RFLP 相比，RAPD 具有很多优点：①不需要了解研究对象基因组的任何序列，只需很少纯度不高的模板，就可以检测出大量的信息。②无需专门设计 RAPD 反应引物，随机设计长度为 8～10 个碱基的核苷酸序列就可应用。③操作简便，不涉及分子杂交、放射自显影等技术。④需要很少的 DNA 样本。⑤不受环境、发育、数量性状遗传等的影响，能够客观地提示供试材料之间 DNA 的差异。可以检测出 RFLP 标记不能检测的重复顺序区。当然 RAPD 技术有一定的局限性，它呈显性遗传标记（极少数共显性），不能有效区分杂合子和纯合子；易受反应条件的影响，某些情况下，重复性较差，可靠性较低，对反应的微小变化十分敏感，如聚合酶的来源、DNA 不同提取方法等都需要严格控制。

12.5.4.3　末端限制性片段长度多态性

末端限制性片段长度多态性（terminal-restriction fragment length polymorphism，T-RFLP）分析是一种分析生物群落的指纹技术，与 RFLP 相似，只是在 PCR 引物末端标记荧光。扩增基因由限制性酶降解，由于在不同细菌的扩增片段内存在核苷酸序列的差异，酶切位点就会存在差异，随后在自动 DNA 测序仪上检测，仅有那些荧光标记末端限制片段才可以被检测到。通过这些末端标记的片段就可以反映微生物群落多样性情况。T-RFLP 是一种高效可重复的技术，它可以对一个生物群体的特定基因进行定性和定量测定。此技术的优点是可以检测微生物群落中较少的种群。另外，系统发生分类也可以通过末端片段的大小推断出来。本技术的局限包括假末端限制性片段的形成，它可能导致对微生物多样性的过多估计。引物和限制酶的选择对于准确评估生物多样性也是很重要的。

12.5.4.4 扩增片段长度多态性

扩增片段长度多态性（amplified fragment length polymorphism，AFLP）是 1993 年荷兰科学家 Zbaeau 和 Vos 发展起来的一种检测 DNA 多态性的新方法。AFLP 是 RFLP 与 PCR 相结合的产物，其基本原理是先利用限制性内切酶水解基因组 DNA 产生不同大小的 DNA 片段，再使双链人工接头的酶切片段相连接，作为扩增反应的模板 DNA，然后以人工接头的互补链为引物进行预扩增，最后在接头互补链的基础上添加 1～3 个选择性核苷酸作引物，对模板 DNA 基因再进行选择性扩增，通过聚丙烯酰胺凝胶电泳分离检测获得 DNA 扩增片段，根据扩增片段长度的不同检测出多态性。引物由三部分组成：与人工接头互补的核心碱基序列、限制性内切酶识别序列、引物 3′端的选择碱基序列（1～10bp）。接头与接头相邻的酶切片段的几个碱基序列为结合位点。该技术的独特之处在于所用的专用引物可在知道 DNA 信息的前提下就可对酶切片段进行 PCR 扩增。为使酶切浓度大小分布均匀，一般采用两个限制性内切酶，一个酶为多切点，另一个酶切点数较少，因而 AFLP 分析产生的主要是由两个酶共同酶切的片段。AFLP 结合了 RFLP 和 RAPD 两种技术的优点，具有分辨率高、稳定性好、效率高的优点。但它的技术费用昂贵，对 DNA 的纯度和内切酶的质量要求很高。尽管 AFLP 技术诞生时间较短，但可称之为分子标记技术的又一次重大突破，被认为是目前一种十分理想、有效的分子标记。

12.5.4.5 DGGE 和 TGGE 分析技术

变性梯度凝胶电泳（denatured gradient gel electrophoresis，DGGE）最初是 Lerman 等人于 20 世纪 80 年代初期发明的，起初主要用来检测 DNA 片段中的点突变。Muyzer 等人在 1993 年首次将其应用于微生物群落结构研究。后来又发展出其衍生技术温度梯度凝胶电泳（temperature gradient gel electrophoresis，TGGE）。此后十年间，该技术被广泛用于微生物分子生态学研究的各个领域，目前已经发展成为研究微生物群落结构的主要分子生物学方法之一。DGGE 是利用不同分子在不同浓度变性剂的作用下失活实现的。TGGE 是利用了不同分子在温度改变下构象的差别进行分离。它们的基本原理是双链 DNA 分子在一般的聚丙烯酰胺凝胶电泳时，其迁移行为决定于其分子大小和电荷。不同长度的 DNA 片段能够被区分开，但同样长度的 DNA 片段在胶中的迁移行为一样，因此不能被区分。DGGE/TGGE 技术在一般的聚丙烯酰胺凝胶基础上，加入了变性剂（尿素和甲酰胺）梯度，从而能够把同样长度但序列不同的 DNA 片段区分开来。一个特定的 DNA 片段有其特有的序列组成，其序列组成决定了其解链区域和解链行为。一个几百个碱基对的 DNA 片段一般有几个解链区域，每个解链区域有一段连续的碱基对组成。当变性剂浓度逐渐增加达到其最低的解链区域浓度时，该区域这一段连续的碱基对发生解链。当浓度再升高依次达到其他解链区域浓度时，这些区域也依次发生解链。直到变性剂浓度达到最高的解链区域浓度后，最高的解链区域也发生解链，从而双链 DNA 完全解链。

DGGE/TGGE 已广泛用于分析自然环境中细菌、蓝细菌、古菌、微型真核生物、真核生物和病毒群落的生物多样性。这一技术能够提供群落中优势种类信息并同时分析多个样品，具有可重复和操作简单等特点，适合于调查种群的时空变化，并且可通过对条带的序列分析或与特异性探针杂交分析鉴定群落组成。DGGE 和 TGGE 分别通过逐渐增加的化学变性剂线性浓度梯度和线性温度梯度可以把长度相同但只有一个碱基不同的 DNA 片段分离。DNA 分子的双链在特定温度下会分离，这个温度取决于互补链的氢键含量（富含 GC 的区域融解温度较高）和相邻碱基的引力。

12.5.5 DNA 芯片技术

DNA 芯片技术实际上就是一种大规模集成的固相杂交，是指在固相支持物上原位合成 (*in situ* synthesis) 寡核苷酸或者直接将大量预先制备的 DNA 探针以显微打印的方式有序地固化于支持物表面，然后与标记的样品杂交。通过对杂交信号的检测分析，得出样品的遗传信息（基因序列及表达的信息）。由于常用计算机硅芯片作为固相支持物，所以称为 DNA 芯片，又被称为基因芯片、cDNA 芯片、寡核苷酸阵列等。DNA 芯片技术主要包括四个主要步骤：芯片制备、样品制备、杂交反应以及信号检测和结果分析。作为新一代基因诊断技术，DNA 芯片的突出特点在于快速、高效、敏感、经济以及平行化、自动化等。DNA 芯片技术在基因表达谱差异研究、基因突变、基因测序、基因多态性分析、微生物筛选鉴定等方面应用广泛，可以快速、简便地搜寻和分析 DNA 多态性，极大地推动了生物学的发展。总之，以基因芯片为代表的生物芯片技术的深入研究和广泛应用，将对 21 世纪的人类生活和健康产生极其深远的影响。

12.6 免疫学技术在食品微生物检测中的应用

免疫学技术广泛应用于食品中致病微生物、细菌和真菌毒素及其他生物毒素、农药和兽药残留、非法添加物、转基因产品等的检测。由于篇幅限制，仅对 ELISA、免疫胶体金技术和免疫传感技术以及放射免疫分析技术加以阐述。

（1）ELISA 酶联免疫吸附法（ELISA）是最常用的免疫分析技术，广泛应用于食品检测中，包括对食品中各类农药残留的检测，包括杀虫剂、杀菌剂、除草剂、生长调节剂等，样本范围包括水、谷物及其加工产品、肉、奶制品、蜂蜜、果汁、水果、蔬菜、啤酒、玉米、马铃薯等，检测限水平达到 $\mu g/g \sim ng/g$、ng/mL 等。

对生物毒素的检测，我国《食品卫生理化检验方法》的国家标准中，黄曲霉毒素的检测用间接竞争法，最低检出浓度可达 $0.01\mu g/kg$。利用 ELISA 法检测的真菌毒素还有黄曲霉毒素 M_1、赭曲霉素、呕吐毒素、T-2 霉素和玉米赤霉烯酮。另外，ELISA 还应用于微生物毒素，如金黄色葡萄球菌肠毒素、沙门菌毒素、志贺菌毒素等细菌毒素以及藻青素和贝毒等其他生物毒素，近十几年来国内用于生物毒素检测的 ELISA 方法得到迅速发展，已有多种 ELISA 诊断试剂盒用于分析不同的毒素。

（2）免疫胶体金技术

① 有害微生物检测 食品中常见的致病菌有大肠杆菌、金黄色葡萄球菌、沙门菌、布氏杆菌和霍乱弧菌等。2006 年，王静等用双抗体夹心法检测 *E.coli* O157 时，将胶体金标记的 EHEC O157 单抗作为一抗包被于结合垫制作试纸条，检测时间为 15min，*E.coli* O157 的最低检出浓度为 10^5 CFU/mL。除此之外，该试纸条还可检测出诸如奶粉、面粉、咖啡、点心以及蔬菜和水果等诸多样品中的 O157 大肠杆菌。也有人将沙门菌 O9 抗原的单克隆抗体 4-7-7、羊抗鼠 IgG 以条带状分别包被于 NC 膜的检测带和质控带上，用胶体金标记另一株单抗 3-47-0，并将其吸附于结合垫上，制成试纸条，检测沙门菌 O9 抗原，最小检出量为 4×10^5 CFU/条。同理，霍乱胶体金试纸条的最小检出量为 10^6 CFU/mL，在检测水和食品中的霍乱弧菌时，由于标本中可能含菌量少，应先增菌，使菌数达到 10^6 CFU/mL 以上。

② 生物毒素检测 对食品中的生物毒素进行检测时，有人以抗黄曲霉毒素 B_1（AFB_1）单克隆抗体做金标抗体制作试纸条，其最低检测限为 $2.5ng/mL$。

（3）免疫传感器　微生物检测中 Tahir 等人用电化学免疫传感器检测大肠杆菌 O157：H7，可在 10min 内完成分析，灵敏度大于 10CFU/mL。Plomer 等人也用电化学免疫传感器检测食物和饮用水中所有的肠道细菌，达到了常规计数方法难以满足的检测需要。用压电晶体免疫生物传感器检测沙门菌时，检测灵敏度为 10CFU/mg。

免疫传感器用于有毒物质检测中时，损耗波免疫传感器可用来检测肉毒杆菌毒素，有人利用基于消失波的光纤免疫传感器检测蓖麻毒素；针对葡萄球菌肠毒素的检测，现已开发出多种可快速、灵敏检测的小型光纤免疫传感器，可在野外复杂环境中应用，也是基于消失波的光纤传感器。其定性检测时间为 15min，定量分析时间是 45min。

在农药、兽药检测中，免疫传感技术也发挥了其技术优势。近年来，利用农药对靶标酶（如乙酰胆碱酯酶）活性的抑制作用而研制的酶传感器，以及利用农药与特异性抗体结合反应研制的免疫传感器，在食品残留检测中得到了广泛的应用。光纤免疫传感器则可用于对硫磷检测，灵敏度高。

免疫传感器也可用来检测食品中或食品产地的重金属污染。

（4）放射免疫分析技术　放射免疫分析技术（RIA）在食品快速检测中最常用的同位素是 ^3H 和 ^{14}C，RIA 常用于食品中过敏原的分析。随着技术的不断改进，现已发展到可检出 β-内酰胺类、大环内酯类、四环素类、氯霉素类、氨基糖苷类和磺胺类六大常见抗生素残留的快速检测，检样范围进一步扩大，包括牛奶、血清、鸡蛋、各类组织等。

12.7　预测微生物学理论与技术

12.7.1　预测微生物学概述

预测微生物学（predictive microbiology）是指借助计算机的微生物数据库，在数字模型基础上，在确定的条件下，快速对重要微生物的生长、存活和死亡进行预测，从而确保食品在生产、运输以及贮存过程中的安全和稳定，打破传统微生物受时间约束而结果滞后的特点。在计算机的基础上，将微生物预测、栅栏技术和 HACCP 系统有效结合，就可以实现食品厂从原料、加工到产品的贮存、销售整个体系的计算机智能化管理和监控。

在微生物预测过程中，相关数据是建立数学模型的基础，数学模型必须通过适当的试验，得到微生物与各环境因素之间关系的数据，绝大多数微生物的生长受制于 3～5 种关键的环境因子（温度、pH 值、水分活度、NaCl 等），为了更好地描述各种模型之间的关系，Whiting 和 Buchanan 于 1993 年提出了预测微生物模型的三级分类法。初级模型表示微生物响应与时间的关系，用一系列特殊的参数来表示，常用 Baranyi 模型和 Gompertz 方程等。次级模型描述环境因子的变化如何影响初级模型中的参数，主要有平方根模型、Arrhenius 模型和响应曲面模型等。三级模型是计算机程序，将初级模型和次级模型转换成计算机软件，也被称为专家系统。

澳大利亚、加拿大、美国中西部的研究机构从 20 世纪 60 年代开始研究 $-5～5℃$ 低温流通的水产品、牛乳、肉类贮藏温度和货架寿命的关系，这是预测微生物学以食品品质为目标的一个源流。同期，英国及美国几个与食品有关的研究机构开始研究食品中产毒菌的生长，希望定量了解温度、pH、aw（食盐浓度）的影响，这成为预测微生物学以食品安全性为目标的另一个源流。

1983 年，一个 30 人的食品微生物学家小组，应用直观预测的 Delphi 工艺，用计算机预测了食品货架期，开发了腐败菌生长的数据库的成果，从此揭开了预测微生物学序幕。1992年，英国农业、渔业和食品部（UKMAEF）开发了 Food Micromodel（在数据库和数学模型基础上的食品微生物咨询服务器），描述食品中致病菌的生长与环境因素之间的关系。美国农业部的微生物食品安全研究机构（USDA's Microbial Food Safety Research Unit）已经开发并发行了"pathogen Modeling program"应用软件，可用于自动响应面模型处理大多数常用的防腐剂。

预测微生物学的主要作用归纳起来有如下方面：①预测产品的货架期和安全性。②将食品中有关微生物的选择试验准确地局限于较小范围，大大减少了产品开发的时间和资金耗费。③可帮助和指导管理者在生产中贯彻 HACCP，外部多因素出现时，可决定关键控制点，并决定竞争实验是否必需，同时对 HACCP 清单给予补充。④对加工工序和贮藏控制的失误引起的结果进行客观评估。

12.7.2　微生物的生长模型

从普通微生物的角度，微生物的群体生长以细菌为对象来阐述。以细菌数的对数作纵坐标、生长时间作横坐标所绘制的生长曲线分为迟滞期、对数期、稳定期和衰老期。而对数期的数学表达式则为：

$$N_t = N_0 2^n \tag{12-1}$$

从数学模型角度，对数期符合一级反应动力学。其微分公式如下：

$$dM/dt = \mu M \tag{12-2}$$

式中，dM/dt 表示微生物细胞随时间的变化；M 为直接值，表示微生物细胞群体数量；μ 表示比生长速率。

这被认为是最基础的生长模型。

(1) 初级水平生长模型　将迟滞时间（t_1）引入微生物基础生长模型，导出下列公式：

$$N_t = N_0 \cdot \omega \exp[\mu(t - t_1)] \tag{12-3}$$

式中，ω 为生长模型的修正参数。据报道，杆菌属（*Mycobacterium*）和李斯特菌属（*Listeria*）的生长符合上述模型。其他较复杂的有 Gompertz 和 Logistic 函数生长模型。Gibson 等的 Gompertz 函数生长模型表达为：

$$N_t = N_0 + a_1 \exp\{-\omega \cdot \exp[-a_2(t - \tau)]\} \tag{12-4}$$

式中，N_t，N_0 分别为以对数单位（lg 菌数/mL）表达的在 t 时和初始时的微生物细胞群体数量；a_1 表示稳定期与接种时微生物数量的差值（lg 菌数/mL）；a_2 表示斜率；τ 表示函数曲线弯曲点的时间。

(2) 次级水平生长模型　次级水平生长模型主要确定在不同环境因素下初级模型的参数。有三种数学方式处理次级水平的生长模型，即反应表面方程或称多元多项式（multiple polynomial）、Arrhenius 关系式和平方根模型。

反应表面模型是一种回归方程，它可以是线性的、二次的、立方的和更高元次的方程。下面举一个单位的线性反应表面模型的例子，该方程适用在温度从 $-1 \sim 25$℃ 时食品的腐败过程：

$$k = k_0(1 + aT) \tag{12-5}$$

式中，k 为在一个特定温度 T 下的腐败速度；k_0 为 0℃时的腐败速度；a 为常数。

Arrhenius 关系式，即速率的对数对温度（T）倒数的方程式，广泛地应用于物理化学中。

在此，举两个例子，第一个是生长速率（K）与绝对温度（T）和 pH 的 Arrhenius 关系式：

$$\ln K = -E/RT + a_1(pH)^2 + a_2(pH) + a_3 \tag{12-6}$$

第二个是生长速率（K）与绝对温度（T）和水分活性（a_W）的 Arrhenius 关系式：

$$\ln K = a_0 + a_1/T + a_2/T^2 + a_3 a_W + a_4 a_W^2 \tag{12-7}$$

在上式中，K 为热函数，R 为气体常数，a_n 为模型参数。

平方根模型基于生长速率的平方根与温度呈线性关系。平方根模型最简单的形式如下：

$$K^{1/2} = d(T - T_0) \tag{12-8}$$

12.7.3　微生物的失活-存活模型

适用于预测食品的加热处理时微生物的存活和致死数量情况，以及冷冻食品和耐储藏食品在储藏期间微生物数量的变化。

微生物的失活-存活模型常用的为线性模型，线性模型的建立始于对梭状菌芽孢热死亡时间的研究，实验表明，微生物的营养细胞和芽孢的致死曲线也符合一级反应动力学，呈负增长曲线。

$$-dM/dt = kM \tag{12-9}$$

因此

$$2.303 \lg M_0/M_F = kt \tag{12-10}$$

式中，M_0 和 M_F 分别为初始和最终的微生物细胞群体数量；t 为加热时间；k 为反应速率常数。

将特定温度下微生物数量减少 90%（即 $M_0/M_F = 10$ 或 $\lg M_0/M_F = 1$）所需的加热时间定义为 D 值（number decimal reduction），这样：

$$D = \frac{2.303}{k}$$

在实践中，D 值由实验求得。

当 D 值对加热温度（上升）作图时，发现它们之间的关系也为一级反应动力学的负增长模式，将 D 值变化 10 倍（D_2/D_1）即 ΔD_{10} 或 $\lg D_2/D_1 = 1$ 的温度差（$T_2 - T_1 \Delta D$）定义为 Z 值，即：

$$\lg D_2/D_1 = (T_2 - T_1)/Z \tag{12-11}$$

在实践中，Z 值也由实验求得。

目前，适用于个人电脑的商业化微生物模型软件（英语版）有多种，如病原菌模型程序（pathogen modeling program，PMP）、微模型程序（micromodel program），还有 FM（food micromodel）、ComBase（Combined Database）等，这里简单介绍两种。

① 病原菌模型程序　病原菌模型程序（pathogen modeling program）是用 DOS 系统操作的软件。该软件含有六个食物病原菌的生长模型，这些模型是根据二次反应表面方程（secondary-response surface equation）和 Gompertz 函数而建立的。

② 微模型程序　微模型程序（micromodel program）是一种新的软件，它的版权属于英国著名的 Leatherhead 食品研究协会（Leatherhead Food Research Association，UK）和一家英国软件公司——STD Ltd.。该软件在 Windows 系统下操作，它含有 11 个病原菌的模型，这些病原菌包括嗜水产气单胞菌（*Aeromonas hydrophila*）、蜡状芽孢杆菌（*Bacillus cereus*）、地衣芽孢杆菌（*Bacillus licheniformis*）、金黄色葡萄球菌（*Staphylococcus*）、胚胎弯曲杆菌空肠亚种（*Campylobacter jejuni*）、产气荚膜梭菌（*Clostridium perfringens*）、非蛋白水解肉毒梭菌（*Clostridium botulinum*）、大肠杆菌（*Escherichia coli* O157）、单核细胞增生

李斯特菌（*Lister monocytogenes*）、沙门菌（*Salmonella*）和小肠结肠炎耶尔森菌等。

微模型程序软件设有这些病原菌生长、存活和死亡的预测模型以及环境条件，例如温度、pH、水活性等的影响。这些模型适用于任何一种肉、鱼、蔬菜、蛋、乳和烘烤食品。

12.7.4 微生物预测技术面临的挑战和应对方案

微生物预测技术在近几十年飞速发展，人们已经利用该技术解决了一些问题，但是非常有限，特别是在商业领域的普及还没有达到预想的效果，需要进一步完善，这就给科研人员带来了巨大挑战。

（1）微生物建模的试验数据一般采用液体培养基进行数据采集，但是食品本身具有其复杂性，液体培养基相对较为单一，能否真正代替食物进行实验仍然是争论的话题。例如，Pin 等用假单胞菌 Baranyi 模型评估真实的食品，其误差超过了 40%。也有研究人员做了对比实验，用培养基建立模型，把得到的预测值与文献中微生物的生长情况进行对比，结果发现大多情况下不会出现大的差异。因此，在多数情况下，可以在实验室通过培养基来获取大量的实验建模数据，但也有部分实验并不可靠，所以，必须做好相应的对比试验，并且用真正的食品得到的数据对模型进行校正。

（2）菌间的相互作用对微生物预报的结果是否有影响。在实际情况下，食品中的微生物群是一个复杂的微生态系统，存在着共生与拮抗等相互作用。但是目前微生物预报模型都是单一菌种在纯培养状态下建立的，没有考虑到菌间的相互作用。是否影响到预报的精确性，是值得进一步研究的，不过有国外的学者做了一些对比试验，得到的结论是：在达到最大菌密度之前，微生物之间并不发生明显的相互影响，因此在研究食品的腐败问题时，低密度条件下不需要考虑菌间相互作用。

（3）微生物特性等实验数据的获取是建模过程中最繁琐的工作，因为越多的实验数据，所得到的预测模型才会越精确，可是微生物快速检测技术并未得到实际应用。而且权威人士指出，预测微生物模型必须对食品从原料到餐桌的全过程进行模拟，才能真正解决食品的质量安全问题。

（4）人工神经元网络（artificial neural networks，ANN）是一种模拟动物神经网络行为特征，进行分布式并行信息处理的算法数学模型。人工神经元网络具有自学习和自适应的能力，可以通过预先提供的一批相互对应的输入-输出数据，分析掌握两者之间潜在的规律，最终根据这些规律，用新的输入数据来推算输出结果。人们对人工神经元网络技术的认识越来越成熟，在食品中的应用也越来越广泛。人工神经元网络技术来源于对生物感知系统的认识（神经组织结构和信息传递机制），它渗透到预测微生物学中，使得所建立的数学模型具有自我思维和判断的特性。

⏩ 拓展阅读

In the last two decades major changes have occurred in how microbial ecologists study microbial communities. Limitations associated with traditional culture-based methods have pushed for the development of culture-independent techniques, which are primarily based on the analysis of nucleic acids. These methods are now increasingly applied in food microbiology as well. This review presents an overview of current community profiling techniques with their (potential) applications in food and food-related ecosystems (Fig12-11). We critically assessed both the power and limitations of these techniques and present recent advances in the field of food microbiology attained by their application. It is unlikely that a single approach will be universally applicable for analyzing microbial communities in unknown matrices. However, screening samples for well-defined species or functions, techniques such as DNA arrays and real-time PCR have the potential to overtake current culture-based methods. Most importantly, molecular methods will allow us to surpass our current culturing limitations, thus revealing the extent and importance of the 'non-culturable' microbial flora that occurs in food matrices and production.

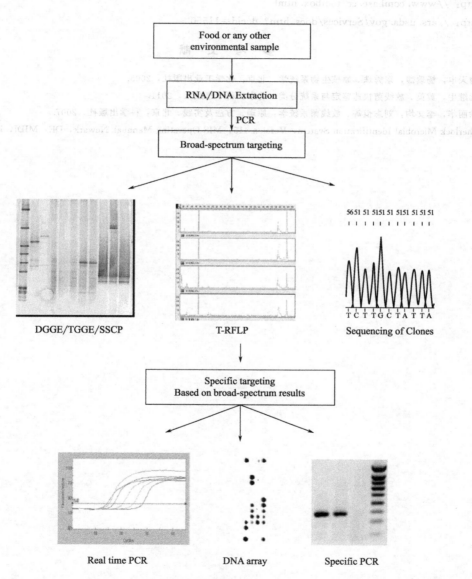

Fig12-11　Flow diagram of potential development of a monitoring tool for microbial community analysis in food samples. Starting from extracted nucleic acids, a whole community approach produces an overview of the total microflora, after which a more specific and monitoring tool can be developed based on the obtained results

思 考 题

1. 微生物分离培养的基本原理是什么？
2. 有哪些厌氧培养方法？
3. 微生物多样性研究技术在食品微生物学研究中有哪些应用？
4. 试分析微生物预报技术的发展前景。

参考网站

http://www.combase.cc/toolbox.html

http://ars.usda.gov/Services/docs.htm?docid=11550

参 考 文 献

[1] 陶天申，杨瑞馥，东秀珠. 原核生物系统学. 北京：化学工业出版社，2005.
[2] 阮继生，黄英. 放线菌快速鉴定与系统分类. 北京：科学出版社，2011.
[3] 徐丽华，李文均，刘志恒等. 放线菌系统学：原理、方法及实践. 北京：科学出版社，2007.
[4] Sherlock Microbial Identification System，Version 415，MIS Operating Mannual. Newark，DE：MIDI，Inc，2002.